图书在版编目（CIP）数据

中国国家标准汇编：2008 年修订 .7/中国标准出版社编 .—北京：中国标准出版社，2009

ISBN 978-7-5066-5394-7

Ⅰ.中… Ⅱ.中… Ⅲ.国家标准-汇编-中国-2008
Ⅳ.T-652.1

中国版本图书馆 CIP 数据核字（2009）第 105086 号

中国标准出版社出版发行
北京复兴门外三里河北街 16 号
邮政编码：100045
网址 www.spc.net.cn
电话：68523946 68517548
中国标准出版社秦皇岛印刷厂印刷
各地新华书店经销

*

开本 880×1230 1/16 印张 40.5 字数 1 204 千字
2009 年 7 月第一版 2009 年 7 月第一次印刷

*

定价 200.00 元

中 国 国 家 标 准 汇 编

2008 年修订-7

中国标准出版社　编

中 国 标 准 出 版 社

北　京

出 版 说 明

1.《中国国家标准汇编》是一部大型综合性国家标准全集。自1983年起，按国家标准顺序号以精装本、平装本两种装帧形式陆续分册汇编出版。它在一定程度上反映了我国建国以来标准化事业发展的基本情况和主要成就，是各级标准化管理机构，工矿企事业单位，农林牧副渔系统，科研、设计、教学等部门必不可少的工具书。

2.《中国国家标准汇编》收入我国每年正式发布的全部国家标准，分为"制定"卷和"修订"卷两种编辑版本。

"制定"卷收入上年度我国发布的、新制定的国家标准，顺延前年度标准编号分成若干分册，封面和书脊上注明"20××年制定"字样及分册号，分册号一直连续。各分册中的标准是按照标准编号顺序连续排列的，如有标准顺序号缺号的，除特殊情况注明外，暂为空号。

"修订"卷收入上年度我国发布的、被修订的国家标准，视篇幅分设若干分册，但与"制定"卷分册号无关联，仅在封面和书脊上注明"20××年修订-1,-2,-3,……"字样。"修订"卷各分册中的标准，仍按标准编号顺序排列(但不连续)；如有遗漏的，均在当年最后一分册中补齐。需提请读者注意的是，个别非顺延前年度标准编号的新制定的国家标准没有收入在"制定"卷中，而是收入在"修订"卷中。

读者配套购买《中国国家标准汇编》"制定"卷和"修订"卷则可收齐上一年度我国制定和修订的全部国家标准。

3. 由于读者需求的变化，自1996年起，《中国国家标准汇编》仅出版精装本。

4. 2008年制修订国家标准共5946项。本分册为"2008年修订-7"，收入新制修订的国家标准40项。

中国标准出版社

2009年5月

目　　录

ICS 75.160.20
E 31

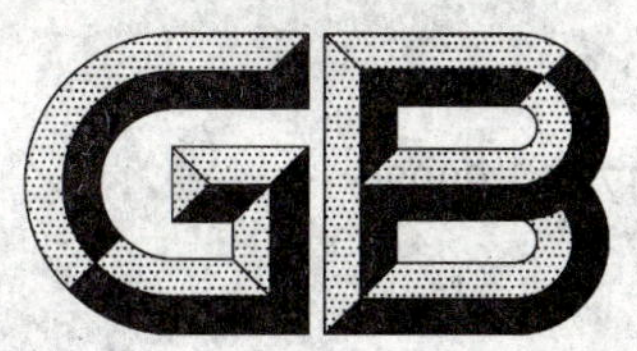

中华人民共和国国家标准

GB 1787—2008
代替 GB 1787—1979

航空活塞式发动机燃料

Aviation piston engine fuels

2008-06-23 发布　　2009-06-01 实施

中华人民共和国国家质量监督检验检疫总局
中国国家标准化管理委员会　发布

前　言

本标准的第 4 章和第 5 章为强制性，其余为推荐性。

本标准与美国材料与试验协会标准 ASTMD 910-04a《航空汽油规格标准》的一致性程度为非等效。

本标准替代 GB 1787—1979《航空汽油》。本标准与 GB 1787—1979 相比主要变化如下：

——增加了第 2 章规范性引用文件；

——表 1 中增加了密度、氧化安定性、芳烃含量、水反应指标及相应的试验方法；

——结晶点改为冰点；

——馏程的测定方法改为 GB/T 6536，增加了 40%蒸发温度、终馏点、10%和 50%蒸发温度之和；

——试验方法中增加了 GB/T 11140《石油产品硫含量测定法(X 射线光谱法)》、GB/T 17040《石油产品硫含量测定法(能量色散 X 射线荧光光谱法)》、SH/T 0253《轻质石油产品中总硫含量测定法(电量法)》、SH/T 0689《轻质烃及发动机燃料和其他油品的总硫含量测定法(紫外荧光法)》、GB/T 8019《车用汽油和航空燃料实际胶质测定法(喷射蒸发法)》；

——增加了第 3 章分类和标记；

——增加了第 5 章检验规则。

本标准由全国石油产品和润滑剂标准化技术委员会(SAC/TC 280)提出。

本标准由中国石油化工集团公司归口。

本标准起草单位：中国石油化工股份有限公司石油化工科学研究院、中国石油天然气股份有限公司兰州石化分公司。

本标准主要起草人：龚冬梅、陶志平、赵丽萍、崔文峰、冯邵艳。

本标准于 1979 年首次发布，本次为第一次修订。

航空活塞式发动机燃料

1 范围

本标准规定了通过国家规定的鉴定程序的原料和工艺生产的、加入适当添加剂调和而成的航空活塞式发动机燃料的分类和标识、要求、试验方法、检验规则、标志、包装、运输和贮运。

本产品适用于航空活塞式发动机。

2 规范性引用文件

下列文件中的条款通过本标准的引用而成为本标准的条款。凡是注日期的引用文件，其随后所有的修改单(不包括勘误的内容)或修订版均不适用于本标准，然而，鼓励根据本标准达成协议的各方研究是否可使用这些文件的最新版本。凡是不注日期的引用文件，其最新版本适用于本标准。

GB/T 258 汽油、煤油、柴油酸度测定法

GB/T 259 石油产品水溶性酸及碱测定法

GB/T 380 石油产品硫含量测定法(燃灯法)

GB/T 503 汽油辛烷值测定发(马达法)

GB/T 1793 航空燃料水反应试验法

GB/T 1884 原油和液体石油产品密度实验室测定法(密度计法)(GB/T 1884—2000,eqv ISO 3675:1998)

GB/T 1885 石油计量表(GB/T 1885—1998,eqv ISO 91-2:1991)

GB/T 2429 航空燃料净热值计算法(GB/T 2429:1988,eqv ISO 3648:1976)

GB/T 2430 喷气燃料冰点测定法

GB/T 2432 汽油中四乙基铅含量测定法(络合滴定法)

GB/T 4756 石油液体手工取样法 (GB/T 4756—1998,eqv ISO 3170:1988)

GB/T 5096 石油产品铜片腐蚀试验法

GB/T 6536 石油产品蒸馏测定法

GB/T 8017 石油产品蒸气压测定法(雷德法)

GB/T 8019 车用汽油和航空燃料实际胶质测定法(喷射蒸发法)

GB/T 11132 石油产品烃类测定法(荧光指示剂吸附法)

GB/T 11140 石油产品硫含量测定法(X 射线光谱法)

GB/T 17040 石油产品硫含量测定法(能量色散 X 射线荧光光谱法)

SH 0164 石油产品包装、贮运及交货验收规则

SH/T 0234 轻质石油产品碘值和不饱和烃含量测定法(碘-乙醇法)

SH/T 0253 轻质石油产品中总硫含量测定法(电量法)

SH/T 0506 航空汽油爆震特性测定法(增压法)

SH/T 0585 航空燃料氧化安定性测定法(潜在残渣法)

SH/T 0689 轻质烃及发动机燃料和其他油品的总硫含量测定法(紫外荧光法)

SH/T 0770 航空燃料冰点测定法(自动相转换法)

3 分类和标记

3.1 产品分类

航空活塞式发动机燃料根据马达法辛烷值不同分为75号、95号和100号三个牌号。

3.2 产品标记

符合本标准表1技术要求的航空汽油应标记为:“75号航空活塞式发动机燃料”、“95号航空活塞式发动机燃料”、“100号航空活塞式发动机燃料”。

4 要求和试验方法

航空活塞式发动机燃料的技术要求和试验方法见表1。

表1 航空活塞式发动机燃料的技术要求和试验方法

项目		质量指标			试验方法
		75号	95号	100号	
马达法辛烷值	不小于	75	95	99.5	GB/T 503
品度	不小于	—	130	130	SH/T 0506
四乙基铅/(g/kg)	不大于	—	3.2	2.4	GB/T 2432
净热值/(MJ/kg)	不小于	—	43.5	43.5	GB/T 2429
颜色		无色	桔黄色		目测
密度(20 ℃)/(kg/m³)		报告			GB/T 1884、GB/T 1885
馏程					GB/T 6536
初馏点/℃	不低于	40		报告	
10%蒸发温度/℃	不高于	80		75	
40%蒸发温度/℃	不低于	—		75	
50%蒸发温度/℃	不高于	105		105	
90%蒸发温度/℃	不高于	145		135	
终馏点/℃	不高于	180		170	
10%与50%蒸发温度之和/℃	不低于	—		135	
残留量(体积分数)/%	不大于	1.5		1.5	
损失量(体积分数)/%	不大于	1.5		1.5	
饱和蒸气压/kPa		27~48		38~49	GB/T 8017
酸度/(以KOH计)/(mg/g)	不大于	1.0			GB/T 258
冰点[a]/℃	不高于	58.0			GB/T 2430、SH/T 0770
碘值/(g/100 g)	不大于	12			SH/T 0234
硫含量[b](质量分数)/%	不大于	0.05			GB/T 380、GB/T 11140、GB/T 17040、SH/T 0253、SH/T 0689
实际胶质/(mg/100 mL)	不大于	3			GB/T 8019
氧化安定性(5 h老化)					SH/T 0585
潜在胶质/(mg/100 mL)	不大于	6			
显见铅沉淀/(mg/100 mL)	不大于	—	3		

表 1(续)

项目		质量指标			试验方法
		75 号	95 号	100 号	
铜片腐蚀(100 ℃,2 h)/级	不大于	1			GB/T 5096
水溶性酸或碱		无			GB/T 259
机械杂质及水分		无			目测[c]
芳烃含量(体积分数)/%	不大于	30	35		GB/T 11132
水反应 体积变化/mL	不大于	±2			GB/T 1793

注 1:实际胶质、碘值、酸度和芳烃应在航空活塞式发动机燃料加乙基液前测定。

注 2:允许加入的抗氧剂为 2,6-二叔丁基对甲酚。

[a] 当冷却至−58 ℃下还没有结晶出现时,可以报告冰点小于−58 ℃,当测试结果发生争议时,以 GB/T 2430 为仲裁方法。

[b] 当测试结果发生争议时,以 GB/T 380 为仲裁方法。

[c] 将油样注入 100 mL 的玻璃量筒中观察,应当透明,没有悬浮和沉降的机械杂质及水。

5 检验规则

5.1 检验分类与检验项目

本产品检验为出厂检验。出厂检验项目为第 4 章技术要求规定的所有检验项目。

5.2 组批

在原材料、工艺不变的条件下,产品每生产一罐为一批。

5.3 取样

取样按 GB/T 4756 进行。每批 75 号产品取 4 L 油样作为检验和留样用,每批 95 号、100 号产品取 10 L 油样作为检验和留样用。

5.4 判定规则

出厂检验结果应全部合格,方可出厂。

5.5 复验规则

如出厂检验结果中有不符合表 1 要求规定时,按 GB/T 4756 的规定重新抽取双倍样品进行复检,复检结果如仍有一项不符合表 1 规定时,则判定该批产品为不合格。

6 标志、包装、运输和贮存

标志、包装、运输贮存及交货验收按 SH 0164 进行。

ICS 75.160.20
E 31

中华人民共和国国家标准

GB/T 1793—2008
代替 GB/T 1793—2000

航空燃料水反应试验法

Standard test method for water reaction of aviation fuels

2008-02-13 发布 2008-09-01 实施

中华人民共和国国家质量监督检验检疫总局
中国国家标准化管理委员会 发布

前言

本标准修改采用美国材料与试验协会标准 ASTM D1094-00(2005)《航空燃料水反应标准试验方法》。

本标准根据 ASTM D1094-00(2005)重新起草。

为了适合我国国情,本标准在采用 ASTM D1094-00(2005)时进行了修改。本标准与 ASTM D1094-00(2005)的主要差异是:

——本标准的引用标准采用了我国相应的国家标准和行业标准。

为使用方便,本标准还做了如下编辑性修改:

——删除了第13章的关键词。

——按照我国标准的编写格式对 ASTM D1094-00(2005)进行了文字方面的修改。

本标准代替 GB/T 1793—2000《航空燃料水反应试验法》,GB/T 1793—2000 是等效采用 ASTM D1094—97制定的。

本标准与 GB/T 1793—2000 相比的主要变化是:

——第2章中增加引用标准 SH/T 0616。

——第3章术语和定义中增加了膜、带状物、泡沫、碎片等术语。

——水反应界面评级由原来的1、1b、2三个级别修改为本标准的1、1b、2、3、4五个级别。

本标准由中国石油化工集团公司提出。

本标准由中国石油化工股份有限公司石油化工科学研究院归口。

本标准起草单位:中国石油化工股份有限公司石油化工科学研究院。

本标准主要起草人:龚冬梅、张翠君。

本标准所代替标准的历次版本发布情况为:

——GB/T 1793—1979、GB/T 1793—2000。

航空燃料水反应试验法

1 范围

本标准规定了航空汽油和航空涡轮燃料中水溶性组分的检验以及这些组分对体积变化和油水界面影响的测定方法。

本标准采用国际单位制[SI]单位。

本标准使用中可能涉及到有危险的材料、操作和设备。本标准并未对与此有关的所有安全问题都提出建议，用户在使用本标准前有责任制定相应的安全和保护措施，并明确其受限制的适用范围。

2 规范性引用文件

下列文件中的条款通过本标准的引用而成为本标准的条款。凡是注日期的引用文件，其随后所有的修改单(不包括勘误的内容)或修订版均不适用于本标准，然而，鼓励根据本标准达成协议的各方研究是否可使用这些文件的最新版本。凡是不注日期的引用文件，其最新版本适用于本标准。

GB/T 11117.2 爆震试验参比燃料 参比燃料正庚烷

GB/T 15894 化学试剂 石油醚

GB 17602 工业己烷

SH/T 0616 喷气燃料水分离指数测定法(手提式分离仪法)

3 术语和定义

下列术语和定义适用于本标准。

3.1

膜 film

未粘附在玻璃量筒壁上的半透明薄层。

3.2

带状物 lace

比头发状碎片粗的纤维和(或)多于10%的交织物。

3.3

松散的带状物和/或少量浮沫 loose lace or slight scum, or both(表2,3级)

燃料/缓冲溶液界面被多于10%，但少于50%的带状物或泡沫覆盖，但它们不会扩展到两层的任一层。

3.4

浮沫 scum

比膜厚的泡沫层和/或粘在玻璃量筒壁上的泡沫。

3.5

碎片 shred

头发状的纤维，其中少于10%被交织在一起。

3.6

界面上的碎片、带状物或膜 shred, lace or film at interface(表2,2级)

燃料/缓冲溶液界面含有多于50%清澈的气泡和/或有一些但少于10%的碎片、带状物、膜。

3.7

紧密的带状物和/或较多浮沫　tight lace or heavy scum,or both(表2,4级)

燃料/缓冲溶液界面被多于50%的带状物和(或)泡沫覆盖,并扩展到两层的任一层和(或)形成乳状液。

3.8

水反应界面状况评级　water reaction interface conditions rating

定性评定水和航空涡轮燃料混合物形成界面膜或沉淀的趋势。

3.9

水反应分离程度评级　water reaction separation rating

定性评定未充分清洁的玻璃器具对在分离的燃料层和水层中形成乳状液和(或)沉淀的趋势。

3.10

水反应体积变化　water reaction volume change

航空汽油水溶性组分存在的定性指示。

4　方法概要

将装在洁净的玻璃量筒内的试样与磷酸盐缓冲溶液在室温下用标准的方法摇匀。检验玻璃量筒的洁净性,将水层体积的变化和界面现象作为试样的水反应试验结果。

5　意义和用途

当测定航空汽油时,水反应体积的变化表明燃料中存在着水溶性组分如醇类。当测定航空涡轮燃料时,水反应界面评级高表明存在着较多的部分溶解污染物,如表面活性剂。这些影响界面的污染物容易使过滤分离器很快失去作用导致游离水和颗粒物的通过。其他方法,如SH/T 0616也可用来检测航空燃料中的表面活性剂。

6　仪器

玻璃量筒:带玻璃塞,100 mL,分度值1 mL,100 mL标记处与量筒的顶部之间的距离应在50 mm～60 mm。

7　试剂

7.1　试剂的纯度:在所有的试验中均应使用分析纯试剂。

7.2　水的纯度:蒸馏水或同等纯度的水。

7.3　丙酮。

警告:易燃,有害健康。

7.4　玻璃器皿洗液:饱和浓硫酸(H_2SO_4,相对密度1.84)与重铬酸钾($K_2Cr_2O_7$)或重铬酸钠($Na_2Cr_2O_7$)的混合溶液。

警告:有腐蚀性、有害健康、氧化剂。

7.5　工业己烷:符合GB/T 17602要求。

警告:易燃,有害健康。

7.6　正庚烷:符合GB/T 11117.2要求。

警告:易燃,有害健康。

7.7　石油醚:60℃～90℃,符合GB/T 15894要求。

警告:易燃,有害健康。

7.8　磷酸盐缓冲溶液(pH=7):将1.15 g无水磷酸氢二钾(K_2HPO_4)和0.47 g无水磷酸二氢钾

(KH_2PO_4)溶解在 100 mL 水中。若要准备更大量的磷酸盐缓冲溶液,需保持水溶液中的两种磷酸盐浓度与上面所述的相同。同样,实验室也可以使用商品缓冲溶液。

8 仪器准备

8.1 进行试验之前应彻底清洗量筒。清洗过程如下:

8.1.1 用热自来水冲洗量筒和塞子,以除去油迹,必要时要刷洗。或者用工业己烷、正庚烷或石油醚除去量筒和塞子上所有的油迹。然后用自来水冲洗,最后再用丙酮冲洗。

8.1.2 按 8.1.1 所述的步骤清洗后,将量筒和塞子浸入非离子型清洁剂溶液或 7.4 中规定的玻璃器皿洗液中。每一实验室需要确定非离子表面活性剂的类型,并建立其使用的条件,达到与铬酸洗液相当的清洗效果。使用非离子表面活性剂可避免一些潜在的危害及处理腐蚀性的铬酸洗液的麻烦。后者仍保留在参比的清洗过程中,以作为首选的非离子洗涤剂溶液清洗过程的另一种选择。在用非离子洗涤溶液或玻璃清洗液清洗后,分别用自来水和蒸馏水冲洗,最后用磷酸盐缓冲溶液冲洗并干燥。

8.1.3 若玻璃量筒清洗不够彻底,试验可能会得出燃料被污染的错误指示。只能使用完全清洗干净的量筒。倒置清洗过的量筒,将清洗液彻底排除干净(没有液珠挂壁)的量筒才是完全清洁的。另外,分离程度评级(见表 1)等于或小于 2 级则表明玻璃量筒完全清洁。

9 样品准备

9.1 试样至少为 100 mL。要求使用清洁的容器。

9.2 在任何情况下,采取的试样都不应进行预过滤。过滤介质可能会除去表面活性剂,而表面活性剂的检测是本试验方法的目的之一。如果试样被颗粒物污染,测试前可进行沉降。

注:测试结果容易受取样容器中的微量污染物影响。

10 试验步骤

10.1 在室温下取 20 mL 磷酸盐缓冲溶液倒入量筒中,记录体积,精确到 0.5 mL。在室温下加 80 mL 试样,塞上玻璃塞。

10.2 上下摇动量筒 2 min±5 s,每秒 2~3 次,摇动幅度为 12 cm~25 cm。

注意:小心摇动量筒以避免产生旋涡,因为它会破坏可能形成的乳化。

10.3 立即把量筒放在没有震动的平台上,静置 5 min。

10.4 不要拿起量筒,在散射光照射下,观察记录如下内容:

10.4.1 水相体积的变化,精确到 0.5 mL。

10.4.2 按表 2 评级。

10.4.3 按表 1 确定两相分离程度。

表 1 分离程度

级别	现 象
1	在每一层中或燃料层上,完全不存在乳化物和(或)沉淀物
2	除了在燃料层中有小气泡或小水滴外,其他同 1 级
3	在每一层中或在燃料层上有乳化物和(或)沉淀物,或者在水层中有小液滴,或小液滴粘附于量筒壁上(不包括燃料层上面的壁面)上

表 2 界面情况

级别	现 象
1	清澈和清洁
1b	小的清澈的气泡遮盖估计不大于50%的界面,界面处无碎片、带状物或膜
2	界面处有碎片、带状物或膜
3	有松散的带状物和(或)少量浮沫
4	有紧密的带状物和(或)较多浮沫

10.4.4 对燃料层中出现轻微的混浊可不予考虑,此混浊对着白背景观察不到。

11 报告

11.1 此报告应包括如下内容:

11.1.1 水相体积变化,精确到0.5 mL。

11.1.2 界面情况评级(见表2)。

11.1.3 分离程度评级(见表1)。

12 精密度和偏差

12.1 精密度:水相体积的变化是航空汽油水反应和水溶性组分的定性指示,所以没有精密度的报告。

12.1.1 由于航空涡轮燃料水反应评定方法完全是定性的,因此对水反应的界面评级规定精密度是不切实际的,对表2中界面评级规定一个编号以方便于定性评级。

12.2 偏差:由于体积变化值和界面评级仅是根据本试验方法而定义的,该方法测试步骤没有偏差。

ICS 83.160.01
G 41

中华人民共和国国家标准

GB 1796.1—2008
部分代替 GB 1796—1006

轮胎气门嘴 第1部分:压紧式内胎气门嘴

Tyre valves—Part 1:Clamp-in valves

(ISO 9413:1998,Tyre valves—Dimensions and designation,NEQ)

2008-09-18 发布　　2009-09-01 实施

中华人民共和国国家质量监督检验检疫总局
中国国家标准化管理委员会　发布

前言

本部分第9章为强制性的，其余为推荐性的。

GB 1796《轮胎气门嘴》分为六个部分：

——第1部分：压紧式内胎气门嘴；

——第2部分：胶座气门嘴；

——第3部分：卡扣式气门嘴；

——第4部分：压紧式无内胎气门嘴；

——第5部分：大芯腔气门嘴；

——第6部分：气门芯。

本部分为GB 1796的第1部分，对应于ISO 9413:1998《轮胎气门嘴——尺寸和型号》(英文版)。本部分与ISO 9413:1998的一致性程度为非等效。

本部分代替GB 1796—1996《轮胎气门嘴》中压紧式内胎气门嘴部分。

本部分与GB 1796—1996相比主要变化如下：

——增加了“术语和定术”(见第3章)；

——在表1中增加了AA01、AA01C、AB01、AB03C、AB04C和CB11C型气门嘴及其对应的内容；

——增加了I02、I01C、I04C型防护帽(见6.4)；

——修改了部分尺寸公差(前版的第5章，本版的第6章)；

——增加了部分气门嘴的规格型号(前版的第4章，本版的第5章)；

——增加了部分气门嘴零件的规格型号(前版的第5章，本版的第6章)；

——删除了QD5型垫片和C型防护帽(前版的第5章，本版的第6章)；

——增加了5CV、8CV螺纹的牙形极限尺寸及公差规定(见6.7)；

——修改了气门嘴的最大使用压力(前版的6.3，本版的第8章)；

——增加了六角螺母的装配扭矩(见第10章)；

——增加了密封帽的密封性(见第11章)；

——修改了试验方法(前版的6.4，本版的第12章)；

——修改了检验规则(前版的第7章，本版的第9章)；

——修改了附录A(前版的附录A，本版的附录A)。

本部分的附录A为资料性附录。

本部分由中国石油和化学工业协会提出。

本部分由全国轮胎轮辋标准化技术委员会(SAC/TC 19)归口。

本部分主要起草单位：山东高天金属制造有限公司、江阴市创新气门嘴有限公司。

本部分参加起草单位：天津自行车二厂二分厂、宁波市鄞州曙光机电有限公司、佛山市顺德区安驰实业有限公司。

本部分主要起草人：李峰、陆小勇、刘海彦、张浩波、李展刚。

本部分所部分代替标准的历次版本发布情况为：

——GB 1796—1979、GB 1796—1988、GB 1796—1996。

轮胎气门嘴
第1部分:压紧式内胎气门嘴

1 范围

GB 1796 的本部分规定了压紧式内胎气门嘴(以下简称气门嘴)的术语和定义、型号标记、结构型式、零部件的类型、结构尺寸及材料、外观、最大使用压力、密封性、六角螺母与嘴体的装配扭矩、密封帽的密封性、试验方法、检验规则、标记、包装和贮存。

本部分适用于摩托车、力车等内胎用气门嘴。

2 规范性引用文件

下列文件中的条款通过 GB 1796 的本部分的引用而成为本部分的条款。凡是注日期的引用文件,其随后所有的修改单(不包括勘误的内容)或修订版均不适用于本部分,然而,鼓励根据本部分达成协议的各方研究是否可使用这些文件的最新版本。凡是不注日期的引用文件,其最新版本适用于本部分。

GB 1796.6 轮胎气门嘴 第6部分:气门芯(GB 1796.6—2008,ISO 9413:1998,NEQ)

GB/T 2828.1—2003 计数抽样检验程序 第1部分:按接收质量限(AQL)检索的逐批检验抽样计划(ISO 2859-1:1999,IDT)

GB 9764 轮胎气门嘴芯腔(GB 9764—1997,neq ISO 6762:1982,ISO 7442:1982)

GB 9765 轮胎气门嘴螺纹(GB 9765—1997,neq ISO 4570-1:1977,ISO 4570-2:1979,ISO 4570-3:1980)

GB/T 9766.1 轮胎气门嘴试验方法 第1部分:压紧式内胎气门嘴试验方法

GB/T 12839 轮胎气门嘴术语及其定义(GB/T 12839—2005,ISO 3877-2:1997,NEQ)

GB/T 21285 轮胎气门嘴及其零部件的标识方法(GB/T 21285—2007,ISO 10475:1992,MOD)

3 术语和定义

GB/T 12839 确立的术语和定义适用于 GB 1796 的本部分。

4 型号标记

产品的型号标记应符合 GB/T 21285 的规定。本部分的型号与国外标准的型号对照参见附录 A。

5 结构型式

气门嘴的结构型式应符合表1和图1～图4的规定。

本部分中所有线性尺寸均为毫米。

表 1

<table>
<tr><th rowspan="2">型号</th><th rowspan="2">图形</th><th colspan="4">零部件</th><th rowspan="2">适用气门嘴孔直径/mm</th><th rowspan="2">参考用途</th></tr>
<tr><th>垫片</th><th>螺母</th><th>防护帽</th><th>气门芯</th></tr>
<tr><td>AA01</td><td rowspan="2">图 1</td><td rowspan="2">D06</td><td rowspan="2">E12、F03</td><td rowspan="2">I07</td><td rowspan="2">H03C</td><td rowspan="2">φ6.2</td><td rowspan="2">力车</td></tr>
<tr><td>AA01C</td></tr>
<tr><td>AB01</td><td>图 2</td><td>D01</td><td>E01、F03、F04C</td><td>I07</td><td>H04C</td><td rowspan="8">φ8.3</td><td rowspan="8">摩托车或力车</td></tr>
<tr><td>AB03C</td><td rowspan="2">图 3</td><td rowspan="2">D15C 或 D16C</td><td rowspan="2">E01C、F02C、F03C</td><td rowspan="2">I03C</td><td rowspan="2">H04C 或 H05C</td></tr>
<tr><td>AB04C</td></tr>
<tr><td>CB03</td><td rowspan="5">图 4</td><td rowspan="5">D01 或 D02C</td><td rowspan="5">E01、F01 或 F01C</td><td rowspan="5">I01 或 I02 或 I01C 或 I02C 或 I04C</td><td>H01</td></tr>
<tr><td>CB07C</td><td>H01S</td></tr>
<tr><td>CB09C</td><td rowspan="3">H101</td></tr>
<tr><td>CB10C</td></tr>
<tr><td>CB11C</td></tr>
</table>

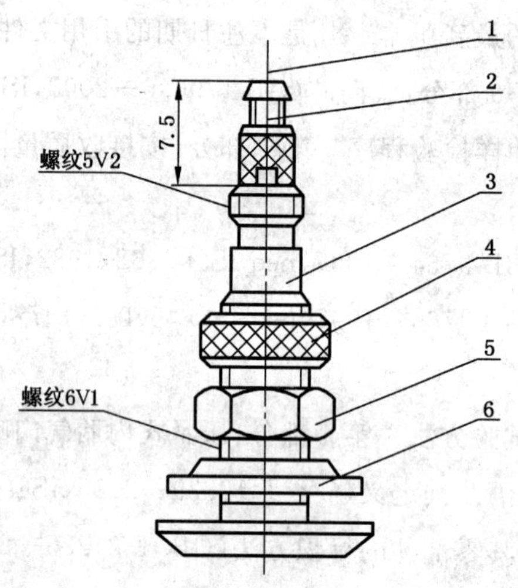

1——I07 型防护帽；
2——H03C 型气门芯；
3——嘴体；
4——F03 型轮辋螺母；
5——E12 型六角螺母；
6——D06 型垫片。

图 1 AA01，AA01C 型气门嘴

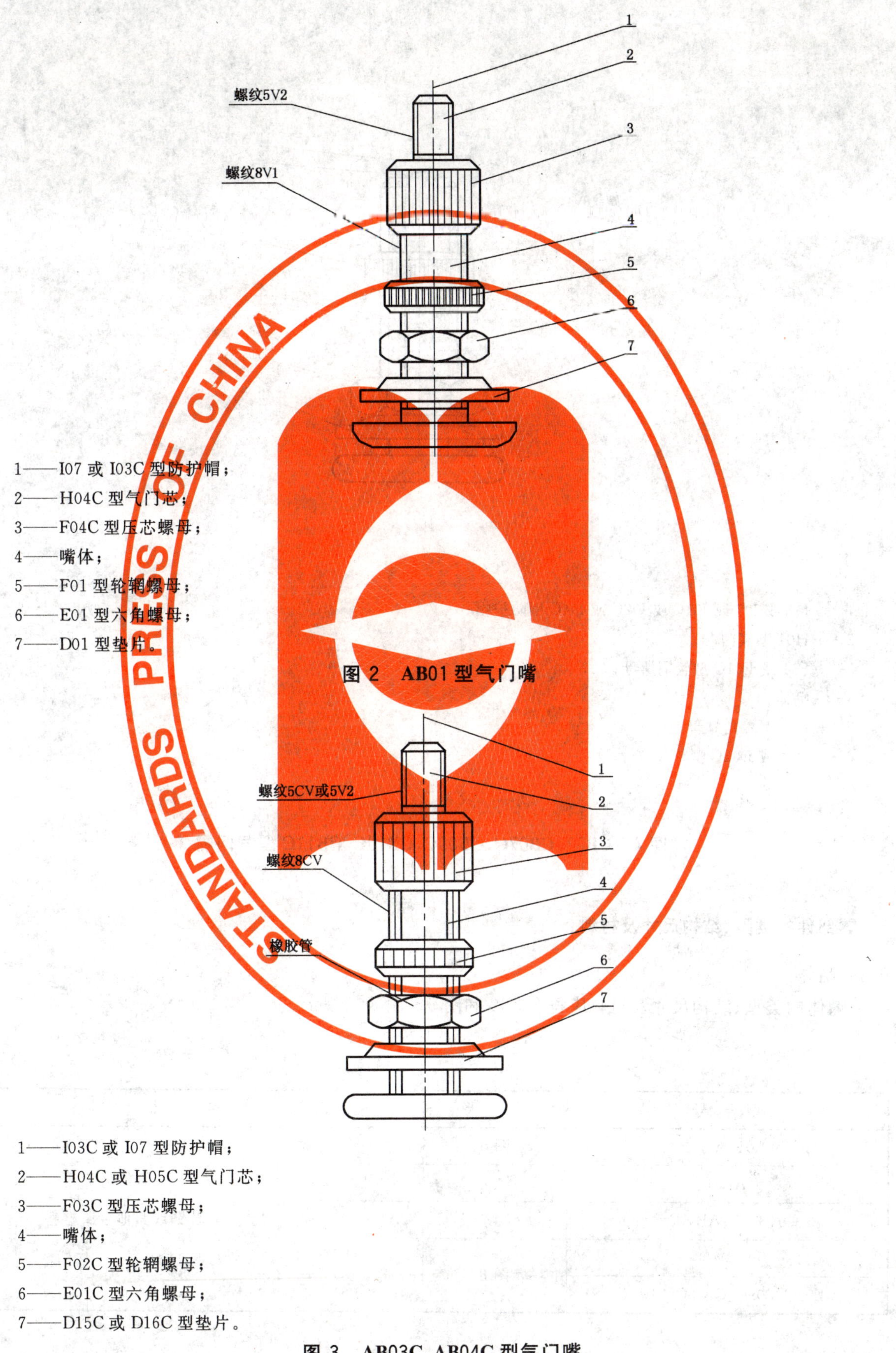

1——I07 或 I03C 型防护帽；
2——H04C 型气门芯；
3——F04C 型压芯螺母；
4——嘴体；
5——F01 型轮辋螺母；
6——E01 型六角螺母；
7——D01 型垫片。

图 2　AB01 型气门嘴

1——I03C 或 I07 型防护帽；
2——H04C 或 H05C 型气门芯；
3——F03C 型压芯螺母；
4——嘴体；
5——F02C 型轮辋螺母；
6——E01C 型六角螺母；
7——D15C 或 D16C 型垫片。

图 3　AB03C，AB04C 型气门嘴

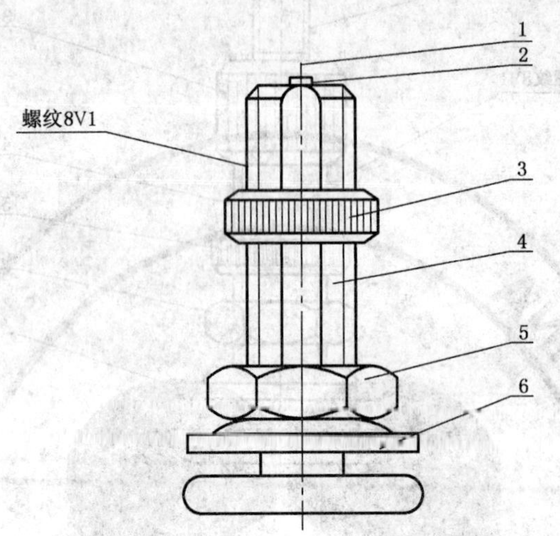

1——I01 或 I02 或 I01C 或 I02C 或 I04C 型防护帽；
2——H01 型气门芯；
3——F01 或 F01C 型轮辋螺母；
4——嘴体；
5——E01 型六角螺母；
6——D01 或 D02C 型垫片。

图 4 CB03,CB07C,CB09C,CB10C,CB11C 型气门嘴

6 零部件的类型、结构尺寸及材料

6.1 嘴体

嘴体的类型、结构尺寸及材料应符合表 2 和图 5～图 8 的规定。

表 2

型 号	图 形	芯腔型式	材 料
AA01、AA01C	图 5	—	黄铜或其他金属材料
AB01	图 6	—	
AB03C、AB04C	图 7	—	
CB07C	图 8	1B	
CB03、CB09C、CB10C、CB11C		1A	

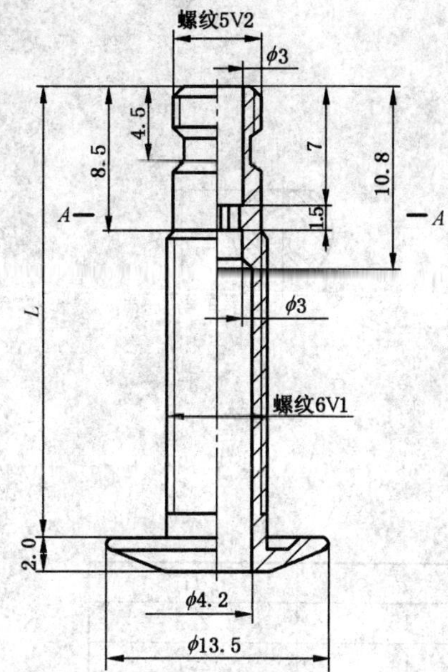

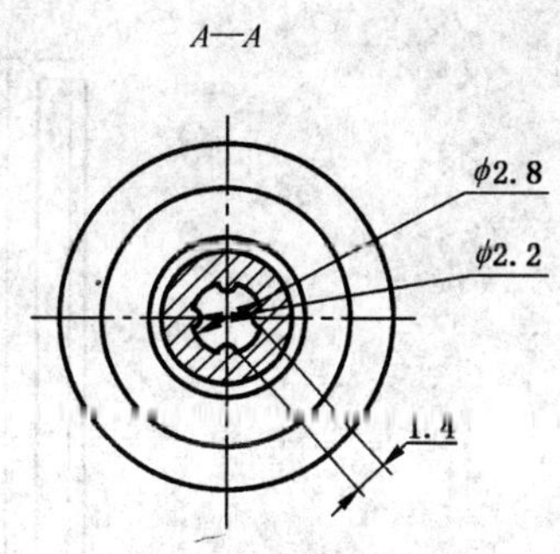

型号	L
AA01	27
AA01C	30

图5　AA01、AA01C型嘴体

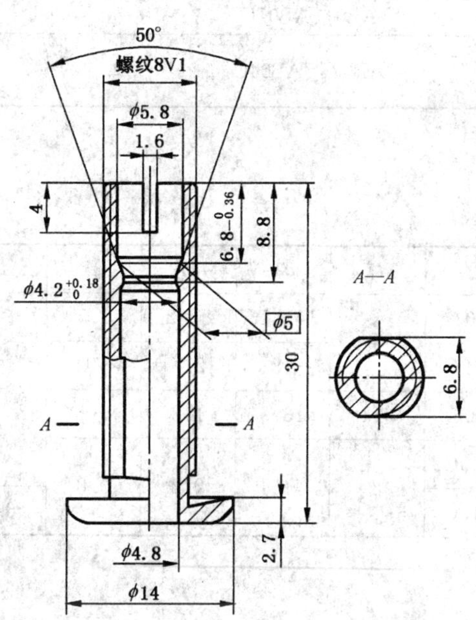

图6　AB01型嘴体

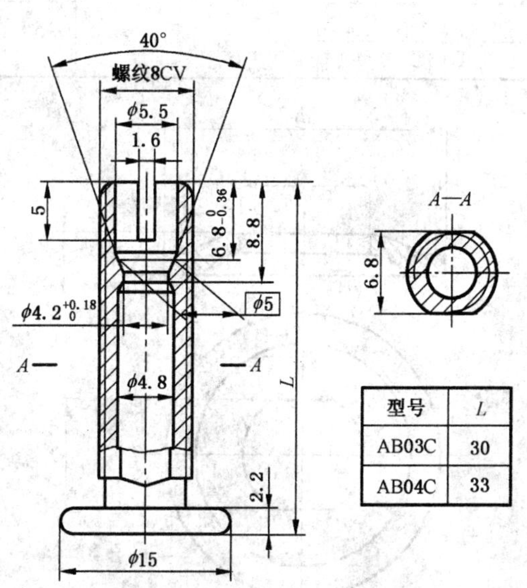

图7　AB03C、AB04C型嘴体

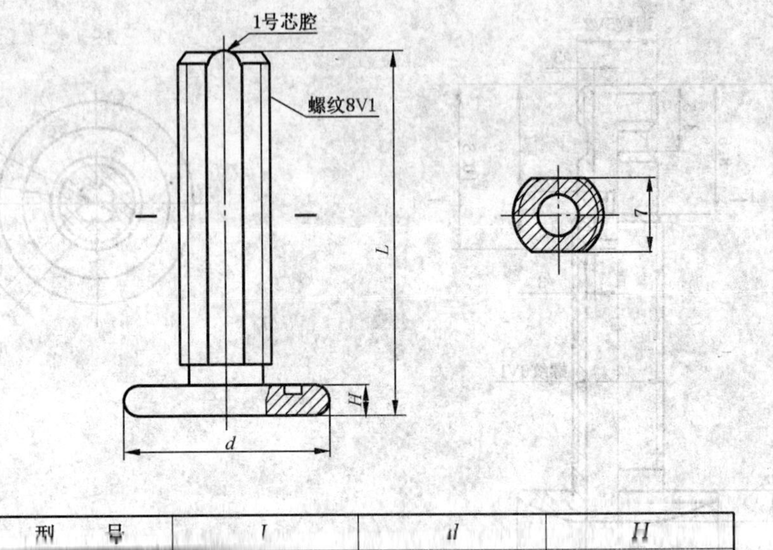

型　　号	L	d	H
CB07C[a]	30	15	2.2
CB03	33.5	14	2.7
CB09C	34	18	2.5
CB10C	46		
CB11C	40		2.2

ª 仅适用于 H01S 型气门芯。

图 8　CB07C、CB03、CB09C～CB11C 型嘴体

6.2　垫片

垫片的类型、结构尺寸及材料应符合表 3 和图 9 的规定。

表 3

型　　号	材　　料	适用气门嘴
D01	钢或黄铜	AB01、CB03C、CB07C、CB09C～CB11C
D02C		CB03、CB07C、CB09C～CB11C
D06		AB01、AB01C
D15C		AB03C、AB04C
D16C		

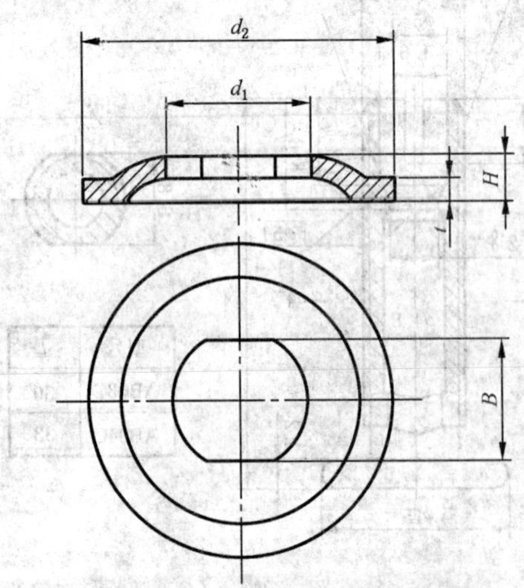

型号	d_1	d_2	H	t	B
D01	8	14～16	1.8～2.9	1.5	—
D02C		18	2.5	1～1.2	
D06	6.1	13.5	1.8	—	
D15C	8	15	2.2	0.8	
D16C					6.9

图 9　D01、D02C、D06、D15C、D16C 型垫片

6.3 螺母

螺母的类型、结构尺寸及材料应符合表 4 和图 10～图 13 的规定。

表 4

型　　号	图　　形	材　　料	适用气门嘴
E01	图 10	黄铜或其他金属材料	AB01、CB03、CB07C、CB09C～CB11C
E01C			AB03C、AB04C
E12			AA01、AA01C
F01	图 11		AB01、CB03、CB07C、CB09C～CB11C
F01C			CB03、CB07C、CB09C～CB11C
F02C			AB03C、AB04C
F03			AA01、AA01C
F03C	图 12		AB03C、AB04C
F04C	图 13		AB01

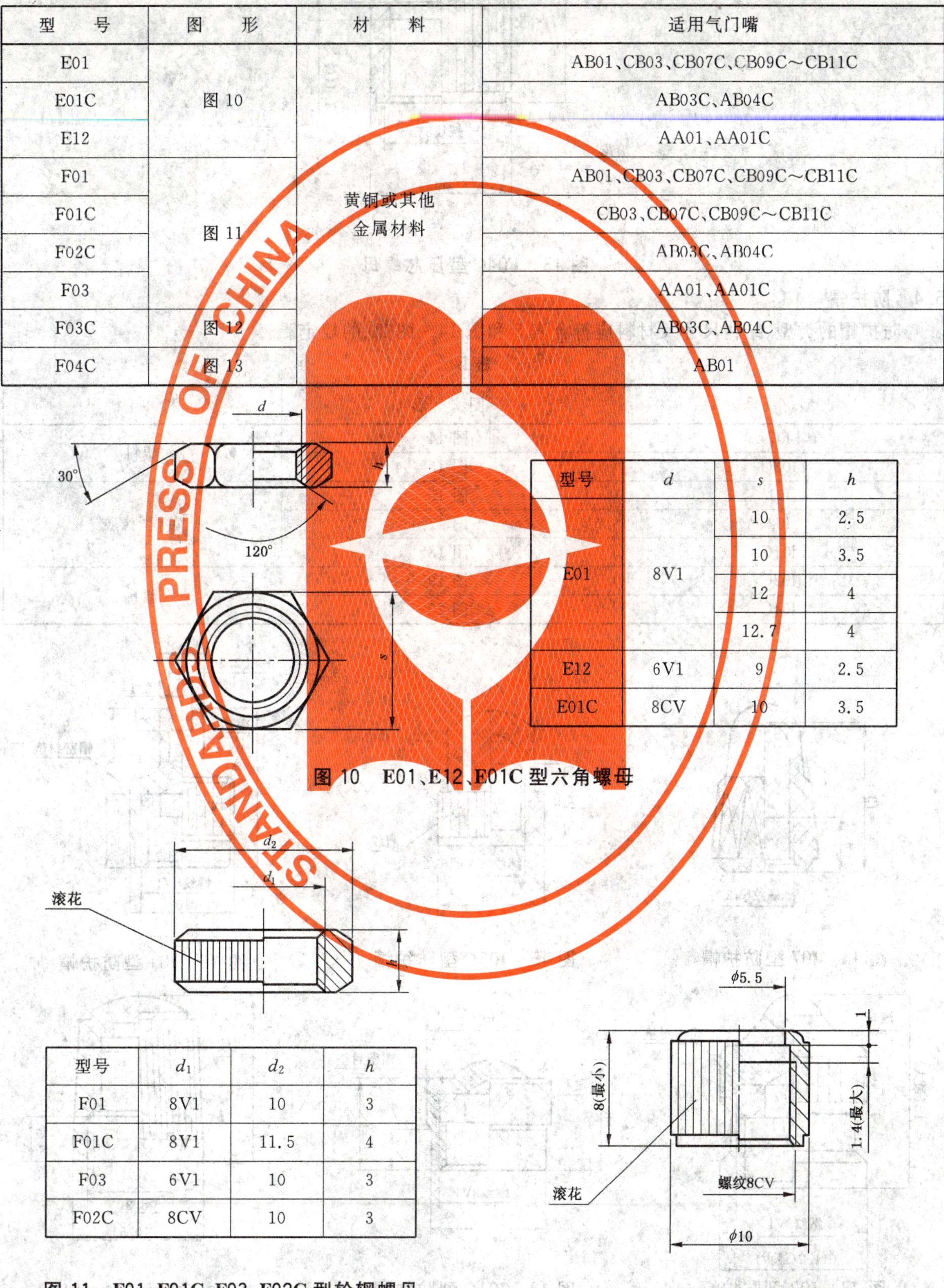

型号	d	s	h
E01	8V1	10	2.5
		10	3.5
		12	4
		12.7	4
E12	6V1	9	2.5
E01C	8CV	10	3.5

图 10　E01、E12、E01C 型六角螺母

型号	d_1	d_2	h
F01	8V1	10	3
F01C	8V1	11.5	4
F03	6V1	10	3
F02C	8CV	10	3

图 11　F01、F01C、F03、F02C 型轮辋螺母

图 12　F03C 型压芯螺母

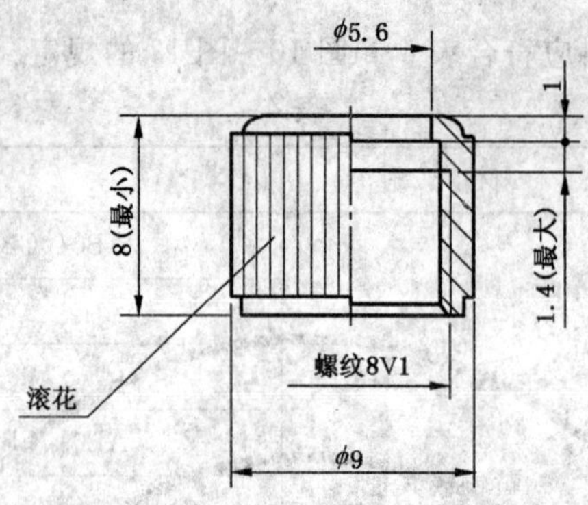

图 13　F04C 型压芯螺母

6.4　防护帽

防护帽的类型、结构尺寸及材料应符合表 5 和图 14～图 20 的规定。

表 5

型　号	图　形	材　料
I07	图 14	塑料
I03C	图 15	
I01	图 16	黄铜、橡胶
I02	图 17	
I01C	图 18	
I02C	图 19	塑料
I04C	图 20	

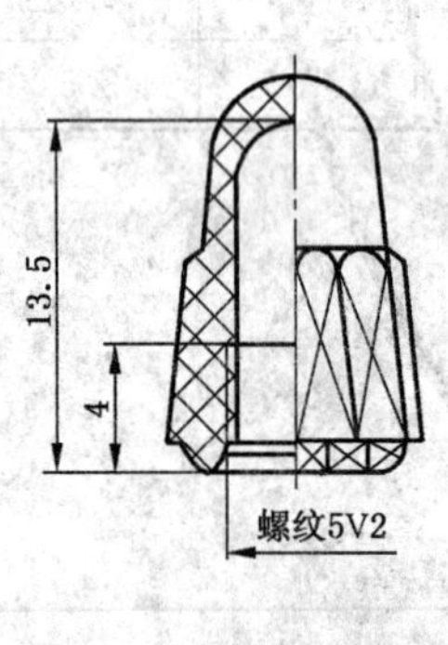

图 14　I07 型防护帽

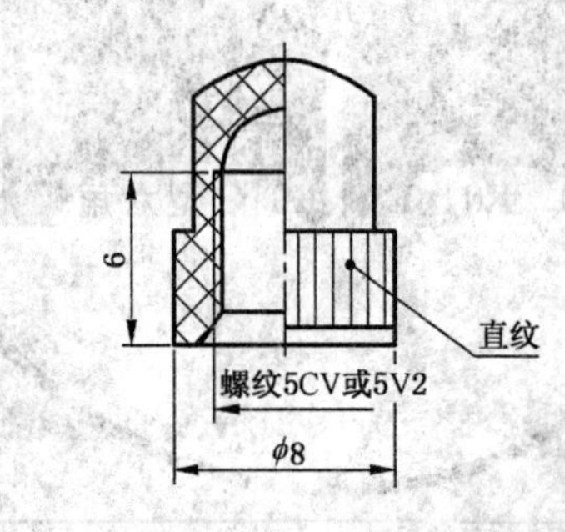

图 15　I03C 型防护帽

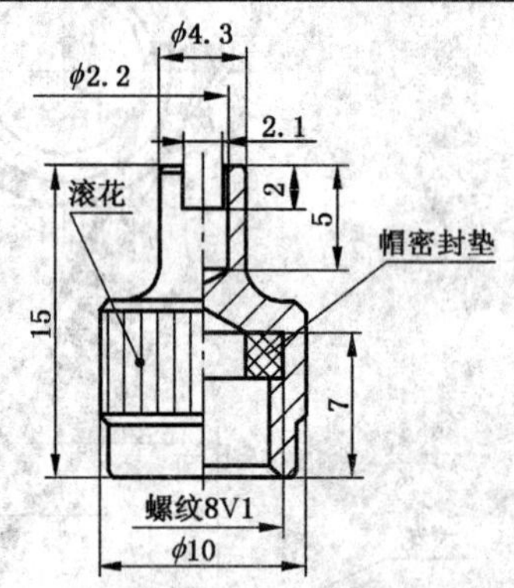

图 16　I01 型防护帽

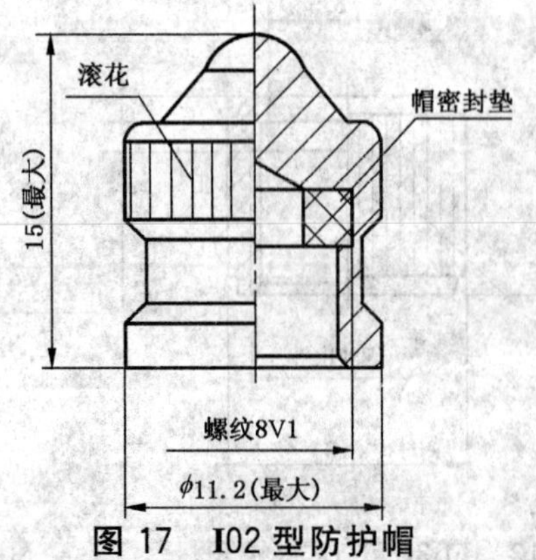

图 17　I02 型防护帽

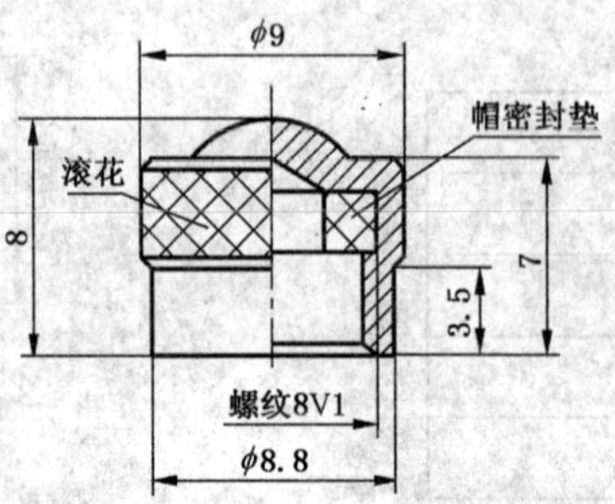

图 18　I01C 型防护帽

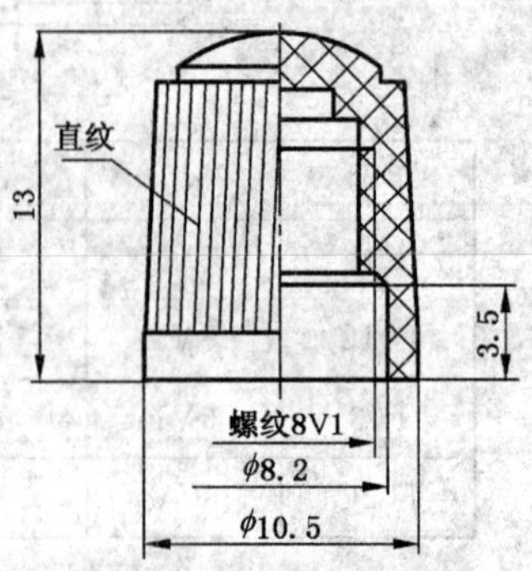

图 19　I02C 型防护帽

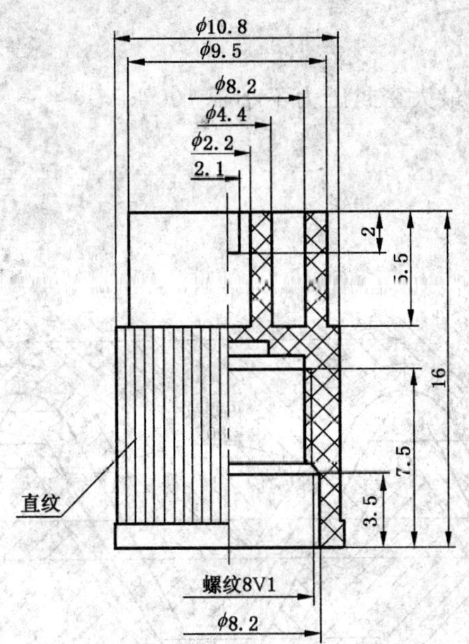

图 20　I04C 型防护帽

6.5　气门芯

气门芯应符合 GB 1796.6 的规定。

6.6　芯腔

芯腔应符合 GB 9764 的规定。

6.7　螺纹

螺纹 5CV、8CV 的牙形极限尺寸及公差见图 21。螺纹 5V2、6V1、8V1 的牙形、极限尺寸及公差应符合 GB 9765 的规定；5V2、5CV、8V1 螺纹的极限尺寸和公差对 I07、I03C、I02C、I04C 型防护帽不适用。

7　外观

气门嘴各零件表面不得有油污、锈蚀、裂纹及其他影响使用性能的缺陷，金属零件表面应有防腐处理。

8　最大使用压力

气门嘴的最大使用压力见表 6。

表 6

气门嘴型号	最大使用压力/kPa
AA01、AA01C	900
CB03、CB07C、CB09C～CB11C、AB01、AB03C、AB04C	700

9　密封性

气门嘴在规定的最大使用压力下，应保证整个气门嘴的密封性。

10　六角螺母与嘴体的装配扭矩

6V1 螺母的装配扭矩为：2 N·m～3.5 N·m；8V1、8CV 六角螺母的装配扭矩为：3 N·m～5 N·m。

11 密封帽的密封性

I01、I02 和 I01C 型密封帽的最大密封压力不小于 700 kPa。

12 试验方法

12.1 外观

目测检验。

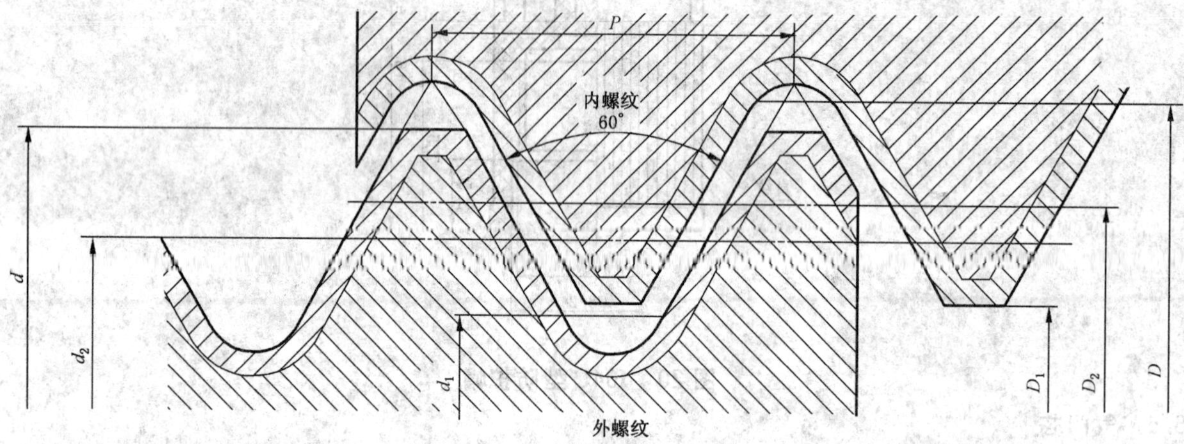

P——螺距；

d——外螺纹大径；

d_1——外螺纹小径；

d_2——外螺纹中径；

D——内螺纹大径；

D_1——内螺纹小径；

D_2——内螺纹中径。

螺纹代号	公称尺寸($d \times p$)	外螺纹						
		大径 d			中径 d_2			小径 d_1
		最大	公差 Td	最小	最大	公差 Td_2	最小	最大
5CV	5.1×1.058	5.05	0.28	4.77	4.36	0.14	4.22	3.75
8CV	8.1×0.847	7.96	0.23	7.73	7.41	0.13	7.28	6.92
螺纹代号	公称尺寸($d \times p$)	内螺纹						
		小径 D_1			中径 D_2			大径 D
		最大	公差 TD_1	最小	最大	公差 TD_2	最小	最小
5CV	5.1×1.058	4.21	0.26	3.95	4.59	0.18	4.41	5.20
8CV	8.1×0.847	7.34	0.16	7.18	7.72	0.17	7.55	8.1

图 21 5CV、8CV 螺纹牙型、极限尺寸及公差

12.2 喉部直径和圆锥面位置

喉部直径和圆锥面位置，用专用量规或通用量具测量。

12.3 外螺纹的中径、大径；内螺纹的中径、小径和深度尺寸

用螺纹通规测量外螺纹中径、内螺纹中径和内螺纹深度，用光滑通规、光滑止规或通用量具测量外螺纹大径和内螺纹小径。

12.4 其他试验方法

其他试验方法，应按照 GB/T 9766.1 的规定。

13 检验规则

13.1 气门嘴的抽样程序及其实施应符合 GB/T 2828.1—2003 的规定。

13.1.1 同型号气门嘴的一个入库批或发货批为一个检查批。

13.1.2 按质量特性的重要性把不合格分为 A 类不合格、B 类不合格和 C 类不合格。各类项目又分为若干个检查组(见表 7)。

13.1.3 各检验组的接收质量限(用每百单位产品不合格品数表示)和检查水平见表 7。

13.2 按表 7 的检查分组分别实施检验，判定合格或不合格。

13.3 逐批检查后的处置应按照 GB/T 2828.1—2003 的规定。

表 7

不合格分类	检查分组	项　目	AQL	IL	检验方法
A 类不合格	A1	第 9 章密封性	0.40	S-3	按 GB/T 9766.1
	A2	第 7 章嘴体裂纹	0.65		按 12.1
B 类不合格	B1	6.6 嘴体 1 号芯腔圆锥面位置尺寸	2.5	S-2	按 12.2
	B2	6.6 嘴体 1 号芯腔喉部直径尺寸			
	B3	6.7 嘴体芯腔 5V1 螺纹的中径、小径和深度尺寸		I	按 12.3
C 类不合格	C1	6.7 嘴体 8CV 外螺纹的中径、大径		S-3	按 12.3
	C2	6.7 嘴口 8V1 外螺纹的中径、大径			
	C3	6.7 嘴体 6V1 外螺纹的中径、大径			
	C4	6.7 六角螺母内螺纹 8CV 的中径、小径			
	C5	6.7 螺母内螺纹 6V1 的中径、小径			
	C6	6.7 螺母内螺纹 8V1 的中径、小径			
	C7	6.7 压芯螺母内螺纹的中径、小径	6.5		
	C8	6.7 轮辋螺母内螺纹的中径、小径			
	C9	第 10 章六角螺母与嘴体的装配扭矩			按 GB/T 9766.1
	C10	第 11 章密封帽的密封性	4.0		
	C11	6.1 规定的 AB01、AB03C、AB04C 型嘴体的喉径尺寸	6.5		按 12.2
	C12	第 7 章除嘴体裂纹以外的外观质量		I	按 12.1
	C13	6.1 规定的 AB01、AB03C、AB04C 型嘴体的锥孔位置尺寸	10	II	按 12.2

14 标识、包装和贮存

14.1 标识

气门嘴包装箱上应有下列标识：

a) 制造厂名称和地址、商标；

b) 产品名称；

c) 产品型号；

d) 数量；

e） 出厂日期。

14.2 包装

14.2.1 产品可以成套包装，也可以按零件包装。

14.2.2 内包装用塑料袋，外包装用纸箱或木箱。

14.2.3 包装箱（袋）内应附有产品合格证。

14.3 贮存

产品应贮存于干燥通风、防高温、防曝晒、防腐蚀、无油污的库房内。

附　录　A
（资料性附录）
本部分型号与国外型号对照

表 A.1 给出了本部分型号与国外型号对照一览表。

表 A.1　本部分型号与国外型号对照表

本部分	ISO 9413	TRA(2006)	ETRTO(2006)	JATMA(2007)	图号
AA01	AA01	—	V1.01.2	—	1
AA01C	—		—	—	1
AB01	AB01	—	V1.03.1	—	2
AB03C	—	—	—	—	3
AB04C	—	—	—	—	3
CB03	CB03	—	—	—	4
CB07C	—	—	—	—	4
CB09C	—	—	—	—	4
CB10C	—	—	—	—	4
CB11C	—	—	—	—	4
D01	D01	—	—	—	9
D02C	—	—	—	—	9
D06	D06	—	V9.01.1	—	9
D15C	—	—	—	—	9
D16C	—	—	—	—	9
E01	E01	—	—	BN1	10
E12	E12	—	V9.02.1	—	10
E01C	—			—	10
F01	F01	—	V9.03.2	—	11
F01C	—	—	—	—	11
F03	F03	—	V9.03.1	—	11
F02C	—	—	—	—	11
F03C	—	—	—	—	12
F04C	—	—	—	—	13
I07	I07	—	V9.04.1	—	14
I03C	—	—	—	—	15
I01	101	VC2	V9.04.4	A 型	16
I02	I02	VC3	—	CL 型	17
I01C	—	—	—	—	18
I02C	—	—	—	A 型	19
I04C	—	—	—	—	20

ICS 83.160.01
G 41

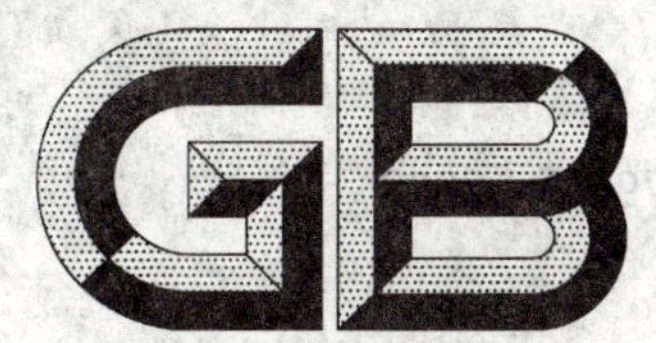

中华人民共和国国家标准

GB 1796.2—2008
代替 GB 12835—2001

轮胎气门嘴
第 2 部分:胶座气门嘴

Tyre valves—Part 2: Rubber base valves

(ISO 9413:1998, Tyre valves—Dimensions and designation, NEQ)

2008-09-18 发布　　　　2009-09-01 实施

中华人民共和国国家质量监督检验检疫总局
中国国家标准化管理委员会　发布

前　言

本部分第 10 章和第 11 章为强制性的，其余为推荐性的。

GB 1796《轮胎气门嘴》分为六个部分：

——第 1 部分：压紧式内胎气门嘴；

——第 2 部分：胶座气门嘴；

——第 3 部分：卡扣式气门嘴；

——第 4 部分：压紧式无内胎气门嘴；

——第 5 部分：大芯腔气门嘴；

——第 6 部分：气门芯。

本部分为 GB 1796 的第 2 部分，对应于 ISO 9413：1998《轮胎气门嘴尺寸及型号》(英文版)。本部分与 ISO 9413：1998 的一致性程度为非等效。

本部分代替 GB 12835—2001《胶座气门嘴》。

本部分与 GB 12835—2001 相比主要变化如下：

——增加了“术语和定义”(见第 3 章)；

——修改了气门嘴及其零部件的标识方法(前版的第 3 章；本版的第 4 章)；

——增加了“结构型式”(见第 5 章)；

——增加和修改了气门嘴和嘴体及零部件的规格型号(前版的第 4 章；本版的第 6 章)；

——修改了技术要求(前版的第 5 章；本版的第 7～11 章)；

——修改了试验方法(前版的第 6 章；本版的第 12 章)；

——修改了检验规则(前版的第 7 章；本版的第 13 章)；

——增加了资料性附录“本部分型号与国外型号对照”(见附录 A)。

本部分附录 A 为资料性附录。

本部分由中国石油和化学工业协会提出。

本部分由全国轮胎轮辋标准化技术委员会(SAC/TC19)归口。

本部分主要起草单位：江阴博尔汽配工业有限公司、江西气门芯厂。

本部分参加起草单位：山东高天金属制造有限公司、佛山市顺德区安驰实业有限公司、国家橡胶机械质量监督检验中心、杭州万通气门嘴有限公司、莱州市鑫泰气门嘴厂、高密永通汽配有限公司。

本部分主要起草人：唐建兰、古伟雄、李峰、李展刚、沈杰、顾一柱、孙金东、贺建滨。

本部分所代替标准的历次版本发布情况为：

——GB 12835—1991、GB 12835—2001。

轮胎气门嘴
第 2 部分:胶座气门嘴

1 范围

GB 1796 的本部分规定了胶座气门嘴(以下简称气门嘴)的术语和定义、型号标记、结构型式、零部件的类型、结构尺寸及材料、外观、胶座边缘厚度、最大使用压力、密封性、橡胶与金属的粘着强度和附胶率、试验方法、检验规则、标识、包装及贮存。

本部分适用于工业车辆、农业车辆、工程机械、摩托车、电动车和力车等内胎用气门嘴。

本部分不适用于航空轮胎用气门嘴。

2 规范性引用文件

下列文件中的条款通过 GB 1796 的本部分的引用而成为本部分的条款。凡是注日期的引用文件，其随后所有的修改单(不包括勘误的内容)或修订版均不适用于本部分，然而，鼓励根据本部分达成协议的各方研究是否可使用这些文件的最新版本。凡是不注日期的引用文件，其最新版本适用于本部分。

GB 1796.6　轮胎气门嘴　第 6 部分:气门芯(GB 1796.6—2008,ISO 9413:1998,Tyre valves—Dimensions and designation,NEQ)

GB/T 2828.1—2003　计数抽样检验程序　第 1 部分:按接收质量限(AQL)检索的逐批检查抽样计划(ISO 2859-1:1999,IDT)

GB 9764　轮胎气门嘴芯腔(GB 9764—1997,neq ISO 6762:1982; ISO 7442:1982)

GB 9765　轮胎气门嘴螺纹(GB 9765—1997,neq ISO 4570-1:1977,ISO 4570-2:1979,ISO 4570-3:1980)

GB/T 9766.2　轮胎气门嘴试验方法　第 2 部分:胶座气门嘴试验方法

GB/T 12839　轮胎气门嘴术语及其定义(GB/T 12839-2005,ISO 3877-2:1997,Tyres,valves and tubes—List of equivalent terms—Part 2:Tyre valves,NEQ)

GB/T 21285　轮胎气门嘴及其零部件的标识方法(GB/T 21285—2007,ISO 10475:1992,Valves for tubeless tyres and valves for tubes—Identification system for valves and their components,MOD)

3 术语和定义

GB/T 12839 确立的术语及其定义适用于 GB 1796 的本部分。

4 型号标记

产品的型号标记应符合 GB/T 21285 的规定，本部分的型号与国外标准的型号对照参见附录 A。

5 结构型式

气门嘴的结构型式应符合表 1 和图 1～图 22 的规定。

本部分中所有线性尺寸均为毫米。

表 1

型号	图形	零部件				气门嘴孔直径或轮辋槽宽/mm	参考用途
		防护帽	气门芯	螺母	垫片		
AA02～AA06、AA02C～AA04C	图 1	I07	H03C	F03	—	ϕ6.2	力车
AA07	图 2	I07	H03C	—			
AB02	图 3	I07	H04C	F04C、F01	—	ϕ8.3	力车 摩托车
AB01C、AB02C	图 4	I07 或 I03C	H04C 或 H05C	F03C、F02C、E01C	D03C		
CB02、CB04C	图 5		H01	F01 或 E01			
CB03C			H01S				
CB08C	图 6		H01				
CF04、CF05、CF06C～CF08C DF03C、DF04C	图 7		H01	—	—	ϕ11.3	工业车辆 农业车辆 摩托车
DF02C、DF05C			H01S	—	—		
DG01、DG02	图 8		H01	—	—	L12.5 或 L15	工业车辆
CG01～CG06、DG04～DG09			H01	—	—		工程机械 工业车辆
CG08～CG13、DG10～DG15	图 9		H01	—	—		
CG01C、CG03C～CG12C、DG02C～DG11C、EG01C～EG08C	图 10		H01	E03C	D08C 或 D18C～D21C 或 D22C		
CG02C、DG01C		I01 或 I02 或 I01C 或 I02C 或 I04C			D09C		
CG07	图 11		H01S	E04	D07	ϕ11.3	工程机械
DG03、DG12C						L12.5 或 L15	工业车辆
CJ06	图 12		H01S	E08	—	ϕ15.7	农业车辆
CB05C	图 13		H01S	—	—	ϕ8.3	力车 摩托车
CB01、CB06C			H01	—	—		
CF02、DF01	图 14		H01S	—	—	ϕ11.3	工业车辆 农业车辆
CF01	图 15		H01	—	—		
CJ01						ϕ15.7	农业车辆
CF03	图 16		H01	—	—	ϕ11.3	农业车辆 工业车辆
CJ07						ϕ15.7	
CJ02、CJ03	图 17		H01	—	—		
CJ04	图 18		H01	—	—		
CJ05	图 19		H01	—	—		
CJ08、CJ09	图 20		H01	F02	—		
DB01C～DB03C	图 21		H01S	—	—	ϕ8.3	电动车

表 1(续)

型号	图形	零部件				气门嘴孔直径或轮辋槽宽/mm	参考用途
		防护帽	气门芯	螺母	垫片		
DZ01～DZ12、EZ01～EZ04、FZ01～FZ04、FZ07C～FZ14C	图 22	I01 或 I02 或 I01C 或 I02C 或 I04C	H01	—	B02	L12.5 或 L15	工业车辆
FZ05			H01S				

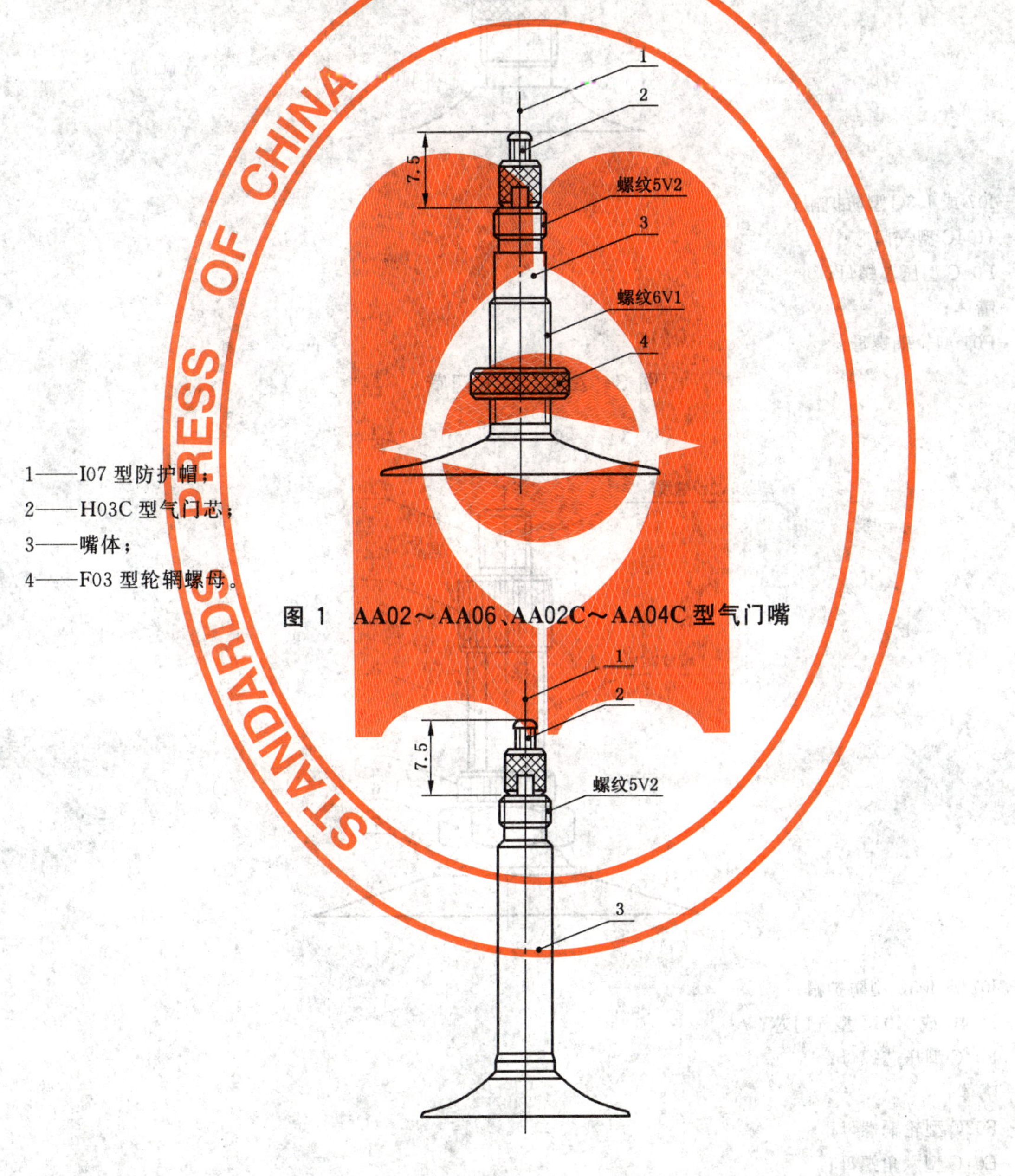

1——I07 型防护帽；
2——H03C 型气门芯；
3——嘴体；
4——F03 型轮辋螺母。

图 1　AA02～AA06、AA02C～AA04C 型气门嘴

1——I07 型防护帽；
2——H03C 型气门芯；
3——嘴体。

图 2　AA07 型气门嘴

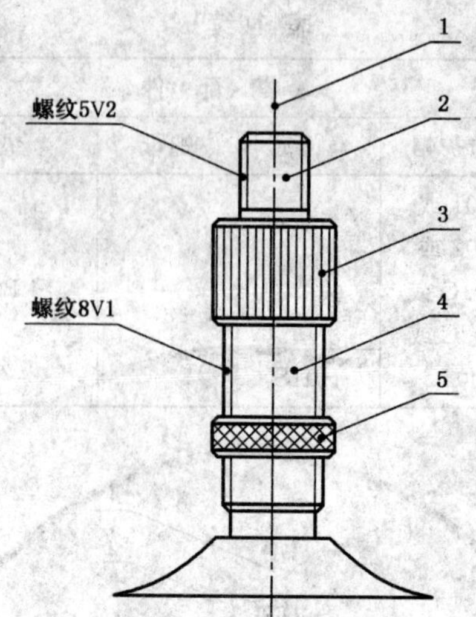

1——I07 或 I03C 型防护帽；
2——H04C 型气门芯；
3——F04C 型压芯螺母；
4——嘴体；
5——F01 型轮辋螺母。

图 3　AB02 型气门嘴

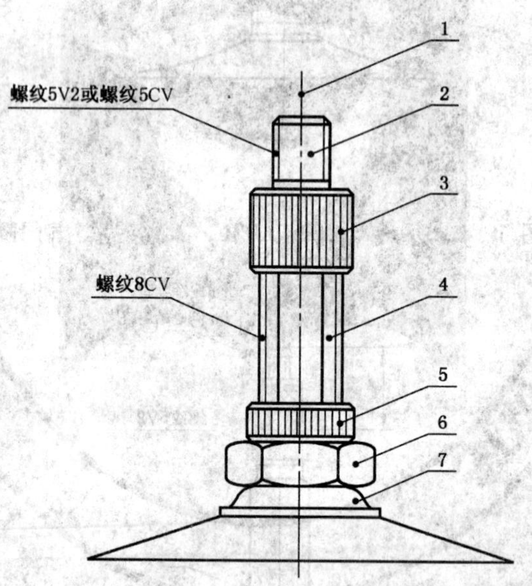

1——I07 或 I03C 型防护帽；
2——H04C 或 H05C 型气门芯；
3——F03C 型压芯螺母；
4——嘴体；
5——F02C 型轮辋螺母；
6——E01C 型六角螺母；
7——D03C 型垫片。

图 4　AB01C、AB02C 型气门嘴

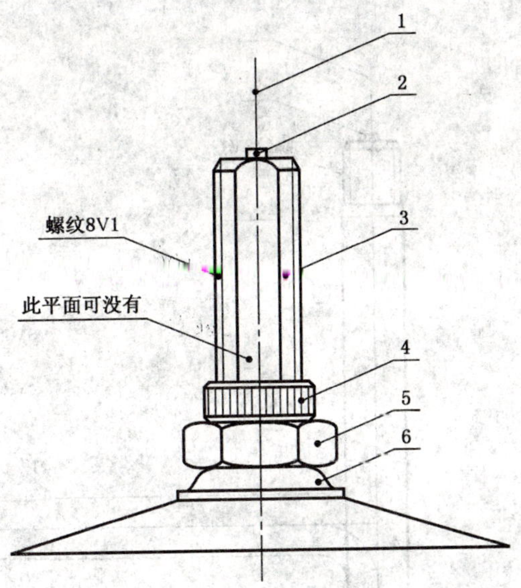

1——I01 或 I02 或 I01C 或 I02C 或 I04C 型防护帽；

2——H01 型气门芯；

3——嘴体；

4——F01 型轮辋螺母或 E01 型六角螺母；

5——E01 型六角螺母；

6——D03C 型垫片。

图 5　CB02、CB03C、CB04C 型气门嘴

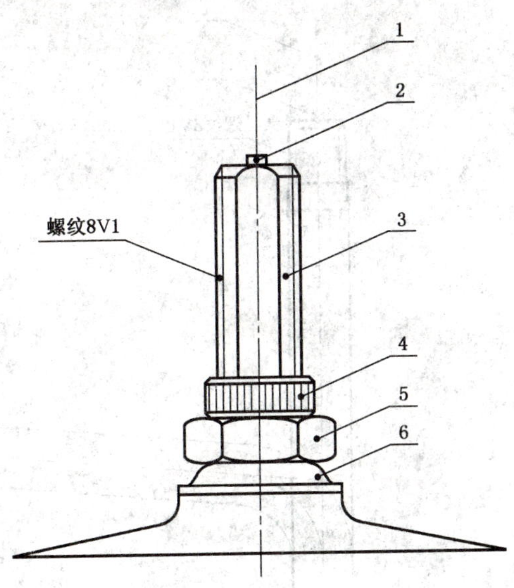

1——I01 或 I02 或 I01C 或 I02C 或 I04C 型防护帽；

2——H01 型气门芯；

3——嘴体；

4——F01 型轮辋螺母或 E01 型六角螺母；

5——E01 型六角螺母；

6——D03C 型垫片。

图 6　CB08C 型气门嘴

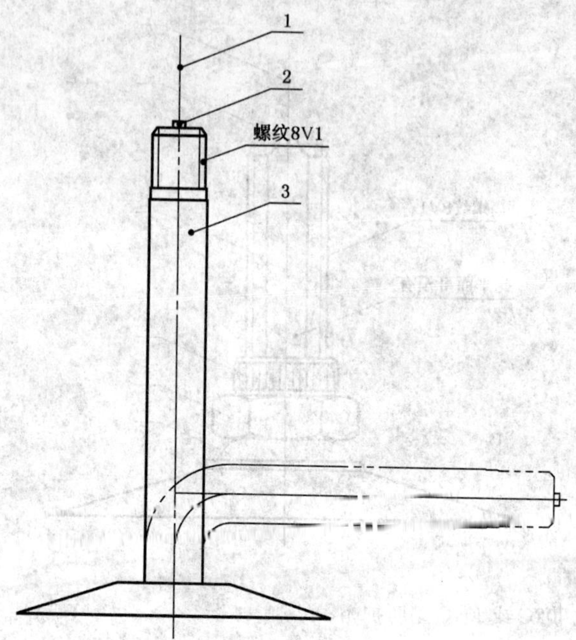

1——I01 或 I02 或 I01C 或 I02C 或 I04C 型防护帽；
2——H01 型气门芯；
3——嘴体。

图 7 CF04、CF05、DG01、DG02、CF06C～CF08C、DF02C～DF05C 型气门嘴

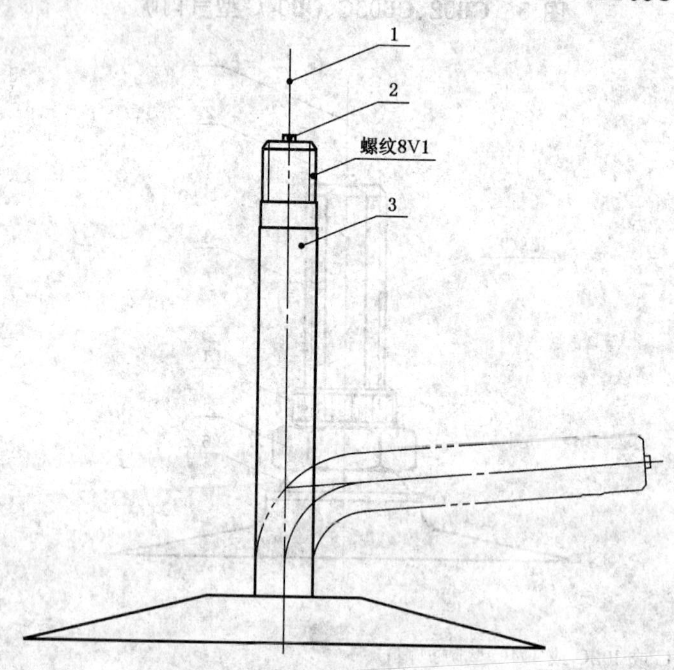

1——I01 或 I02 或 I01C 或 I02C 或 I04C 型防护帽；
2——H01 型气门芯；
3——嘴体。

图 8 CG01～CG06、DG04～DG09 型气门嘴

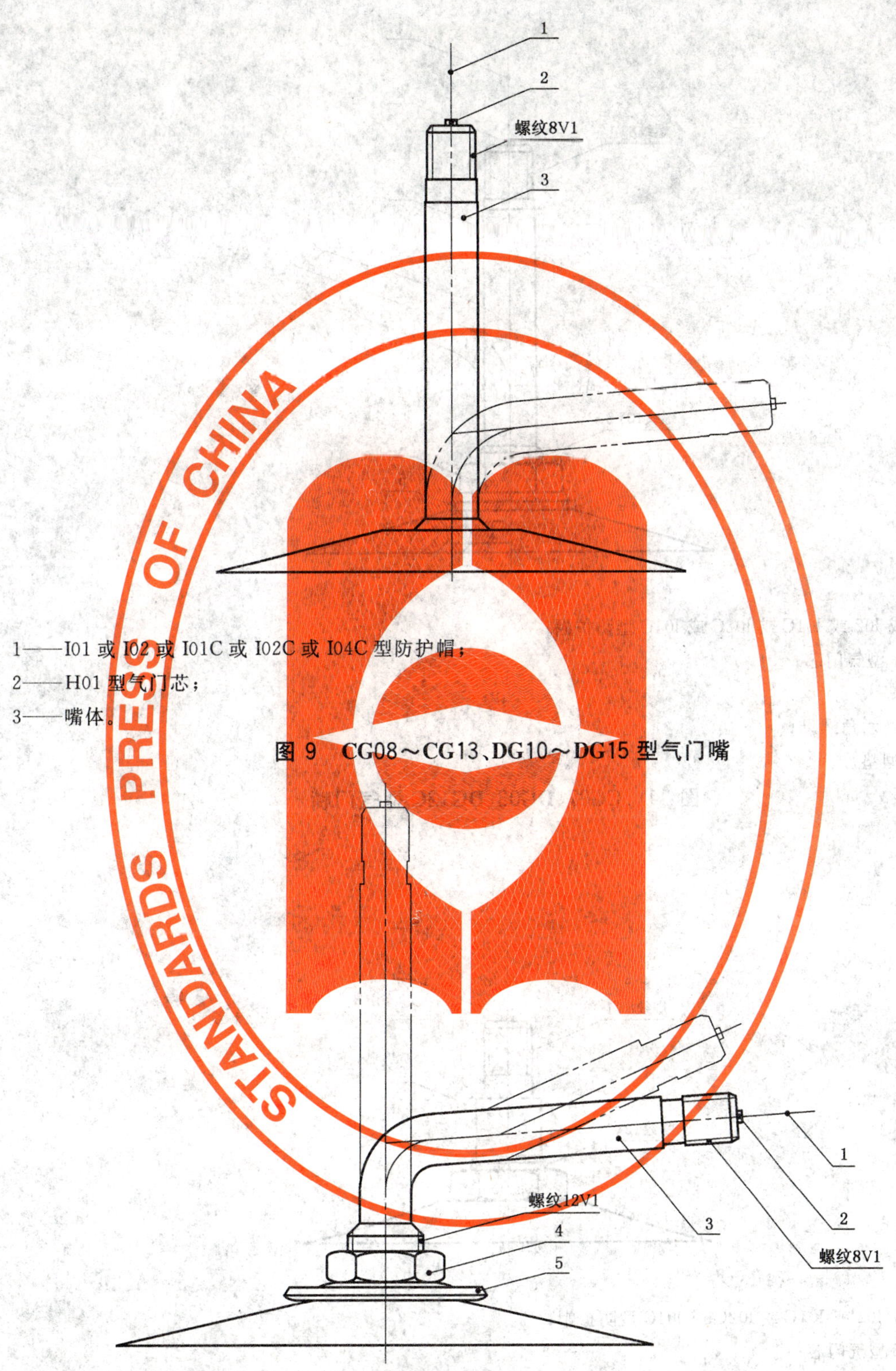

1——I01 或 I02 或 I01C 或 I02C 或 I04C 型防护帽；
2——H01 型气门芯；
3——嘴体。

图 9　CG08～CG13、DG10～DG15 型气门嘴

1——I01 或 I02 或 I01C 或 I02C 或 I04C 型防护帽；
2——H01 型气门芯；
3——嘴体；
4——E03C 型六角螺母；
5——D08C 或 D09C 或 D18C～D21C 或 D22C 型垫片。

图 10　CG01C～CG12C、DG01C～DG11C、EG01C～EG08C 型气门嘴

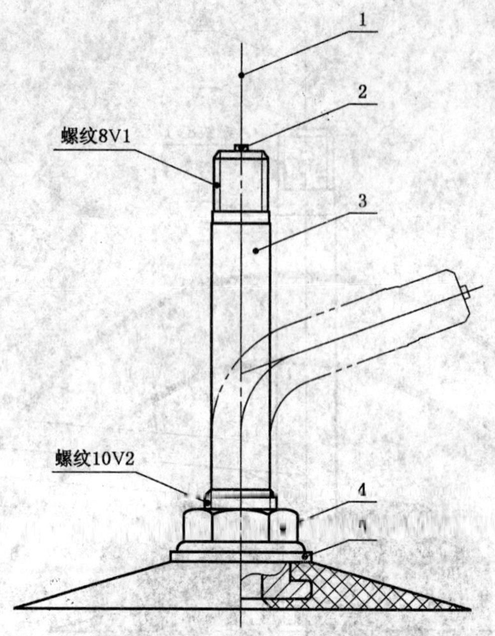

1——I01 或 I02 或 I01C 或 I02C 或 I04C 型防护帽；
2——H01S 型气门芯；
3——嘴体；
4——E04 型六角螺母；
5——D07 型垫片。

图 11　CG07、DG03、DG12C 型气门嘴

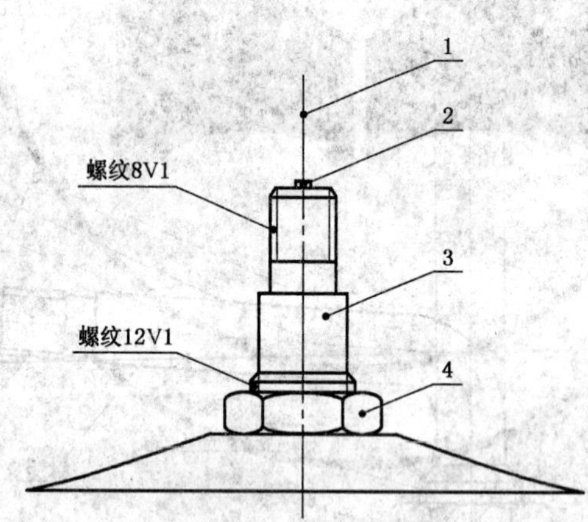

1——I01 或 I02 或 I01C 或 I02C 或 I04C 型防护帽；
2——H01S 型气门芯；
3——嘴体；
4——E08 型六角螺母。

图 12　CJ06 气液型气门嘴

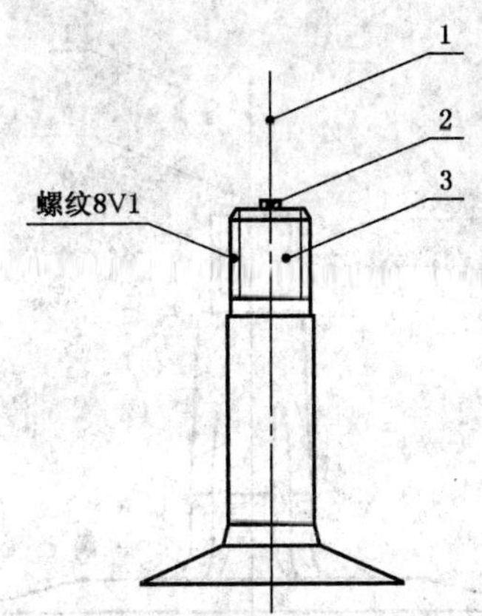

1——I01 或 I02 或 I01C 或 I02C 或 I04C 型防护帽；

2——H01 型气门芯；

3——嘴体。

图 13 CB01、CB05C、CB06C 型气门嘴

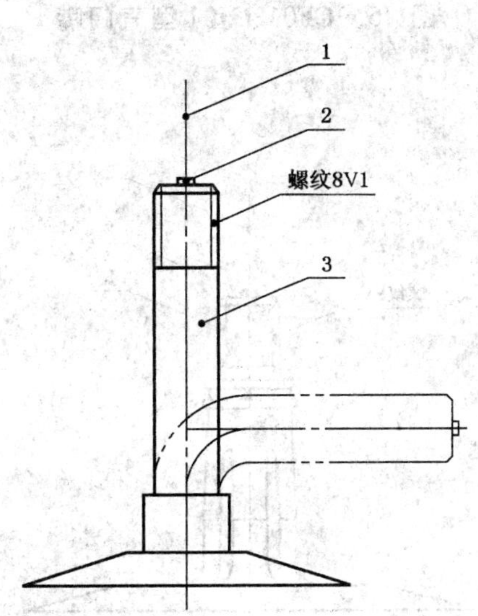

1——I01 或 I02 或 I01C 或 I02C 或 I04C 型防护帽；

2——H01S 型气门芯；

3——嘴体。

图 14 CF02、DF01 型气门嘴

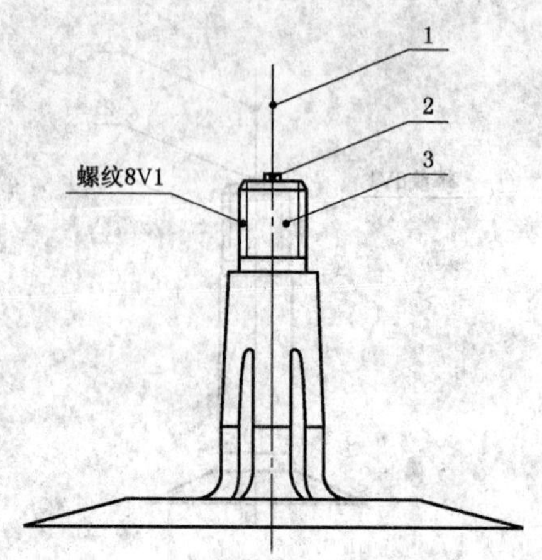

1——I01 或 I02 或 I01C 或 I02C 或 I04C 型防护帽；
2——H01 型气门芯；
3——嘴体。

图 15　CF01、CJ01 型气门嘴

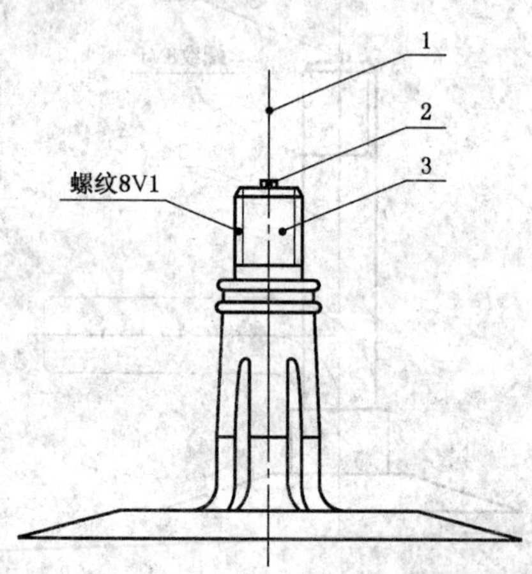

1——I01 或 I02 或 I01C 或 I02C 或 I04C 型防护帽；
2——H01 型气门芯；
3——嘴体。

图 16　CF03、CJ07 气液型气门嘴

1——I01 或 I02 或 I01C 或 I02C 或 I04C 型防护帽；

2——H01 型气门芯；

3——嘴体。

图 17 CJ02、CJ03 型可弯气门嘴

1——I01 或 I02 或 I01C 或 I02C 或 I04C 型防护帽；

2——H01 型气门芯；

3——嘴体。

图 18 CJ04 气液型可弯气门嘴

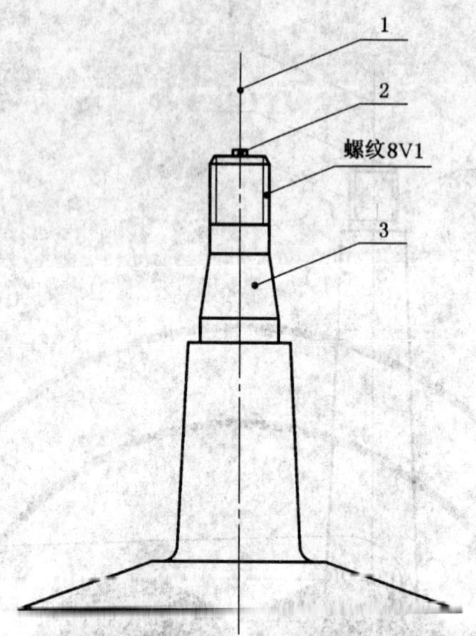

1——I01 或 I02 或 I01C 或 I02C 或 I04C 型防护帽；
2——H01 型气门芯；
3——嘴体。

图 19 CJ05 气液型气门嘴

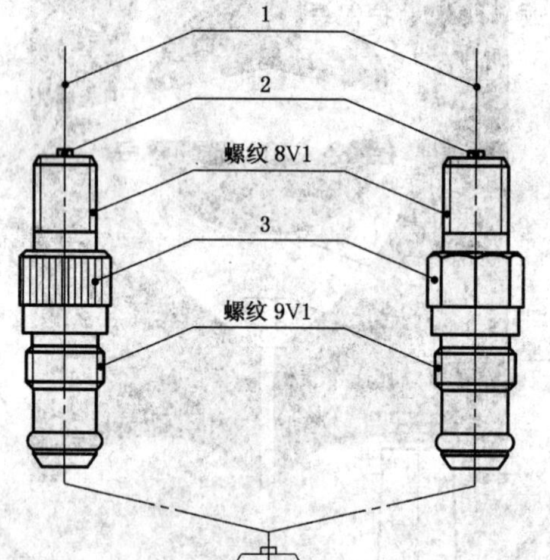

1——I01 或 I02 或 I01C 或 I02C 或 I04C 型防护帽；
2——H01 型气门芯；
3——CZ01 型芯套；
4——F02 型轮辋螺母；
5——ZJ01 或 ZJ02 型嘴座。

图 20 CJ08、CJ09 气液型气门嘴

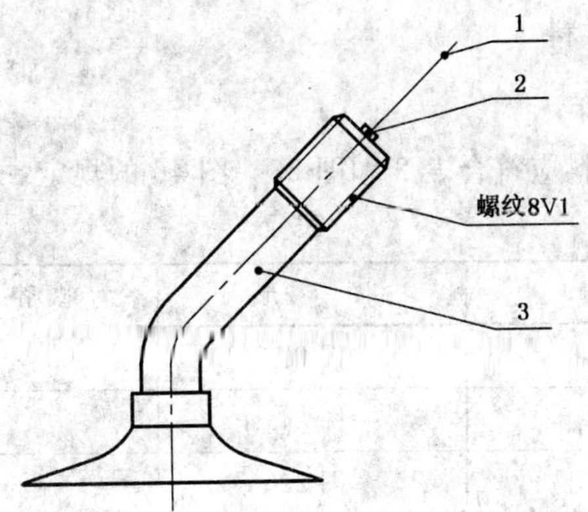

1——I01 或 I02 或 I01C 或 I02C 或 I04C 防护帽；
2——H01S 型气门芯；
3——嘴体。

图 21 DB01C～DB03C 型气门嘴

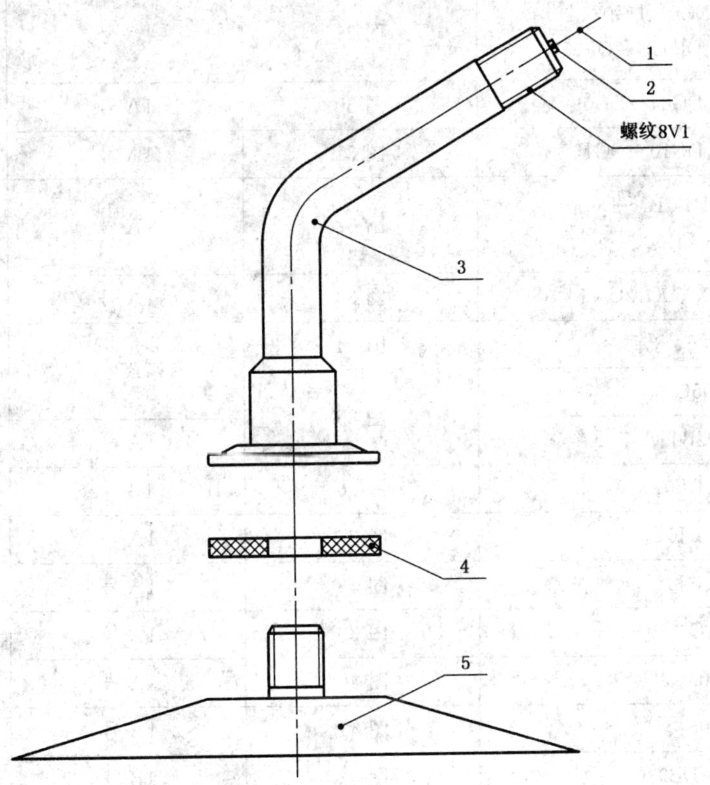

1——I01 或 I02 或 I01C 或 I02C 或 I04C 防护帽；
2——H01 型气门芯；
3——嘴体；
4——B02 型密封垫；
5——ZG01 型嘴座。

图 22 DZ01～DZ12、EZ01～EZ04、FZ01～FZ05、FZ07C～FZ14C 拧装式气门嘴装配图

6 零部件的类型、结构尺寸及材料

6.1 嘴体

嘴体的类型、结构尺寸及材料应符合表2和图23～图46的规定。

表2

<table>
<tr><th>型　号</th><th>图　形</th><th>芯腔型式</th><th>材　料</th></tr>
<tr><td>AA02～AA06、AA02C～AA04C</td><td>图23</td><td>—</td><td rowspan="25">黄铜或其他金属材料和橡胶</td></tr>
<tr><td>AA07</td><td>图24</td><td>—</td></tr>
<tr><td>AB02</td><td>图25</td><td>—</td></tr>
<tr><td>AB01C、AB02C</td><td>图26</td><td>—</td></tr>
<tr><td>CB02、CB04C</td><td rowspan="2">图27</td><td>1A号</td></tr>
<tr><td>CB03C</td><td>1B号</td></tr>
<tr><td>CB08C</td><td>图28</td><td>1A号</td></tr>
<tr><td>CF04、CF05、DG01、DG02、
CF06C～CF08C、DF02C～DF05C</td><td>图29</td><td>1A号</td></tr>
<tr><td>CG01～CG06、DG04～DG09</td><td>图30</td><td>1A号</td></tr>
<tr><td>CG08～CG13、DG10～DG15</td><td>图31</td><td>1A号</td></tr>
<tr><td>CG01C～CG12C、DG01C～DG11C、
EG01C～EG08C</td><td>图32</td><td>1A号</td></tr>
<tr><td>CG07、DG03、DG12C</td><td>图33</td><td>1A号</td></tr>
<tr><td>CJ06</td><td>图34</td><td rowspan="2">1B号</td></tr>
<tr><td>CB05C</td><td rowspan="2">图35</td></tr>
<tr><td>CB01、CB06C</td><td>1A号</td></tr>
<tr><td>CF02、DF01</td><td>图36</td><td>1B号</td></tr>
<tr><td>CF01、CJ01</td><td>图37</td><td>1A号</td></tr>
<tr><td>CF03、CJ07</td><td>图38</td><td>1A号</td></tr>
<tr><td>CJ02、CJ03</td><td>图39</td><td>1A号</td></tr>
<tr><td>CJ04</td><td>图40</td><td>1A号</td></tr>
<tr><td>CJ05</td><td>图41</td><td>1A号</td></tr>
<tr><td>DB01C～DB03C</td><td>图42</td><td>1B号</td></tr>
<tr><td>DZ01～DZ12</td><td>图43</td><td>1A号</td></tr>
<tr><td>EZ01～EZ04</td><td>图44</td><td>1A号</td></tr>
<tr><td>FZ01～FZ05、FZ07C～FZ14C</td><td>图45</td><td>1A号</td></tr>
<tr><td>ZJ01,ZJ02</td><td>图46</td><td>—</td><td></td></tr>
</table>

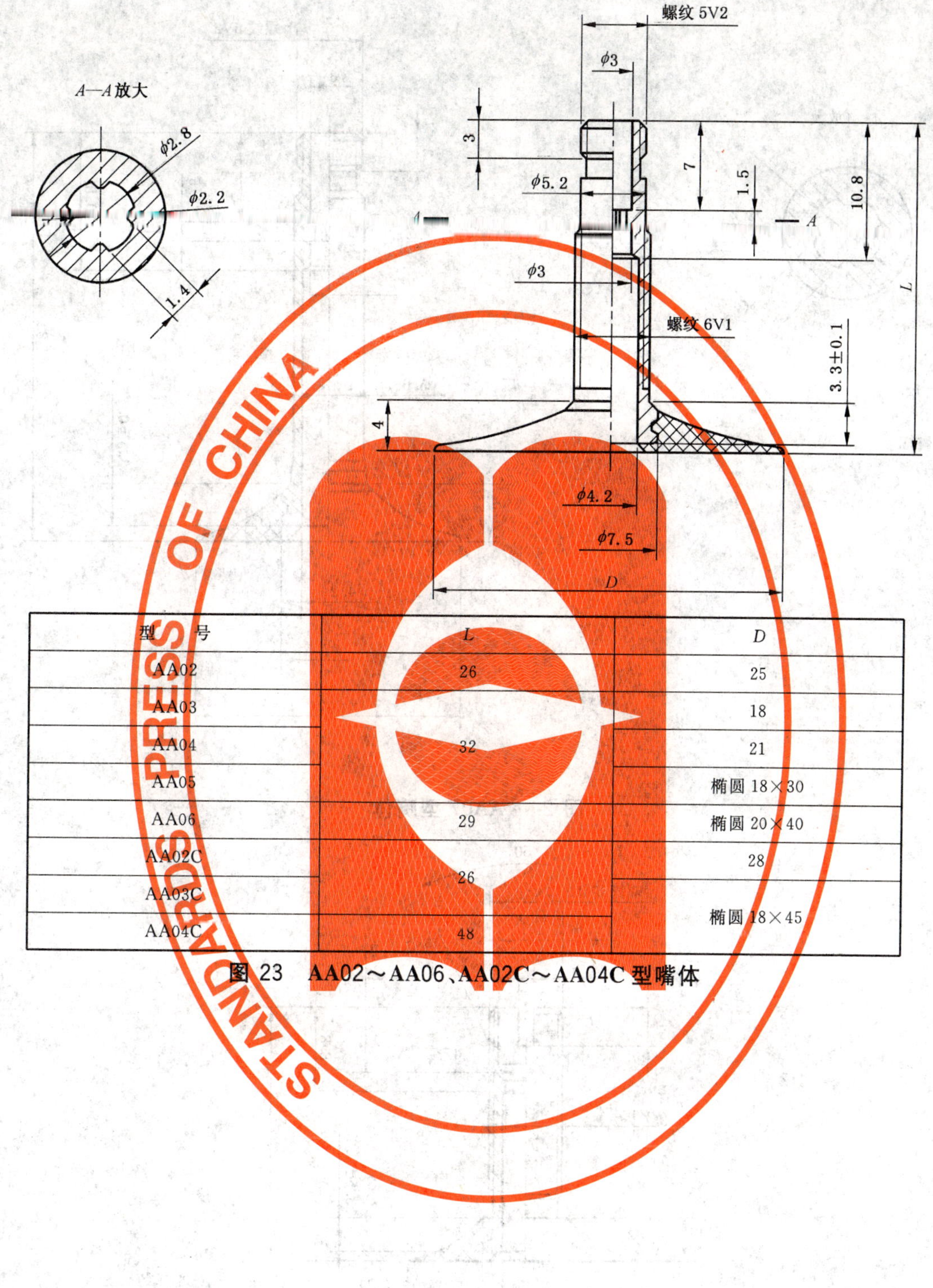

型号	L	D
AA02	26	25
AA03	32	18
AA04		21
AA05		椭圆 18×30
AA06	29	椭圆 20×40
AA02C	26	28
AA03C		椭圆 18×45
AA04C	48	

图 23　AA02～AA06、AA02C～AA04C 型嘴体

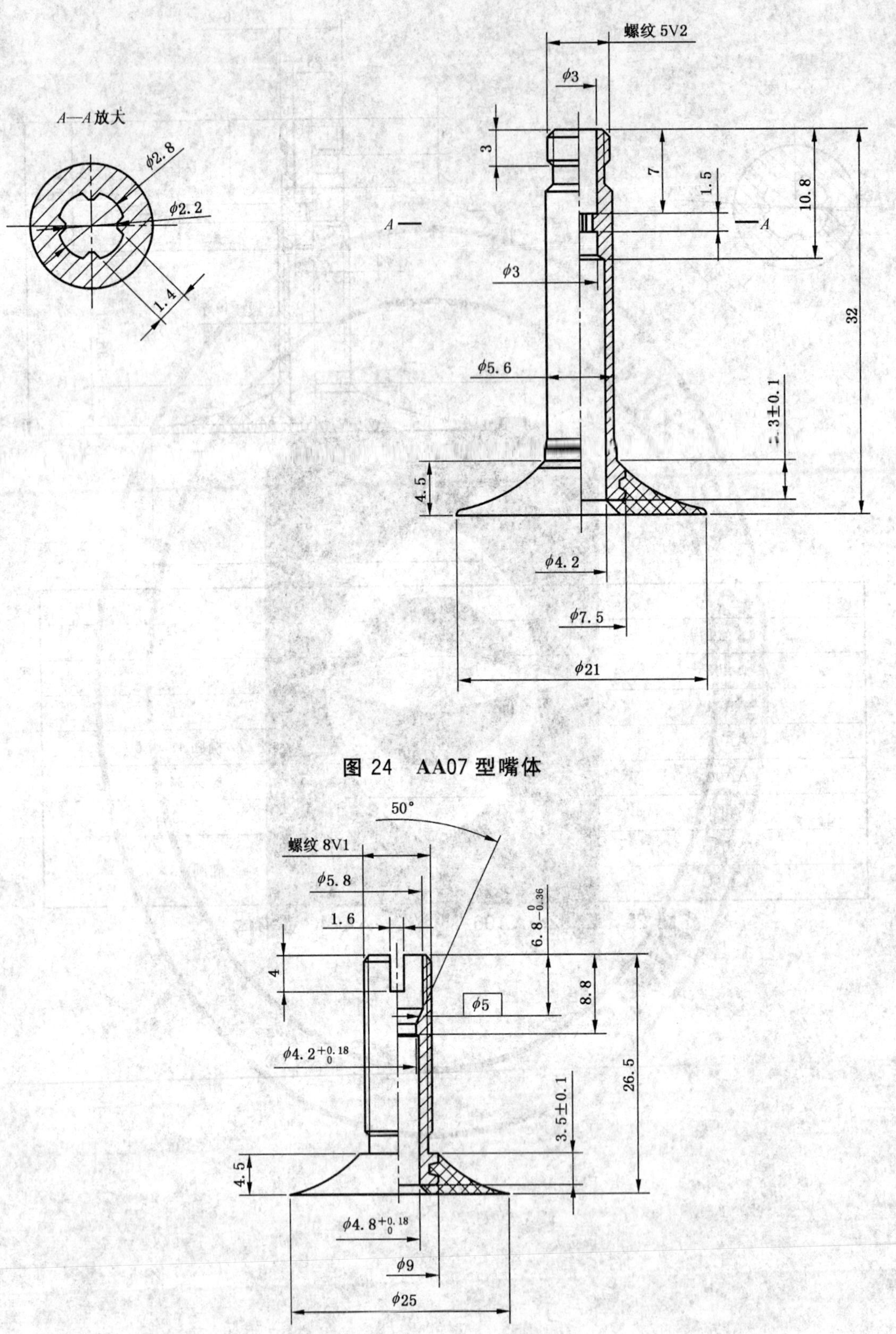

图 24　AA07 型嘴体

图 25　AB02 型嘴体

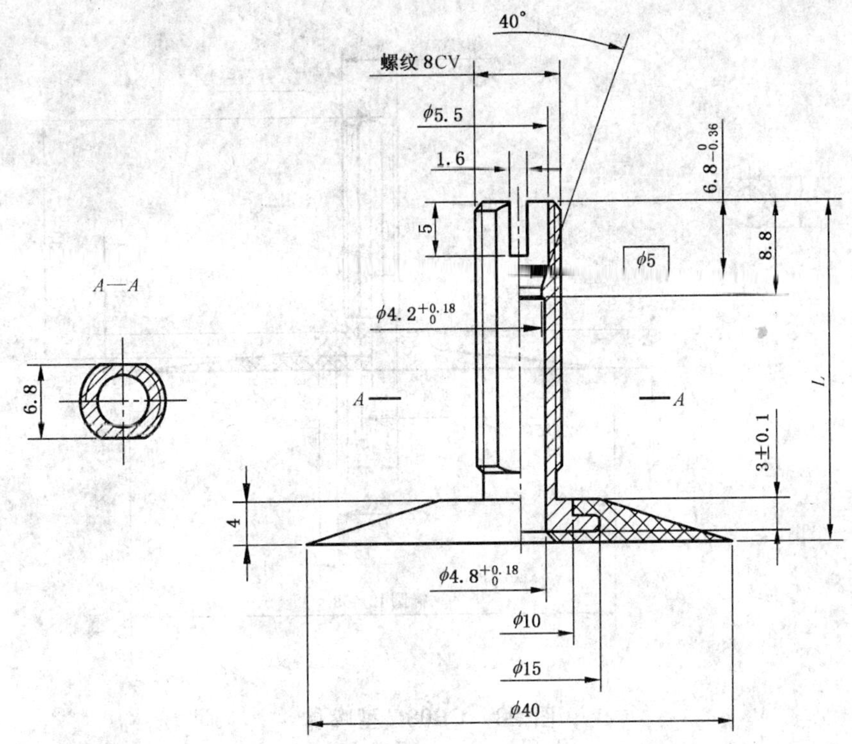

型　号	L
AB01C	30
AB02C	33

图 26　AB01C、AB02C 型嘴体

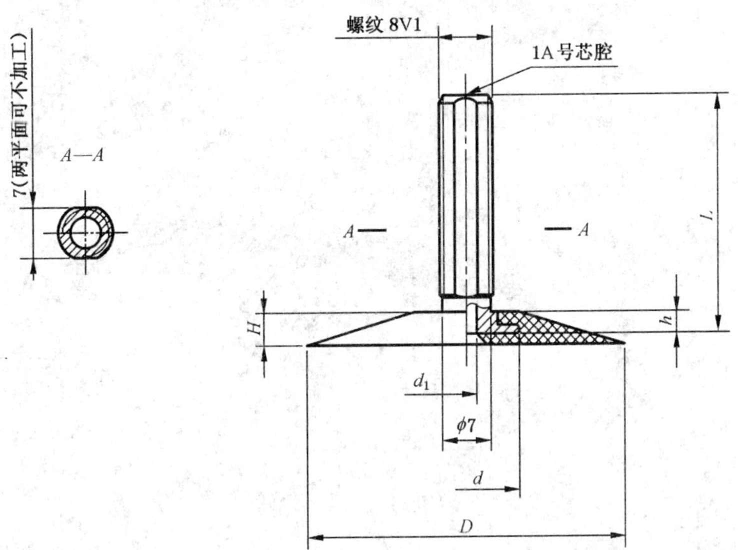

型　号	L	h	H	d_1	d	D
CB02	33	3.3±0.1	4.5	$3^{+0.14}_{0}$	15	45
CB03C[a]	30	3±0.1	4	$4.3^{+0.18}_{0}$		40
CB04C	40	4±0.1	5.5	$3^{+0.14}_{0}$	16	55

a　仅适用 H01S 型气门芯。

图 27　CB02、CB03C、CB04C 型嘴体

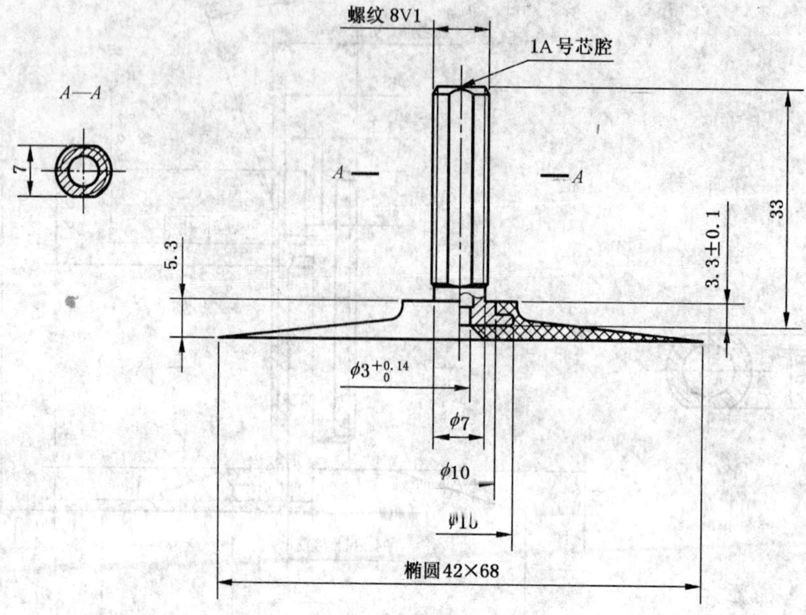

图 28　CB08C 型嘴体

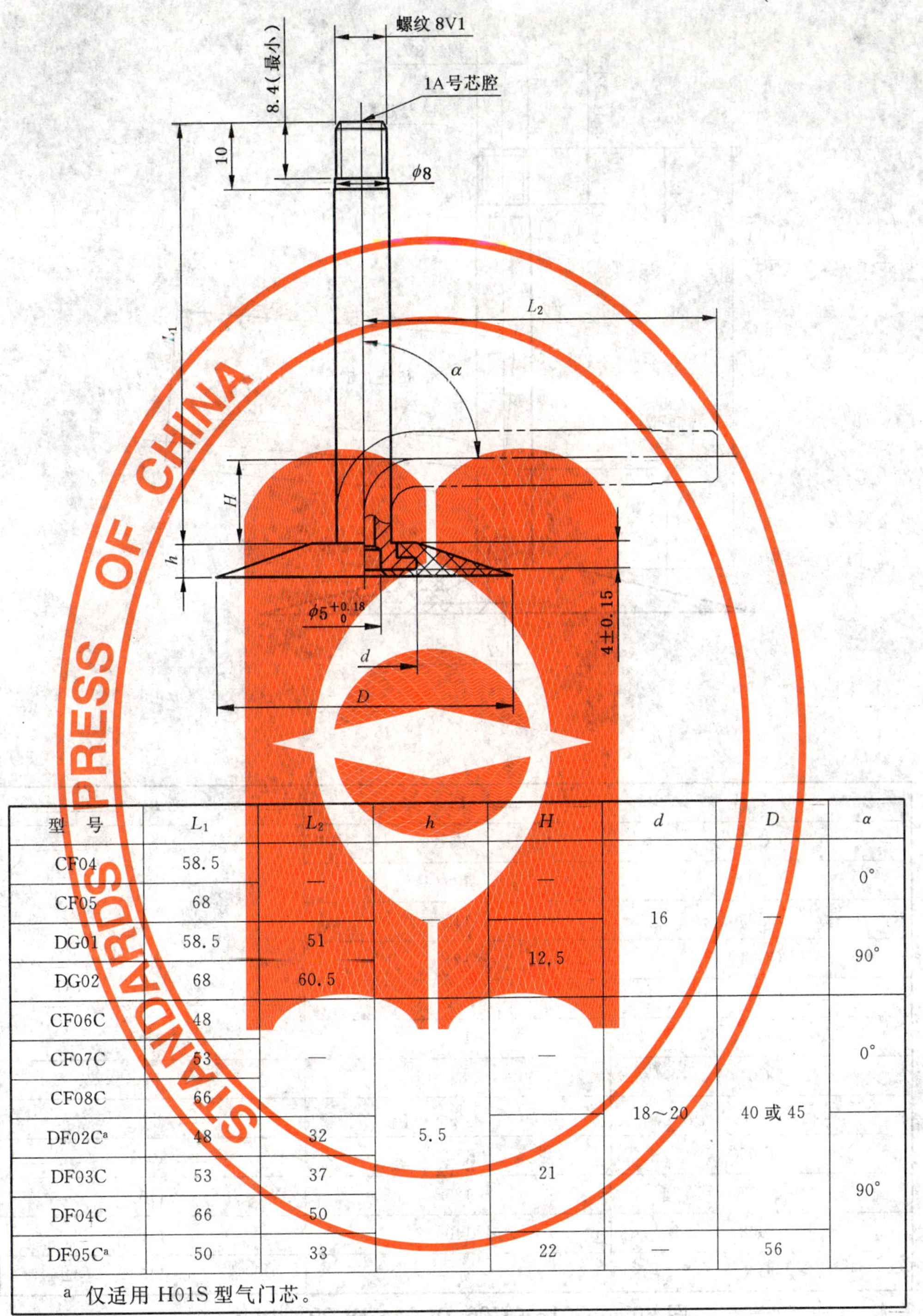

型号	L_1	L_2	h	H	d	D	α
CF04	58.5	—	—	—	16	—	0°
CF05	68						
DG01	58.5	51		12.5			90°
DG02	68	60.5					
CF06C	48	—	5.5	—	18～20	40 或 45	0°
CF07C	53						
CF08C	66						
DF02C[a]	48	32		21			90°
DF03C	53	37					
DF04C	66	50					
DF05C[a]	50	33		22	—	56	

a 仅适用 H01S 型气门芯。

图 29 CF04、CF05、DG01、DG02、CF06C～CF08C、DF02C～DF05C 型嘴体

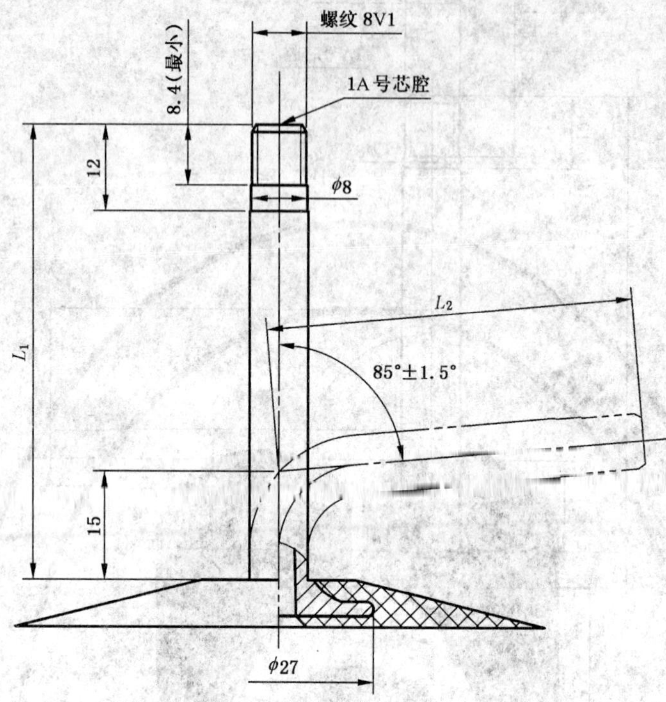

型　　号	L_1	L_2
CG01	85	—
CG02	105	
CG03	115	
CG04	125	
CG05	140	
CG06	155	
DG04	85	75
DG05	105	95
DG06	115	105
DG07	125	115
DG08	140	130
DG09	155	145

图 30　CG01～CG06、DG04～DG09 型嘴体

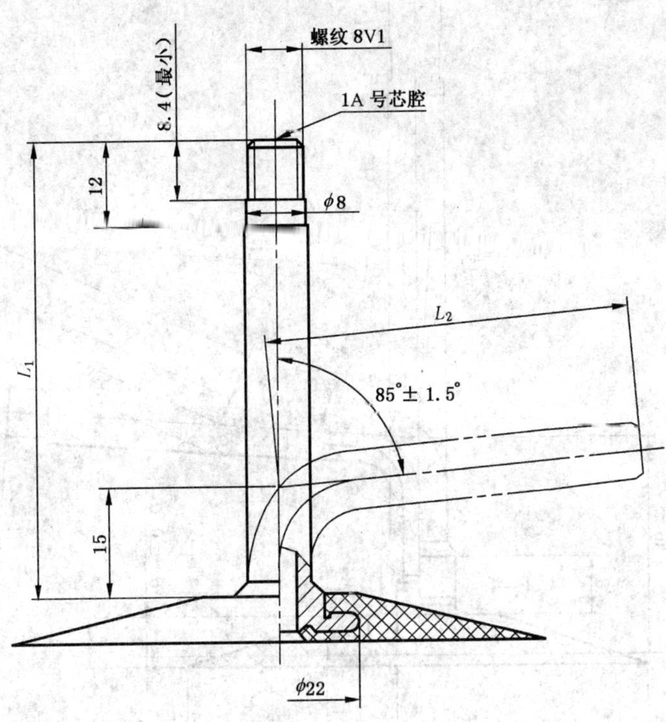

型　　号	L_1	L_2
CG08	85	—
CG09	105	
CG10	115	
CG11	125	
CG12	140	
CG13	155	
DG10	85	75
DG11	105	95
DG12	115	105
DG13	125	115
DG14	140	130
DG15	155	145

图 31　CG08～CG13、DG10～DG15 型嘴体

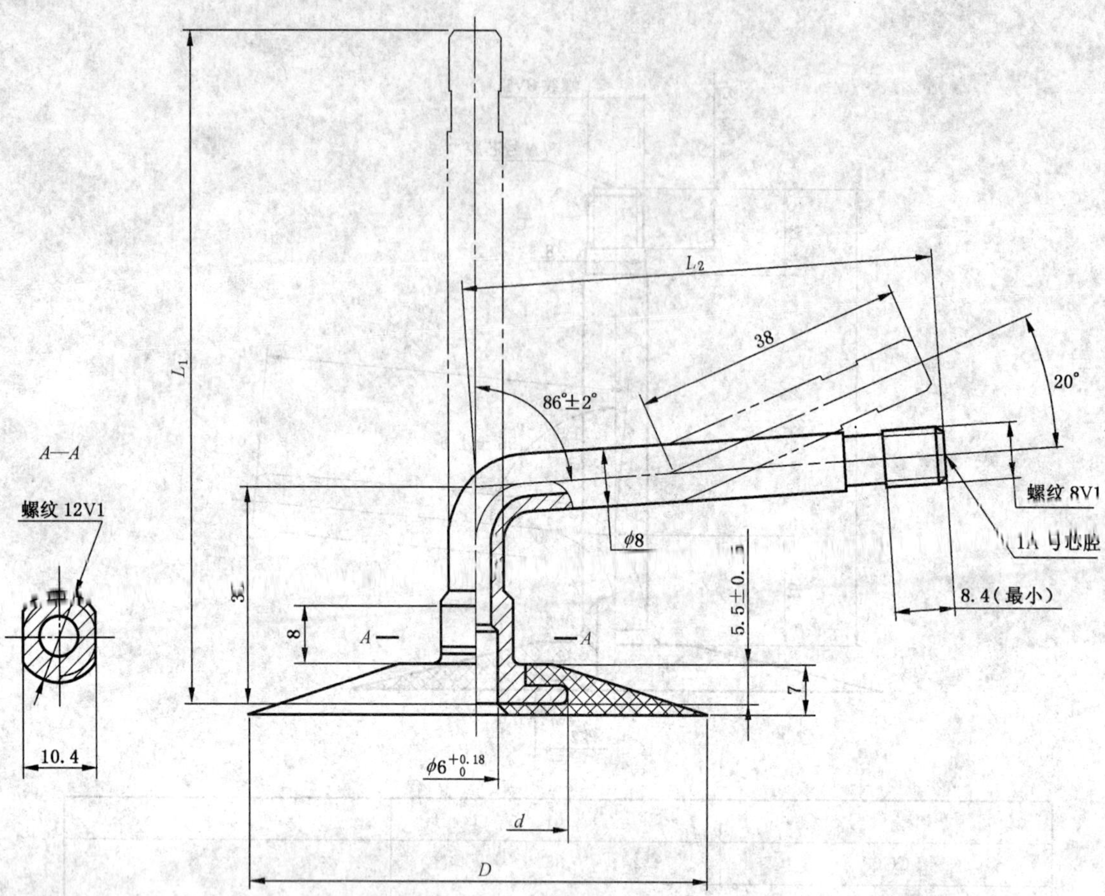

型号	L_1	L_2	d	D	型号	L_1	L_2	d	D
CG01C	50	—	25～28	65	DG05C	111	85	25～28	85
CG02C	70		20～24		DG06C	127	101		
CG03C	71		25～28		DG07C	140	114		
CG04C	76				DG08C	154	128		95
CG05C	104				DG09C	169	143		
CG06C	111			85	DG10C	184	158		
CG07C	127				DG11C	204	178		
CG08C	140				EG01C	104	—		65
CG09C	154			95	EG02C	111			85
CG10C	169				EG03C	127			
CG11C	184				EG04C	140			
CG12C	204				EG05C	154			95
DG01C	70	44	20～24	65	EG06C	169			
DG02C	71	45	25～28		EG07C	184			
DG03C	76	50			EG08C	204			
DG04C	104	78			—				

图 32　CG01C～CG12C、DG01C～DG11C、EG01C～EG08C 型嘴体

型号	L	α
CG07	56	0°
DG03		70°
DG12C	54	90°

图 33 CG07、DG03、DG12C 型嘴体

图 34 CJ06 型嘴体

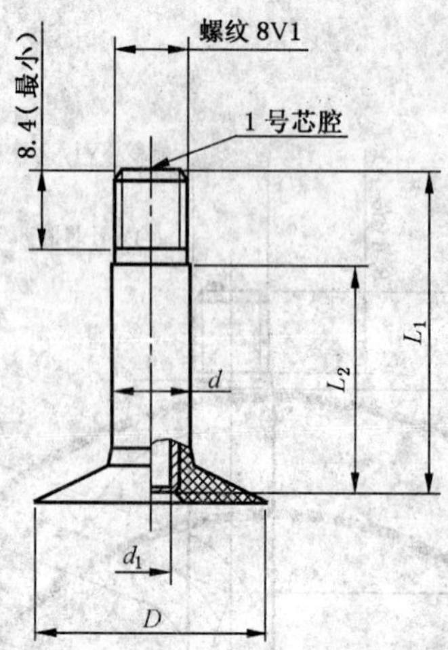

型号	L_1	L_2	d	d_1	D
CB01	34	24±0.16	8.2	$3^{+0.14}_{0}$	25 或 28
CB05C[a]	28	18±0.16		$4.3^{+0.18}_{0}$	22 或 25
CB06C	34	24±0.16	8	$3^{+0.14}_{0}$	25 或 28 或 32

a 仅适用 H01S 型气门芯。

图 35 **CB01、CB05C、CB06C** 型嘴体

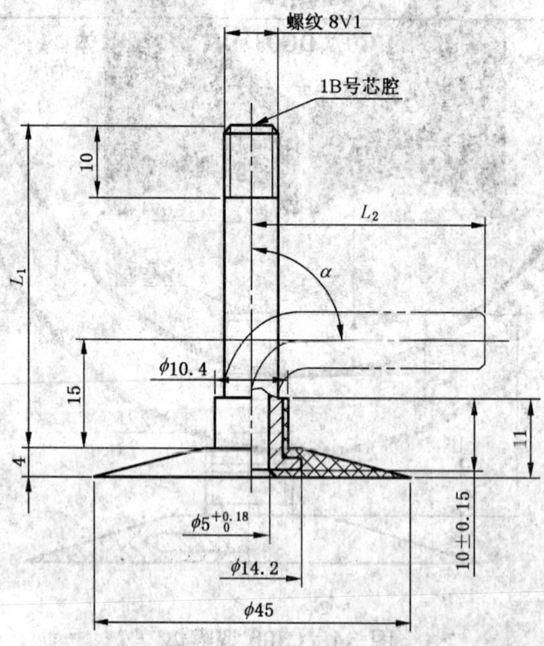

型　号	L_1	L_2	α
CF02	25	—	0°
DF01	44	33	90°

图 36 **CF02、DF01** 型嘴体

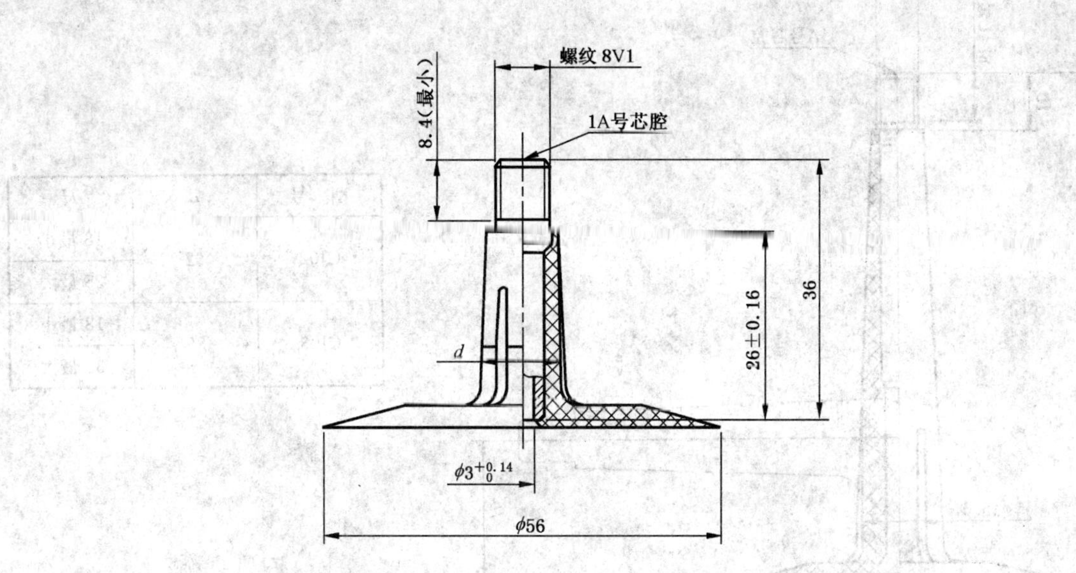

型　　号	d
CF01	11.6
CJ01	16.5

图 37　CF01、CJ01 型嘴体

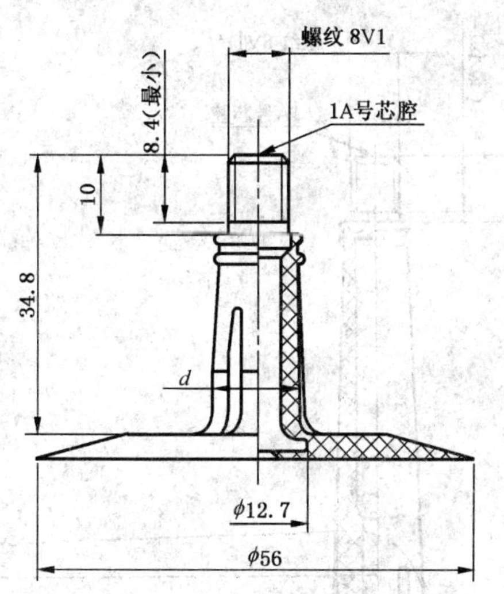

型　　号	d
CF03	11.6
CJ07	16.5

图 38　CF03、CJ07 气液型嘴体

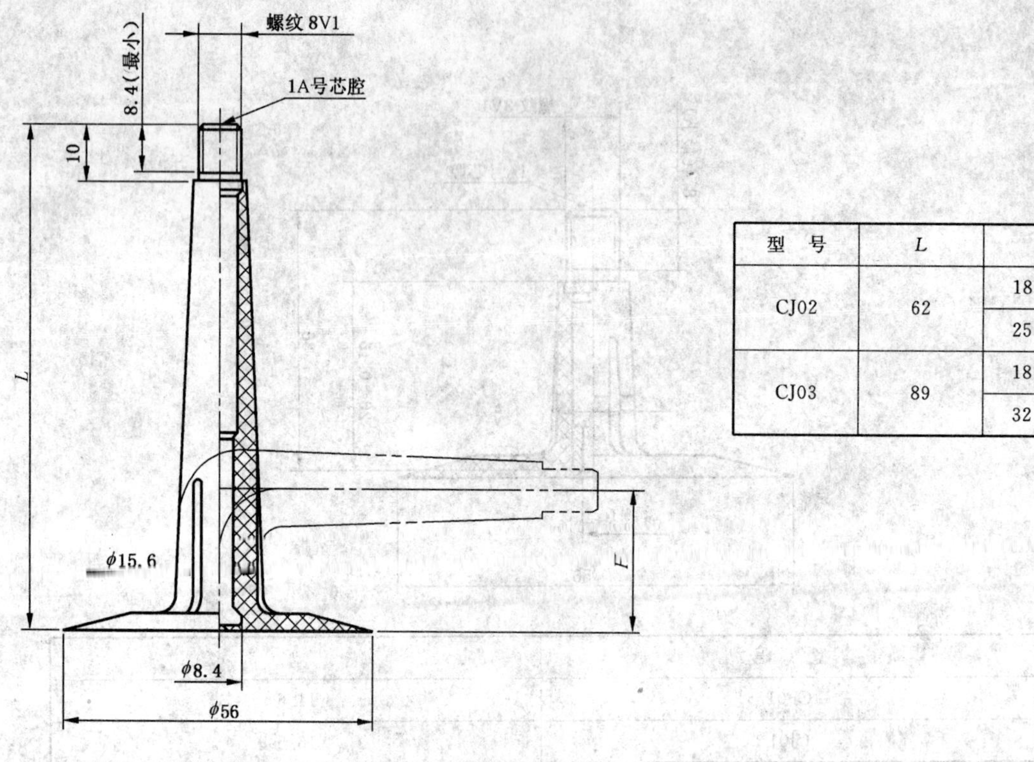

型　号	L	H
CJ02	62	18 最小
		25 最大
CJ03	89	18 最小
		32 最大

图 39　CJ02、CJ03 型可弯嘴体

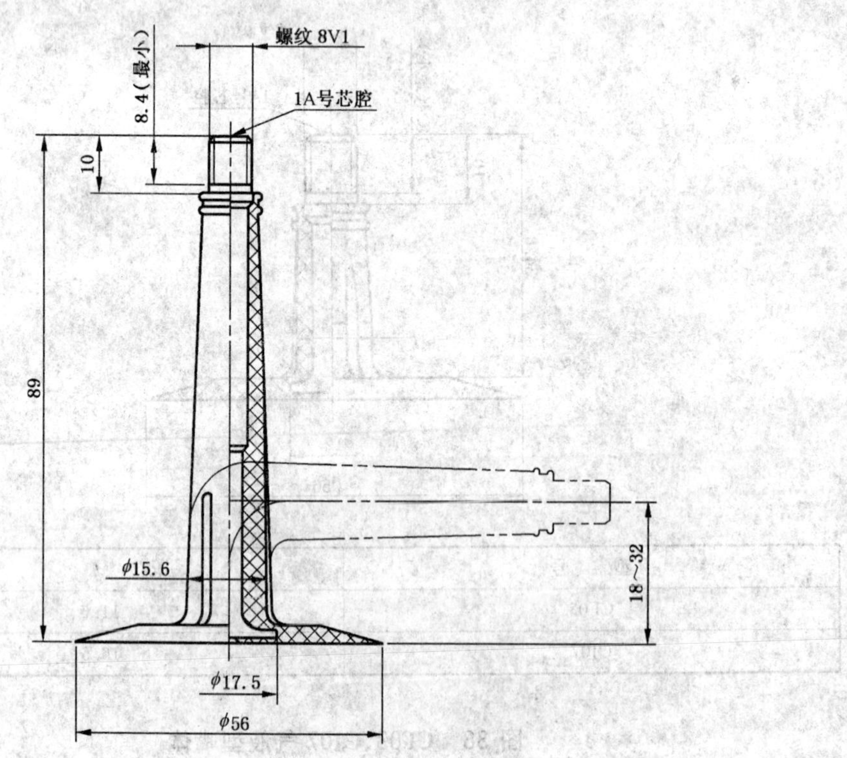

图 40　CJ04 气液型可弯嘴体

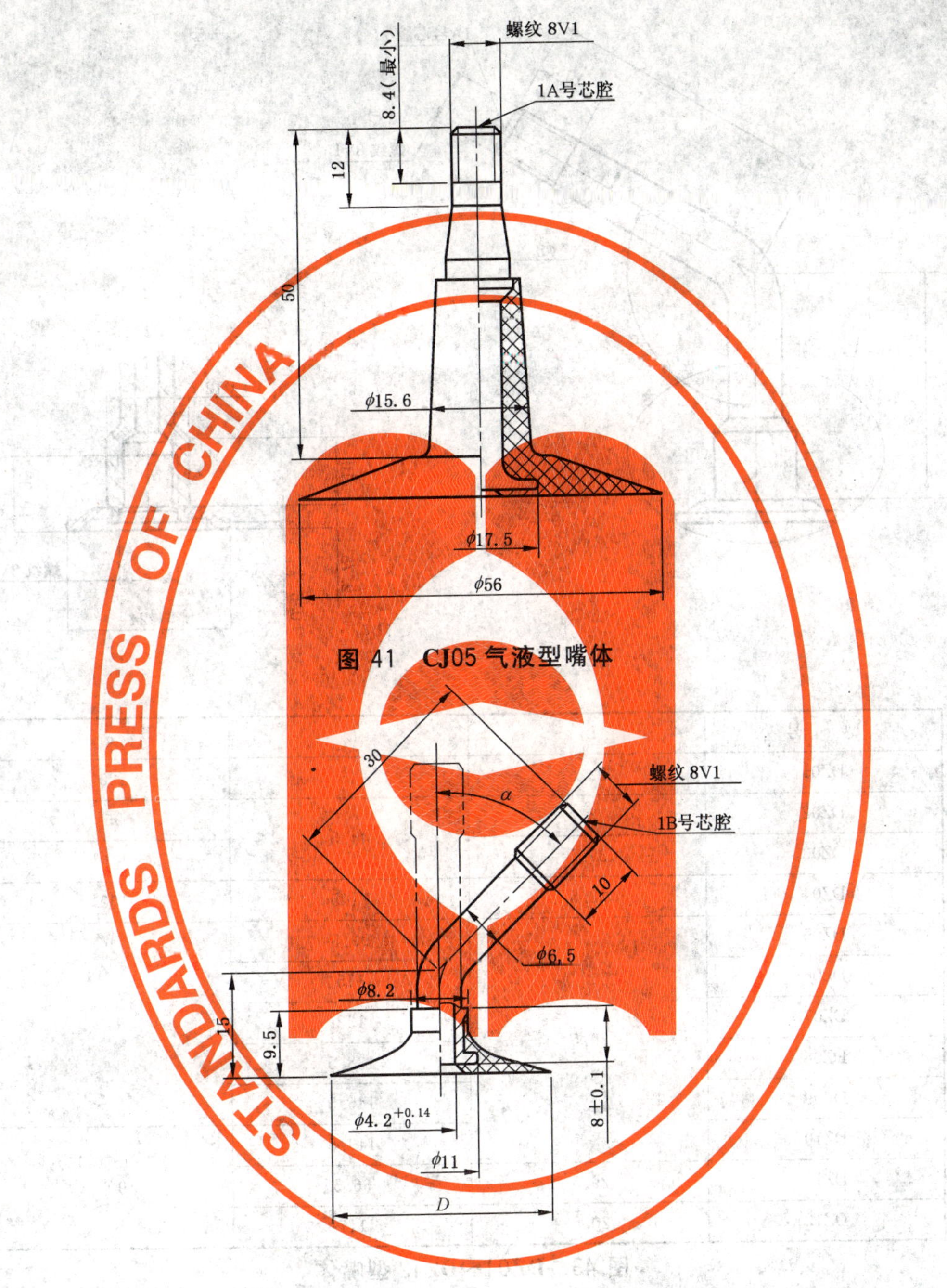

图 41 CJ05 气液型嘴体

型号	D	α
DB01C	25	45°、70°
DB02C	28	
DB03C	32	

图 42 DB01C～DB03C 型嘴体

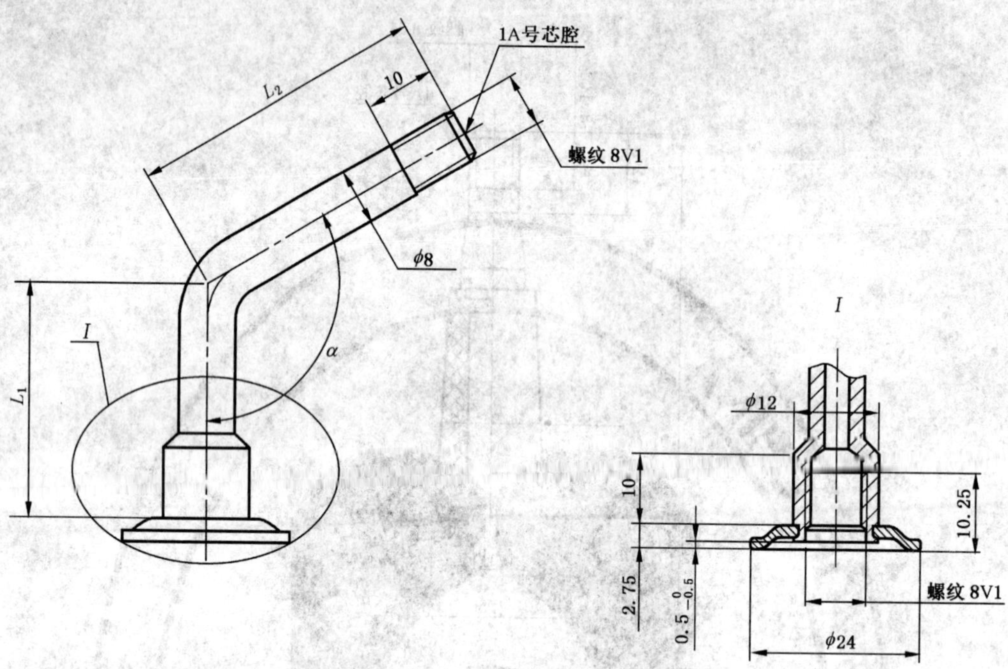

<table>
<tr><th>型　号</th><th>L_1</th><th>L_2</th><th>α</th></tr>
<tr><td>DZ01</td><td>22.5</td><td>43</td><td>120°</td></tr>
<tr><td>DZ02</td><td>33</td><td rowspan="2">44.5</td><td>95°</td></tr>
<tr><td>DZ03</td><td>39.5</td><td>110°</td></tr>
<tr><td>DZ04</td><td>22.5</td><td>71.5</td><td>100°</td></tr>
<tr><td>DZ05</td><td rowspan="6">20.5</td><td>99.5</td><td rowspan="5">94°</td></tr>
<tr><td>DZ06</td><td>115</td></tr>
<tr><td>DZ07</td><td>132</td></tr>
<tr><td>DZ08</td><td>138.5</td></tr>
<tr><td>DZ09</td><td>145.5</td></tr>
<tr><td>DZ10</td><td>149.5</td><td rowspan="3">90°</td></tr>
<tr><td>DZ11</td><td>29.5</td><td>66.5</td></tr>
<tr><td>DZ12</td><td>20.5</td><td>117</td></tr>
</table>

图 43　DZ01～DZ12 型嘴体

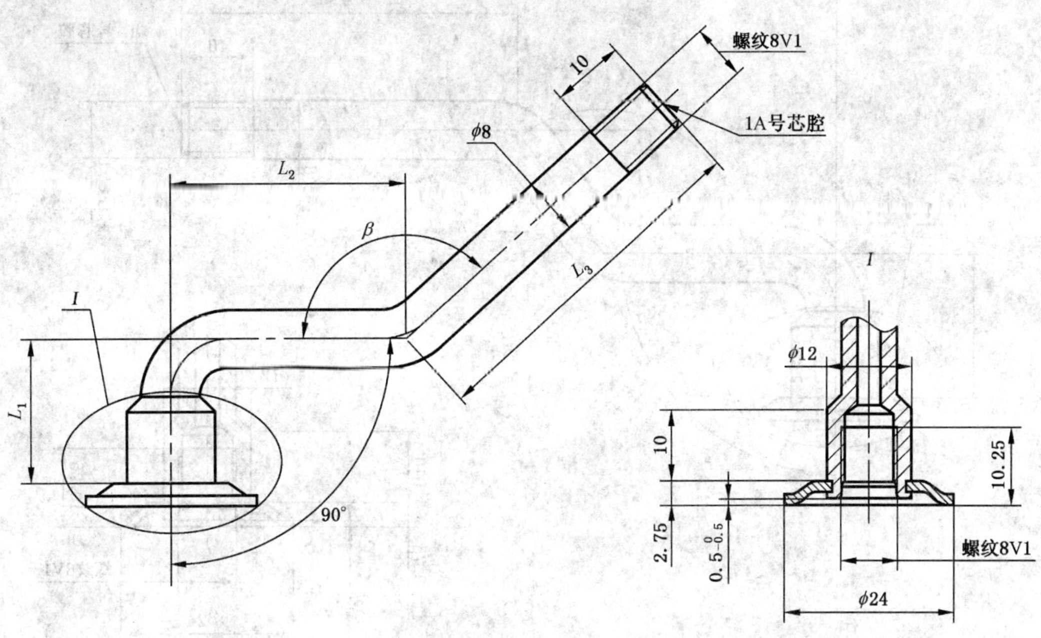

型　　号	L_1	L_2	L_3	β
EZ01	20.5	32	37	138°
EZ02		38	41.5	153°
EZ03	20	76	47.5	
EZ04		86		

图 44　EZ01～EZ04 型嘴体

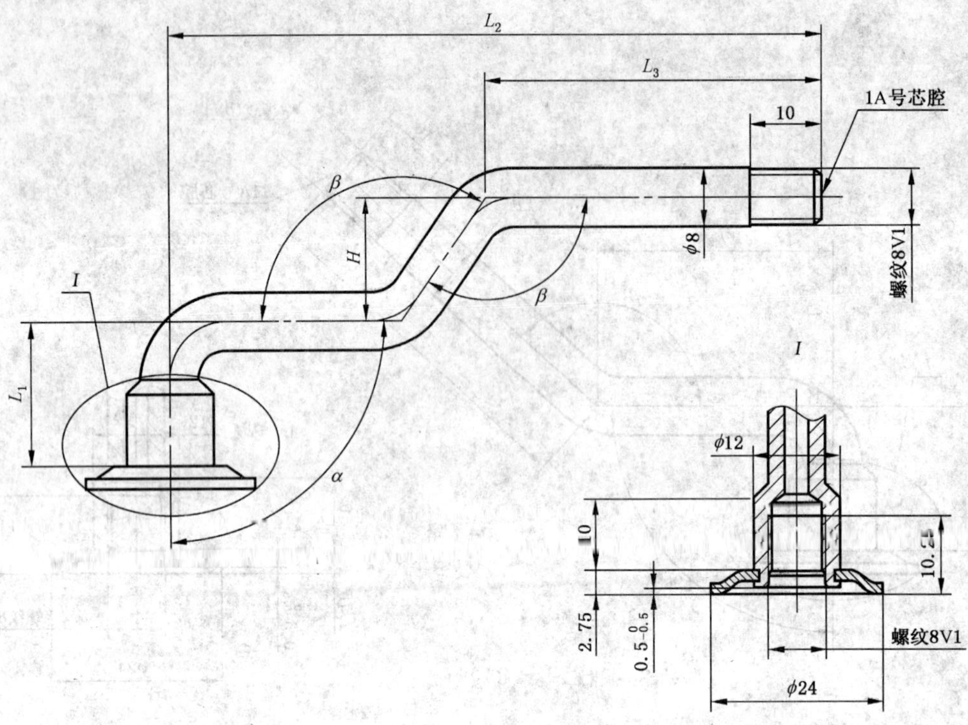

<table>
<tr><th>型　号</th><th>L_1</th><th>L_2</th><th>L_3</th><th>H</th><th>α</th><th>β</th></tr>
<tr><td>FZ01</td><td rowspan="3">20.5</td><td>94</td><td>37.5</td><td rowspan="4">17</td><td rowspan="7">90°</td><td>125°</td></tr>
<tr><td>FZ02</td><td>114</td><td>47.5</td><td>140°</td></tr>
<tr><td>FZ03</td><td>131</td><td>49</td><td rowspan="2">139°</td></tr>
<tr><td>FZ04</td><td>20</td><td>136.5</td><td>37.5</td></tr>
<tr><td>FZ05[a]</td><td>23.5</td><td>116.5</td><td>25.5</td><td>11.5</td><td>150°</td></tr>
<tr><td>FZ07C</td><td rowspan="2">20.5</td><td>85.5</td><td>35.5</td><td rowspan="2">17</td><td>139°</td></tr>
<tr><td>FZ08C</td><td>106.5</td><td>42.5</td><td>137°</td></tr>
<tr><td>FZ09C</td><td>24.5</td><td>126.5</td><td>50.5</td><td>7.5</td><td>94°</td><td>153°</td></tr>
<tr><td>FZ10C</td><td>20.5</td><td>141.5</td><td>54.5</td><td>17</td><td>90°</td><td>139°</td></tr>
<tr><td>FZ11C</td><td rowspan="4">20</td><td>103</td><td rowspan="2">40</td><td rowspan="4">7</td><td rowspan="4">94°</td><td rowspan="4">153°</td></tr>
<tr><td>FZ12C</td><td>113</td></tr>
<tr><td>FZ13C</td><td>125</td><td rowspan="2">50</td></tr>
<tr><td>FZ14C</td><td>138</td></tr>
<tr><td colspan="7">a 仅适用 H01S 型气门芯。</td></tr>
</table>

图 45　FZ01～FZ05、FZ07C～FZ14C 型嘴体

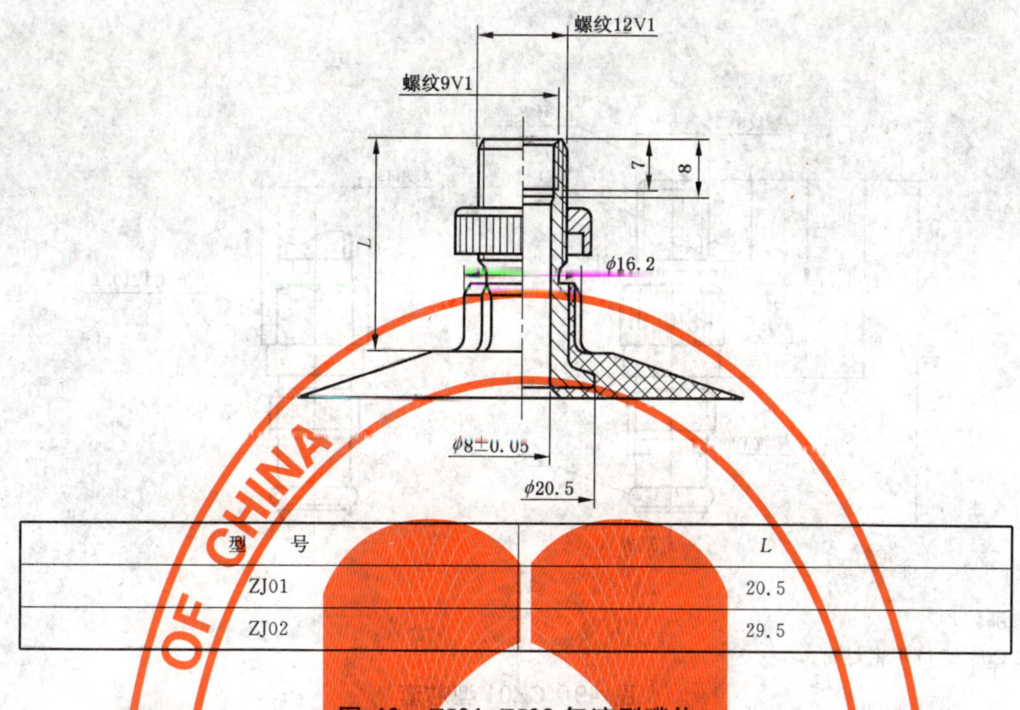

型号	L
ZJ01	20.5
ZJ02	29.5

图 46 ZJ01、ZJ02 气液型嘴体

6.2 密封垫和 O 形密封圈

密封垫和 O 形密封圈的类型、结构尺寸及材料应符合表 3 和图 47、图 48 的规定。

表 3

型号	图形	材料	适用气门嘴
B02	图 47	橡胶	DZ01～DZ12、EZ01～EZ04、FZ01～FZ05、FZ07C～FZ14C
C06	图 48		CZ01

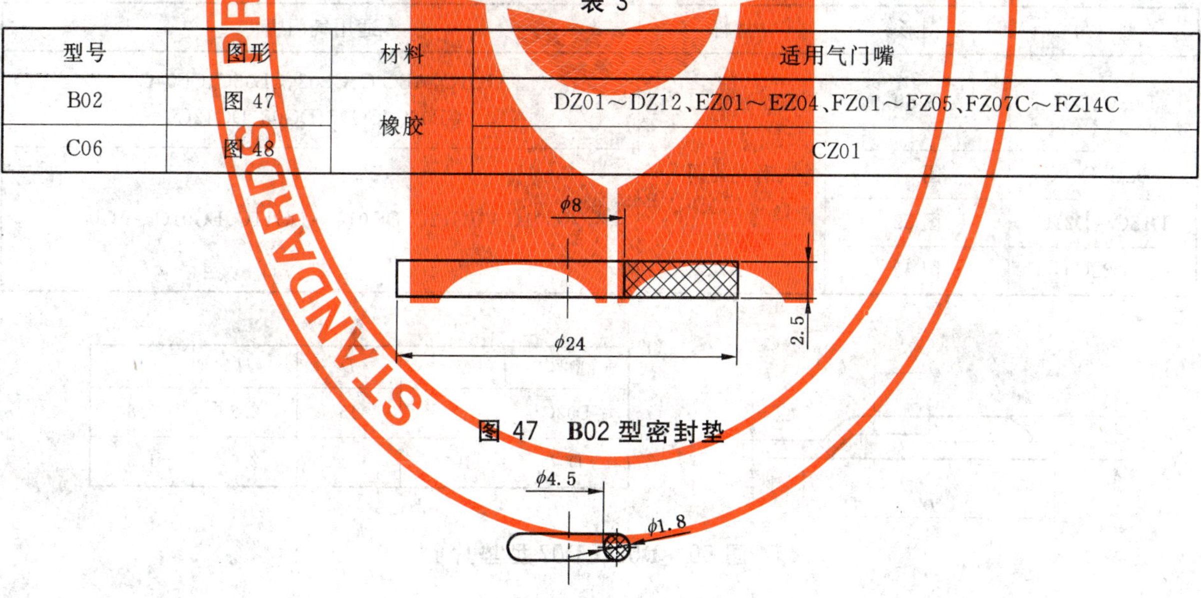

图 47 B02 型密封垫

图 48 C06 型 O 形密封圈

6.3 芯套

芯套的类型、结构尺寸及材料应符合表 4 和图 49 的规定。

表 4

型号	图形	材料	适用气门嘴
CZ01	图 49	黄铜和橡胶	CJ08、CJ09

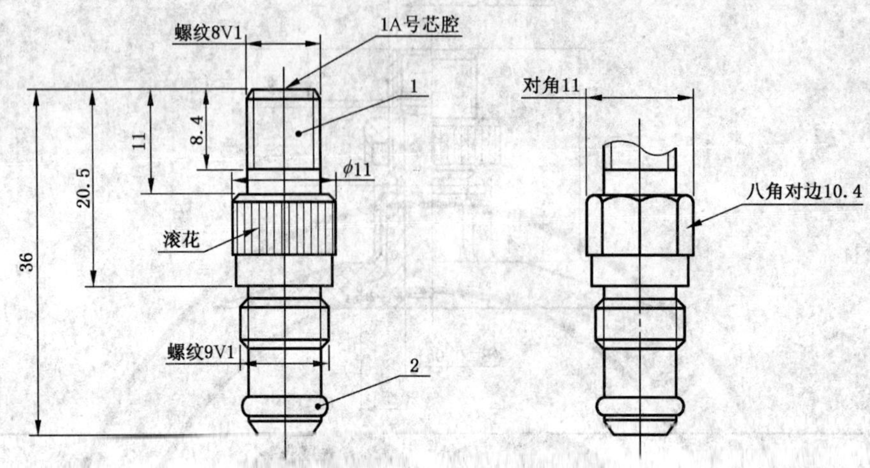

1——嘴体；

2——C06 型 O 形密封圈。

图 49　CZ01 型芯套

6.4　垫片

垫片的类型、结构尺寸及材料应符合表 5 和图 50～图 53 的规定。

表 5

型　号	图形	材料	适用气门嘴
D03C、D07	图 50	钢或黄铜	AB01C、AB02C、CB02、CB03C、CB04C、CB08C、CG07、DG03、DG12C
D08C、D09C	图 51		CG01C～CG12C、DG01C～DG11C、EG01C～EG08C
D18C～D21C	图 52		
D22C	图 53		

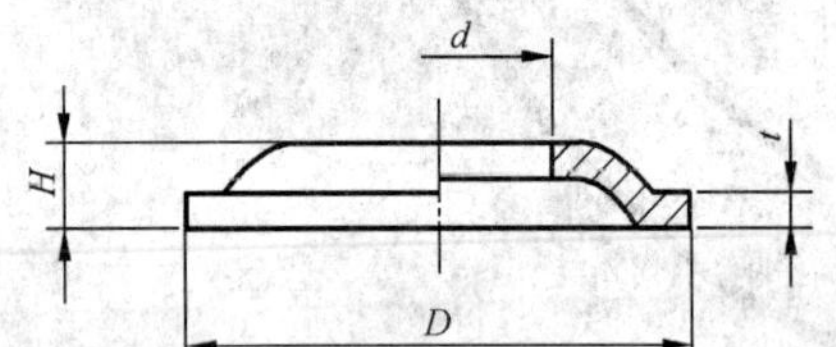

型号	d	D	H	t
D03C	8	15	2.2	0.8
D07	10.4	21	2.9	1.6

图 50　D03C、D07 型垫片

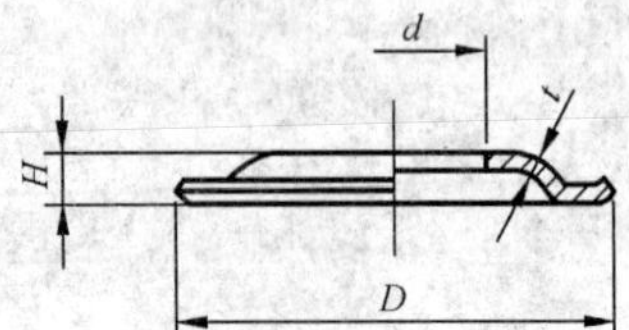

型号	d	D	H	t
D08C	13	31	3.5	1.2～1.5
D09C		24	2.5	1.2

图 51　D08C、D09C 型垫片

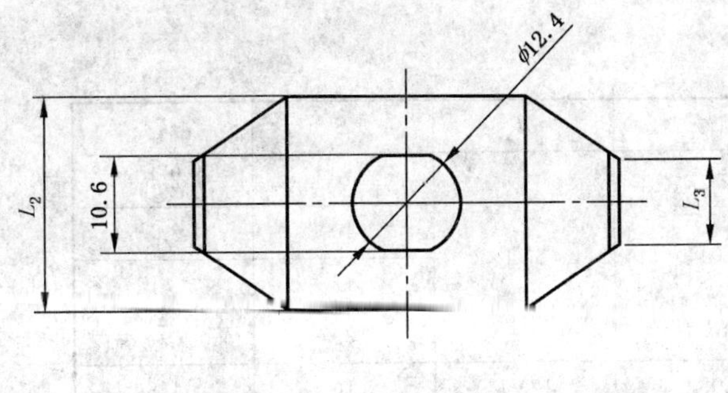

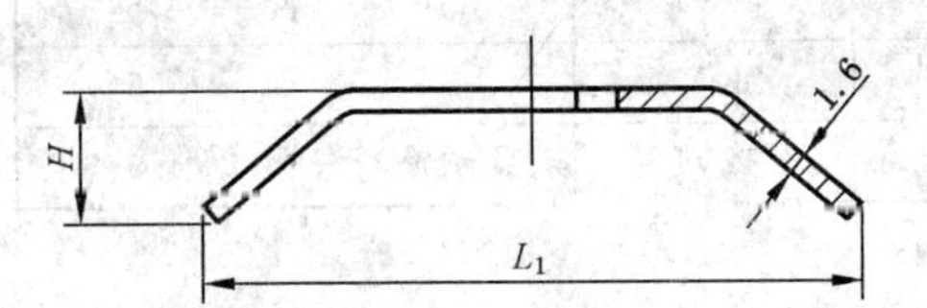

型号	L_1	L_2	L_3	H
D18C	48	24	9.5	9.5
D19C	54	28.5	14.5	9.5
D20C	57	33	25	9.5
D21C	70	51	32	6.5

图 52　D18C～D21C 型垫片

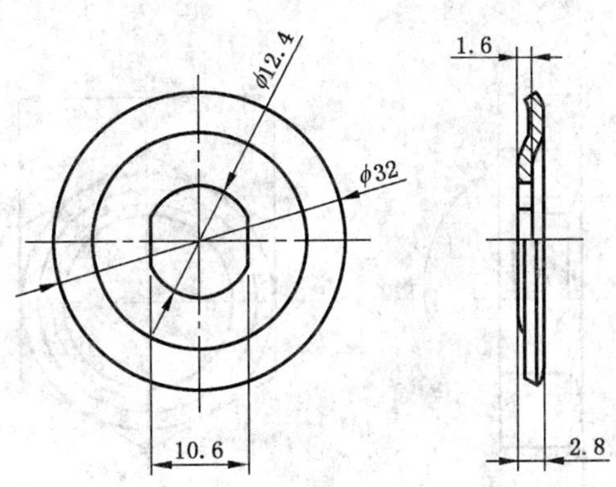

图 53　D22C 型垫片

6.5　螺母

螺母的类型、结构尺寸及材料应符合表 6 和图 54～图 59 的规定。

表 6

型号	图形	材料	适用气门嘴
E01、E08、E01C、E03C	图 54	黄铜或其他金属材料	AB01C、AB02C、CB02、CB03C、CB04C、CB08C、CJ06、CG01C～CG12C、DG01C～DG11C、EG01C～EG08C
E04	图 55		CG07 、DG03、DG12C
F01、F03、F02C	图 56		AA02～AA06、AA02C～AA04C、AB02、AB01C、AB02C、CB02、CB03C、CB04C、CB08C
F02	图 57		CJ08、CJ09
F03C	图 58		AB01C、AB02C
F04C	图 59		AB02

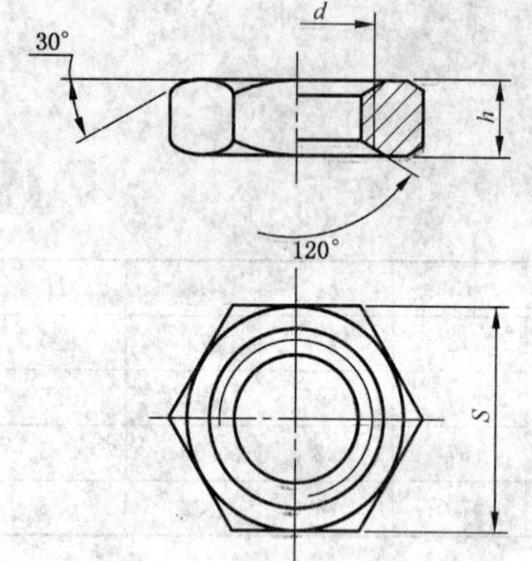

型号	d	S	h
E01	8V1	10	2.5
		10	3.5
		12	4
		12.7	
E08	12V1	16	4.8
E01C	8CV	10	3.5
E03C	12V1	17	4.5

图 54 E01、E08、E01C、E03C 型六角螺母

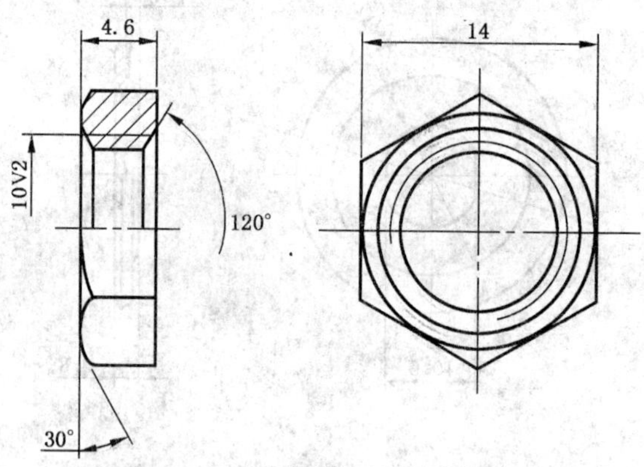

图 55 E04 型六角螺母

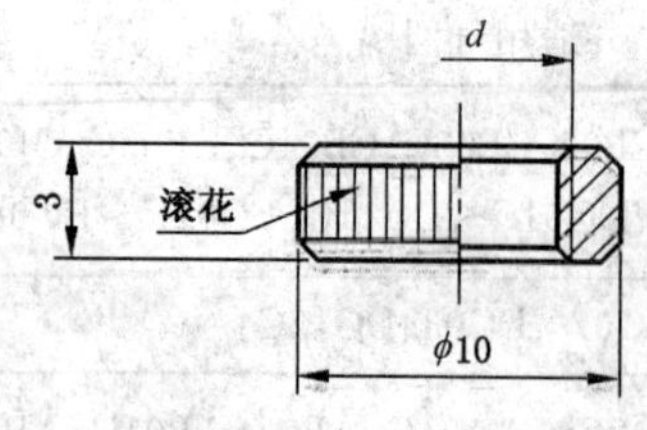

型号	d
F01	8V1
F03	6V1
F02C	8CV

图 56 F01、F03、F02C 型轮辋螺母

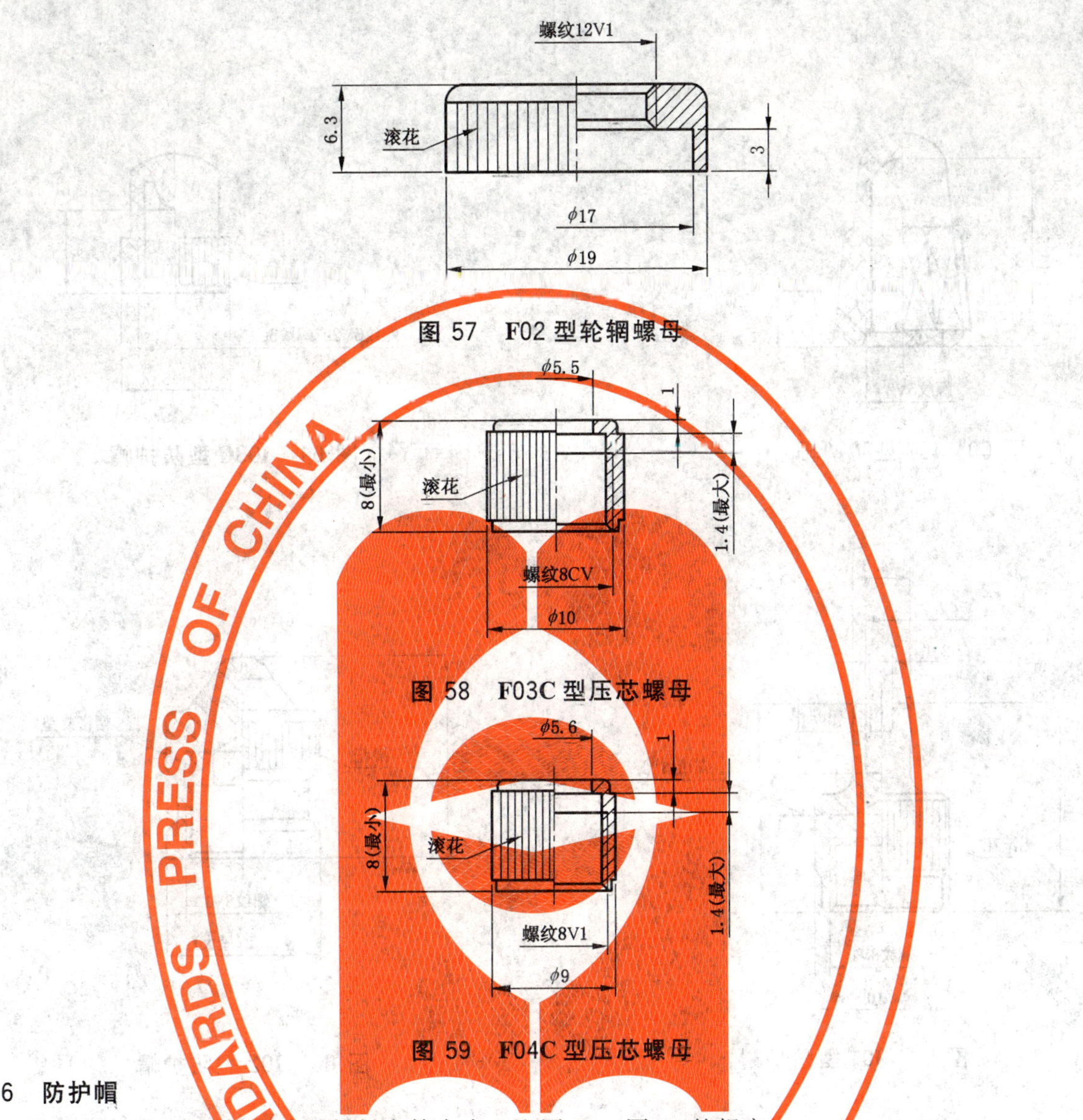

图 57　F02 型轮辋螺母

图 58　F03C 型压芯螺母

图 59　F04C 型压芯螺母

6.6　防护帽

防护帽的类型、结构尺寸及材料应符合表 7 和图 60～图 66 的规定。

表 7

型号	图形	材料	适用气门嘴
I07	图 60	塑料	AA02～AA06、AA02C～AA04C、AA07、AB02、AB01C、AB02C
I03C	图 61		AB01C、AB02C
I01	图 62	黄铜和橡胶	CB02、CB03C、CB04C、CB08C、CF04、CF05、DG01、DG02、CF06C～CF08C、DF02C～DF05C、CG01～CG06、DG04～DG09、CG08～CG13、DG10～DG15、CG01C～CG12C、DG01C～DG11C、EG01C～EG08C、CG07、DG03、DG12C、CJ06、CB01、CB05C、CB06C、CF02、DF01、CF01、CJ01、CF03、CJ07C、J02、CJ03、CJ04、CJ05、CJ08、CJ09、DB01C～DB03C、DZ01～DZ12、EZ01～EZ04、FZ01～FZ05、FZ07C～FZ14C
I02	图 63		
I01C	图 64		
I02C	图 65	塑料	
I04C	图 66		

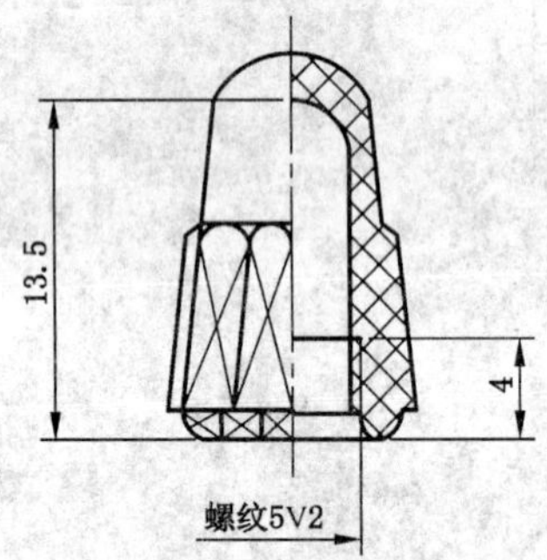

图 60 I07 型防护帽

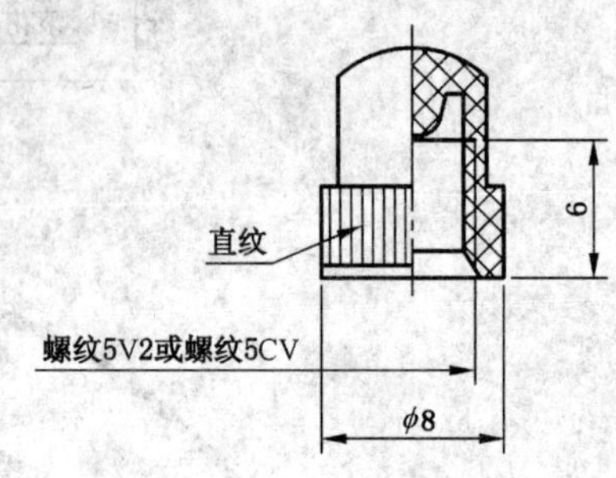

图 61 I03C 型防护帽

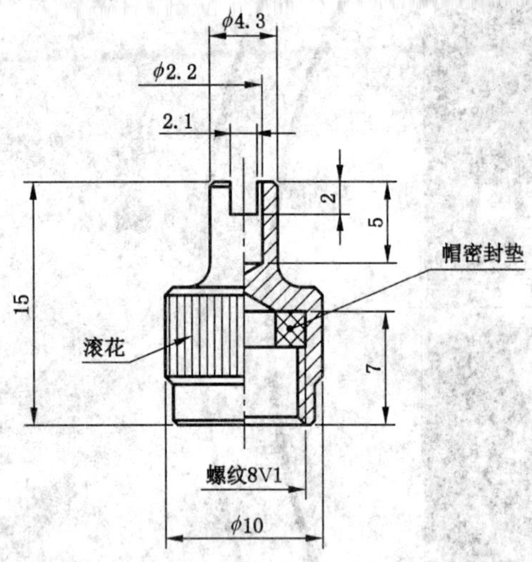

图 62 I01 型防护帽

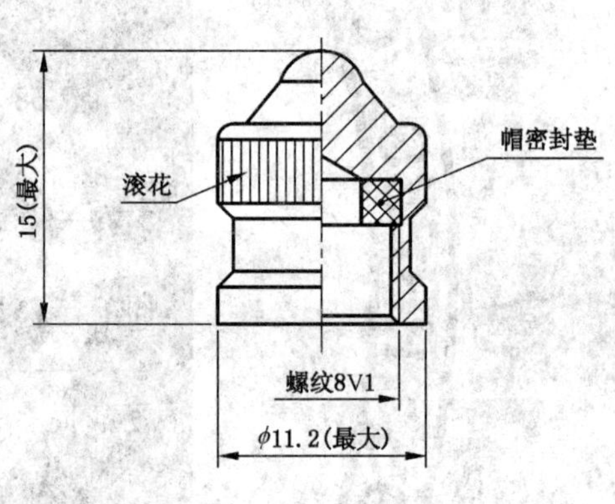

图 63 I02 型防护帽

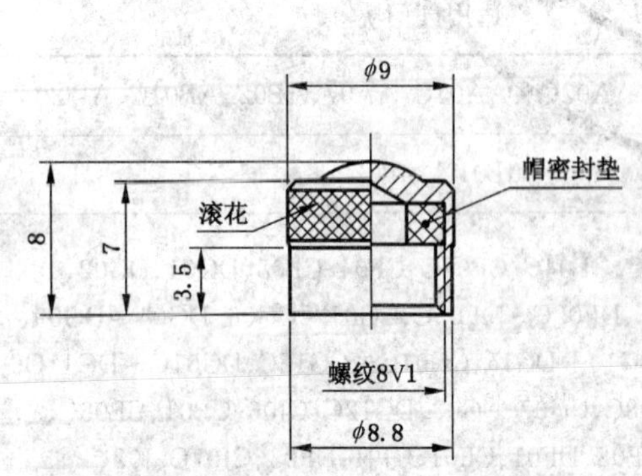

图 64 I01C 型防护帽

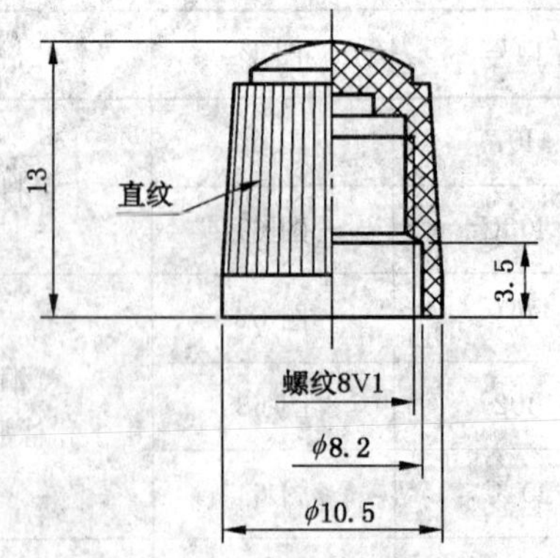

图 65 I02C 型防护帽

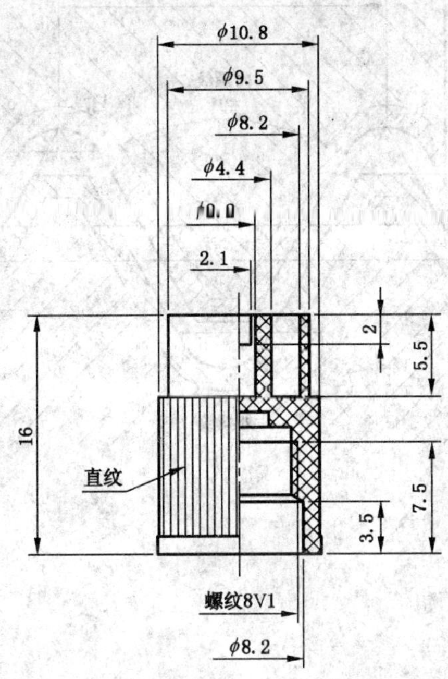

图 66　I04C 型防护帽

6.7　嘴座

嘴座的类型、结构尺寸及材料应符合表 8 和图 67 的规定。

表 8

型号	图形	材料	适用气门嘴
ZG01	图 67	黄铜和橡胶	DZ01～DZ12、EZ01～EZ04、FZ01～FZ05、FZ07C～FZ14C

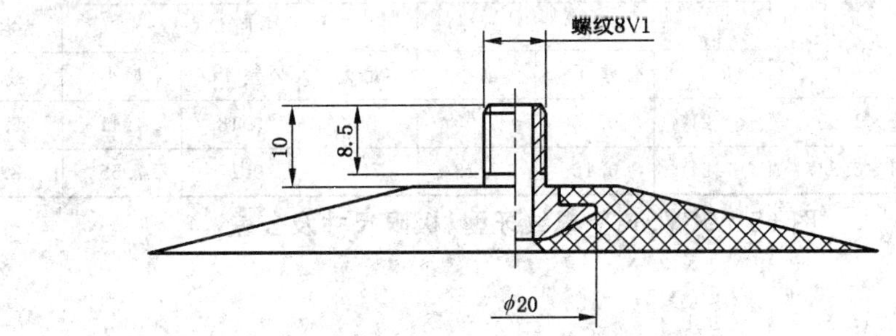

图 67　ZG01 型嘴座

6.8　气门芯

气门芯应符合 GB 1796.6 的规定。

6.9　芯腔

芯腔应符合 GB 9764 的规定。

6.10　螺纹

螺纹 5CV、8CV 的牙型、极限尺寸及公差见图 68。

5V1、5V2、6V1、8V1、9V1、10V2、12V1 螺纹牙型、极限尺寸及公差应符合 GB 9765 的规定。5V2、5CV、8V1 螺纹的极限尺寸和公差对 I07、I03C、I02C、I04C 型防护帽不适用。

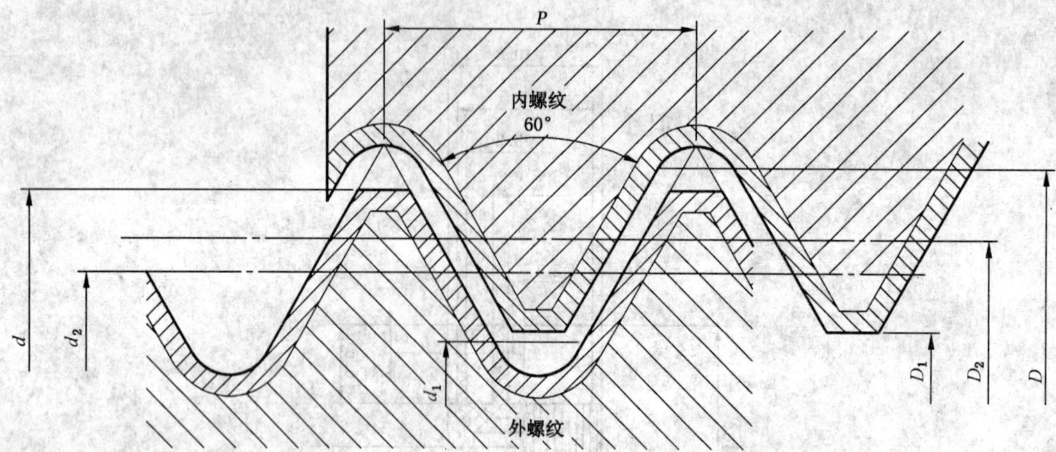

P——螺距；

d——外螺纹大径；

d_1——外螺纹小径；

d_2——外螺纹中径；

D——内螺纹大径；

D_1——内螺纹小径；

D_2——内螺纹中径。

螺纹代号	公称尺寸 ($d\times p$)	外螺纹						
		大径 d			中径 d_2			小径 d_1
		最大	公差 Td	最小	最大	公差 Td_2	最小	最大
5CV	5.1×1.058	5.05	0.28	4.77	4.36	0.14	4.22	3.75
8CV	8.1×0.847	7.96	0.23	7.73	7.41	0.13	7.28	6.92
螺纹代号	公称尺寸 ($d\times p$)	内螺纹						
		小径 D_1			中径 D_2			大径 D
		最大	公差 TD_1	最小	最大	公差 TD_2	最小	最小
5CV	5.1×1.058	4.21	0.26	3.95	4.59	0.18	4.41	5.2
8CV	8.1×0.847	7.34	0.16	7.18	7.72	0.17	7.55	8.1

图 68 5CV、8CV 螺纹牙型、极限尺寸及公差

7 外观

7.1 气门嘴各零件表面不应有油污、锈蚀、裂纹及其他影响使用性能的缺陷，金属零件表面应有防腐处理。

7.2 气门嘴胶座、密封垫和O形密封圈表面不应有海绵状、气泡、缺胶、夹杂物及其他影响使用性能的缺陷。

7.3 胶座打磨面应均匀、平整、清洁，不应露铜、喷霜。

7.4 嘴体、嘴座硫化定位孔不应有影响使用的橡胶粘附。

7.5 嘴体、嘴座的外螺纹不应有影响使用的橡胶粘附。

7.6 DZ01～DZ12；EZ01～EZ04；FZ01～FZ05，FZ07C～FZ14C 型嘴体中的垫片，应铆接牢固，并能保持相对转动。

8 胶座边缘厚度

从胶座边缘向内 2 mm 处,厚度不大于 0.4 mm。

9 最大使用压力

气门嘴的最大使用压力见表 9。

表 9

型号	最大使用压力/kPa
AA02～AA06、AA02C～AA04C、AA07	900
AB02、AB01C、AB02C、CJ02、CJ03	700
CB02、CB03C、CB04C、CB08C	450
CF04、CF05、CF06C～CF08C、DF02C～DF05C、CG01～CG06、DG04～DG09、CG08～CG13、DG10～DG15、CG01C～CG12C、DG01C～DG11C、EG01C～EG08C、CG07、DG03、DG12C、CJ06、CF02、DF01、CF03、CJ07、CJ04、CJ05、DZ01～DZ12、EZ01～EZ04、FZ01～FZ05、FZ07C～FZ14C	1 050
CB01、CB05C、CB06C、DB01C～DB03C	800
CF01、CJ01	500
CJ08、CJ09	1 400

10 密封性

气门嘴在规定的最大使用压力下,应保证整个气门嘴的密封性。

11 橡胶与金属的粘着强度和附胶率

11.1 气门嘴的橡胶与金属体的粘着强度见表 10。

表 10

型号	最小粘着强度/N
AA02～AA06、AA07、AA02C～AA04C、AB02、AB01C、AB02C、CB02、CB03C、CB04C、CB08C、CF04、CF05、DG01、DG02、CF06C～CF08C、DF02C～DF05C、CF02、DF01、DB01C～DB03C	147
CG01～CG06、DG04～DG09、CG08～CG13、DG10～DG15、CG01C～CG12C、DG01C～DG11C、EG01C～EG08C、CG07、DG03、DG12C、CJ06、ZG01	55
CB01、CB05C、CB06C	98
CF01、CJ01～CJ05、CF03、CJ07～CJ09	80

11.2 气门嘴的橡胶与金属体的附胶率不小于 60%。

12 试验方法

12.1 外观

目测检验。

12.2 喉部直径和圆锥面位置

喉部直径和圆锥面位置，用专用量规或通用量具测量。

12.3 外螺纹的中径、大径；内螺纹的中径、小径和深度尺寸

用螺纹通规测量外螺纹中径、内螺纹中径和内螺纹深度，用光滑通规、光滑止规或通用量具测量外螺纹大径和内螺纹小径。

12.4 其他试验方法

其他试验方法，应按照 GB/T 9766.2 的规定。

13 检验规则

13.1 气门嘴的抽样程序及其实施应符合 GB/T 2828.1—2003 的规定。

13.1.1 同型号气门嘴的一个入库批或发货批为一个检查批。

13.1.2 按质量特性的重要性把不合格分为 A 类不合格、B 类不合格和 C 类不合格。各类项目又分为若干个检查组，见表 11。

13.1.3 各检验组的接收质量限(AQL)(用每百单位产品不合格品数表示)和检查水平(IL)，见表 11。

13.2 按表 11 的检查分组分别实施检验，判定合格或不合格。

13.3 逐批检查后的处置应按照 GB/T 2828.1—2003 的规定。

表 11

<table>
<tr><th>不合格分类</th><th>检查分组</th><th>项　　目</th><th>AQL</th><th>IL</th><th>检验方法</th></tr>
<tr><td rowspan="5">A 类不合格</td><td>A1</td><td>10　密封性</td><td>0.4</td><td>S-3</td><td>按 12.4</td></tr>
<tr><td>A2</td><td>7.1　嘴体裂纹</td><td rowspan="3">1.0</td><td rowspan="3">S-2</td><td>按 12.1</td></tr>
<tr><td>A3</td><td>11.1　粘着强度</td><td rowspan="2">按 12.4</td></tr>
<tr><td>A4</td><td>11.2　附胶率</td></tr>
<tr><td>A5</td><td>7.4　硫化定位孔的橡胶粘附</td><td>1.5</td><td>Ⅱ</td><td>按 12.1</td></tr>
<tr><td rowspan="14">B 类不合格</td><td>B1</td><td>6.9　嘴体 1 号芯腔圆锥面位置尺寸</td><td rowspan="10">2.5</td><td rowspan="2">Ⅰ</td><td rowspan="2">按 12.2</td></tr>
<tr><td>B2</td><td>6.9　嘴体 1 号芯腔喉部直径尺寸</td></tr>
<tr><td>B3</td><td>7.2　胶座表面的缺陷</td><td rowspan="5">Ⅱ</td><td rowspan="4">按 12.1</td></tr>
<tr><td>B4</td><td>7.2　密封垫表面的缺陷</td></tr>
<tr><td>B5</td><td>7.2　O 形密封圈表面的缺陷</td></tr>
<tr><td>B6</td><td>7.3　胶座打磨面</td></tr>
<tr><td>B7</td><td>8　胶座边缘厚度</td><td>按 12.4</td></tr>
<tr><td>B8</td><td>6.10　嘴体 8CV 外螺纹中径、大径</td><td rowspan="2">S-3</td><td rowspan="7">按 12.3</td></tr>
<tr><td>B9</td><td>6.10　六角螺母 8CV 内螺纹中径、小径</td></tr>
<tr><td>B10</td><td>6.9　嘴体芯腔 5V1 内螺纹中径、小径和深度尺寸</td><td rowspan="5">S-4</td></tr>
<tr><td>B11</td><td>6.10　嘴体与嘴座连接的 8V1 外螺纹中径、大径</td><td rowspan="4">4.0</td></tr>
<tr><td>B12</td><td>6.10　嘴体与嘴座连接的 8V1 内螺纹中径、小径</td></tr>
<tr><td>B13</td><td>6.10　嘴体与芯套连接的 9V1 外螺纹中径、大径</td></tr>
<tr><td>B14</td><td>6.10　嘴体与芯套连接的 9V1 内螺纹中径、小径</td></tr>
</table>

表 11（续）

不合格分类	检查分组	项　　目	AQL	IL	检验方法
C 类不合格	C1	7.5　外螺纹橡胶粘附	2.5	Ⅱ	按 12.1
	C2	6.10　六角螺母 8V1、10V2、12V1 内螺纹中径、小径	4.0	S-4	按 12.3
	C3	6.10　嘴体 5V2 外螺纹中径、大径			
	C4	6.10　嘴体 6V1 外螺纹中径、大径			
	C5	6.10　嘴体 8V1 外螺纹中径、大径			
	C6	6.10　嘴体 10V2 外螺纹中径、大径			
	C7	6.10　嘴体 12V1 外螺纹中径、大径			
	C8	7.1　除嘴体裂纹以外的外观质量	6.5	Ⅰ	按 12.1
	C9	6.1　AB02、AB01C、AB02C 型气门嘴喉部直径 $\phi 4.2^{+0.18}_{0}$		S-3	按 12.2
	C10	6.10　压芯螺母 8CV 内螺纹中径、小径			按 12.3
	C11	6.10　圆螺母 6V1 内螺纹中径、小径			
	C12	6.10　圆螺母 8CV 内螺纹中径、小径			
	C13	6.1　AB02、AB01C、AB02C 型气门嘴圆锥面位置 $6.8^{0}_{-0.36}$	10	Ⅱ	按 12.2

14　标识、包装及贮存

14.1　标识

气门嘴包装箱上应有下列标识：

a)　制造厂名称和地址、商标；

b)　产品名称；

c)　产品型号；

d)　数量；

e)　出厂日期。

14.2　包装

14.2.1　产品可以成套包装，也可以按零部件包装。

14.2.2　内包装用塑料袋，外包装用纸箱或木箱。

14.2.3　包装箱(袋)内应附有产品合格证。

14.3　贮存

产品应贮存于干燥、通风、防高温、防曝晒、防腐蚀、无油污的库房内，贮存期自出厂之日起不超过 6 个月。

附 录 A
（资料性附录）
本部分型号与国外型号对照

表 A.1 给出了本部分型号与国外型号对照一览表。

表 A.1 本部分型号与国外型号对照表

本部分	ISO 9413:1998	TRA(2006)	ETRTO(2006)	JATMA(2007)	图号
AA02	AA02	—	V1.02.1	—	1
AA03	AA03	—	V1.02.2	—	1
AA04	AA04	—	V1.02.3	—	1
AA05	AA05	—	V1.02.4	—	1
AA06	AA06	—	V1.02.5	—	1
AA02C	—	—	—	—	1
AA03C	—	—	—	—	1
AA04C	—	—	V1.03.1	—	1
AA07	AA07	—	V1.12.1	—	2
AB02	AB02	—	V1.04.1	—	3
AB01C	—	—	V1.04.1	VER30	4
AB02C	—	—	—	VER33	4
CB02	CB02	TR4	V1.06.1、V1.09.1	TR4	5
CB03C	—	—	—	—	5
CB04C	—	—	—	—	5
CB08C	—	TR6	—	—	6
CF04	CF04	—	—	JS89	7
CF05	CF05	—	—	JS185	7
DG01	DG01	—	—	JS89	7
DG02	DG02	—	—	JS185	7
CF06C	—	—	—	—	7
CF07C	—	—	—	—	7
CF08C	—	—	—	—	7
DF02C	—	—	—	—	7
DF03C	—	—	—	—	7
DF04C	—	—	—	—	7
DF05C	—	—	—	JS244A	7
CG01	CG01	TR460	—	—	8
CG02	CG02	TR461	—	—	8
CG03	CG03	TR462	—	—	8

表 A.1(续)

本部分	ISO 9413:1998	TRA(2006)	ETRTO(2006)	JATMA(2007)	图号
CG04	CG04	TR463	—	—	8
CG05	CG05	TR464	—	—	8
CG06	CG06	TR465	—	—	8
DG04	DG04	TR460	—	—	8
DG05	DG05	TR461	—	—	8
DG06	DG06	TR462	—	—	8
DG07	DG07	TR463	—	—	8
DG08	DG08	TR464	—	—	8
DG09	DG09	TR465	—	—	8
CG08	CG08	TR440	—	—	9
CG09	CG09	TR441	—	—	9
CG10	CG10	TR442	—	—	9
CG11	CG11	TR443	—	—	9
CG12	CG12	TR444	—	—	9
CG13	CG13	TR445	—	—	9
DG10	DG10	TR440	—	—	9
DG11	DG11	TR441	—	—	9
DG12	DG12	TR442	—	—	9
DG13	DG13	TR443	—	—	9
DG14	DG14	TR444	—	—	9
DG15	DG15	TR445	—	—	9
CG01C	—	—	—	—	10
CG02C	—	—	—	—	10
CG03C	—	—	—	—	10
CG04C	—	—	—	—	10
CG05C	—	TR75A	—	—	10
CG06C	—	—	—	—	10
CG07C	—	TR77A	—	TR77A	10
CG08C	—	TR175A	—	TR175A	10
CG09C	—	TR78A	—	TR78A	10
CG10C	—	TR179A	—	TR179A	10
CG11C	—	—	—	—	10
CG12C	—	—	—	—	10
DG01C	—	—	—	—	10
DG02C	—	—	—	—	10

表 A.1(续)

本部分	ISO 9413:1998	TRA(2006)	ETRTO(2006)	JATMA(2007)	图号
DG03C	—	—	—	—	10
DG04C	—	TR75A	—	—	10
DG05C	—	—	—	—	10
DG06C	—	TR77A	—	TR77A	10
DG07C	—	TR175A	—	TR175A	10
DG08C	—	TR78A	—	TR78A	10
DG09C	—	TR179A	—	TR179A	10
DG10C	—	—	—	—	10
DG11C	—	—	—	—	10
EG01C	—	TR75A	—	—	10
EG02C	—	—	—	—	10
EG03C	—	TR77A	—	TR77A	10
EG04C	—	TR175A	—	TR175A	10
EG05C	—	TR78A	—	TR78A	10
EG06C	—	TR179A	—	TR179A	10
EG07C	—	—	—	—	10
EG08C	—	—	—	—	10
CG07	CG07	—	—	JS2	11
DG03	DG03	—	—	JS2	11
DG12C	—	—	—	TR244	11
CJ06	CJ06	TR70	—	—	12
CB01	CB01	TR1	V1.07.1	—	13
CB05C	—	—	—	—	13
CB06C	—	TR1	V1.07.1	VAR	13
CF02	CF02	TR87S	—	—	14
DF01	DF01	TR87	V1.08.1	TR87	14
CF01	CF01	TR13	V2.01.1	TR13	15
CJ01	CJ01	TR15	V2.01.2	TR15	15
CF03	CF03	TR13W	—	—	16
CJ07	CJ07	TR15W	—	—	16
CJ02	CJ02	TR135	—	—	17
CJ03	CJ03	TR150	V3.10.1	TR150	17
CJ04	CJ04	TR150CW	—	TR150CW	18
CJ05	CJ05	TR300	—	—	19
CJ08	CJ08	TR218A	V4.01.1	TR218A	20

表 A.1(续)

本部分	ISO 9413:1998	TRA(2006)	ETRTO(2006)	JATMA(2007)	图号
CJ09	CJ09	TR220A	V4.01.2	—	20
DB01C	—	—	—	—	21
DB02C	—	—	—	—	21
DB03C	—	—	—	—	21
DZ01	DZ01	—	V3.02.2	—	22
DZ02	DZ02	—	V3.02.3	—	22
DZ03	DZ03	—	V3.02.4	—	22
DZ04	DZ04	—	V3.02.7		22
DZ05	DZ05	—	V3.02.9	—	22
DZ06	DZ06	—	V3.02.10	—	22
DZ07	DZ07	—	V3.02.12	—	22
DZ08	DZ08	—	V3.02.14	—	22
DZ09	DZ09	—	V3.02.15	—	22
DZ10	DZ10	—	V3.02.16	—	22
DZ11	DZ11	—	V3.02.23	—	22
DZ12	DZ12	—			
EZ01	EZ01	—	V3.04.1	—	22
EZ02	EZ02	—	V3.04.2	—	22
EZ03	EZ03	—	V3.04.5	—	22
EZ04	EZ04	—	V3.04.6	—	22
FZ01	FZ01	—	V3.06.2	—	22
FZ02	FZ02	—	V3.06.3	—	22
FZ03	FZ03	—	V3.06.5	—	22
FZ04	FZ04	—	V3.06.6	—	22
FZ05	FZ05	—	V3.06.12	—	22
FZ07C	—	—	V3.06.1	—	22
FZ08C	—	—	V3.06.7	—	22
FZ09C	—	—	V3.06.8	—	22
FZ10C	—	—	V3.06.9	—	22
FZ11C	—	—	V3.06.14	—	22
FZ12C	—	—	V3.06.15	—	22
FZ13C	—	—	V3.06.16	—	22
FZ14C	—	—	V3.06.17	—	22
B02	B02	—	V9.05.1	—	47
C06	C06	RG67	V9.11.6	JSG33	48

表 A.1(续)

本部分	ISO 9413:1998	TRA(2006)	ETRTO(2006)	JATMA(2007)	图号
CZ01	CZ01	TRCH3	V4.02.1	CH3	49
D03C	—	—	—	—	50
D07	D07	—	—	R31	50
D08C	—	—	—	—	51
D09C	—	—	—	—	51
D18C	—	—	—	B5	52
D19C	—	—	—	B6	52
D20C	—	—	—	B7	52
D21C	—	—	—	B8	52
D22C	—	—	—	RW4	53
E01	E01	—	—	BN1	54
E08	E08	HN1	—	BN3	54
E01C	—	—	—	—	54
E03C	—	—	—	—	54
E04	E04	HN4	—	—	55
F01	F01	—	V9.03.2	—	56
F03	F03	—	V9.03.1	—	56
F02C	—	—	—	—	56
F02	F02	LN10	—	LN10	57
F03C	—	—	—	—	58
F04C	—	—	—	—	59
I07	I07	—	V9.04.1	—	60
I03C	—	—	—	—	61
I01	I01	VC2	V9.04.4	A 型	62
I02	I02	VC3	—	CL 型	63
I01C	—	—	—	—	64
I02C	—	—	—	C 型	65
I04C	—	—	—	—	66
ZG01	ZG01	—	V3.08.2、V3.08.3、V3.08.4	JSP2	67

ICS 83.160.01
G 41

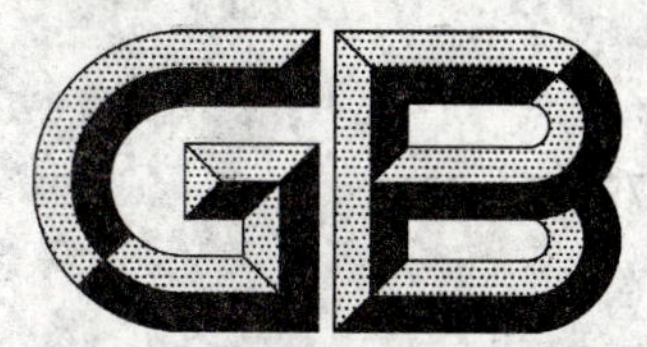

中华人民共和国国家标准

GB 1796.3—2008
代替 GB 12836.1—1999

轮胎气门嘴 第3部分：卡扣式气门嘴

Tyre valves—Part 3: Snap-in valves

(ISO 9413:1998, Tyre valve—Dimensions and designation, NEQ
ISO 14960:2004, Tubeless tyres—Valves and components—Test methods, NEQ)

2008-09-18 发布　　2009-09-01 实施

中华人民共和国国家质量监督检验检疫总局
中国国家标准化管理委员会　发布

前言

本部分第 10 章、第 11 章中 11.1 和第 12 章为强制性的，其余为推荐性的。

GB 1796《轮胎气门嘴》分为六个部分：

——第 1 部分：压紧式内胎气门嘴；

——第 2 部分：胶座气门嘴；

——第 3 部分：卡扣式气门嘴；

——第 4 部分：压紧式无内胎气门嘴；

——第 5 部分：大芯腔气门嘴；

——第 6 部分：气门芯。

本部分为 GB 1796 的第 3 部分，本部分对应于 ISO 9413：1998《轮胎气门嘴尺寸和型号》（英文版）。本部分与 ISO 9413：1998 和 ISO 14960：2004《无内胎气门嘴及其零部件试验方法》的一致性程度为非等效。

本部分代替 GB 12836.1—1999《无内胎气门嘴　第 1 部分：卡扣式气门嘴》。

本部分与 GB 12836.1—1999 相比主要变化如下：

——修改了额定气压：额定气压由 420 kPa 修改为最大使用压力 450 kPa（前版第 1 章，本版的第 1 章）；

——增加了术语和定义（见第 3 章）；

——修改了型号标记（前版第 3 章，本版的第 4 章）；

——增加了 CQ07C 和 CQ08C 规格型号（前版第 4 章，本版的第 5 章）；

——增加了 I01C、I02C 型防护帽（前版第 5 章，本版的第 6 章）；

——增加了型号对照表（前版第 5 章，本版的第 6 章）；

——修改了嘴体橡胶硬度及检验：由邵尔 A 硬度 70±5 修改为 65±5；橡胶不做高低温后的硬度检测（前版第 6 章，本版的第 8 章）；

——修改了拉入力及拉脱力：由拉入力 250 N～600 N 修改为 180 N～450 N、拉脱力大于 750 N 修改为大于 560 N（前版第 6 章，本版的第 9 章）；

——修改了密封性，不做嘴体与气门嘴孔的室温密封性检测（前版第 6 章，本版的第 11 章）；

——增加了爆破要求（见第 13 章）；

——增加了耐屈挠要求（见第 14 章）；

——修改了检验规则（前版第 8 章，本版的第 16 章）。

本部分的附录 A 为资料性附录。

本部分由中国石油和化学工业协会提出。

本部分由全国轮胎轮辋标准化技术委员会（SAC/TC 19）归口。

本部分主要起草单位：杭州万通气门嘴有限公司、上海中达气门嘴有限公司。

本部分参加起草单位：公主岭中大股份有限公司、宁波豪锋思科汽配有限公司、宁波四明汽配有限公司、宁波市鄞州曙光机电有限公司、江西气门芯厂。

本部分主要起草人：顾一柱、俞晓华。

本部分参加起草人：韩发瑞、李云祥、毛乾方、张浩波、刘刚。

本部分所代替标准的历次版本发布情况为：

——GB 12836—1991、GB 12836.1—1999。

轮胎气门嘴
第3部分：卡扣式气门嘴

1 范围

GB 1796的本部分规定了卡扣式气门嘴(以下简称气门嘴)的术语和定义、型号标记、结构型式、零件的结构、尺寸及材料、外观、嘴体橡胶硬度、装配性能、橡胶与金属的结合、密封性、耐臭氧能力、爆破、耐屈挠、试验方法、检验规则、标识、包装及贮存。

本部分适用于气门嘴孔直径为11.3 mm最大使用压力475 kPa及气门嘴孔直径为15.7 mm最大使用压力450 kPa的无内胎轮胎用气门嘴。

2 规范性引用文件

下列文件中的条款通过GB 1796的本部分的引用而成为本部分的条款。凡是注日期的引用文件，其随后所有的修改单(不包括勘误的内容)或修订版均不适用于本部分，然而，鼓励根据本部分达成协议的各方研究是否可使用这些文件的最新版本。凡是不注日期的引用文件，其最新版本适用于本部分。

GB 1796.6　轮胎气门嘴　第6部分：气门芯(GB 1796.6—2008,ISO 9413:1998,NEQ)

GB/T 2828.1—2003　计数抽样检验程序　第1部分：按接收质量限(AQL)检索的逐批检查抽样计划(ISO 2859-1:1999,IDT)

GB 9764　轮胎气门嘴芯腔(GB 9764—1997,neq ISO 6762:1982,ISO 7442:1982)

GB 9765　轮胎气门嘴螺纹(GB 9765—1997,neq ISO 4570-1:1977,ISO 4570-2:1979,ISO 4570-3:1980)

GB/T 9766.3　轮胎气门嘴试验方法　第3部分：卡扣式气门嘴试验方法(GB/T 9766.3—2008,ISO 14960:2004,MOD)

GB/T 12839　轮胎气门嘴术语及其定义(GB/T 12839—2005,ISO 3877-2:1997,NEQ)

GB/T 21285　轮胎气门嘴及其零部件的标识方法(GB/T 21285—2007, ISO 10475:1992,MOD)

3 术语和定义

GB/T 12839确立的术语及其定义适用于GB 1796的本部分。

4 型号标记

产品的型号标记应符合GB/T 21285的规定。本部分的型号与国外标准的型号对照参照附录A。

5 结构型式

产品的结构型式应符合图1、图2的规定。

本部分中所有线性尺寸均为毫米。

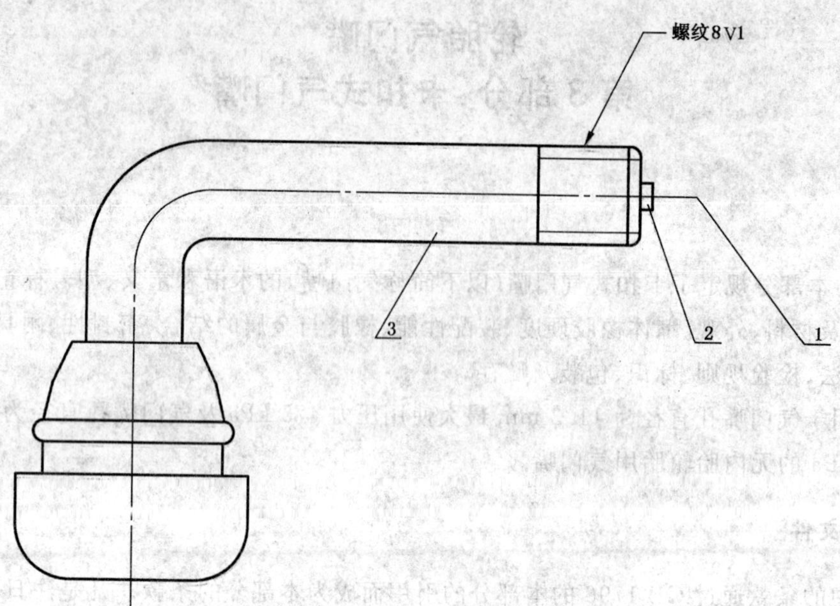

1——I01C 或 I02C 型防护帽；

2——H01 型气门芯；

3——嘴体。

图 1　DQ07C、DQ08C 型气门嘴

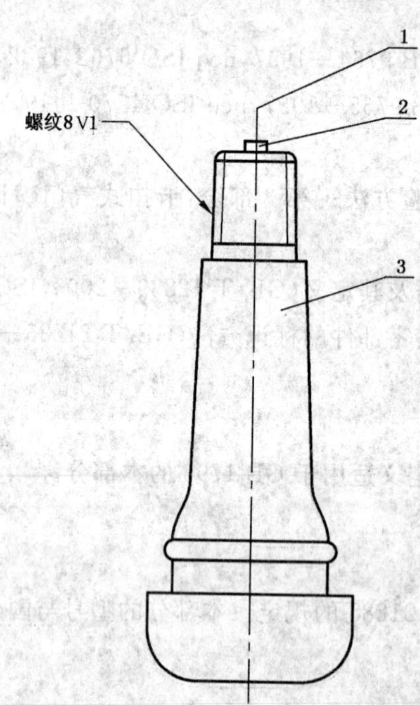

1——I01C 或 I02C 型防护帽；

2——H01 型气门芯；

3——嘴体。

图 2　CQ01～CQ06 型、CR01 和 CR02 型气门嘴

6 零件的结构、尺寸及材料

6.1 嘴体

6.1.1 结构型式及尺寸应符合图 3、图 4 的规定。

6.1.2 螺纹 5V1、8V1 应符合 GB 9765 的规定。

6.1.3 芯腔应符合 GB 9764 的规定。CQ01、DQ07C 型气门嘴用 1B 号芯腔，其他型号气门嘴用 1A 号芯腔。

6.1.4 嘴体材料为黄铜或其他金属材料和橡胶。

6.2 气门芯

气门芯应符合 GB 1796.6 的规定。CQ01、DQ07C 气门嘴用 H01S 型气门芯，其他型号气门嘴用 H01 型气门芯。

6.3 防护帽

6.3.1 防护帽应符合图 5、图 6 的规定。

6.3.2 I01C 型防护帽材料为黄铜和橡胶；I02C 型防护帽材料为塑料。

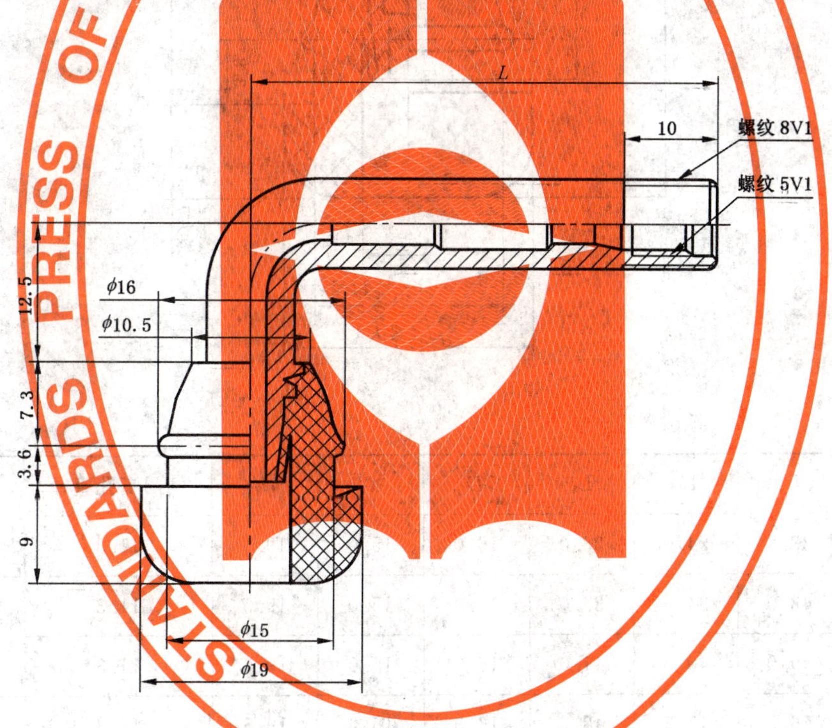

型　　号	L	适用气门嘴孔直径	JATMA 型号
DQ07C[a]	30	11.3	PVR70
DQ08C	45		PVR71
[a] 仅适用 H01S 型气门芯。			

图 3 **DQ07C、DQ08C 气门嘴**

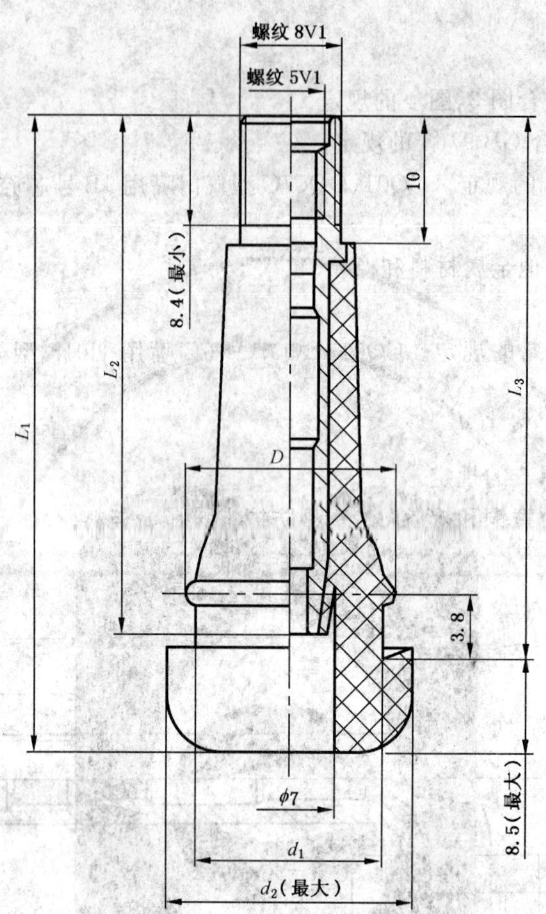

型 号	L_1	L_2	L_3	D	d_1	d_2	气门嘴孔直径	TRA 型号
CQ01[a]	33.0	24.0	25.0	16.0	15.0	19.5	11.3	TR412
CQ02	43.0	34.0	35.0	16.0	15.0	19.5	11.3	TR413
CQ03	49.0	40.0	41.0	16.0	15.0	19.5	11.3	TR414
CQ04	56.5	47.5	48.5	16.0	15.0	19.5	11.3	TR414L
CQ05	62.0	53.0	54.0	16.0	15.0	19.5	11.3	TR418
CQ06	75.0	66.0	67.0	16.0	15.0	19.5	11.3	TR423
CR01	43.0	34.0	35.0	20.2	19.3	24.0	15.7	TR415
CR02	62.0	53.0	54.0	20.2	19.3	24.0	15.7	TR425

[a] 仅适用 H01S 型气门芯。

图 4 CQ01～CQ06、CR01 和 CR02 气门嘴

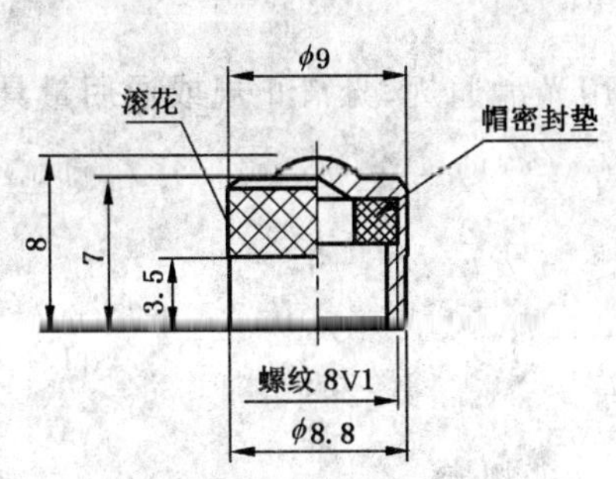

图 5　I01C 型密封帽

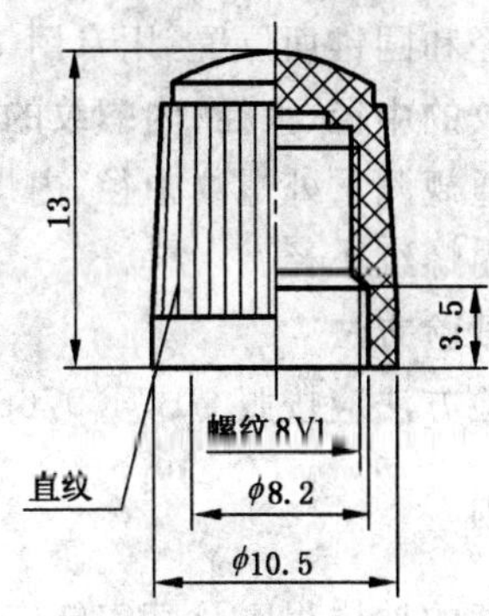

图 6　I02C 型防护帽

7　外观

7.1　嘴体橡胶外表面不允许有夹杂物、气泡、海绵状、裂纹等影响气门嘴性能的缺陷。

7.2　嘴体内孔不允许有影响气门嘴使用的橡胶粘附。

7.3　嘴体外螺纹不允许有影响使用的橡胶粘附。

8　嘴体橡胶硬度

邵尔 A 硬度 65±5。

9　装配性能

拉入力：180 N～450 N；

拉脱力：大于 560 N。

10　橡胶与金属的结合

每个剥开的气门嘴露铜面积不大于 40 mm^2，剥离沿气门嘴轴线方向不应有形成带状露铜。

11　密封性

11.1　在规定的最大使用压力下，应保证气门嘴的密封性。

11.2　密封帽在 475 kPa 压力下应保证密封。

12　耐臭氧能力

经耐臭氧试验后，嘴体橡胶不应出现裂纹。

13　爆破

在温度为 20 ℃～26 ℃下，并在 1 400 kPa 的压力下，维持 2 min 气门嘴不应爆破。

14　耐屈挠

经耐屈挠试验后的气门嘴不应破坏或嘴体橡胶目测不应有明显的龟裂。

15　试验方法

15.1　外观

目测检验。

15.2 喉部直径和圆锥面位置

喉部直径和圆锥面位置，用专用量规或通用量具测量。

15.3 外螺纹的中径、大径；内螺纹的中径、小径和深度尺寸

用螺纹通规测量外螺纹中径、内螺纹中径和内螺纹深度，用光滑通规、光滑止规或通用量具测量外螺纹大径和内螺纹小径。

15.4 其他试验方法

其他试验方法应按照 GB/T 9766.3 规定。

16 检验规则

16.1 气门嘴的抽样程序及其实施应符合 GB/T 2828.1—2003 的规定。

16.1.1 同型号气门嘴的一个入库批或发货批为一个检查批。

16.1.2 按质量特性的重要性把不合格分为 A 类不合格、B 类不合格和 C 类不合格。各类项目又分为若干个检查组，见表 1。

16.1.3 各检验组的接收质量限(AQL)(用每百单位产品不合格品数表示)和检查水平(IL)，见表 1。

16.2 按表 1 的检查分组分别实施检验，判定合格或不合格。

16.3 逐批检查后的处置应按 GB/T 2828.1—2003 的规定。

表 1

<table>
<tr><th>不合格分类</th><th>检查分组</th><th>项 目</th><th>AQL</th><th>IL</th><th>检验方法</th></tr>
<tr><td rowspan="5">A 类不合格</td><td>A1</td><td>11.1 嘴体与气门芯的密封性</td><td rowspan="3">0.65</td><td rowspan="9">S-2</td><td rowspan="9">按 GB/T 9766.3</td></tr>
<tr><td>A2</td><td>11.1 嘴体与气门嘴孔的低温密封性</td></tr>
<tr><td>A3</td><td>11.1 嘴体与气门嘴孔的高温密封性</td></tr>
<tr><td>A4</td><td>第 10 章橡胶与金属的结合</td><td>1.5</td></tr>
<tr><td>A5</td><td>第 12 章耐臭氧能力</td><td rowspan="8">2.5</td></tr>
<tr><td rowspan="7">B 类不合格</td><td>B1</td><td>第 8 章嘴体橡胶硬度</td></tr>
<tr><td>B2</td><td>第 9 章装配性能</td></tr>
<tr><td>B3</td><td>第 13 章爆破</td></tr>
<tr><td>B4</td><td>第 14 章耐屈挠</td></tr>
<tr><td>B5</td><td>6.1.3 圆锥面位置尺寸 $10^{+0.4}_{-0}$</td><td rowspan="3">S-3</td><td rowspan="3">按 15.2</td></tr>
<tr><td>B6</td><td>6.1.3 喉部直径 $\phi3.8^{+0.14}_{+0.02}$</td></tr>
<tr><td>B7</td><td>6.1.2 中 5V1 螺纹小径、深度</td></tr>
<tr><td rowspan="5">C 类不合格</td><td>C1</td><td>6.1.2 中 8V1 螺纹的大径、中径</td><td rowspan="5">4.0</td><td rowspan="2">S-3</td><td>按 15.2</td></tr>
<tr><td>C2</td><td>11.2 密封帽的密封性</td><td>按 GB/T 9766.3</td></tr>
<tr><td>C3</td><td>7.1 规定的外观质量</td><td rowspan="3">1</td><td rowspan="3">按 15.1</td></tr>
<tr><td>C4</td><td>7.2 外观质量</td></tr>
<tr><td>C5</td><td>7.3 外观质量</td></tr>
<tr><td colspan="6">注：A2、A3、A5、B3、B4 组为型式试验项目。</td></tr>
</table>

17 标识、包装及贮存

17.1 标识

17.1.1 气门嘴嘴体上应有制造厂和产品型号标识。

17.1.2 包装箱上应有下列标识：

a) 制造厂名称及地址、商标；

b) 产品名称；

c) 产品型号；

d) 数量；

e) 出厂日期。

17.2 **包装**

17.2.1 产品可以成套包装，也可以按零件包装。

17.2.2 内包装采用塑料袋，外包装采用纸箱或木箱。

17.2.3 包装箱(袋)内应附有产品合格证。

17.3 **贮存**

产品应贮存在干燥通风、防高温、防曝晒、防腐蚀、无油污的库房内，自出厂之日起贮存期不超过6个月。

附 录 A
（资料性附录）
本部分型号与国外型号对照

表A.1给出了本部分型号与国外型号对照一览表。

表 A.1 本部分型号与国外型号对照一览表

本部分	ISO 9413:1998	TRA(2006)	ETRTO(2006)	JATMA(2007)	原国标	图号
DQ07C	—	—	—	PVR70	—	1
DQ08C	—	—	—	PVR71	—	1
CQ01	CQ01	TR412	V2.03.6	TR412	Z2-01-1	2
CQ02	CQ02	TR413	V2.03.1	TR413	Z2-01-2	2
CQ03	CQ03	TR414	V2.03.2	TR414	Z2-01-3	2
CQ04	CQ04	TR414LL	V2.03.8	—	Z2-01-8	2
CQ05	CQ05	TR418	V2.03.4	TR418	Z2-01-4	2
CQ06	CQ06	TR423	—	TR423	Z2-01-5	2
CR01	CR01	TR415	V2.03.3	TR415	Z2-01-6	2
CR02	CR02	TR425	—	TR425	Z2-01-7	2
I01C	—	—	—	—	—	5
I02C	—	—	—	—	A型	6

ICS 83.160.01
G 41

中华人民共和国国家标准

GB 1796.6—2008
代替 GB 1795—1996,GB 12838—1999

轮胎气门嘴 第6部分：气门芯

Tyre valves—Part 6: Cores

(ISO 9413:1998, Tyre valves—Dimensions and designation, NEQ)

2008-09-18 发布 2009-09-01 实施

中华人民共和国国家质量监督检验检疫总局
中国国家标准化管理委员会 发布

前　言

本部分的第8章为强制性的，其余为推荐性的。

GB 1796《轮胎气门嘴》分为六个部分：

——第1部分：压紧式内胎气门嘴；

——第2部分：胶座气门嘴；

——第3部分：卡扣式气门嘴；

——第4部分：压紧式无内胎气门嘴；

——第5部分：大芯腔气门嘴；

——第6部分：气门芯。

本部分为GB 1796的第6部分，对应于ISO 9413：1998《轮胎气门嘴尺寸和型号》(英文版)。本部分与ISO 9413：1998的一致性程度为非等效；同时参考了日本工业标准 JIS D 4211：1994《汽车轮胎气门芯》。

本部分代替GB 1795—1996《轮胎气门芯》，GB 12838—1999《大芯腔轮胎气门芯》。

本部分与GB 1795—1996相比主要变化如下：

——增加了“术语和定义”一章(本版的第3章)；

——增加了气门芯产品的系列规格(前版的第3章，本版的第5章)；

——取消了气门芯的部分尺寸(前版的第3章，本版的第5章)；

——增加了气门芯的压顶尺寸(前版的第3章，本版第5章)；

——修改了气门芯芯梁的尺寸(前版的第3章，本版的第5章)；

——修改了气门芯芯体密封圈的尺寸(前版的第3章，本版的第6章)；

——修订了H01L型气门芯芯簧托座的尺寸(前版的第3章，本版的第5章)；

——增加了大芯腔气门芯和力车气门芯的内容和要求(前版的第5章，本版的第7章、第8章、第10章)；

——增加了“试验方法”见(第11章)；

——修改了检验规则(前版的第6章，本版的第12章)。

本部分与GB 12838—1999相比主要变化如下：

——增加了“术语和定义”一章(本版的第3章)；

——增加了气门芯产品的系列规格(前版的第3章，本版的第5章)；

——取消了气门芯部分尺寸(前版的第3章，本版的第5章)；

——修改了气门芯芯体密封圈的尺寸(前版的第3章，本版的第5章)；

——修改了H02L型气门芯芯簧托座的尺寸(前版的第3章，本版的第5章)；

——增加了普通芯腔气门芯和力车气门芯的内容和要求(前版的第5章，本版的第7章；第8章；第10章)；

——修改了最大使用压力(前版的第5章，本版的第8章)；

——修改了贮存期(前版的第7.6，本版的第10.6)；

——增加了“试验方法”见(第11章)；

——修改了检验规则(前版的第6章，本版的第12章)。

本部分由中国石油和化学工业协会提出。

本部分由全国轮胎轮辋标准化技术委员会(SAC/TC 19)归口。

本部分主要起草单位:公主岭中大股份有限公司、江阴博尔汽配工业有限公司。

本部分参加起草单位:公主岭市远达实业有限公司、高密市同创汽车配件有限公司、山东高天金属制造有限公司、江阴市澄华轮胎气门咀厂。

本部分主要起草人:韩发瑞、唐建兰、袁博、李健、王晓静、殷正元。

本部分代替标准的历次版本发布情况为:

——GB 1795—1979、GB 1795—1988、GB 1795—1996;

——GB 12838—1991、GB 12838—1999。

轮胎气门嘴
第6部分:气门芯

1 范围

GB 1796的本部分规定了轮胎气门芯(以下简称气门芯)的术语和定义、型号与标记、结构型式、零件材料、螺纹、密封性、外观、其他性能、试验方法、检验规则和标识、包装与贮存。

本部分适用于乘用车、载重汽车、工业车辆、工程机械、拖拉机、农业和林业机械、摩托车、电动车及力车轮胎气门嘴用气门芯。

本部分不适用于航空轮胎用气门芯。

2 规范性引用文件

下列文件的条款通过GB 1796的本部分的引用而成为本部分的条款,凡是注明日期的引用文件,其随后所有的修改单(不包括勘误内容)或修订版均不适用于本部分,然而,鼓励根据本部分达成协议的各方研究是否可以使用这些文件的最新版本。凡是不注日期的引用文件,其最新版本适用于本部分。

GB/T 2828.1—2003 计数抽样检验程序 第1部分:按接收质量限(AQL)检索的逐批检验抽样计划(GB/T 2828.1—2003,ISO 2859-1:1999;IDT)

GB 9764 轮胎气门嘴芯腔(GB 9764—1997,neq ISO 6762:1982;ISO 7442:1982)

GB 9765 轮胎气门嘴螺纹(GB 9765—1997,neq ISO 4570-1:1977,ISO 4570-2:1979,ISO 4570-3:1980)

GB/T 9766.6 轮胎气门嘴试验方法 第6部分:气门芯试验方法(GB/T 9766.6—2008,ISO 14960:2004,NEQ)

GB/T 12839 轮胎气门嘴术语及其定义(GB/T 12839—2005,ISO 3877-2:2005,NEQ)

GB/T 21285 轮胎气门嘴及其零部件的标识方法(GB/T 21285—2007,ISO 10475:1992,MOD)

3 术语和定义

GB/T 12839确立的术语及其定义适用于本部分。

4 型号与标记

产品型号与标记应符合GB/T 21285的规定。

5 结构型式

气门芯的结构型式应符合图1~图7的规定。

本部分中所有线性尺寸均为毫米。

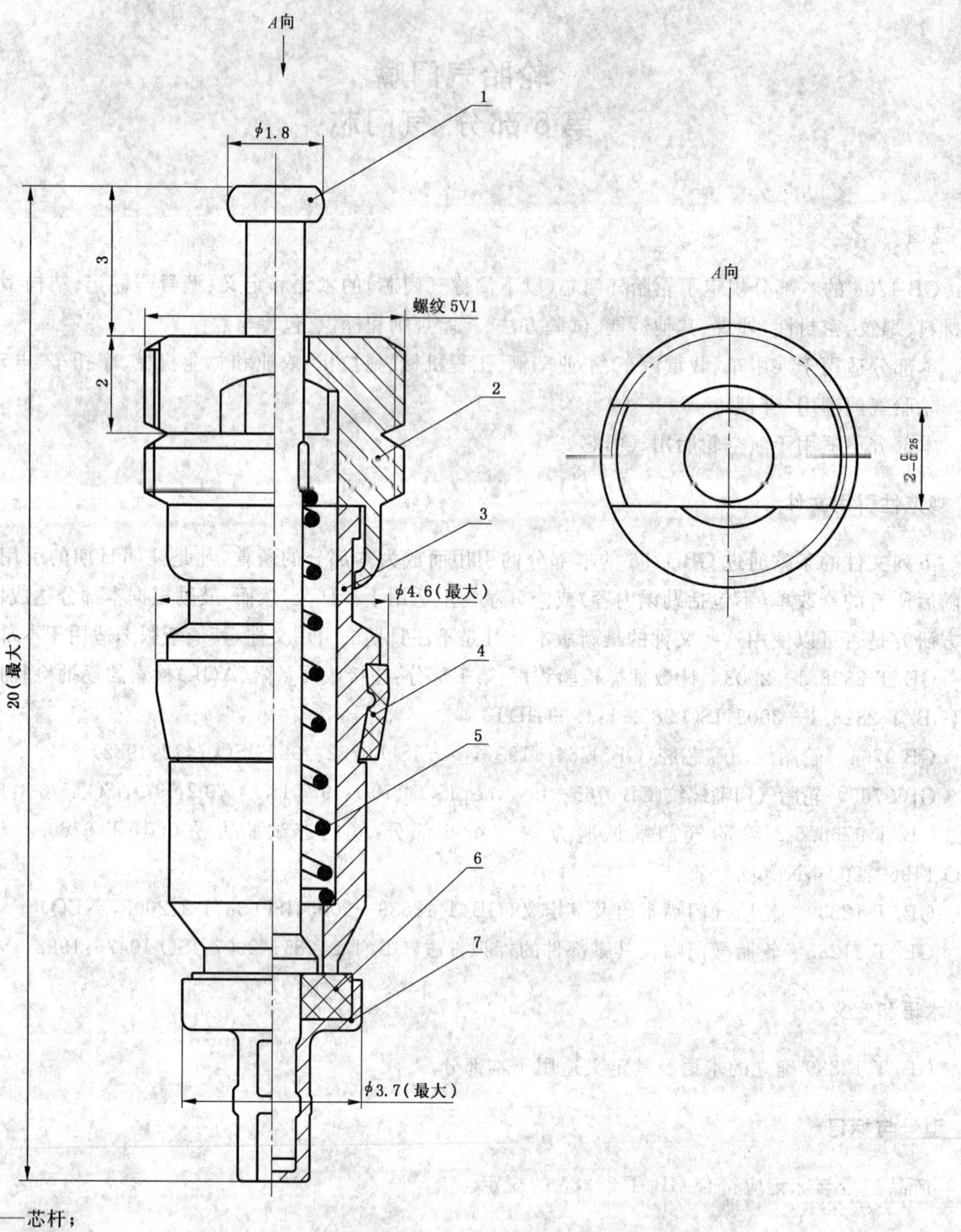

1——芯杆；

2——芯帽；

3——芯体；

4——芯体密封圈；

5——芯簧；

6——芯座密封垫；

7——芯座。

图1 H01S型气门芯

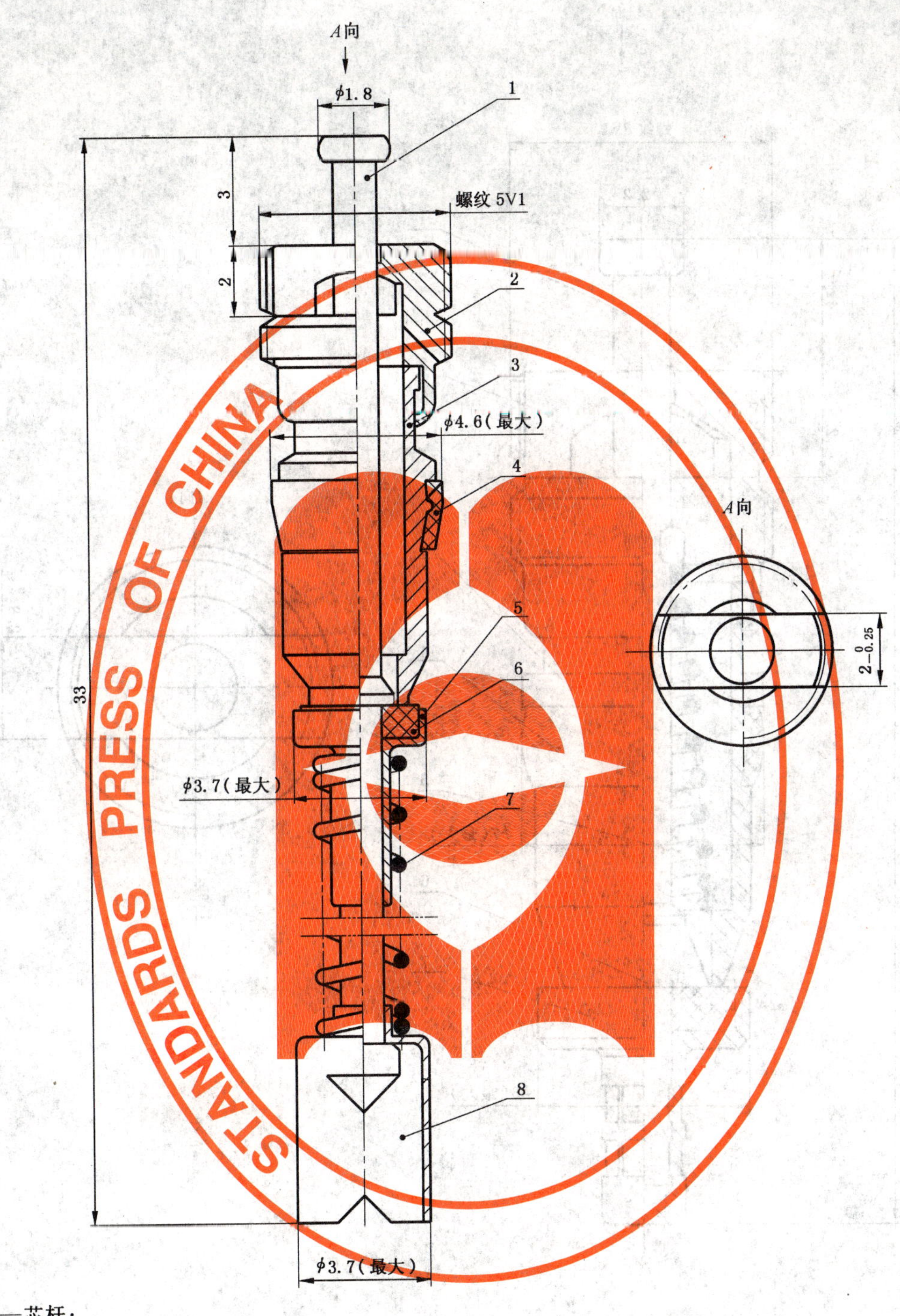

1——芯杆；

2——芯帽；

3——芯体；

4——芯体密封圈；

5——芯座；

6——芯座密封垫；

7——芯簧；

8——芯簧托座。

图 2 H01L 型气门芯

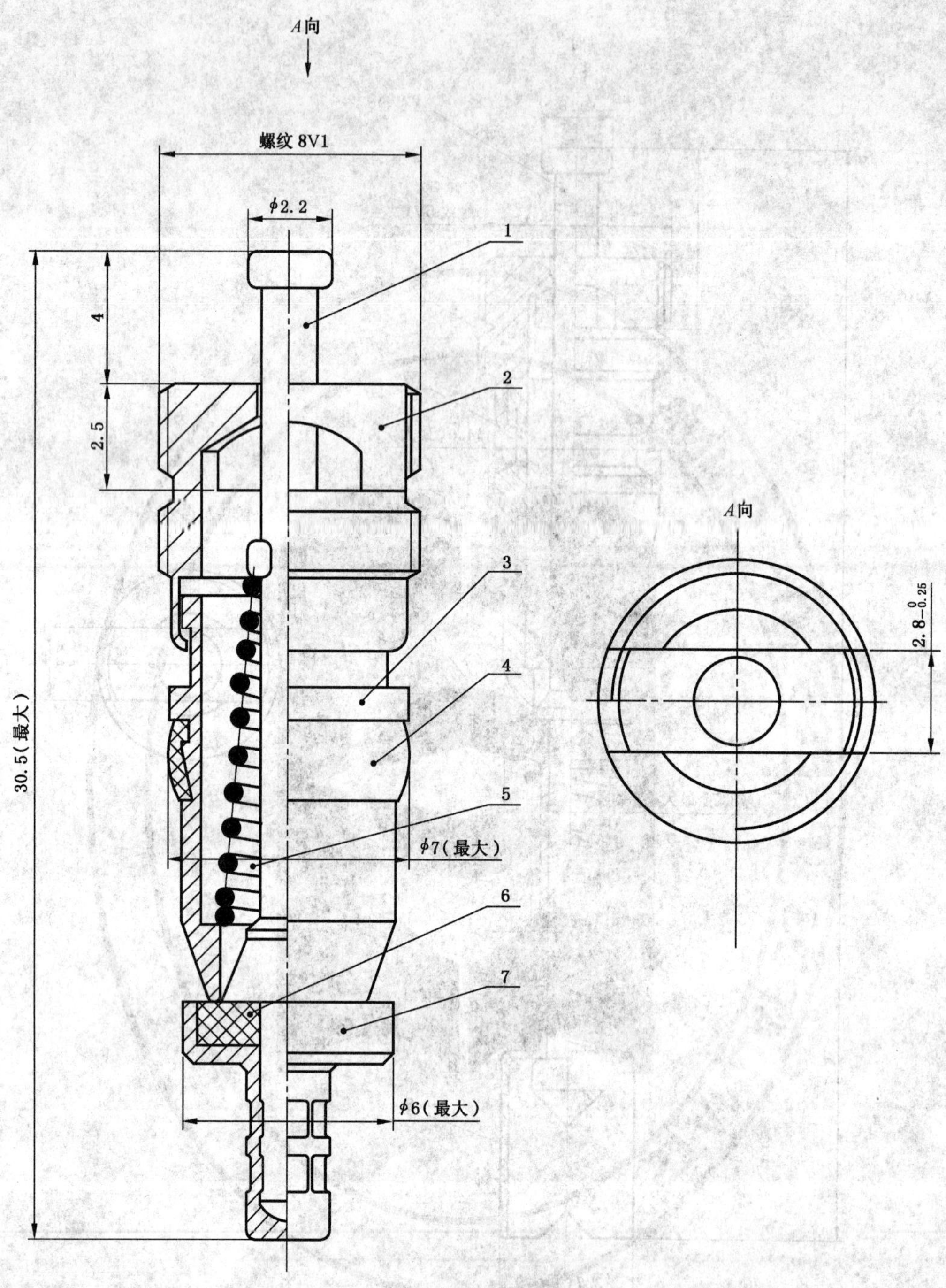

1——芯杆；

2——芯帽；

3——芯体；

4——芯体密封圈；

5——芯簧；

6——芯座密封垫；

7——芯座。

图 3　H02S 型气门芯

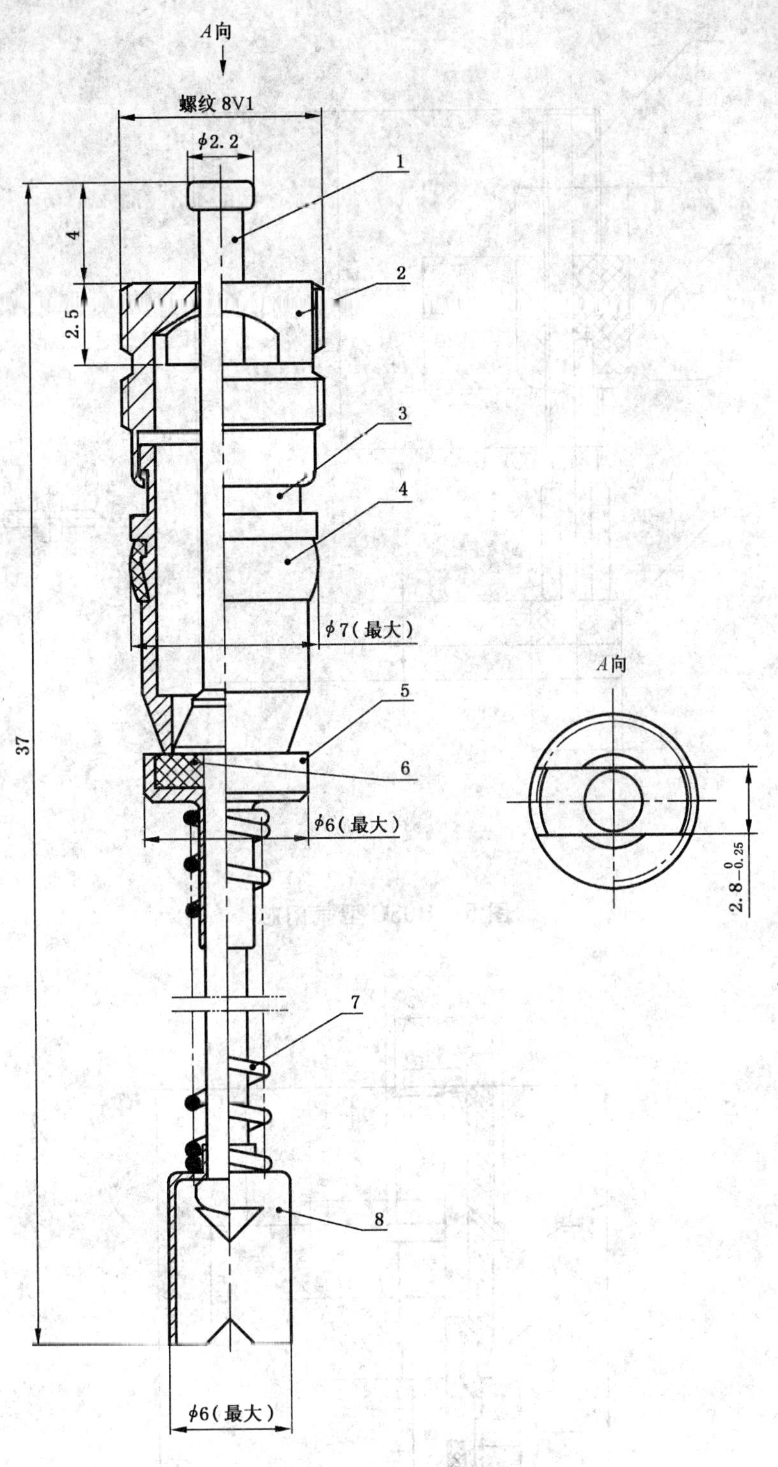

1——芯杆；
2——芯帽；
3——芯体；
4——芯体密封圈；
5——芯座；
6——芯座密封垫；
7——芯簧；
8——芯簧托座。

图 4 H02L 型气门芯

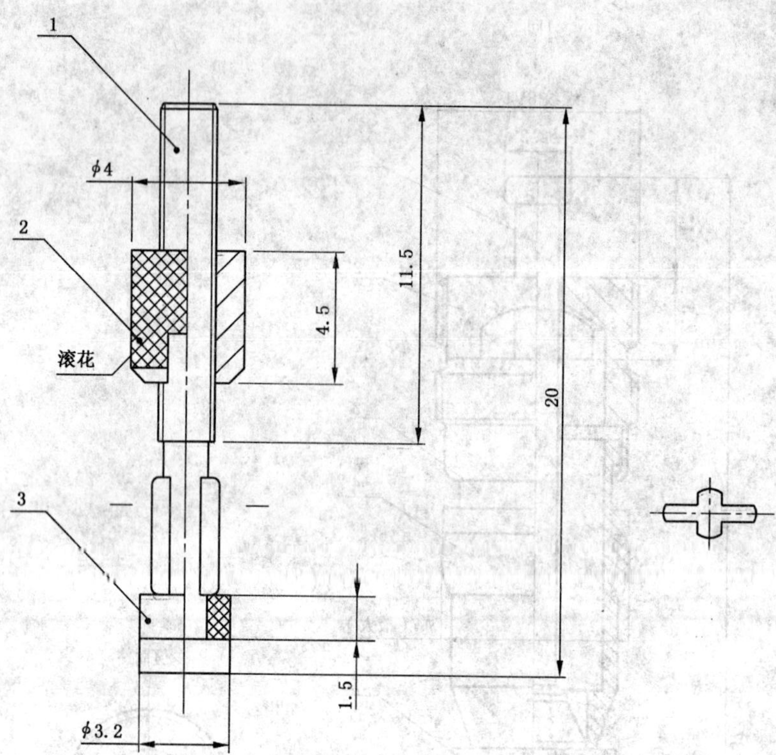

1——芯杆；
2——螺母；
3——密封垫。

图5　H03C型气门芯

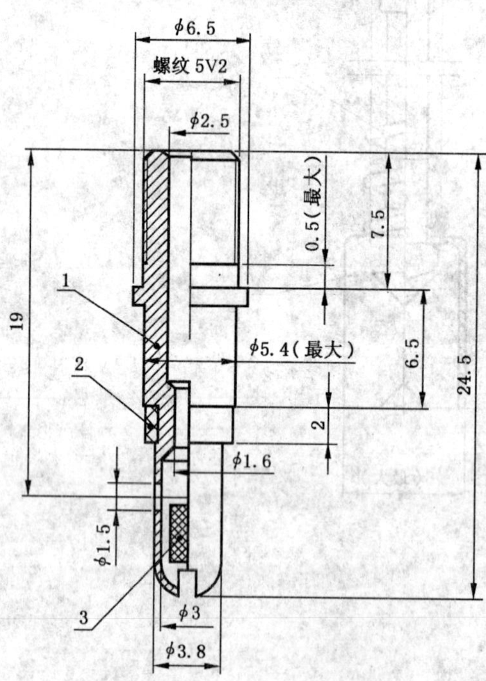

1——气门针；
2——密封圈；
3——密封垫。

图6　H04C型气门芯

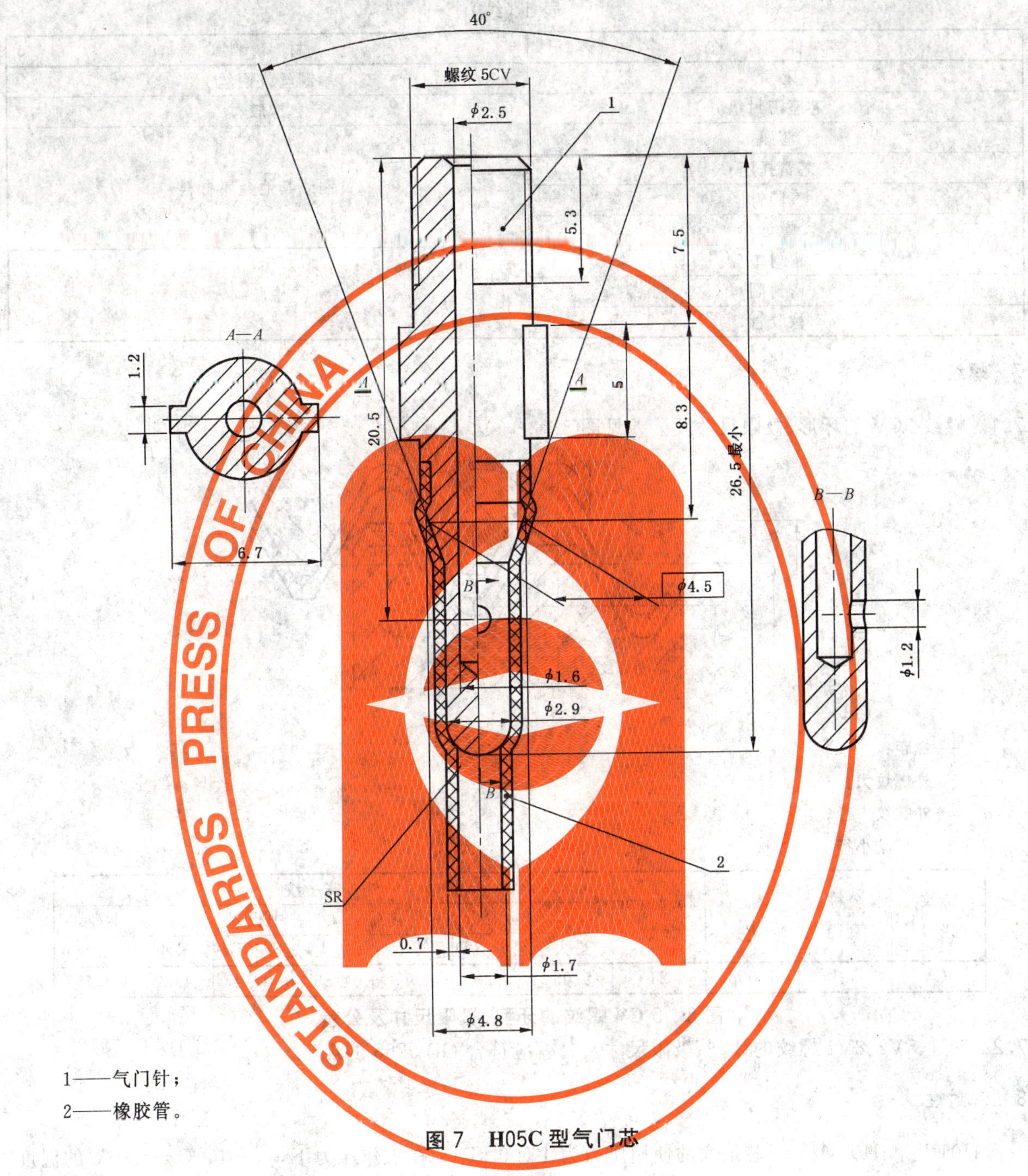

1——气门针；

2——橡胶管。

图 7 H05C 型气门芯

6 零件材料

气门芯的零件材料应符合表 1 的规定。

表 1

零 件 名 称	材 料
芯杆	黄铜或其他金属材料
芯帽	
芯体	
芯体密封圈	橡胶或塑料

表 1（续）

零件名称	材料
芯簧	铜丝或钢丝
芯座密封垫	橡胶
芯座	黄铜或其他金属材料
芯簧托座	
气门针	
螺母	
密封垫	橡胶
密封圈	
橡胶管	

7 螺纹

7.1 螺纹 5CV 的牙形、极限尺寸及公差见图 8。

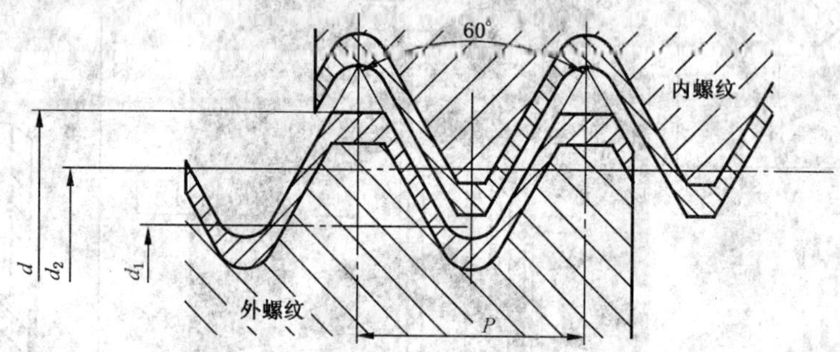

P——螺距；

d——外螺纹大径；

d_1——外螺纹中径；

d_2——外螺纹小径。

螺纹代号	公称直径	螺距 P	25.4 mm 牙数	外螺纹						
				大径 d			中径 d_2			小径 d_1
				最大	公差 TD	最小	最大	公差 Td_2	最小	最大
5CV	5.1	1.058	24	5.05	0.28	4.77	4.36	0.14	4.22	3.75

图 8 5 CV 螺纹的牙型、极限尺寸及公差

7.2 5V1、5V2、8V1 螺纹的牙型、极限尺寸及公差应符合 GB 9765 的规定。

8 密封性

H01 型和 H02 型气门芯最大的使用压力为 1 500 kPa。在工作压力下，在－40 ℃～100 ℃的温度范围内，应保证气门芯的密封性。

H03C、H04C 型和 H05C 型气门芯的最大使用压力为 1 000 kPa。在工作压力下，应保证气门芯的密封性。

9 外观

各种型号气门芯的金属零件表面应有防腐处理，不应有油污、锈蚀、气孔、裂纹、机械损伤等影响使用性能的缺陷。

10 其他性能

10.1 H01 型和 H02 型气门芯的芯体密封圈在使用中不应脱落。

10.2 H01 型和 H02 型气门芯的芯帽与芯体连接后应能相对转动，并能承受不低于 195 N 的拉力。

10.3 H01 型和 H02 型气门芯总成后，按动芯杆，不应有卡紧现象。

10.4 H01 型气门芯开启压力不小于 250 kPa；H02 型气门芯开启压力不小于 450 kPa。

10.5 H01 型和 H02 型气门芯的芯杆头位置

用表 2 给出的安装扭矩，将 H01 型和 H02 型气门芯安装在符合 GB 9764 的 1 号芯腔或 2 号芯腔内，以嘴口端面为基准，芯杆头凸出不大于 0.25 mm，凹进不大于 0.90 mm。

表 2

型　　号	检测用嘴体芯腔	气门芯的安装扭矩/(N·m)
H01	符合 GB 9764 的 1 号芯腔	0.17～0.34
H02	符合 GB 9764 的 2 号芯腔	0.34～0.56

11 试验方法

11.1 外观用目测检验。

11.2 用手检查 H01 型和 H02 型气门芯的芯帽与芯体连接后是否能相对转动；气门芯总成后，按动芯杆，是否有卡紧现象。

11.3 螺纹及其他尺寸用专用量具或通用量具进行测量。

11.4 其余试验方法按照 GB/T 9766.6 的规定。

12 检验规则

12.1 气门芯的抽样程序及其检查的实施应符合 GB/T 2828.1—2003 的规定。

12.1.1 同型号气门芯的一个入库批或发货批为一个检查批。

12.1.2 按质量特性的重要性把不合格分为 A 类不合格、B 类不合格、C 类不合格。各类项目又分为若干个检查组，见表 3。

12.1.3 各检查组的接收质量限(AQL)(用每百单位产品不合格品数表示)和检查水平(IL)应符合表 3 中的规定。

12.2 按表 3 的检查分组分别实施检验，判定合格或不合格。

12.3 逐批检查后的处置办法应符合 GB/T 2828.1—2003 的规定。

表 3

<table>
<tr><th>不合格分类</th><th>检查分组</th><th colspan="2">项　　目</th><th>AQL</th><th>IL</th><th>检验方法</th></tr>
<tr><td rowspan="5">A 类不合格</td><td rowspan="2">A_1</td><td rowspan="2">第 8 章常温密封性</td><td>H01、H02 型气门芯</td><td>0.4</td><td rowspan="5">S-2</td><td rowspan="5">11.4</td></tr>
<tr><td>H03C、H04C、H05C 型气门芯</td><td>0.65</td></tr>
<tr><td>A_2</td><td colspan="2">第 8 章 H01、H02 型气门芯低温密封性</td><td rowspan="3">1.0</td></tr>
<tr><td>A_3</td><td colspan="2">第 8 章 H01、H02 型高温密封性</td></tr>
<tr><td>A_4</td><td colspan="2">10.2 H01、H02 型气门芯的芯帽与芯体结合力</td></tr>
<tr><td rowspan="4">B 类不合格</td><td>B_1</td><td colspan="2">第 7 章 5V1、8V1 螺纹中径、大径</td><td rowspan="2">2.5</td><td rowspan="4">S-3</td><td>11.3</td></tr>
<tr><td>B_2</td><td colspan="2">10.1 H01、H02 型气门芯的芯体密封圈不应脱落</td><td rowspan="3">11.4</td></tr>
<tr><td>B_3</td><td colspan="2">10.4 H01、H02 型气门芯的开启压力</td><td rowspan="2">4.0</td></tr>
<tr><td>B_4</td><td colspan="2">10.5 规定的 H01、H02 型气门芯的芯杆头位置</td></tr>
</table>

表 3(续)

不合格分类	检查分组	项 目	AQL	IL	检验方法
C 类不合格	C_1	10.3 H01、H02 型气门芯按动芯杆不应有卡紧现象	6.5	S-3	11.2
	C_2	10.2 H01、H02 型气门芯的芯帽与芯体装配后相对转动			
	C_3	第 5 章图 1～图 4 中 H01、H02 型气门芯芯梁宽度 $2_{-0.2}^{0}$ 及 $2.8_{-0.25}^{0}$	10	I	11.3
	C_4	第 9 章外观质量			11.1
注：A_2 组、A_3 组为型式试验项目。					

13 标识、包装与贮存

13.1 标识

气门芯外包装应有下列标识：

a) 产品名称、型号、商标及出厂日期；

b) 生产厂名称及地址；

c) 数量。

13.2 包装

13.2.1 内包装用塑料袋，外包装用纸箱或木箱。

13.2.2 包装箱(袋)内应附有产品合格证。

13.3 贮存

气门芯放在干燥的仓库内贮存，需防晒、防腐蚀并远离热源。

气门芯按本部分规定的包装和贮存条件，自出厂之日起贮存期 H01、H02 型气门芯不超过 24 个月，H03C、H04C 型气门芯不超过 12 个月，H05C 型气门芯不超过 6 个月。

ICS 59.060.10
W 40

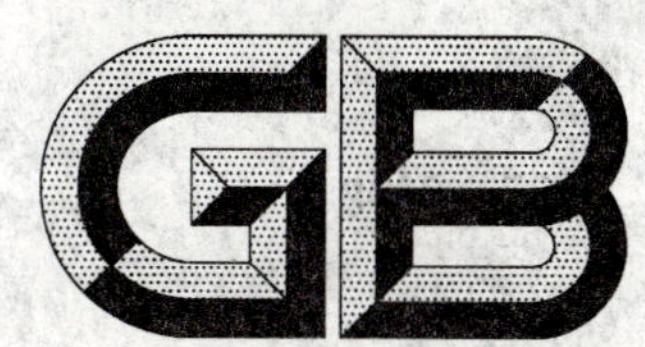

中华人民共和国国家标准

GB/T 1797—2008
代替 GB 1797—2001

2008-08-06 发布　　　　2009-06-01 实施

中华人民共和国国家质量监督检验检疫总局
中国国家标准化管理委员会　发布

前　言

本标准代替 GB 1797—2001《生丝》。

本标准与 GB 1797—2001 相比主要变化如下：

——标准性质由强制性改为推荐性；

——调整了生丝的等级范围；

——调整了生丝纤度偏差、纤度最大偏差、均匀二度变化、均匀三度变化、切断、断裂强度、断裂伸长率、抱合等品质技术指标水平；

——增加了出现洁净 80 分及以下丝片的丝批，最终定级不得定为 6A 级的规定；

——调整了生丝外观疵点中绞重不匀的标准值；

——增加了“生丝含胶率”选择检验项目；

——调整了生丝包装和标志的相关规定。

本标准由中国纺织工业协会提出。

本标准由全国纺织品标准化技术委员会丝绸分会归口。

本标准负责起草单位：浙江凯喜雅国际股份有限公司、浙江丝绸科技有限公司、浙江出入境检验检疫局、广东省丝绸纺织集团有限公司、日照海通茧丝绸集团有限公司、鑫缘茧丝绸集团股份有限公司、安徽源牌实业(集团)有限责任公司、中国茧丝绸交易市场。

本标准主要起草人：卞幸儿、周颖、徐进、吕幸、陈南生、安霞、钱颖华、汪海涛、陈锦明、韦君玲、徐勤。

本标准所代替标准的历次版本发布情况为：

——GB 1797—1979、GB 1799—1979、GB 1797—1986、GB 1799—1986、GB 1797—2001。

生　　丝

1　范围

本标准规定了绞装和筒装生丝的要求、检验规则、包装和标志。

本标准适用于名义纤度 69 den 及以下的未浸泡生丝。

2　规范性引用文件

下列文件中的条款通过本标准的引用而成为本标准的条款。凡是注日期的引用文件，其随后所有的修改单(不包括勘误的内容)或修订版均不适用于本标准，然而，鼓励根据本标准达成协议的各方研究是否可使用这些文件的最新版本。凡是不注日期的引用文件，其最新版本适用于本标准。

GB/T 1798—2008　生丝试验方法

3　生丝规格的标示

生丝规格以“纤度下限/纤度上限”标示，其纤度中心值为名义纤度。

示例：

a)　20/22 den：表示生丝的名义纤度为 21 den，生丝规格的纤度下限为 20 den，纤度上限为 22 den。

b)　40/44 den：表示生丝的名义纤度为 42 den，生丝规格的纤度下限为 40 den，纤度上限为 44 den。

4　要求

4.1　生丝的品质，根据受检生丝的品质技术指标和外观质量的综合成绩，分为 6A、5A、4A、3A、2A、A 级和级外品。

4.2　生丝的品质技术指标规定见表 1。

表 1　生丝品质技术指标规定

主要检验项目	名义纤度	级别					
		6A	5A	4A	3A	2A	A
纤度偏差/den	12 den(13.3 dtex)及以下	0.80	0.90	1.00	1.15	1.30	1.50
	13 den～15 den (14.4 dtex～16.7 dtex)	0.90	1.00	1.10	1.25	1.45	1.70
	16 den～18 den (17.8 dtex～20.0 dtex)	0.95	1.10	1.20	1.40	1.65	1.95
	19 den～22 den (21.1 dtex～24.4 dtex)	1.05	1.20	1.35	1.60	1.85	2.15
	23 den～25 den (25.6 dtex～27.8 dtex)	1.15	1.30	1.45	1.70	2.00	2.35
	26 den～29 den (28.9 dtex～32.2 dtex)	1.25	1.40	1.55	1.85	2.15	2.50
	30 den～33 den (33.3 dtex～36.7 dtex)	1.35	1.50	1.65	1.95	2.30	2.70

表 1（续）

主要检验项目	名义纤度	级别					
		6A	5A	4A	3A	2A	A
纤度偏差/den	34 den～49 den (37.8 dtex～54.4 dtex)	1.60	1.80	2.00	2.35	2.70	3.05
	50 den～69 den (55.6 dtex～76.7 dtex)	1.95	2.25	2.55	2.90	3.30	3.75
纤度最大偏差/den	12 den(13.3 dtex) 及以下	2.50	2.70	3.00	3.40	3.80	4.25
	13 den～15 den (14.4 dtex～16.7 dtex)	2.60	2.90	3.30	3.80	4.30	4.95
	16 den～18 den (17.8 dtex～20.0 dtex)	2.75	3.15	3.60	4.20	4.80	5.65
	19 den～22 den (21.1 dtex～24.4 dtex)	3.05	3.45	3.90	4.70	5.50	6.40
	23 den～25 den (25.6 dtex～27.8 dtex)	3.35	3.75	4.20	5.00	5.80	6.80
	26 den～29 den (28.9 dtex～32.2 dtex)	3.65	4.05	4.50	5.35	6.25	7.25
	30 den～33 den (33.3 dtex～36.7 dtex)	3.95	4.35	4.80	5.65	6.65	7.85
	34 den～49 den (37.8 dtex～54.4 dtex)	4.60	5.20	5.80	6.75	7.85	9.05
	50 den～69 den (55.6 dtex～76.7 dtex)	5.70	6.50	7.40	8.40	9.55	10.85
均匀二度变化条	18 den(20.0 dtex) 及以下	3	6	10	16	24	34
	19 den～33 den (21.1 dtex～36.7 dtex)	2	3	6	10	16	24
	34 den～69 den (37.8 dtex～76.7 dtex)	0	2	3	6	10	16
清洁/分	69 den(76.7 dtex) 及以下	98.0	97.5	96.5	95.0	93.0	90.0
洁净/分	69 den(76.7 dtex) 及以下	95.00	94.00	92.00	90.00	88.00	86.00

表 1（续）

主要检验项目	名义纤度	级别					
		6A	5A	4A	3A	2A	A
补助检验项目		附级					
		（一）			（二）	（三）	（四）
均匀三度变化/条		0			1	2	4
补助检验项目		附级					
		（一）		（二）		（三）	
切断[a]/次	12 den(13.3 dtex)及以下	8		16		24	
	13 den～18 den (14.4 dtex～20.0 dtex)	6		12		18	
	19 den～33 den (21.1 dtex～36.7 dtex)	4		8		12	
	34 den～69 den (37.8 dtex～76.7 dtex)	2		4		6	
补助检验项目		附级					
		（一）			（二）		
断裂强度/gf/den(cN/dtex)		3.80 (3.35)			3.70 (3.26)		
断裂伸长率/%		20.0			19.0		
补助检验项目		附级					
		（一）	（二）		（三）		
抱合/次	33 den 及以下 (36.7 dtex)	100	90		80		

a 筒装丝不考核。

4.3 生丝的外观疵点分类及批注规定，绞装丝见表 2，筒装丝见表 3。

表 2 绞装丝的疵点分类及批注规定

疵点名称		疵点说明	批注数量		
			整批/把	拆把/绞	样丝/绞
主要疵点	霉丝	生丝光泽变异，能嗅到霉味或发现灰色或微绿色的霉点。	10 以上		
	丝把硬化	绞把发并，手感糙硬呈僵直状。	10 以上		
	篾角硬胶	篾角部位有胶着硬块，手指直捏后不能松散。		6	2
	粘条	丝条粘固，手指粘揉后，左右横展部分丝条不能拉散者。		6	2
	附着物（黑点）	杂物附着于丝条、块状（粒状）黑点，长度在 1 mm 及以上；散布性黑点，丝条上有断续相连分散而细小的黑点。		12	6
	污染丝	丝条被异物污染。		16	8
	纤度混杂	同一批丝内混有不同规格的丝绞。			1
	水渍	生丝遭受水湿，有渍印，光泽呆滞。	10 以上		
一般疵点	颜色不整齐	把与把、绞与绞之间颜色程度或颜色种类差异较明显。	10 以上		
	夹花	同一丝绞内颜色程度或颜色种类差异较明显。		16	8
	白斑	丝绞表面呈现光泽呆滞的白色斑，长度在 10 mm 及以上者，程度或颜色种类差异较明显。	10 以上		

表 2（续）

疵点名称		疵点说明	批注数量		
			整批/把	拆把/绞	样丝/绞
一般疵点	绞重不匀	丝绞大小重量相差在20%以上者。即：$\frac{大绞重量-小绞重量}{大绞重量}\times100\%>20\%$			4
	双丝	丝绞中部分丝条卷取两根及以上，长度在3 m以上者。			1
	重片丝	两片丝及以上重叠一绞者。			1
	切丝	丝绞存在一根及以上的断丝。		16	
	飞入毛丝	卷入丝绞内的废丝。			8
	凌乱丝	丝片层次不清，络交紊乱，切断检验难以卷取者。			6
注：达不到一般疵点者，为轻微疵点。					

表 3　筒装丝的疵点分类及批注规定

疵点名称		疵点说明	整批批注数量/筒		
			小菠萝形	大菠萝形	圆柱形
主要疵点	霉丝	生丝光泽变异，能嗅到霉味，发现灰色或微绿色的霉点。	10以上		
	丝条胶着	丝筒发并，手感糙硬，光泽差。	20以上		
	附着物（黑点）	杂物附着于丝条、块状（粒状）黑点，长度在1 mm及以上；散布性黑点，丝条上有断续相连分散而细小的黑点。	20以上		
	污染丝	丝条被异物污染。	15以上		
	纤度混杂	同一批丝内混有不同规格的丝筒。	1		
	水渍	生丝遭受水湿，有渍印，光泽呆滞。	10以上		
	成形不良	丝筒两端不平整，高低差3 mm者或两端塌边或有松紧丝层。	20以上		
一般疵点	颜色不整齐	丝筒与丝筒之间颜色程度或颜色种类差异较明显。	10以上		
	色圈（夹花）	同一丝筒内颜色程度或颜色种类差异较明显。	20以上		
	丝筒不匀	丝筒重量相差在15%以上者。即：$\frac{大筒重量-小筒重量}{大筒重量}\times100\%>15\%$	20以上		
	双丝	丝筒中部分丝条卷取两根及以上，长度在3 m以上者。	1		
	切丝	丝筒中存在一根及以上的断丝。	20以上		
	飞入毛丝	卷入丝筒内的废丝。	8以上		
	跳丝	丝筒下端丝条跳出。其弦长：大、小菠萝形的为30 mm；圆柱形的为15 mm。	10以上		
注：达不到一般疵点者，为轻微疵点。					

4.4 生丝的公定回潮率为 11.0%;生丝的实测平均回潮率根据 GB/T 1798—2008 中 4.1.2.6 规定得出,不得低于 8.0%,不得超过 13.0%。

4.5 分级规定

4.5.1 基本级的评定

4.5.1.1 根据纤度偏差、纤度最大偏差、均匀二度变化、清洁及洁净五项主要检验项目中的最低一项成绩确定基本级。

4.5.1.2 主要检验项目中任何一项低于 A 级时,作级外品。

4.5.1.3 在黑板卷绕过程中,出现有 10 只及以上丝锭不能正常卷取者,一律定为级外品,并在检测报告上注明“丝条脆弱”。

4.5.2 补助检验的降级规定

4.5.2.1 补助检验项目中任何一项低于基本级所属的附级允许范围者,应予降级。

4.5.2.2 按各项补助检验成绩的附级低于基本级所属附级的级差数降级。附级相差一级者,则基本级降一级;相差二级者,降二级;以此类推。

4.5.2.3 补助检验项目中有两项以上低于基本级者,以最低一项降级。

4.5.2.4 切断次数超过表 4 规定,一律降为级外品。

表 4 切断次数的降级规定

名义纤度/ den(dtex)	切断/ 次
12(13.3)及以下	30
13~18(14.4~20.0)	25
19~33(21.1~36.7)	20
34~69(37.8~76.7)	10

4.5.3 外观检验的评等及降级规定

4.5.3.1 外观评等:外观评等分为良、普通、稍劣和级外品。

4.5.3.2 外观的降级规定:

a) 外观检验评为“稍劣”者,按 4.5.1、4.5.2 评定的等级再降一级;如 4.5.1、4.5.2 已定为 A 级时,则作级外品。

b) 外观检验评为“级外品”者,一律作级外品。

4.5.4 出现洁净 80 分及以下丝片的丝批,最终定级不得定为 6A 级。

4.6 生丝的实测平均公量纤度超出该批生丝规格的纤度上限或下限时,在检测报告上注明“纤度规格不符”。

5 检验规则

5.1 组批与抽样

组批与抽样按 GB/T 1798—2008 中第 3 章规定进行。

5.2 检验项目

5.2.1 品质检验

5.2.1.1 主要检验项目:纤度偏差、纤度最大偏差、均匀二度变化、清洁、洁净。

5.2.1.2 补助检验项目:均匀三度变化、切断、断裂强度、断裂伸长率、抱合。

5.2.1.3 外观检验项目:疵点和性状。

5.2.1.4 选择检验项目:均匀一度变化、茸毛、单根生丝断裂强度和断裂伸长率、含胶率。

5.2.2 重量检验

毛重、净重、回潮率、公量。

5.3 检验分类

生丝检验分交收检验和型式检验。产品交收或型式检验时，按本标准及GB/T 1798—2008进行品质和重量检验。

6 包装和标志

6.1 绞装生丝的包装标志

6.1.1 绞装生丝的整理和重量规定见表5。

表5 绞装生丝的整理和重量规定

项目	要求
绞装形式	长绞丝
丝片周长/m	1.5
丝片宽度/cm	约8
编丝规定	四洞五编五道
每绞重量/g	约180
每把重量/kg	约5
每把绞数/绞	28
箱装每箱重量/kg	约30
袋装每件重量/kg	约60
箱装每箱把数/把	5～6
袋装每件把数/把	11～12

6.1.2 编丝留绪线用14 tex(42ˢ)双股白色棉纱线，松紧要适当，以能插入二指为宜，留绪结端约1 cm。

6.1.3 每把生丝外层用50根58 tex(10ˢ)或用100根28 tex(21ˢ)棉纱绳扎五道，并包以韧性好的白衬纸、牛皮纸，再用9根三股28 tex(21ˢ)纱绳捆扎三道。

6.1.4 袋装生丝先用布袋包装，用棉纱绳扎口、专用铅封封识，悬挂票签，注明商品名、检验编号、包件号；再外套防潮纸、蒲包，用麻绳捆紧，防止受潮和破损。

6.1.5 箱装生丝的纸箱质量、装箱规定和包装标志要求见表6。

表6 箱装生丝的纸箱质量、装箱规定和包装标志要求

项目		要求
装箱排列		每箱二层 每层三把 箱内四周六面衬防潮纸
纸箱质量		用双瓦楞纸制成。坚韧、牢固、整洁，并涂防潮剂
纸箱规格 (内壁尺寸)	长/mm	690
	宽/mm	460
	高/mm	290
纸箱标志		装箱后纸箱上应标示商品名、检验编号、包件号。标志应明确、清楚、便于识别
封箱包扎		箱底箱面用胶带封口，贴上封条，外用塑料带捆扎成廿字形

6.2 筒装生丝的包装

6.2.1 筒装生丝的整理和重量规定见表7。

表7 筒装生丝的整理和重量规定

项目		要求		
筒装形式		小菠萝形	大菠萝形	圆柱形
筒子平均直径/mm		ϕ120±5		
丝层斜面长度/mm	起始导程	175±10	200±10	200±10
	终了导程	115±10	150±10	
扣头规定		扣于大头筒管内		
内包装		绪头贴在筒管大头内，外包纱套或衬纸，穿入纸盒孔内，箱内四周六面衬防潮纸		
每筒重量/g		460～540		
每箱净重/kg		约30		
每箱筒数/筒		60		
每批箱数/箱		20		
每批筒数/筒		1 200		

6.2.2 筒装生丝的纸箱质量、装箱规定和包装标志要求见表8。

表8 筒装生丝的纸箱质量、装箱规定和包装标志要求

项目		要求	
筒装形式		小菠萝形	大菠萝形、圆柱形
装箱排列		每箱四层 每层三盒 每盒五筒	每箱三层 每层四盒 每盒五筒
纸箱质量		用双瓦楞纸制成。坚韧、牢固、整洁，并涂防潮剂	
纸箱规格 （内壁尺寸）	长/mm	690	725
	宽/mm	445	630
	高/mm	790	720
纸箱标志		装箱后纸箱上应标示商品名、检验编号、包件号。标志应明确、清楚、便于识别	
封箱包扎		箱底箱面用胶带封口，贴上封条，外用塑料带捆扎成廿字形	

6.3 生丝每批净重为570 kg～630 kg，箱与箱（或件与件）之间重量差异不超过6 kg。

6.4 包装应牢固，便于仓贮及运输。

6.5 每批生丝应附有品质和重量检测报告。

7 其他

对生丝的规格、品质、包装、标志有特殊要求者，供需双方可另订协议。

ICS 59.060.10
W 40

中华人民共和国国家标准

GB/T 1798—2008
代替 GB/T 1798—2001

生丝试验方法

Testing method for raw silk

2008-08-06 发布　　2009-06-01 实施

中华人民共和国国家质量监督检验检疫总局
中国国家标准化管理委员会　发布

前言

本标准代替GB/T 1798—2001《生丝试验方法》。

本标准与GB/T 1798—2001相比主要变化如下：

——修改了重量检验样丝的分组规定；

——修改了全批丝回潮率的计算方法；

——调整了清洁疵点中长结的起点值；

——在洁净疵点中增加了对短节的考核；

——增加了生丝含胶率的试验方法。

本标准的附录A、附录B、附录C都是规范性附录。

本标准由中国纺织工业协会提出。

本标准由全国纺织品标准化技术委员会丝绸分会归口。

本标准负责起草单位：浙江凯喜雅国际股份有限公司、浙江丝绸科技有限公司、浙江出入境检验检疫局、中国茧丝绸交易市场、安徽源牌实业(集团)有限责任公司、鑫缘茧丝绸集团股份有限公司、日照海通茧丝绸集团有限公司、广东省丝绸纺织集团有限公司。

本标准主要起草人：卞幸儿、周颖、徐进、吕幸、陈锦明、汪海涛、钱颖华、安霞、陈南生、徐勤、韦君玲。

本标准所代替标准的历次版本发布情况为：

——GB 1798—1979、GB 1798—1986、GB/T 1798—2001。

——GBn 72—1979、GBn 72—1986(FZ/T 40004—1999)。

生丝试验方法

1 范围

本标准规定了绞装和筒装生丝的重量、品质试验方法。

本标准适用于名义纤度 69den 及以下的生丝。

2 规范性引用文件

下列文件中的条款通过本标准的引用而成为本标准的条款。凡是注日期的引用文件，其随后所有的修改单(不包括勘误的内容)或修订版均不适用于本标准，然而，鼓励根据本标准达成协议的各方研究是否可使用这些文件的最新版本。凡是不注日期的引用文件，其最新版本适用于本标准。

GB/T 3916—1997 纺织品 卷装纱 单根纱线断裂强力和断裂伸长率的测定

GB/T 6529 纺织品 调湿和试验用标准大气

GB/T 8170 数值修约规则

GB/T 9995 纺织材料含水率和回潮率的测定 烘箱干燥法

3 组批与抽样

3.1 组批

生丝以同一庄口、同一工艺、同一机型、同一规格的产品为一批，每批 20 箱，每箱约 30 kg，或者每批 10 件，每件约 60 kg。不足 20 箱或 10 件仍按一批计算。

3.2 抽样方法

受验的生丝应在外观检验的同时，抽取具有代表的重量及品质检验试样。绞装丝每把限抽 1 绞，筒装丝每箱限抽 1 筒。

3.3 抽样数量

3.3.1 重量检验试样

3.3.1.1 绞装丝 16 箱～20 箱(8 件～10 件)为一批者，每批抽 4 份，每份 2 绞，共 8 绞。其中丝把边部抽 3 绞，角部抽 1 绞，中部抽 4 绞。

3.3.1.2 绞装丝 15 箱(7 件)及以下成批的，每批抽 2 份，每份 2 绞，共 4 绞。其中丝把边部抽 2 绞，中部抽 2 绞。

3.3.1.3 筒装丝每批抽 4 份，每份 1 筒，共 4 筒。其中丝筒上、下层各抽 1 筒，中层抽 2 筒。

3.3.2 品质检验试样

3.3.2.1 绞装丝每批从丝把的边、中、角三个部位分别抽 12 绞、9 绞、4 绞，共 25 绞。

3.3.2.2 筒装丝每批从丝箱中随机抽取 20 筒。

4 检验方法

4.1 重量检验

4.1.1 仪器设备

a) 台秤：分度值≤0.05 kg。

b) 天平：分度值≤0.01 g。

c) 带有天平的烘箱。天平：分度值≤0.01 g。

4.1.2 检验规程

4.1.2.1 皮重

袋装丝取布袋2只，箱装丝取纸箱5只(包括箱中的定位纸板、防潮纸)用台秤称其重量，得出外包装重量；绞装丝任择3把，拆下纸、绳(筒装丝任择10只筒管及纱套)，用天平称其重量，得出内包装重量；根据内、外包装重量，折算出每箱(件)的皮重。

4.1.2.2 毛重

全批受验丝抽样后，逐箱(件)在台秤上称重核对，得出每箱(件)的毛重和全批丝的毛重。毛重复核时允许差异为0.10 kg，以第一次毛重为准。

4.1.2.3 净重

每箱(件)的毛重减去每箱(件)的皮重即为每箱(件)的净重，以此得出全批丝的净重。

4.1.2.4 湿重(原重)

将按3.3.1规定抽得的试样，以份为单位依次编号，立即在天平上称重核对，得出各份的湿重。筒装丝初次称重后，将丝筒复摇成绞，称得空筒管重量，再由初称重量减去空筒管重量加上编丝线重量，即得湿重。

湿重复核时允许差异为0.20 g，以第一次湿重为准。

试样间的重量允许差异规定：绞装丝在30 g以内，筒装丝在50 g以内。

4.1.2.5 干重

将称过湿重的试样，以份为单位，松散地放置在烘篮内，以(140±2)℃的温度烘至恒重，得出干重。

相邻两次称重的间隔时间和恒重判定按GB/T 9995规定执行。

4.1.2.6 回潮率

按式(1)计算，计算结果取小数点后2位。

$$W = \frac{m - m_0}{m_0} \times 100 \quad \cdots\cdots\cdots\cdots (1)$$

式中：

W——回潮率，%；

m——试样的湿重，单位为克(g)；

m_0——试样的干重，单位为克(g)。

将同批各份试样的总湿重和总干重代入式(1)，计算结果作为该批丝的实测平均回潮率。

同批各份试样之间的回潮率极差超过2.8%或该批丝的实测平均回潮率超过13.0%或低于8.0%时，应退回委托方重新整理平衡。

4.1.2.7 公量

按式(2)计算，计算结果取小数点后2位。

$$m_K = m_J \times \frac{100 + W_K}{100 + W} \quad \cdots\cdots\cdots\cdots (2)$$

式中：

m_K——公量，单位为千克(kg)；

m_J——净重，单位为千克(kg)；

W_K——公定回潮率，%；

W——实测平均回潮率，%。

4.2 品质检验

4.2.1 检验条件

切断、纤度、断裂强度、断裂伸长率、抱合的测定，按GB/T 6529规定的标准大气和容差范围，在温度(20.0±2.0)℃、相对湿度(65.0±4.0)%条件下进行，试样应在上述条件下平衡12 h以上方可进行检验。

4.2.2 外观检验

4.2.2.1 设备

a) 检验台：表面光滑无反光。

b) 标准灯光：内装荧光管的平面组合灯罩或集光灯罩。光线以一定的距离柔和均匀地照射于丝把(丝筒)的端面上，端面的照度为 450 lx~500 lx。

4.2.2.2 检验规程

a) 核对受验丝批的厂代号、规格、包件号，并进行编号，逐批检验。

b) 绞装丝：将全批受验丝逐把拆除包丝纸的一端或者全部，排列在检验台上，以感官检定全批丝的外观质量；同时抽取品质试样，并逐绞检查试样表面、中层、内层有无各种外观疵点，对全批丝作出外观质量评定。

c) 筒装丝：将全批受验丝逐筒拆除包丝纸或纱套，放在检验台上，以感官检定全批丝的外观质量；随机抽取 32 只，大头向上，用手将筒子倾斜 30°～40°转动一周，检查筒子的端面和侧面；同时抽取品质试样，逐筒检查试样的上、下端面和侧面，对全批丝作出外观质量评定。

d) 发现外观疵点的丝绞、丝把或丝筒必须剔除。在一把中疵点丝有 4 绞以上时，则整把剔除。

e) 需拆把检验时，拆 10 把，解开一道纱绳检查。

f) 批注规定：

——主要疵点附着物(黑点)项目中的散布性黑点按二绞作一绞计算，若一绞中普遍存在，则作一绞计算；

——夹花和颜色不整齐，如两项均为批注起点，可批注一项；

——宽紧丝、缩丝、留绪、编丝或绞把不良等疵点普遍存在于整批丝中，应分别加以批注，作一般疵点评定；

——油污、虫伤丝不再检验，退回委托方整理；

——器械检验发现外观疵点，应予确认，并按外观疵点批注规定执行。

4.2.2.3 外观评等的方法

外观评等分为良、普通、稍劣和级外品。

良：整理成形良好，光泽手感略有差异，有 1 项轻微疵点者。

普通：整理成形尚好，光泽手感有差异，有 1 项以上轻微疵点者。

稍劣：主要疵点 1～2 项或一般疵点 1～3 项或主要疵点 1 项和一般疵点 1～2 项。

级外品：超过稍劣范围或颜色极不整齐者。

4.2.2.4 外观性状

颜色种类分白色、乳色、微绿色三种，颜色程度以淡、中、深表示。

光泽程度以明、中、暗表示。

手感程度以软、中、硬表示。

4.2.3 切断检验

4.2.3.1 设备

a) 切断机：具有表 1 规定的卷取速度。

b) 丝络：每只重约 500 g。丝络直径 400 mm～550 mm，丝络宽 100 mm，表面光滑、伸缩灵活。

c) 丝锭：每只重约 100 g。丝锭两端直径 50 mm，中段直径 44 mm，丝锭长度 76 mm，表面光滑、转动平稳。

4.2.3.2 检验规程

a) 适用于绞装丝，筒装丝不检验切断。

b) 切断机的卷取速度及检验时间见表1。

表1 切断检验的时间和卷取速度规定

名义纤度/den(dtex)	卷取速度/(m/min)	预备时间/min	正式检验时间/min
12(13.3)及以下	110	5	120
13～18(14.4～20.2)	140	5	120
19～33(21.1～36.7)	165	5	120
34～69(37.8～76.7)	165	5	60

c) 每批25绞试样,10绞自面层卷取,10绞自底层卷取,3绞自面层的1/4处卷取,2绞自底层的1/4处卷取。凡是在丝绞的1/4处卷取的丝片不计切断次数。

d) 将受验丝绞平顺地绷于丝络,按丝绞成形的宽度摆正丝片,调节丝络,使其松紧适度地与丝片周长适应。绷丝过程中发现丝绞中簇角硬胶、粘条,可用手指轻轻揉捏,以松散丝条。

e) 卷取时间分为预备时间和正式检验时间。预备时间不计切断次数;正式检验时间内根据切断原因,分别记录切断次数。当正式检验时间开始,如尚有丝绞卷取情况不正常,则适当延长预备时间。

f) 同一丝片由于同一缺点,连续产生切断达5次时,经处理后继续检验,如再产生切断的原因仍为同一缺点,则不作切断次数记录,如为不同缺点则继续记录切断次数,该丝片的最高切断次数为8次。

g) 切断检验时,每绞丝卷取4只丝锭,共卷取100只丝锭。

h) 检验完毕,将样余丝打绞,挂上标记,进仓库备查。

4.2.4 纤度检验

4.2.4.1 设备

a) 纤度机:机框周长为1.125 m,速度300 r/min左右,并附有回转计数器,自动停止装置。

b) 纤度仪:分度值≤0.5 den。

c) 天平:分度值≤0.01 g。

d) 带有天平的烘箱。天平:分度值≤0.01 g。

4.2.4.2 检验规程

a) 绞装丝取切断检验卷取的一半丝锭50只(每绞样丝2只丝锭),用纤度机卷取纤度丝,每只丝锭卷取4绞,每绞100回,共计200绞。

b) 筒装丝取品质检验的20筒,其中8筒面层、6筒中层(约在250 g处)、6筒内层(约在120 g处),每筒卷取10绞,每绞100回,共计200绞。

c) 如遇丝锭无法卷取时,可在已取样的丝锭中补缺,每只丝锭限补纤度丝2绞。

d) 将卷取的纤度丝以50绞为一组,逐绞在纤度仪上称计,求得“纤度总和”,然后分组在天平上称得“纤度总量”,把每组“纤度总和”与“纤度总量”进行核对,其允许差异规定见表2,超过规定时,应逐绞复称至每组允差以内为止。

表2 纤度丝的读数精度及允差规定

名义纤度/den(dtex)	纤度读数精度/den	每组允许差异/den(dtex)
33(36.7)及以下	0.5	3.5(3.89)
34～49(37.7～54.4)	0.5	7(7.78)
50～69(55.6～76.7)	1.0	14(15.6)

e) 将检验完毕的纤度丝松散、均匀地装入烘篮内,烘至恒重得出干重。

f) 平均纤度:按式(3)计算。

$$\overline{d}=\frac{\sum_{i=1}^{N}d_i}{N} \quad \cdots\cdots(3)$$

式中：

$\overline{d}$——平均纤度，单位为旦尼尔(den)或分特(dtex)；

d_i——各绞纤度丝的纤度，单位为旦尼尔(den)或分特(dtex)；

N——纤度丝总绞数。

g) 纤度偏差：按式(4)计算。

$$\sigma=\sqrt{\frac{\sum_{i=1}^{N}(d_i-\overline{d})^2}{N}} \quad \cdots\cdots(4)$$

式中：

σ——纤度偏差，单位为旦尼尔(den)或分特(dtex)；

$\overline{d}$——平均纤度，单位为旦尼尔(den)或分特(dtex)；

d_i——各绞纤度丝的纤度，单位为旦尼尔(den)或分特(dtex)；

N——纤度丝总绞数。

h) 纤度最大偏差：全批纤度丝中最细或最粗纤度，以总绞数的2%，分别求其纤度平均值，再与平均纤度比较，取其大的差数值即为该丝批的"纤度最大偏差"。

i) 平均公量纤度：按式(5)计算。

$$d_K=\frac{m_0\times 1.11\times L}{N\times T\times 1.125} \quad \cdots\cdots(5)$$

式中：

d_K——平均公量纤度，单位为旦尼尔(den)或分特(dtex)；

m_0——样丝的干重，单位为克(g)；

N——纤度丝总绞数；

T——每绞纤度丝的回数；

L——纤度单位为旦尼尔(den)时，取值为9 000，纤度单位为分特(dtex)时，取值为10 000。

j) 平均公量纤度超出该批生丝规格的纤度上限或下限时，应在检测报告中注明"纤度规格不符"。

k) 平均公量纤度与平均纤度的允差规定见表3，超过规定时，应重新检验。

表3 平均公量纤度与平均纤度的允差规定

名义纤度/den(dtex)	允许差异/den(dtex)
18(20.0)及以下	0.5(0.56)
19～33(21.1～36.7)	0.7(0.78)
34～69(37.8～76.7)	1.0(1.11)

l) 平均纤度、纤度偏差、纤度最大偏差和平均公量纤度的计算结果，取小数点后2位。

4.2.5 均匀检验

4.2.5.1 设备

a) 黑板机：卷绕速度为100 r/min左右，能调节排列线数。

b) 黑板：长1 359 mm，宽463 mm，厚37 mm(包括边框)，表面黑色无光。

c) 标准物质：均匀度标准样照。

d) 检验室：设有灯光装置的暗室应与外界光线隔绝，其四壁、黑板架应涂黑色无光漆，色泽均匀一致。黑板架左右两侧设置屏风、直立回光灯罩各一排，内装日光荧光管1支～3支或天蓝色内面磨砂灯泡6只，光线由屏风反射使黑板接受均匀柔和的光线，光源照到黑板横轴中心线的平均照度为 20 lx，上下、左右允差±2 lx。

4.2.5.2 检验规程

a) 用黑板机卷取黑板丝片，正常情况下卷绕张力约 10 g。

b) 绞装丝取切断检验卷取的另 50 只丝锭，每只丝锭卷取 2 片；筒装丝取品质检验用试样 20 筒，其中 8 筒面层、6 筒中层（约在 250 g 处）、6 筒内层（约在 120 g 处），每筒卷取 5 片。每批丝共卷取 100 片，每块黑板 10 片，每片宽 127 mm，计 10 块黑板。

c) 不同规格生丝在黑板上的排列线数规定见表 4。

表 4 黑板丝条排列线数规定

名义纤度/den(dtex)	每 25.4 mm 的线数/线
9(10.0)及以下	133
10～12(11.1～13.3)	114
13～16(14.4～17.8)	100
17～26(18.9～28.9)	80
27～36(30.0～40.0)	66
37～48(41.1～53.3)	57
49～69(54.5～76.7)	50

d) 如遇丝锭无法卷取时，可在已取样的丝锭中补缺，每只丝锭限补 1 片。

e) 黑板卷绕过程中，出现 10 只及以上的丝锭不能正常卷取，则判定为“丝条脆弱”，并终止均匀、清洁和洁净检验。

f) 将卷取的黑板放置在黑板架上，黑板垂直于地面，检验员位于距离黑板 2.1 m 处，将丝片逐一与均匀标准样照对照，分别记录均匀变化条数。

均匀一度变化：丝条均匀变化程度超过标准样照 V_0，不超过 V_1 者。

均匀二度变化：丝条均匀变化程度超过标准样照 V_1，不超过 V_2 者。

均匀三度变化：丝条均匀变化程度超过标准样照 V_2 者。

g) 评定方法

确定基准浓度，以整块黑板大多数丝片的浓度为基准浓度。

无基准浓度的丝片，可选择接近基准部分作该片基准，如变化程度相等时，可按其幅度宽的作为该片基准，上述基准与整块基准对照，程度超过 V_1 样照，该基准按其变化程度作 1 条记录，其变化部分应与整块基准比较评定。

丝片匀粗匀细，在超过 V_1 样照时，按其变化程度作 1 条记录。

丝片逐渐变化，按其最大变化程度作 1 条记录。

每条变化宽度超过 20 mm 以上者作 2 条记录。

4.2.6 清洁及洁净检验

4.2.6.1 设备

a) 标准物质：清洁标准样照、洁净标准样照。

b) 检验室：按 4.2.5.1d)中规定，黑板架上部安装横式回灯罩一排，内装荧光管 2 支～4 支或天蓝色内面磨砂灯泡 6 只，光源均匀柔和地照到黑板的平均照度为 400 lx，黑板上、下端与横轴中心线的照度允差±150 lx，黑板左、右两端的照度基本一致。

4.2.6.2 检验规程

a) 清洁检验

评定方法：检验员位于距离黑板 0.5 m 处，逐块检验黑板两面，对照清洁标准样照，分辨清洁疵点的类型，分别记录其数量。清洁疵点分类规定见表 5。对黑板跨边的疵点，按疵点分类，作一个计。废丝或粘附糙未达到标准照片限度时，作小糙一个计。

清洁疵点扣分标准：主要疵点每个扣 1 分，次要疵点每个扣 0.4 分，普通疵点每个扣 0.1 分。以 100 分减去各类清洁疵点扣分的总和，即为该批丝的清洁成绩，以分表示，取小数点后 1 位。

表 5 清洁疵点分类规定

<table>
<tr><th colspan="2">疵点名称</th><th>疵点说明</th><th>长度/mm</th></tr>
<tr><td colspan="2">主要疵点(特大糙疵)</td><td>长度或直径超过次要疵点的最低限度 10 倍以上者</td><td></td></tr>
<tr><td rowspan="5">次要疵点</td><td>废丝</td><td>附于丝条上的松散丝团</td><td></td></tr>
<tr><td>大糙</td><td>丝条部分膨大或长度稍短而特别膨大者</td><td>7 以上</td></tr>
<tr><td>粘附糙</td><td>茧丝折转，粘附丝条部分变粗呈锥形者</td><td></td></tr>
<tr><td>大长结</td><td>结端长或长度稍短而结法拙劣者</td><td>10 以上</td></tr>
<tr><td>重螺旋</td><td>有一根或数根茧丝松弛缠绕于丝条周围，形成膨大螺旋形，其直径超过丝条本身一倍以上者</td><td>100 左右</td></tr>
<tr><td rowspan="5">普通疵点</td><td>小糙</td><td>丝条部分膨大或 2 mm 以下而特别膨大者</td><td>2～7</td></tr>
<tr><td>长结</td><td>结端稍长</td><td>4～10</td></tr>
<tr><td>螺旋</td><td>有一根或数根茧丝松弛缠绕于丝条周围形成螺旋形，其直径未超过丝条本身一倍者</td><td>100 左右</td></tr>
<tr><td>环</td><td>环形的圈子</td><td>20 以上</td></tr>
<tr><td>裂丝</td><td>丝条分裂</td><td>20 以上</td></tr>
</table>

b) 洁净检验

评分方法：选择黑板任一面，垂直地面向内倾斜约 5 ℃，检验员位于距离黑板 0.5 m 处，根据洁净疵点的形状大小、数量多少、分布情况对照洁净标准样照，逐片评分。洁净疵点扣分规定见表 6。

评分范围：最高为 100 分，最低为 10 分。在 50 分以上者，每 5 分为 1 个评分单位，50 分以下者，每 10 分为 1 个评分单位。计算其平均值，即为该批丝的洁净成绩，以分表示，取小数点后 2 位。

表 6 洁净疵点扣分规定

<table>
<tr><th>分数</th><th>糙疵数量/个</th><th>糙疵类型</th><th>说明</th><th>分布</th></tr>
<tr><td>100
95
90</td><td>12
20
35</td><td>一类型
(100 分样照)</td><td>(1) 夹杂有第三类型糙疵以一个折三个计。
a) 轻螺旋长度以 20 mm 以上为起点；
b) 环裂长度以 10 mm 以上为起点；
c) 雪糙长度为 2 mm 以下者；
d) 结端长度为 2 mm 以下者。
(2) 夹杂有第二类型糙疵时，个数超过半数扣 5 分，不到半数不另扣分。</td><td rowspan="3">(1) 糙疵集中在 1/2 丝片扣 5 分。
(2) 糙疵集中在 1/4 丝片扣 10 分。
(3) 小糠分布在 1/2 丝片扣 10 分。
(4) 小糠分布在 1/4 丝片扣 5 分。
(5) 小糠不足 1/4 丝片者，不作扣分规定，但评分时可适当结合。</td></tr>
<tr><td>85
80
75
70
60</td><td>50
70
100
130
210</td><td>二类型
(80 分样照)</td><td>(1) 形状基本上如第一类型糙疵时加 5 分。
(2) 夹杂有第三类型糙疵时，个数超过半数扣 5 分，不到半数时不另扣分。</td></tr>
<tr><td>50
30
10</td><td>310
450
640</td><td>三类型
(50 分样照)</td><td>(1) 形状如第一类型时加 10 分。
(2) 形状如第二类型时加 5 分。</td></tr>
</table>

4.2.7 断裂强度及断裂伸长率检验

4.2.7.1 设备

a) 等速伸长试验仪(CRE):隔距长度为 100 mm,动夹持器移动的恒定速度为 150 mm/min。强力读数精度≤0.01 kg(0.1 N),伸长率读数精度≤0.1%。

b) 天平:分度值≤0.01 g。

c) 纤度机,同 4.2.4.1a)。

4.2.7.2 检验规程

a) 绞装丝取切断卷取的丝锭 10 只;筒装丝取 10 筒,其中 4 筒面层、3 筒中层(约在 250 g 处)、3 筒内层(约在 120 g 处)。每锭(筒)制取一绞试样,共卷取 10 绞。不同规格的生丝按表 7 规定的卷取回数。

表 7 断裂强度和断裂伸长率检验试样的规定

名义纤度/den(dtex)	每绞试样/回
24(26.7)及以下	400
25~50(27.8~55.6)	200
51~69(56.7~76.7)	100

b) 用天平称计出平衡后的试样总重量并记录,逐绞进行拉伸试验。将试样丝均分、平直、理顺,放入上、下夹持器,夹持松紧适当,防止试样拉伸时在钳口滑移和切断。记录最大强力及最大强力时的伸长率作为试样的断裂强力及断裂伸长率。

c) 断裂强度:按式(6)计算,取小数点后 2 位。

$$P_0=\frac{\sum_{i=1}^{N}P_i}{m}\times E_f \qquad \cdots\cdots(6)$$

式中:

P_0——断裂强度,单位为克力每旦尼尔(gf/den)或厘牛每分特(cN/dtex);

P_i——各绞试样断裂强力,单位为千克力(kgf)或牛顿(N);

m——试样总重量,单位为克(g);

E_f——计算系数(根据表 8 取值)。

表 8 不同单位断裂强度计算系数 E_f 取值表

强度单位	强力单位	
	牛顿 N	千克力 kgf
cN/dtex	0.011 25	0.110 3
gf/den	0.012 75	0.125
注:1 gf/den=0.882 6 cN/dtex。		

d) 断裂伸长率:按式(7)计算平均断裂伸长率,取小数点后 1 位。

$$\delta=\frac{\sum_{i=1}^{N}\delta_i}{N} \qquad \cdots\cdots(7)$$

式中:

δ——平均断裂伸长率,%;

δ_i——各绞样丝断裂伸长率,%;

N——试样总绞数。

4.2.8 **抱合检验**

4.2.8.1 **设备**

杜泼浪式抱合机。

4.2.8.2 **检验规程**

a) 抱合检验适用于 33 den 及以下规格的生丝。

b) 绞装丝取切断检验卷取的丝锭 20 只，筒装丝取 20 筒，其中 8 筒面层，6 筒中层（约在 250 g 处），6 筒内层（约在 120 g 处）。每只丝锭（筒）检验抱合 1 次。

c) 将丝条连续往复置于抱合机框架两边的 10 个挂钩之间，在恒定和均匀的张力下，使丝条的不同部位同时受到摩擦，摩擦速度约为 130 次/min。一般在摩擦到 45 次左右时，作第一次观察，以后摩擦一定次数应停机仔细观察丝条分裂程度，直到半数以上丝条中出现 6 mm 及以上的丝条开裂时，记录摩擦次数。以 20 只丝锭（筒）的平均值取整数作为该批丝的抱合次数。

d) 挂丝时发现丝条上有明显糙节、发毛开裂或检验中途丝条发生切断，应废弃该样，在原丝锭（筒）上重新取样检验。

4.2.9 **茸毛检验方法**

茸毛检验方法按附录 A 执行。

4.2.10 **单根生丝断裂强度和断裂伸长率检验方法**

单根生丝断裂强度和断裂伸长率检验方法按附录 B 执行。

4.2.11 **生丝含胶率的检验方法**

生丝含胶率的检验方法按附录 C 执行。

5 **数值修约**

本标准的各种数值计算，均按 GB/T 8170 数值修约规则取舍。

附　录　A
（规范性附录）
茸毛检验方法

A.1　范围

本附录规定了生丝茸毛的检验方法。

A.2　抽样方法与数量

取切断检验卷取的 20 只丝锭，每只丝锭卷取 1 个丝片。

A.3　检验设备

A.3.1　自动卷取机，能按表 A.1 规定调节丝条排列线数。
A.3.2　金属簸：长 770 mm，宽 225 mm，厚 25 mm。
A.3.3　簸架：长 782 mm，宽 228 mm，高 280 mm，可放置金属簸 5 只。
A.3.4　煮练池、染色池、洗涤池：内长 820 mm，内宽 265 mm，内深 410 mm，具有加温装置。
A.3.5　清水池：内长 1 060 mm，内宽 460 mm，内深 520 mm。
A.3.6　整理架：可搁金属簸。
A.3.7　检验室：长 1 820 mm，宽 1 620 mm，高 2 205 mm，与外界光线隔绝，其四壁及内部物件均漆成无光黑灰色，色泽均匀一致。设有弧形灯罩，内装 60 W 天蓝色内面磨砂灯泡 4 只，照度为 180 lx 左右。
A.3.8　标准物质：茸毛标准样照一套 8 张，分别为 95、90、85、80、75、70、65、60 分，表示各自分数的最低限度。

A.4　检验方法

A.4.1　试样制备

取 20 只丝锭，每只丝锭卷取一片，共卷取 20 个丝片。每簸卷取五个丝片，每丝片幅宽 127 mm。丝片每 25.4 mm 排列线数规定见表 A.1。

表 A.1　茸毛检验卷取线数规定

名义纤度/den(dtex)	每 25.4 mm 排列线数/线	每片丝长度/m
12(13.3)及以下	35	87.5
13～16(14.4～17.7)	30	75.0
17～26(18.8～28.8)	25	62.5
27～48(29.9～53.2)	20	50.0
49～69(54.3～76.7)	15	37.5

A.4.2　脱胶

A.4.2.1　脱胶条件：

脱胶剂	中性工业肥皂
300 g 皂液浓度	0.5%
温度	(95±2)℃
溶液用量	60 L
时间	60 min

A.4.2.2　用 300 g 中性工业皂片或相当定量的皂液，注入盛有 60 L 清水的精练池中，加温并搅拌，使

皂片充分溶解。当液温升至 97 ℃时,将摇好的丝籰连同籰架浸入煮练池内脱胶,60 min 后取出,放入有 40 ℃温水的洗涤池中洗涤,最后再到清水池洗净皂液残留物。

A.4.3 染色

A.4.3.1 染色条件:

染料	甲基蓝(盐基性染料)
染料浓度	0.04%(一次用染料 24 g)
温度	40 ℃～70 ℃
溶液用量	60 L
染色时间	20 min

A.4.3.2 用 24 g 染料,注入盛有 60 L 清水的染色池中,加温并搅拌,使染料充分溶解,当液温升至 40 ℃以上时,将已脱胶的丝籰连同籰架移入染色池内进行染色。保持染液温度 40 ℃～70 ℃,染 20 min,然后将染色后的丝籰连同籰架放入冷水池中进行清洗。

A.4.4 干燥

在室温下或在温度 50 ℃以下进行加热干燥。

A.4.5 整理

用光滑的细玻璃棒或竹针在籰架上逐片进行整理,使丝条分离,恢复原有的排列状态。

A.4.6 检验

A.4.6.1 将受验的丝籰连籰架移置在茸毛检验室内,将丝籰逐只挂在灯罩前面托架上,开启灯光,逐片检验评分。

A.4.6.2 检验员视线位置在距离丝籰正前方约 0.5 m 处,取丝籰两面的任何一面,在灯光反射下逐片进行观察。根据各片丝条上所存在的不吸色的白色疵点和白色茸毛的数量多少、形状大小及分布情况,对照标准样照逐片评分,分别记录在工作单上。

A.4.6.3 评分范围:无茸毛者为 100 分,最低为 10 分;从 100 分至 60 分每 5 分为 1 个评分单位,从 60 分至 10 分每 10 分为 1 个评分单位。

A.4.7 计算

A.4.7.1 以受验各丝片所记载的分数相加之和,除以总片数,即为该批丝的平均分数。按式(A.1)计算:

$$\text{茸毛平均分数(分)} = \frac{\text{各丝片(20 片)分数之和}}{\text{总丝片数(20 片)}} \qquad \text{(A.1)}$$

A.4.7.2 在受验总丝片中取 1/4 片数(5 片)的最低分数相加,除以所取的低分片数,所得的分数即为该批丝的低分平均分数。按式(A.2)计算:

$$\text{茸毛低分平均分数(分)} = \frac{\text{总丝片(20 片)中 5 片最低分数之和}}{\text{低分片数(5 片)}} \qquad \text{(A.2)}$$

A.4.7.3 以平均分数与低分平均分数相加,两者的平均值即为该批丝茸毛的评级分数。按式(A.3)计算:

$$\text{茸毛评级分数(分)} = \frac{\text{平均分数} + \text{低分平均分数}}{2} \qquad \text{(A.3)}$$

A.4.7.4 茸毛分数计算均取小数点后 2 位。

附　录　B
（规范性附录）
单根生丝断裂强度和断裂伸长率检验方法

B.1　范围

本附录规定了使用等速伸长试验仪(CRE)测定单根生丝断裂强度和断裂伸长率的方法。

B.2　抽样方法与数量

绞装生丝取切断检验卷取的丝锭40只;筒装生丝取20筒,其中8筒面层、6筒中层(约250 g处)、6筒内层(约120 g处)。每个丝绽试验5次,每个丝筒试验10次,共200次。

B.3　检验条件

按GB/T 6529规定的标准大气和容差范围,在温度(20.0±2.0)℃、相对湿度(65.0±4.0)%下进行试验,样品应在上述条件下吸湿平衡12 h以上方可进行。

B.4　设备

等速伸长试验仪(CRE),应符合GB/T 3916—1997中5.1规定。

B.5　试验程序

B.5.1　隔距长度为500 mm,拉伸速度为5 m/min。

B.5.2　按常规方法从卷装上退绕单根生丝。

B.5.3　在夹持试样前,检查钳口准确地对正和平行,以保证施加的力不产生角度偏移。

B.5.4　试样嵌入夹持器时施加的预张力为1/18 gf/den或(0.05±0.01)cN/dtex。

B.5.5　自动或手动夹紧试样。在试验过程中检查钳口之间的试样滑移不能超过2 mm,如果多次出现滑移现象应更换夹持器或钳口衬垫。舍弃出现滑移时的试验数据,并且舍弃纱线断裂点有钳口或闭合器5 mm以内的试验数据。

B.5.6　自动或人工记录断裂强力和断裂伸长率值。

B.6　试验结果计算

断裂强力以gf(cN)表示,断裂伸长率以观察的试样伸长与名义隔距长度的百分数表示,纤度以den(dtex)表示。

B.6.1　平均断裂强力按式(B.1)计算。

$$\text{平均断裂强力}[\text{gf(cN)}] = \frac{\text{各次断裂强力总和}[\text{gf(cN)}]}{\text{试验总次数}} \quad\cdots\cdots\cdots\cdots\cdots\cdots(\text{B.1})$$

计算结果精确至小数点后3位。

B.6.2　断裂强度按式(B.2)计算。

$$\text{断裂强度}[\text{gf/den(cN/dtex)}] = \frac{\text{平均断裂强力}[\text{gf(cN)}]}{\text{平均纤度}[\text{den(dtex)}]} \quad\cdots\cdots\cdots\cdots\cdots\cdots(\text{B.2})$$

计算结果精确至小数点后2位。

B.6.3　平均断裂伸长率按式(B.3)计算。

$$\text{平均断裂伸长率}(\%) = \frac{\text{各次断裂伸长总和(mm)}}{\text{试验次数}\times\text{名义隔距长度(500 mm)}} \times 100 \quad\cdots\cdots\cdots(\text{B.3})$$

计算结果精确至小数点后 2 位。

B.6.4 断裂强力变异系数按式(B.4)计算。

$$断裂强力变异系数 CV(\%)=\frac{\sqrt{\frac{\sum\{各次断裂强力[gf(cN)]-平均断裂强力[gf(cN)]\}^2}{试验总次数}}}{平均断裂强力[gf(cN)]}\times 100 \quad \cdots\cdots(B.4)$$

计算结果精确至小数点后 1 位。

B.6.5 断裂伸长率变异系数按式(B.5)计算。

$$断裂伸长率变异系数 CV(\%)=\frac{\sqrt{\frac{\sum(各次断裂伸长率-平均断裂伸长率)^2}{试验总次数}}}{平均断裂伸长率}\times 100 \quad \cdots\cdots(B.5)$$

计算结果精确至小数点后 1 位。

附　录　C
（规范性附录）
生丝含胶率的检验方法

C.1　范围

本附录规定了生丝含胶率的检验方法。

C.2　抽样方法与数量

分别取切断检验的丝锭8只，从每只丝锭上取约5 g样丝，分为两份试样，每份试样(20±1)g。

C.3　设备

C.3.1　天平：分度值≤0.01 g。

C.3.2　带有天平的烘箱。天平：分度值≤0.01 g。

C.3.3　容器：容量≥10 L。

C.3.4　加热装置。

C.3.5　定时器。

C.3.6　温度计：分度值≤1 ℃。

C.3.7　pH计。

C.4　试剂

C.4.1　Na_2CO_3，分析纯。

C.4.2　蒸馏水。

C.5　试验程序

C.5.1　将2份试样分别标记，烘至干重，称记脱胶前干量。

C.5.2　将2份已称干量的试样，按表C.1的试验条件，放入Na_2CO_3溶液中进行脱胶。脱胶时不断用玻璃棒搅拌，使脱胶均匀，脱胶后用50 ℃～60 ℃蒸馏水充分洗涤。脱胶三次后，洗净，烘干，称出脱胶后干量。

C.5.3　生丝含胶量检验试验条件见表C.1。

表C.1　生丝含胶量检验试验条件表

项　目	第一次	第二次	第三次
Na_2CO_3	0.5 g/L	0.5 g/L	0.5 g/L
水	蒸馏水	蒸馏水	蒸馏水
浴比	1∶100	1∶100	1∶100
温度	98 ℃±2 ℃	98 ℃±2 ℃	98 ℃±2 ℃
时间	30 min	30 min	30 min

C.6　试验结果计算

含胶率按式(C.1)计算。计算结果精确至小数点后2位。

$$含胶率(\%)=\frac{脱胶前干量-脱胶后干量}{脱胶前干量}\times 100 \qquad \cdots\cdots(C.1)$$

将各份试样的脱胶前总干量和脱胶后总干量代入式(C.1),计算结果作为该批丝的实测平均含胶率。

两份试样含胶率相差超过3%时,增抽第三份试样,按上述方法与前两份试样的脱胶前干量和脱胶后干量合并计算出该批丝的实测平均含胶率。

ICS 77.040.99
H 25

中华人民共和国国家标准

GB/T 1838—2008
代替 GB/T 1838—1995

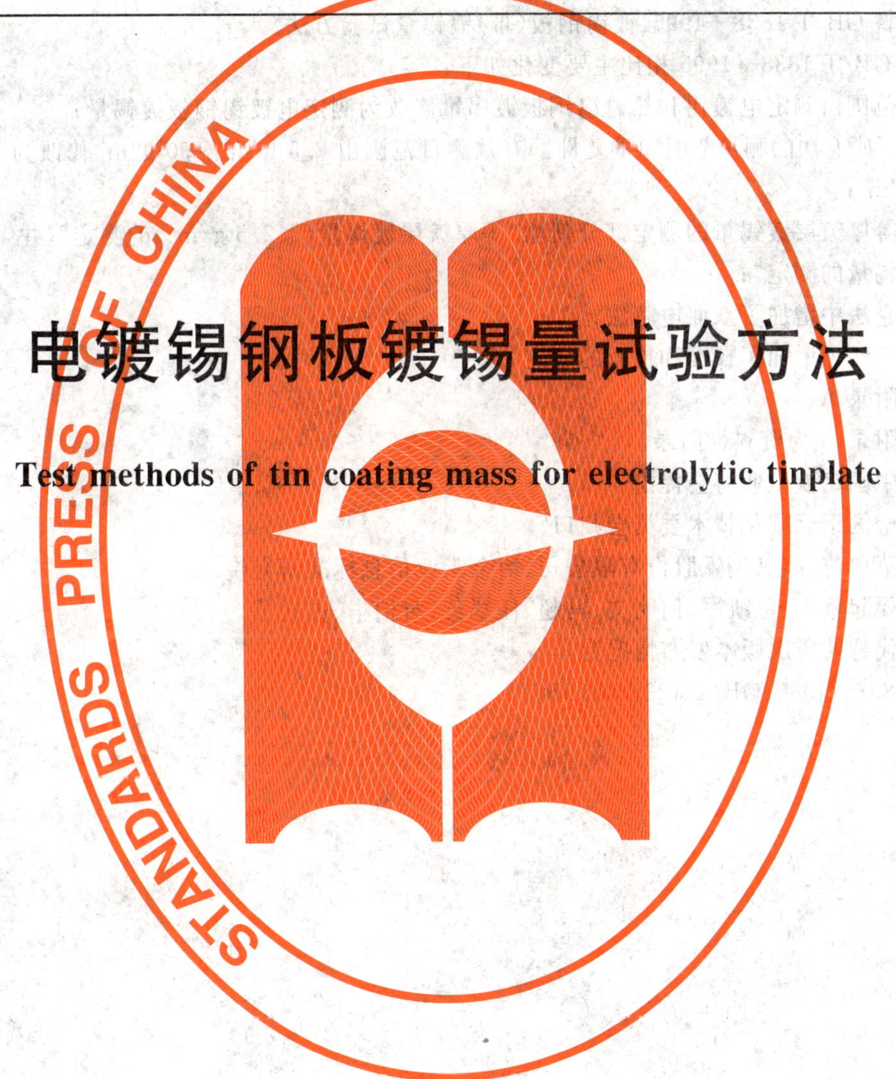

电镀锡钢板镀锡量试验方法

Test methods of tin coating mass for electrolytic tinplate

2008-08-19 发布　　　　2009-04-01 实施

中华人民共和国国家质量监督检验检疫总局
中国国家标准化管理委员会　发布

前　言

本标准参考 ISO 11949:1995(E)《冷轧电镀锡板》附录 A《镀锡钢板(带)镀锡量容量法测定》进行修订。

本标准代替 GB/T 1838—1995《镀锡钢板(带)镀锡量试验方法》。

本标准与 GB/T 1838—1995 相比主要变化如下：

——适用范围由测定电镀锡和热镀锡钢板镀锡量修改为测定电镀锡钢板镀锡量；

——增加了库仑法的测量范围和重复性。有效测量范围由 2.5 g/m² ～50 g/m² 修改为 0.5 g/m² ～20 g/m²；

——电镀等厚镀层镀锡量的测定部分新增"等厚镀层镀锡量(<2.5 g/m²)的测定"，并删去"热镀锡层镀锡量的测定"；

——在库仑法中增加了双面电解法；

——在库仑法中增加了校准和检查的规定；

——增加附录 A。

本标准的附录 A 为资料性附录。

本标准由中国钢铁工业协会提出。

本标准由全国钢标准化技术委员会归口。

本标准起草单位：武汉钢铁股份有限公司、冶金工业信息标准研究院。

本标准主要起草人：单凯军、何明文、冯超、任翠英、黄柏华、古兵平。

本标准所代替的历次版本发布情况为：

——GB 1838—1980、GB/T 1838—1995。

电镀锡钢板镀锡量试验方法

1 范围

本标准规定了用容量法和库仑法测定冷轧电镀锡钢板镀锡量的原理、试样、试验溶液和材料、试验装置、试验条件和步骤、试验结果计算和试验报告。附录A给出了镀锡量的荧光X射线测量方法。

本标准适用于测定冷轧电镀锡钢板的镀锡量。

本标准的有效测定范围是0.5 g/m^2～20 g/m^2；重复性为0.1 g/m^2。

本标准的试验方法适用于校准其他的镀锡量试验方法。

2 规范性引用文件

下列文件中的条款通过本标准的引用而成为本标准的条款。凡是注日期的引用文件，其随后所有的修改单(不包括勘误的内容)或修订版均不适用于本标准，然而，鼓励根据本标准达成协议的各方研究是否可使用这些文件的最新版本。凡是不注日期的引用文件，其最新版本适用于本标准。

GB/T 2520 冷轧电镀锡薄钢板

GB/T 8170 数值修约规则

3 容量法

3.1 原理

将试样表面的镀锡层溶解于盐酸中，用金属铝将锡还原成二价锡，接着在二氧化碳气氛保护下用碘酸钾标准溶液进行滴定。根据消耗的标准溶液的体积和试样面积，算出单位面积的镀锡量。

3.2 试样

取样方法和试样的数量按GB/T 2520或有关技术条件、技术协议规定，试样为直径不小于57 mm的圆片。

3.3 试剂和材料

3.3.1 试剂和水：试剂均采用分析纯级。配制溶液及测定过程中所用的水必须为当天煮沸过的蒸馏水，或去离子水。

3.3.2 盐酸：取750 mL盐酸(ρ=1.16 g/mL)，用水稀释至1 000 mL。

3.3.3 三氯化铁溶液：将100 g水合三氯化铁溶解于100 mL盐酸(ρ=1.16 g/mL)中，用水稀释至1 000 mL。

3.3.4 碘酸钾标准溶液[$c(1/6KIO_3)$=0.05 mol/L]：先称取0.5 g氢氧化钠和19 g碘化钾溶解于水中；将碘酸钾在180 ℃下干燥至恒重后称取1.783 5 g溶入该溶液，待完全溶解后移入容量瓶中，用水稀释至1 000 mL。

本标准溶液1 mL相当于0.002 967 g锡。

3.3.5 碘酸钾标准溶液[$c(1/6KIO_3)$=0.025 mol/L]：先称取0.5 g氢氧化钠和1 g碘化钾溶解于水中；将碘酸钾在180 ℃下干燥至恒重后称取0.901 8 g溶入该溶液，待完全溶解后移入容量瓶中，用水稀释至1 000 mL。

本标准溶液1 mL相当于0.001 484 g锡。

3.3.6 淀粉溶液：将1 g可溶性淀粉加入10 mL水中制成悬浊液，加沸水至100 mL，煮沸2 min～

3 min 后冷却。

3.3.7 铝箔：纯度 99.99%（不含锡），厚度约 0.25 mm。

3.3.8 铂丝：直径约为 0.6 mm，长度约为 750 mm，卷成直径约为 125 mm 的双股螺旋圈。

3.3.9 二氧化碳：不含氧。

3.3.10 乙醚：ρ=0.72 g/mL，工业纯。

3.3.11 漆：在空气中容易干燥的纤维素漆。

3.3.12 丙酮：分析纯。

3.4 试验装置

3.4.1 脱锡装置：在直径约为 200 mm 的玻璃皿内放入铂丝圈（见图 1）。

3.4.2 锡还原装置：容量 500 mL 的广口锥形瓶，在 200 mL 处有一标线，瓶颈装有三孔橡皮塞，一孔插入利比西（Liebig）冷凝器，一孔插入二氧化碳导管，另一孔插入一段短管作为滴定入口，用橡皮塞封住（见图 2）。

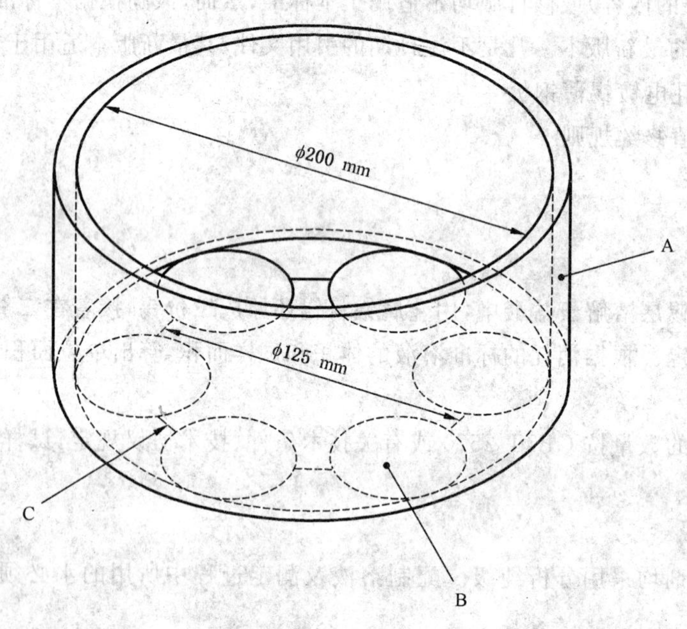

A——玻璃皿；

B——镀锡板试样；

C——铂丝。

图 1 脱锡装置

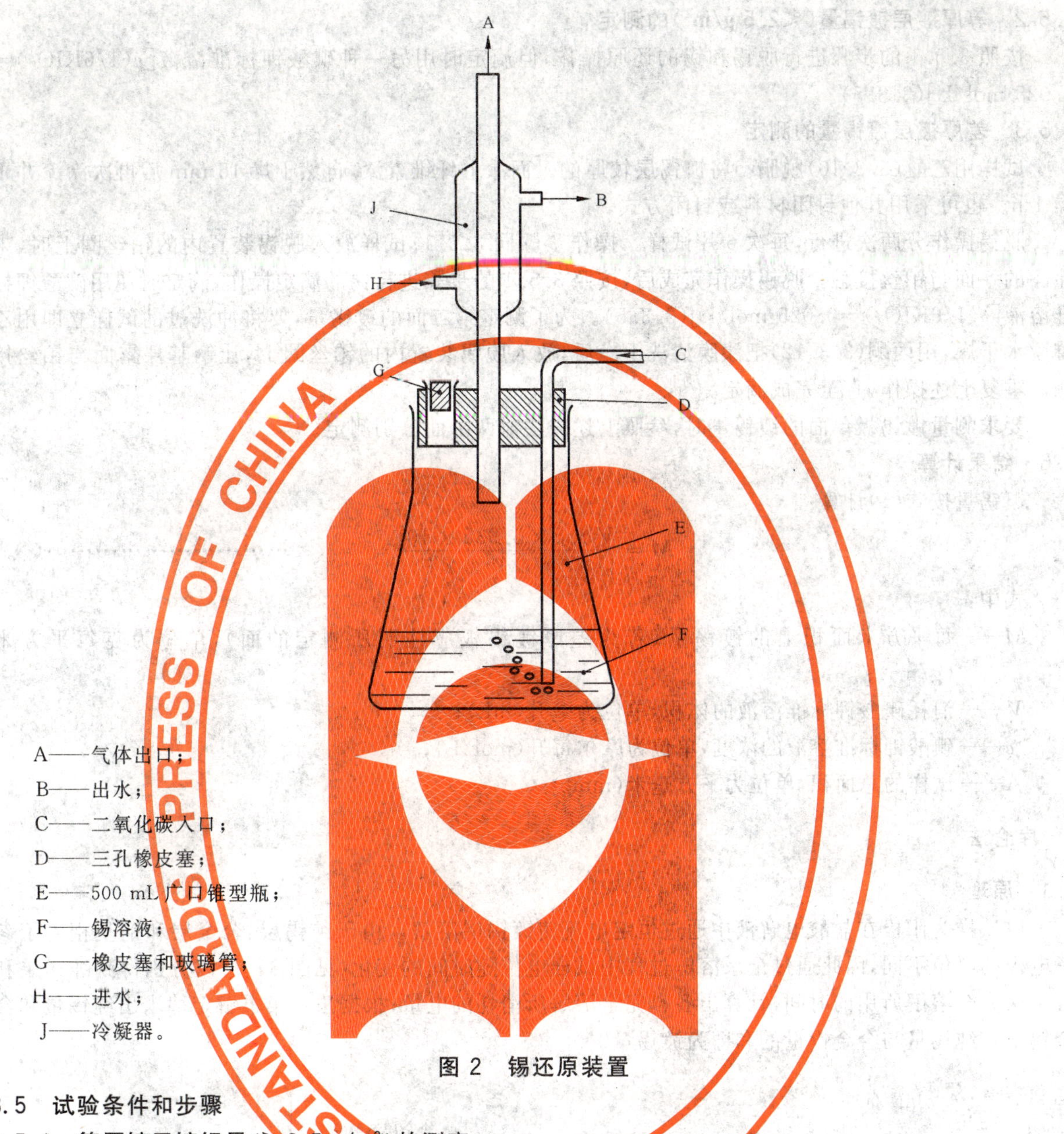

A——气体出口；
B——出水；
C——二氧化碳入口；
D——三孔橡皮塞；
E——500 mL广口锥型瓶；
F——锡溶液；
G——橡皮塞和玻璃管；
H——进水；
J——冷凝器。

图 2 锡还原装置

3.5 试验条件和步骤

3.5.1 等厚镀层镀锡量(≥2.5 g/m²)的测定

取 6 片试样用乙醚脱脂后，对中放置在脱锡装置的铂丝圈上。注入 150 mL 盐酸溶液(3.3.2)，使镀锡层溶解，溶解时间与镀锡量有关，对于 2.8/2.8 镀层约需 3 min，对于 11.2/11.2 镀层约需 10 min。待试样两面镀锡层完全溶解、裸露出光洁的钢基表面后，将锡溶液移入 1 000 mL 容量瓶中，用约 25 mL 水洗涤试样和脱锡装置两次，将洗涤水并入容量瓶中。再用另外 6 片试样重复上述步骤，将锡溶液和冲洗水移入同一容量瓶中，最后用水稀释至 1 000 mL 标线。用移液管移取 100 mL 锡溶液于锥形瓶中，加入 75 mL 盐酸溶液(3.3.2)和 10 mL 三氯化铁溶液(3.3.3)，用水稀释至 200 mL 标线。加入 2 g 剪成小片的铝箔，装上三孔橡皮塞，通入二氧化碳和冷却水，封住滴定管入口。通入二氧化碳约 5 min 后，将锥形瓶置于电热板上，细心加热注意避免剧烈沸腾。待铝完全溶解后，再轻微煮沸 5 min~10 min，在持续通入二氧化碳的条件下，使锥形瓶在流水中冷却到 20 ℃以下，去掉滴定管入口的橡皮塞，加入 5 mL 淀粉溶液(3.3.6)，立即用碘酸钾标准溶液[$c(1/6KIO_3)=0.05$ mol/L](3.3.4)滴定，直至出现不褪色的蓝色为止。

3.5.2　等厚镀层镀锡量(<2.5 g/m²)的测定

按照3.5.1的步骤进行脱锡和锡的还原操作，但滴定时用另一种碘酸钾标准溶液[$c(1/6KIO_3)=0.025$ mol/L](3.3.5)。

3.5.3　差厚镀层镀锡量的测定

试样用乙醚(3.3.10)脱脂。将镀锡层较厚的一面涂上纤维素漆，自然干燥15 min后再次涂漆并干燥1 h。也可采用其他封闭材料或封闭方式。

脱锡操作分两次进行，每次6片试样。操作步骤同3.5.1；试样放入脱锡装置内的铂丝圈上时，未涂漆的一面与铂丝接触。脱锡操作完成后，按照3.5.1的步骤进行锡的滴定操作，滴定时使用碘酸钾标准溶液[$c(1/6KIO_3)=0.025$ mol/L](3.3.5)。为了测定第二面的镀锡量，要将冲洗过的试样立即用乙醚脱水干燥，用丙酮(3.3.12)把漆膜清洗干净后，放入脱锡装置内的铂丝圈上，让钢基裸露面与铂丝接触。重复上述操作，直至完成滴定。

要求测量镀锡板单面的镀锡量时，参照上述方法对两个面分别测定。

3.6　结果计算

镀锡量按式(1)计算：

$$M=\frac{V\times c\times 5.935\times 10^5}{A} \qquad \cdots\cdots(1)$$

式中：

M——每平方米面积上的镀锡量(若为差厚镀锡板应注明所测定的面)，单位为克每平方米(g/m²)；

V——消耗碘酸钾标准溶液的体积，单位为毫升(mL)；

c——碘酸钾标准溶液的浓度，单位为摩尔每升(mol/L)；

A——试样的总面积，单位为平方毫米(mm²)。

4　库仑法

4.1　原理

以试样为阳极在盐酸电解液中通过恒定电流使镀锡层溶解。由于纯锡层、合金层和钢基相对于参考电极的电位不同，因此通过记录溶解过程中试样电位随时间的变化(见图3)，可以分别得到纯锡层和合金层完全溶解所用的时间，计算出各自完全溶解所消耗的电量；根据法拉第电解定律求出纯锡量和合金锡量。纯锡量与合金锡量的和即为镀锡量。

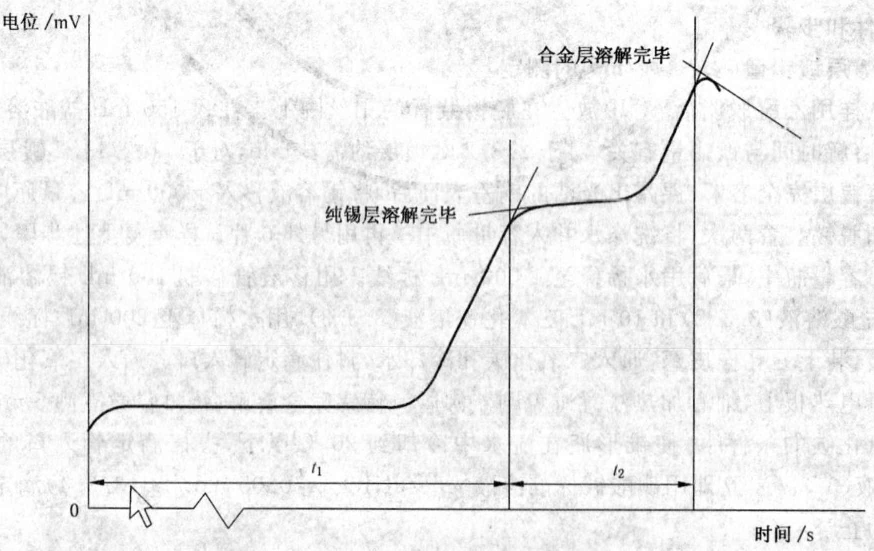

图3　镀锡层溶解的电位-时间曲线

4.2 试样

取样方法按有关技术条件或协议规定。试样为直径不小于 57 mm 的圆片，试样必须平坦。

4.3 单面电解法

4.3.1 试剂

4.3.1.1 脱脂溶液：1%碳酸钠溶液。

4.3.1.2 脱锡溶液：1 mol/L～2 mol/L 盐酸。

4.3.2 试验装置

4.3.2.1 电解脱脂装置

由塑料脱脂槽、不锈钢电极板、试样夹和直流电源组成（图 4）。

4.3.2.2 电解脱锡装置

由塑料脱锡槽、碳电极、参考电极、试样夹、恒电流直流电源和函数记录仪组成（图 5）。碳电极直径为 10 mm、长为 110 mm 的碳棒；参考电极为饱和甘汞电极或经氯化处理的银棒，直径为 5 mm、长为 150 mm。

4.3.2.3 校准和检查

仪器使用前应按照使用说明书的要求对试验装置进行检查。用纯锡（≥99.95%）的标准试样或经过验证的镀锡量参考试样进行定期校准。在测量过程中，建议用 0.2 级精度的毫安表检查试验装置的电解电流。

4.3.3 试验条件和步骤

4.3.3.1 脱脂处理

试样可采用电解脱脂或化学脱脂处理。

a) 电解脱脂：将试样圆片放入试样夹具夹紧，按图 4 所示接线。将试样夹具放入脱脂槽，完全浸没在脱脂溶液中，使试样片正对不锈钢电极板并保持平行，相距约为 10 mm～20 mm。接通脱脂电流，电流强度约为 1 A，通电约为 30 s，使试样表面不出现水珠为止。关断电流，取出试样夹，在流水中把脱脂溶液冲洗干净。

b) 化学脱脂：试验进行脱锡前，用纤维织物浸入丙酮或其他溶剂清除表面的油脂；用清洁、柔软的胶皮擦仔细清除表面的氧化物、钝化物或腐蚀产物，然后用丙酮（3.3.12）或其他溶剂清擦。

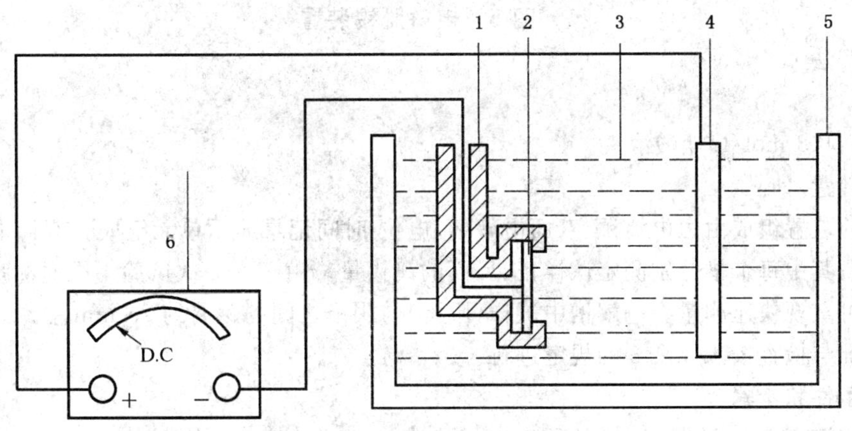

1——试样夹；
2——试样；
3——脱脂溶液；
4——不锈钢电极板；
5——脱脂槽；
6——直流电极。

图 4 电解脱脂装置

4.3.3.2 电解脱锡

电解脱锡装置按图5所示接线，记录仪的电位量程可按25 mV/cm调定，走纸速度可按30 mm/min调定，试样脱脂后将试样夹放入脱锡槽，完全浸没在脱锡溶液中，使试样片中心对准碳电极，相距为10 mm，电解电流可在50 mA～250 mA范围内选取。接通脱锡电流和记录仪走纸开关，开始电解并记录。观察所记录的电位-时间曲线(图3)，当镀锡层达到完全溶解时，关断脱锡电流和走纸开关，取出试样夹，在流水中把电解液冲洗干净。根据电位-时间曲线分别测量出纯锡层和合金层完全溶解所用的时间。若要测量试样的另一面。则从试样夹中取出试样片，翻面重新夹入后，按上述步骤脱脂、脱锡。

在生产检验中也可以用秒表分别计量纯锡层和合金层完全溶解所用的时间。

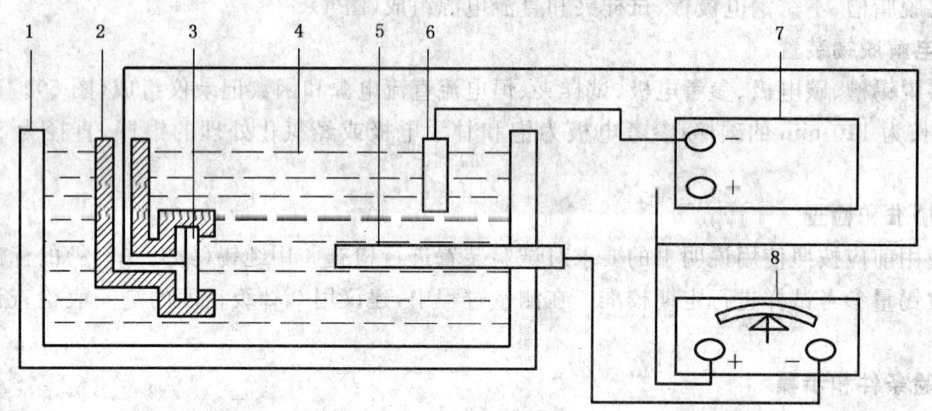

1——脱锡槽；

2——试样夹；

3——试样；

4——脱锡溶液；

5——碳电极；

6——参考电极；

7——记录仪；

8——恒电流直流电源。

图5 电解脱锡装置

4.4 双面电解法

4.4.1 试剂

脱锡溶液：1.8 mol/L盐酸溶液。

4.4.2 试验装置

4.4.2.1 试验装置组成由恒电流源、双面电解槽、电位-时间记录显示单元组成。双面电解槽由两个电解槽合并而成；其中每个槽分别测定试样正、反面的镀锡量。由于在一次试验中同时测量试样两个面的镀锡量，因此可实现快速测量。电解槽中试样(阳极)与阴极之间的距离约25 mm。

4.4.2.2 校准与检查按4.3.2.3的规定进行。

4.4.3 试验条件和步骤

4.4.3.1 试样按4.3.3.1进行脱脂处理。

4.4.3.2 仪器每次启动的起始时间为3 s～5 s，利用辅助阳极对阴极进行清洗。

4.4.3.3 将镀锡板试样插入电解槽，电解电流在90 mA～360 mA范围内设定，对于较薄镀锡量镀层设定较小的电解电流，对于较厚镀锡量镀层设定较大的电解电流。如果采用记录仪记录电位-时间曲线，建议走纸速度调定为50 mm/min。

4.5 脱锡后检查

脱锡过程结束，取出试样，对表面进行目视检查，如果发现脱锡不完全或腐蚀面积异常，本次试验作废，应重新试验。

4.6 结果计算

4.6.1 纯锡量按式(2)计算：

$$M_1 = \frac{F_1 I t_1}{A} \qquad \cdots\cdots(2)$$

式中：

M_1——每平方米面积上的纯锡量，单位为克每平方米(g/m^2)；

F_1——常数 0.615 03；

I——脱锡用电流强度，单位为毫安(mA)；

t_1——纯锡层溶解完毕所用的时间，单位为秒(s)；

A——试样片的试验面积，单位为平方毫米(mm^2)。

4.6.2 合金锡量按公式(3)计算：

$$M_2 = \frac{F_2 I t_2}{A} \qquad \cdots\cdots(3)$$

式中：

M_2——每平方米面积上的合金锡量，单位为克每平方米(g/m^2)；

F_2——$2F_1/3$；

t_2——合金层溶解完毕所用的时间，单位为秒(s)。

4.6.3 镀锡量按公式(4)计算：

$$M = M_1 + M_2 \qquad \cdots\cdots(4)$$

式中：

M——每平方米面积上的镀锡量，单位为克每平方米(g/m^2)。

4.6.4 计算结果按 GB/T 8170 修约到小数点后两位。

5 试验报告

试验报告应包括以下项目：

a) 本标准号；

b) 试样名称；

c) 公称镀锡量；

d) 容量法或库仑法；

e) 试样形状、尺寸、数量及试验总面积；

f) 试验结果，库仑法的试验结果应包括 M_1、M_2 和 M；

g) 试验日期及试验者姓名。

附　录　A
（资料性附录）
镀锡量的荧光 X 射线测量方法

A.1　适用范围

本测量方法规定用 X 射线或 γ 射线测量钢板表面镀锡量的原理、试验仪器、校准方法、测量步骤等。

本方法适用于测量镀锡板的镀锡量。

A.2　原理

A.2.1　利用射线源（X 光管或放射性同位素）发生的一次射线照射有金属镀层覆盖的钢板。在一定条件下，在钢基体内激发出铁的特征荧光 X 射线（二次射线），当其穿透不同厚度的金属镀层时发生不同程度的强度衰减。检测荧光 X 射线的强度。当一次射线的发生和二次射线的检测等条件固定时，检测到的荧光 X 射线强度是镀层厚度的函数。利用强度与镀层厚度的定量关系，得到镀层质量。

A.2.2　一次 X 射线照射有金属镀层的钢板。在一定条件下，在金属镀层中激发出镀层金属的特征 X 射线，即荧光 X 射线，检测荧光 X 射线的强度。利用强度与金属镀层厚度的定量关系，得到镀层质量。

A.3　试验仪器

A.3.1　试验用金属镀层 X 射线测厚仪或 γ 射线测厚仪。射线源是产生一次射线的 X 射线管或放射性同位素。一次射线在试样中激发出二次射线；检测单元接收来自试样的二次射线（荧光 X 射线）；电子系统将接受的射线转化为镀层重量。

A.3.2　在采用镀层特征荧光 X 射线的测量方法时，一次射线入射强度应保证能在镀层的全厚度上激发出镀层中被测元素的特征荧光 X 射线并被检测。如果采用基体特征荧光 X 射线的测量方法（吸收法），一次射线的入射强度应保证在钢基体中激发的特征荧光 X 射线，穿过镀层时具有足够的出射强度。

A.3.3　仪器应具有足够高的射源强度和检测器灵敏度，能以较短的数据采集时间完成较厚镀层的精确测量。

A.3.4　检测器必须能识别由镀层和基体产生的荧光 X 射线。

A.3.5　射线源产生的射线必须对试样有足够的辐照面积。

A.4　校准方法

A.4.1　测量仪器应当用标准样品进行校准，建立特征荧光 X 射线强度与镀锡量之间的精确定量关系。

A.4.2　标准样品的镀锡量应当用容量法或库仑法准确测定。

A.4.3　标准样品的钢基与待测试样的钢基应为相同钢种和经过相同的镀覆工艺，相同的 X 射线发射、吸收特性。

A.4.4　标准样品的制取可以采用下述推荐方法

用荧光 X 射线法，选取一块锡层均匀的样块，尺寸约为 230 mm×230 mm，按图示的十字形分布制取 5 片样品（图 A.1），用容量法或库仑法测定 2、3、4、5 号样品的镀锡重量（g/m^2）。样品 1 为中心样品，样品 2、样品 3、样品 4、样品 5 为“卫星”样品。如果 4 片的测定结果的极差不超出±0.1（g/m^2），则取 4 片试样的平均值作为样品 1 的镀锡量，样品 1 作为标准样品。

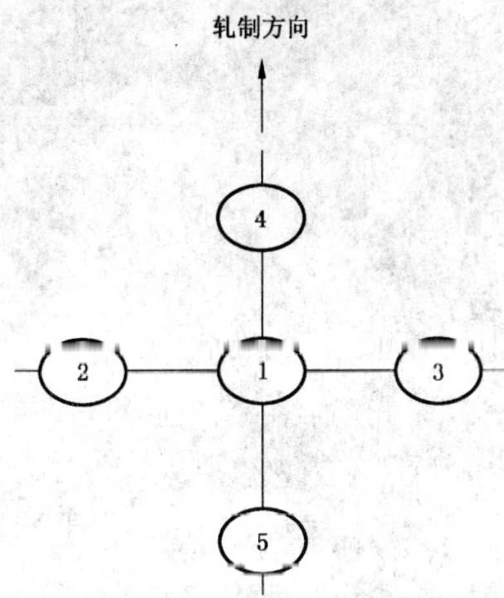

图 A.1 标准样品选取示意图

A.4.5 校准仪器时，至少采用三块标准样品，它们的镀锡量不同，并应覆盖待测试样的镀层重量范围。

A.5 测量步骤

A.5.1 试样的取样位置应执行产品标准或协议的规定。试样应平坦、洁净，其形状、大小应适合测量仪器的要求。

A.5.2 检查仪器的环境，测量窗口区域应无灰尘，室温应稳定，防止金属粉尘和温度波动对 X 射线信号的干扰。

A.5.3 根据仪器使用说明书中的操作程序和安全规范操作仪器，设定试验条件。确认待测荧光 X 射线的波长。

A.5.4 用标准试样对仪器进行校准，绘制特征荧光 X 射线强度与镀锡量的定量关系曲线。

A.5.5 放置试样于测量窗口处，保证出自射线源的射线辐照试验面积。

A.5.6 根据标准曲线将测得的荧光 X 射线强度换算成镀锡量（g/m^2）。

ICS 77.140.01
H 25

中华人民共和国国家标准

GB/T 1839—2008
代替 GB/T 1839—2003、GB/T 2973—2004

钢产品镀锌层质量试验方法

Test method for gravimetric determination of the mass per unit area of galvanized coatings on steel products

(ISO 1460:1992, Metallic coatings—Hot dip galvanized coatings on ferrous materials—Gravimetric determination of the mass per unit area, MOD)

2008-05-30 发布　　　　2008-12-01 实施

中华人民共和国国家质量监督检验检疫总局
中国国家标准化管理委员会　发布

前言

本标准修改采用国际标准 ISO 1460:1992《金属镀层　钢铁材料热镀层　单位面积上镀层质量的重量法测定》。

为了方便比较，在附录 B 中列出了本标准章条编号和 ISO 1460:1992 章条编号的对照一览表。

本标准在采用 ISO 1460:1992 时进行了修改。这些技术性差异用垂直单线标识在它们所涉及的条款的页边空白处。在附录 C 中给出了技术性差异及其原因的一览表以供参考。

本标准与 ISO 1460:1992 相比，主要差异如下：

——增加了适用的镀锌层类别：纯锌镀层、锌铁合金镀层、锌铁合金和锌铝合金镀层（例如：锌-5%铝合金镀层、55%铝-锌合金镀层）；

——增加去离子水作为稀释剂；

——增加试样面积要求；

——对于用天平称量试样的准确度作了规定，当试样的镀层质量不小于 0.1 g 时称量应准确到0.001 g；

——增加了附录 A《镀锌钢板锌层质量的荧光 X 射线测量法》。

本标准代替 GB/T 1839—2003《钢铁产品镀锌层质量试验方法》和 GB/T 2973—2004《镀锌钢丝锌层重量试验方法》。

本标准与 GB/T 1839—2003 和 GB/T 2973—2004 相比，主要变化如下：

——增加了适用的镀锌层类别：纯锌镀层、锌铁合金镀层、锌铁合金和锌铝合金镀层（例如：锌-5%铝合金镀层、55%铝-锌合金镀层）；

——对于用天平称量试样的准确度作了规定，当试样的镀层质量不小于 0.1 g 时称量应准确到0.001 g；

——增加了附录 A《镀锌钢板锌层质量的荧光 X 射线测量法》。

本标准附录 A、附录 B 和附录 C 是资料性附录。

本标准由中国钢铁工业协会提出。

本标准由全国钢标准化技术委员会归口。

本标准起草单位：武汉钢铁（集团）公司、冶金工业信息标准研究院、宝钢集团上海二钢有限公司、杭州新旺金属制品有限公司。

本标准主要起草人：单凯军、何明文、冯超、任翠英、徐四清、黄柏华、周代义、徐洪林。

本标准所代替的历次版本发布情况为：

——GB/T 1839—1993、GB/T 1839—2003；

—— GB/T 2973—1982、GB/T 2973—1991、GB/T 2973—2004。

钢产品镀锌层质量试验方法

1 范围

本标准规定了钢产品单位面积上镀锌层质量试验方法的原理、试验溶液、试样、试验步骤、结果计算、再现性及试验报告。

本标准所述镀锌层包括纯锌镀层、锌铁合金和锌铝合金镀层(例如:锌-5%铝合金镀层、55%铝-锌合金镀层)。本标准适用于面积易于测定的热镀锌和电镀锌等钢产品。

镀锌钢板也可采用附录 A 的方法进行锌层质量试验。

2 规范性引用文件

下列文件中的条款通过在本标准的引用而成为本标准的条款。凡是注日期的引用文件,其随后所有的修改单(不包括勘误的内容)或修订版均不适用于本标准,然而,鼓励根据本标准达成协议的各方研究是否可使用这些文件的最新版本。凡是不注日期的引用文件,其最新版本适用于本标准。

GB/T 8170　数字修约规则

3 原理

将已知表面积上的镀锌层溶解于具有缓蚀作用的试验溶液中,称量试样在镀层溶解前后的质量,按称量的差值和试样面积计算出单位面积上的镀锌层质量。

4 试验溶液

4.1 清洗液

化学纯无水乙醇。

4.2 试验溶液

4.2.1　将 3.5 g 化学纯六次甲基四胺($C_6H_{12}N_4$)溶解于 500 mL 浓盐酸($\rho=1.19$ g/mL)中,用蒸馏水或去离子水稀释至 1 000 mL。

4.2.2　试验溶液在能溶解镀锌层的条件下,可反复使用。

5 试样

5.1　取样部位和数量按照产品标准或双方协议的规定执行。

5.2　应根据镀层的厚度,选取试验面积,保证符合试样称量准确度要求。

5.3　在切取试样时,应注意避免表面损伤。不得使用局部有明显损伤的试样。

5.4　钢板、钢带试样可为圆形或方形,仲裁试验试样单面面积为 3 000 mm^2～5 000 mm^2。

5.5　钢丝试样长度按表 1 规定切取。

表 1　　单位为毫米

钢丝直径	试样长度
≥0.15～0.80	600
>0.80～1.50	500
>1.50	300

5.6　其他镀锌钢产品试样的试验总面积应不小于 2 000 mm^2。

6 试验步骤

6.1 用清洗液(4.1)将试样表面的油污、粉尘、水迹等清洗干净,然后充分烘干。

6.2 用天平称量试样,其称量准确度应优于试样镀层预期质量的1%。当试样镀层质量不小于0.1 g时,称量应准确到0.001 g。

6.3 将试样浸没到试验溶液(4.2)中,试验溶液的用量通常为每平方厘米试样表面积不少于10 mL。

6.4 在室温条件下,试样完全浸没于溶液中,可翻动试样,直到镀层完全溶解,以氢气析出(剧烈冒泡)的明显停止作为溶解过程结束的判定。然后取出试样在流水中冲洗,必要时可用尼龙刷刷去可能吸附在试样表面的疏松附着物。最后用乙醇清洗,迅速干燥,也可用吸水纸将水分吸除,用热风快速吹干。

6.5 用天平称量试样,精度与6.2相同。

6.6 称重后,测定试样锌层溶解后暴露的表面积,准确度应达到1%。钢板、钢带试样直径或边长的测量至少准确到0.1 mm。钢丝直径的测量应在同一圆周上相互垂直的部位各测一次,取平均值,测量准确到0.01 mm。

6.7 测定镀锌板单面的锌层质量时,采用适当的方式封住一面,测量完后,再测定第二面。

7 结果计算

7.1 钢产品(不含钢丝)单位面积上的镀锌量[每平方米上的质量(g)],按公式(1)计算,计算结果按GB/T 8170规定修约,保留数位应与产品标准中标示的数位一致。

$$M=\frac{m_1-m_2}{A}\times 10^6 \qquad \cdots\cdots(1)$$

式中:

M——单位面积上的镀锌层质量(钢板、钢带注明单面或双面),单位为克每平方米(g/m^2);

m_1——试样镀锌层溶解前的质量,单位为克(g);

m_2——试样镀锌层溶解后的质量,单位为克(g);

A——钢板、钢带试样面积或钢管试样的内、外表面积之和,单位为平方毫米(mm^2)

7.2 镀锌钢丝单位面积上的镀锌量按公式(2)计算,计算结果按GB/T 8170规定修约,保留数位应与产品标准中标示的数位一致。

$$M=\frac{m_1-m_2}{m_2}\times D\times 1\,960 \qquad \cdots\cdots(2)$$

式中:

D——试样镀锌层溶解后的直径,单位为毫米(mm);

1 960——常数。

7.3 需要表示纯锌层近似厚度(μm)时,可按公式(3)计算,计算结果按GB/T 8170修约到小数点后1位。

$$d=\frac{M}{\rho} \qquad \cdots\cdots(3)$$

式中:

d——纯锌层厚度,单位为微米(μm);

ρ——纯锌层密度,7.2 g/cm^3。

8 再现性

用不同的仪器在不同的操作条件下,由不同的试验人员测定时,本方法的再现性约为平均值的±5%。

9 试验报告

试验报告应包括以下内容：

a) 产品名称；

b) 木标准号和试验方法；

c) 试样形状、尺寸；

d) 异形试样表面积的计算方法；

e) 试验结果；

f) 试验日期和试验人员；

g) 其他内容。

附 录 A
（资料性附录）
镀锌钢板锌层质量的荧光 X 射线测量方法

A.1 适用范围

本测量方法规定用 X 射线荧光测量钢板表面镀锌层质量的原理、试验仪器、校准方法、测量步骤等。

本方法适用于测量热浸的锌镀层、锌铁合金镀层、锌铝合金镀层（例如：锌-5%铝合金镀层、55%铝-锌合金镀层），以及电镀的锌镀层、锌镍合金镀层等的质量。

A.2 原理

A.2.1 利用射线源（X 光管或放射性同位素）发生的一次射线照射有金属镀层覆盖的钢板。在一定条件下，在钢基体内激发出铁的特征荧光 X 射线（二次射线），当其穿透不同厚度的金属镀层时发生不同程度的强度衰减。检测二次射线的强度。当一次射线的发生和二次射线的检测等条件固定时，检测到的荧光 X 射线强度是镀层厚度的函数。利用强度与镀层厚度的定量关系，得到镀层质量。

A.2.2 一次射线照射有金属镀层的钢板。在一定条件下，在金属镀层中激发出镀层金属的特征 X 射线，即荧光 X 射线，检测荧光 X 射线的强度。利用强度与金属镀层厚度的定量关系，得到镀层质量。

A.3 试验仪器

A.3.1 试验用金属镀层 X 射线测厚仪或 γ 射线测厚仪。仪器由射线源、检测器和电子系统等单元构成。射线源是产生一次射线的 X 射线管或放射性同位素。一次射线在试样中激发出二次射线；检测单元接收来自试样的二次射线（荧光 X 射线）；电子系统将接受的射线转化为镀层质量，对仪器进行控制，对数据进行处理。

A.3.2 在采用镀层特征荧光 X 射线的测量方法时，一次射线入射强度应保证能在镀层的全厚度上激发出镀层中被测元素的特征荧光 X 射线并被检测。如果采用基体特征荧光 X 射线的测量方法（吸收法），一次射线的入射强度应保证在钢基体中激发的特征荧光 X 射线，穿过镀层时具有足够的出射强度。

A.3.3 仪器应具有足够高的射源强度和检测灵敏度，能以较短的数据采集时间完成较厚镀层的精确测量。

A.3.4 检测器必须能区分由镀层和基体产生的荧光 X 射线。

A.3.5 射线源产生的射线必须对试样有足够的辐照面积。

A.3.6 仪器应能测量几种元素以及对镀层成份波动进行补偿。

A.4 校准方法

A.4.1 测量仪器应当用标准样品进行校准，建立特征荧光 X 射线强度与镀层质量之间的精确定量关系。

A.4.2 标准样品的镀层质量应当用重量法准确测定。

A.4.3 标准样品的镀层、钢基应与待测试样的镀层、钢基具有相同的化学成分和镀覆工艺，相同的 X 射线发射吸收特性。

A.4.4 标准样品的制取可以采用下述推荐方法

用荧光 X 射线法，选取一块镀层均匀的样块，尺寸约为 230 mm×230 mm，按图 A.1 所示的十字形分布制取5片样品，用重量法测定2、3、4、5号样品的镀层质量(g/m^2)。1为中心样品，2、3、4、5为“卫星”样品。如果4片的测定结果的复现性(四样片的极差值与平均值之比)不超出3%，则取4片试样的平均值作为样品1的镀层重量，样品1作为标准样品。

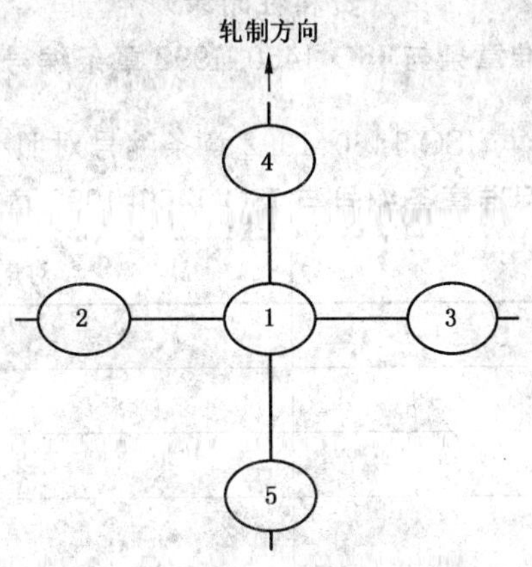

图 A.1

A.4.5 校准仪器时，应当由训练有素的人员制备标准样品。至少采用三块标准样品，它们的镀层质量不同，并应覆盖待测试样的镀层质量范围。

A.5 测量步骤

A.5.1 试样的取样位置应执行产品标准或协议的规定。试样应平坦、洁净，其形状、大小应适合仪器的要求。

A.5.2 仪器环境应保持清洁，室温应稳定，防止金属粉尘和温度波动对X射线信号的干扰。

A.5.3 根据仪器使用说明书中的操作程序和安全规范操作仪器。选择被测元素，设定试验条件。当用吸收法测量镀层质量时(A.2.1)，应测量钢基体的特征荧光X射线，选择FeKα射线。当采用镀层的荧光X射线测量镀层质量时(A.2.2)，应测量镀层元素的特征荧光X射线，例如ZnKα射线。如果镀层元素不止一种，测量含量高的元素的特征荧光X射线。

A.5.4 用标准试样对仪器进行校准，绘制校准曲线或特征荧光X射线强度与镀层质量(g/m^2)对照表。

A.5.5 用与测定标样相同的条件测量试样的荧光X射线强度，根据校准曲线将其换算成镀层质量(g/m^2)。

附 录 B
（资料性附录）
本标准章条与 ISO 1460:1992 章条编号对照

表 B.1 给出了本标准章条编号与 ISO 1460:1992 章条编号对照一览表。

表 B.1 本标准章条编号与 ISO 1460:1992 章条编号对照

本标准章条编号	对应的国际标准章条编号
1	1
2	—
3	2
4	3
5	4
6	5
7	6.1
8	6.2
9	7

附　录　C
（资料性附录）
本标准与 ISO 1460:1992 的技术性差异及其原因

表 C.1 给出了本标准与 ISO 1460:1992 的技术性差异及其原因的一览表。

表 C.1　本标准与 ISO 1460:1992 的技术性差异及其原因

本标准章条号码	技术性差异	原因
1.1	增加了适用的镀锌层类别：纯锌镀层、锌铁合金镀层、锌铁合金和锌铝合金镀层（例如：锌 5%铝合金镀层、55%铝-锌合金镀层）	适应生产技术发展现状；综合 EN、ASTM、JIS 等标准对适用范围的规定
4.2	稀释脱锌溶液时，除了采用蒸馏水外，增加了可以采用去离子水作为稀释剂的内容	增强本试验方法的可操作性
5	增加试样面积要求	增强本试验方法的可操作性；综合 EN、ASTM、JIS 对试样尺寸的规定
6.2	增加了“当试样镀层质量不小于 0.1 g 时，称量精度 0.001 g”	增加本试验方法的可操作性，保证试验的准确性
6.6	对于试验面积测量，增加具体的尺寸精度数值（钢板 0.1 mm、钢丝 0.01 mm）	增强本试验方法的可操作性
7.1、7.2	增加“计算结果按 GB/T 8170 规定修约，保留数位应与产品标准中标示的数位一致”	规范数据处理，为产品判定提供方便
附录 A	以附录形式列入“镀锌钢板锌层质量的荧光 X 射线测量方法”	适应生产、试验技术发展现状的要求

ICS 83.080.20
G 31

中华人民共和国国家标准

GB/T 1842—2008
代替 GB/T 1842—1999

塑料　聚乙烯环境应力开裂试验方法

Plastics—Test method for environmental stress-cracking of polyethylene

2008-08-01 发布　　2009-04-01 实施

中华人民共和国国家质量监督检验检疫总局
中国国家标准化管理委员会　发布

前言

本标准修改采用 ASTM D 1693:2008《乙烯塑料环境应力开裂标准试验方法》。

本标准与 ASTM D 1693:2008 技术内容基本一致,主要差异为:

——试样保持架的内槽宽度改为 12.00 mm±0.05 mm(第 6 章);

——试剂采用壬基酚聚氧乙烯醚(TX-10),并增加试剂配制要求(第 7 章);

——本标准中规定了制备试验用压塑试片的具体条件(8.1);

——增加试管内试剂需预热到规定温度再将试样保持架放入的要求(10.4);

——在观察时间中增加 6 h、7 h、12 h、20 h 的观察点(10.5);

——精密度按 GB/T 6379 进行计算(第 11 章)。

本标准替代 GB/T 1842—1999《聚乙烯环境应力开裂试验方法》。

本标准与 GB/T 1842—1999 的主要差异为:

——名称变更为"塑料　聚乙烯环境应力开裂试验方法"。

——将第 8 章的"试样制备"与第 11 章的"试样数目"合并为"试样"(第 8 章)。

——将试样状态调节的相对湿度由"50%±5%"改为"50%±10%"(第 9 章)。

——试验条件 B 和 C 的试样厚度改为"1.84 mm～1.97 mm"(10.2)。

——增加了试验结果的表述方法(10.6)。

本标准的附录 A 是规范性附录,附录 B 是资料性附录。

本标准由中国石油化工集团公司提出。

本标准由全国塑料标准化技术委员会石化塑料树脂产品分会(SAC/TC 15/SC 1)归口。

本标准起草单位:中国石油化工股份有限公司北京化工研究院。

本标准主要起草人:者东梅、刘畅。

本标准于 1980 年首次发布,于 1999 年第一次修订,本次为第二次修订。

塑料　聚乙烯环境应力开裂试验方法

1　范围

1.1　本标准规定了聚乙烯环境应力开裂的试验方法。

1.2　本标准适用于测定聚乙烯均聚物以及其他1-烯烃单体含量少于50%(质量分数)和带功能团的非烯烃单体含量不多于3%(质量分数)的共聚物在规定条件下耐环境应力开裂的能力。

2　规范性引用文件

下列文件中的条款通过本标准的引用而成为本标准的条款。凡是注日期的引用文件,其随后所有的修改单(不包括勘误的内容)或修订版均不适用于本标准,然而,鼓励根据本标准达成协议的各方研究是否可使用这些文件的最新版本。凡是不注日期的引用文件,其最新版本适用于本标准。

GB/T 1845.2—2006　塑料　聚乙烯(PE)模塑和挤出材料　第2部分:试样制备和性能测定(ISO 1872-2:1997,MOD)

GB/T 2035—2008　塑料术语及其定义(ISO 472:1999,IDT)

GB/T 2918—1998　塑料试样状态调节和试验的标准环境(ISO 291:1997,IDT)

GB/T 6379.2—2004　测量方法与结果的准确度(正确度与精密度)　第2部分:确定标准测量方法重复性与再现性的基本方法(ISO 5725-2:1994,IDT)

GB/T 9352—2008　塑料　热塑性塑料材料试样的压塑(ISO 293:2004,IDT)

3　术语和定义

GB/T 2035—2008中规定的术语及下列定义适用于本标准。

3.1

应力开裂　stress crack

由低于塑料短时机械强度的各种应力引起的塑料内部或外部的开裂。

这类开裂常常受塑料所处环境的影响而加速发展。存在于外部或内部的应力或两种应力的共同作用可以引起开裂。由细小裂纹构成的网络状结构的开裂又称为龟裂。

3.2

应力开裂破损　stress crack failure

本试验中凡能用眼睛观察到的裂纹均可认为是应力开裂破损,简称试样破损。刻痕的延伸不应视为试样破损。

裂纹通常始于刻痕并与刻痕成近90°角方向向外围发展。有时裂纹在试样内部发展而形成表面塌陷。若塌陷最终发展成表面裂纹,则应将塌陷时间记为试样破损时间。

3.3

环境应力开裂时间　time of environmental stress crack

F_{50}

试样在某种介质中破损几率为百分之五十的时间。

4　方法提要

把表面带有刻痕的试样弯曲并放置入表面活性剂的介质中,观察试样发生开裂的时间并计算破损几率。

5 意义及用途

5.1 作用在试样上的应力及试样的热历史影响材料的环境应力开裂性能。试样表面刻痕使材料局部产生较大的多轴应力。标准规定的条件有利于材料的环境应力开裂。

5.2 由本方法获得的信息不可直接用于实际工程问题。

6 试验装置

6.1 试样尺寸及试验仪器:见图 1。

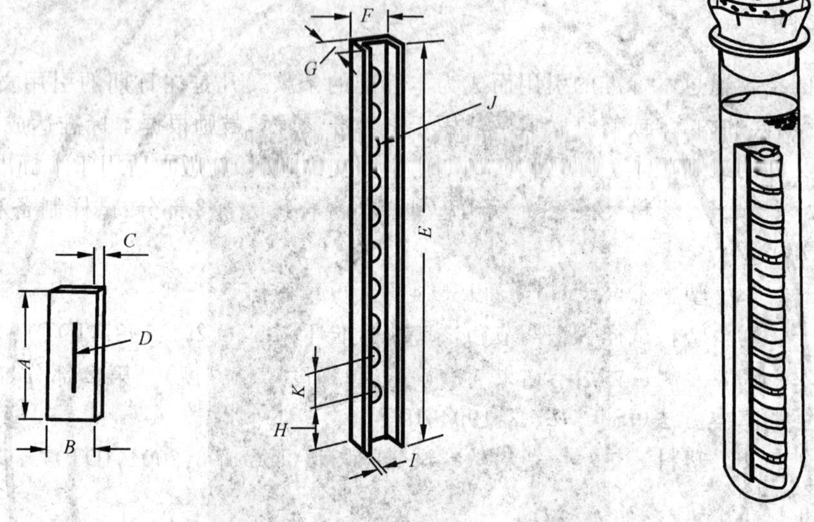

A——试样长度,38 mm±2.5 mm;

B——试样宽度,13 mm±0.8 mm;

C——试样厚度(见表 2);

D——刻痕深度(见表 2);

E——试样保持架长度,165 mm;

F——试样保持架宽度:内槽宽度,12.00 mm±0.05 mm;
外槽宽度,16 mm;

G——试样保持架高度,10 mm;

H——15 mm;

I——试样保持架壁厚,2 mm;

J——孔径,5 mm;

K——相邻孔间圆心距,15 mm。

图 1 试验仪器图

6.2 冲模:矩形刀具,能切出切口平整、不带斜棱的试样。

6.3 刻痕刀架:见图 2,能按照刻痕要求在试样上进行刻痕。刻痕应与试样的长度方向平行并位于表面的中心部位。刀片每正常使用 30 次后应予以检查,刀刃一旦变钝或磨损就应及时更换。每把刀片刻痕次数不应超过 100 次。

6.4 试样保持架:不锈钢、黄铜或黄铜镀铬长槽,其尺寸见图 1。长槽的两侧面应相互平行,并与槽底面成直角。槽内表面应光滑。

6.5 试管:硬质玻璃试管并配有塞子,长度大于 200 mm,内径 30 mm～32 mm。

6.6 铝箔:厚度 0.08 mm～0.13 mm,用以包缚塞子。

6.7 恒温浴槽:能保证恒温浴温度为 50 ℃±0.5 ℃及 100 ℃±0.5 ℃。

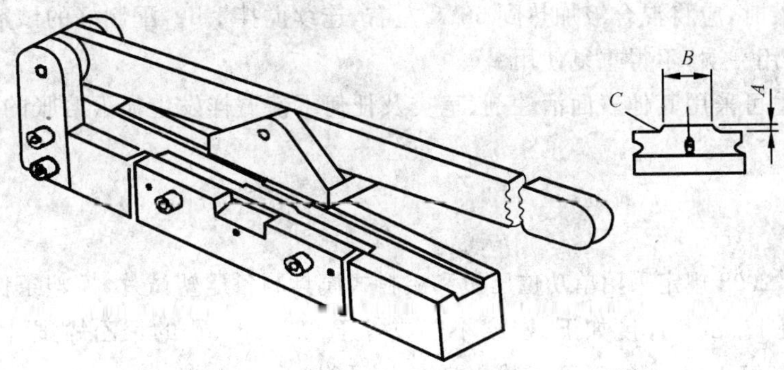

A——刀刃高度,3 mm;

B——刀刃宽度,18.9 mm～19.2 mm;

C——半径,≤1.5 mm。

图2 刻痕刀架

6.8 试管架:放置试管的支架。

6.9 试样弯曲装置:见图3。

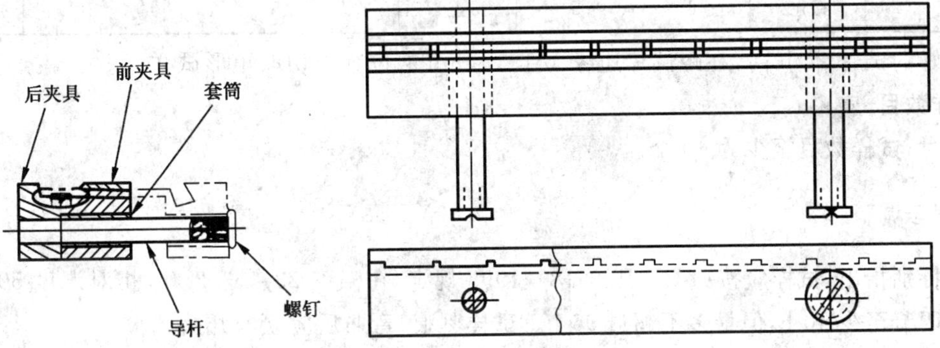

图3 试样弯曲装置

6.10 试样转移工具;见图4。

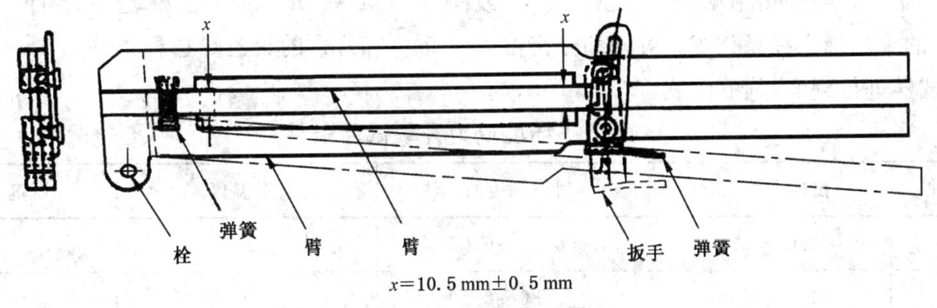

图4 试样转移工具

7 试剂

本标准采用壬基酚聚氧乙烯醚(TX-10)[1)]或其体积分数10%的水溶液作为试剂。TX-10试剂放置时间较长时可进行红外分析,若观察到羰基峰的存在,则认为试剂已降解。

注1:壬基酚聚氧乙烯醚(TX-10)也称OP-10,其分子式为:

$C_9H_{19}(C_6H_4)(OCH_2CH_2)_nOH$。

注2:壬基酚聚氧乙烯醚应贮存在密闭的金属或玻璃容器中以避免其吸湿。

1) ASTM D 1693:2008采用试剂为Igepal CO-630。

配制试剂水溶液时,应将混合液加热到60 ℃左右,连续搅拌1 h。配制好的试剂水溶液应在1个星期内使用,并只能使用一次,不得重复使用。

如有特殊需要也可采用其他表面活性剂、皂类及任何不使试样发生显著溶胀的有机试剂作为试剂。

8 试样

8.1 试片制备

按GB/T 9352—2008规定采用单功位压机和溢料式模具制备压塑试片,模塑条件按GB/T 1845.2—2006规定,具体见表1。试片厚度如下:密度小于或等于925 kg/m³ 的聚乙烯试片厚度为3.00 mm~3.30 mm,密度大于925 kg/m³ 的聚乙烯试片厚度为1.84 mm~1.97 mm。

表1 试片模塑条件

热压					冷压		
模塑温度/℃	预热		热压		平均冷却速率/(℃/min)	压力/MPa	脱模温度/℃
	压力/MPa	时间/min	压力/MPa	时间/min			
180	接触	5	5	5±1	15	5	≤40

压制好的试片24 h内,在距试片边缘大于10 mm的位置内切取矩形试样。

8.2 试样数目

检验时,试样数目至少为10个。

9 试样状态调节

除非特别指出,试样应按照GB/T 2918—1998规定,在温度23 ℃±2 ℃,相对湿度50%±10%条件下状态调节至少40 h,但最多不超过96 h。试样刻痕、弯曲后应立即开始试验。

10 试验步骤

10.1 本方法的实验条件见表2。密度小于或等于925 kg/m³ 的聚乙烯选择条件A,密度大于925 kg/m³的聚乙烯选择条件B。对于部分密度大于940 kg/m³ 的聚乙烯选择条件C。

10.2 对试样进行刻痕,刻痕深度符合表2要求。

表2 环境应力开裂试验条件

条件	试样厚度/mm	刻痕深度/mm	恒温浴温度/℃	试剂浓度/%
A	3.00~3.30	0.50~0.65	50	10
B	1.84~1.97	0.30~0.40	50	10
C	1.84~1.97	0.30~0.40	100	100

注1:可以在显微镜下观察试样横截面的切片测量刻痕深度。也可以通过在显微镜下观察经液氮冷冻的已刻痕试样的表面来测量。

注2:在偏光显微镜下观察试验的横截面,来检查刻痕质量(边缘是否平直、锋利及是否存在应力集中区域)。

10.3 将10个刻痕面向上的试样放在试样弯曲装置上,在台钳、平板压床或其他适当的工具上合拢弯曲装置,整个操作过程在30 s内完成。用试样转移工具把已弯曲好的试样转移到试样保持架中,并使试样两端紧贴试样保持架底部。

10.4 试样保持架需在10 min内放入已盛有预热到规定温度试剂的试管内,试剂液面应高于保持架约

10 mm。用包有铝箔的塞子塞紧试管，迅速放入已达到温度要求的恒温浴槽中，并开始计时。在操作过程中刻痕不应与试管壁接触。

10.5 按下列观察时间检查试样并记录试样破损数目及相应的破损时间。

0.1 h，0.25 h，0.5 h，1.0 h，1.5 h，2 h，3 h，4 h，5 h，6 h，7 h，8 h，12 h，16 h，20 h，24 h，32 h，40 h，48 h。

48 h 以后，每 24 h 观察一次。

10.6 通过以下 3 种方法之一得到试验结果：

10.6.1 试样在规定的时间间隔终点时的破坏百分数，例：24 h 时破坏 50%。

10.6.2 试样在达到规定的破坏百分数时的时间，单位为小时（h），用 f_p 表示，p 为试样破坏的百分数。例：f_{50} 为 10 个试样中第 5 个发生破坏的时间，单位为小时（h）。

10.6.3 采用对数-概率坐标绘图法确定试样环境应力开裂时间，单位为小时（h），用 F_p 表示，p 是试样破坏的百分数。例：F_{50} 为概率图中 50%线计算的破坏时间，单位为小时（h）。见附录 A。

11 精密度

11.1 本标准给出了 3 种聚乙烯材料在 10 个实验室测定的精密度，见表 3。每种聚乙烯材料在同一实验室压塑试片，在不同实验室冲切试样、刻痕及试验。每种材料进行 2 组平行试验。

注：本方法的精密度按 GB/T 6379.2 进行计算，用 r 和 R 表征。表 3 中的数据只是有限的试验的结果，并不能覆盖所有材料、批号、试验条件及实验室，因此，严格地说，不能将其视为判别接收或拒收的依据。

注：ASTM D 1693：2008 的精密度见附录 B。

表 3 部分聚乙烯材料环境应力开裂试验的精密度

材 料	密度/(kg/m³)	试验条件	F_{50} 平均值/h	S_r	S_R	r	R
1	921	A	4.8	0.2	1.2	0.6	3.4
2	951	B	5.4	0.5	1.5	1.4	4.2
3	945	B	582.6	54.5	95.5	152.6	267.4

注：
S_r＝实验室内平均值的标准偏差。
S_R＝实验室间平均值的标准偏差。
重现性，$r=2.8\times S_r$。
再现性，$R=2.8\times S_R$。

11.2 对于某种特定的聚乙烯材料，应通过足够多的数据确定重现性（r）和再现性（R）。该类材料再进行试验时，若 2 个测试结果之差大于 r 或 R，则认为 2 个测试结果不一致。该判定方法的置信概率为 95%。

12 试验报告

试验报告应包括以下内容：

a) 注明使用本标准；

b) 材料的完整标识，如名称、编号及送样单位等；

c) 试剂名称及浓度；

d) 试样数目；

e) 试验条件；

f) 试样破损时间及破损几率；

g) 试样环境应力开裂时间 F_p(h)或试样在达到规定的破坏百分数时的时间 f_p(h)或试样在规定的时间间隔终点时的破坏百分数；

h) 试验日期及检验人员。

附　录　A
（规范性附录）
确定环境应力开裂时间 F_{50} 的作图方法

A.1.1　本方法采用对数-概率坐标作图法确定聚乙烯环境应力开裂时间 F_{50}，作图时，以时间(h)的对数为纵坐标，以试验破损几率 f_x(%)为横坐标，f_x 按式(A.1)计算：

$$f_x = \frac{x}{n+1} \times 100 \qquad \cdots\cdots\cdots\cdots (A.1)$$

式中：

f_x——试样破损几率，%；

n——试样总数；

x——试样破损数目。

A.1.2　作图步骤

A.1.2.1　计算每一破损试样的 f_x，也可将上述 f_x 值及对应的破损时间制成表格，实例见表 A.1。

表 A.1　计算实例

试样破损数目/个 / 试样破损时间/h / 试样	1	2	3	4	5	6	7	8	9	10	11	12	13	14	15
例 1(3 个试样不破损)	24	24	24	24	24	32	48								
例 2(10 个试样均破损)	4	4	8	16	16	16	16	24	24	32					
例 3(丢失一个试样)	0.2	0.5	1	1	1.5	2	2	2	2						
例 4(15 个试样)	0.1	0.1	0.25	0.25	0.25	0.5	0.5	0.5	0.5	0.5	0.5	0.5	0.5	0.5	1

A.1.2.2　根据上述数据在对数-概率坐标纸上标记点，作图实例见图 A.1。每一破损试样都应与图中一点对应。通过上述各点作一条最佳的拟合直线，直线与 50%概率线交点所对应的时间，即为环境应力开裂时间 F_{50}。

A.1.3　通常 10 个试样对应图上 10 个坐标点。偶尔会有个别试样作废，概率坐标间隔可能会发生改变，但作图程序不变。

A.1.4　在使用本标准及作图方法时，偶尔会出现个别反常试样而降低了试验的可靠性，在这种情况下，应进行分析。

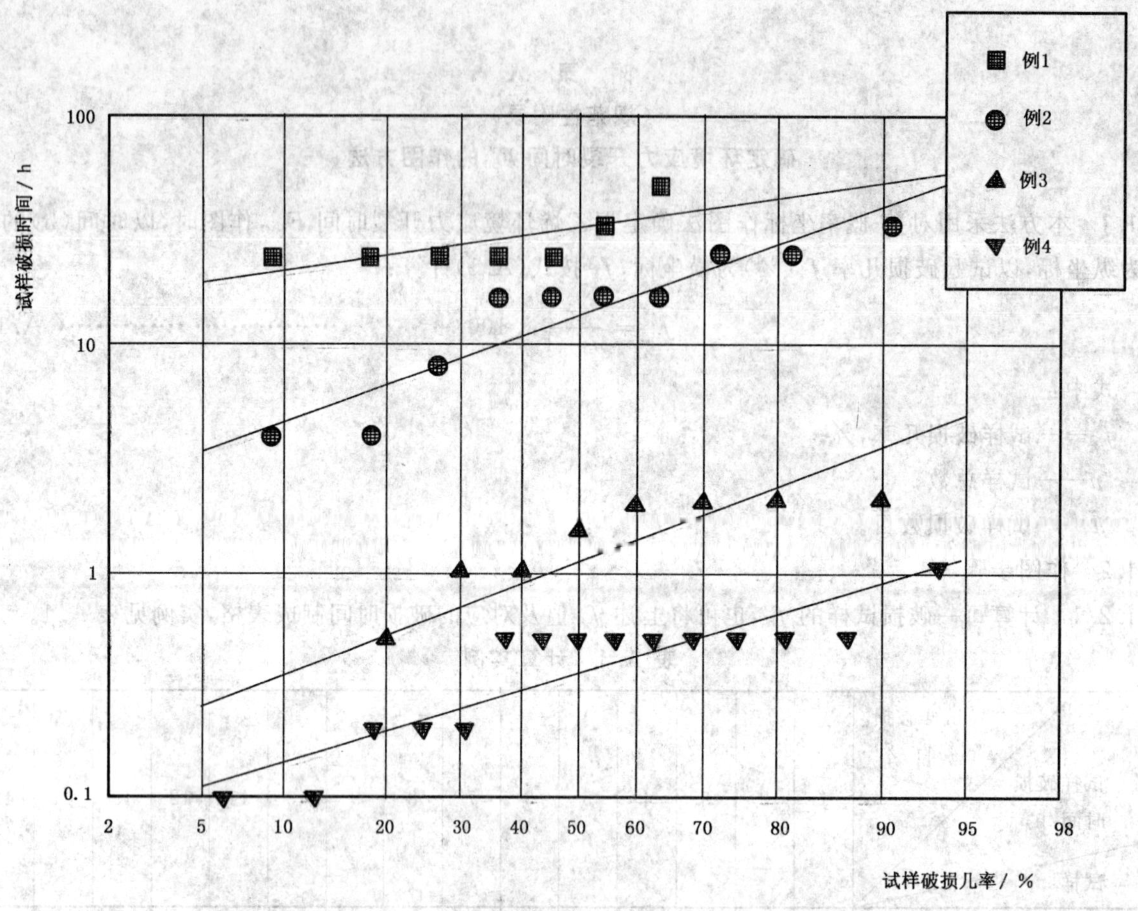

图 A.1　对数-概率坐标作图法求 F_{50} 图例

附　录　B
（资料性附录）
ASTM D 1693:2008 的精密度

ASTM D 1693:2008 给出了 5 种聚乙烯材料在 7 个试验室测定的精密度，见表 B.1。每种聚乙烯材料均在同一实验室压塑成型，在不同实验室进行冲裁、刻痕及试验。每种材料进行 2 组平行试验

表 B.1　聚乙烯环境应力开裂试验的精密度

样品		平均值 F_{50}/h	S_r	S_R	r	R	S_r/X	S_R/X
树脂 A 0.945/0.3	模塑片	49.6	3.7	19.1	10.5	54.1	7.5%	39%
	挤出片材	52.7	2.3	28.8	6.5	81.5	4.4%	55%
树脂 B 0.950/0.06	模塑片	42.0	3.4	14.2	9.6	40.2	8.1%	34%
	挤出片材	49.1	8.0	14.2	22.6	40.2	16%	29%

注：

试验方法 ASTM D 1693，试验条件 B，试剂：Igepal CO-630，浓度：10%。

S_r＝实验室内的标准偏差平均值。

S_R＝实验室间的标准偏差平均值。

r＝重现性限，$r=2.8\times S_r$。

R＝再现性限，$R=2.8\times S_R$。

ICS 83.080.01
G 32

中华人民共和国国家标准

GB/T 1843—2008/ISO 180:2000
代替 GB/T 1843—1996

塑料　悬臂梁冲击强度的测定

Plastics—Determination of izod impact strength

(ISO 180:2000,IDT)

2008-08-04 发布　　2009-04-01 实施

中华人民共和国国家质量监督检验检疫总局
中国国家标准化管理委员会　发布

前　言

GB/T 1843 等同采用 ISO 180:2000《塑料——悬臂梁冲击强度的测定》及其 1 号修改单。

本标准等同翻译 ISO 180:2000 及其 1 号修改单。

为方便使用，本标准做了下列编辑性修改：

a) 把“本国际标准”改为“本标准”或“GB/T 1843”；

b) 删除了 ISO 180:2000 的前言；

c) 增加了国家标准的前言；

d) 对于 ISO 180:2000 引用的国际标准中，有被等同采用为我国标准的本部分用引用我国标准代替国际标准，其余未有等同采用为我国标准的，在标准中均被直接引用。

本标准代替 GB/T 1843—1996《塑料　悬臂梁冲击强度的测定》。

本标准与 GB/T 1843—1996 的主要修改内容如下：

——增加了标准前言；

——增加了适用范围内容；

——增加了规范性引用文件；

——在术语和定义中，删除了反置缺口定义；

——在装置说明中，简化了对其原理等内容的表述；

——增加了状态调节内容；

——增加了操作步骤内容；

——在结果计算和表示中，修改未断裂的表示符；

——增加了试验报告内容；

——删除了附录 A。

本标准由中国石油和化学工业协会提出。

本标准由全国塑料标准化技术委员会(SAC/TC 15)归口。

本标准负责起草单位：国家合成树脂质量监督检验中心、广州合成材料研究院有限公司。

本标准参加起草单位：北京燕山石化树脂所、国家塑料制品质检中心(北京)、深圳市新三思材料检测有限公司、国家化学建筑材料测试中心(材料测试部)、国家塑料制品质检中心(福州)、国家石化有机原料合成树脂质检中心、广州金发科技有限公司。

本标准主要起草人：桑桂兰、王建东、王浩江、陈宏愿、李建军、安建平、王超先、何芃、刘畅、凌伟。

本标准所代替标准的历次版本发布情况为：

——GB/T 1843—1980；GB/T 1843—1996。

塑料　悬臂梁冲击强度的测定

1　范围

1.1　本标准规定了在标准条件下测定塑料悬臂梁冲击强度的方法,以及多种不同类型的试样和试验的类型。根据材料、试样和缺口规定了不同的试验参数。

1.2　本方法用于在标准条件下,研究规定类型试样的冲击行为。并用于评估试样在试验条件下的脆性和韧性。

1.3　本标准适用于下述材料:

——硬质热塑性模塑和挤塑材料,包括填充和增强复合材料,还有未填充类型的材料;硬质热塑性板材;

——硬质热固性模塑材料,包括填充和增强复合材料;硬质热固性板材,包括层压板;

——纤维增强热固性和热塑性复合材料,包括含有单向或非单向的增强材料如,毡、织物、纺织粗纱、短切原丝、复合增强材料、无捻粗纱及磨碎纤维及由预浸料制成的板材;

——热致液晶聚合物。

1.4　本标准通常不适用于硬质泡沫材料及含有泡沫材料的夹层结构材料。缺口试样通常不适用于长纤维增强的复合材料或热致液晶聚合物。

1.5　本标准适用于模塑至所选尺寸的试样,由标准多用途试样(见 GB/T 11997)的中部机加工制成的试样,或由成品或半成品,如模塑件、层压板、挤塑或浇铸板材机加工制成的试样。

1.6　本标准规定了试样的优选尺寸。不同缺口或不同方法制备的试样进行试验,其结果是不可比较的。其他因素,如装置的能量大小、冲击速度和试样的状态调节也会影响试验结果。因此,当需要数据比较时,应仔细地控制和记录这些因素。

1.7　本标准不应作为设计的依据。但在不同温度下试验,改变缺口半径和(或)厚度及在不同条件下制备试样,可获得材料的典型性能的资料。

2　规范性引用文件

下列文件中的条款通过本标准的引用而成为本标准的条款。凡是注日期的引用文件,其随后所有的修改单(不包括勘误的内容)或修订版均不适用于本标准,然而,鼓励根据本标准达成协议的各方研究是否可使用这些文件的最新版本。凡是不注日期的引用文件,其最新版本适用于本标准。

GB/T 2918—1998　塑料试样状态调节和试验的标准环境(idt ISO 291:1997)

GB/T 5471—2008　塑料　热固性塑料试样的压塑(ISO 295:2004,IDT)

GB/T 9352—2008　塑料　热塑性塑料材料试样的压塑(ISO 293:2004,IDT)

GB/T 11997—2008　塑料　多用途试样(ISO 3167:2002,IDT)

GB/T 17037.1—1997　热塑性材料注塑试样的制备　第1部分:一般原理及多用途试样和长条试样的制备(idt ISO 294-1:1996)

GB/T 21189—2007　塑料简支梁、悬臂梁和拉伸冲击试验用摆锤冲击试验机的检验(ISO 13802:1999,IDT)

ISO 1268[1)]　试验用单向纤维增强塑料平板的制备

ISO 2602:1980　数据的统计处理和解释　平均值的估计和置信区间

1)　正在修订成11个部分。

ISO 2818:1994 塑料——机加工试样制备方法

ISO 10724-1:1998 塑料 热固性粉状模塑料(PMCs)的注塑 第1部分:通则和多用途试样的模塑

3 术语和定义

下列术语和定义适用于本标准。

3.1

悬臂梁无缺口冲击强度 Izod unnotched impact strength

a_{iU}

无缺口试样在悬臂梁冲击强度破坏过程中所吸收的能量与试样原始横截面积之比。

单位为千焦每平方米,kJ/m^2。

3.2

悬臂梁缺口冲击强度 Izod notched impact strength

a_{iN}

缺口试样在悬臂梁冲击强度破坏过程中所吸收的能量与试样原始横截面积之比。

单位为千焦每平方米,kJ/m^2。

3.3

平行冲击 parallel impact

P

(层压增强塑料)冲击方向平行于增强材料层压面。

悬臂梁试验中冲击方向通常为"侧向平行"(见图1)。

3.4

垂直冲击 normal impact

n

(层压增强塑料)冲击方向垂直于增强材料层压面。

悬臂梁冲击试验不常用这种方法,但是指出来是为了完整的缘故(也见图1)。

4 原理

由已知能量的摆锤一次冲击支撑成垂直悬臂梁的试样,测量试样破坏时所吸收的能量。冲击线到试样夹具为固定距离,对于缺口试样,冲击线到缺口中心线为固定距离(见图2)。

5 装置

5.1 试验机

5.1.1 试验机的原理、特性和鉴定详见 GB/T 21189—2007。

5.1.2 某些塑料对夹持力很敏感,当试验这类材料时,应以标准化的夹持力方式,并在试验报告中注明夹持力的大小。可采用经校准的转矩扳手或在虎钳加紧的螺丝上配以气动或液压装置来控制夹持力。

5.2 测微计和量规

用精度 0.02 mm 的测微计或量规测量试样的主要尺寸,为了测量缺口试样的尺寸 b_N,应在测微计上安装一个测量头,其宽度为 2 mm~3 mm,其外形应适合缺口的形状。

6 试样

6.1 制备

6.1.1 模塑和挤塑材料

材料应按相关的材料标准制备,若没有这种标准或另有规定外,试样应该按 GB/T 9352—2008、

GB/T 17037.1—1997、GB/T 5471—2008 或 ISO 10724-1:1998 相应的标准直接压塑或注塑，或者由材料压塑或注射的板材机加工而成。试样也可由符合 GB/T 11997—2008A 型多用途试样切割而成。

6.1.2 板材

试样应按 ISO 2818:1994 由板材机加工而成，尽可能使用 A 型缺口。测试时，无缺口试样的机加工表面不应处于拉伸状态。

6.1.3 长纤维增强材

应按 ISO 1268 制成平板或按其他标准方法或协商的方法制备，试样应按 ISO 2818:1994 机加工而成。

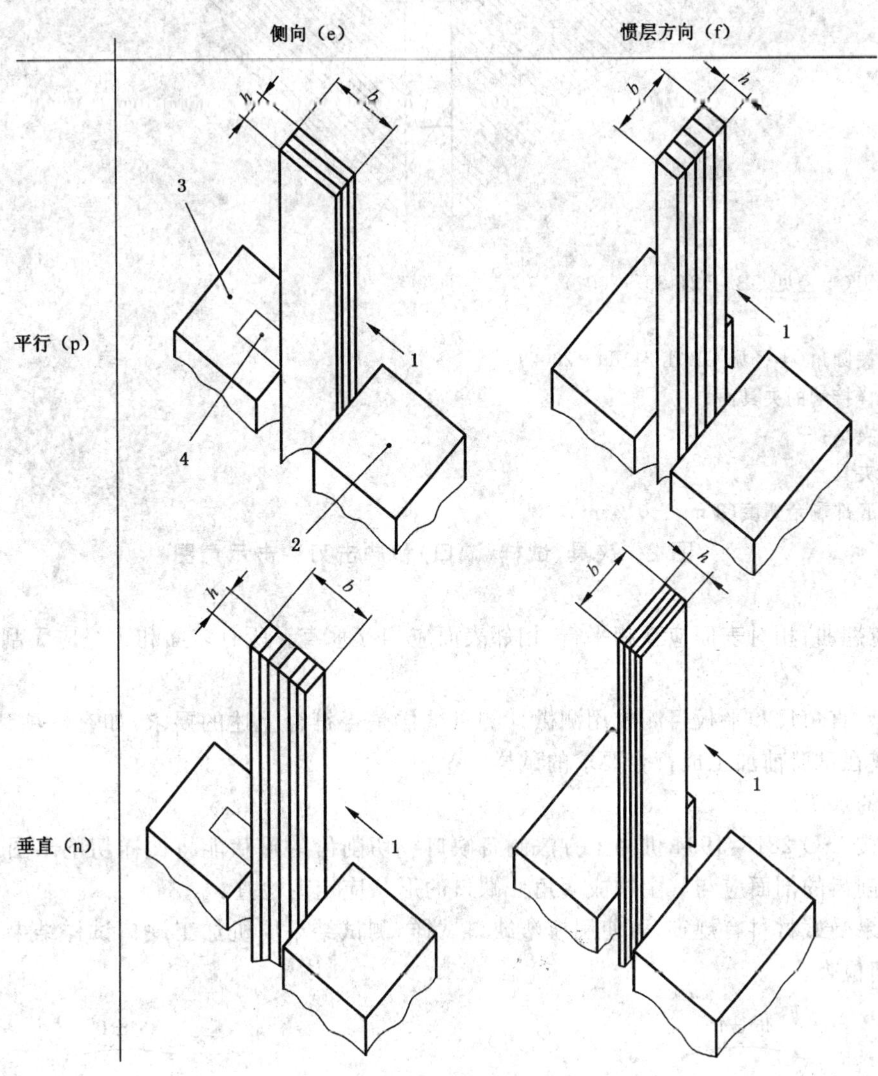

1——冲击方向；

2——可移动虎钳钳口；

3——固定虎钳钳口；

4——附加的导槽。

注：侧向(e)和惯层方向(f)指示的是与试样原厚 h 和试样宽度 b 有关的冲击方向。垂直(n)和平行(p)指的是与层合有关的冲击方向。常用的悬臂梁试验是“侧向平行”。当 $h=b$ 时，平行以及垂直冲击试验都是可能的。

图 1 冲击方向的命名图

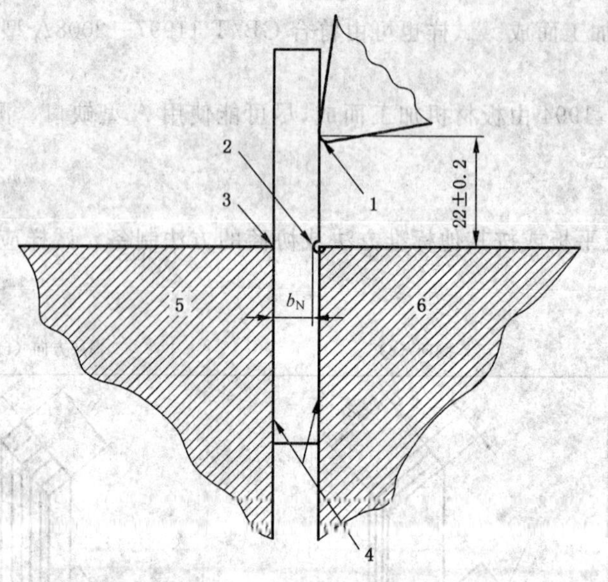

1——冲击刃(半径见 GB/T 21189—2007);

2——缺口;

3——夹具棱圆角(半径见 GB/T 21189—2007);

4——与试样接触的夹具面;

5——固定夹具;

6——活动夹具。

b_N——缺口底部剩余宽度(8 mm±0.2 mm)

图 2 夹具、试样(缺口)和冲击刃冲击示意图

6.1.4 检查

试样不应翘曲、相对表面应互相平行,相邻表面应相互垂直。所有表面和边缘应无刮痕、麻点、凹陷和飞边。

应用直尺、直角尺和平板目测或用测微计测量试样是否符合上述的要求,如有一项达不到要求,则试样应报废或在试验前加工成符合要求的试样。

6.1.5 缺口的加工

6.1.5.1 应按 ISO 2818:1994 机加工方法制备缺口。切削齿的形状能将试样切削出图 3 所示的试样缺口形状,切削齿的剖面应与其主轴成直角。缺口的形状应定期检查。

6.1.5.2 如果受试材料有规定,可使用模塑缺口试样,测试结果同机加工缺口试样结果不可比。缺口的形状应定期检查。

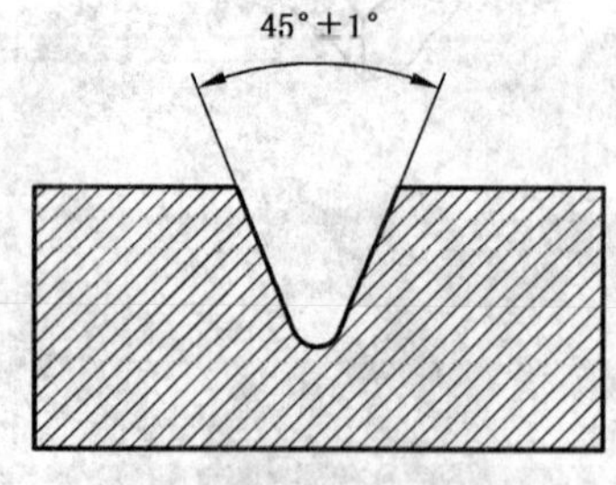

缺口底部半径

r_N=0.25 mm±0.05 mm

a) A 型

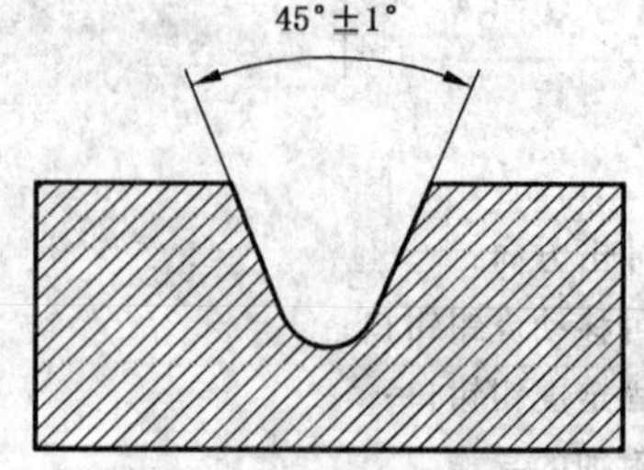

缺口底部半径

r_N=1.00 mm±0.05 mm

b) B 型

图 3 缺口类型

6.2 各向异性材料

某些板材随板材方向的不同,可能具有不同的冲击性能。对于这种板材应按平行和垂直某一特征方向分别切取一组试样。板材的特征方向可目视观察或由生产方法推断。

6.3 形状和尺寸

6.3.1 通则

试样尺寸见表1。

需要时,使用可对称地将试样的长度减至63.5 mm。

缺口的纵向总是平行于厚度 h。

表 1 方法名称、试样类型、缺口类型和缺口尺寸

单位为毫米

方法名称[a,b]	试样	缺口类型	缺口底部半径 r_N	缺口的保留宽度 b_N
GB/T 1843/U	长 l=80±2 宽 b=10.0±0.2 厚 h=4.0±0.2	无缺口	—	—
GB/T 1843/A		A	0.25±0.05	8.0±0.2
GB/T 1843/B		B	1.00±0.05	

a 如果试样是由板材或制品上裁取的,板材或制品的厚度 h 应该加到命名中。未增强的试样不应使机加工表面处于拉伸状态进行试验。

b 如果板材厚度 h 等于宽度 b,冲击方向(垂直 n 或平行 p)应该加到名称中。

6.3.2 模塑和挤塑材料

按表1的规定及图3所示,试样应使用一种类型的缺口,缺口应处于试样的中间。

优选的缺口类型是A型,如果要获得材料缺口敏感性的信息,应试验A型和B型缺口的试样。

6.3.3 板材,包括长纤维增强的材料

推荐的厚度 h 为4 mm,如果试样是从板材或构件上切取的,其厚度应与板材或构件的原厚相同,至多不超过10.2 mm。

当板材的厚度均匀,并且只含有一种规则分布的增强料,当其厚度大于10.2 mm时,则从板材一面机加工到10.2 mm±0.2 mm。试验无缺口试样,为了避免表面的影响,试验中应使试样原始表面处于拉伸状态。

试验时冲击试样的侧面,冲击方向平行于板平面,只是在 $h=b=10$ mm时,才可平行或垂直于板面进行试验(见图1)。

6.4 试样数量

6.4.1 除受试材料标准另有规定,一组试样应为10个。当变异系数(见ISO 2602:1980)小于5%时,测试5个试样即可。

6.4.2 如果在垂直和平行方向试验层压材料,则每个方向应试验10个试样。

6.5 状态调节

除非受试材料标准另有规定,试验应按GB/T 2918—1998在23 ℃和50%相对湿度下至少状态调节16 h,或按有关各方协商的条件。缺口试样应在缺口加工后计算状态调节时间。

7 操作步骤

7.1 除有关方面同意采用别的条件,如在高温或低温下试验外,都应在与状态调节相同的环境中进行试验。

7.2 测量每个试样中部的厚度 h 和宽度 b 或缺口试样的剩余宽度 b_N,精确至0.02 mm。

试样是注塑时,不必测量每一个试样尺寸。只要确保是表1所列出的尺寸,一组中只测量一个试样

即可。使用多模腔模具时，要保证每个模腔中试样的尺寸都是相同的。

7.3 确定试验机是否有规定的冲击速度和合适的能量范围，冲断试样吸收的能量应在摆锤标称能量10%至80%范围内。如果不止一个摆锤符合这些要求，应选择其中能量最大的摆锤。

7.4 按 GB/T 21189—2007 测定摩擦损失和修正的吸收能量。

7.5 抬起并锁住摆锤，将按如图 1 所示安装试样，并符合 5.1.2 的要求。当测定缺口试样时，缺口应在摆锤冲击刃的一侧。

7.6 释放摆锤，记录被试样吸收的冲击能量，并对其摩擦损失等(见 7.4)进行必要的修正。

7.7 用以下字符命名冲击的四种类型：

C——完全破坏：试样断开成两段或多段。

H——铰链破坏：试样没有刚性的很薄表皮连在一起的一种不完全破坏。

P——部分破坏：除铰链破坏外的不完全破坏。

N——不破坏：未发生破坏，只是弯曲变形，可能有应力发白的现象产生。

8 计算和结果的表示

8.1 无缺口试样

悬臂梁无缺口冲击强度 a_{iU} 按式(1)计算，单位千焦每平方米(kJ/m²)：

$$a_{iU} = \frac{E_c}{h \cdot b} \times 10^3 \quad \cdots\cdots(1)$$

式中：

E_c——已修正的试样断裂吸收能量，单位为焦耳(J)；

h——试样厚度，单位为毫米(mm)；

b——试样宽度，单位为毫米(mm)。

8.2 缺口试样

缺口试样悬臂梁冲击强度 a_{iN} 按式(2)计算，单位为千焦每平方米(kJ/m²)：

$$a_{iN} = \frac{E_c}{h \cdot b_N} \times 10^3 \quad \cdots\cdots(2)$$

式中：

E_c——已修正的试样断裂吸收能量，单位为焦耳(J)；

h——试样厚度，单位为毫米(mm)；

b_N——试样剩余宽度，单位为毫米(mm)。

8.3 统计参数

计算试验结果的算术平均值，如果需要，可按 ISO 2602:1980 给出的方法计算平均值的标准偏差。一组试样出现不同类型的破坏时，应给出相关类型的试验数目及计算各类型的平均值。

8.4 有效数字

计算一组试验结果的算术平均值，取两位有效数字。

9 精密度

由于未获得实验室间的数据，本试验方法的精密度尚不知。当获得实验室间数据时，在以后的修订中会加上精密度的说明。

10 试验报告

试验报告应包括下列内容：

a) 标明采用本标准；

b) 按表1的命名所采用的方法,例如:

悬臂梁冲击试验　　　　　　　　　　GB/T 1843 /A

缺口类型(见图2)——————————————┘

c) 鉴别受试材料所需的全部资料,包括如已知的种类、来源、制造厂代码、牌号及历史;

d) 材料性质和形状的说明,即成品、半成品、试片或试样,包括主要尺寸、形状、加工方法等;

e) 冲击速度;

f) 摆锤的标称能量;

g) 若采用统一的夹持力,注明夹持力(见5.1.2);

h) 试样制备方法;

i) 试样的切取方向(如果材料是成品或半成品);

j) 试样数量;

k) 所用的状态调节和试验的标准环境,以及受试材料和产品标准所要求的特殊处理;

l) 观察到的破坏类型;

m) 单个试验结果,如下所示(也见表2):

   1) 按三种破坏类型分组:

      C 完全破坏,包括铰链破坏 H;

      P 部分破坏;

      N 不破坏——未发生破坏。

   2) 选出出现次数最多的破坏类型,并记录这种破坏类型冲击强度的平均值 x,用字母 C 或 P 记录对应的破坏类型;

   3) 如果出现最多的破坏类型是 N,只记录字母 N;

   4) 对于出现次数次之的破坏类型,在两括号间加字母 C、P 或 N,只是当出现的次数高于 1/3 时才这样表示(否则插入一个“*”号)。

n) 若需要,平均值的标准偏差;

o) 试验日期。

表2 结果的表示

破坏类型			命名
C	P	N	
x	*	*	xC*
x	(P)	*	xC(P)
x	*	(N)	xC(N)
*	x	*	xP*
(C)	x	*	xP(C)
*	x	(N)	xP(N)
*	*	N	N*
(C)	*	N	N(C)
*	(P)	N	N(P)

注:x——最常见破坏类型的冲击强度的平均值,不包括N型;

C、P或N——最常见破坏的类型;

(C)、(P)或(N)——频率高于1/3时的次常见破坏类型,记录次之的破坏类型;

*——不涉及。

ICS 83.080.01
G 31

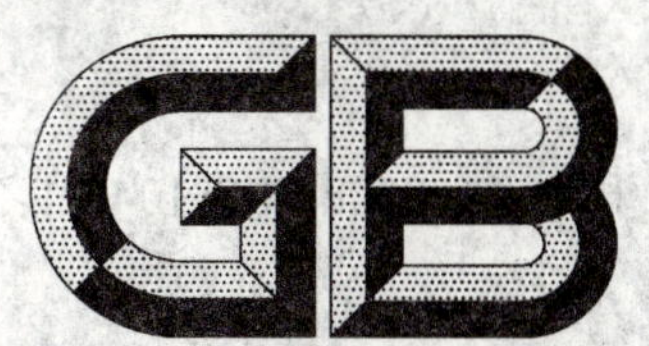

中华人民共和国国家标准

GB/T 1844.1—2008/ISO 1043-1:2001
代替 GB/T 1844.1—1995

塑料 符号和缩略语 第1部分:基础聚合物及其特征性能

Plastics—Symbols and abbreviated terms—Part 1:Basic polymers and their special characteristics

(ISO 1043-1:2001,IDT)

2008-08-04 发布　　2009-04-01 实施

中华人民共和国国家质量监督检验检疫总局
中国国家标准化管理委员会 发布

前　言

GB/T 1844《塑料　符号和缩略语》包括下列四个部分：

——第1部分：基础聚合物及其特征性能；

——第2部分：填充料和增强材料；

——第3部分：增塑剂；

——第4部分：阻燃剂。

本部分为GB/T 1844的第1部分。本部分等同采用ISO 1043-1:2001《塑料——符号和缩略语——第1部分：基础聚合物及其特征性能》(英文版)。

本部分等同翻译ISO 1043-1:2001。

为便于使用，本部分做了下列编辑性修改：

——删除了国际标准的前言；

——“ISO 1043的本部分”改为“GB/T 1844的本部分”；

——所有的缩略语均一一对应了英文术语和中文术语。

本部分代替GB/T 1844.1—1995《塑料及树脂缩写代号　第一部分：基础聚合物及其特征性能》，本部分与GB/T 1844.1—1995的主要技术差异有：

——标准名称由《塑料及树脂缩写代号　第一部分：基础聚合物及其特征性能》改为《塑料　符号和缩略语　第1部分：基础聚合物及特征性能》；

——新增加了规范性引用文件一章；

——新增加了术语和定义一章；

——聚合物的缩略语及天然聚合物的缩略语由两章合并为一章；

——新增加了AB、AEPD、CEF等28个术语；

——删除了CS、CSF、GPS等23个术语；

——改变了丙烯腈-丁二烯-丙烯酸塑料、丙烯腈-甲基丙烯酸甲酯塑料等22个术语的缩略语；

——特征性能的缩写代号有所增减。

本部分的附录A和附录B为资料性附录。

本部分由中国石油和化学工业协会提出。

本部分由全国塑料标准化技术委员会塑料树脂通用方法和产品分技术委员会(SAC/TC 15/SC 4)归口。

本部分主要起草单位：国家合成树脂质检中心、山东道恩集团有限公司。

本部分参加起草单位：广州金发科技股份有限公司、北京燕山石化树脂应用研究所、四川大学、中国科院化学研究所。

本部分主要起草人：陈敏剑、于晓宁、周维祥、何嘉松、黄锐、周远建、李建军。

本部分所代替的标准的历次版本发布情况为：

——GB/T 1844.1—1988、GB/T 1844.1—1995。

塑料　符号和缩略语
第1部分:基础聚合物及其特征性能

1　范围

GB/T 1844的本部分规定了用于塑料中基础聚合物的缩略语、组成这些术语的符号及用于塑料特征性能的符号。本部分仅包括已确定用途的那些缩略语,其目的仅有两个,防止一个给定的塑料出现多个缩略语以及防止一个给定的缩略语有多个解释。

注1:填充和增强材料的符号见ISO 1043-2;增塑剂见ISO 1043-3;而阻燃剂见GB/T 1844.4;橡胶和乳胶的命名在ISO 1629《橡胶和胶乳——命名》中给出。热塑性弹性体在ISO 18064《热塑弹性体——缩略语和命名》中给出。

注2:附录A给出了制定新的缩略语的导则,附录B给出了构成塑料缩略语所使用的塑料组分术语符号的参考一览表。

2　规范性引用文件

下列文件中的条款通过GB/T 1844的本部分的引用而成为本部分的条款。凡是注日期的引用文件,其随后所有的修改单(不包括勘误的内容)或修订版均不适用于本部分,然而,鼓励根据本部分达成协议的各方研究是否可使用这些文件的最新版本。凡是不注日期的引用文件,其最新版本适用于本部分。

GB/T 2035—2008　塑料术语及其定义(ISO 472-1999,IDT)

ISO 1874-1:1992　塑料——聚酰胺——模塑和挤塑材料——第1部分:命名

3　术语和定义

GB/T 2035—2008规定的以及下列术语和定义适用于GB/T 1844的本部分。

3.1

缩略语　abbreviated term

省略术语中某些部分而形成的仍指同一概念的术语。

4　符号和缩略语的使用

4.1　均聚物、共聚物和天然聚合材料的缩略语在第5章给出,特征性能符号在第6章中给出,缩略语使用的示例在第7章给出。

4.2　为了区分一种给定通用型的塑料材料的基本分子特性,规定了附加符号及它们的使用规则。为了避免混淆,不应主观地使用符号表示性能。

4.3　这些缩略语主要用于出版物和其他书面文件中化学名称的简写,也用于指明材料和产品中基础聚合物的类型。如:ABS模塑料、PA薄膜、PE片材和PVC管材。不用于材料的选择。

4.4　符号和缩略语只使用大写字母。

4.5　正文中首次出现缩略语时,先完整地写明相应术语,然后在括号中注明其缩略语。

4.6　国际纯粹与应用化学联合会(IUPAC)关于聚合物命名的规则规定:为了避免歧义当“聚”(poly)后面多于一个词时,要使用括号。本部分采用这种作法,但在平时使用时常常省略括号。

4.7　本部分并非想正式地将聚合物的简化术语系统化。在天然和合成聚合物领域中,科技文献的术语和分子式名称是由IUPAC的高分子委员会精心制定的。通常,由该委员会发布的缩略语同

GB/T 1844的本部分所提出的是相同的。

5 均聚物、共聚物和天然聚合物材料的缩略术语

下文中某些塑料材料给出了通常使用的另一个缩略语。左栏给出的缩略语是优先使用的，在一定的时间内，正在使用的其他缩略术语都应转化为优选的缩略术语。

缩略语	材料术语
AB	acrylonitrile-butadiene plastic 丙烯腈-丁二烯塑料
ABAK	acrylonitrile-butadiene-acrylate plastic; preferred term for ABA 丙烯腈-丁二烯-丙烯酸酯塑料；曾推荐使用 ABA
ABS	acrylonitrile-butadiene-styrene plastic 丙烯腈-丁二烯-苯乙烯塑料
ACS	acrylonitrile-chlorinated polyethylene-styrene; preferred term for ACPES 丙烯腈-氯化聚乙烯-苯乙烯塑料；曾推荐使用 ACPES
AEPDS	acrylonitrile-(ethylene-propylene-diene)-styrene plastic; preferred term for AEPDMS 丙烯腈-(乙烯-丙烯-二烯)-苯乙烯塑料；曾推荐使用 AEPDMS
AMMA	acrylonitrile-methyl methacryate plastic 丙烯腈-甲基丙烯酸甲酯塑料
ASA	acrylonitrile-stytene-acrylate plastic 丙烯腈-苯乙烯-丙烯酸酯塑料
CA	cellulose acetate 乙酸纤维素
CAB	cellulose acetate butyrate 乙酸丁酸纤维素
CAP	cellulose acetate propionate 乙酸丙酸纤维素
CEF	cellulose formaldehyde 甲醛纤维素
CF	cresol-formaldehyde resin 甲酚-甲醛树脂
CMC	carboxymethyl cellulose 羧甲基纤维素
CN	cellulose nitrate 硝酸纤维素
COC	cycloolefin copolymer 环烯烃共聚物
CP	cellulose propionate 丙酸纤维素
CTA	cellulose triacetate 三乙酸纤维素
EAA	ethylene-acrylic acid plastic 乙烯-丙烯酸塑料

EBAK	ethylene-butyl acrylate plastic; preferred term for EBA 乙烯-丙烯酸丁酯塑料；曾推荐使用 EBA
EC	ethyl cellulose 乙基纤维素
EEAK	ethylene-ethyl acrylate plastic; preferred term for EEA 乙烯-丙烯酸乙酯塑料；曾推荐使用 EEA
EMA	ethylene-methacrylic acid plastic 乙烯-甲基丙烯酸塑料
EP	epoxide; epoxy resin or plastic 环氧；环氧树脂或环氧塑料
E/P	ethylene-propylene plastic; preferred term for EPM 乙烯-丙烯塑料；曾推荐使用 EPM
ETFE	ethylene-tetrafluoroethylene plastic 乙烯-四氟乙烯塑料
EVAC	ethylene-vinyl acetate plastic; preferred term for EVA 乙烯-乙酸乙烯酯塑料；曾推荐使用 EVA
EVOH	ethylene-vinyl alcohol plastic 乙烯-乙烯醇塑料
FEP	perfluoro(ethylene-propylene)plastic; preferred term for PFEP 全氟(乙烯-丙烯)塑料；曾推荐使用 PFEP
FF	furan-formaldehyde resin 呋喃-甲醛树脂
LCP	liquid-crystal polymer 液晶聚合物
MABS	methyl methacrylate-acrylonitrile-butadiene-styrene plastic 甲基丙烯酸甲酯-丙烯腈-丁二烯-苯乙烯塑料
MBS	methyl methacrylate-butadiene-styrene plastic 甲基丙烯酸甲酯-丁二烯-苯乙烯塑料
MC	methyl cellulose 甲基纤维素
MF	melamine-formaldehyde resin 三聚氰胺-甲醛树脂
MP	melamine-phenol resin 三聚氰胺-酚醛树脂
MSAN	α-methylstyrene-acrylonitrile plastic α-甲基苯乙烯-丙烯腈塑料
PA	polyamide 聚酰胺
PAA	poly(acrylic acid) 聚丙烯酸
PAEK	polyaryletherketone 聚芳醚酮

PAI	polyamidimide 聚酰胺(酰)亚胺
PAK	polyarylate 聚丙烯酸酯
PAN	polyacrylonitrile 聚丙烯腈
PAR	polyarylate 聚芳酯
PARA	poly(aryl amide) 聚芳酰胺
PB	polybutene 聚丁烯
PBAK	poly(butyl acrylate) 聚丙烯酸丁酯
PBD	1,2-polybutadiene 1,2-聚丁二烯
PBN	poly(butylene naphthalate) 聚萘二甲酸丁二酯
PBT	poly(butylene terephthalate) 聚对苯二甲酸丁二酯
PC	polycarbonate 聚碳酸酯
PCCE	poly(cyclohexylene dimethylene cyclohexanedicarboxylate) 聚亚环己基-二亚甲基-环己基二羧酸酯
PCL	polycaprolactone 聚己内酯
PCT	poly(cyclohexylene dimethylene terephthalate) 聚对苯二甲酸亚环己基-二亚甲酯
PCTFE	polychlorotrifluoroethylene 聚三氟氯乙烯
PDAP	poly(diallyl phthalate) 聚邻苯二甲酸二烯丙酯
PDCPD	polydicyclopentadiene 聚二环戊二烯
PE	polyethylene 聚乙烯
PE-C	polyethylene,chlorinated;preferred term for CPE 氯化聚乙烯;曾推荐使用 CPE
PE-HD	polyethylene,high density;preferred term for HDPE 高密度聚乙烯;曾推荐使用 HDPE
PE-LD	polyethylene,low density; preferred term for LDPE 低密度聚乙烯;曾推荐使用 LDPE

PE-LLD	polyethylene, linear low density; preferred term for LLDPE 线型低密度聚乙烯;曾推荐使用 LLDPE
PE-MD	polyethylene, medium density; preferred term for MDPE 中密度聚乙烯;曾推荐使用 MDPE
PE-UHMW	polyethylene, ultra high molecular weight; preferred term for UHMWPE 超高分子量聚乙烯;曾推荐使用 UHMWPE
PE-VLD	polyethylene, very low density; preferred term for VLDPE 极低密度聚乙烯;曾推荐使用 VLDPE
PEC	polyestercarbonate 聚酯碳酸酯
PEEK	polyetheretherketone 聚醚醚酮
PEEST	polyetherester 聚醚酯
PEI	polyetherimide 聚醚(酰)亚胺
PEK	polyetherketone 聚醚酮
PEN	poly(ethylene naphthalate) 聚萘二甲酸乙二酯
PEOX	poly(ethylene oxide) 聚氧化乙烯
PESTUR	polyesterurethane 聚酯型聚氨酯
PESU	polyethersulfone 聚醚砜
PET	poly(ethylene terephthalate) 聚对苯二甲酸乙二酯
PEUR	polyetherurethane 聚醚型聚氨酯
PF	phenol-formaldehyde resin 酚醛树脂
PFA	perfluoro alkoxyl alkane resin 全氟烷氧基烷树脂
PI	polyimide 聚酰亚胺
PIB	polyisobutylene 聚异丁烯
PIR	polyisocyanurate 聚异氰脲酸酯
PK	polyketone 聚酮

PMI	polymethacrylimide 聚甲基丙烯酰亚胺
PMMA	poly(methyl methacrylate) 聚甲基丙烯酸甲酯
PMMI	poly-*N*-methylmethacrylimide 聚 *N*-甲基甲基丙烯酰亚胺
PMP	poly-4-methyl-1-pentene 聚-4-甲基-1-戊烯
PMS	poly-*α*-methylstyrene 聚-*α*-甲基苯乙烯
POM	polyoxymethylene;polyacetal;polyformaldehyde 聚氧亚甲基;聚甲醛;聚缩醛
PP	polypropylene 聚丙烯
PP-E	polypropylene,expandable;preferred term for EPP 可发性聚丙烯;曾推荐使用 EPP
PP-HI	polypropylene,high impact;preferred term for HIPP 高抗冲聚丙烯;曾推荐使用 HIPP
PPE	poly(phenylene ether) 聚苯醚
PPOX	poly(propylene oxide) 聚氧化丙烯
PPS	poly(phenylene sulfide) 聚苯硫醚
PPSU	poly(phenylene sulfone) 聚苯砜
PS	polystyrene 聚苯乙烯
PS-E	polystyrene,expandable;preferred term for EPS 可发聚苯乙烯;曾推荐使用 EPS
PS-HI	polystyrene,high impact;preferred term for HIPS 高抗冲聚苯乙烯;曾推荐使用 HIPS
PSU	polysulfone 聚砜
PTFE	poly tetrafluoroethylene 聚四氟乙烯
PTT	poly(trimethylene terephthalate) 聚对苯二甲酸丙二酯
PUR	polyurethane 聚氨酯
PVAC	poly(vinyl acetate) 聚乙酸乙烯酯

PVAL poly(vinyl alcohol), preferred term for PVOH
聚乙烯醇;曾推荐使用 PVOH

PVB poly(vinyl butyral)
聚乙烯醇缩丁醛

PVC poly(vinyl chloride)
聚氯乙烯

PVC-C poly(vinyl chloride), chlorinated; preferred term for CPVC
氯化聚氯乙烯;曾推荐使用 CPVC

PVC-U poly(vinyl chloride), unplasticized; preferred term for UPVC
未增塑聚氯乙烯;曾推荐使用 UPVC

PVDC poly(vinylidene chloride)
聚偏二氯乙烯

PVDF poly(vinylidene fluoride)
聚偏二氟乙烯

PVF poly(vinyl fluoride)
聚氟乙烯

PVFM poly(vinyl formal)
聚乙烯醇缩甲醛

PVK poly-*N*-vinylcarbazole
聚-*N*-乙烯基咔唑

PVP poly-*N*-vinylpyrrolidone
聚-*N*-乙烯基吡咯烷酮

SAN styrene-acrylonitrile plastic
苯乙烯-丙烯腈塑料

SB styrene-butadiene plastic
苯乙烯-丁二烯塑料

SI silicone plastic
有机硅塑料

SMAH styrene-maleic anhydride plastic; preferred term for S/MA or SMA
苯乙烯-顺丁烯二酸酐塑料;曾推荐使用 S/MA 或 SMA

SMS styrene-α-methylstyrene plastic
苯乙烯-α-甲基苯乙烯塑料

UF urea-formaldehyderesin
脲-甲醛树脂

UP unsaturated polyester resin
不饱和聚酯树脂

VCE vinyl chloride-ethylene plastic
氯乙烯-乙烯塑料

VCEMAK vinyl chloride-ethylene-methyl acrylate plastic; preferred term for VCEMA
氯乙烯-乙烯-丙烯酸甲酯塑料;曾推荐使用 VCEMA

VCEVAC vinyl chloride-ethylene-vinyl acrylate plastic
氯乙烯-乙烯-丙烯酸乙酯塑料

VCMAK vinyl chloride-methyl acrylate plastic;preferred term for VCMA
氯乙烯-丙烯酸甲酯塑料;曾推荐使用 VCMA

VCMMA vinyl chloride-methyl methacrylate plastic
氯乙烯-甲基丙烯酸甲酯塑料

VCOAK vinyl chloride-octyl acrylate plastic;preferred term for VCOA
氯乙烯-丙烯酸辛酯塑料;曾推荐使用 VCOA

VCVAC vinyl chloride-vinyl acetate plastic
氯乙烯-乙酸乙烯酯塑料

VCVDC vinyl chloride-vinylidene chloride plastic
氯乙烯-偏二氯乙烯塑料

VE vinyl ester resin
乙烯基酯树脂

6 表示特征性能的符号

如果需要,可将基础聚合物的缩略术语中最多增加四个符号,以表示改性聚合物之间的差异。附加的符号应放在基础聚合物的缩略语之后,用连字符分开,连字符前后不留空格,基础聚合物缩略语之前不应放其他符号。

标示特性的符号

符号	含义
A	acid(modified) 酸(改性的)
A	amorphous,atactic 非晶的;无规的
B	biaxial 双轴的
B	block 嵌段
B	brominated 溴化的
C	chlorinated 氯化的
C	crystalline,isotactic 结晶的;等规的
D	density 密度
E	elastomer 弹性体
E	expanded; expandable 发泡的;可发泡的
E	epoxidised 环氧化的
F	flexible 柔性的

F fluorinated
氟化的

F fluid
流体

G glycol(modified)
乙二醇(改性的)

H high
高的

H homo
均的

I impact
抗冲

L linear
线型

L low
低的

M medium
中等的

M molecular
分子

N normal
正(链)的

N novolak
线型酚醛树脂

O oriented
取向的

P plasticized
增塑的

P thermoplastic
热塑性的

R raised
凸的

R random
无规

R resol
甲阶酚醛树脂

R rigid
硬质的

S saturated
饱和的

S sulfonated
磺化的

S syndiotactic
间同立构的，间规的
S thermosetting
热固性的
T temperature(resistance)
(耐)温度
T toughened
增韧的
U ultra
超
U unplasticized
未增塑的
U unsaturated
不饱和的
V very
极
W weight
重量
X crosslinked;crosslinkable
交联的；可交联的

7 符号应用示例

示例 1 增塑的聚氯乙烯＝PVC-P
基础聚合物 PVC
增塑的 P

示例 2 高抗冲聚苯乙烯＝PS-HI
基础聚合物 PS
高抗冲的 HI

示例 3 线型低密度聚乙烯＝PE-LLD
基础聚合物 PE
线型低密度 LLD

附 录 A
（资料性附录）
编制新型基础聚合物、聚合物混合物、有关术语的缩略语指南

A.1 用字母P代表“poly”，表示均聚物。

注：如果省略P会造成混淆的话，也可用字母P表示共聚物或其他聚合物。

A.2 只用大写英文字母。

示例：聚氯乙烯[poly(vinyl chloride)]　　PVC

A.3 在出现重复或可能对结果引起混淆时，则使用两个或两个以上大写字母表示一个给定组分，但不必完全按在待命名组分中的出现顺序。

示例1：聚丙烯酸酯(polyacrylate)　　PAK

示例2：聚芳酯(polyarylate)　　PAR

示例3：聚乙烯醇缩甲醛[poly(vinyl formal)] PVFM

A.4 共聚物的缩略语，用单体组分的符号，按出现术语的顺序构成。各组分的缩略术语一般按单体组分在共聚物中的质量比(质量分数)递减的顺序从左到右排列。

示例1：丙烯腈-甲基丙烯酸甲酯塑料(acrylonitrile-methyl methacrylate plastic)表示为AMMA。

示例2：氯乙烯-乙烯-丙烯酸甲酯塑料(vinylchloride-ethylene-methyl acrylate plastic)命名为VCEMAK。

为了避免引起混淆可以使用斜线符“/”。

示例3：乙烯/丙烯共聚物(ethylene-propylene copolymer)表示为E/P。

A.5 聚合物共混物或合金缩略语，采用各基础聚合物的缩略语，按质量分数递减的顺序，主要组分放在首位，之间用加号分开，然后写另一组分。

示例：聚甲基丙烯酸甲酯和丙烯腈-丁二烯-苯乙烯共混物表示为PMMA+ABS。

注：在加号前后不留空格。

A.6 在组分的缩略语后，在表示特性的符号前，用数字和字母表示同系物中由不同缩聚单元制备的聚合物。

示例1：ε-己内酰胺的聚合物(polymer of ε-caprolactam)表示为PA6。

示例2：己二胺、己二酸和癸二酸的聚合物(polymer of hexamethylenediamine, adipic acid and sebacic acid)表示为PA66/610。

示例3：间苯二甲胺和己二酸的聚合物(polymer of *m*-xylylenediamine and adipic acid)表示为PAMXD6。

以上三个例子中，PA表示聚酰胺而数字是单体中的碳原子数。当包含两种单体时，第1个数字指胺中的碳原子数，第二个数字指酸中的碳原子数，用斜线分开共聚酰胺中的聚酰胺组分。

聚酰胺和共聚酰胺中的非线型脂肪族单元用字母表示(见ISO 1874-1:1992附录A中A.3)。

A.7 塑料工业中用的不同材料的缩略术语应不相同。另一方面，在塑料工业中不可避免使用其他工业中表示不同材料的缩略语。根据第4章规定，在正文中首次出现缩略语时，应标示相应术语，以避免混淆。

附　录　B
（资料性附录）
用于有关词语的缩略术语符号

B.1　按符号编排

符号	中英文组分术语
A	acetate; acid; acryl; acrylate; acrylic; acrylonitrile; alkoxyl; alkane; allyl; amid; amide; aryl 乙酸酯;酸;丙烯酰基;丙烯酸酯;丙烯酸的;丙烯腈;烷氧基;烷;烯丙基;(酰)胺基;酰胺;芳基
AC	acetate 乙酸酯
AH	anhydride 酐
AI	amidimide 酰胺酰亚胺
AK	acrylate 丙烯酸酯
AL	alcohol 醇
AN	acrylonitrile 丙烯腈
AR	aryl; arylate 芳基;芳基化物
B	block; butadiene; butene; butyl; butylene; butyral; butyrate 嵌段;丁二烯;丁烯;丁基;亚丁基;缩丁醛;丁酸酯
BD	butadiene 丁二烯
C	capro; carbonate; carboxy; cellulose; chloride; chlorinated; chloro; cresol; crystal; cyclo; copolymer; cyclohexylene dimethylene 己;碳酸酯;羧基;纤维素;氯化物;氯化的;氯(化);甲酚;结晶;环;共聚物;亚环己基二亚甲基
CE	cellulose; cyclohexanedicarboxylate 纤维素;环己烷二羧酸酯
D	di; diene 二;二烯
E	ester; ether; ethyl; ethylene 酯;醚;乙基;乙烯
EP	epoxide; epoxy 环氧化物;环氧

EST ester
酯

F fluoride;fluoro;formaldehyde;furan
氟化物;氟(代);甲醛;呋喃

FM formal
缩甲醛

I imide;iso
(酰)亚胺;异

IR isocyanurate
异氰脲酸酯

K carbazole;ketone
咔唑;酮

L liquid;lactone
液(态);内酯

M maleic;melamine;meth;methacryl;methacrylate;methyl; methylene;methyl methacrylate
马来酸;三聚氰胺;甲(基);甲基丙烯基;甲基丙烯酸酯;甲基;亚甲基;甲基丙烯酸甲酯

MA methacrylate;methacrylic acid
甲基丙烯酸酯;甲基丙烯酸

N nitrate;naphthalate
硝酸酯;萘二甲酸酯

O octyl;oxy;olefin
辛基;氧(化);烯烃

OH alcohol
醇

OX oxide
氧化物

P penta;pentene;per;phenol;phenylene;phthalate;poly; polyester;polymer;propionate;propylene;pyrrolidone
戊;戊二烯;全;苯酚;亚苯基;邻苯二甲酸酯;聚;聚酯;聚合物;丙酸酯;丙烯:吡咯烷酮

S styrene;sulfide
苯乙烯;硫化物

SI silicone
硅酮

SU sulfone
砜

T terephthalate;tetra;tri;trimethylene
对苯二甲酸酯;四;三;环丙烷

U unsaturated;urea
不饱和;脲

UR	urethane 氨基甲酸乙酯
V	vinyl 乙烯基
VD	vinylidene 亚乙烯基

B.2 按组分术语编排

英文组分术语	中文组分术语	符 号
acetate	乙酸酯	A;AC
acid	酸	A
acrylate	丙烯酸酯	A,AK
acrylic	丙烯酸	A
acrylonitrile	丙烯腈	A;AN
alcohol	醇	AL;OH
alkane	烷	A
alkoxyl	烷氧基	A
allyl	烯丙基	A
amid	(酰)胺基	A
amide	酰胺	A
amidimide	酰胺酰亚胺	AI
anhydride	酐	AH
aryl	芳基	A;AR
arylate	芳基化物	AR
block	嵌段	B
butadiene	丁二烯	B;BD
butene	丁烯	B
butyl	丁基	B
butyral	缩丁醛	B
butyrate	丁酸酯	B
capro	己	C
carbazole	咔唑	K
carbonate	碳酸酯	C
carboxy	羧基	C
cellulose	纤维素	C;CE
chloride	氯化	C
chloro	氯	C
copolymer	共聚物	C
cresol	甲酚	C
crystal	结晶的	C
cyclo	环	C

cyclohexanedicarboxylate	环已烷二羧酸酯	CE
cyclohexylene dimethylene	环亚己基二亚甲基	C
di	二	D
diene	二烯	D
epoxide	环氧化物	EP
epoxy	环氧	EP
ester	酯	E,EST
ether	醚	E
ethyl	乙基	E
ethylene	乙烯	E
fluoride	氟化物	F
fluoro	氟(化)	F
formal	缩甲醛	FM
formaldehyde	甲醛	F
furan	呋喃	F
imide	(酰)亚胺	I
iso	异	I
isocyanurate	异氰脲酸酯	IR
ketone	酮	K
lactone	内酯	L
liquid	液态的	L
maleic	马来酸	M
melamine	三聚氰胺	M
meth	甲(基)	M
methacryl	甲基丙烯基	M
methycrylate	甲基丙烯酸酯	M
methacrylic acid	甲基丙烯酸	MA
methyl	甲基	M
methylene	亚甲基	M
methyl methycrylate	甲基丙烯酸甲酯	M
naphthalate	萘二甲酸酯	N
nitrate	硝酸酯	N
octyl	辛基	O
olefin	烯烃	O

oxide	氧化物	OX
oxy	氧	O
penta	戊	P
pentene	戊二烯	P
per	全	P
phenol	苯酚	P
phenylene	亚苯基	P
phthalate	邻苯二甲酸酯	P
poly	聚	P
polyester	聚酯	P
polymer	聚合物	P
propionate	丙酸酯	P
propylene	丙烯	P
pyrrolidone	吡咯烷酮	P
silicone	硅酮	S
styrene	苯乙烯	S
sulfide	硫化物	S
sulfone	砜	SU
terephthalate	对苯二甲酸酯	T
tetra	四	T
tri	三	T
trimethylene	环丙烷　亚丙基	T
unsaturated	不饱和的	U
urea	脲	U
urethane	氨基甲酸乙酯	UR
vinyl	乙烯基	V
vinylidene	亚乙烯基	VD

ICS 83.080.01
G 31

中华人民共和国国家标准

GB/T 1844.2—2008/ISO 1043.2:2000
代替 GB/T 1844.2—1995

塑料　符号和缩略语
第2部分:填充及增强材料

Plastic—Symbols and abbreviated—
Part 2: Fillers and reinforcing materials

(ISO 1043.2:2000,IDT)

2008-08-04 发布　　　　2009-04-01 实施

中华人民共和国国家质量监督检验检疫总局
中国国家标准化管理委员会　发布

前言

GB/T 1844《塑料 符号和缩略语》分为以下 4 个部分：

——第 1 部分：基础聚合物及其特征性能；

——第 2 部分：填充及增强材料；

——第 3 部分：增塑剂；

——第 4 部分：阻燃剂。

本部分为 GB/T 1844 的第 2 部分，等同采用 ISO 1043.2:2000《塑料—符号和缩略语—第 2 部分：填充和增强材料》。

为便于使用，作了部分编辑性修改：

——删除了 ISO 1043.2:2000 的前言；

——将“ISO 1043 的本部分”改为“GB/T 1844 的本部分”；

——将一些适用于国际标准的表述改为适用于我国标准的表述。

本部分代替 GB/T 1844.2—1995《塑料及树脂缩写代号 第 2 部分：填充及增强材料》，与 GB/T 1844.2—1995相比主要差异如下：

——标准名称由“塑料及其树脂缩写代号 第二部分：填充及增强材料”改为“塑料 符号和缩略语 第 2 部分：填充及增强材料”；

——增加了三水合氧化铝的缩写代号；

——更改了缩写代号 N 的代表物质；

——修改了增强材料形状代号 T 的表示形状。

本部分由中国石油和化学工业协会提出。

本部分由全国塑料标准化技术委员会(SAC/TC 15)归口。

本部分负责起草单位：国家合成树脂质量监督检验中心。

本部分参加起草单位：北京燕山石化树脂所、国家化学建筑材料测试中心(材料测试部)、广州金发科技有限公司、国家塑料制品质检中心(北京)。

本部分主要起草人：赵平、王建东、陈宏愿、凌伟、桂华、宁凯军。

本部分代替标准的历次发布情况为：

——GB 1844.2—1980；GB/T 1844.2—1995。

塑料　符号和缩略语
第2部分:填充及增强材料

1　范围

GB/T 1844的本部分规定了有关填充及增强材料术语的统一符号,其中仅包括已经得到普遍使用的符号。可有效的防止同一个填充及增强材料有两个或两个以上的符号出现,同时防止一个符号有不同的解释。

2　符号的使用

2.1　3.1规定了填充及增强材料的名称的符号,3.2规定了表示填充及增强材料的形状和结构的符号。

2.2　除化学符号外,应使用大写字母。

2.3　填充及增强材料的类型由第一个字母表示,物理形状和结构由第二个字母表示。

示例:GF表示纤维状的玻璃(G:玻璃,F:纤维)。

2.4　不同材料或形状的物质的混合物可以用加号"+"将相应的符号结合,表示在括号内。

示例:(GF+MD)表示玻璃纤维(GF)和矿石粉末(MD)的混和物。

2.5　对于金属类应指明所需的进一步信息,需在括号内用化学符号指示。

示例:MD(Al)表示铝粉。

3　符号

3.1　填充及增强材料

表1规定了表示填充及增强材料的符号。

3.2　形状或结构

表2规定了表示填充及增强材料的形状或结构的符号。

表1　表示填充及增强材料的符号

符号	材料名称[a]	
B	硼	boron
C	碳	carbon
D	三水合氧化铝	alumina trihydrate
E	黏土	clay
G	玻璃	glass
K	碳酸钙	calcium carbonate
L	纤维素	cellulose
M	矿物,金属[b]	mineral,metal[b]
N	天然有机物(棉,剑麻,大麻,亚麻等)	natural organic(cotton,sisal,hemp,flax,etc)
P	云母	mica
Q	硅	silica
R	聚芳基酰胺	aramid

表 1（续）

符号	材料名称[a]	
S	合成有机物(例如,细粒聚四氟乙烯,聚酰亚胺或热固树脂)	synthetic organic(e. g. finely divided PTFE, polyimides or thermoset resins)
T	滑石	talcum
W	木	wood
X	未规定	not specified
Z	该表内未包括的其他物质	others not included in this list

[a] 这些材料可以被进一步定义,例如:使用化学符号或由其他相关标准定义的符号。

[b] 若为金属(M)时,应该使用化学符号表示金属的类型。

表 2　表示填充及增强材料的形状或结构的符号

符号	形状和结构	
B	珠状,球状,球体	beads, spheres, balls
C	片状,切片	chips, cuttings
D	微粉,粉末	fines, powder
F	纤维	fibre
G	研磨	ground
H	须状物,晶须	whisker
K	针织织物	knitted fabric
L	片坯	layer
M	毡片(厚型)	mat(thick)
N	无纺织物(纺织物,薄型)	non-woven(fabric, thin)
P	纸	paper
R	粗纱	roving
S	薄片	flake
T	缠绕或编织成的织物,绳	twisted or braided fabric, cord
V	板坯	veneer
W	纺织物	woven fabric
X	未规定	not specified
Y	纱	yarn
Z	该表内未包括的其他材料	others not included in this list

ICS 83.080.01
G 31

中华人民共和国国家标准

GB/T 1844.3—2008/ISO 1043-3:1996
代替 GB/T 1844.3—1995

塑料 符号和缩略语 第3部分:增塑剂

Plastics—Symbols and abbrebiated terms—Part 3: Plasticizers

(ISO 1043-3:1996,IDT)

2008-08-04 发布 2009-04-01 实施

中华人民共和国国家质量监督检验检疫总局
中国国家标准化管理委员会 发布

前　言

GB/T 1844《塑料　符号和缩略语》分为以下四个部分：

——第1部分：基础聚合物及其特征性能；

——第2部分：填充及增强材料；

——第3部分：增塑剂；

——第4部分：阻燃剂。

本部分为GB/T 1844的第3部分。本部分等同采用ISO 1043-3:1996《塑料——符号和缩略语——第3部分：增塑剂》(英文版)。

为了便于使用，对于ISO 1043-3:1996，本部分还做了下列编辑性修改：

——删除了ISO 1043-3:1996的前言；

——"ISO 1043的本部分"改为"GB/T 1844的本部分"或"本部分"；

——增塑剂的缩略语缩写与代号以表格的形式表示；

——在附录A中增加以缩略语的组成部分(中文)为序的列表；

——增加了资料性附录NA"本部分与GB/T 1844.3—1995缩略语和符号的主要差异"。

本部分代替GB/T 1843.3—1995《塑料及树脂缩写代号　第三部分：增塑剂》，本部分与GB/T 1843.3—1995的主要差异如下：

——增加了国际纯粹与应用化学联合会(IUPAC)名称、CAS登记号(CAS-RN)；

——增加了本部分与1995年版的主要差异(见附录NA)。

本部分的附录A为规范性附录，附录NA为资料性附录。

本部分由中国石油和化学工业协会提出。

本部分由全国塑料标准化技术委员会(SAC/TC 15)归口。

本部分起草单位：中石化北化院国家化学建筑材料测试中心(材料测试部)。

本部分参加起草单位：国家合成树脂质量监督检验中心、北京燕山石化树脂所、广州金发科技股份有限公司。

本部分主要起草人：胡孝义、魏若奇、李生德、王建东、陈宠愿、刘奇详。

本部分所代替标准的历次版本发布情况为：

——GB 1844—1986、GB/T 1844.3—1995。

塑料　符号和缩略语　第3部分:增塑剂

1　范围

1.1　GB/T 1844 的本部分提供了与增塑剂有关术语的组成部分的统一符号以形成缩略语。其通常仅包括那些已经具有普遍使用的缩略语。

1.2　本部分是为了避免同一增塑剂出现多个缩略语。这些符号最初是要作为方便的速记方法以用于形成在公开出版物或其他书面材料中的化学名称的缩略语。

2　符号和缩写语的使用说明

2.1　在相关文件中首次出现的缩略语应当放在括号内,并且在括号前写上化学名称的全称。

2.2　符号应用大写字母。

2.3　列表中包括缩略语、通用名称(中、英文)、对应的 IUPAC[1](中、英文)和 CAS-RN[2]。如果IUPAC命名法或 CAS-RN 由于模糊或不确定而不能用,将其在相关文件中标出。

本部分给出的通用化学名称或 IUPAC 名称在定义各个缩略语时应当指明。

注:在用于橡胶和塑料工业时,许多增塑剂是“商业”或“技术”级别,并不一定是物质的纯形式。

2.4　在附录 A 中给出缩略语的各个组成部分的符号表。

2.5　本部分不包括增塑剂的混合物。

2.6　除非另行指出,烷基是正烷基,苯二甲酸酯是邻苯二甲酸的酯。

2.7　没有符号用于缩略语以表示正(n-)线性醇。对于支化(异)醇,使用另外的符号 I,有一个例外:由于全球范围使用符号 O 用于 2-乙基己基(例如在 DOA 和 DOP 中)。在本部分,正辛基基团被称为 NO(如在 DNOP 中)。由于该双重用法,2.1 中列出的规则极为重要。

2.8　符号 I 表示异-支化基团(例如 DIOP)。但是 DTDP 有时用于替代 DITDP,因为邻苯二甲酸二正十三烷酯不用作增塑剂;使用 DTDP 时,2.1 中列出的规则极为重要。

2.9　对于基于相同的醇的二酯的增塑剂,缩写术语的第一个符号是 D。

2.10　在增塑剂的缩写术语中字母 P 可用于替代用于“磷酸盐”的 F。

2.11　具有表示支化基团的“异”名称的一些增塑剂可由若干异构体组成。因此,没有单个的 IUPAC 名称可以描述这些增塑剂的详细化学组成。

2.12　一些由多于一种醇的酯组成的增塑剂通过结合数字代码和字母代码表示,例如 711A 是庚基壬基十一烷基己二酸酯(HNUA)的可选通用名称。第一个数字代码表示在最短的烷基中的碳原子数目,第二个和第三个数字代码表示增塑剂中最长烷基的碳原子数目,因此 7 表示庚基 11 表示十一烷基。在代码末端的字母是 A,其表示己二酸酯,或 P,其表示邻苯二甲酸酯。

3　增塑剂的缩略语缩写与代号

增塑剂的缩略语缩写与代号见表 1。

---

1)　International Union of Pure and Applied Chemistry　国际纯粹与应用化学联合会。

2)　Chemical Abstracts Service Registry Number　CAS 登录号。

表 1

缩写	增塑剂全称,英文	IUPAC 名称	CAS-RN
ASE	Alkylsulfonic acid ester 烷基磺酸酯	alkanesulfonates or alkyl alkanesulfonates 烷基磺酸酯或烷基磺酸烷基酯	未知
BAR	Butyl *o*-acetylricinoleate 邻乙酰蓖麻酸丁酯	butyl (R)-1 2-acetoxyoleate 丁基-(R)12-乙酰氧基油酸酯	140-04-5
BBP	Benzyl butyl phthalate 邻苯二甲酸苄丁酯	同左	85-68-7
BCHP	Butyl cyclohexyl phthalate 邻苯二甲酸丁·环己酯	同左	84-64-0
BNP	Butyl nonyl phthalate 邻苯二甲酸·壬酯	同左	未知
BOA	Benzyl octyl adipate 己二酸苄·辛酯	benzyl 2-ethylhexyl adipate 己二酸苄基 2-乙基己酯	3089-55-2
BOP	Butyl octyl phthalate 邻苯二甲酸丁辛酯	butyl 2-ethylhexyl phthalate 邻苯二甲酸丁基 2-乙基己酯	85-69-8
BST	butyl stearate 硬脂酸丁酯	同左	123-95-5
DBA	dibutyl adipate 己二酸二丁酯	同左	105-99-7
DBEP	di-(2-butoxyethyl) phthalate 邻苯二甲酸二(2-丁氧乙)酯	bis(2-butoxyethyl) phthalate 邻苯二甲酸双(2-丁氧基乙)酯	117-83-9
DBF	dibutyl fumarate 反丁烯二酸二丁酯;富马酸二丁酯	同左	105-75-9
DBM	dibutyl maleate 顺丁烯二酸二丁酯;马来酸二丁酯	同左	105-76-0
DBP	dibutyl phthalate 邻苯二甲酸二丁酯	同左	84-74-2
DBS	dibutyl sebacate 癸二酸二丁酯	同左	109-43-3
DBZ	dibutyl azelate 壬二酸二丁酯	同左	2917-73-9

表 1（续）

缩写	增塑剂全称，英文	IUPAC 名称	CAS-RN
DCHP	dicyclohexyl phthalate 邻苯二甲酸二环己酯	同左	84-61-7
DCP	dicapryl phthalate 邻苯二甲酸二辛酯	bis(1-methylheptyl) phthalate 二(1-甲基庚基)邻苯二甲酸酯	131-15-7
DDP	didecyl phthalate 邻苯二甲酸二癸酯	同左	84-77-5
DEGDB	diethylene glycol dibenzoate 二苯甲酸二甘醇酯	oxydiethylene dibenzoate 氧迭二乙基二苯甲酸酯	120-55-8
DEP	diethyl phthalate 邻苯二甲酸二乙酯	同左	84-66-2
DHP	diheptyl phthalate 邻苯二甲酸二庚酯	同左	3648-21-3
DHXP	dihexyl phthalate 邻苯二甲酸二己酯	同左	84-75-3
DIBA	diisobutyl adipate 己二酸二异丁酯	同左	14 1-04-8
DIBM	diisobutyl maleate 顺丁烯二酸二异丁酯；马来酸二异丁酯	同左	14234-82-3
DIBP	diisobutyl phthalate 邻苯二甲酸二异丁酯	同左	84-69-5
DIDA	diisodecyl adipate 己二酸二异癸酯	见 2.11	27178-16-1
DIDP	diisodecyl phthalate 邻苯二甲酸二异癸酯	见 2.11	26761-40-0
DIHP	diisoheptyl phthalate 邻苯二甲酸二异庚酯	见 2.11	41451-28-9
DIHXP	diisohexyl phthalate 邻苯二甲酸二二异己酯	同左	71850-09-4
DINA	diisononyl adipate 己二酸二异壬酯	见 2.11	33703-08-1
DINP	diisononyl phthalate 邻苯二甲酸二异壬酯	见 2.11	28553-12-0
DIOA	diisooctyl adipate 己二酸二异辛酸	见 2.11	1330-86-5

表 1（续）

缩写	增塑剂全称，英文	IUPAC 名称	CAS-RN
DIOM	diisooctyl maleate 顺丁烯二酸二异辛酯；马来酸二异辛酯	见 2.11	1330-76-3
DIOP	diisooctyl phthalate 邻苯二甲酸二异辛酯	见 2.11	27554-26-3
DIOS	diisooctyl sebacate 癸二酸二异辛酯	见 2.11	27214-90-0
DIOZ	diisooctyl azelate 壬二酸二异辛酸	见 2.11	26544-17-2
DIPP	diisopentyl phthalate 邻苯二甲酸二异戊酯	同左	605-50-5
DMEP	di-(2-methyloxyethyl) phthalate 邻苯二甲酸二(2-甲氧基乙)酯	bis(2-methoxyethyl) phthalate 邻苯二甲酸二(2-甲氧基乙)酯	117-82-8
DMP	dimethyl phthalate 邻苯二甲酸二甲酯	同左	131-11-3
DMS	dimethyl sebacate 癸二酸二甲酯	同左	106-79-6
DNF	dinonyl fumarate 反丁烯二酸二壬酯；富马酸二壬酯	同左	2787-63-5
DNM	dinonyl maleate 顺丁烯二酸二壬酯；马来酸二壬酯	同左	2787-64-6
DNOP	di-n-octyl phthalate 邻苯二甲酸二正辛酯	dioctyl phthalate 邻苯二甲酸二辛酯	117-84-0
DNP	dinonyl phthalate 邻苯二甲酸二壬酯	同左	14103-61-8
DNS	dinonyl sebacate 癸二酸二壬酯	同左	4121-16-8
DOA	dioctyl adipate 己二酸二辛酯	bis(2-ethylhexyl) adipate 己二酸双(2-乙基己)酯	103-23-1
DOIP	dioctyl isophthalate 间苯二甲酸二辛酯	bis(2-ethylhexyl) isophthalate 间苯二甲酸双(2-乙基己)酯	137-89-3
DOP	dioctyl phthalate 邻苯二甲酸二辛酯	bis(2-ethylhexyl) phthalate 邻苯二甲酸双(2-乙基己)酯	117-81-7

表 1(续)

缩写	增塑剂全称,英文	IUPAC 名称	CAS-RN
DOS	dioctyl sebacate 癸二酸二辛酯	bis(2-ethylhexyl) sebacate 癸二酸双(2-乙基己)酯	122-62-3
DOTP	dioctyl terephthalate 对苯二甲酸二辛酯	bis(2-ethylhexyl) terephthalate 对苯二甲酸双(2-乙基己)酯	6422-86-2
DOZ	dioctyl azelate 壬二酸二辛酯	bis(2-ethylhexyl) azelate 壬二酸双(2-乙基己)酯	2064-80-4
DPCF	diphenyl cresyl phosphate 磷酸二苯甲酚酯	diphenyl x-tolyl orthophosphate, where x denotes o, m, p or mixture 二苯基 x-甲苯基正磷酸酯,其中 x 表示邻、间、对或其混合物	26444-49-5
DPGDB	di-x-propylene glycol dibenzoate 二苯甲酸二-x-丙二醇酯	不存在	未知
DPOF	diphenyl octyl phosphate 磷酸二苯辛酯	2-ethylhexyl diphenyl orthophosphate or octyl diphenyl orthophosphate 2-乙基己基二苯基正磷酸酯 或辛基二苯基正磷酸酯	1241-94-7
DPP	diphenyl phthalate 邻苯二甲酸二苯酯	同左	84-62-8
DTDP	diisotridecyl phthalate (see 2.8) 邻苯二甲酸二异十三烷酯	见 2.11	27253-26-5
DUP	diundecyl phthalate 邻苯二甲酸双十一烷酯	同左	3648-20-2
ELO	epoxidized linseed oil 环氧化亚麻子油	不存在	8016-11-3
ESO	epoxidized soya bean oil 环氧化大豆油	不存在	8013-07-8
GTA	glycerol triacetate 三乙酸甘油酯	同左	102-76-1
HNUA	heptyl nonyl undecyl adipate (=711A) 己二酸庚基·壬十一烷酯	不存在	未知

表 1（续）

缩写	增塑剂全称，英文	IUPAC 名称	CAS-RN
HNUP	heptyl nonyl undecyl phthalate (=711 P) 邻苯二甲酸庚·壬十一烷酯	不存在	68515-42-4
HXODA	hexyl octyl decyl adipate (=610 A) 己二酸己辛·癸酯	不存在	未知
HXODP	hexyl octyl decyl phthalate (=610 P) 邻苯二甲酸己·辛·癸酯	不存在	68515-51-5
NUA	nonyl undecyl adipate (=911 A) 己二酸壬基十一烷酯	不存在	未知
NUP	nonyl undecyl phthalate (=911 P) 邻苯二甲酸壬基十一烷酯	不存在	未知
ODA	octyl decyl adipate 己二酸辛·癸酯	decyl octyl adipate 己二酸癸辛酯	110-29-2
ODP	octyl decyl phthalate 邻苯二甲酸辛·癸酯	decyl octyl phthalate 邻苯二甲酸癸辛酯	68515-52-6
ODTM	n-octyl decyl trimellitate 偏苯三酸辛基癸基酯	decyl octyl hydrogen benzene-1，2，4-tricarboxylate 癸基辛基氢苯-1，2，4-三羧酸酯	未知
PO	paraffin oil 石蜡油	不存在	8012-95-1
PPA	poly(propylene adipate) 聚己二酸丙二醇酯	同左	未知
PPS	poly(propylene sebacate) 聚癸二酸丙二酯	不存在	未知
SOA	sucrose octa-acetate 蔗糖八乙酸酯	sucrose octaacetate 蔗糖八乙酸酯	126-14-7
TBAC	tributyl o-acetylcitrate 邻乙酰柠檬酸三丁酯	同左	77-90-7
TBEP	tri-(2-butoxyethyl) phosphate 磷酸三(2-丁氧乙基)酯	tris(2-butoxyethyl) orthophosphate 正磷酸酯三(2-丁氧乙)酯	78-51-3
TBP	tributyl phosphate 磷酸三丁酯	tributyl orthophosphate 正磷酸三丁酯	126-73-8

表 1（续）

缩写	增塑剂全称,英文	IUPAC 名称	CAS-RN
TCEF	trichloroethyl phosphate 磷酸三氯乙酯	tris(2-chloroethyl) orthophosphate 正磷酸三(2-氯乙)酯	6145-73-9
TCF	tricresyl phosphate 磷酸三甲酚酯	tri-x-tolyl orthophosphate, where x denotes o, m, p or mixture 正磷酸三-x-甲苯基酯，其中 x 表示邻、间、对或其混合物	1330-78-5
TDBPP	tri-(2,3-dibromopropyl) phosphate 磷酸三(2,3-二溴丙)酯	tris(2,3-dibromopropyl) orthophosphate 正磷酸三(2,3-二溴丙)酯	126-72-7
TDCPP	tri-(2,3-dichloropropyl) phosphate 磷酸三(2,3-二氯丙)酯	tris(2,3-dichloropropyl) orthophosphate 正磷酸三(2,3-二氯丙)酯	78-43-3
TEAC	triethyl o-acetylcitrate 邻乙酰柠檬酸三乙酯	同左	77-89-4
THFO	tetrahydrofurfuryl oleate 油酸四氢糠醇酯	同左	5420-17-7
THTM	triheptyl trimellitate 偏苯三酸三庚酯	triheptyl benzene-1,2,4-tricarboxylate 三庚基苯-1,2,4-三羧酸酯	1528-48-9
TIOTM	triisooctyl trimellitate 偏苯三酸三异辛酯	tris(6-methylheptyl) benzene-1,2,4-tricarboxylate 三(6-甲基庚基)苯-1,2,4-三羧酸酯	27251-75-8
TOF	trioctyl phosphate 磷酸三辛酯	tris(2-ethylhexyl) orthophosphate 正磷酸三(2-乙基己)酯	78-42-2
TOPM	tetraoctyl pyromellitate 均苯四甲酸四辛酯	tetrakis(2-ethylhexyl) benzene-1,2,4,5tetracarboxylate 四(2-乙基己)苯-1,2,4,5-四羧酸酯	3126-80-5
TOTM	trioctyl trimellitate 偏苯三酸三辛酯	tris(2-ethylhexyl) benzene-1,2,4-tricarboxylate 三(2-乙基己)苯-1,2,4 -三羧酸酯	89-04-3
TPP	triphenyl phosphate 磷酸三苯酯	triphenyl orthophosphate 正磷酸三苯酯	115-86-6
TXF	trixylyl phosphate 磷酸三二甲苯酯	tri-x,y-xylyl orthophosphate, where x and y denote o, m, p or mixture 正磷酸酯三-x,y-二甲基苯，其中 x 表示邻、间、对或其混合物	25155-23-1

附 录 A
(规范性附录)
缩略语中每个独立部分的符号列表

A.1 以符号为序(见表 A.1)

表 A.1

符号	缩略语的组成部分	
	英文	中文
A	acetate	乙酸酯
A	acetyl	乙酰酯
A	adipate	己二酸酯
A	alkyl	烷基
B	benzoate	苯甲酸酯
B	benzyl	苄基
B	bromo	溴(代)
B	butoxy	丁氧基
B	butyl	丁基
C	capryl	辛基
C	chloro	氯(代)
C	citrate	柠檬酸酯
C	cresyl	甲苯酯
CH	cyclohexyl	环己基
D	decyl	癸基
D	di	二,双
E	epoxidized	环氧化的
E	ethyl	乙基
E	ethylene	乙烯基
EST	ester	酯
F	fumarate	反丁烯酸酯;富马酸酯
F	furfuryl	糠基
F	phosphate	磷酸酯
G	glycerol	甘油
G	glycol	乙二醇
H	heptyl	庚基
H	hydro	氢
HX	hexyl	己基

表 A.1（续）

符号	缩略语的组成部分	
	英文	中文
I	iso	异
L	linseed	亚麻子
M	maleate	顺丁烯酸酯;马来酸酯
M	mellitate	苯六甲酸酯
M	methyl	甲基
M	methyloxy	甲氧基
N	*n*-(normal)	正(链)的
N	nonyl	壬基
O	octa	八
O	octyl	辛基
O	oil	油
O	oleate	油酸酯
P	paraffin	石蜡
P	pentyl	戊基
P	phenyl	苯基
P	phosphate	磷酸酯
P	phthalate	邻苯二酸酯
P	poly	聚
P	propyl	丙基
P	propylene	丙烯
P	pyro	均
PM	pyromellitate	均苯四酸酯
R	ricinoleate	蓖麻醇酸酯
S	sebacate	癸二酸酯
S	soya bean	大豆
S	sucrose	蔗糖
S	sulfonic acid	磺酸
ST	stearate	硬脂酸酯
T	ter	三
T	tetra	四
T	tolyl	甲苯基
T	tri	三
U	undecyl	十一(烷)基
X	xylyl	二甲苯基
Z	azelate	壬二酸酯

A.2 以缩略语的组成部分(英文)为序(见表 A.2)

表 A.2

缩略语的组成部分		符号
英文	中文	
acetate	乙酸酯	A
acetyl	乙酰酯	A
adipate	己二酸酯	A
alkyl	烷基	A
azelate	壬二酸酯	Z
benzoate	苯甲酸酯	B
benzyl	苄基	B
bromo	溴(代)	B
butoxy	丁氧基	B
butyl	丁基	B
capryl	辛基	C
chloro	氯(代)	C
citrate	柠檬酸酯	C
cresyl	甲苯酯	C
cyclohexyl	环己基	CH
decyl	癸基	D
di	二,双	D
epoxidized	环氧化的	E
ester	酯	EST
ethyl	乙基	E
ethylene	乙烯基	E
fumarate	反丁烯酸酯;富马酸酯	F
furfuryl	糠基	F
glycerol	甘油	G
glycol	乙二醇	G
heptyl	庚基	H
hexyl	己基	HX
hydro	氢	H
iso	异	I
linseed	亚麻子	L
maleate	顺丁烯酸酯;马来酸酯	M
mellitate	苯六甲酸酯	M
methyl	甲基	M

表 A.2(续)

缩略语的组成部分		符号
英文	中文	
methyloxy	甲氧基	M
n-(normal)	正(链)的	N
nonyl	壬基	N
octa	八	O
octyl	辛基	O
oil	油	O
oleate	油酸酯	O
paraffin	石蜡	P
pentyl	戊基	P
phenyl	苯基	P
phosphate	磷酸酯	F
phosphate	磷酸酯	P
phthalate	邻苯二酸酯	P
poly	聚	P
propyl	丙基	P
propylene	丙烯	P
pyro	均	P
pyromellitate	均苯四酸酯	PM
ricinoleate	蓖麻醇酸酯	R
sebacate	癸二酸酯	S
soya bean	大豆	S
stearate	硬酯酸酯	ST
sucrose	蔗糖	S
sulfonic acid	磺酸	S
ter	三	T
tetra	四	T
tolyl	甲苯基	T
tri	三	T
undecyl	十一(烷)基	U
xylyl	二甲苯基	X

A.3 以缩略语的组成部分(中文)为序(见表 A.3)

表 A.3

缩略语的组成部分		符号
中文	英文	
八	octa	O
苯基	phenyl	P
苯甲酸酯	benzoate	B
苯六甲酸酯	mellitate	M
蓖麻醇酸酯	ricinoleate	R
苄基	benzyl	B
丙基	propyl	P
丙烯	propylene	P
大豆	soya bean	S
丁基	butyl	B
丁氧基	butoxy	B
二	di	D
二甲苯基	xylyl	X
反丁烯酸酯	fumarate	F
富马酸酯	fumarate	F
甘油	glycerol	G
庚基	heptyl	H
癸二酸酯	sebacate	S
癸基	decyl	D
环氧化的	epoxidized	E
环己基	cyclohexyl	CH
磺酸	sulfonic acid	S
甲苯基	tolyl	T
甲苯酯	cresyl	C
甲基	methyl	M
甲氧基	methyloxy	M
聚	poly	P
均	pyro	P
均苯四酸酯	pyromellitate	PM
糠基	furfuryl	F
邻苯二酸酯	phthalate	P
磷酸酯	phosphate	F
磷酸酯	phosphate	P
氯(代)	chloro	C

表 A.3(续)

缩略语的组成部分		符号
中文	英文	
马来酸酯	maleate	M
柠檬酸酯	citrate	C
氢	hydro	H
壬二酸酯	azelate	Z
壬基	nonyl	N
三	ter	T
三	tri	T
十一(烷)基	undecyl	U
石蜡	paraffin	P
双	di	D
顺丁烯酸酯	maleate	M
四	tetra	T
烷基	alkyl	A
戊基	pentyl	P
辛基	capryl	C
辛基	octyl	O
溴(代)	bromo	B
亚麻子	linseed	L
乙二醇	glycol	G
乙基	ethyl	E
乙酸酯	acetate	A
乙烯基	ethylene	E
乙酰酯	acetyl	A
己二酸酯	adipate	A
己基	hexyl	HX
异	iso	I
硬酯酸酯	stearate	ST
油	oil	O
油酸酯	oleate	O
蔗糖	sucrose	S
正(链)的	*n*-(normal)	N
酯	ester	EST

附 录 NA
(资料性附录)
本部分与 GB/T 1844.3—1995 缩略语和符号的主要差异

NA.1 缩略语列表的差异(见表 NA.1)

表 NA.1

缩写	增塑剂全称	IUPAC 名称	CAS-RN	修订状况
DEGDB	diethylene glycol dibenzoate 二苯甲酸二甘醇酯	oxydiethylene dibenzoate 氧连二乙基二苯甲酸酯	120-55-8	由 DGDB 改为 DEGDB
DPGDB	di-*x*-propylene glycol dibenzoate 二苯甲酸二-*x*-丙二醇酯	不存在	未知	由 DPDB 改为 DPGDB
DTDP	diisotridecyl phthalate 邻苯二甲酸二异十三烷酯	见 2.11	27253-26-5	删除了 DITDP 的缩写
TCF	tricresyl phosphate 磷酸三甲酚酯	tri-*x*-tolyl orthophosphate, where *x* denotes *o*, *m*, *p* or mixture 正磷酸三-*x*-甲苯基酯,其中 *x* 表示邻、间、对或其混合物	1330-78-5	删除了 tritolyl phosphate(TTP)
TDBPP	tri-(2,3-dibromopropyl) phosphate 磷酸三(2,3-二溴丙)酯	tris(2,3-dibromopropyl) orthophosphate 正磷酸三(2,3-二溴丙)酯	126-72-7	缩略语由 TDBP 改为 TDBPP
TDCPP	tri-(2,3-dichloropropyl) phosphate 磷酸三(2,3-二氯丙)酯	tris(2,3-dichloropropyl) orthophosphate 正磷酸三(2,3-二氯丙)酯	78-43-3	缩略语由 TDCP 改为 TDCPP
TPP	triphenyl phosphate 磷酸三苯酯	triphenyl orthophosphate 正磷酸三苯酯	115-86-6	缩略语由 TPF 改为 TPP

NA.2 缩略语中每个独立部分的符号的差异(见表 NA.2)

表 NA.2

符号	缩略语的组成部分		修订状况
	英文	中文	
B	bromopropyl	溴丙基	删除
B	bromo	溴(代)	增加

表 NA.2（续）

符号	缩略语的组成部分		修订状况
	英文	中文	
C	cyclo	环	删除
D	diphenyl	二苯基	删除
EST	ester	酯	符号由 E 改为 EST
E	ethylene	乙烯基	增加
HX	hexyl	己基	符号由 H 改为 HX
LO	linssd oil	亚麻子油	删除
O	oleate	油酸酯	增加
P	propyl	丙基	增加
PM	pyromellitate	均苯四酸酯	删除
S	sulfonic	磺基	删除
SO	soya bean oil	豆油	删除
ST	stearate	硬酯酸酯	符号由 S 改为 ST
T	tere	对……二	删除
T	ter	三	增加
T	tolyl	甲苯基	增加
T	terephthalate	对苯二甲酸酯	删除
TM	Trimellitate	偏苯三酸酯	删除
Z	azelate	壬二酸酯	增加

ICS 83.080.01
G 32

中华人民共和国国家标准

GB/T 1844.4—2008/ISO 1043-4:1998

塑料 符号和缩略语 第4部分:阻燃剂

Plastics—Symbols and abbreviated terms—
Part 4:Flame retardants

(ISO 1043-4:1998,IDT)

2008-08-04 发布 2009-04-01 实施

中华人民共和国国家质量监督检验检疫总局
中国国家标准化管理委员会 发布

前　言

GB/T 1844《塑料　符号和缩略语》包括下列四个部分：

——第1部分：基础聚合物及其特征性能；

——第2部分：填充和增强材料；

——第3部分：增塑剂；

——第4部分：阻燃剂。

本部分为GB/T 1844第4部分。本部分等同采用ISO 1043-4:1998《塑料——符号和缩略语——第4部分：阻燃剂》（英文版）。

本部分等同翻译ISO 1043-4:1998。

为便于使用，本部分做了下列编辑性修改：

——删除了国际标准前言，增加了国家标准前言；

——“ISO 1043的本部分”改为“GB/T 1844的本部分”；

——所有的缩略语均一一对应了英文术语和中文术语。

本部分由中国石油和化学工业协会提出。

本部分由全国塑料标准化技术委员会塑料树脂通用方法和产品分会（SAC/TC 15/SC 4）归口。

本部分主要起草单位：国家合成树脂质量监督检验中心、山东道恩集团有限公司。

本部分参加起草单位：广州金发科技股份有限公司、北京燕山石化树脂应用研究所、四川大学、中国科学院化学研究所。

本部分主要起草人：陈敏剑、于晓宁、周维祥、何嘉松、黄锐、熊政治、李建军。

塑料 符号和缩略语
第4部分:阻燃剂

1 范围

GB/T 1844 的本部分规定了添加塑料材料中的阻燃剂的统一符号。符号是由缩略语"FR"和后续的一个或多个编码构成,这些编码在第5章给出。将这些符号与表示塑料材料的符号一起使用,以对塑料材料进行命名并对塑料制品进行鉴别和标记。

2 规范性引用文件

下列文件中的条款通过 GB/T 1844 本部分的引用而成为本部分的条款。凡是注日期的引用文件,其随后所有的修改单(不包括勘误的内容)或修订版均不适用于本部分,然而,鼓励根据本部分达成协议的各方,研究是否可使用这些文件的最新版本。凡是不注日期的引用文件,其最新版本适用于本部分。

GB/T 1844.1—2008 塑料 符号和缩略语 第1部分:基础聚合物及其特征性能(ISO 1043-1:2001,IDT)

GB/T 1844.2—2008 塑料 符号和缩略语 第2部分:填料和增强材料(ISO 1043-2:2000,IDT)

GB/T 1844.3—2008 塑料 符号和缩略语 第3部分:增塑剂(ISO 1043-3:1996,IDT)

3 术语和定义

下列术语和定义适用于 GB/T 1844 的本部分。

3.1

阻燃剂 flame retardant

能够明显减缓火焰蔓延的物质。

注:包括混在预聚物中的阻燃剂。

4 符号的应用

阻燃剂的符号是先以大写字母"FR"写成缩略语,紧接着不留空格,在第5章中选择出合适的两位数代码,并用括号括起来。当阻燃剂的质量含量超过1%时应予以标识。这些符号是对 GB/T 1844 第1、2和3部分塑料材料符号的补充。

示例1:

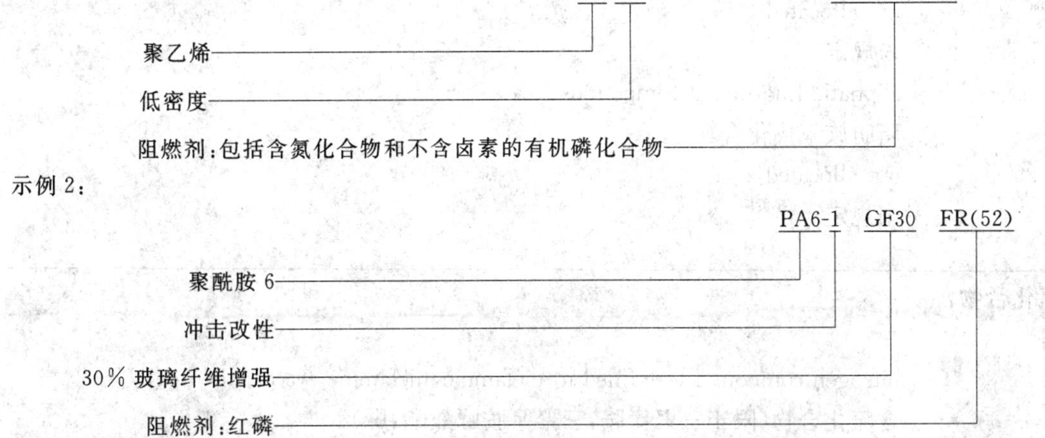

5 阻燃剂代号

阻燃剂的代号按照其化学成分分类。

注：新增加的材料需要按照要求进行编号，并成为 GB/T 1844 本部分的修正件。

卤代化合物：

代号

10	aliphatic/alicyclic chlorinated compounds 脂肪族/脂环族氯代化合物
11	liphatic/alicyclic chlorinated compounds in combination with antimony compounds 含有锑化合物的脂肪族/脂环族氯代化合物
12	aromatic chlorinated compounds 芳香族氯代化合物
13	aromatic chlorinated compounds in combination with antimony compounds 含有锑化合物的芳香族氯代化合物
14	aliphatic/alicyclic brominated compounds 脂肪族/脂环族溴代化合物
15	aliphatic/alicyclic brominated compounds in combination with antimony compounds 含有锑化合物的脂肪族/脂环族溴代化合物
16	aromatic brominated compounds(excluding brominated diphenyl ether and biphenyls) 芳香族溴代化合物(溴代二苯醚和溴代联苯除外)
17	aromatic brominated compounds(excluding brominated diphenyl ether and biphenyls) in combination with antimony compounds 含有锑化合物的芳香族溴代化合物(溴代二苯醚和溴代联苯除外)
18	polybrominated diphenyl ether 多溴代二苯醚
19	polybrominated diphenyl ether in combination with antimony compounds 含有锑化合物的多溴代二苯醚
20	polybrominated biphenyls 多溴代联苯
21	polybrominated biphenyls in combination with antimony compounds 含有锑化合物的多溴代联苯
22	aliphatic/alicyclic chlorinated and brominated compounds 脂肪族/脂环族氯代和溴代化合物
23,24	not allocated 未规定
25	aliphatic fluorinated compounds 脂肪族氟代化合物
26～29	not allocated 未规定

含氮化合物：

代号

30	nitrogen compound (confined to melamine,melamine cyanurate,urea) 含氮化合物(限于三聚氰胺,三聚氰胺脲酸酯,脲)

31～39 not allocated
未规定

有机磷化合物：

代号

40 halogen-free organic phosphorus compounds
不含卤素的有机磷化合物

41 chlorinated organic phosphorus compounds
氯代有机磷化合物

42 brominated organic phosphorus compounds
溴代有机磷化合物

43～49 not allocated
未规定

无机磷化合物：

代号

50 ammonium orthophosphates
正磷酸铵

51 ammonium polyphosphates
多磷酸铵

52 red phosphorus
红磷

53～59 not allocated
未规定

金属氧化物，金属氢氧化物，金属盐：

代号

60 aluminium hydroxide
氢氧化铝

61 magnesium hydroxide
氢氧化镁

62 antimony(Ⅲ) oxide
氧化锑(Ⅲ)

63 alkali-metal antimonate
锑酸碱金属盐

64 magnesium/calcium carbonate hydrate
水合碳酸镁/水合碳酸钙

65～69 not allocated
未规定

硼化合物和锌化合物：

代号

70 norganic boron compounds
无机硼化合物

71 organic boron compounds
有机硼化合物
72 zinc borate
硼酸锌
73 organic zinc compounds
有机锌化合物
74 not allocated
未规定

硅化合物：

代号

75 inorganic silica compounds
无机硅化合物
76 organic silica compounds
有机硅化合物
77～79 not allocated
未规定

代号

80 graphite
石墨
81～89 not allocated
未规定

代号

90～99 not allocated
未规定

ICS 47.020.30
U 52

中华人民共和国国家标准

GB/T 1850—2008
代替 GB/T 1850—1984

船用外螺纹重块式快关阀

Marine male threaded weight quick-closing valves

2008-08-04 发布　　2009-02-01 实施

中华人民共和国国家质量监督检验检疫总局
中国国家标准化管理委员会　发布

前 言

本标准是对 GB/T 1850—1984《船用外螺纹重块式快关阀》的修订。

本标准与 GB/T 1850—1984 相比主要变化如下：

——修改了 DN10 的无阀盖结构型式；

——按照 CB* 56《管子平肩螺纹接头》修改了螺纹接头连接尺寸；

——增加了“倒密封”结构。

本标准由中国船舶重工集团公司提出。

本标准由全国船用机械标准化技术委员会管系附件分技术委员会归口。

本标准起草单位：大连船舶重工集团有限公司、大连金煤阀门有限公司。

本标准主要起草人：刘小朋、薄英、邱金泉、马玉龙、于德延。

本标准所代替标准的历次版本发布情况为：

——GB 1850—1980、GB/T 1850—1984。

船用外螺纹重块式快关阀

1 范围

本标准规定了船用外螺纹重块式快关阀(以下简称快关阀)的分类和标记、要求、试验方法、检验规则、包装和贮存。

本标准适用于船舶燃油管路系统用快关阀的设计、制造和验收。

2 规范性引用文件

下列文件中的条款通过本标准的引用而成为本标准的条款。凡是注日期的引用文件,其随后所有的修改单(不包括勘误的内容)或修订版均不适用于本标准,然而,鼓励根据本标准达成协议的各方研究是否可使用这些文件的最新版本。凡是不注日期的引用文件,其最新版本适用于本标准。

GB/T 600 船舶管路阀件通用技术条件 GB/T 600—1991,neq ISO 5208:1982)

GB/T 1184—1996 形状和位置公差 未注公差值(eqv ISO 2768-2:1989)

GB/T 1220—2007 不锈钢棒

GB/T 1348—1988 球墨铸铁件

GB/T 1804—2000 一般公差 未注公差的线性和角度尺寸的公差(eqv ISO 2768-1:1989)

GB/T 1958 产品几何量技术规范(GPS) 形状和位置公差 检测规定

GB/T 3032 船舶管路附件的标志

GB/T 5231—2001 加工铜及铜合金化学成分和产品形状

GB/T 17107—1997 锻件用结构钢牌号和力学性能

CB* 56 管子平肩螺纹接头

CB/T 773—1998 结构钢锻件技术条件

3 分类和标记

3.1 基本参数

快关阀的基本参数见表1。

表 1 快关阀的基本参数

公称压力 PN/MPa	公称通径 DN/mm	适用介质
2.5	10～32	燃油

3.2 结构和基本尺寸

快关阀的结构和基本尺寸见图1和表2。

单位为毫米

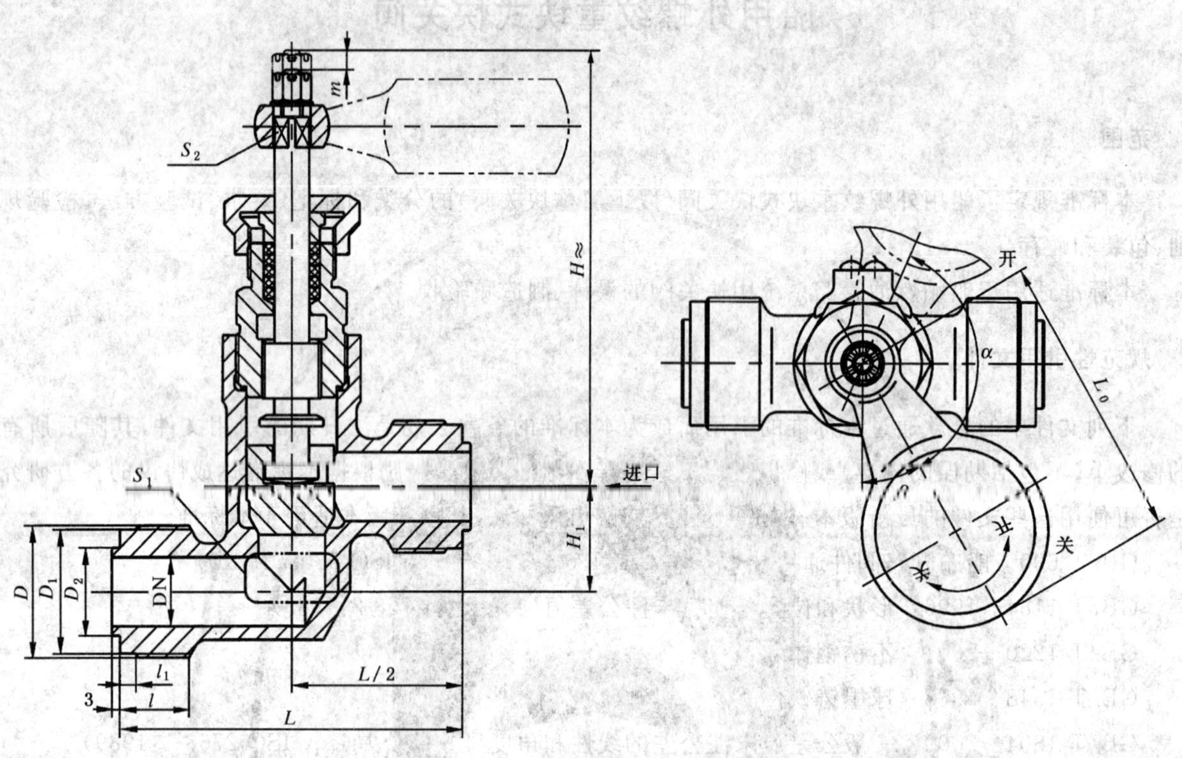

图 1 快关阀

表 2 快关阀的基本尺寸

单位为毫米

公称通径 DN	结构尺寸			螺纹接头					扳手尺寸 S_1	重块手柄				升程 m	理论重量/kg
	$H\approx$	H_1	L	D	D_1	D_2	l	l_1		L_0	S_2	α/(°)	β/(°)		
10	115	16	94	M27×1.5	24.8	14	16	3	30	98	8	150	20	5	1.35
15	141	25	110	M36×2	33	22	22	5	32	100					2.32
20	146	32	116	M39×2	36	25	23		36	102	9	144	26	6	2.67
25	157	38	130	M48×2	45	32	26		46	105	11	126	30	7	3.28
32	184	46	140	M56×2	53	38	28			108	12	144	26	8	4.90

3.3 产品标记

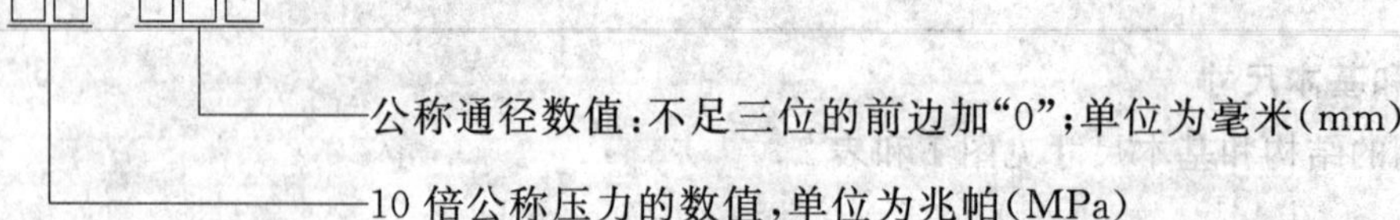

3.4 标记示例

公称压力 2.5 MPa,公称通径 20 mm 的船用外螺纹重块式快关阀标记为:

快关阀 GB/T 1850—2008 25020

4 要求

4.1 材料

快关阀主要零件的材料见表3。

表3 快关阀主要零件的材料

零件名称	材料		
	名称	牌号	标准号
阀体、阀盖	普通碳素钢	Q235-A	GB/T 17107—1997
阀盘	优质碳素钢	45	GB/T 17107—1997
阀杆	不锈钢	2Cr13	GB/T 1220—2007
重块手柄	球墨铸铁	QT400-15	GB/T 1348—1988
压紧螺母	黄铜	H68	GB/T 5231—2001

4.2 强度

阀体在3.75 MPa液压下应无渗漏。

4.3 密封性

4.3.1 快关阀阀盘密封面在2.75 MPa液压下应无渗漏。

4.3.2 快关阀阀杆与阀盖密封面在2.75 MPa的液压下允许有(0.01×DN)mm^3/s的渗漏量。

4.4 尺寸公差

4.4.1 快关阀的壁厚公差应符合GB/T 600的要求。

4.4.2 快关阀的线性尺寸未注公差应符合GB/T 1804—2000之m级的要求。

4.5 形位公差

快关阀的形位公差应符合GB/T 1184—1996之H级的要求。

4.6 接口

快关阀接口螺纹连接尺寸应符合CB* 56的要求。

4.7 外观

快关阀的外观应符合GB/T 600的要求。

4.8 重量

快关阀的重量见表2,其重量正偏差应不超过理论重量的4%。

4.9 标志

快关阀的标志应符合GB/T 3032的要求。

5 试验方法

5.1 材料

5.1.1 锻件的化学成分和力学性能试验按CB/T 773—1998规定的方法进行,结果应符合4.1的要求。

5.1.2 其他材料应检查材质报告单,结果应符合4.1的要求。

5.2 强度

快关阀的强度试验按GB/T 600规定的方法进行,结果应符合4.2的要求。

5.3 密封性

快关阀的密封性试验按GB/T 600规定的方法进行,结果应符合4.3.1和4.3.2的要求。

5.4 尺寸公差

5.4.1 快关阀的壁厚应用测厚仪、卡钳或钢尺检查，结果应符合 3.2 和 4.4.1 的要求。

5.4.2 快关阀的线性尺寸公差用相应等级的量具检查，结果应符合 3.2 和 4.4.2 的要求。

5.5 形位公差

快关阀的形位公差按 GB/T 1958 规定的方法检验，结果应符合 4.5 的要求。

5.6 接口

快关阀接口尺寸用相应等级的螺纹环规检查，结果应符合 4.6 的要求。

5.7 外观

快关阀的外观用目测方法检查，结果应符合 4.7 的要求。

5.8 重量

将快关阀放在分度值不大于 0.01 kg 的衡器上进行称重，结果应符合 4.8 的要求。

5.9 标志

快关阀的标志用目测的方法检查，结果应符合 4.9 的要求。

6 检验规则

6.1 检验分类

快关阀的检验分类如下：

a) 型式检验；

b) 出厂检验。

6.2 型式检验

6.2.1 检验时机

有下列情况之一时，快关阀应进行型式检验：

a) 产品试制鉴定；

b) 生产工艺发生重大变化；

c) 上级质量检验部门提出要求。

6.2.2 检验项目

快关阀的型式检验项目按表 4 的规定。

表 4 快关阀的型式和出厂检验项目

序号	检验项目	要求的章条号	试验方法的章条号	型式检验	出厂检验
1	材料	4.1	5.1.1,5.1.2	●	●
2	强度	4.2	5.2	●	●
3	密封性	4.3.1	5.3	●	●
		4.3.2		●	—
4	尺寸公差	4.4.1	5.4.1	●	—
		4.4.2	5.4.2	●	—
5	形位公差	4.5	5.5	●	—
6	接口	4.6	5.6	●	●
7	外观	4.7	5.7	●	●
8	重量	4.8	5.8	●	—
9	标志	4.9	5.9	●	●
注：●为必检项目；—为不检项目。					

6.2.3 **检验数量**

快关阀的型式检验除材料按组批规格(同一炉号为一批)检验外,其余检验样品数量应为三个。

6.2.4 **判定规则**

快关阀所有样品全部检验项目符合要求,判为型式检验合格;材料若不符合要求,则判该批快关阀型式检验不合格;其他项目若有不符合要求的,应加倍取样复验,若复验合格,仍判为型式检验合格;若仍有不符合要求的项目,则判为型式检验不合格。

6.3 **出厂检验**

6.3.1 **检验项目**

快关阀的出厂检验项目按表4的规定。

6.3.2 **检验样品数量**

除材料检验按组批规格(同一炉号为一批)检验外,其他检验应逐个产品进行。

6.3.3 **判定规则**

全部检验项目符合要求的快关阀判为出厂检验合格;材料若有不符合要求,则判该批快关阀出厂检验不合格;其他项目的检验,若有不符合要求的快关阀,允许返修后进行复验,若复验合格,则判该快关阀出厂检验合格;若复验仍不符合要求,则判该快关阀不合格。

7 包装和贮存

快关阀的包装和贮存按 GB/T 600 的规定进行。

ICS 47.020.30
U 52

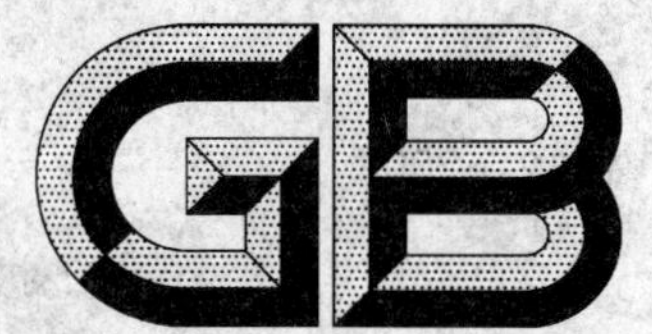

中华人民共和国国家标准

GB/T 1852—2008
代替 GB/T 1852—1993

船用法兰铸钢蒸汽减压阀

Marine cast steel flanged steam pressure reducing valves

2008-08-04 发布　　2009-02-01 实施

中华人民共和国国家质量监督检验检疫总局
中国国家标准化管理委员会　发布

前言

本标准是对 GB/T 1852—1993《船用法兰铸钢蒸汽减压阀》的修订。

本标准与 GB/T 1852—1993 相比主要做了如下修改：

——法兰进出口公称通径相一致；

——阀体和盖的材料改为 ZG 275-485；

——修改了减压阀强度和密封性试验压力值；

——修改了标记方式；

——按照 GB/T 600 修改了加工要求。

标准实施之日起代替并同时废止 GB/T 1852—1993。

本标准由中国船舶重工集团公司提出。

本标准由全国船用机械标准化技术委员会管系附件分技术委员会归口。

本标准起草单位：大连船舶重工集团有限公司。

本标准主要起草人：息春青、马玉龙、李静、叶柳、杨霖。

本标准所代替标准的历次版本发布情况为：

——GB/T 1852—1980、GB/T 1852—1993。

船用法兰铸钢蒸汽减压阀

1 范围

本标准规定了法兰连接尺寸和密封面按 GB/T 569、GB/T 2501 的船用法兰铸钢蒸汽减压阀(以下简称减压阀)的分类和标记、要求、试验方法、检验规则、包装和贮存。

本标准适用于温度不超过 300 ℃的船舶蒸汽管路系统用减压阀的设计、制造和验收。

2 规范性引用文件

下列文件中的条款通过本标准的引用而成为本标准的条款。凡是注日期的引用文件,其随后所有的修改单(不包括勘误的内容)或修订版均不适用于本标准,然而,鼓励根据本标准达成协议的各方研究是否可使用这些文件的最新版本。凡是不注日期的引用文件,其最新版本适用于本标准。

GB/T 569 船用法兰 连接尺寸和密封面
GB/T 600 船舶管路阀件通用技术条件
GB/T 1184—1996 形状和位置公差 未注公差值(eqv ISO 2768-2:1989)
GB/T 1220—1992 不锈钢棒
GB/T 1804—2000 一般公差 未注公差的线性和角度尺寸的公差(eqv ISO 2768-1:1989)
GB/T 1958 产品几何量技术规范(GPS) 形状和位置公差 检测规定
GB/T 2040—2002 铜及铜合金板材
GB/T 2501 船用法兰 连接尺寸和密封面(四进位)(GB/T 2501—1989,neq ISO 2084:1974)
GB/T 3032 船舶管路附件的标志
GB/T 12229—2005 通用阀门 碳素钢铸件技术条件
CB/T 3396—1992 船用减压阀性能试验
CB/T 3927 船用铸造阀件壁厚
YB/T 5318—2006 合金弹簧钢丝

3 分类和标记

3.1 型式

减压阀的型式规定如下:
A 型——法兰连接尺寸和密封面按 GB/T 569 的减压阀;
AS 型——法兰连接尺寸和密封面按 GB/T 2501 的减压阀。

3.2 基本参数

减压阀基本参数见表 1。

表 1 减压阀的基本参数

公称通径 DN/mm	进口压力 p_1/MPa	出口压力 p_2/MPa
25～200	0.4～2.5	0.2～0.6
		0.6～1.2
注:进口压力和出口压力的压差不小于 0.2 MPa。		

3.3 结构和基本尺寸

3.3.1 A 型减压阀的结构和基本尺寸见图 1 和表 2。

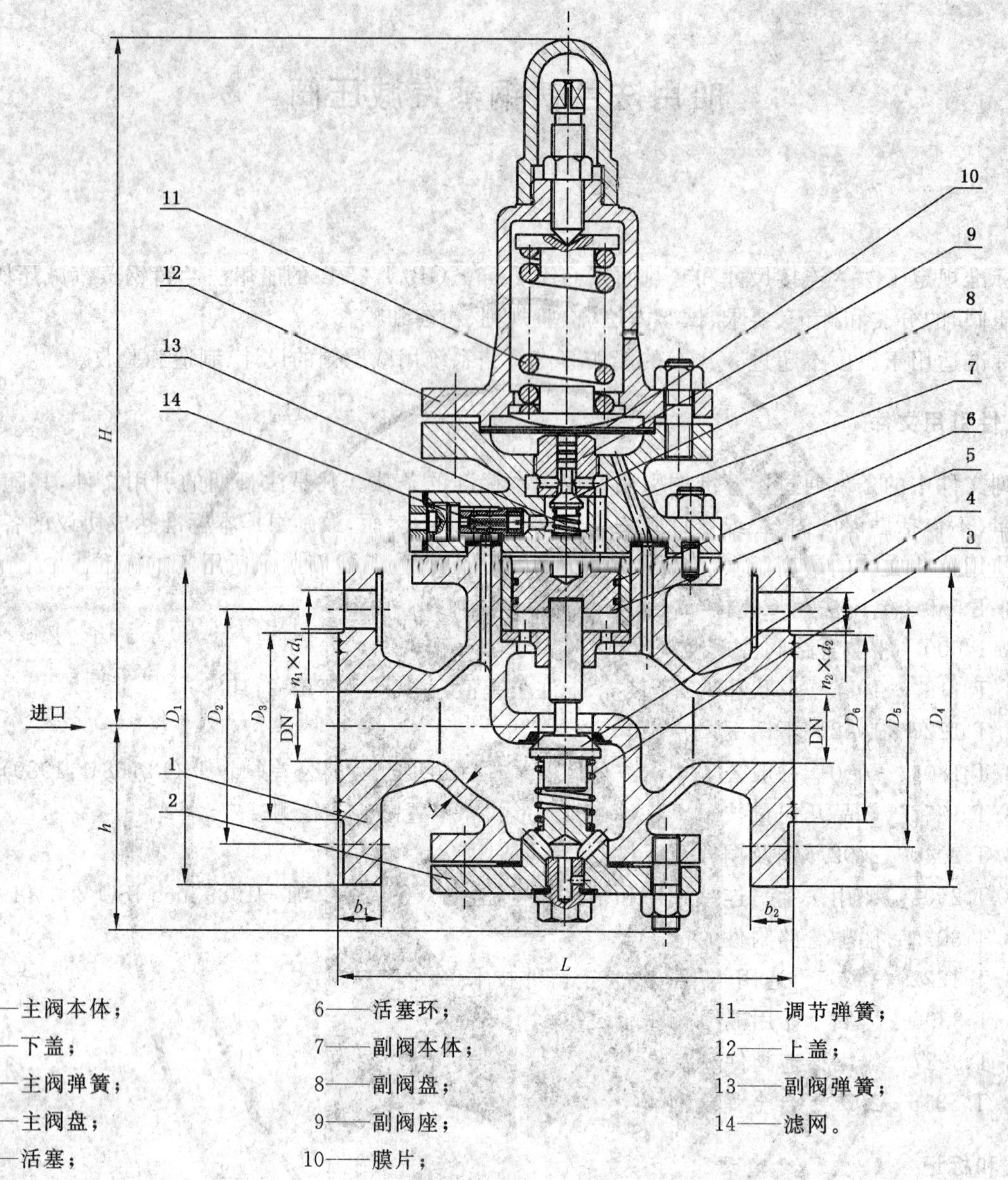

1——主阀本体；
2——下盖；
3——主阀弹簧；
4——主阀盘；
5——活塞；
6——活塞环；
7——副阀本体；
8——副阀盘；
9——副阀座；
10——膜片；
11——调节弹簧；
12——上盖；
13——副阀弹簧；
14——滤网。

图 1 A 型、AS 型减压阀

表 2 A 型减压阀的基本尺寸

单位为毫米

公称通径 DN	结构尺寸			壁厚 t	法兰连接尺寸														理论重量/kg
					进口按 PN2.5 MPa							出口按 PN1.6 MPa							
	L	H	h		D_1	D_2	D_3	b_1	d_1	螺栓 n_1	螺栓 $Th_{1.}$	D_4	D_5	D_6	b_2	d_2	螺栓 n_2	螺栓 $Th_{2.}$	
25	170	250	75	6	105	73	56	12	13	4	M12	105	73	56	12	13	4	M12	15
32					115	83	64	13	15	6	M14	115	83	64	13	15	6	M14	16
40	200	260	80	7	125	93	74					125	93	74					21
50	210	270	85		135	103	84					135	103	84					23
65	240	290	115		170	132	110	15	17	8	M16	170	132	110	15	17	8	M16	24
80		300			185	147	126	16				185	147	126	16				40
100	280	320	120	8	205	167	146			10		205	167	146			10		43
125	330	350	150	9	240	196	172	19	21		M20	225	187	168					72
150	380	360	190	11	270	226	200	20		12		255	217	196	20		12		90
200	470	425	225	13	340	291	260	25	26		M24	325	281	254		21		M20	120

3.3.2 AS 型减压阀结构和基本尺寸按图 1 和表 3。

表 3 AS 型减压阀的基本尺寸

单位为毫米

<table>
<tr><th rowspan="4">公称通径 DN</th><th colspan="3" rowspan="2">结构尺寸</th><th rowspan="4">壁厚 t</th><th colspan="14">法 兰 连 接 尺 寸</th><th rowspan="4">理论重量/kg</th></tr>
<tr><th colspan="7">进口按 PN2.5 MPa</th><th colspan="7">出口按 PN1.6 MPa</th></tr>
<tr><th rowspan="2">L</th><th rowspan="2">H</th><th rowspan="2">h</th><th rowspan="2">D_1</th><th rowspan="2">D_2</th><th rowspan="2">D_3</th><th rowspan="2">b_1</th><th rowspan="2">d_1</th><th colspan="2">螺栓</th><th rowspan="2">D_4</th><th rowspan="2">D_5</th><th rowspan="2">D_6</th><th rowspan="2">b_2</th><th rowspan="2">d_2</th><th colspan="2">螺栓</th></tr>
<tr><th>n_1</th><th>Th1.</th><th>n_2</th><th>Th2.</th></tr>
<tr><td>25</td><td rowspan="2">170</td><td rowspan="2">250</td><td rowspan="2">75</td><td rowspan="2">6</td><td>115</td><td>85</td><td>68</td><td>16</td><td>14</td><td rowspan="4">4</td><td>M12</td><td>115</td><td>85</td><td>68</td><td>16</td><td>14</td><td rowspan="5">4</td><td>M12</td><td>16</td></tr>
<tr><td>32</td><td>140</td><td>100</td><td>78</td><td rowspan="2">18</td><td rowspan="5">18</td><td rowspan="5">M16</td><td>140</td><td>100</td><td>78</td><td rowspan="2">18</td><td rowspan="7">18</td><td rowspan="7">M16</td><td>17</td></tr>
<tr><td>40</td><td>200</td><td>260</td><td>80</td><td rowspan="4">7</td><td>150</td><td>110</td><td>88</td><td>150</td><td>110</td><td>88</td><td>22</td></tr>
<tr><td>50</td><td>210</td><td>270</td><td>85</td><td>165</td><td>125</td><td>102</td><td>20</td><td>165</td><td>125</td><td>102</td><td rowspan="3">20</td><td>24</td></tr>
<tr><td>65</td><td rowspan="2">240</td><td>290</td><td rowspan="2">115</td><td>185</td><td>145</td><td>122</td><td>22</td><td rowspan="5">8</td><td>185</td><td>145</td><td>122</td><td>26</td></tr>
<tr><td>80</td><td>300</td><td>200</td><td>160</td><td>133</td><td rowspan="2">24</td><td>200</td><td>160</td><td>133</td><td rowspan="4">8</td><td>42</td></tr>
<tr><td>100</td><td>280</td><td>320</td><td>120</td><td>8</td><td>235</td><td>190</td><td>158</td><td>22</td><td>M20</td><td>220</td><td>180</td><td>158</td><td rowspan="2">22</td><td>46</td></tr>
<tr><td>125</td><td>330</td><td>350</td><td>150</td><td>9</td><td>270</td><td>220</td><td>184</td><td>26</td><td rowspan="3">26</td><td rowspan="3">M24</td><td>250</td><td>210</td><td>184</td><td>74</td></tr>
<tr><td>150</td><td>380</td><td>360</td><td>190</td><td>11</td><td>300</td><td>250</td><td>212</td><td>28</td><td>285</td><td>240</td><td>212</td><td rowspan="2">24</td><td rowspan="2">22</td><td rowspan="2">M20</td><td>96</td></tr>
<tr><td>200</td><td>470</td><td>425</td><td>225</td><td>13</td><td>360</td><td>310</td><td>278</td><td>30</td><td>12</td><td>340</td><td>295</td><td>268</td><td>12</td><td>127</td></tr>
</table>

3.4 标记

3.4.1 产品标记

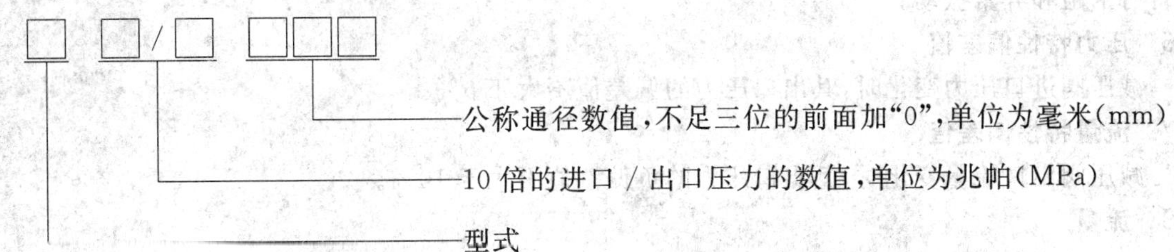

3.4.2 标记示例

进口压力不大于 2.5 MPa，出口压力为 0.6～1.2 MPa，公称通径为 40 mm，法兰连接尺寸和密封面按 GB/T 569 的减压阀标记为：

减压阀 GB/T 1852—2008 A25/6～12040

进口压力不大于 2.5 MPa，出口压力为 0.2～0.6 MPa，公称通径为 100 mm，法兰连接尺寸和密封面按 GB/T 2501 的减压阀标记为：

减压阀 GB/T 1852—2008 AS25/2～6100

4 要求

4.1 材料

4.1.1 减压阀主要零件的材料见表 4。

表 4 减压阀主要零件的材料

零件名称	材料		
	名称	牌号	标准号
主阀本体、副阀本体上盖、下盖	铸钢	ZG275-485	GB/T 12229—2005
膜片	锡青铜	QSn6.5-0.1	GB/T 2040—2002

表 4(续)

零件名称	材料		
	名称	牌号	标准号
主阀弹簧、副阀弹簧	铬钒弹簧钢丝	50CrVA	YB/T 5318—2006
调节弹簧	硅锰弹簧钢丝	60Si2Mn	
主阀盘、副阀盘	不锈钢	2Cr13	GB/T 1220—1992

4.1.2 **铸件**

铸件每炉应至少有三个带炉号的备查试棒,保存期不应少于 3 a。

4.2 **强度**

减压阀主、副阀本体和下盖在 1.5 PN 液压下应无渗漏。

4.3 **密封性**

4.3.1 减压阀的主阀本体与副阀本体、主阀本体与下盖的密封性在 1.1 PN 的液压下应无渗漏。

4.3.2 减压阀的副阀座与副阀本体、主阀盘密封副、副阀盘密封副的密封性应符合 CB/T 3396—1992 中 5.2 的要求。

4.3.3 减压阀的上盖与副阀本体的密封面在 1.5 MPa 的液压下应无渗漏。

4.4 **壁厚**

减压阀的阀体壁厚按 CB/T 3927 的要求;壁厚公差应符合 GB/T 600 的要求。

4.5 **调压性能**

在给定的弹簧压力级范围内,减压阀的出口压力应在规定的最大值和最小值之间能连续顺利调节,不得有卡阻和异常振动。

4.6 **压力特性偏差值**

减压阀进口压力变化时,其出口压力的偏差值不大于 5%。

4.7 **流量特性偏差值**

减压阀出口流量变化时,其出口压力的负偏差值不大于 10%。

4.8 **流量**

减压阀出口压力下降值不大于 0.1 MPa 时,其流量不得低于表 5 中的值。

表 5 流量

出口压力 p_2/MPa	公称通径 DN/mm									
	25	32	40	50	65	80	100	125	150	200
	蒸汽额定流量/(kg/h)									
0.2	115	188	294	458	775	1 175	1 832	2 860	4 120	7 330
0.3	150	245	384	600	1 010	1 540	2 400	3 750	5 410	9 610
0.4	185	304	474	740	1 250	1 900	2 930	4 640	6660	11 830
0.5	220	360	563	878	1 490	2 250	3 530	5 500	7 910	14 050
0.6	254	417	650	1 018	1 720	2 600	4 060	6 350	9 150	16 280
0.7	288	473	758	1 150	1 945	2 850	4 600	7 190	10 370	18 460
0.8	323	530	806	1 290	2 180	3 300	5 160	8 050	11 610	20 450
0.9	356	583	913	1 405	2 410	3 650	5 690	8 900	12 820	22 820
1.0	390	640	1 000	1 560	2 640	4 000	6 240	9 740	14 030	24 980
1.1	425	696	1 086	1 695	2 870	4 350	6 780	10 600	15 270	27 180
1.2	458	750	1 172	1 830	3 100	4 700	7 320	11 450	16 510	27 400

注:本表是按推荐流速 40 m/s 的饱和蒸汽计算的流量值,若为过热蒸汽,则须根据蒸汽的实际比容另行计算。

4.9 连续运行寿命

减压阀连续运行整体试验 10 000 次，减压阀的性能仍应满足 4.3、4.5～4.8 要求。

4.10 尺寸公差

减压阀的尺寸公差应符合 GB/T 1804—2000 之 m 级的要求。

4.11 形位公差

减压阀的形位公差应符合 GB/T 1184—1996 之 H 级的要求。

4.12 外观

减压阀的外观应符合 GB/T 600 的要求。

4.13 标志

减压阀的标志按 GB/T 3032 的规定。

5 试验方法

5.1 材料

减压阀铸件的化学成分和力学性能的试验方法按 GB/T 12229—2005 的有关规定进行，除铸件以外的其他材料应检查材质报告单，结果应符合 4.1 要求。

5.2 强度

封住减压阀的主、副阀本体和下盖所有出口端，内腔灌满水。从进口端以 1.5 PN 进行主、副阀本体和下盖的强度试验，保持压力 5 min，结果应符合 4.2 要求。

5.3 密封性

5.3.1 减压阀的主阀本体与副阀本体、主阀本体与下盖的密封性试验方法为：拆除上盖、调节弹簧和膜片，自进口处加压 2.75 MPa，结果应符合 4.3.1 要求。

5.3.2 减压阀的副阀座与副阀本体、主阀盘密封副、副阀盘密封副的密封性试验方法按 CB/T 3396—1992 中 6.2 进行，结果应符合 4.3.2 要求。

5.3.3 减压阀的上盖与副阀本体的密封性试验应在减压阀装配完毕，用盖板堵住出口法兰，自进口处供入液压 1.5 MPa 逐渐并紧调节弹簧，直至减压侧压力升至和供入的液压相等，结果应符合 4.3.3 要求。

5.4 压力调节试验(以空气为介质)

减压阀压力调节试验方法按 CB/T 3396—1992 之 6.3 规定进行，结果应符合 4.5 要求。

5.5 压力特性试验(以空气为介质)

减压阀压力特性试验方法按 CB/T 3396—1992 之 6.5 规定进行，结果应符合 4.6 要求。

5.6 流量特性试验(以蒸汽为介质)

减压阀流量特性试验方法按 CB/T 3396—1992 之 6.4 规定进行，结果应符合 4.7 要求。

5.7 连续运行试验(以空气为介质)

减压阀连续运行寿命试验方法按 CB/T 3396—1992 之 6.6 规定进行，结果应符合 4.9 要求。

5.8 尺寸公差

减压阀尺寸公差用相应等级的量具进行检查，结果应符合 4.4、4.10 要求。

5.9 形位公差

减压阀形位公差按 GB/T 1958 的规定进行检查，结果应符合 4.11 要求。

5.10 外观

减压阀的外观用目测方法检查，结果应符合 4.12 要求。

5.11 标志

减压阀的标志用目测方法检查，结果应符合 4.13 要求。

6 检验规则

6.1 检验分类

减压阀的检验分类如下：

a） 型式检验；

b） 出厂检验。

6.2 型式检验

6.2.1 检验时机

有下列情况之一时，减压阀应进行型式检验：

a） 产品试制鉴定；

b） 产品工艺发生重大变化；

c） 上级质量检验部门提出要求。

6.2.2 检验项目

型式检验的项目应符合表6的规定。

表6 减压阀型式检验和出厂检验的项目

序号	检验项目	型式检验	出厂检验	要求的章条号	试验方法的章条号
1	铸件化学成分和力学性能	●	●	4.1	5.1
2	强度	●	●	4.2	5.2
3	密封性	●	●	4.3	5.3
4	压力调节试验	●	●	4.5	5.4
5	压力特性试验	●	●	4.6	5.5
6	流量特性试验	●	—	4.7	5.6
7	连续运行试验	●	—	4.9	5.7
8	尺寸公差	●	—	4.10	5.8
9	形位公差	●	—	4.11	5.9
10	外观	●	●	4.12	5.10
11	标志	●	●	4.13	5.11
注：●为必检项目，—为不检项目。					

6.2.3 检验样品数量

减压阀型式检验的样品应备三个。

6.2.4 判定规则

减压阀样品全部检验项目符合要求，判为型式检验合格。铸件化学成分、力学性能试验若有不符合要求的减压阀，则判为型式检验不合格；若有其他不符合要求的项目，应加倍取样复验；若复验符合要求，仍判减压阀型式检验合格；若仍有不符合要求的项目，则判为型式检验不合格。

6.3 出厂检验

6.3.1 检验项目

减压阀出厂检验项目应符合表6规定。

6.3.2 检验样品数量

除材料检验按组批规格(同一炉号为一批)检验外，其他检验应逐个产品进行。

6.3.3 判定规则

全部检验项目符合要求的减压阀判定出厂检验合格;铸件化学成分、力学性能试验若有不符合要求的减压阀,则判为出厂检验不合格;其他项目的检验,若有不符合要求的减压阀,允许返修后进行复验。若复验符合要求,仍判该减压阀出厂检验合格;若复验仍不符合要求,则判该减压阀不合格。

7 包装与贮存

7.1 试验合格的减压阀干燥后,在内腔进口处压入滑油,并持续时间 1 min,以使阀内腔得到油封。油封后的减压阀,两法兰口处用防尘盖封堵。

7.2 每一减压阀应具有下列备件:主阀弹簧、调节弹簧、副阀弹簧各一根,膜片一片,活塞环一套。如需增加备品,品种和数量由订货方在订货时提出。

7.3 减压阀的其他包装和贮存要求按 GB/T 600 的规定。

ICS 47.020.30
U 52

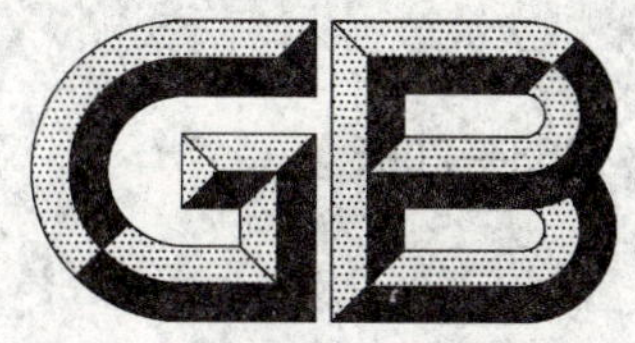

中华人民共和国国家标准

GB/T 1853—2008
代替 GB/T 1853—1991

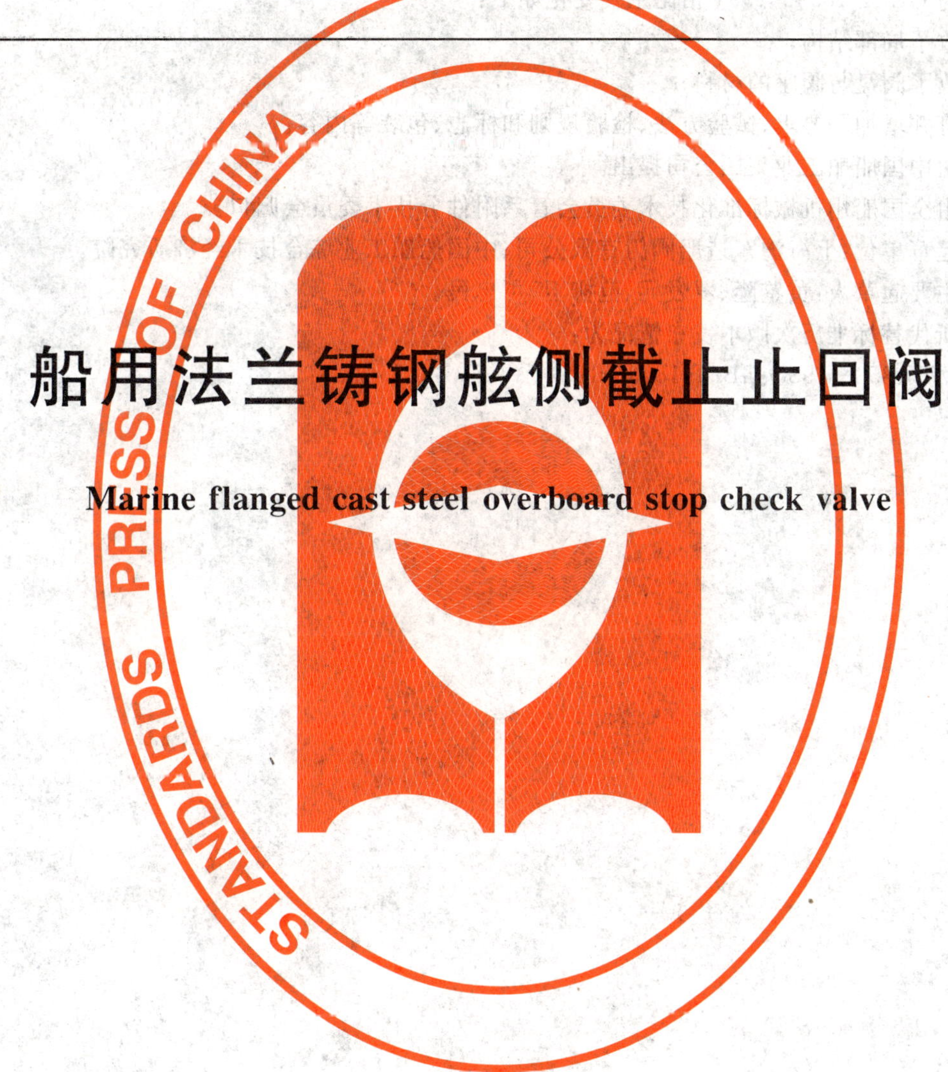

船用法兰铸钢舷侧截止止回阀

Marine flanged cast steel overboard stop check valve

2008-02-03 发布　　2008-08-01 实施

中华人民共和国国家质量监督检验检疫总局
中国国家标准化管理委员会　发布

前言

本标准代替 GB/T 1853—1994《船用法兰铸钢舷侧截止止回阀》。

本标准与 GB/T 1853—1994 相比主要变化如下：

——修改了局部结构；

——修改了阀盘与阀座的材料；

——修订并增加了要求、试验方法、检验规则和标志、包装等内容。

本标准由中国船舶工业集团公司提出。

本标准由全国船用机械标准化技术委员会管系附件分技术委员会归口。

本标准起草单位：上海沪东造船阀门有限公司、中国船舶工业综合技术经济研究院。

本标准主要起草人：黄鉴隆、罗发元、范柳卫、可忠民。

本标准所代替标准历次版本发布情况为：

——GB/T 1853—1980、GB/T 1853—1994。

船用法兰铸钢舷侧截止止回阀

1 范围

本标准规定了船用法兰铸钢舷侧截止止回阀(以下简称舷侧阀)的分类、要求、试验方法、检验规则、标志、包装和贮存。

本标准适用于海水、淡水管路系统用舷侧阀的设计、制造和验收。

2 规范性引用文件

下列文件中的条款通过本标准的引用而成为本标准的条款。凡是注日期的引用文件,其随后所有的修改单(不包括勘误的内容)或修订版均不适用于本标准,然而,鼓励根据本标准达成协议的各方研究是否可使用这些文件的最新版本。凡是不注日期的引用文件,其最新版本适用于本标准。

GB/T 569 船用法兰 连接尺寸和密封面

GB/T 600 船舶管路阀件通用技术条件

GB/T 1176—1987 铸造铜合金技术条件

GB/T 1184—1996 形状和位置公差 未注公差值(eqv ISO 2768-2:1989)

GB/T 1804—2000 一般公差 未注公差的线性和角度尺寸的公差(eqv ISO 2768-1:1989)

GB/T 1958 产品几何量技术规范(GPS)形状和位置公差 检测规定

GB/T 2501 船用法兰连接尺寸和密封面(四进位)

GB/T 3032 船舶管路附件的标志

GB/T 3098.1—2000 紧固件机械性能 螺栓、螺钉和螺柱(idt ISO 898-1:1999)

GB/T 3098.2—2000 紧固件机械性能 螺母 粗牙螺纹(idt ISO 898-2:1992)

GB/T 4423—2007 铜及铜合金拉制棒

GB/T 11698 船用法兰连接金属阀门的结构长度

GB/T 12229—2005 通用阀门 碳素钢铸件技术条件

CB/T 772—1998 碳钢和碳锰钢铸件技术条件

3 分类和标记

3.1 型式

舷侧阀分为以下4种型式:

A型——法兰连接尺寸和密封面按GB/T 569的直通舷侧阀;

AS型——法兰连接尺寸和密封面按GB/T 2501的直通舷侧阀;

B型——法兰连接尺寸和密封面按GB/T 569的直角舷侧阀;

BS型——法兰连接尺寸和密封面按GB/T 2501的直角舷侧阀。

3.2 基本参数

舷侧阀的基本参数见表1。

表1 舷侧阀的基本参数

型 式	公称压力 PN/MPa	公称通径 DN/mm
A、AS、B、BS	0.6	40~350

3.3 结构和尺寸

3.3.1 A 型和 B 型舷侧阀的结构和基本尺寸见图 1 和表 2。

3.3.2 AS 型和 BS 型舷侧阀的结构和基本尺寸见图 1 和表 3。

单位为毫米

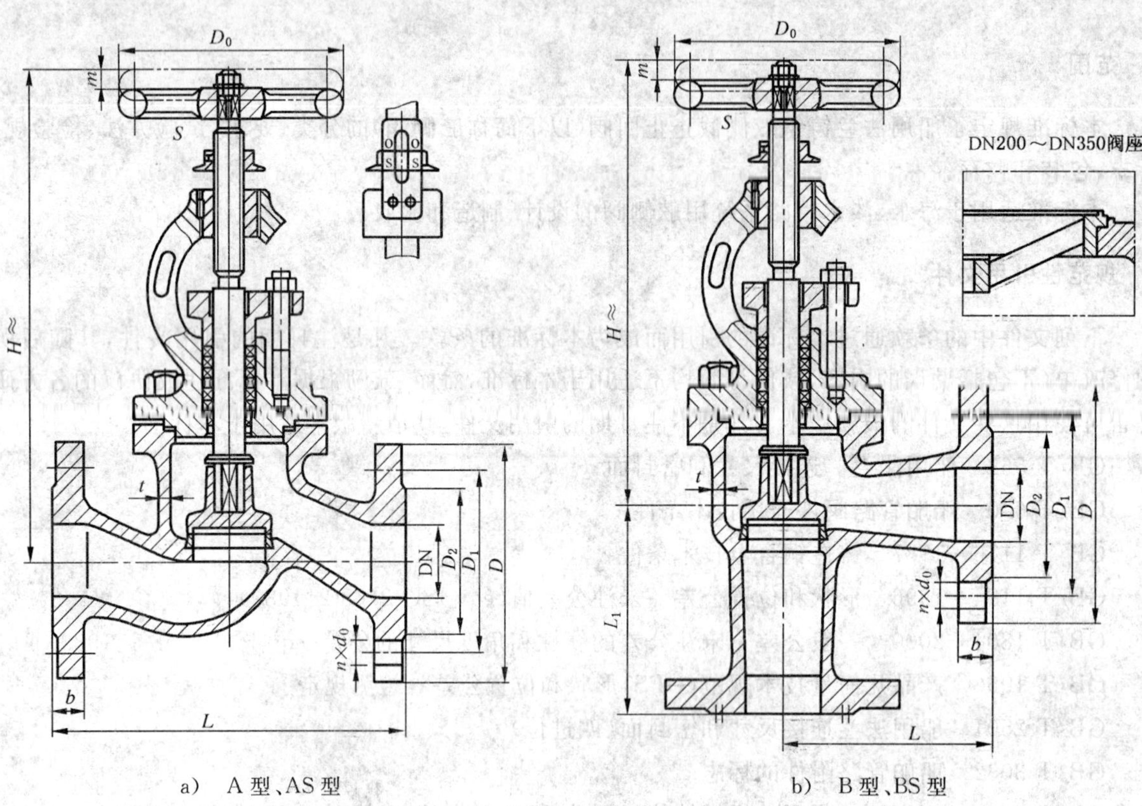

a） A 型、AS 型　　　　b） B 型、BS 型

图 1 舷侧阀

表 2 A 型和 B 型舷侧阀的基本尺寸

单位为毫米

公称通径 DN	结构尺寸 A 型 H≈	A 型 L	B 型 H≈	B 型 L	B 型 L_1	壁厚 t	法兰 D	D_1	D_2	d_0	b	螺栓 n/个	Th.	手轮 D_0	S	升程 m≈	重量/kg A 型	B 型
40	265	200	236	90	90	6	125	93	74	15	13	6	M14	120	11	12	7.8	7.5
50	288	230	255	95	95	7	135	103	84					140	12	15	10.8	10.7
65	310	290	292	115	115		155	123	104		14					19	16.3	15.9
80	325	310	312	125	125		170	138	118			8		160	14	23	21.6	21.0
100	368	350	350	150	135	8	190	158	138					180		28	29.7	27.6
125	418	400	401	175	155		215	183	164			10		200	17	35	39.8	39.0
150	520	480	480	180	180	9	240	208	190			12				42	54.8	49.2
200	643	600	558	215	215	10	295	264	247		15			280	24	55	89.0	70.0
250	720	730	600	250	250	11	365	327	306	18	16	14	M16	320	27	65	139.4	117.5
300	860	850	786	300	300	12	430	386	360	22	19		M20	400		80	192.6	170.8
350	987	980	920	320	320		480	436	410		20	16		450	32	100	230.9	220.4

表 3 AS 型和 BS 型舷侧阀的基本尺寸

单位为毫米

<table>
<tr><th rowspan="3">公称通径 DN</th><th colspan="5">结构尺寸</th><th rowspan="3">壁厚 t</th><th colspan="5">法兰</th><th colspan="2">螺栓</th><th colspan="2">手轮</th><th rowspan="3">升程 $m\approx$</th><th colspan="2" rowspan="2">重量/kg</th></tr>
<tr><th colspan="2">AS 型</th><th colspan="3">BS 型</th><th rowspan="2">D</th><th rowspan="2">D_1</th><th rowspan="2">D_2</th><th rowspan="2">d_0</th><th rowspan="2">b</th><th rowspan="2">n/个</th><th rowspan="2">Th.</th><th rowspan="2">D_0</th><th rowspan="2">S</th></tr>
<tr><th>$H\approx$</th><th>L</th><th>$H\approx$</th><th>L</th><th>L_1</th><th>AS 型</th><th>BS 型</th></tr>
<tr><td>40</td><td>271</td><td>200</td><td>242</td><td>115</td><td>115</td><td>6</td><td>130</td><td>100</td><td>80</td><td rowspan="3">14</td><td rowspan="3">16</td><td rowspan="5">4</td><td rowspan="3">M12</td><td>120</td><td>11</td><td>12</td><td>8.2</td><td>7.9</td></tr>
<tr><td>50</td><td>300</td><td>230</td><td>270</td><td>125</td><td>125</td><td rowspan="3">7</td><td>140</td><td>110</td><td>90</td><td rowspan="2">140</td><td rowspan="2">12</td><td>15</td><td>12.8</td><td>11.6</td></tr>
<tr><td>65</td><td>320</td><td>290</td><td>300</td><td>145</td><td>145</td><td>160</td><td>130</td><td>110</td><td>19</td><td>19.5</td><td>18.6</td></tr>
<tr><td>80</td><td>345</td><td>310</td><td>320</td><td>155</td><td>155</td><td>190</td><td>150</td><td>128</td><td rowspan="6">18</td><td rowspan="2">18</td><td rowspan="6">M16</td><td>160</td><td rowspan="2">14</td><td>23</td><td>24.9</td><td>23.8</td></tr>
<tr><td>100</td><td>378</td><td>350</td><td>360</td><td>175</td><td>175</td><td rowspan="2">8</td><td>210</td><td>170</td><td>148</td><td>180</td><td>28</td><td>32.6</td><td>30.7</td></tr>
<tr><td>125</td><td>432</td><td>400</td><td>410</td><td>200</td><td>200</td><td>240</td><td>200</td><td>178</td><td rowspan="2">20</td><td rowspan="3">8</td><td rowspan="2">200</td><td rowspan="2">17</td><td>35</td><td>45.8</td><td>44.7</td></tr>
<tr><td>150</td><td>490</td><td>480</td><td>460</td><td>225</td><td>225</td><td>9</td><td>265</td><td>225</td><td>202</td><td>42</td><td>59.8</td><td>54.9</td></tr>
<tr><td>200</td><td>710</td><td>600</td><td>578</td><td>275</td><td>275</td><td>10</td><td>320</td><td>280</td><td>258</td><td>22</td><td>280</td><td>22</td><td>55</td><td>97.1</td><td>78.3</td></tr>
<tr><td>250</td><td>755</td><td>730</td><td>620</td><td>325</td><td>325</td><td>11</td><td>375</td><td>335</td><td>312</td><td rowspan="3">24</td><td rowspan="3">12</td><td>320</td><td rowspan="2">27</td><td>65</td><td>148.4</td><td>126.6</td></tr>
<tr><td>300</td><td>880</td><td>850</td><td>810</td><td>375</td><td>375</td><td rowspan="2">12</td><td>440</td><td>395</td><td>365</td><td rowspan="2">22</td><td rowspan="2">M20</td><td>400</td><td>80</td><td>201.7</td><td>179.2</td></tr>
<tr><td>350</td><td>1 015</td><td>980</td><td>950</td><td>425</td><td>425</td><td>490</td><td>445</td><td>415</td><td>450</td><td>32</td><td>100</td><td>239.9</td><td>229.6</td></tr>
</table>

3.4 产品标记

3.4.1 型号表示

3.4.2 标记示例

公称压力为 0.6 MPa、公称通径为 80 mm、法兰连接尺寸按 GB/T 569 的直通舷侧阀标记为：

舷侧阀 GB/T 1853—2008 A6080

公称压力为 0.6 MPa、公称通径为 200 mm、法兰连接尺寸按 GB/T 2501 的直角舷侧阀标记为：

舷侧阀 GB/T 1853—2008 BS6200

4 要求

4.1 材料

舷侧阀的主要零件材料见表 4。

表 4 舷侧阀的主要零件材料

零件名称	材料		
	名称	牌号	标准号
阀体 阀盖	铸钢	WCA	GB/T 12229—2005
阀座 阀盘	铸青铜	ZCuSn5Pb5Zn5	GB/T 1176—1987
阀杆	青铜	QA19-2	GB/T 4423—2007
手轮	铸钢	ZG230-450	CB/T 772—1998
螺柱	碳钢	4.8 级	GB/T 3098.1—2000
螺母	碳钢	4 级或 5 级	GB/T 3098.2—2000
注：阀座允许用 QA19-2 铜堆焊。			

4.2 铸件

铸件每炉应至少有三个带炉号的备查试棒,保存期不应少于 3 a。

4.3 强度

舷侧阀阀体在 0.9 MPa 液压下应无渗漏。

4.4 密封性

4.4.1 舷侧阀在完全关闭时,阀盘与阀座之间的密封面在 0.66 MPa 液压下应无渗漏。

4.4.2 提起阀杆,在阀盘自由关闭状态时在阀盘上方施加 0.30 MPa 液压,应无渗漏。

4.4.3 舷侧阀在完全开启时,阀盖填料腔在 0.66 MPa 液压下允许有 0.01×DN mm^3/s 的渗漏量。

4.5 尺寸公差

4.5.1 舷侧阀的壁厚公差应符合 GB/T 600 的要求。

4.5.2 舷侧阀的结构长度公差应符合 GB/T 11698 的要求。

4.5.3 舷侧阀未注公差的线性尺寸公差应符合 GB/T 1804—2000 中 m 级的要求。

4.6 形位公差

舷侧阀的未注形位公差应符合 GB/T 1184—1996 中 H 级的要求。

4.7 外观

舷侧阀外观应符合 GB/T 600 的要求。

4.8 重量

舷侧阀重量的正偏差应不超过理论重量的 4%。

4.9 标志

舷侧阀的标志应符合 GB/T 3032 的要求。

5 试验方法

5.1 材料

舷侧阀铸件的化学成分和力学性能按 GB/T 1176—1987 和 GB/T 12229—2005 规定的方法进行检验,其他材料用检查材料牌号和质量保证书的方法进行检验。结果应符合 4.1 的要求。

5.2 强度

舷侧阀强度试验按 GB/T 600 中规定的方法进行。结果应符合 4.3 的要求。

5.3 密封性

5.3.1 舷侧阀的阀盘与阀座之间的密封性按 GB/T 600 中规定的方法进行检查。结果应符合 4.4.1、4.4.2 的要求。

5.3.2 舷侧阀的阀盖填料腔密封性试验应在放松填料压盖的情况下进行,持压时间 15 s,结果应符合 4.4.3 的要求。

5.4 尺寸公差

舷侧阀的线性尺寸公差用相应等级的量具进行检查。结果应符合 3.3 和 4.5 的要求。

5.5 形位公差

舷侧阀的形位公差按 GB/T 1958 规定的方法进行检验。结果应符合 4.6 的要求。

5.6 外观

舷侧阀的外观用目测的方法进行检查。结果应符合 4.7 的要求。

5.7 重量

将舷侧阀放在分度值不大于 0.1 kg 的衡器上进行称重。结果应符合 4.8 的要求。

5.8 标志

舷侧阀的标志用目测的方法进行检查。结果应符合 4.9 的要求。

6 检验规则

6.1 检验分类

舷侧阀的检验分类如下：

a) 型式检验；

b) 出厂检验。

6.2 型式检验

6.2.1 检验时机

有下列情况之一时，舷侧阀应进行型式检验：

a) 产品试制鉴定；

b) 生产工艺发生重大变化；

c) 质量检验部门提出要求。

6.2.2 检验项目

舷侧阀的型式检验项目和顺序见表5。

表5 舷侧阀的检验项目和顺序

序号	检验项目	要求的章、条号	试验方法的章、条号	型式检验	出厂检验
1	材料	4.1	5.1	●	●
2	强度	4.3	5.2	●	●
3	密封性	4.4.1	5.3.1	●	●
		4.4.2	5.3.1	●	●
		4.4.3	5.3.2	●	—
4	尺寸公差	3.3、4.5	5.4	●	—
5	形位公差	4.6	5.5	●	—
6	外观	4.7	5.6	●	●
7	重量	4.8	5.7	●	—
8	标志	4.9	5.8	●	●
注：“●”表示必检项目；“—”表示不检项目。					

6.2.3 检验样品数量

舷侧阀型式检验的样品应为3个。

6.2.4 判定规则

舷侧阀所有样品全部检验项目符合要求，判为型式检验合格。若材料检验不符合要求，判为型式检验不合格；若有不符合要求的其他项目，允许加倍取样复验。若复验符合要求，则仍判定舷侧阀型式检验合格；若复验仍有不符合要求的项目，则判定舷侧阀型式检验不合格。

6.3 出厂检验

6.3.1 检验项目和顺序

舷侧阀的出厂检验项目和顺序见表5。

6.3.2 检验样品数量

舷侧阀铸件的材料同一炉号为一批，按批次检验，其他检验项目应逐个产品进行。

6.3.3 判定规则

全部检验项目符合要求的舷侧阀判定为出厂检验合格。若有材料检验不符合要求的舷侧阀，则判该批舷侧阀不合格。其他项目的检验，若有不符合要求的舷侧阀，允许返修后进行复验。若复验符合要求，则仍判出厂检验合格；若复验仍不符合要求，则判定该舷侧阀出厂检验不合格。

7 包装和贮存

舷侧阀的包装和贮存按 GB/T 600 中的规定进行。

ICS 87.060.10
G 54

中华人民共和国国家标准

GB/T 1863—2008
代替 GB/T 1863—1989

氧化铁颜料

Iron oxide pigments

(ISO 1248:2006,Iron oxide pigments—Specifications and methods of test,MOD)

2008-06-04 发布 2008-12-01 实施

中华人民共和国国家质量监督检验检疫总局
中国国家标准化管理委员会 发布

前　言

本标准修改采用 ISO 1248:2006《氧化铁颜料　规格和试验方法》(英文版)。

本标准根据 ISO 1248:2006《氧化铁颜料　规格和试验方法》重新起草。

本标准在采用国际标准时进行了修改，这些技术性差异用垂直单线标识在它们所涉及的条款的页边空白处。在附录 B 中给出了技术性差异及其原因的一览表以供参考。

本标准与 ISO 1248:2006 相比，主要技术差异为：

——所用试验方法大部分采用了现行国家标准，其中多数方法系等效或等同采用相应国际标准。

——产品分类中增加了“按 105℃挥发物分为 V1、V2、V3 共三个类型”内容。

——改变了 105℃挥发物的要求，改为“按产品类型(V1、V2、V3)划分要求”，国际标准中“按铁含量划分要求”。

——增加了氧化铁黄颜料和氧化铁黑颜料中Ⅰ型产品的水溶物要求(≤0.5)，Ⅱ型产品的水溶物要求由“≤1”改为“>0.5，≤1”。

——“水悬浮液 pH 值”要求以“商定”代替国际标准中“与商定参照颜料相差不大于 1 pH 单位”；“吸油量”要求以“商定”代替国际标准中“与商定参照颜料相差不大于 15%”；“颜色”和“相对着色力”要求以“商定”代替国际标准中“与商定参照颜料相比，在双方商定的容许范围内”。

——改变了第 8.1 中重铬酸钾和第 8.8 中高锰酸钾标准溶液的标定方法，改为按 GB/T 601—2002 中规定方法标定溶液。国际标准中用标准物质或高纯物按测定样品的步骤标定溶液。

——改变了第 8.1 和 8.8 中计算公式的表示方式，删除了计算公式中的单位“%”。

——增加了仪器法测定颜色和相对着色力的方法。

——增加了“第 8 章　试验方法”、“第 9 章　检验规则”和“第 10 章　标志、包装、运输和贮存”，将国际标准中第 8～11 章内容并入第 8 章中。

——删除了国际标准的“前言”和“第 12 章　试验报告”。

——删除了国际标准的第 8.1.5.2、8.2.5.2、10.1.5.2 和 10.2.5.2 关于精密度的条款和第 8.1.3 和 10.2.3 关于仪器的条款。

本标准代替 GB/T 1863—1989《氧化铁红颜料》。

本标准与 GB/T 1863—1989 相比，主要技术差异为：

——拓宽了标准的适用范围，包括红、黄、棕、黑共四种颜色的氧化铁颜料；

——改变了产品的分类方法，本标准中氧化铁颜料按照颜色分为红色、黄色、棕色、黑色四类，按铁含量(以 Fe_2O_3 表示)分为 A、B、C、D 共四个类型，按水溶物含量和水溶性氯化物及硫酸盐总含量(以 Cl^- 及 SO_4^{2-} 表示)分为Ⅰ、Ⅱ、Ⅲ共三个类型，按筛余物分为 1、2、3 共三个类型，按来源分为 a、b、c、d 共四个类型，按 105℃挥发物分为 V1、V2、V3 共三个类型；

——颜色、相对着色力测定时采用了商定的参照颜料；

——改变了大部分试验项目的技术要求，如水悬浮液 pH 值、吸油量、颜色、相对着色力等项目要求均改为商定，总铁量、105℃挥发物、水溶物、水溶性氯化物和硫酸盐、筛余物和总钙量项目要求按产品分类作了不同规定，原标准均按等级作了具体规定；

——增加了仪器法测定颜色和相对着色力的方法；

——增加了电位滴定法测定总铁含量的方法；

——增加了火焰原子吸收光谱法测定总钙含量的方法；

——增加了资料性附录 A 和附录 B；

——除按 GB/T 1.1 要求进行编辑性修改外,还对其内容进行了整合。

本标准的附录 A 和附录 B 均为资料性附录。

本标准由中国石油和化学工业协会提出。

本标准由全国涂料和颜料标准化技术委员会归口。

本标准起草单位:中海油常州涂料化工研究院、上海一品颜料有限公司、升华集团德清华源颜料有限公司、宜兴市宇星工贸有限公司、中金黄金股份有限公司河南中原黄金冶炼厂、湖南三环颜料有限公司、朗盛上海颜料有限公司、河南省温县克岭化工有限责任公司和武汉凯兴颜料有限公司。

本标准主要起草人:沈苏江、蔡传琦、王丹英、竺增林、许才新、俎小凤、周小红、汪景明、阎保珍、向方菊。

本标准于 1980 年首次发布,1989 年第一次修订。

氧化铁颜料

1 范围

本标准规定了氧化铁颜料的分类、要求、命名、取样、试验方法、检验规则及标志、包装、运输和贮存。这些颜料以下列颜色索引号标识：红101和红102、黄42和黄43、棕6和棕7以及黑11，也包括快速分散颜料。未包括云母氧化铁颜料、透明氧化铁颜料、粒状氧化铁灰和除颜色索引号为黑11的颜料外的磁性氧化铁颜料。

本标准适用于一般用途的氧化铁颜料，主要应用于涂料、建筑、造纸、橡胶和塑料等工业领域。

2 规范性引用文件

下列文件中的条款通过本标准的引用而成为本标准的条款。凡是注日期的引用文件，其随后所有的修改单(不包括勘误的内容)或修订版均不适用于本标准，然而，鼓励根据本标准达成协议的各方研究是否可使用这些文件的最新版本。凡是不注日期的引用文件，其最新版本适用于本标准。

GB/T 601—2002 化学试剂 标准滴定溶液的制备

GB/T 1250 极限数值的表示方法和判定方法

GB/T 1717 颜料水悬浮液pH值的测定(GB/T 1717—1986，eqv ISO 787-9：1981，General methods of test for pigments and extenders—Part 9：Determination of pH value of an aqueous suspension)

GB/T 1864 颜料颜色的比较(GB/T 1864—1989，eqv ISO 787-1：1982，General methods of test for pigments and extenders—Part 1：Comparison of colour of pigments)

GB/T 3186 色漆、清漆和色漆与清漆用原材料 取样(GB/T 3186—2006，ISO 15528：2000，IDT)

GB/T 5211.2 颜料水溶物测定 热萃取法(GB/T 5211.2—2003，ISO 787-3：2000，General methods of test for pigments and extenders—Part 3：Determination of matter soluble in water—Hot extraction method，IDT)

GB/T 5211.3 颜料在105℃挥发物的测定(GB/T 5211.3—1985，eqv ISO 787-2：1981，General methods of test for pigments and extenders—Part 2：Determination of matter volatile at 105℃)

GB/T 5211.11 颜料水溶硫酸盐 氯化物和硝酸盐的测定(GB/T 5211.11—2008，ISO 787-13：2002，General methods of test for pigments and extenders—Part 13：Determination of water-soluble sulfates，chlorides and nitrates，IDT)

GB/T 5211.13 颜料水萃取液酸碱度的测定(GB/T 5211.13—1986，eqv ISO 787-4：1981，General methods of test for pigments and extenders—Part 4：Determination of acidity or alkalinity of the aqueous extract)

GB/T 5211.15 颜料吸油量的测定(GB/T 5211.15—1988，eqv ISO 787-5：1980，General methods of test for pigments and extenders—Part 5：Determination of oil absorption value)

GB/T 5211.18 颜料筛余物的测定 水法 手工操作(GB/T 5211.18—1988，neq ISO 787-7：1981，General methods of test for pigments and extenders—Part 7：Determination of residue on sieve—Water method—Manual procedure)

GB/T 5211.19 着色颜料的相对着色力和冲淡色的测定 目视比较法[GB/T 5211.19—1988，eqv ISO 787-16：1986，General methods of test for pigments and extenders—Part 16：Determination of relative tinting strength(or equivalent colouring value) and colour on reduction of coloured pigments—Visual comparison method]

GB/T 5211.20 在本色体系中白色、黑色和着色颜料颜色的比较 色度法(GB/T 5211.20—1999,eqv ISO 787-25:1993,General methods of test for pigments and extenders—Part 25:Comparison of the colour,in full-shade systems,of white,black and coloured pigments—Colorimetric method)

GB/T 13451.2 着色颜料相对着色力和白色颜料相对散射力的测定 光度计法(GB/T 13451.2—1992,eqv ISO 787-24:1985,General methods of test for pigments and extenders—Part 24:Determination of relative tinting strength of coloured pigments and relative scattering power of white pigments—Photometric methods)

3 说明

本标准所包含的氧化铁颜料主要由氧化铁和水合氧化铁组成。其颜色通常有红、黄、棕或黑色。

4 分类

4.1 总则

在本标准中,氧化铁颜料按以下原则分类:

——按颜色分为红色、黄色、棕色、黑色四类;

——按铁含量(以 Fe_2O_3 表示)分为A、B、C、D四个类型;

——按水溶物含量和水溶性氯化物及硫酸盐总含量(以 Cl^- 及 SO_4^{2-} 表示)分为Ⅰ、Ⅱ、Ⅲ三个类型;

——按筛余物分为1、2、3三个类型;

——按来源分为a、b、c、d四类;

——按105℃挥发物分为V1、V2、V3三个类型。

4.2 分类方法

4.2.1 按颜色分类

按照其颜色,氧化铁颜料可分为红色、黄色、棕色、黑色四类。

4.2.2 按铁含量分类

按照其铁含量(以 Fe_2O_3 表示)的最低值,氧化铁颜料可分为表1所列的A、B、C、D四个类型。

表1 按铁含量分类

分类		最低铁含量(以 Fe_2O_3 表示的质量分数)/%	颜色索引号
红	A	95	颜料红101 77491
	B C D	70 50 10	颜料红102 77491
黄	A	83	颜料黄42 77492
	B C D	70 50 10	颜料黄43 77492

表 1（续）

分　类		最低铁含量(以 Fe_2O_3 表示的质量分数)/%	颜色索引号
棕	A	87	颜料棕 6 77491,77492 或 77499
	B C	70 30	颜料棕 7 77491,77492 和/或 77499
黑	A B	95 70	颜料黑 11 77499

4.2.3 按水溶物含量和水溶性氯化物及硫酸盐总含量分类

按照其水溶物含量和水溶性氯化物及硫酸盐总含量，氧化铁颜料可分为表 2 所列的Ⅰ、Ⅱ、Ⅲ三个类型。

表 2　按水溶物和水溶性氯化物及硫酸盐(以 Cl^- 及 SO_4^{2-} 表示)分类

特　性	Ⅰ型		Ⅱ型		Ⅲ型
	红和棕[a]	黄和黑	红和棕	黄和黑	所有颜料
水溶物的质量分数(在 105℃ 干燥后测定)/%	≤0.3	≤0.5	>0.3,≤1	>0.5,≤1	>1,≤5
水溶性氯化物和硫酸盐总质量分数(以 Cl^- 和 SO_4^{2-} 表示)/%	≤0.1	—	—	—	—
[a] 适用于制造防腐涂料。					

4.2.4 按筛余物分类

按照其筛余物，氧化铁颜料可分为表 3 所列的 1、2、3 三个类型。

表 3　按筛余物分类

特　性	1 型	2 型	3 型
	红，黄，棕和黑		
筛余物(45 μm)的质量分数/%	≤0.01	>0.01,≤0.1	>0.1,≤1

4.2.5 按 105℃ 挥发物分类

按照其 105℃ 挥发物，氧化铁颜料可分为表 4 所列的 V1、V2、V3 三个类型。

表 4　按 105℃ 挥发物分类

特　性	V1 型	V2 型	V3 型	
	所有颜料	红	红	黄、棕和黑
105℃ 挥发物的质量分数/%	≤1	>1,≤1.5	>1.5,≤2.5	>1,≤2.5

4.2.6 按来源分类

按照其来源，氧化铁颜料可分为表 5 所列的 a、b、c、d 四类。

表 5 按来源分类

分类	来 源
a	合成颜料,无填料
b	天然颜料,无填料
c	未加填料的天然和合成颜料的混合物
d	颜料和填料的混合物

对于 a、b 和 c 类,其产品中钙含量(以 CaO 表示)的最大值列于表 6 中。

5 命名

氧化铁颜料按下列方法命名:

a) 注明颜色,也可以包括以下内容:

——通用名称,尤其是天然颜料(赭石、棕土、黄土颜料等);

——注明处理方式(例如煅烧、洗涤)。

b) 注明本标准编号,即 GB/T 1863。

c) 注明按铁含量分类所属类型。

d) 注明按水溶物含量和水溶性氯化物及硫酸盐总含量分类所属类型。

e) 注明按筛余物分类所属类型。

f) 注明按 105℃挥发物分类所属类型。

g) 注明按来源分类所属类型。

举例:

氧化铁红 GB/T 1863-A-Ⅰ-2-V1-a

氧化铁黄(洗涤赭石) GB/T 1863-D-Ⅱ-3-V3-b

6 要求

6.1 符合本标准的氧化铁颜料,其基本要求规定于表 6 中,条件要求规定于表 7 中。条件要求将由有关双方商定。

6.2 表 7 中提及的商定参照颜料应符合表 6 规定的要求。

表 6 基本要求

特性		按颜色、铁含量划分的要求												
		红				黄				棕			黑	
总铁量的质量分数(以 Fe_2O_3 表示,在 105℃干燥后测定)/% ≥		A	B	C	D	A	B	C	D	A	B	C	A	B
		95	70	50	10	83	70	50	10	87	70	30	95	70
105℃挥发物的质量分数/%	V1 型	≤1												
	V2 型	>1,≤1.5				—				—			—	
	V3 型	>1.5,≤2.5				>1,≤2.5								
水溶物的质量分数(热萃取法)/%	Ⅰ型	≤0.3				≤0.5				≤0.3			≤0.5	
	Ⅱ型	>0.3,≤1				>0.5,≤1				>0.3,≤1			>0.5,≤1	
	Ⅲ型	>1,≤5												
水溶性氯化物和硫酸盐的质量分数(以 Cl^- 和 SO_4^{2-} 表示)/%	Ⅰ型	≤0.1				—				≤0.1			—	

表 6（续）

特　　性		按颜色、铁含量划分的要求			
		红	黄	棕	黑
筛余物(45 μm)的质量分数/%	1 型	≤0.01			
	2 型	>0.01，≤0.1			
	3 型	>0.1，≤1			
水萃取液酸碱度/mL		≤20			
铬酸铅的试验		不存在			
总钙量的质量分数(以 CaO 表示，在 105℃干燥后测定)/%	a 类	≤0.3			
	b 和 c 类	≤5			
	d 类	表 7			
有机着色物的试验		不存在			

表 7　条件要求

特　　性		要求
水悬浮液 pH 值		商定
吸油量		商定
总钙量的质量分数(以 CaO 表示)/%	a 类	表 6
	b 和 c 类	
	d 类	商定
颜色		商定
相对着色力		

7　取样

按 GB/T 3186 规定取受试产品的代表性样品。

8　试验方法

8.1　总铁量(以 Fe_2O_3 表示)的测定

8.1.1　总则

提供了二种方法：A 法和 B 法。仲裁时选用 A 法。

采用 A 法测定时，建议废液排放前进行去除汞的处理。附录 A 给出了处理方法。

8.1.2　A 法

8.1.2.1　原理

将经干燥的样品溶于盐酸中，用氯化亚锡溶液将三价铁还原为二价铁，再用氯化汞(Ⅱ)溶液氧化过量的还原剂，然后以二苯胺磺酸钠为指示剂用重铬酸钾标准滴定溶液滴定二价铁。

8.1.2.2　试剂

所用试剂未注明要求时均应采用分析纯试剂，并使用符合 GB/T 6682 规定的纯度至少为三级的水。

警告——应按适当的健康和安全规则来使用试剂。

8.1.2.2.1　浓盐酸：质量分数约 37%，$\rho \approx 1.19$ g/mL。

8.1.2.2.2　盐酸:1+50

1 体积的浓盐酸(8.1.2.2.1)加入到 50 体积的水中。

8.1.2.2.3　浓氢氟酸:质量分数约 40%,$\rho\approx1.13$ g/mL。

8.1.2.2.4　硫酸:1+1

小心地将 1 体积硫酸(质量分数约 96%,$\rho\approx1.84$ g/mL)加至 1 体积水中。

8.1.2.2.5　硫酸和磷酸混合液:

取 310 mL 浓硫酸(质量分数约 96%,$\rho\approx1.84$ g/mL)和 250 mL 浓磷酸(质量分数约 85%,$\rho\approx1.70$ g/mL)混合,将混合物缓慢加入到 400 mL 水中并加水稀释至 1 L。

8.1.2.2.6　氯化汞(Ⅱ)溶液:饱和溶液(60 g/L～100 g/L)。

8.1.2.2.7　氯化锡(Ⅱ)溶液:100 g/L。

取 50 g 氯化锡(Ⅱ)溶于 300 mL 浓盐酸(8.1.2.2.1)中,并加水稀释至 500 mL。

将此清澈溶液置于密封的瓶中,并加入少量的金属锡粒。

8.1.2.2.8　重铬酸钾标准滴定溶液:$c(1/6K_2Cr_2O_7)\approx0.1$ mol/L。

按 GB/T 601—2002 中 4.5.2 规定进行。基准重铬酸钾称取量为 4.90 g±0.20 g。

8.1.2.2.9　二苯胺磺酸钠指示剂

将 0.2 g 二苯胺磺酸钠溶解于 100 mL 水中。

8.1.2.2.10　焦硫酸钾

8.1.2.3　步骤

8.1.2.3.1　试样的前处理

平行测定两次。

取适量试样于 105℃下干燥 1 h,根据预计铁含量(表 1)称取 0.3 g～1.0 g 干燥试样(精确至 0.1 mg)。

注:如果已知试样含碳或有机物,将试样置于 400 mL 石英烧杯中,于 750℃下灼烧 1 h,冷却。或者将试样置于磁坩埚中于 750℃下灼烧 1 h,冷却,转移至 400 mL 烧杯中。

将试样置于 400 mL 烧杯中,加 25 mL 盐酸(8.1.2.2.1),盖上表面皿,加热至 80℃～90℃使其溶解。如果有不溶物出现,加 50 mL 水,摇动,用滤纸过滤。用热盐酸(8.1.2.2.2)洗涤残余物直至无黄色(三价铁)出现。然后再用热水洗涤一次或二次。将滤纸及残余物置于铂坩埚中,干燥,灰化,然后于 750℃～800℃下灼烧,冷却。用稀硫酸(8.1.2.2.4)浸取坩埚中的残余物,加 5 mL 氢氟酸(8.1.2.2.3),缓慢加热分解二氧化硅和硫酸。

在冷却后的坩埚中加入 2 g 焦硫酸钾(8.1.2.2.10),先缓慢加热,然后再加强热至形成透明熔融物。冷却,将坩埚置于 250 mL 烧杯中,加 50 mL 热水,5 mL 盐酸(8.1.2.2.1),缓慢加热溶解熔融物。取出坩埚并用水淋洗,收集淋洗液于溶液中。转移所得溶液于最初的烧杯中。

8.1.2.3.2　测定

加热按上述方法所得溶液至微沸,边搅拌边滴加氯化锡(Ⅱ)溶液直至溶液颜色刚变为无色,然后再过量一至二滴,用冷水稀释溶液至约 300 mL,在水浴中冷却,在剧烈搅拌下迅速加 15 mL 氯化汞(Ⅱ)溶液(8.1.2.2.6),约 15 s～20 s 后出现微白色沉淀,经 1 min,加 50 mL 硫酸和磷酸混合液(8.1.2.2.5)和 3 滴二苯胺磺酸钠指示剂(8.1.2.2.9),立即用重铬酸钾标准滴定溶液(8.1.2.2.8)滴定至溶液颜色由暗绿色变为紫色为终点。记录消耗重铬酸钾标准滴定溶液的体积(V_1)。

8.1.2.4　结果的表示

按式(1)或式(2)计算氧化铁(Fe_2O_3)含量 w,以质量分数(%)表示:

$$w=\frac{V_1\times c_1\times 0.079\,846}{m_1}\times100 \qquad \cdots\cdots(1)$$

即

$$w=\frac{V_1\times c_1\times 7.984\,6}{m_1} \qquad \cdots\cdots(2)$$

式中：

m_1——试样的质量，单位为克(g)；

V_1——滴定所消耗的重铬酸钾标准滴定溶液(8.1.2.2.8)的体积，单位为毫升(mL)；

c_1——重铬酸钾标准滴定溶液(8.1.2.2.8)的浓度，单位为摩尔每升(mol/L)；

0.079 846——与1.00 mL重铬酸钾标准滴定溶液[$c(1/6K_2Cr_2O_7)=1$ mol/L]相当的以克表示的氧化铁(Fe_2O_3)质量。

如果两次平行测定结果之差大于0.3%，则应重新进行测定。

计算两次平行测定的平均值，结果精确至0.1%。

8.1.3 **B法**

8.1.3.1 **原理**

将经干燥的样品溶于盐酸中，在惰性氛围下用氯化钛(Ⅲ)溶液将三价铁还原为二价铁，再用重铬酸钾标准滴定溶液滴定二价铁，以电位法指示滴定终点。

8.1.3.2 **试剂**

所用试剂未注明要求时均应采用分析纯试剂，并使用符合GB/T 6682规定的纯度至少为三级的水。

警告——应按适当的健康和安全规则来使用试剂。

8.1.3.2.1 浓盐酸：质量分数约37%，$\rho\approx1.19$ g/mL。

8.1.3.2.2 盐酸：1+50

1体积的浓盐酸(8.1.3.2.1)加入到50体积的水中。

8.1.3.2.3 浓氢氟酸：质量分数约40%，$\rho\approx1.13$ g/mL。

8.1.3.2.4 硫酸：1+1

小心地将1体积硫酸(质量分数约96%，$\rho\approx1.84$ g/mL)加至1体积水中。

8.1.3.2.5 氯化钛(Ⅲ)溶液：质量分数为15%

将氯化钛溶解于浓盐酸中，同时以氮气覆盖溶液。在氮气氛围下用煮沸冷却的蒸馏水稀释至规定浓度，贮存备用。

8.1.3.2.6 重铬酸钾标准滴定溶液：$c(1/6K_2Cr_2O_7)\approx0.25$ mol/L

按GB/T 601—2002中4.5.2规定进行。基准重铬酸钾称取量约12.26 g±0.60 g。

8.1.3.2.7 焦硫酸钾

8.1.3.3 **仪器**

使用普通实验室仪器以及下列仪器：

8.1.3.3.1 自动电位滴定仪

8.1.3.3.2 铂电极

8.1.3.3.3 银/氯化银电极

8.1.3.4 **步骤**

8.1.3.4.1 **试样的前处理**

平行测定两次。

取适量试样于105℃下干燥1 h，根据预计铁含量(表1)称取0.3 g～1.0 g干燥试样(精确至0.1 mg)。

将试样置于400 mL烧杯中，加25 mL盐酸(8.1.3.2.1)，盖上表面皿，加热至80℃～90℃使其溶解。如果有不溶物出现，加50 mL水，摇动，用滤纸过滤。用热盐酸(8.1.3.2.2)洗涤残余物直至无黄色(三价铁)出现。然后再用热水洗涤一次或二次。将滤纸及残余物置于铂坩埚中，干燥，灰化，然后于750℃～800℃下灼烧，冷却。用稀硫酸(8.1.3.2.4)浸取坩埚中的残余物，加5 mL氢氟酸(8.1.3.2.3)，缓慢加热分解二氧化硅和硫酸。

在冷却后的坩埚中加入2 g焦硫酸钾(8.1.3.2.7)，先缓慢加热，然后再加强热至形成透明熔融物。

冷却,将坩埚置于 250 mL 烧杯中,加 50 mL 热水,5 mL 盐酸(8.1.3.2.1),缓慢加热溶解熔融物。取出坩埚并用水淋洗,收集淋洗液于溶液中。转移所得溶液于最初的烧杯中。

8.1.3.4.2 测定

用水稀释上述所得溶液至约 300 mL,加入 25 mL 盐酸(8.1.3.2.1),加热至 80℃～90℃。在惰气(如氮气)覆盖下边搅拌边滴加氯化钛(Ⅲ)溶液(8.1.3.2.5),直至溶液颜色刚变为无色,然后再过量一至二滴。冷却。此时两电极间电位应低于 300 mV。

分两步用重铬酸钾标准滴定溶液(8.1.3.2.6)滴定。滴定过量氯化钛(Ⅲ)溶液即电位达 300 mV 时所耗重铬酸钾标准滴定溶液的体积为 V_2,继续滴定至电位从 750 mV 突跃至 800 mV,此时所耗重铬酸钾标准溶液的总体积为 V_3。

注:可使用不同型号的电极(如复合电极),但要注意所测得的滴定终点电位是有差异的。

8.1.3.5 结果的表示

按式(3)或式(4)计算氧化铁(Fe_2O_3)含量 w,以质量分数(%)表示:

$$w=\frac{(V_3-V_2)\times c_2\times 0.079\,846}{m_2}\times 100 \qquad (3)$$

即

$$w=\frac{(V_3-V_2)\times c_2\times 7.984\,6}{m_2} \qquad (4)$$

式中:

m_2——试样的质量,单位为克(g);

V_2——电位达 300 mV 时滴定所消耗的重铬酸钾标准滴定溶液(8.1.3.2.6)的体积,单位为毫升(mL);

V_3——滴定所消耗的重铬酸钾标准滴定溶液(8.1.3.2.6)的总体积,单位为毫升(mL);

c_2——重铬酸钾标准滴定溶液(8.1.3.2.6)的浓度,单位为摩尔每升(mol/L);

0.079 846——与 1.00 mL 重铬酸钾标准滴定溶液[$c(1/6K_2Cr_2O_7)=1$ mol/L]相当的以克表示的氧化铁(Fe_2O_3)质量。

8.2 105℃挥发物的测定

按 GB/T 5211.3 中的规定进行。

8.3 水溶物的测定

按 GB/T 5211.2 中的规定进行,试样量取 5 g。

8.4 水溶性氯化物和硫酸盐的测定

按 GB/T 5211.11 中的规定进行。

8.5 筛余物的测定

按 GB/T 5211.18 中的规定进行。试样量取 10 g,分散剂为六偏磷酸钠,其加量为试样量的 4%。

8.6 水萃取液酸碱度的测定

按 GB/T 5211.13 中的规定进行,试样量取 5 g。

8.7 铬酸铅的试验

8.7.1 试剂

所用试剂均应采用分析纯试剂,并使用符合 GB/T 6682 规定的纯度至少为三级的水。

警告——应按适当的健康和安全规则来使用试剂。

8.7.1.1 硝酸:1+5

1 体积浓硝酸(质量分数约 70%,$\rho\approx1.42$ g/mL)加入到 5 体积的水中。

8.7.1.2 碘化钾溶液:100 g/L

8.7.2 步骤

称取约 1 g 干燥试样于 250 mL 烧杯中,加 100 mL 硝酸(8.7.1.1),强烈搅拌,过滤,然后往滤液中加几毫升碘化钾溶液(8.7.1.2)。

出现黄色结晶表示有铅存在。

8.8 总钙量(以 CaO 表示)的测定

8.8.1 总则

提供了两种方法:A 法 火焰原子吸收光谱法和 B 法 滴定法。仲裁时选用 A 法 火焰原子吸收光谱法。

8.8.2 A 法 火焰原子吸收光谱法

8.8.2.1 原理

干燥试样溶解于盐酸中。用氢氟酸使二氧化硅挥发。将试验溶液吸入到乙炔/一氧化二氮火焰中,测量由钙空心阴极灯或钙离子灯发射的选择谱线波长在 422.7 nm 处的吸收。

8.8.2.2 试剂和材料

所用试剂未注明要求时均应采用分析纯试剂,并使用符合 GB/T 6682 规定的纯度至少为三级的水。

警告——应按适当的健康和安全规则来使用试剂。

8.8.2.2.1 浓盐酸:质量分数约 37%,$\rho \approx 1.19$ g/mL。

8.8.2.2.2 浓氢氟酸:质量分数约 40%,$\rho \approx 1.13$ g/mL。

8.8.2.2.3 浓硫酸:质量分数约 96%,$\rho \approx 1.84$ g/mL。

8.8.2.2.4 氯化铯溶液:76 g/L。

应使用高纯氯化铯。

8.8.2.2.5 钙标准储备溶液:每升含 1 g 钙。

有两种配制方法:

a) 将准确含有 1 g 钙的一安瓿标准钙溶液移入 1 000 mL 容量瓶中,用水稀释至刻度,并充分摇匀。

b) 称取 2.497 g(精确至 1 mg)碳酸钙于 1 000 mL 容量瓶中,加约 5 mL 盐酸(8.8.2.2.1)溶解,用水稀释至刻度,并充分摇匀。

1 mL 此标准储备溶液含 1 mg 钙。

8.8.2.2.6 钙标准溶液:每升含 100 mg 钙。

此溶液应在使用的当天配制。

移取 100 mL 钙标准储备溶液(8.8.2.2.5)于 1 000 mL 容量瓶中,用水稀释至刻度,并充分摇匀。

1 mL 此标准溶液含 100 μg 钙。

8.8.2.2.7 乙炔:工业级,装在钢瓶中。

8.8.2.2.8 一氧化二氮

8.8.2.3 仪器

普通实验室仪器以及下列仪器:

8.8.2.3.1 火焰原子吸收光谱仪:适于波长在 422.7 nm 处测量,并装有一个可通入乙炔和一氧化二氮的燃烧器。

8.8.2.3.2 钙空心阴极灯或钙离子灯

8.8.2.4 步骤

8.8.2.4.1 标准曲线的绘制

8.8.2.4.1.1 标准参比溶液的制备

这些溶液应在使用的当天配制。

用滴定管按表 8 所示的体积数将钙标准溶液(8.8.2.2.6)分别加到七个 100 mL 容量瓶中,分别加入 10 mL 氯化铯溶液(8.8.2.2.4)和 5 mL 盐酸(8.8.2.2.1),再用水稀释至刻度,并充分摇匀。

表 8 参比溶液

标准参比溶液 No.	钙标准溶液(8.8.2.2.6)的体积/mL	标准参比溶液中钙的浓度/μg/mL
0	0	0
1	0.2	0.2
2	1	1
3	2	2
4	4	4
5	8	8
6	10	10

8.8.2.4.1.2 **光谱测量**

将钙光谱源(8.8.2.3.2)安装在光谱仪(8.8.2.3.1)上,使仪器处于测定钙的最佳条件。按照使用说明书调节仪器,为取得最大吸收,应将波长调至 422.7 nm 处。

根据燃烧器的特性调节乙炔(8.8.2.2.7)和一氧化二氮(8.8.2.2.8)的流量,并点燃火焰。设置读数范围(假如有此装置),使标准参比溶液 No.6(表 8)几乎给出一个满刻度偏转。

分别使每个标准参比溶液以浓度上升的顺序(以标准参比溶液 No.0 开始,以标准参比溶液 No.6 结束)通过抽吸进入火焰,重复使用标准参比溶液 No.5 以证实该装置已达到稳定。在每次测量之间都要吸入水使之通过燃烧器,并且每次必须保持相同的吸入率。

8.8.2.4.1.3 **标准曲线**

以标准参比溶液中钙的浓度(以 μg/mL 计)为横坐标,以相应的吸光度减去标准参比溶液 No.0 的吸光度为纵坐标,绘制曲线。

8.8.2.4.2 **试样的前处理**

平行测定两次。

取适量试样于 105℃下干燥 1 h,称量约 1 g(精确至 1 mg)干燥试样于 100 mL 烧杯中,加 25 mL 盐酸(8.8.2.2.1),盖上表面皿,加热至 80℃～90℃使其溶解。蒸发盐酸至残余物近干,加 50 mL 水和 5 mL 盐酸(8.8.2.2.1),加热溶解残余物并将溶液过滤至 100 mL 容量瓶中,确定所有不溶物完全被转移至滤纸上,再用热水洗涤滤纸。

将滤纸及残余物置于铂坩埚中,干燥,灰化。加入 10 mL 氢氟酸(8.8.2.2.2)和 0.5 mL 硫酸(8.8.2.2.3),小心蒸发至干以使二氧化硅挥发。用少量盐酸(8.8.2.2.1)溶解残余物并将溶液转移至 100 mL 容量瓶中,加 10 mL 氯化铯溶液(8.8.2.2.4),用水稀释至刻度。

8.8.2.4.3 **测定**

按 8.8.2.4.1.2 规定调整光谱仪后测量试验溶液的吸光度。如果试验溶液的吸光度高于浓度最高的标准参比溶液的吸光度,可用已知体积的水适当地稀释试验溶液(稀释因子 F)。在标准曲线范围内对试验溶液测量三次,为证实仪器的灵敏度没有变化,需再测定标准参比溶液 No.5 的吸光度。将三次测量的吸光度分别减去标准参比溶液 No.0 的吸光度,计算校正后吸光度的平均值并据此从标准曲线上查得钙浓度。

8.8.2.5 **结果的表示**

按式(5)或式(6)计算氧化钙含量 $w(\mathrm{CaO})$,以质量分数(%)表示:

$$w(\mathrm{CaO}) = \frac{\rho(\mathrm{Ca}) \times 100 \times 1.3992 \times F}{m_3 \times 10^6} \times 100 \qquad \cdots\cdots(5)$$

即

$$w(\mathrm{CaO}) = \frac{\rho(\mathrm{Ca}) \times 1.3992 \times F}{m_3 \times 100} \qquad \cdots\cdots(6)$$

式中：

$\rho(Ca)$——从标准曲线查得的试验溶液中钙的浓度，单位为微克每毫升(μg/mL)；

F——8.8.2.4.3 中所述的稀释因子；

m_3——试样的质量，单位为克(g)；

1.399 2——每克钙(Ca)相当于氧化钙(CaO)克数的转换因子。

如果两次平行测定结果之差大于表 9 中所规定的数值，则应重新进行测定。

计算两次平行测定的平均值，结果精确至两位有效数字。

表 9　两次测定结果最大允许差

钙含量(质量分数)/ %	最大允许差(质量分数)/ %
0.001～0.01	0.000 5
>0.01，≤0.1	0.005
>0.1，≤5	0.05

8.8.3　滴定法

8.8.3.1　原理

干燥试样溶解于盐酸中。用甲基异丁基酮萃取溶液中的铁，溶液中钙以草酸钙沉淀析出。草酸钙溶解于硫酸中，用高锰酸钾标准滴定溶液滴定释放出的草酸。

8.8.3.2　试剂

所用试剂未注明要求时均应采用分析纯试剂，并使用符合 GB/T 6682 规定的纯度至少为三级的水。

警告——应按适当的健康和安全规则来使用试剂。

8.8.3.2.1　浓盐酸：质量分数约 37%，$\rho\approx1.19$ g/mL。

8.8.3.2.2　盐酸：1+1。

1 体积的浓盐酸(8.8.3.2.1)加入到 1 体积的水中。

8.8.3.2.3　浓氢氟酸：质量分数约 40%，$\rho\approx1.13$ g/mL。

8.8.3.2.4　浓硫酸：质量分数约 96%，$\rho\approx1.84$ g/mL。

8.8.3.2.5　硫酸：1+4

小心地将 1 体积浓硫酸(8.8.3.2.4)加至 4 体积的水中。

8.8.3.2.6　醋酸：质量分数 99%～100%

8.8.3.2.7　浓氨水：质量分数约 25%，$\rho\approx0.9$ g/mL，不含二氧化碳。

8.8.3.2.8　草酸铵：饱和溶液。

8.8.3.2.9　草酸铵溶液：1 g/L。

8.8.3.2.10　高锰酸钾标准滴定溶液：$c(1/5KMnO_4)\approx0.1$ mol/L。

按 GB/T 601—2002 中 4.12 规定进行。

8.8.3.2.11　甲基红乙醇溶液：1 g/L。

8.8.3.2.12　甲基异丁基酮

8.8.3.3　步骤

8.8.3.3.1　试样的前处理

平行测定两次。

取适量试样于 105℃下干燥 1 h，称量约 10 g(精确至 1 mg)干燥试样于瓷皿中。

将瓷皿置于马弗炉中于 750℃下加热 1 h，冷却。将试样溶解于 100 mL 浓盐酸(8.8.3.2.1)中，蒸发至干。将残余物置于150℃下加热1 h,冷却后溶解于50 mL浓盐酸中。

加50 mL水稀释,过滤,用稀盐酸(8.8.3.2.2)洗涤。

将滤纸及残余物置于铂坩埚中,干燥,灰化。加入氢氟酸(8.8.3.2.3)和硫酸(8.8.3.2.4),小心蒸发至干以使二氧化硅挥发。用稀盐酸(8.8.3.2.2)溶解残余物并将溶液加入到上述步骤所得溶液中。将溶液转移至250 mL分液漏斗中。

8.8.3.3.2 测定

加60 mL稀盐酸(8.8.3.2.2)到分液漏斗中,用60 mL甲基异丁基酮(8.8.3.2.12)把铁萃取出,如果溶液仍有色,则再萃取第2次。倒出水相,收集于烧杯中,在有甲基红(8.8.3.2.11)存在下用氨液中和。然后用稍微过量的醋酸(8.8.3.2.6)酸化溶液。

将溶液煮沸,加入50 mL热的饱和草酸铵溶液(8.8.3.2.8)。继续煮沸直至沉淀变为粒状为止,静止约1 h,过滤,并用稀草酸铵溶液(8.8.3.2.9)洗涤,直至滤液无氯离子为止。最后用最少量的冷水洗去草酸铵。

将烧杯置于漏斗下,用玻璃棒击穿滤纸的尖部,用热水将沉淀物冲洗至烧瓶中,用约30 mL温热硫酸(8.8.3.2.5)洗涤滤纸,用水稀释烧杯中的溶液至约250 mL,在75℃左右用高锰酸钾标准滴定溶液(8.8.3.2.10)滴定,滴定结束时溶液温度应不低于60℃。记录所耗高锰酸钾标准滴定溶液的体积(V_4)。

8.8.3.4 结果的表示

按式(7)或式(8)计算氧化钙含量$w(\mathrm{CaO})$,以质量分数(%)表示:

$$w(\mathrm{CaO}) = \frac{V_4 c_3 \times 0.028\,04}{m_4} \times 100 \quad \cdots\cdots(7)$$

即

$$w(\mathrm{CaO}) = \frac{2.804 \times c_3 V_4}{m_4} \quad \cdots\cdots(8)$$

式中:

m_4——试样的质量,单位为克(g);

V_4——滴定所消耗的高锰酸钾标准滴定溶液(8.8.3.2.10)的体积,单位为毫升(mL);

c_3——高锰酸钾标准滴定溶液(8.8.3.2.10)的浓度,单位为摩尔每升(mol/L);

0.028 04——与1.00 mL高锰酸钾标准滴定溶液[$c(1/5\mathrm{KMnO_4})=1$ mol/L]相当的以克表示的氧化钙(CaO)质量。

如果两次平行测定结果之差大于0.05%(质量分数),则应重新进行测定。

计算两次平行测定的平均值,结果精确至0.1%(质量分数)。

8.9 有机着色物的试验

8.9.1 试剂

所用试剂均应采用分析纯试剂,并使用符合GB/T 6682规定的纯度至少为三级的水。

警告——应按适当的健康和安全规则来使用试剂。

8.9.1.1 乙醇:体积分数约95%。

8.9.1.2 氢氧化钠乙醇溶液:1 mol/L。

8.9.1.3 1,1,1-三氯乙烷

8.9.2 步骤

8.9.2.1 试样

分别称取试样2 g于两支试管中。

8.9.2.2 测定

在一份试样中加25 mL水,煮沸,让其澄清,并倒出上层清液。

在残余物中加25 mL乙醇(8.9.1.1),如上述方法处理倒出上层清液。

再往残余物中加 25 mL 氢氧化钠溶液(8.9.1.2),再次如上述方法处理倒出上层清液。

在另一份试样中加 25 mL 1,1,1-三氯乙烷(8.9.1.3),煮沸,让其澄清,并倒出上层清液。

观察上述清液的颜色。

8.9.3 结果的表示

报告上述溶液是否有色,如果上述溶液中有一个着色,则认为存在有机着色物。

注:这些溶液的无色表明颜料中几乎没有或者很少有有机着色物存在。有机着色物的存在也可以通过煅烧颜料时的特殊气味鉴别出来。

8.10 水悬浮液 pH 值的测定

按 GB/T 1717 中的规定进行。

8.11 吸油量的测定

按 GB/T 5211.15 中的规定进行。

8.12 颜色的测定

8.12.1 总则

提供了二种方法:A 法 目视法和 B 法 仪器法。可商定选用其中任一方法。

注:制备颜料分散体时能达到平磨仪分散效果的其他分散设备也可使用。

8.12.2 A 法 目视法

按 GB/T 1864 中的规定进行。建议试样量为 1.0 g,精制亚麻仁油加量:氧化铁红和氧化铁黑颜料为 0.5 mL,氧化铁黄和氧化铁棕颜料为 1.0 mL,待研磨 200 转后,再补加 0.5 mL,研磨 25 转。

注:根据颜料吸油量大小可适当调整油的用量。

8.12.3 B 法 仪器法

按 GB/T 5211.20 中的规定进行。

8.13 相对着色力的测定

8.13.1 总则

提供了二种方法:A 法 目视法和 B 法 仪器法。可商定选用其中任一方法。

注:制备颜料分散体时能达到平磨仪分散效果的其他分散设备也可使用。

8.13.2 A 法 目视法

按 GB/T 5211.19 中的规定进行。建议氧化铁红和氧化铁黑颜料分散体的制备:取 3.0 g 颜料和 1.5 g 漆基。冲淡色浆的制备:取 3.0 g 白浆和颜料分散体 0.36 g。氧化铁黄和氧化铁棕颜料分散体的制备:取 1.0 g 颜料和 1.5 g 漆基。冲淡色浆的制备:取 3.0 g 白浆和颜料分散体 0.6 g。

注:根据需要可适当调整漆基用量和冲淡比例。

8.13.3 B 法:仪器法

按 GB/T 13451.2 中的规定进行。

9 检验规则

9.1 检验分类

9.1.1 产品检验分为出厂检验和型式检验。

9.1.2 出厂检验项目包括总铁量、105℃挥发物、水溶物、筛余物、水悬浮液 pH 值、颜色和相对着色力。

9.1.3 型式检验项目包括本标准所列的全部技术要求。水溶性氯化物和硫酸盐、水萃取液酸碱度、铬酸铅的试验、总钙量、有机着色物的试验和吸油量在正常生产情况下每半年检验一次。当遇新产品投产、产品配方和主要原料等有变化时,应进行型式检验。

9.2 检验结果的判定

9.2.1 检验结果的判定按 GB/T 1250 中修约值比较法进行。

9.2.2 所有项目的检验结果均达到本标准要求时,该试验样品为符合本标准要求。

10 标志、包装、运输和贮存

10.1 标志

产品包装袋上应印有牢固、清晰的标志,包括生产厂名称、厂址、产品名称、注册商标、标准代号、型号、生产批号、净含量、生产日期及规定的“防潮”标志。

10.2 包装

产品可用塑料编织袋内衬塑料薄膜袋包装,也可用其他适宜的包装材料包装。

10.3 运输

运输、装卸时要轻装、轻卸,防止包装污染和破损。产品在运输中应防止雨淋和日光曝晒。

10.4 贮存

产品应按分类、分批存放在通风干燥处,严禁与产品可发生反应的物品接触,并注意防潮。未开包装的颜料有效贮存期为三年。

超过贮存期的产品可按本标准规定的项目进行型式检验,如结果符合要求仍可使用。

附 录 A
(资料性附录)
含汞废液的处理

为避免铁含量测定产生的含汞废液直接排放到环境中，应收集这些溶液并处理除去其中所含的汞。

一种合适的处理装置如下

按照图 A.1 所示将 3 个 10 L 的塑料瓶连接(把膨胀盒引入到连接线中以降低因剧烈反应而使压力增加带来的危险)。在前面 2 个瓶子中分别盛放 3 kg 铝或铁条以诱发汞电化学沉淀。

在最终排放前将从第 3 个瓶子中排放出的溶液引入到中和容器中，在废液输入到回收工厂前用倾析法不时地移去沉积的汞泥。如有必要更换铝条或铁条。

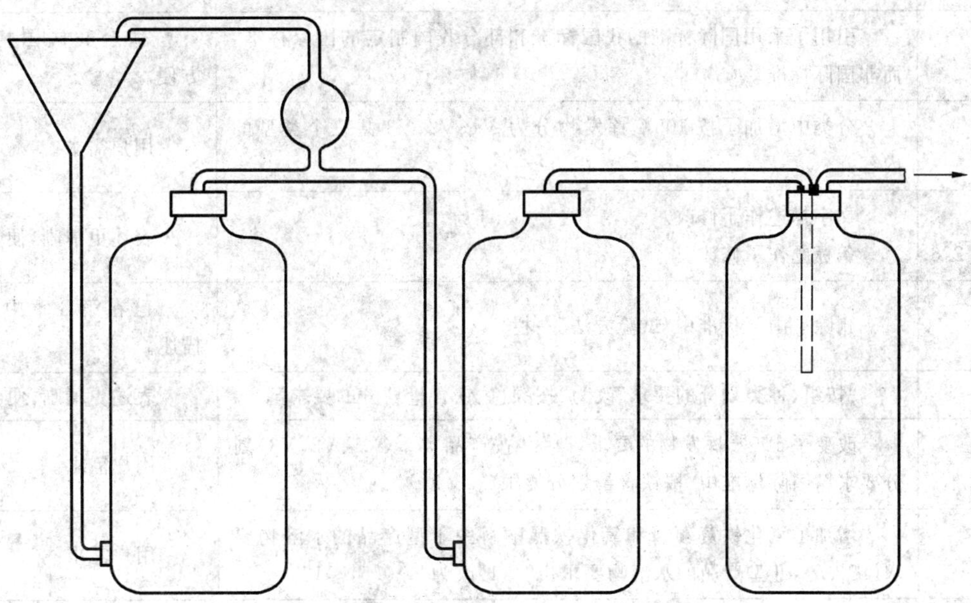

图 A.1 废液中汞处理装置

附　录　B
（资料性附录）
本标准与 ISO 1248:2006 的技术性差异及其原因

表 B.1 给出了本标准与 ISO 1248:2006 的技术性差异及其原因的一览表。

表 B.1　本标准与 ISO 1248:2006 的技术性差异及其原因

本标准的章条编号	技术性差异	原因
1	在范围中增加了"检验规则及标志、包装、运输和贮存"等规定。 增加了"主要应用于涂料工业用产品。其他如建筑、造纸、橡胶、塑料等工业用产品也可参照使用"的说明。	使标准适用范围更明确，符合我国习惯。
2	引用了采用国际标准的我国标准和部分我国制定的国家标准，而非国际标准。	适合我国国情，使用更方便。
4.1 4.2.6	分类中增加了按 105℃挥发物分为 V1、V2、V3 共三个类型的内容。	用户需求。
4.1、5 4.2.1～4.2.6	文字描述作了修改。 条标题作了修改。	表述更清晰，便于理解。
表 6 表 7	删除了国际标准中"试验方法"一栏。	已在第 8 章中分别详细描述。
表 6	"按组、种类划分的要求"改为"按颜色、铁含量划分的要求"。	表述更清晰，便于理解。
表 6	改变了 105℃挥发物的要求，改为"按产品类型（V1、V2、V3）划分要求"，国际标准中"按铁含量划分要求"。	用户需求。
表 2 表 6	增加了氧化铁黄颜料和氧化铁黑颜料中Ⅰ型产品的水溶物要求（≤0.5），Ⅱ型产品的水溶物要求由"≤1"改为"＞0.5，≤1"。	用户需求。
表 7	"水悬浮液 pH 值"要求以"商定"代替国际标准中"与商定参照颜料相差不大于 1 pH 单位"； "吸油量"要求以"商定"代替国际标准中"与商定参照颜料相差不大于 15％"； "颜色"和"相对着色力"要求以"商定"代替国际标准中"与商定参照颜料相比，在双方商定的容许范围内"。	用户需求，实施更方便。
8	增加了"第 8 章　试验方法"，将国际标准中第 8～11 章内容并入第 8 章中。	使标准内容更清晰，符合国内使用习惯。
8.1.1 8.8.1 8.12.1 8.13.1	增加了"总则"条款。	表述更清晰，便于理解。
8.1 8.8	删除了国际标准的第 8.1.5.2、8.2.5.2、10.1.5.2 和 10.2.5.2 条关于精密度的条款和第 8.1.3 和 10.2.3 条关于仪器的条款。	目前尚无相关精密度数据，故删除此条款； 使用的均为普通实验室仪器，故删除此条款。

表 B.1(续)

本标准的章条编号	技术性差异	原因
8.1.2.2.8 8.1.3.2.6	改变了重铬酸钾标准溶液的标定方法,改为按 GB/T 601—2002 中 4.5.2 规定方法标定溶液。国际标准中用氧化铁标准物质按测定样品的步骤标定溶液。	目前国内无氧化铁标准物质; 适合我国国情,使用更方便。
8.1.2.3.1	删除了国际标准中操作步骤的条编号。	文本表述前后一致。
8.1.2.4 8.1.3.5 8.8.2.5 8.8.3.4	改变了计算公式的表示方式; 删除了计算公式中的单位“%”。	适合我国国情,便于实际操作; 符合行业习惯的表示方式。
8.8.3.2.10	改变了高锰酸钾标准溶液的标定方法,改为按 GB/T 601—2002 中 4.12 规定方法标定溶液。国际标准中用优级纯草酸钙按测定样品的步骤标定溶液。	适合我国国情,使用更方便。
8.3～8.6 8.12.2 8.13.2	对试验条件作了具体补充规定。	便于操作。
8.12.3 8.13.3	增加了仪器法测定颜色和相对着色力的方法。	仪器法测色已经得到广泛应用; 用户需求。
9～10	增加了“第 9 章　检验规则”和“第 10 章　标志、包装、运输和贮存”。 删除了国际标准的“前言”和“第 12 章　试验报告”。	适合我国国情,用户需求。

参 考 文 献

[1] GB/T 603 化学试剂 试验方法中所用制剂及制品的制备(GB/T 603—2002,neq ISO 6353-1:1982)

[2] GB/T 6682 分析实验室用水规格和试验方法(GB/T 6682—1992,neq ISO 3696:1987)

[3] HG/T 2457 颜料产品检验、标志、包装、运输和贮存通则(HG/T 2457—1993)

[4] ISO 10601 色漆用云母氧化铁颜料 规格和试验方法

[5] ANSMANN,W,Arch. Eisenhüttenw.,53(10),1982,p. 390

ICS 71.100.01;87.060.10
G 57

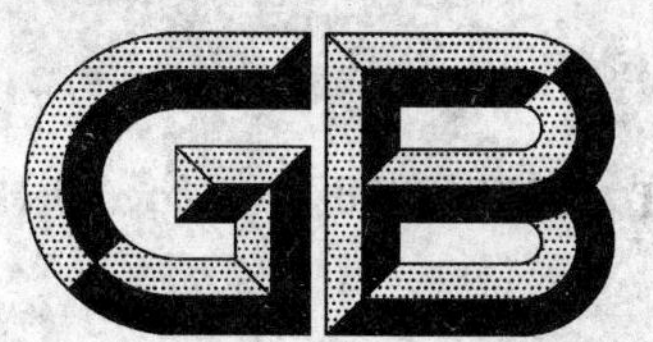

中华人民共和国国家标准

GB/T 1867—2008
代替 GB/T 1867—1997

还原蓝 RSN
(C.I.还原蓝4)

Vat blue RSN
(C.I. Vat blue 4)

2008-05-15 发布　　2008-11-01 实施

中华人民共和国国家质量监督检验检疫总局
中国国家标准化管理委员会　发布

前 言

本标准代替 GB/T 1867—1997《还原艳蓝 5RL(还原蓝 RSN)》。

本标准与 GB/T 1867—1997 的主要差异如下：

——将标准名称修改为《还原蓝 RSN(C.I.还原蓝 4)》；

——调整了外观指标(见 3.1)；

——取消了标准指标的分级(1997 年版的 3.2)；

——取消了水分含量、筛分细度和颗粒细度指标及相应的测定方法(1997 年版的 3.2、5.4、5.5、5.6)；

——增加了防尘性、大颗粒、有害芳香胺的量和重金属元素的量指标和测定方法(本版的 3.2、5.5、5.6、5.7、5.8)；

——调整了 1/1 染色标准深度，取消了耐热压中立即评级、耐丝光色牢度指标，增加了耐汗光色牢度指标和测定方法(本版的 3.3 和 5.9.8，1997 年版的 3.3)；

——取消了适用于细粉剂型产品的染色方法(1997 年版的 5.2.3)；

——增加了轧染法测定色光和强度的方法(本版的 5.2.2)；

——增加了箱包装内容(本版的 7.2)。

本标准由中国石油和化学工业协会提出。

本标准由全国染料标准化技术委员会(SAC/TC 134)归口。

本标准起草单位：徐州开达精细化工有限公司、亚邦化工集团有限公司、沈阳化工研究院。

本标准主要起草人：李振奎、董仲生、张回、付萍、张满中。

本标准 1965 年首次发布为化工部颁标准 HG 2-305—1965，1980 年修订并调整为国家标准 GB 1867—1980；1997 年修订为 GB/T 1867—1997。

还原蓝 RSN
(C. I. 还原蓝 4)

1 范围

本标准规定了还原蓝 RSN(C. I. 还原蓝 4,还原艳蓝 5RL)产品的要求、采样、试验方法、检验规则以及标志、标签、包装、运输和贮存。

本标准适用于还原蓝 RSN 的产品质量控制。该产品主要用于纤维素纤维的染色。

结构式:

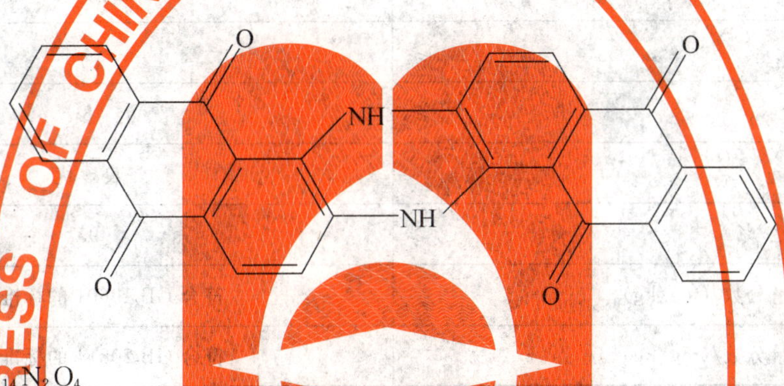

分子式:$C_{28}H_{14}N_2O_4$

相对分子质量:442.43(按 2005 年国际相对原子质量)

CAS:81-77-6

2 规范性引用文件

下列文件中的条款通过本标准的引用而成为本标准的条款。凡是注日期的引用文件,其随后所有的修改单(不包括勘误的内容)或修订版均不适用于本标准,然而,鼓励根据本标准达成协议的各方研究是否可使用这些文件的最新版本。凡是不注日期的引用文件,其最新版本适用于本标准。

GB/T 2374—2007 染料 染色测定的一般条件规定

GB/T 2377—2006 还原染料 色光和强度的测定

GB/T 3920—1997 纺织品 色牢度试验 耐摩擦色牢度(eqv ISO 105-X12:1993)

GB/T 3921.4—1997 纺织品 色牢度试验 耐洗色牢度:试验 4(eqv ISO 105-C04:1989)

GB/T 3922—1995 纺织品耐汗渍色牢度试验方法(eqv ISO 105-E04:1994)

GB/T 4467—2006 染料 悬浮液分散稳定性的测定

GB/T 4841.1—2006 染料染色标准深度色卡 1/1

GB/T 5542—2007 染料 大颗粒的测定 单层滤布过滤法

GB/T 6152—1997 纺织品 色牢度试验 耐热压色牢度(eqv ISO 105-X11:1994)

GB/T 6678—2003 化工产品采样总则

GB/T 6693—1997 染料粉尘飞扬性的测定(idt ISO 105-Z05:1996)

GB/T 7069—1997 纺织品 色牢度试验 耐次氯酸盐漂白色牢度(eqv ISO 105-N01:1993)

GB/T 8427—1998 纺织品 色牢度试验 耐人造光色牢度:氙弧(eqv ISO 105-B02:1994)

GB/T 14576—1993 纺织品耐光、汗复合色牢度试验方法

GB 19601 染料产品中 23 种有害芳香胺的限量及测定

GB 20814　染料产品中10种重金属元素的限量及测定

HG/T 3399—2001　染料扩散性能的测定

3　要求

3.1　外观：深蓝色至黑色颗粒或均匀粉末。

3.2　还原蓝RSN的质量应符合表1的规定。

表1　还原蓝RSN的质量要求

项　　目	指　　标
1.强度(为标准品的)/分	100
2.色光(与标准品)	近似～微
3.扩散性能/级　　≥	4
4.防尘性/级　　≥	3
5.大颗粒/级	良～优
6.悬浮液分散稳定性/%　　≥	95
7.有害芳香胺的质量分数/(mg/kg)	符合GB 19601的标准要求
8.重金属元素的质量分数/(mg/kg)	符合GB 20814的标准要求

3.3　还原蓝RSN在纯棉织物上的色牢度应不低于表2的规定。

表2　还原蓝RSN在纯棉织物上的色牢度

<table>
<tr><th rowspan="3">染色深度</th><th rowspan="3">耐光(氙弧)</th><th colspan="2" rowspan="2">耐汗光</th><th colspan="3" rowspan="2">耐　洗
95℃</th><th colspan="6">耐　汗　渍</th><th colspan="2" rowspan="2">耐摩擦</th><th rowspan="2">耐热压
200℃</th><th rowspan="3">耐次氯酸盐漂白</th></tr>
<tr><th colspan="3">酸</th><th colspan="3">碱</th></tr>
<tr><th>酸</th><th>碱</th><th>变色</th><th>棉沾</th><th>粘沾</th><th>变色</th><th>棉沾</th><th>毛沾</th><th>变色</th><th>棉沾</th><th>毛沾</th><th>干</th><th>湿</th><th>变色
(4 h后)</th></tr>
<tr><td>1/1</td><td>7</td><td>4～5</td><td>4～5</td><td>4</td><td>4～5</td><td>4～5</td><td>4</td><td>4～5</td><td>4～5</td><td>4</td><td>4～5</td><td>4～5</td><td>4</td><td>3</td><td>4</td><td>1～2</td></tr>
<tr><td colspan="17">注：4%(owf)相当于1/1染色标准深度。</td></tr>
</table>

4　采样

以批为单位采样，生产厂以一次拼混均匀的产品为一批。每批采样桶数应符合GB/T 6678—2003中7.6的规定。所采样产品的包装应完好，采样时勿使外界杂质落入产品中。用探管从桶上、中、下三部分采样，所采样品总量不得少于200 g。将所采样品充分混匀后，分装于两个清洁、干燥、密封良好的容器中，其上粘贴标签。注明：产品名称、批号、生产厂名称、采样日期、地点。一个供检验，一个保存备查。

5　试验方法

5.1　外观的评定

采用目视评定。

5.2 色光和强度的测定

5.2.1 浸染法(仲裁检验方法)

5.2.1.1 染色一般条件

染色的一般条件应符合 GB/T 2374—2007 的有关规定。染色按 GB/T 2377—2006 中甲法全浴还原进行。

染色用棉布或棉纱:5 g,浴比:1∶40;或用 10 g 棉纱,浴比:1∶20。染色深度:2%(owf)。

5.2.1.2 还原液配制

每升 60℃的水中,加入 400 g/L 的氢氧化钠溶液 15 mL,85%的保险粉 5 g,充分搅拌溶解配成还原液。此溶液临用前配制。

5.2.1.3 染液配方

以 5g 棉布或棉纱染色为例,染液配方如表 3 所示。

如用 10 g 棉纱,表 3 中染料用量增加一倍。

表 3 染液配方

染 缸 编 号	1	2	3	4	5
染料标准品的质量/g	0.095 0	0.100 0	0.105 0	—	—
染料样品的质量/g	—	—	—	0.100 0	0.105 0
95%乙醇的体积/mL	1	1	1	1	1
100 g/L 渗透剂 BX 溶液的体积/mL	1	1	1	1	1
还原液的体积/mL	198	198	198	198	198

5.2.1.4 染色操作

按 GB/T 2377—2006 中 6.2.2 的规定进行。

5.2.1.5 氧化

按 GB/T 2377—2006 中 6.2.3.1 的规定,空气氧化。

5.2.1.6 皂煮

按 GB/T 2377—2006 中 6.2.4 的规定进行。

5.2.2 轧染法

轧染深度为 20 g/L,轧染操作按 GB/T 2377—2006 中 6.3 的规定进行。

5.2.3 色光和强度的评定

按 GB/T 2374—2007 中第 7 章的有关规定进行。

5.3 扩散性能的测定

按 HG/T 3399—2001 的规定进行。

5.4 悬浮液分散稳定性的测定

按 GB/T 4467—2006 中 6.2.2 的规定进行。

5.5 大颗粒的测定

按 GB/T 5542—2007 中 5.2 的规定进行。

5.6 防尘性的测定

按 GB/T 6693—1997 的规定进行。

5.7 有害芳香胺的量的测定

按 GB 19601 的规定进行。

5.8 重金属元素的量的测定

按 GB 20814 的规定进行。

5.9 在纯棉织物上色牢度的测定

5.9.1 一般规定

所有色牢度的测试样应按 GB/T 4841.1—2006 的规定染成 1/1 染色标准深度。

5.9.2 耐摩擦色牢度的测定

耐摩擦色牢度按 GB/T 3920—1997 的规定进行。

5.9.3 耐洗色牢度的测定

耐洗色牢度按 GB/T 3921.4—1997 的规定进行。

5.9.4 耐汗渍色牢度的测定

耐汗渍色牢度按 GB/T 3922—1995 的规定进行。

5.9.5 耐热压色牢度的测定

耐热压色牢度按 GB/T 6152—1997 的规定进行，200℃干压(4 h 后评定)。

5.9.6 耐光色牢度的测定

耐光色牢度按 GB/T 8427—1998 的规定进行。

5.9.7 耐次氯酸盐漂白色牢度的测定

耐次氯酸盐漂白色牢度按 GB/T 7069—1997 的规定进行。

5.9.8 耐汗光色牢度的测定

按 GB/T 14576—1993 中 7.2 的规定进行。

6 检验规则

6.1 检验分类

本标准的 3.1 和 3.2 中 1～5 项为出厂检验项目，应逐批进行检验。在正常连续生产情况下，每年至少进行一次型式检验。但如有下述情况需进行型式检验：

1) 新产品最初定型时；

2) 产品异地生产时；

3) 生产配方、工艺及原材料有较大改变时；

4) 停产三个月后又恢复生产时；

5) 客户提出要求时。

6.2 出厂检验

还原蓝 RSN 应由生产厂的质量检验部门进行检验，生产厂应保证所有出厂的还原蓝 RSN 都符合本标准的要求。

6.3 复检

如果检验结果中有一项指标不符合本标准的要求时，应重新自两倍量的包装中取样进行检验，重新检验的结果，即使只有一项指标不符合本标准要求，则整批产品不能验收。

7 标志、标签、包装、运输、贮存

7.1 标志、标签

还原蓝 RSN 的每个包装桶/箱上都应涂上牢固、清晰的标志，注明：产品名称、规格、注册商标、净含量、生产厂名称、厂址、标准编号、批号、生产日期。也可将批号、生产日期打印在标签上，并和产品质量检验合格的证明一起放入包装桶/箱内的塑料袋外面。

7.2 包装

还原蓝 RSN 装于内衬塑料袋的包装桶/箱内，并加密封和封印，每桶/箱净含量 25 kg，其他包装可与用户协商确定。

7.3 运输

运输时应防止倒置,小心轻放,避免碰撞,切勿损坏包装。

7.4 贮存

还原蓝 RSN 应贮存于阴凉,干燥通风处,防止受潮受热。产品贮存期为 5 年。

ICS 67.220.20
X 42

中华人民共和国国家标准

GB 1886—2008
代替 GB 1886—1992

食品添加剂　碳酸钠

Food additive—Sodium carbonate

2008-06-25 发布　　2009-01-01 实施

中华人民共和国国家质量监督检验检疫总局
中国国家标准化管理委员会　发布

前言

本标准的第4章和第7章为强制性,其余为推荐性。

本标准与联合国粮农组织和世界卫生组织(FAO/WHO)食品添加剂联合专家委员会(JECFA)2002《碳酸钠》(英文版)的一致性程度为非等效。

本标准代替GB 1886—1992《食品添加剂 碳酸钠》。

本标准与GB 1886—1992的主要差异如下:

——总碱量增设(湿基计)97.9%(本版4.2);

——铁(以Fe计)含量指标由湿基计改为干基计,由0.004 0%调整为0.003 5%(1992年版第3章、4.4.5,本版4.2、5.7.5),

——取消烧失量的指标要求(1992年版第3章);

——水不溶物含量指标由0.040%调整为(干基计)0.03%(1992年版第3章;本版4.2);

——总碱量测定增加湿基计测定方法(本版5.5.4.2);

——重金属测定中增加使用硫化钠溶液(1992版4.5;本版5.8);

——砷含量测定增加二乙氨基二硫代甲酸银比色法,并设置为仲裁法(本版5.9);

——水不溶物含量测定中增设石棉纸古氏坩埚法,酸洗石棉古氏坩埚法为仲裁法(1992版4.8;本版5.11);

——增加了小袋包装的规定(本版8.1.3)。

本标准由中国石油和化学工业协会提出。

本标准由全国化学标准化技术委员会无机化工分会(SAC/TC 63/SC 1)和全国食品添加剂标准化技术委员会(SAC/TC 11)共同归口。

本标准主要起草单位:天津化工研究设计院、天津碱厂、唐山三友化工股份有限公司、桐柏安棚碱矿有限责任公司、新疆化工(集团)有限责任公司双合碱业分公司、锡林郭勒苏尼特碱业有限公司、中国石化集团南京化学工业有限公司连云港碱厂、山东海化集团有限公司纯碱厂、自贡鸿鹤化工股份有限公司、大化集团有限责任公司、青岛碱业股份有限公司、江苏德邦兴华化工股份有限公司、湖北宜化集团有限责任公司。

本标准主要起草人:鲁泳、王彦、查安丽、谢秋利、王斌、马文元、耿文法、孙树香、金岚、王福航、王远、裔传国、杨晓勤、刘幽若。

本标准所代替标准的历次版本发布情况:

——GB 1886—1983、GB 1886—1992。

食品添加剂　碳酸钠

1　范围

本标准规定了食品添加剂碳酸钠的要求、试验方法、检验规则以及标志、包装、运输和贮存。

本标准适用于食品添加剂碳酸钠。该产品在食品加工中作酸度调节剂和食品工业用加工助剂。

2　规范性引用文件

下列文件中的条款通过本标准的引用而成为本标准的条款。凡是注日期的引用文件，其随后所有的修改单（不包括勘误的内容）或修订版本均不适用于本标准，然而，鼓励根据本标准达成协议的各方研究是否可使用这些文件的最新版本。凡是不注日期的引用文件，其最新版本适用于本标准。

GB/T 191—2008　包装储运图示标志(ISO 780:1997，MOD)

GB/T 3049—2006　工业用化工产品中铁含量测定的通用方法　1,10-菲啰啉分光光度法(ISO 6685:1982，IDT)

GB/T 3050—2000　无机化工产品中氯化物含量测定的通用方法　电位滴定法

GB/T 3051—2000　无机化工产品中氯化物含量测定的通用方法　汞量法

GB/T 6678　化工产品采样总则

GB/T 6682—2008　分析实验室用水规格和试验方法(ISO 3696:1987，MOD)

GB/T 5009.76—2003　食品添加剂中砷的测定

HG/T 3696.1　无机化工产品化学分析用标准滴定溶液的制备

HG/T 3696.2　无机化工产品化学分析用杂质标准溶液的制备

HG/T 3696.3　无机化工产品化学分析用制剂及制品的制备

3　分子式和相对分子质量

分子式：Na_2CO_3

相对分子质量：105.99（按 2007 年国际相对原子质量）

4　要求

4.1　外观：食品添加剂碳酸钠为白色结晶粉末。

4.2　要求：食品添加剂碳酸钠应符合表 1 要求。

表 1　要求

项　　目		指　　标
总碱量(以 Na_2CO_3 计)(干基计)，w/%	≥	99.2
总碱量(以 Na_2CO_3 计)(湿基计)，w/%	≥	97.9
氯化物(以 NaCl 计)(干基计)，w/%	≤	0.70
铁(Fe)(干基计)，w/%	≤	0.003 5
重金属(以 Pb 计)，w/%	≤	0.001 0
砷(As)，w/%	≤	0.000 2
水不溶物(干基计)，w/%	≤	0.03

5 试验方法

5.1 安全提示

本标准试验方法中使用的部分试剂具有毒性或腐蚀性，操作时须小心谨慎！如溅到皮肤上应立即用水冲洗，严重者应立即治疗。在使用挥发性酸时，需在通风橱中进行。

5.2 一般规定

本标准所用试剂和水，在没有注明其他要求时，均指分析纯试剂和 GB 6682—2008 中规定的三级水。

本标准试验中所需标准溶液、杂质标准溶液、制剂和制品，在没有注明其他要求时均按 HG/T 3696.1、HG/T 3696.2、HG/T 3696.3 的规定制备。

5.3 外观的鉴别

在自然光下，目视判别所取样品。

5.4 鉴别

5.4.1 试剂和材料

5.4.1.1 盐酸；

5.4.1.2 硫酸镁溶液：120 g/L；

5.4.1.3 氧化钙饱和溶液；

称取约 3 g 氧化钙，精确至 0.1 g，置于试剂瓶中，加入 1 000 mL 水，盖上瓶塞，用力振摇后，放置澄清。使用时取上层清液。

5.4.1.4 带有铂丝环的玻璃棒。

5.4.2 鉴别方法

5.4.2.1 试验溶液的制备

称取约 20 g 试样，精确至 0.1 g，置于烧杯中，加入 100 mL 水并使其溶解。

5.4.2.2 用盐酸润湿铂丝环，在火焰上燃烧至无色，再蘸取少许试验溶液在火焰上燃烧，火焰即呈鲜黄色。

5.4.2.3 在试验溶液中滴加盐酸时放出二氧化碳气体，通入氧化钙饱和溶液中先呈白色混浊液，继续通气浑浊变清。

5.4.2.4 在试验溶液中滴加硫酸镁溶液，即生成白色沉淀。

5.5 总碱量的测定

5.5.1 方法提要

以溴甲酚绿-甲基红混合溶液为指示液，用盐酸标准滴定溶液滴定。

5.5.2 试剂

5.5.2.1 盐酸标准滴定溶液：c(HCl)约为 1 mol/L；

5.5.2.2 溴甲酚绿-甲基红混合指示液。

5.5.3 仪器、设备

5.5.3.1 称量瓶（ϕ30 mm×25 mm）或瓷坩埚（容量 30 mL）；

5.5.3.2 电烘箱或高温炉：能控制在（250～270）℃。

5.5.4 分析步骤

5.5.4.1 总碱量（干基计）的测定

称取 1.7 g 已于（250～270）℃干燥至下质量恒定的试样，精确到 0.000 2 g，置于锥形瓶中，用 50 mL水溶解试料，加 10 滴溴甲酚绿-甲基红混合指示液，用盐酸标准滴定溶液滴定至溶液由绿色变为暗红色，煮沸 2 min，冷却后继续滴定至暗红色为终点。同时做空白试验。

5.5.4.2 总碱量(湿基计)的测定

称取 1.7 g 试样，精确到 0.000 2 g，置于锥形瓶中，用 50 mL 水溶解，加 10 滴溴甲酚绿-甲基红混合指示液，用盐酸标准滴定溶液滴定至溶液由绿色变为暗红色，煮沸 2 min，冷却后继续滴定至暗红色为终点。同时做空白试验。

5.5.5 结果计算

总碱量以碳酸钠(Na_2CO_3)的质量分数 w_1 计，数值以%表示，按式(1)计算：

$$w_1 = \frac{c[(V_1 - V_0)/1\,000]M}{m} \times 100 \qquad (1)$$

式中：

c——盐酸标准滴定溶液浓度的准确数值，单位为摩尔每升(mol/L)；

V_1——滴定试样溶液所消耗盐酸标准滴定溶液的体积的数值，单位为毫升(mL)；

V_0——滴定空白试验溶液所消耗的盐酸标准滴定溶液的体积的数值，单位为毫升(mL)；

m——试料质量的数值，单位为克(g)；

M——碳酸钠($\frac{1}{2}Na_2CO_3$)的摩尔质量的数值，单位为克每摩尔(g/mol)(M=53.00)。

取平行测定结果的算术平均值为测定结果，平行测定结果的绝对差值不大于 0.2%。

5.6 氯化物含量的测定

5.6.1 电位滴定法

5.6.1.1 方法提要

见 GB/T 3050—2000 第 2 章。

5.6.1.2 试剂

5.6.1.2.1 硝酸溶液：1+1；

5.6.1.2.2 硝酸钾饱和溶液；

5.6.1.2.3 溴酚蓝指示液：1 g/L 乙醇溶液；

5.6.1.2.4 氯化钠标准溶液：$c(NaCl)$=0.05 mol/L；

称取 2.922 5 g 预先在(500～600)℃下干燥至质量恒定的基准氯化钠，精确到 0.000 2 g，置于烧杯中，加水溶解后全部移入 1 000 mL 容量瓶中，加水至刻度，摇匀。

5.6.1.2.5 硝酸银标准滴定溶液：$c(AgNO_3)$约为 0.05 mol/L；

a) 配制：称取 8.75 g 硝酸银，精确到 0.01 g，溶于 1 000 mL 水中，摇匀。溶液保存于棕色瓶中。
b) 标定：用移液管移取 5 mL 氯化钠标准溶液，置于 100 mL 烧杯中，加 40 mL 水，放入电磁搅拌子，将烧杯置于电磁搅拌器上，开动搅拌器，加入 2 滴溴酚蓝指示液，滴加硝酸溶液至恰呈黄色。把测量电极和参比电极插入溶液中，连接电位计接线，调整电位计零点，记录起始电位值。用硝酸银标准滴定溶液滴定，先加入 4.00 mL，再逐次加入 0.10 mL。记录每次加入硝酸银标准滴定溶液后的总体积和对应的电位值 E，计算出连续增加的电位值的 ΔE_1 和增加的电位值 ΔE_1 之间的差值 ΔE_2。ΔE_1 的最大值即为滴定终点，终点后再继续记录一个电位值 E。

记录格式见 GB/T 3050—2000 附录 C。

滴定至终点所消耗的硝酸银标准滴定溶液的体积 V(mL)按式(2)计算：

$$V = V_0 + \frac{b}{B}V_1 \qquad (2)$$

式中：

V_0——电位增量值 ΔE_1 达最大值前所加入硝酸银标准滴定溶液体积的数值，单位为毫升(mL)；

V_1——电位增量值 ΔE_1 达最大值前最后一次加入硝酸银标准滴定溶液体积的数值，单位为毫升(mL)；

b——ΔE_2 最后一次正值；

B——ΔE_2 最后一次正值和第一次负值的绝对值之和。

c) 计算：硝酸银标准滴定溶液的浓度 $c(AgNO_3)$ 的准确数值(mol/L)按式(3)计算：

$$c = \frac{c_2 V_2}{V} \qquad \cdots\cdots(3)$$

式中：

c_2——氯化钠标准溶液的浓度的准确数值，单位为摩尔每升(mol/L)；

V_2——滴定时移取氯化钠标准溶液的体积的数值，单位为毫升(mL)；

V——滴定所消耗硝酸银标准滴定溶液的体积的数值，单位为毫升(mL)。

5.6.1.3 仪器、设备

见 GB/T 3050—2000 第 5 章。

5.6.1.4 分析步骤

称取约 1 g 试样，精确到 0.01 g，置于 100 mL 烧杯中，加 40 mL 水溶解。以下操作按 5.6.1.2.5 进行，自"……放入电磁搅拌子"开始到"终点后再记录一个电位值 E"为止。但不要第一次加入 4.00 mL硝酸银标准滴定溶液。同时做空白试验。

5.6.1.5 结果计算

氯化物含量以氯化钠(NaCl)的质量分数 w_2 计，数值以%表示，按式(4)计算：

$$w_2 = \frac{c[(V - V_0)/1\,000]M}{m(100 - w_0)/100} \times 100 \qquad \cdots\cdots(4)$$

式中：

c——硝酸银标准滴定溶液浓度的准确数值，单位为摩尔每升(mol/L)；

V——滴定所消耗硝酸银标准滴定溶液的体积的数值，单位为毫升(mL)；

V_0——空白试验所消耗硝酸银标准滴定溶液的体积的数值，单位为毫升(mL)；

w_0——由第 6.9 条所测得烧失量的质量分数的数值，以%表示；

m——试料质量的数值，单位为克(g)；

M——氯化钠(NaCl)的摩尔质量的数值，单位为克每摩尔(g/mol)(M=58.44)。

取平行测定结果的算术平均值为测定结果，平行测定结果的绝对差值不大于 0.02%。

5.6.2 汞量法(仲裁法)

5.6.2.1 方法提要

见 GB 3051—2000 第 3 章。

5.6.2.2 试剂和材料

5.6.2.2.1 硝酸溶液：1+1；

5.6.2.2.2 硝酸溶液：1+7；

5.6.2.2.3 氢氧化钠溶液：40 g/L；

5.6.2.2.4 硝酸汞标准滴定溶液：$c[1/2Hg(NO_3)_2 \cdot H_2O]$约为 0.05 mol/L。

5.6.2.2.5 溴酚蓝指示液：1 g/L

5.6.2.2.6 二苯偶氮碳酰肼指示液：5 g/L。

5.6.2.3 仪器、设备

滴定管：分度值为 0.01 mL。

5.6.2.4 分析步骤

5.6.2.4.1 参比溶液的制备

在 250 mL 锥形瓶中加入 40 mL 水和 2 滴溴酚蓝指示液。滴加硝酸溶液(5.6.2.2.1)至溶液由蓝色恰变黄色，再过量(2～3)滴。加入 1 mL 二苯偶氮碳酰肼指示液，用硝酸汞标准滴定溶液滴定至溶液由黄色变为紫红色,记录所用硝酸汞标准滴定溶液的体积。此溶液在使用前制备。

5.6.2.4.2 试样的测定

称取约2 g试样,精确到0.01 g,置于250 mL锥形瓶中,加40 mL水溶解,加2滴溴酚蓝指示液,滴加硝酸溶液(5.6.2.2.1)中和至黄色后,再滴加氢氧化钠溶液至呈蓝色,再用硝酸溶液(5.6.2.2.2)调至恰呈黄色再过量(2~3)滴,加入1 mL二苯偶氮碳酰肼指示液,用硝酸汞标准滴定溶液滴定至由黄色变为与参比溶液相同的紫红色即为终点。

将滴定后的含汞废液保存起来,按GB 3051—2000附录D规定进行处理。

5.6.2.5 结果计算

氯化物含量以氯化钠(NaCl)的质量分数 w_2 计,数值以%表示,按式(5)计算:

$$w_2=\frac{c[(V-V_0)/1\,000]M}{m(100-w_0)/100}\times 100 \qquad (5)$$

式中:

c——硝酸汞标准滴定溶液浓度的准确数值,单位为摩尔每升(mol/L);

V——滴定所消耗硝酸汞标准滴定溶液的体积的数值,单位为毫升(mL);

V_0——参比溶液制备中所消耗硝酸汞标准滴定溶液的体积的数值,单位为毫升(mL);

w_0——由第6.9条所测得烧失量的质量分数的数值,单位为%;

m——试料的质量的数值,单位为克(g);

M——氯化钠(NaCl)的摩尔质量的数值,单位为克每摩尔(g/mol)(M=58.44)。

取平行测定结果的算术平均值为测定结果,平行测定结果的绝对差值不大于0.02%。

5.7 铁含量的测定

5.7.1 方法提要

同GB/T 3049—2006第3章。

5.7.2 试剂

同GB/T 3049—2006第4章。

5.7.3 仪器、设备

见GB/T 3049—2006第5章。

5.7.4 分析步骤

5.7.4.1 试验溶液的制备

称取约10 g试样,精确到0.01 g,置于烧杯中,加少量水润湿,盖上表面皿,滴加35 mL盐酸溶液(1+1),煮沸(3~5)min。冷却(必要时过滤),全部移入250 mL容量瓶中,用水稀释至刻度,摇匀。

5.7.4.2 空白试验溶液的制备

量取7 mL盐酸溶液(1+1),置于100 mL烧杯中,滴加氨水溶液(2+3)中和至中性(用精密pH试纸检验)。

5.7.4.3 工作曲线的绘制

见GB/T 3049—2006第6.3章。选取(4或5)cm吸收池和相应的铁标准溶液体积。

5.7.4.4 测定

用移液管移取50 mL试验溶液,和50 mL空白试验溶液,分别用氨水溶液(1+8)或盐酸溶液(1+3)调节至pH约为2(用精密pH试纸检验)。分别全部移入100 mL容量瓶中。以下操作按GB/T 3049—2006第6.4章进行吸光度的测定。测定试验溶液和空白溶液的吸光度。

5.7.5 结果计算

铁含量以铁(Fe)的质量分数 w_3 计,数值以%表示,按式(6)计算:

$$w_3=\frac{(m_1-m_0)\times 10^{-3}}{m(100-w_0)\left(\frac{50}{250}\right)/100}\times 100 \qquad (6)$$

式中：

m_1——根据测得的试验溶液吸光度，从工作曲线上查出的铁的质量的数值，单位为毫克(mg)；

m_0——根据测得的空白试验溶液吸光度，从工作曲线上查出的铁的质量的数值，单位为毫克(mg)；

m——试料的质量的数值，单位为克(g)；

w_0——由第 6.9 条所测得烧失量的质量分数的数值，用%表示。

取平行测定结果的算术平均值为测定结果，平行测定结果的绝对差值不大于 0.000 5%。

5.8 重金属含量的测定

5.8.1 方法提要

在弱酸性(pH 值为 3～4)条件下，试样中的重金属离子与硫化氢作用，生成棕黑色，与同法处理的铅标准溶液比较。

5.8.2 试剂

5.8.2.1 盐酸溶液：1+4；

5.8.2.2 氨水溶液：1+2；

5.8.2.3 冰乙酸溶液：1+15；

5.8.2.4 硫化钠溶液或硫化氢溶液；

5.8.2.5 铅标准溶液：1 mL 含铅(Pb)0.010 mg，临用时配制；

用移液管移取 10 mL 按 HG/T 3696.2 配制的铅标准溶液，置于 100 mL 容量瓶中，用水稀释至刻度，摇匀。

5.8.2.6 酚酞指示液：10 g/L。

5.8.3 分析步骤

5.8.3.1 试验溶液的制备

称取(2.00±0.01)g 试样，置于 100 mL 烧杯中，加 5mL 水，盖上表面皿，由杯口缓慢加入 17 mL 盐酸溶液，煮沸 5 min，冷却后加入 1 滴酚酞指示液，用氨水溶液中和至淡红色。

全部移入 50mL 比色管中，加 2 mL 乙酸溶液、10mL 硫化钠溶液或硫化氢溶液，加水至刻度，摇匀。在暗处放置 10 min 后和标准比较，不得深于标准。

5.8.3.2 标准比对溶液的制备

标准是用移液管移取 2 mL 铅标准溶液，置于 100 mL 烧杯中。以下操作从 5.8.3.1 中“加 5 mL 水”开始和试验溶液同时同样进行。

5.9 砷含量的测定

称取 1.00 g±0.01 g 试样，置于锥形瓶中，用水润湿，用盐酸中和至中性(用 pH 试纸检验)，再过量 5 mL，摇匀。用移液管移取 2 mL 砷标准溶液(1 mL 溶液含有 1 μgAs)作为标准，置于另一只锥形瓶中。各加入 5 mL 盐酸溶液(1+3)。然后按照 GB/T 5009.76—2003 的第一法二乙氨基二硫代甲酸银比色法中 6.2 限量试验进行操作，或按照 GB/T 5009.76—2003 的第二法砷斑法中 11 测定进行操作。

二乙氨基二硫代甲酸银比色法为仲裁法。

5.10 烧失量的测定

5.10.1 方法提要

试样在(250～270)℃下加热至质量恒定。加热时失去游离水分和由碳酸氢钠分解的水和二氧化碳，计算出烧失量。

5.10.2 仪器、设备

5.10.2.1 称量瓶：ϕ30 mm×25 mm 或瓷坩埚，容量 30 mL；

5.10.2.2 电烘箱或高温炉，能控制在(250～270)℃。

5.10.3 分析步骤

在预先于(250～270)℃下干燥至质量恒定的称量瓶或瓷坩埚中称取约 2 g 试样，精确到0.000 2 g，置于电烘箱或高温炉内，在(250～270)℃下加热至质量恒定。

5.10.4 结果计算

烧失量以质量分数 w_0 计，数值以%表示，按式(7)计算：

$$w_0 = \frac{m_1 - m_2}{m} \times 100 \quad \cdots\cdots(7)$$

式中：

m_1——试料和称量瓶或瓷坩埚的质量的数值，单位为克(g)；

m_2——加热恒定后的试料和称量瓶或瓷坩埚质量的数值，单位为克(g)；

m——试料的质量的数值，单位为克(g)。

取平行测定结果的算术平均值为测定结果，平行测定结果的绝对差值不大于0.04%。

5.11 水不溶物含量的测定

5.11.1 方法提要

试样溶于(50±5)℃的水中，将不溶物经过滤、洗涤、干燥后称量。

5.11.2 试剂和材料

5.11.2.1 盐酸溶液：1+3；

5.11.2.2 无水碳酸钠溶液：100 g/L；

5.11.2.3 酚酞溶液：10 g/L；

5.11.2.4 酸洗石棉；

取适量酸洗石棉置于烧杯中，加入盐酸溶液，煮沸 20 min，用布氏漏斗过滤并洗至中性。取出浸泡于碳酸钠溶液并煮沸 20 min，用布氏漏斗过滤并用水洗至中性(用酚酞溶液检验)，取出置于烧杯中加水调成糊状，备用。

5.11.2.5 石棉滤纸。

5.11.3 仪器、设备

5.11.3.1 古氏坩埚：容量 30 mL；

5.11.3.2 电烘箱：能控制在(110±5)℃。

5.11.4 分析步骤

5.11.4.1 古氏坩埚的铺制

5.11.4.1.1 酸洗石棉古氏坩埚法(仲裁法)

将古氏坩埚置于抽滤瓶上，在筛板上下各均匀铺一层酸洗石棉，边抽滤边用平头玻璃棒压紧，每层厚约 3 mm。用(50±5)℃水洗涤至滤液中不含石棉纤维。将古氏坩埚置于电烘箱中，于(110±5)℃下干燥后称量，重复洗涤、干燥至质量恒定。

5.11.4.1.2 石棉纸古氏坩埚法

将古氏坩埚置于抽滤瓶上，在筛板下铺一层石棉滤纸，在筛板上铺两层石棉滤纸，边抽滤边用平头玻璃棒压紧。用(50±5)℃水洗涤滤纸。将古氏坩埚置于电烘箱中，于(110±5)℃下干燥后称量，重复洗涤、干燥至质量恒定。

5.11.4.2 测定

称取约 40 g 试样，精确到 0.01 g，置于烧杯中，加入 400 mL 约 40 ℃的水使其溶解，保持溶液在(50±5)℃。用已质量恒定的古氏坩埚过滤，用(50±5)℃水洗涤，直至取 20 mL 滤液加 2 滴酚酞后不显红色为止，控制洗涤水总体积为 800 mL。取下古氏坩埚置于(110±5)℃电烘箱中干燥至质量恒定。

5.11.5 结果计算

水不溶物的含量 w_4 计，数值以%表示，按式(8)计算：

$$w_4 = \frac{m_1}{m(100 - w_0)/100} \times 100 \quad \cdots\cdots(8)$$

式中：

m_1——水不溶物的质量的数值，单位为克(g)；

m——试料的质量的数值，单位为克(g)；

w_0——按 6.9 测得的烧失量的质量分数的数值，用%表示。

取平行测定结果的算术平均值为测定结果，平行测定结果的绝对差值不大于 0.006%。

6 检验规则

6.1 本标准的所有项目均为出厂检验项目，应逐批检验。

6.2 生产企业用相同材料，基本相同的生产条件，连续生产一天的食品添加剂碳酸钠为一批。

6.3 按 GB/T 6678 中的规定确定采样单元数。采样时，将采样器自袋的中心垂直插入至料层深度的 3/4 处采样。将采出的样品混匀，用四分法缩分至不少于 500 g。将样品分装于两个清洁、干燥的容器中，密封，并粘贴标签，注明生产厂名、产品名称、批号、采样日期和采样者姓名。一份供检验用，另一份保存三个月备查。

6.4 食品添加剂碳酸钠应由生产厂的质量监督检验部门按照本标准规定进行检验，生产厂应保证所有出厂的产品都符合本标准要求。

6.5 检验结果如有一项指标不符合本标准要求，应重新自两倍量的包装中采样进行复验，复验结果即使只有一项指标不符合本标准的要求时，则整批产品为不合格。

7 标志、标签

7.1 食品添加剂碳酸钠外包装上应有牢固清晰的标志，内容包括：生产厂名、厂址、产品名称、"食品添加剂"字样、净含量、批号或生产日期、生产许可证号和标志、卫生许可证号、本标准编号，以及 GB/T 191—2008中规定的"怕雨"标志。

7.2 每批出厂的食品添加剂碳酸钠都应附有质量证明书，内容包括：生产厂名、厂址、产品名称、"食品添加剂"字样、净含量、批号或生产日期、卫生许可证号，生产许可证号、产品质量符合本标准的证明及本标准编号。

8 包装、运输、贮存

8.1 食品添加剂碳酸钠采用以下包装方式。

8.1.1 塑料编织袋包装：内包装采用食品用聚乙烯塑料薄膜袋，内袋用维尼龙绳或其他质量相当的绳人工扎口，或用与其相当的其他方式封口；外包装采用塑料编织袋，外袋用维尼龙绳或其他质量相当的线缝口，缝线整齐，针距均匀，无漏缝和跳线现象。或内外袋袋口对齐，折边缝合，用维尼龙绳或其他质量相当的线缝口，缝线整齐，针距均匀，无漏缝和跳线现象。每袋净含量为 40 kg 或 50 kg。

8.1.2 复膜袋包装：采用食品用复膜袋，折边缝合，用维尼龙绳或其他质量相当的线缝口，缝线整齐，针距均匀，无漏缝和跳线现象。每袋净含量为 40 kg 或 50 kg。

8.1.3 小袋包装：采用食品用聚乙烯塑料薄膜袋，厚度不得小于 0.05 mm。使用热合封口，不得泄漏。每袋净含量为 250 g 或 500 g。将一定数量的小袋包装装入塑料编织袋或纸箱，其性能和检验方法应符合有关规定。

8.1.4 根据用户要求协商确定包装容量和方式。

8.2 运输过程中，防止雨淋，不得受潮和包装不得受到污损，禁止与有害、有毒物质及其他污染物品混贮、混运。

8.3 食品添加剂碳酸钠贮存于干燥通风的食品添加剂专用库房内，并需下垫垫层，防止受潮。

8.4 食品添加剂碳酸钠保质期为18个月，逾期检验合格，仍可继续使用。

ICS 67.220.20
X 42

中华人民共和国国家标准

GB 1888—2008
代替 GB 1888—1998

食品添加剂　碳酸氢铵

Food additive—Ammonium bicarbonate

2008-06-25 发布　　　　2009-01-01 实施

中华人民共和国国家质量监督检验检疫总局
中国国家标准化管理委员会　发布

前　言

本标准的第4章和第7章为强制性，其余为推荐性。

本标准与《美国食品化学法典》[FCC(Ⅴ):2004]《碳酸氢铵》的一致性程度为非等效。

本标准代替GB 1888—1998《食品添加剂　碳酸氢铵》。

本标准与GB 1888—1998的主要技术差异如下：

——总碱量指标作了适当调整(1998年版3.2，本版4.3)；

——删除了灼烧残渣含量，增加了不挥发物含量(1998年版3.2，本版4.3)。

本标准的附录A是规范性附录。

本标准由中国石油和化学工业协会提出。

本标准由全国化学标准化技术委员会无机化工分会(SAC/TC 63/SC 1)和食品添加剂标准化技术委员会(SAC/TC 11)共同归口。

本标准起草单位：天津化工研究设计院、大化集团有限责任公司。

本标准主要起草人：郭凤鑫、闫成华、王福航、王宏。

本标准所代替标准的历次版本发布情况：

——GB 1888—1980、GB 1888—1989、GB 1888—1998。

食品添加剂　碳酸氢铵

1　范围

本标准规定了食品添加剂碳酸氢铵的要求,试验方法,检验规则,标志、标签,包装、运输、贮存。

本标准适用于以氨水吸收二氧化碳制得的食品添加剂碳酸氢铵。该产品在食品加工中作膨松剂。

2　规范性引用文件

下列文件的条款通过本标准中引用而成为本标准的条款。凡是注日期的引用文件,其随后所有的修改单(不包括勘误的内容)或修订版本均不适用于本标准,然而,鼓励根据本标准达成协议的各方研究是否可使用这些文件的最新版本。凡是不注日期的引用文件,其最新版本适用于本标准。

GB/T 191—2008　包装储运图示标志(ISO 780:1997,MOD)

GB/T 5009.74—2003　食品添加剂中重金属限量试验

GB/T 5009.76—2003　食品添加剂中砷的测定

GB/T 6678　化工产品采样总则

GB/T 6682—2008　分析实验室用水规格和试验方法(ISO 3696—1987,MOD)

HG/T 3696.1　无机化工产品化学分析用标准滴定溶液的制备

HG/T 3696.2　无机化工产品化学分析用杂质标准溶液的制备

HG/T 3696.3　无机化工产品化学分析用制剂及制品的制备

3　分子式、分子量

分子式:NH_4HCO_3

相对分子质量:79.06(按2007年国际相对原子质量)

4　要求

4.1　外观:白色粉状结晶。

4.2　食品添加剂碳酸氢铵不允许添加磺酸盐类防结块剂。

4.3　食品添加剂碳酸氢铵应符合表1要求。

表1　要求

项　　目		指　　标
总碱量(以 NH_4HCO_3),w/%		99.2~100.5
氯化物(以 Cl 计),w/%	≤	0.003
硫的化合物(以 SO_4 计),w/%	≤	0.007
不挥发物,w/%	≤	0.05
砷(As),w/%	≤	0.000 2
重金属(以 Pb 计),w/%	≤	0.000 5
添加防结块剂产品的不挥发物指标为不大于0.55%。		

5 试验方法

5.1 安全提示

本试验方法中使用的部分试剂具有腐蚀性，操作者须小心谨慎！如溅到皮肤上应立即用水冲洗，严重者应立即治疗。使用易燃品时，严禁使用明火加热。

5.2 一般规定

本标准所用试剂和水，在没有注明其他要求时，均指分析纯试剂和 GB/T 6682—2008 中规定的三级水。试验中所需标准滴定溶液、杂质标准溶液、制剂及制品，在没有注明其他要求时，均按 HG/T 3696.1、HG/T 3696.2、HG/T 3696.3 的规定制备。

5.3 外观判别

在自然光下用目视法判定外观。

5.4 鉴别试验

5.4.1 试剂

5.4.1.1 盐酸溶液：1+1；

5.4.1.2 氢氧化钠溶液：20 g/L；

5.4.1.3 氢氧化钙溶液：3 g/L；

称取 3 g 氢氧化钙，置于试剂瓶中，加 1 000 mL 水，盖上瓶塞，用力振摇后，放置 1 h。用时取上层清液。

5.4.2 鉴别方法

5.4.2.1 碳酸氢盐的鉴定

试样中加入盐酸溶液即泡沸产生气体。此气体通入氢氧化钙溶液中先生成白色沉淀，继续通气变成清液。

5.4.2.2 铵的鉴定

试样中加入氢氧化钠溶液，释放出有刺激味的气体，该气体可使湿润的石蕊试纸变蓝。

5.5 磺酸盐类防结块剂的定性鉴定

按附录 A 的方法鉴定。

5.6 总碱量的测定

5.6.1 方法提要

试样中加入过量硫酸标准滴定溶液，在指示剂存在下，用氢氧化钠标准滴定溶液返滴定。

5.6.2 试剂

5.6.2.1 硫酸标准滴定溶液：$c(\frac{1}{2}H_2SO_4)\approx 0.5$ mol/L；

5.6.2.2 氢氧化钠标准滴定溶液：$c(NaOH)\approx 0.5$ mol/L；

5.6.2.3 甲基红-亚甲基蓝混合指示液：

称取 0.1 g 甲基红溶于 50 mL 体积分数为 95% 乙醇中，再加入 0.05 g 亚甲基蓝，溶解后用 95% 乙醇稀释至 100 mL，混匀。

5.6.3 分析步骤

用称量瓶迅速称取约 1 g 试样，精确至 0.000 2 g。立即用水洗入预先盛有 50.00 mL 硫酸标准滴定溶液的 250 mL 锥形瓶中，摇动锥形瓶使试样反应完全。加热煮沸赶出二氧化碳，冷却后加入(3～4)滴甲基红-亚甲基蓝混合指示液，用氢氧化钠标准滴定溶液滴定至溶液呈灰色即为终点。

5.6.4 结果计算

总碱量以碳酸氢铵(NH_4HCO_3)质量分数 w_1 计，数值以%表示，按式(1)计算：

$$w_1 = \frac{(V_1 c_1 - V_2 c_2)M}{m \times 1\,000} \times 100 \qquad \cdots\cdots(1)$$

式中：

V_1——加入硫酸标准滴定溶液的体积的数值，单位为毫升(mL)；

c_1——硫酸标准滴定溶液浓度的准确数值，单位为摩尔每升(mol/L)；

V_2——滴定所消耗氢氧化钠标准滴定溶液的体积的数值，单位为毫升(mL)；

c_2——氢氧化钠标准滴定溶液浓度的准确数值，单位为摩尔每升(mol/L)；

m——试料质量的数值，单位为克(g)；

M——碳酸氢铵(NH_4HCO_3)摩尔质量的数值，单位为克每摩尔(g/mol)(M=79.06)。

取平行测定结果的算术平均值为测定结果，两次平行测定结果的绝对差值不大于0.3%。

5.7 氯化物含量的测定

5.7.1 方法提要

在酸性介质中加入过量硝酸银溶液，与氯离子生成白色氯化银悬浮液，与标准比浊溶液比较。

5.7.2 试剂

5.7.2.1 质量分数为30%过氧化氢；

5.7.2.2 硝酸溶液：1+5；

5.7.2.3 硝酸银溶液：17 g/L；

5.7.2.4 碳酸钠溶液：25 g/L；

5.7.2.5 氯化物标准溶液：1 mL溶液含氯(Cl)0.1 mg。

5.7.3 仪器、设备

5.7.3.1 瓷蒸发皿：100 mL；

5.7.3.2 高温炉：能控制温度在575 ℃±25 ℃。

5.7.4 分析步骤

称取(2.00±0.01)g试样，置于瓷蒸发皿中，加30 mL水溶解，加0.4 mL碳酸钠溶液和1 mL 30%过氧化氢，缓慢蒸发至干。置于575 ℃±25 ℃高温炉中，灼烧40 min，冷却。用30 mL～40 mL水将试样溶解并转移至50 mL的比色管中，必要时过滤。调整溶液体积约40 mL，加入5 mL硝酸溶液和1 mL硝酸银溶液，用水稀释至50 mL，摇匀，放置5 min后进行比浊。其浊度不得超过标准比浊溶液产生的浊度。

标准比浊溶液是取0.6 mL氯化物标准溶液置于50 mL比色管中，以下从“调整溶液体积约40 mL……”开始，与试样同时同样处理。

5.8 硫的化合物含量的测定

5.8.1 方法提要

在试样中加入过氧化氢，使试样中的各种含硫离子转变为硫酸根离子，在酸性介质中钡离子与硫酸根离子生成白色硫酸钡悬浮微粒，与标准比浊溶液比较。

5.8.2 试剂

5.8.2.1 质量分数为30%过氧化氢；

5.8.2.2 盐酸溶液：1+1；

5.8.2.3 碳酸钠溶液：25 g/L；

5.8.2.4 氯化钡溶液：50 g/L；

5.8.2.5 硫酸盐标准溶液：1 mL溶液含硫酸根(SO_4)0.1 mg。

5.8.3 仪器、设备

5.8.3.1 瓷蒸发皿：100 mL；

5.8.3.2 高温炉：能控制温度在575 ℃±25 ℃。

5.8.4 分析步骤

称取(4.00±0.01)g 试样，置于瓷蒸发皿中，加 40 mL 水溶解。加 0.4 mL 碳酸钠溶液和 1 mL 30%的过氧化氢，缓慢蒸发至干。置于 575 ℃±25 ℃高温炉中，灼烧 40 min，冷却。用 30 mL～40 mL 水将试样溶解并转移至 50 mL 的比色管中，必要时过滤。调整溶液体积约 40 mL，加入 0.5 mL 盐酸溶液和 5 mL 氯化钡溶液，用水稀释至 50 mL，摇匀，放置 10 min 后进行比浊。其浊度不得超过标准比浊溶液产生的浊度。

标准比浊溶液是取 2.8 mL 硫酸盐标准溶液置于 50 mL 比色管中，以下从“调整溶液体积约 40 mL ……”开始，与试样同时同样处理。

5.9 不挥发物含量的测定

5.9.1 方法提要

试样置于蒸发皿中，于蒸汽浴上蒸发至干，于电热恒温干燥箱中干燥至质量恒定后称量不挥发物质量。

5.9.2 仪器、设备

5.9.2.1 瓷蒸发皿：50 mL；

5.9.2.2 电热恒温干燥箱：能控制温度在 105 ℃～110 ℃。

5.9.3 分析步骤

称取约 10 g 试样，精确至 0.000 2 g，置于预先于 105 ℃～110 ℃下干燥至质量恒定的瓷蒸发皿中，加 20 mL 水，在蒸气浴上蒸发至干。置于电热恒温干燥箱中，于 105 ℃～110 ℃下干燥至质量恒定。

5.9.4 结果计算

不挥发物含量以质量分数 w_2 计，数值以%表示，按式(2)计算：

$$w_2 = \frac{m_1 - m_2}{m} \times 100 \qquad \cdots\cdots(2)$$

式中：

m_1——干燥后不挥物和蒸发皿的质量的数值，单位为克(g)；

m_2——蒸发皿的质量的数值，单位为克(g)；

m——试料的质量的数值，单位为克(g)。

取平行测定结果的算术平均值为测定结果，两次平行测定结果的绝对差值不大于 0.005%。

5.10 砷含量的测定

称取(1.00±0.01)g 试样，置于 250 mL 烧杯中，加 50 mL 水，缓慢加热煮沸，赶尽二氧化碳和氨，冷却至室温，加入 10 mL 盐酸，作为试验溶液。

用移液管移取 2.0 mL 砷标准溶液[1 mL 溶液含砷(As)0.001 mg]作为标准对比溶液，以下按 GB/T 5009.76—2003 的砷斑法进行测定。

5.11 重金属含量的测定

称取(5.00±0.01)g 试样，置于 250 mL 烧杯中，加 50 mL 水，缓慢加热煮沸，赶尽二氧化碳和氨。加 2 mL 盐酸溶液(1+1)，加热煮沸 5 min，冷却后，加 1 滴对硝基酚指示液(1 g/L)，滴加氨水溶液(1+9)至溶液恰呈黄色为止。全部移入 50 mL 比色管中，作为试验溶液。

用移液管移取 2.5 mL 铅标准溶液[1 mL 溶液含铅(Pb)0.010 mg]作为标准，以下按 GB/T 5009.74—2003 第 6 章进行测定。

6 检验规则

6.1 本标准规定的所有六项指标为出厂检验项目，应逐批检验。

6.2 生产企业用相同材料，基本相同的生产条件，连续生产或同一班组生产的食品添加剂碳酸氢铵为一批。食品添加剂碳酸氢铵每批产品不超过 60 t。

6.3 按 GB/T 6678 的规定确定采样单元数。采样时，将采样器自包装袋的上方斜插入至料层深度的3/4处采样。将采得的样品混匀后，按四分法缩分至不少于 500 g，分装于两个清洁干燥的瓶(袋)中，密封。瓶(袋)上粘贴标签，注明：生产厂名、产品名称、批号、采样日期和采样者姓名。一瓶(袋)作为实验室样品，另一瓶(袋)保存备查，保存时间由生产厂根据实际情况确定。

6.4 食品添加剂碳酸氢铵应由生产厂的质量监督检验部门按照本标准的规定进行检验。生产厂应保证每批出厂的食品添加剂碳酸氢铵都符合本标准的要求。

6.5 使用单位有权按照本标准的规定对收到的食品添加剂碳酸氢铵进行验收。验收应在货到之日算起的一个月内进行。

6.6 检验结果如有一项指标不符合本标准要求时，应重新自两倍量的包装中采样进行复验，复验结果即使只有一项指标不符合本标准的要求时，则整批产品为不合格。

7 标志、标签

7.1 食品添加剂碳酸氢铵包装上应有牢固清晰的标志，内容包括：生产厂名、厂址、产品名称、“食品添加剂”字样、净含量、批号或生产日期、保质期、卫生许可证编号、生产许可证编号及标志、本标准编号及 GB/T 191—2008 中规定的“怕晒”和“怕雨”标志。添加防结块剂的产品，应注明：“含防结块剂”字样。

7.2 每批出厂的产品都应附有质量证明书，内容包括：生产厂名、厂址、产品名称、“食品添加剂”字样、净含量、批号或生产日期、保质期、卫生许可证编号、生产许可证编号和标志、产品质量符合本标准的证明和本标准编号。凡添加防结块剂的产品应注明“含防结块剂”字样。

8 包装、运输、贮存

8.1 食品添加剂碳酸氢铵内包装采用食品用聚乙烯塑料薄膜袋。外包装采用塑料编织袋。每袋净含量 25 kg，也可根据用户要求的规格进行包装。

8.2 食品添加剂碳酸氢铵的包装内袋采用尼龙绳两次扎紧，或用与其相当的其他方式封口；外袋用维尼龙线或其他质量相当的线缝口。缝线整齐，针距均匀。无漏缝和跳线现象。

8.3 食品添加剂碳酸氢铵在运输过程中应有遮盖物，防止雨淋、受潮。不得与有毒有害物品混运。

8.4 食品添加剂碳酸氢铵应贮存在阴凉干燥处，防止雨淋、受潮。不得与有毒有害物品混贮。

8.5 食品添加剂碳酸氢铵在符合本标准包装、运输和贮存的条件下，自生产之日起保质期为二年。逾期检验合格，仍可继续使用。

附　录　A
（规范性附录）
食品添加剂碳酸氢铵产品中磺酸盐类防结块剂的定性鉴定

A.1　方法提要

碳酸氢铵中加入的防结块剂一般为两类，一类为植物油脂肪酸，一类为磺酸盐类，两类防结块剂均属阴离子表面活性剂。磺酸盐类为有害防结块剂，它与阳离子染料亚甲基蓝作用，生成蓝色的离子化合物，并能被1,2-二氯乙烷萃取，该反应对磺酸盐类表面活性剂为特效反应。植物油脂肪酸对该反应的干扰可通过水溶液反洗消除。有机相经水洗涤后若仍存在蓝色，证明样品中存在磺酸盐类防结块剂，若无蓝色，证明样品不含磺酸盐类防结块剂。

A.2　试剂

A.2.1　1,2-二氯乙烷；

A.2.2　亚甲基蓝溶液

称取0.03 g亚甲基蓝，置于250 mL烧杯中，加入50 mL水，6.8 mL硫酸，50 g二水合磷酸二氢钠，用水溶解后转移至1 000 mL容量瓶中，用水稀释至刻度。

A.2.3　洗涤液

称取50 g二水合磷酸二氢钠，置于500 mL烧杯中，加水溶解，缓慢加入6.8 mL硫酸，用水稀释至1 000 mL。

A.3　仪器、设备

A.3.1　分液漏斗：150 mL。

A.4　分析步骤

称取10 g试样，精确至0.01 g，置于200 mL烧杯中，用水溶解，转移至250 mL容量瓶中，用水稀释至刻度，摇匀。用移液管移取25 mL试液，置于分液漏斗中，加10 mL亚甲基蓝溶液，25 mL 1,2-二氯乙烷，振荡2 min，静置分层。将下层有机相放入另一分液漏斗中，加50 mL洗涤液，振荡2 min，静置分层，分出有机相，再用100 mL洗涤液分两次洗涤。有机相经洗涤后若仍存在蓝色，证明样品中存在磺酸盐类防结块剂；若无蓝色，证明样品中不含磺酸盐类防结块剂。

ICS 67.220.20
X 42

中华人民共和国国家标准

GB 1893—2008
代替 GB 1893—1998

食品添加剂　焦亚硫酸钠

Food additive—Sodium metabisulphite

2008-06-25 发布　　2009-01-01 实施

中华人民共和国国家质量监督检验检疫总局
中国国家标准化管理委员会　发布

前　言

本标准的第4章和第7章为强制性，其余内容为推荐性。

本标准与美国食品化学品法典[FCC(V):2004]《焦亚硫酸钠》(英文版)的一致性程度为非等效。

本标准代替GB 1893—1998《食品添加剂　焦亚硫酸钠》。

本标准与GB 1893—1998的主要差异如下：

——“要求”中增加4.1　外观(本版4.1)；

——主含量(以$Na_2S_2O_5$计)的质量分数由“不小于95%”调整为“不小于96.5%”(1998年版的3.2,本版的4.2)；

——铁(Fe)的质量分数由“不大于0.005%”调整为“不大于0.003%”(1998年版的3.2,本版的4.2)；

——重金属(以Pb计)的质量分数由“不大于0.001 0%”调整为“不大于0.000 5%”(1998年版的3.2,本版的4.2)；

——砷(As)的质量分数由“不大于0.000 2%”调整为“不大于0.000 1%”(1998年版的3.2,本版的4.2)。

本标准由中国石油和化学工业协会提出。

本标准由全国化学标准化技术委员会无机化工分会(SAC/TC 63/SC 1)和全国食品添加剂标准化技术委员会(SAC/TC 11)共同归口。

本标准主要起草单位：天津化工研究设计院、上海市嘉定区马陆化工厂、广东中成化工股份有限公司。

本标准主要起草人：王彦、杨忠德、陈耀兴、邓键、杨红钰。

本标准所代替标准的历次发布情况为：GB 1893—1986、GB 1893—1998。

食品添加剂　焦亚硫酸钠

1　范围

本标准规定了食品添加剂焦亚硫酸钠的要求、试验方法、检验规则、标志、包装、运输、贮存。

本标准适用于食品添加剂焦亚硫酸钠。该产品主要用于食品加工中作防腐剂、漂白剂、抗氧化剂。

2　规范性引用标准

下列文件中的条款通过本标准的引用而成为本标准的条款。凡是注日期的引用文件，其随后所有的修改单(不包括勘误的内容)或修订版本均不适用于本标准，然而，鼓励根据本标准达成协议的各方研究是否可使用这些文件的最新版本。凡是不注日期的引用文件，其最新版本适用于本标准。

GB/T 191—2008　包装储运图示标志(ISO 780:1997,MOD)

GB/T 3049—2006　工业用化工产品中铁含量测定的通用方法　1,10-菲啰啉分光光度法(ISO 6685:1982,IDT)

GB/T 6678　化工产品采样总则

GB/T 6682—2008　分析实验室用水规格和试验方法(ISO 3696:1987,MOD)

GB/T 5009.74—2003　食品添加剂中重金属限量试验

GB/T 5009.76—2003　食品添加剂中砷的测定

HG/T 3696.1　无机化工产品化学分析用标准滴定溶液的制备

HG/T 3696.2　无机化工产品化学分析用杂质标准溶液的制备

HG/T 3696.3　无机化工产品化学分析用制剂及制品的制备

3　符号

分子式：$Na_2S_2O_5$

相对分子质量：190.12(按 2007 年国际相对原子质量)

4　要求

4.1　外观：食品添加剂焦亚硫酸钠为白色或微黄色结晶粉末。

4.2　食品添加剂焦亚硫酸钠应符合表 1 要求。

表 1　要求

项　　目		指　　标
主含量(以 $Na_2S_2O_5$ 计),w/%	≥	96.5
铁(Fe),w/%	≤	0.003
澄清度		通过试验
砷(As),w/%	≤	0.000 1
重金属(以 Pb 计),w/%	≤	0.000 5

5　试验方法

5.1　安全提示

本标准试验操作中需使用一些强酸，使用时须小心谨慎，避免溅到皮肤上。在使用挥发性酸时，需

在通风橱中进行。

5.2 一般规定

本标准所用试剂和水，在没有注明其他要求时，均指分析纯试剂和 GB/T 6682—2008 规定的三级水。

试验中所需标准溶液、杂质标准溶液、制剂和制品，在没有注明其他要求时均按 HG/T 3696.1、HG/T 3696.2、HG/T 3696.3 的规定制备。

5.3 外观的鉴别

在自然光下，目视判别所取样品。

5.4 鉴别

5.4.1 试剂和材料

5.4.1.1 碘化钾溶液：360 g/L；

5.4.1.2 盐酸；

5.4.1.3 盐酸溶液：1+3；

5.4.1.4 碘溶液：取 1.4 g 碘，置于 10 mL 碘化钾溶液中，加两滴盐酸，加水溶解，稀释至 100 mL，贮存于棕色瓶中避光保存；

5.4.1.5 硝酸亚汞溶液：取 15 g 硝酸亚汞，加 90 mL 水、10 mL 硝酸溶液(1+9)溶解后，加一滴汞，避光密封保存待用。

5.4.1.6 铂丝。

5.4.2 鉴别试验

5.4.2.1 本品呈亚硫酸盐特效反应：

试样的水溶液加入碘溶液后黄色即褪。

试样的水溶液滴入盐酸溶液后即有二氧化硫气体逸出，以硝酸亚汞溶液浸润的试纸检验，显黑色。

5.4.2.2 本品显钠盐特效反应：

用盐酸浸润的铂丝先在无色火焰上燃烧至无色。再蘸取少许试样溶液，在无色火焰上燃烧，火焰即呈鲜黄色。

5.5 主含量的测定

5.5.1 方法提要

在弱酸性溶液中，用碘将亚硫酸盐氧化成硫酸盐。以淀粉为指示剂，用硫代硫酸钠标准滴定溶液滴定过量的碘。

5.5.2 试剂和材料

5.5.2.1 碘标准滴定溶液：$c\left(\frac{1}{2}I_2\right)$ 约 0.1 mol/L ；

5.5.2.2 冰乙酸溶液：1+3；

5.5.2.3 硫代硫酸钠标准滴定溶液：$c(Na_2S_2O_3)$ 约 0.1 mol/L；

5.5.2.4 可溶性淀粉溶液：5 g/L。

5.5.3 分析步骤

移取 50 mL 碘标准滴定溶液，置于碘量瓶中。称取约 0.2 g 试样，精确至 0.000 2 g，加入到碘溶液中，加塞、水封，在暗处放置 5 min。加入 5 mL 冰乙酸溶液，用硫代硫酸钠标准滴定溶液滴定，近终点时，加入 2 mL 可溶性淀粉溶液，继续滴定至溶液蓝色消失为终点。

同时移取 50 mL 碘标准滴定溶液，按同样条件进行空白试验。

5.5.4 结果计算

主含量以焦亚硫酸钠($Na_2S_2O_5$)的质量分数 w_1 计，数值以%表示，按式(1)计算：

$$w_1 = \frac{(V_0 - V_1)cM/1\,000}{m} \times 100 \qquad \cdots\cdots(1)$$

式中：

V_0——空白试验所消耗的硫代硫酸钠标准滴定溶液的体积的数值，单位为毫升(mL)；

V_1——滴定试验溶液所消耗的硫代硫酸钠标准滴定溶液的体积的数值，单位为毫升(mL)；

c——硫代硫酸钠标准滴定溶液浓度的准确数值，单位为摩尔每升(mol/L)；

m——试料质量的数值，单位为克(g)；

M——焦亚硫酸钠$\left(\frac{1}{4}Na_2S_2O_5\right)$的摩尔质量的数值，单位为克每摩尔(g/mol)($M$=47.52)。

取平行测定结果的算术平均值为测定结果，两次平行测定结果的绝对差值不大于0.2%。

5.6 铁含量的测定

5.6.1 方法提要

同GB/T 3049—2006第3章。

5.6.2 试剂和溶液

同GB/T 3049—2006第4章。

5.6.3 仪器设备

同GB/T 3049—2006第5章。

5.6.4 分析步骤

5.6.4.1 工作曲线的绘制

按GB/T 3049—2006中6.3的规定，使用光程1 cm的比色皿及相应的铁标准溶液用量，绘制工作曲线。

5.6.4.2 试验溶液的制备

称取约5 g试样，精确至0.01 g。置于250 mL高型烧杯中，用少量水溶解，加25 mL盐酸溶液，在沸水浴蒸干。用水溶解残渣，全部移入250 mL容量瓶中，用水稀释至刻度，摇匀。

5.6.4.3 空白试验溶液的制备

在250 mL高型烧杯中，加少量的水，再加25 mL盐酸，在沸水浴中蒸干，用水溶解残渣，全部移入250 mL容量瓶中，用水稀释至刻度，摇匀。

5.6.4.4 测定

用移液管移取50 mL试验溶液和空白试验溶液分别置于100 mL容量瓶中，以下按GB/T 3049—2006的6.4.1，从"必要时，加水至60 mL"开始进行操作。

5.6.5 结果计算

铁含量以铁(Fe)的质量分数w_2计，数值以%表示，按式(2)计算：

$$w_2=\frac{m_1-m_2}{m\times\frac{50}{250}\times 1\,000}\times 100=\frac{0.5\times(m_1-m_2)}{m} \qquad \cdots\cdots(2)$$

式中：

m_1——从工作曲线上查得的试验溶液中铁的质量的数值，单位为毫克(mg)；

m_2——从工作曲线上查得的空白试验溶液中铁的质量的数值，单位为毫克(mg)；

m——试料质量的数值，单位为克(g)。

取平行测定结果的算术平均值为测定结果。两次平行测定结果的绝对差值不大于0.000 5%。

5.7 澄清度

5.7.1 试剂

5.7.1.1 盐酸标准溶液：c(HCl)=0.1 mol/L；

5.7.1.2 硝酸溶液：1+3；

5.7.1.3 硝酸银溶液：20 g/L；

5.7.1.4 可溶性淀粉溶液：20 g/L；

5.7.1.5 测浊度用标准储备液:1 mL 溶液含氯(Cl)1 mg;

移取 14.1 mL 盐酸标准溶液,置于 50 mL 容量瓶中,稀释至刻度,摇匀。

5.7.1.6 测浊度用标准溶液:1 mL 溶液含氯(Cl)0.01 mg;

移取 1 mL 测浊度用标准储备液,置于 100 mL 容量瓶中,稀释至刻度,摇匀。

5.7.2 分析步骤

称取(0.50±0.001)g 试样,置于 25 mL 比色管中,加 10 mL 水溶解。试验溶液浊度应低于标准比浊溶液。

标准比浊溶液:移取 1.2 mL 测浊度用标准溶液,置于 25 mL 比色管中,加水至 20 mL,加 1 mL 硝酸溶液,0.2 mL 可溶性淀粉溶液,1 mL 硝酸银溶液,摇匀,放置 15 min。

5.8 砷含量的测定

称取(1.00±0.01)g 试样,置于 250 mL 烧杯中,加 5 mL 水溶解。加 2 mL 硝酸、1 mL 硫酸,在水浴上蒸干。将 25 mL 水分次加入,溶解残渣,全部移入测砷装置的锥形瓶中,加 3 mL 盐酸,摇匀。以下按 GB/T 5009.76—2003 的第 11 章规定操作。

标准是用移液管移取 1 mL 砷标准溶液(1 mL 溶液含 1 μg 砷),置于测砷装置的锥形瓶中,加 25 mL 水,以下操作与试验溶液同时同样处理。

5.9 重金属含量的测定

称取(1.00±0.01)g 试样,置于 100 mL 烧杯中,加 5 mL 水溶解,加 2 mL 盐酸,在水浴上蒸发至干。加 5 mL 水、1 mL 盐酸,再在水浴上蒸发至干。加 0.5 mL 冰乙酸溶液、20 mL 水溶解残渣,加入 1 滴酚酞指示液,以氨水(1+1)调至粉红色,以下按 GB/T 5009.74—2003 第 6 章进行测定。

标准比色溶液是用移液管移取 5 mL 铅标准溶液(1 mL 溶液含 1 μg 铅),置于 50 mL 纳氏比色管中,加 0.5 mL 冰乙酸溶液、20 mL 水,加入 1 滴酚酞指示液,以氨水(1+1)调至粉红色,以下按 GB/T 5009.74—2003 第 6 章进行测定。

6 检验规则

6.1 本标准规定的所有项目均为出厂检验项目,应逐批检验。

6.2 连续生产中以一个班次为一批,当一班大于 30 t 时,以 30 t 为一批。

6.3 按 GB/T 6678 中的规定确定采样单元数。采样时,将采样器自袋的中心垂直插入至料层深度的 3/4 处采样。将采出的样品混匀,用四分法缩分至不少于 500 g。将样品分装于两个清洁、干燥的容器中,密封,并粘贴标签,注明生产厂名、产品名称、批号、采样日期和采样者姓名。一份供检验用,另一份保存三个月备查。

6.4 食品添加剂焦亚硫酸钠应由生产厂的质量监督检验部门按照本标准规定进行检验,生产厂应保证所有出厂的产品都符合本标准要求。

6.5 检验结果如有一项指标不符合本标准要求,应重新自两倍量的包装中采样进行复验,复验结果即使只有一项指标不符合本标准的要求时,则整批产品为不合格。

7 标志、标签

7.1 食品添加剂焦亚硫酸钠外包装上应有牢固清晰的标志,内容包括:生产厂名、厂址、产品名称、"食品添加剂"字样、净含量、批号或生产日期、生产许可证编号及标志、卫生许可证号、本标准编号,以及 GB/T 191—2008 中规定的"怕雨"、"怕晒"标志。

7.2 每批出厂的食品添加剂焦亚硫酸钠都应附有质量证明书,内容包括:生产厂名、厂址、产品名称、"食品添加剂"字样、净含量、批号或生产日期、生产许可证编号及标志、卫生许可证号、产品质量符合本标准的证明及本标准编号。

8 包装、运输、贮存

8.1 食品添加剂焦亚硫酸钠应用食品级聚乙烯薄膜袋作内包装，厚度不小于0.06 mm；外包装为塑料编织袋或纸桶。内袋扎口；外袋应牢固缝合，缝线整齐，针距均匀，无漏缝和跳线现象。每袋(或桶)净含量25 kg、50 kg。或按照用户要求进行包装。

8.2 运输过程中，防止雨淋，不得受潮和包装不得受到污损，禁止与氧化剂、有害、有毒物质及其他污染物品混贮、混运。

8.3 食品添加剂焦亚硫酸钠贮存于干燥、通风的食品添加剂专用库房内，并需下垫垫层，防止受潮。

8.4 食品添加剂焦亚硫酸钠保质期为6个月，逾期检验合格，仍可继续使用。

ICS 67.220.20
X 42

中华人民共和国国家标准

GB 1897—2008
代替 GB 1897—1995

食品添加剂　盐酸

Food additive—Hydrochloric acid

2008-06-25 发布　　2009-01-01 实施

中华人民共和国国家质量监督检验检疫总局
中国国家标准化管理委员会　发布

前　言

本标准的第4章和第7章为强制性，其余为推荐性。

本标准与美国《食品用化学法典》第五版[FCC(V)：2004]《盐酸》一致性程度为非等效。

本标准代替GB 1897—1995《食品添加剂　盐酸》。

本标准与GB 1897—1995相比主要技术差异如下：

——提高铁技术指标(前版的3.2，本版的4.2)；

——取消灼烧残渣项目，增加不挥发物项目(前版的3.2，本版的4.2)；

——取消灼烧残渣测定方法，增加不挥发物测定方法(前版的4.7，本版的5.10)；

——增加了型式检验周期和特殊情况下应进行型式检验的规定(本版的6.2)。

本标准由中国石油和化学工业协会提出。

本标准由全国化学标准化技术委员会无机分会(SAC/TC 63/SC 1)和全国食品添加剂标准化技术委员会(SAC/TC 11)归口。

本标准起草单位：杭州电化集团有限公司、锦西化工研究院、云南盐化股份有限公司、昊华宇航化工有限责任公司、天津大沽化工股份有限公司、上海氯碱化工股份有限公司、青岛海晶化工集团有限公司。

本标准主要起草人：陈沛云、蒋岳芳、李富荣、吴融权、刘志强、谌绍铜、曹建芳、张英民。

本标准1986年首次发布，1995年第一次修订。

食品添加剂　盐酸

警告——盐酸具有强腐蚀性，操作者应采取适当的安全和健康措施，接触人员应佩戴防护眼镜、耐酸手套等防护用品。

1　范围

本标准规定了食品添加剂盐酸的要求、试验方法、检验规则以及标志、标签、包装、运输和贮存。

本标准适用于氯气和氢气合成经水吸收制得的食品添加剂盐酸。该产品在食品加工中作酸度调节剂和食品工业用加工助剂。

2　规范性引用文件

下列文件中的条款通过本标准的引用而成为本标准的条款。凡是注日期的引用文件，其随后所有的修改单(不包括勘误的内容)或修订版本均不适用于本标准，然而，鼓励根据本标准达成协议的各方研究是否可使用这些文件的最新版本。凡是不注日期的引用文件，其最新版本适用于本标准。

GB 190—1990　危险货物包装标志

GB/T 191—2008　包装贮运图示标志(ISO 780:1997,MOD)

GB/T 601—2002　化学试剂　标准滴定溶液的制备

GB/T 602—2002　化学试剂　杂质测定用标准溶液的制备

GB/T 603—2002　化学试剂　试验方法中所用制剂及制品的制备

GB 2760—1996　食品添加剂使用卫生标准

GB/T 6678—2003　化工产品采样通则

GB/T 6680—2003　液体化工产品采样通则

GB/T 6682—2008　分析实验室用水规格和试验方法(ISO 3696:1987,MOD)

3　分子式和相对分子质量

分子式：HCl

相对分子质量：36.46(按 2007 年国际相对原子质量)

4　要求

4.1　外观：无色或浅黄色透明液体。

4.2　食品添加剂盐酸应符合表 1 要求。

表 1　要求　%

项　　目		指　　标
总酸度(以 HCl 计),w	≥	31.0
铁(以 Fe 计),w	≤	0.000 5
硫酸盐(以 SO_4^{2-} 计),w	≤	0.007
游离氯(以 Cl 计),w	≤	0.003
还原物(以 SO_3 计),w	≤	0.007
不挥发物,w	≤	0.05
重金属(以 Pb 计),w	≤	0.000 5
砷(As),w	≤	0.000 1

5 试验方法

5.1 安全提示

本试验方法中部分试剂具有毒性或腐蚀性，操作时须小心谨慎！如溅到皮肤上应立即用水冲洗，严重者应立即治疗。

5.2 一般规定

本标准所用试剂和水，在没有注明其他要求时，均指分析纯试剂和 GB/T 6682—2008 规定的三级水。试验中所用标准滴定溶液、杂质标准溶液、制剂及制品，在没有注明其他要求时，均按 GB/T 601—2002、GB/T 602—2002、GB/T 603—2002 的规定制备。

5.3 鉴别

5.3.1 试剂和溶液

5.3.1.1 硝酸银溶液：2 g/L。

5.3.1.2 氨水溶液：2+3。

5.3.1.3 甲基橙指示液：1 g/L。

5.3.2 鉴别方法

5.3.2.1 量取 1 mL 试样于 50 mL 水中，滴加硝酸银溶液，即产生白色乳状沉淀。能在氨溶液中溶解，在硝酸中不溶解。

5.3.2.2 量取 1 mL 试样于 100 mL 水中，加 2 滴甲基橙溶液，溶液变为红色，该水溶液为强酸性。

5.3.3 鉴别结论

以上两项试验给出正反应，即可确定本样品为盐酸。

5.4 外观

在自然光下目视观察。

5.5 总酸度的测定

5.5.1 方法原理

试料溶液以溴甲酚绿为指示液，用氢氧化钠标准滴定溶液滴定至溶液由黄色变为蓝色为终点。反应式如下：

$$H^{+}+OH^{-}\longrightarrow H_2O$$

5.5.2 试剂和溶液

5.5.2.1 氢氧化钠标准滴定溶液：$c(NaOH)=1$ mol/L。

5.5.2.2 溴甲酚绿指示液：1 g/L。

5.5.3 仪器

一般的实验室仪器和以下容器。

5.5.3.1 锥形瓶，100 mL(具磨口塞)。

5.5.3.2 滴定管，50 mL，A 级，有 0.1 mL 分度值。

5.5.4 分析步骤

5.5.4.1 试料

量取约 3 mL 试样，置于内装约 15 mL 水并已称量(精确到 0.000 1 g)的锥形瓶中，混匀并称量(精确到 0.000 1 g)。

5.5.4.2 测定

向试料中加(2～3)滴溴甲酚绿指示液，用氢氧化钠标准滴定溶液滴定至溶液由黄色变为蓝色为终点。

5.5.5 结果计算

总酸度以氯化氢(HCl)的质量分数 w_1 计，数值以%表示，按式(1)计算：

$$w_1 = \frac{(V/1\,000)cM}{m_1} \times 100 = \frac{VcM}{10m_1} \quad \cdots\cdots(1)$$

式中：

c——氢氧化钠标准滴定溶液浓度的准确数值，单位为摩尔每升(mol/L)；

V——滴定中消耗的氢氧化钠标准滴定溶液的体积的数值，单位为毫升(mL)；

m_1——试料的质量的数值，单位为克(g)；

M——氯化氢(HCl)的摩尔质量的数值，单位为克每摩尔(g/mol)(M=36.46)。

5.5.6 允许差

取平行测定结果的算术平均值为测定结果，平行测定结果的绝对差值不大于0.2%。

5.6 铁含量的测定 1,10-菲啰啉分光光度法

5.6.1 方法原理

用盐酸羟胺将试料中 Fe^{3+} 还原成 Fe^{2+}，在pH为4.5缓冲溶液体系中，Fe^{2+} 与1,10-菲啰啉反应生成橙红色络合物，用分光光度计测定吸光度。反应式如下：

$$4Fe^{3+} + 2NH_2OH \longrightarrow 4Fe^{2+} + N_2O + 4H^+ + H_2O$$

$$Fe^{2+} + 3C_{12}H_8N_2 \longrightarrow [Fe(C_{12}H_8N_2)_3]^{2+}$$

5.6.2 试剂和溶液

5.6.2.1 盐酸溶液：1+10。

5.6.2.2 氨水溶液：1+1。

5.6.2.3 盐酸羟胺溶液：100 g/L。

称取10.0 g盐酸羟胺，溶于水，用水稀释至100 mL。

5.6.2.4 乙酸-乙酸钠缓冲溶液：pH≈4.5。

5.6.2.5 铁标准溶液：1 mL溶液含铁(Fe)0.1 mg。

称取0.864 g硫酸铁铵[$NH_4Fe(SO_4)_2 \cdot 12H_2O$]，溶于水，加10 mL硫酸溶液(25%)，移入1 000 mL容量瓶中，稀释至刻度。

5.6.2.6 铁标准溶液：1 mL溶液含铁(Fe)0.01 mg。

用移液管移取10 mL上述铁标准溶液，置于100 mL容量瓶中，用水稀释至刻度，摇匀。该溶液现用现配。

5.6.2.7 1,10-菲啰啉溶液：2 g/L。

该溶液应避光保存，仅使用无色溶液。

5.6.3 仪器

一般的实验室仪器和分光光度计。

5.6.4 分析步骤

5.6.4.1 标准曲线绘制

5.6.4.1.1 按表2量取铁标准溶液(5.6.2.6)分别置于六个50 mL容量瓶中。

表2

铁标准溶液体积/mL	对应的铁质量/μg
0	0
2.0	20
4.0	40
6.0	60
8.0	80
10.0	100

5.6.4.1.2 向每个容量瓶中加入 10 mL 盐酸溶液，加水至约 20 mL，用氨水调至溶液 pH 值为 2～3，然后依次加入 1 mL 盐酸羟胺溶液、5 mL 乙酸-乙酸钠缓冲溶液和 2 mL 1,10-菲啰啉溶液，用水稀释至刻度，摇匀。静置 15 min。

5.6.4.1.3 用适宜的比色皿，在波长 510 nm 处，用空白溶液调整分光光度计零点，测定溶液吸光度。

5.6.4.1.4 以铁含量(μg)为横坐标，与其对应的吸光度为纵坐标绘制标准曲线或计算线性回归方程。

5.6.4.2 试样溶液制备

量取约 8.6 mL 试样，称量(精确到 0.01 g)，置于内装约 50 mL 水的 100 mL 容量瓶中，用水稀释至刻度，摇匀。

5.6.4.3 试料

量取 10.0 mL 试样溶液置于 50 mL 容量瓶中。

5.6.4.4 空白试验

不加试料，加 10.0 mL 盐酸溶液，采用与测定试料完全相同的分析步骤、试剂和用量进行空白试验。

5.6.4.5 测定

5.6.4.5.1 向试料中加水至约 20 mL，用氨水调至溶液 pH 值为 2～3，然后加 1 mL 盐酸羟胺溶液、5 mL 乙酸-乙酸钠缓冲溶液和 2 mL 1,10-菲啰啉溶液，用水稀释至刻度，摇匀。静置 15 min。

5.6.4.5.2 用适宜的比色皿，在波长 510 nm 处，用空白溶液调整分光光度计零点，测定溶液吸光度。

5.6.5 结果计算

铁含量以铁(Fe)的质量分数 w_2 计，数值以%表示，按式(2)计算：

$$w_2 = \frac{m_3 \times 10^{-6}}{m_2 \times 10/100} \times 100 = \frac{m_3 \times 10^{-3}}{m_2} \quad \cdots\cdots\cdots(2)$$

式中：

m_2——试样的质量的数值，单位为克(g)；

m_3——由标准曲线查得或线性回归方程计算的试料中铁的质量的数值，单位为微克(μg)。

5.6.6 允许差

取平行测定结果的算术平均值为报告结果。平行测定结果之差的绝对值不大于 0.000 1%。

5.7 硫酸盐含量的测定

5.7.1 方法原理

将试料蒸发至干，用盐酸溶液溶解残渣，用甘油-乙醇混合液做稳定剂，加入氯化钡制得悬浮液，用分光光度计测定悬浮液吸光度。

5.7.2 试剂和溶液

5.7.2.1 二水氯化钡($BaCl_2 \cdot 2H_2O$)。

5.7.2.2 甘油-乙醇混合液：1+2。

5.7.2.3 盐酸溶液：1 mol/L。

5.7.2.4 硫酸盐标准溶液：0.1 g/L。

配制方法有两种，任选其一：

(1) 称取 0.148 g 于(105～110)℃干燥至质量恒定的无水硫酸钠，溶于水，移入 1 000 mL 容量瓶中，稀释至刻度。

(2) 称取 0.181 g 于(105～110)℃干燥至质量恒定的硫酸钾，溶于水，移入 1 000 mL 容量瓶中，稀释至刻度。

5.7.3 仪器

一般的实验室仪器和分光光度计。

5.7.4 分析步骤

5.7.4.1 标准曲线绘制

5.7.4.1.1 按表 3 量取硫酸盐标准溶液分别置于 7 个 50 mL 的容量瓶中。

表 3

硫酸盐标准溶液/mL	对应的硫酸盐质量/mg
0	0
2.5	0.25
5.0	0.50
7.5	0.75
10.0	1.00
15.0	1.50
20.0	2.00

5.7.4.1.2 向每个容量瓶中分别加入 3 mL 盐酸溶液和 5 mL 甘油-乙醇混合液，用水稀释至刻度，摇匀。

5.7.4.1.3 将容量瓶中的溶液移入盛有 0.3 g 二水氯化钡的干燥烧杯中，以每秒两转的速度摇动 2 min。在室温下，静置 10 min。

5.7.4.1.4 用适宜的比色皿，在波长 450 nm 处，用空白溶液调整分光光度计零点，测定溶液吸光度。

5.7.4.1.5 以硫酸盐含量(mg)为横坐标，对应的吸光度为纵坐标绘制标准曲线或计算线性回归方程。

5.7.4.2 试料

称取约 20 g 试样(精确到 0.01 g)，置于蒸发皿中，在蒸汽浴上蒸发至干，冷却至室温，加入 3 mL 盐酸溶液溶解残留物，全部移入 50 mL 容量瓶中，加 5 mL 甘油-乙醇混合液，用水稀释至刻度，摇匀。

5.7.4.3 空白试验

不加试料，采用与测定试料完全相同的分析步骤、试剂和用量进行空白试验。

5.7.4.4 测定

5.7.4.4.1 将试料小心移入盛有 0.3 g 二水氯化钡的干燥烧杯中，以每秒两转的速度摇动 2 min。在室温下，静置 10 min。

5.7.4.4.2 用适宜的比色皿，在波长 450 nm 处，用空白溶液调整分光光度计零点，测定溶液吸光度。

5.7.5 结果计算

硫酸盐含量以硫酸根(SO_4^{2-})的质量分数 w_3 计，数值以%表示，按式(3)计算：

$$w_3=\frac{m_5\times10^{-3}}{m_4}\times100=\frac{m_5}{10m_4} \qquad \cdots\cdots(3)$$

式中：

m_4——试料的质量的数值，单位为克(g)；

m_5——由标准曲线上查得或线性回归方程计算的试料中硫酸盐的质量的数值，单位为毫克(mg)。

5.7.6 允许差

取平行测定结果的算术平均值为报告结果。平行测定结果之差的绝对值不大于 0.001%。

5.8 游离氯含量的测定

5.8.1 方法原理

试料溶液加入碘化钾溶液，析出碘，以淀粉为指示液，用硫代硫酸钠标准滴定溶液滴定游离出来的碘。反应式如下：

$$2I^- - 2e \longrightarrow I_2$$

$$I_2 + 2S_2O_3^{2-} \longrightarrow S_4O_6^{2-} + 2I^-$$

5.8.2 试剂和溶液

5.8.2.1 盐酸。

盐酸中所含的氧化物或还原物质应低于 0.000 2%。

5.8.2.2 碘化钾溶液:150 g/L。

称取 15.0 g 碘化钾,溶于水,用水稀释至 100 mL。

5.8.2.3 硫代硫酸钠标准滴定溶液:$c(Na_2S_2O_3)=0.1$ mol/L。

5.8.2.4 淀粉指示液:10 g/L。

本溶液只能保留两周。

5.8.3 仪器

一般的实验室仪器和和以下仪器。

5.8.3.1 锥形瓶,500 mL(具磨口塞)。

5.8.3.2 微量滴定管。

5.8.4 分析步骤

5.8.4.1 试料

量取约 50 mL 试样,置于内装约 100 mL 水并已称量(精确到 0.01 g)的锥形瓶中,冷却至室温,称量(精确到 0.01 g)。

5.8.4.2 空白试验

不加试料,用等量的盐酸代替试料,采用与测定试料完全相同的分析步骤、试剂和用量,进行空白试验。

5.8.4.3 测定

向试料中加 7 mL 碘化钾溶液,塞紧瓶塞摇动,在暗处静置 2 min。加 1 mL 淀粉指示液,用硫代硫酸钠标准滴定溶液滴定至溶液蓝色消失为终点。

5.8.5 结果计算

游离氯以氯(Cl)的质量分数 w_4 计,数值以%表示,按式(4)计算。

$$w_4=\frac{[(V_1-V_0)/1\,000]cM}{m_6}\times 100=\frac{(V_1-V_0)cM}{10m_6} \qquad \cdots\cdots(4)$$

式中:

c——硫代硫酸钠标准滴定溶液浓度的准确数值,单位为摩尔每升(mol/L);

V_0——空白滴定消耗的硫代硫酸钠标准滴定溶液的体积的数值,单位为毫升(mL);

V_1——试料滴定消耗的硫代硫酸钠标准滴定溶液的体积的数值,单位为毫升(mL);

m_6——试料的质量的数值,单位为克(g);

M——氯(Cl)的摩尔质量的数值,单位为克每摩尔(g/mol)($M=35.45$)。

5.8.6 允许差

取平行测定结果的算术平均值为报告结果。平行测定结果之差的绝对值不大于 0.001%。

5.9 还原物含量的测定

5.9.1 方法原理

在酸性介质中,单质碘遇淀粉指示剂呈蓝色,如遇还原性物质单质碘被还原,溶液颜色变浅或消失。

5.9.2 试剂和溶液

5.9.2.1 盐酸。

5.9.2.2 碘化钾溶液:10 g/L。

5.9.2.3 碘标准溶液:$c\left(\frac{1}{2}I_2\right)=0.001$ mol/L;

量取 1 mL 按 GB/T 601—2002 配制的碘标准溶液,置于 100 mL 容量瓶中,稀释至刻度,摇匀。该溶液使用前制备。

5.9.2.4 淀粉指示液:10 g/L。

5.9.3 仪器

一般的实验室仪器。

5.9.4 测定

量取 1 mL 盐酸(5.9.2.1),置于 30 mL 试管内,用新近煮沸过且已冷却的水稀释至 20 mL,加入 1 mL 碘化钾溶液、1 mL 淀粉指示液和 2.0 mL 碘标准溶液,摇匀。向试管中加入 1 mL 试样,该溶液的蓝色不消失。

5.10 不挥发物含量的测定

5.10.1 方法原理

将一定量的样品蒸干、恒量,称量。

5.10.2 仪器

一般的实验室仪器。

5.10.3 分析步骤

称取约 5 g 试样(精确到 0.01 g),移入已称量(精确到 0.000 1 g)的蒸发皿中,在蒸汽浴上蒸干,然后在 110 ℃下干燥 1 h。置于干燥器中冷却至室温,称量(精确到 0.000 1 g)。

5.10.4 结果计算

不挥发物含量以质量分数 w_5 计,数值以%表示,按式(5)计算。

$$w_5 = \frac{m_8}{m_7} \times 100 \quad \cdots\cdots(5)$$

式中:

m_7——试料质量的数值,单位为克(g);

m_8——不挥发物质量的数值,单位为克(g)。

5.10.5 允许差

取平行测定结果的算术平均值为报告结果。平行测定结果之差的绝对值不大于 0.005%。

5.11 砷含量的测定

5.11.1 砷含量的测定 二乙基二硫代氨基甲酸银分光光度法(仲裁法)

5.11.1.1 方法原理

在酸性介质中,用碘化钾与氯化亚锡将 As^{5+} 还原为 As^{3+},加锌粒与酸作用,产生新生态氢,使 As^{3+} 进一步还原为砷化氢,被二乙基二硫代氨基甲酸银[Ag(DDTC)]吡啶溶液吸收,生成紫红色胶体溶液,用分光光度计测定吸光度。反应式如下:

$$AsH_3 + 6Ag(DDTC) = 6Ag\downarrow + 3H(DDTC) + As(DDTC)_3$$

5.11.1.2 试剂和材料

所用试剂均不含砷。

5.11.1.2.1 盐酸;

5.11.1.2.2 三氧化二砷。

危险——三氧化二砷为剧毒品。

5.11.1.2.3 锌粒:粒径(0.5～1) mm。

5.11.1.2.4 碘化钾溶液:150 g/L;

称取 15.0 g 碘化钾,溶于水,用水稀释至 100 mL。

5.11.1.2.5 氯化亚锡盐酸溶液:400 g/L;

称取 40.0 g 二水氯化亚锡($SnCl_2 \cdot 2H_2O$),溶于 25 mL 水和 75 mL 盐酸混合溶液中。

5.11.1.2.6 砷标准溶液:1 mL 溶液含砷(As)0.1 mg;

称取0.132 g于硫酸干燥器中干燥至质量恒定的三氧化二砷，温热溶于1.2 mL氢氧化钠溶液(100 g/L)，移入1 000 mL容量瓶中，稀释至刻度。

5.11.1.2.7 砷标准溶液：1 mL溶液含砷(As)2.5 mg；

用移液管移取25 mL上述砷标准溶液，置于1 000 mL容量瓶中，用水稀释至刻度，摇匀。该溶液现用现配。

5.11.1.2.8 二乙基二硫代氨基甲酸银吡啶溶液：5 g/L；

称取1.0 g二乙基二硫代氨基甲酸银，溶于吡啶中，用吡啶稀释至200 mL。该溶液保存在密闭棕色玻璃瓶中。有效期两周。

5.11.1.2.9 乙酸铅棉花。

5.11.1.3 仪器

所有玻璃仪器应谨慎地用热的浓硫酸洗涤，再用水冲洗、干燥。

一般的实验室仪器和以下仪器。

5.11.1.3.1 定砷器(见图1)。

5.11.1.3.2 分光光度计。

5.11.1.4 分析步骤

警告——本试验中部分试剂有毒，试验应在通风橱内进行。

5.11.1.4.1 标准曲线绘制

每更换一批锌粒或新配制一次二乙基二硫代氨基甲酸银吡啶溶液，应重新绘制标准曲线。

单位为毫米

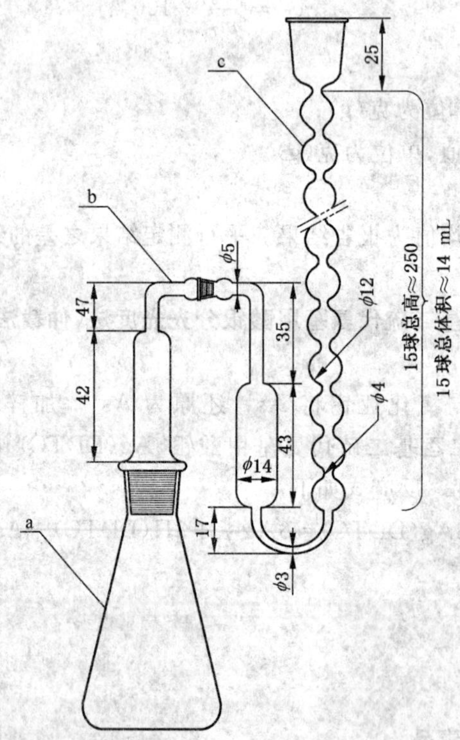

a——100 mL锥形瓶；

b——连接管；

c——15球吸收管。

图1 定砷器示意图

5.11.1.4.1.1 按表4量取砷标准溶液(5.11.1.2.7),分别置于六个100 mL锥形瓶(图1)中。

表4

砷标准溶液/mL	对应砷质量/μg
0.0	0
1.0	2.5
2.0	5
4.0	10
6.0	15
8.0	20

5.11.1.4.1.2 向每个锥形瓶中加入10 mL盐酸,加水至约40 mL。

5.11.1.4.1.3 量取5 mL二乙基二硫代氨基甲酸银吡啶溶液置于图1的c中,并将图1的c与事先放入乙酸铅棉花的b连接好。

5.11.1.4.1.4 向每个锥形瓶中依次加入2 mL碘化钾溶液和2 mL氯化亚锡盐酸溶液,混匀后,静置15 min。再加5 g锌粒,按图(见图1)迅速连接好仪器,反应45 min。

5.11.1.4.1.5 用适宜的比色皿,在波长540 nm处,以空白溶液调整分光光度计零点,测定溶液吸光度。

5.11.1.4.1.6 以砷含量(μg)为横坐标,与其对应的吸光度为纵坐标绘制标准曲线或回归曲线方程。

5.11.1.4.2 试料

量取10.0 mL试样,称量(精确到0.01 g)(如果样品中砷含量太低,可加大取样量,再加热蒸发至约10 mL),移至图1a中,加水至约40 mL。

5.11.1.4.3 空白试验

不加试料,加10.0 mL盐酸,加水至约40 mL,采用与测定试料完全相同的分析步骤、试剂和用量进行空白试验。

5.11.1.4.4 测定

按5.11.1.4.1.3~5.11.1.4.1.5规定进行。

5.11.1.5 结果计算

砷含量以砷(As)的质量分数 w_6 计,数值以%表示,按式(6)计算:

$$w_6 = \frac{m_{10} \times 10^{-6}}{m_9} \times 100 \qquad \cdots\cdots(6)$$

式中:

m_9——试料的质量的数值,单位为克(g);

m_{10}——由标准曲线上查得的或回归方程计算的试料中砷的质量的数值,单位为微克(μg)。

5.11.1.6 允许差

取平行测定结果的算术平均值为报告结果。平行测定结果之差的绝对值不大于0.000 05%。

5.11.2 砷含量的测定 砷斑法

5.11.2.1 方法原理

在酸性溶液中,用碘化钾和氯化亚锡将 As^{5+} 还原为 As^{3+},加锌粒与酸作用,产生新生态氢,使 As^{3+} 进一步还原为砷化氢,砷化氢气体与溴化汞试纸作用时,产生棕黄色的汞砷化物,与标准色斑比较。

5.11.2.2 试剂和材料

所用试剂均不含砷。

5.11.2.2.1 盐酸。

5.11.2.2.2　锌粒：粒径(0.5～1) mm。

5.11.2.2.3　碘化钾溶液：150 g/L；

称取 15.0 g 碘化钾，溶于水，用水稀释至 100 mL。

5.11.2.2.4　氯化亚锡盐酸溶液：400 g/L；

称取 40.0 g 二水氯化亚锡($SnCl_2 \cdot 2H_2O$)，溶于 25 mL 水和 75 mL 盐酸(5.8.2.2.1)混合溶液中。若浑浊加热至透明。

5.11.2.2.5　砷标准溶液：1 mL 溶液含砷(As)1 mg；

用移液管移取 10 mL 砷标准溶液(5.11.1.2.6)，置于 1 000 mL 容量瓶中，用水稀释至刻度，摇匀。该溶液现用现配。

5.11.2.2.6　乙酸铅棉花。

5.11.2.2.7　溴化汞试纸。

5.11.2.3　仪器

一般的实验室仪器和定砷器(见图 2)。

5.11.2.4　分析步骤

5.11.2.4.1　试料

称取约 2 g 试样(精确到 0.01 g)，移至 100 mL 锥形瓶中。

5.11.2.4.2　测定

向试料中加 23 mL 水、4 mL 盐酸(5.11.2.2.1)、5 mL 碘化钾溶液和 5 滴氯化亚锡溶液。室温下静置 10 min。再加 2 g 锌粒，立即按图(见图 2)将已装好乙酸铅棉花和溴化汞试纸的检定管连接好，于室温下在暗处放置(1～2) h。

单位为毫米

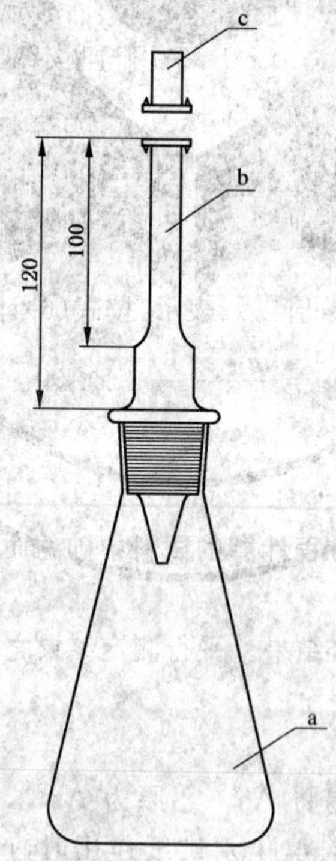

c
b
100
120
a

a——100 mL 锥形瓶；

b——吸收管；

c——吸收管帽。

图 2　定砷器示意图

溴化汞试纸所呈颜色浅于或等于标准色斑为合格，深于标准色斑为不合格。

5.11.2.4.3 **标准色斑制备**

每次测定应同时制备标准色斑。

加 2 g 盐酸(5.11.2.2.1)(精确到 0.01 g)和 2.0 mL 砷标准溶液于 100 mL 锥形瓶中，以下按 5.11.2.4.2规定进行。

5.12 重金属含量的测定

5.12.1 方法原理

在弱酸性(pH 值为 3～4)条件下，试样中的重金属离子与硫化氢作用，生成棕黑色，与同法处理的铅标准溶液比较，做限量试验。

5.12.2 试剂和溶液

5.12.2.1 氨水。

5.12.2.2 乙酸盐缓冲溶液：pH≈3.5；

称取 25.0 g 乙酸铵溶于 25 mL 水中，加入 45 mL 6 mol/L 盐酸溶液，用稀盐酸或稀氨水调节 pH 值至 3.5，用水稀释至 100 mL。

5.12.2.3 铅标准溶液：1 mL 溶液含铅(Pb)1.0 mg；

称取 0.159 8 g 高纯硝酸铅，溶于 10 mL 1%硝酸溶液中，定量移入 100 mL 容量瓶中，用水稀释至刻度，摇匀。

5.12.2.4 铅标准溶液：1 mL 溶液含铅(Pb)0.01 mg；

用移液管移取 10 mL 上述铅标准溶液，置于 1 000 mL 容量瓶中，用水稀释至刻度，摇匀。该溶液现用现配。

5.12.2.5 硫化氢饱和水溶液

将硫化氢气体通入不含二氧化碳的水中，至饱和为止。该溶液临用前制备。

5.12.2.6 酚酞指示液：10 g/L。

5.12.3 仪器

一般实验室仪器和 50 mL 纳氏比色管。

所用玻璃仪器需用质量分数为 10%～20%硝酸溶液浸泡 24 h 以上，用自来水反复冲洗，最后用蒸馏水冲洗干净。

5.12.4 测定

5.12.4.1 A 管：量取 5.0 mL 铅标准溶液(不低于 10 μg 铅)于 50 mL 纳氏比色管中，加水至 25 mL，混匀，加 1 滴酚酞指示液，用氨水调节 pH 至中性(酚酞红色刚褪去)，加入5 mL pH3.5 的乙酸盐缓冲溶液，混匀，备用。

5.12.4.2 B 管：取一支与 A 管配套的纳氏比色管，加入 10.0 mL 试样，加水至 25 mL，混匀，加 1 滴酚酞指示液，用氨水调节 pH 至中性(酚酞红色刚褪去)，加入 5 mL pH3.5 的乙酸盐缓冲溶液，混匀，备用。

5.12.4.3 C 管：取一支与 A，B 管配套的纳氏比色管，加入与 B 管等量的试样，再加入与 A 管等量的铅标准溶液，加水至 25 mL，混匀，加 1 滴酚酞指示液，用氨水调节 pH 至中性(酚酞红色刚褪去)，加入 5 mL pH 值为 3.5 的乙酸盐缓冲溶液，混匀，备用。

5.12.4.4 向各管中加入 10 mL 新鲜制备的硫化氢饱和液，并加水至 50 mL，混匀，于暗处放置 5 min 后，在白色背景下，B 管的色度不得深于 A 管的色度，C 管的色度应与 A 的色度相当或深于 A 管的色度。

6 检验规则

6.1 本标准规定的检验项目全部为型式检验项目，其中总酸度、铁、游离氯、砷、重金属为出厂检验项目,应逐批检验,其余为型式检验项目中的抽检项目。如有下述情况:停产后复产、生产工艺有较大改变(如材料、工艺条件等)、合同规定等,应进行型式检验。在正常生产情况下,每月至少进行一次型式检验。

6.2 产品按批检验。生产企业以每一成品槽或每天生产的食品添加剂盐酸为一批。

6.3 食品添加剂盐酸从槽车或贮槽中采样时,用 GB/T 6680—2003 中规定的耐酸采样器自上、中、下三处(上部离液面十分之一液层,下部离液体底部十分之一液层)采取等量的样品。

6.4 食品添加剂盐酸从聚乙烯塑料桶、玻璃钢衬里的容器或以专用陶瓷坛包装中采样时,按 GB/T 6678—2002 中规定的采样单元数,用 GB/T 6680—2003 中规定的耐酸采样器采取样品。

6.5 将采取的样品混匀,装于清洁、干燥的塑料瓶或具磨口塞的玻璃瓶中,密封。样品量不少于 500 mL。样品瓶上应贴上标签,并注明:生产厂名、产品名称、批号或生产日期、采样日期及采样人姓名等。

6.6 食品添加剂盐酸应由生产厂的质量监督检验部门按本标准的规定进行检验。生产厂应保证每批出厂的产品都符合本标准的要求。

6.7 检验结果如果有一项指标不符合本标准要求,应重新自两倍量的包装或等量的贮槽中采样进行复检。复检结果即使只有一项指标不符合本标准要求,则该批产品为不合格品。

7 标志、标签

7.1 食品添加剂盐酸包装上应有牢固清晰的标志,内容包括:生产厂名、厂址、产品名称、危险化学品、"食品添加剂"字样、使用范围、最大使用量、净含量、批号或生产日期、保质期、卫生许可证编号、生产许可证编号及标志、本标准编号、GB 190—1990 中规定的"腐蚀品"标志和安全标签。对于小计量包装的容器上还应有 GB/T 191—2008 中规定的"向上"标志。使用范围和最大使用量按 GB 2760—1996 中规定执行。

7.2 每批出厂的食品添加剂盐酸都应附有安全技术说明书和质量证明书。质量证明书内容包括:生产厂名、厂址、产品名称、危险化学品、"食品添加剂"字样、使用范围、最大使用量、净含量、批号或生产日期、保质期、卫生许可证编号、生产许可证编号及标志、产品质量符合本标准的证明和本标准编号。

8 包装、运输、贮存

8.1 食品添加剂盐酸应用专用槽车或贮槽装运,并定期清洗。应使用符合食品包装标准要求的聚乙烯塑料桶、玻璃钢衬里的容器或专用陶瓷坛包装。

8.2 食品添加剂盐酸运输时不得与碱性物品或有毒、有害物品混运。

8.3 食品添加剂盐酸应用专用贮槽贮存或专用仓库贮存。不得与碱性物品或有毒、有害物品混贮。

8.4 在符合标准包装、运输、贮存条件下,食品添加剂盐酸保质期为 24 个月,逾期检验合格,仍可继续使用。

ICS 67.220.20
X 42

中华人民共和国国家标准

GB 1903—2008
代替 GB 1903—1996

食品添加剂　冰乙酸（冰醋酸）

Food additive—Acetic acid, glacial

2008-06-27 发布　　　　2009-01-01 实施

中华人民共和国国家质量监督检验检疫总局
中国国家标准化管理委员会　发布

前　言

本标准第5章和8.1为强制性的，其余为推荐性的。

本标准与联合国粮农组织和世界卫生组织（FAO/WHO）食品添加剂联合专家委员会（JECFA）专论1（2006）《冰乙酸》（英文版）的一致性程度为非等效。

本标准代替GB 1903—1996《食品添加剂　冰乙酸（冰醋酸）》。

本标准与GB 1903—1996相比主要变化如下：

——增加了酿造醋酸的比率（天然度）项目指标和试验方法（见第5章和6.8）；

——增加了游离矿酸项目指标和试验方法（见第5章和6.11）；

——增加了色度项目指标和试验方法（见第5章和6.12）；

——冰乙酸含量指标由≥99.0%修改为≥99.5%；蒸发残渣指标由≤0.01%修改为≤0.005%；结晶点指标由≥14.5℃修改为≥15.6℃（1996年版的3.3，本版的第5章）。

本标准由中国石油和化学工业协会提出。

本标准由全国化学标准化技术委员会有机分会（SAC/TC 63/SC 2）和全国食品添加剂标准化技术委员会（SAC/TC 11）归口。

本标准起草单位：南宁化工集团有限公司。

本标准参加起草单位：河南天冠集团公司、石家庄新宇三阳实业有限公司。

本标准主要起草人：何婕、陈益强、王志强。

本标准于1980年首次发布，1996年9月第一次修订。

食品添加剂 冰乙酸(冰醋酸)

1 范围

本标准规定了食品添加剂冰乙酸(冰醋酸)的要求、试验方法、检验规则及标志、包装、运输和贮存等。

本标准适用于由发酵法生产的乙醇为原料制得的冰乙酸。该产品作为食品酸度调节剂使用。

2 规范性引用文件

下列文件中的条款通过本标准的引用而成为本标准的条款。凡是注日期的引用文件,其随后所有的修改单(不包括勘误的内容)或修订版均不适用于本标准,然而,鼓励根据本标准达成协议的各方研究是否可使用这些文件的最新版本。凡是不注日期的引用文件,其最新版本适用于本标准。

GB 190—1990 危险货物包装标志

GB/T 601—2002 化学试剂 标准滴定溶液的制备

GB/T 602—2002 化学试剂 杂质测定用标准溶液的制备(ISO 6353-1:1982,NEQ)

GB/T 603—2002 化学试剂 试验方法中所用制剂及制品的制备(ISO 6353-1:1982,NEQ)

GB/T 3143—1982 液体化学产品颜色测定法(Hazen 单位—铂-钴色号)

GB/T 5009.74—2003 食品添加剂中重金属限量试验

GB/T 5009.76—2003 食品添加剂中砷的测定

GB/T 6678—2003 化工产品采样总则

GB/T 6680—2003 液体化工产品采样通则

GB/T 6682—1992 分析试验室用水规格和试验方法(neq ISO 3696:1987)

GB/T 7533—1993 有机化工产品结晶点的测定方法

GB/T 22099—2008 酿造醋酸与合成醋酸的鉴定方法

3 分子式和相对分子质量

分子式:CH_3COOH

相对分子质量:60.05(按 2007 年国际相对原子质量)

4 外观

无色透明液体。

5 要求

食品添加剂冰乙酸应符合表 1 所示的技术要求。

表 1 技术要求

项 目		指 标
乙酸,w/%	≥	99.5
高锰酸钾试验时间/min	≤	30
蒸发残渣,w/%	≤	0.005

表 1（续）

项　　目		指　　标
结晶点/℃	≥	15.6
酿造醋酸的比率(天然度)/%	≥	95
重金属(以 Pb 计)，w/%	≤	0.000 2
砷(As)，w/%	≤	0.000 1
游离矿酸试验		合格
色度/(铂-钴色号/Hazen 单位)	≤	20

6　试验方法

6.1　警示

试验方法规定的一些试验过程可能导致危险情况。操作者应采取适当的安全和防护措施。

6.2　一般规定

除非另有说明，在分析中仅使用确认为分析纯的试剂和 GB/T 6682—1992 中规定的三级水。

试验方法中所用标准滴定溶液、杂质测定用标准溶液、制剂及制品，在没有注明其他要求时，均按 GB/T 601—2002、GB/T 602—2002、GB/T 603—2002 的规定制备。

6.3　鉴别试验

6.3.1　试剂

6.3.1.1　盐酸；

6.3.1.2　硫酸；

6.3.1.3　乙醇(体积分数为 95%)；

6.3.1.4　氢氧化钠溶液：40 g/L；

6.3.1.5　三氯化铁溶液：50 g/L。

6.3.2　分析步骤

6.3.2.1　取 1 mL 实验室样品，加氢氧化钠溶液中和，并加三氯化铁溶液即呈深红色，煮沸，即发生红棕色沉淀，再加盐酸，则溶解成黄色溶液。

6.3.2.2　取少许实验室样品，加硫酸与少量乙醇，加热，即发生乙酸乙酯的特有香气。

6.4　冰乙酸含量的测定

6.4.1　方法提要

以酚酞为指示剂，用氢氧化钠标准滴定溶液滴定，根据消耗氢氧化钠标准滴定溶液的体积计算乙酸的含量。

6.4.2　试剂

6.4.2.1　氢氧化钠标准滴定溶液：$c(NaOH)=0.5$ mol/L；

6.4.2.2　酚酞指示液：10 g/L。

6.4.3　分析步骤

称取 1 g 实验室样品，精确至 0.000 2 g，置于 250 mL 具塞锥瓶中，锥瓶中预先装有新煮沸并冷却的 80 mL 水，加 2 滴酚酞指示液，用氢氧化钠标准滴定溶液滴定至溶液呈淡粉红色，保持 30 s 不褪色为终点。

6.4.4　结果计算

乙酸的质量分数 w_1，数值以%表示，按式(1)计算：

$$w_1 = \frac{VcM}{m} \times 100 \quad \cdots\cdots(1)$$

式中：

V——氢氧化钠标准滴定溶液(6.4.2.1)体积的数值，单位为毫升(mL)；

c——氢氧化钠标准滴定溶液浓度的准确数值，单位为摩尔每升(mol/L)；

m——试样质量的数值，单位为克(g)；

M——乙酸的摩尔质量的数值，单位为克每摩尔(g/mol)(M=0.060 05)。

取两次平行测定结果的算术平均值为测定结果，两次平行测定结果的绝对差值不大于0.2%。

6.5 高锰酸钾试验

6.5.1 方法提要

样品中还原物质与高锰酸钾作用，在规定时间内，溶液中出现的粉红色不应消失。

6.5.2 试剂

6.5.2.1 高锰酸钾溶液：3.1 g/L。

6.5.3 分析步骤

量取2 mL实验室样品，置于具塞比色管中。加入10 mL水溶解，于(20±1)℃水浴中加入0.1 mL高锰酸钾溶液，摇匀，溶液粉红色在30 min内不应消失。

6.6 蒸发残渣的测定

6.6.1 方法提要

在水浴上将样品蒸干后，并在烘箱中规定温度规定时间干燥，称量出残渣的质量。

6.6.2 分析步骤

称取50 g实验室样品，精确至0.01 g。置于预先恒重的100 mL蒸发皿中，在水浴上蒸干后，置于(105±2)℃的恒温干燥箱中干燥2 h。保留残渣A用于重金属含量的测定。

6.6.3 结果计算

蒸发残渣的质量分数w_2，数值以%表示，按式(2)计算：

$$w_2 = \frac{m_1}{m} \times 100 \qquad (2)$$

式中：

m_1——残渣质量的数值，单位为克(g)；

m——试料质量的数值，单位为克(g)。

取两次平行测定结果的算术平均值为测定结果，两次平行测定结果的绝对差值不大于这两个测定值的算术平均值的20%。

6.7 结晶点的测定

按GB/T 7533—1993的规定进行测定。

6.8 酿造醋酸的比率(天然度)的测定

按GB/T 22099—2008的规定进行测定。

6.9 重金属含量的测定

6.9.1 试样处理

取蒸发残渣后的残渣A，加8 mL盐酸溶液(1→100)，缓缓加热至试样溶解完全，用水稀释至50 mL。量取10 mL至比色管中，用水稀释至25 mL。

6.9.2 分析步骤

按GB/T 5009.74—2003规定的方法进行测定，取0.01 mg/mL铅(Pb)标准溶液2 mL为铅的限量标准液。

6.10 砷含量的测定

6.10.1 试样处理

取1.9 mL(相当于2 g)实验室样品，移入锥形瓶中，加23 mL水、5 mL盐酸、5 mL碘化钾溶液及

5 滴氯化亚锡溶液,摇匀后放置 10 min。

6.10.2 分析步骤

取含 0.002 mg 砷(As)标准溶液为砷的限量标准液,按 GB/T 5009.76—2003 中第二法砷斑法的规定进行测定。

6.11 游离矿酸的测定

6.11.1 原理

实验室样品中有游离矿酸(硫酸、硝酸、盐酸)存在时,氢离子浓度增大,可改变指示剂的颜色。

6.11.2 试剂

百里草酚蓝试纸:取 0.1 g 百里草酚蓝,溶于 50 mL 乙醇中,加 6 mL 氢氧化钠溶液(4 g/L),加水至 100 mL。将滤纸浸透此液后晾干,备用。

6.11.3 分析步骤

用毛细管或玻璃棒沾少许实验室样品,点在百里草酚蓝试纸上,待试纸晾干(约 5 min～10 min)后,观察试纸变化情况,若试纸出现紫色斑点,表示有游离矿酸存在。以未检出游离矿酸为合格。

6.12 色度的测定

按 GB/T 3143—1982 的规定进行测定。使用 100 mL 比色管。

7 检验规则

7.1 检验分类

检验分为出厂检验和型式检验。

7.1.1 出厂检验

表 1 中的乙酸含量、高锰酸钾试验、蒸发残渣、结晶点、重金属含量为出厂检验项目。应逐批进行检验。

7.1.2 型式检验

型式检验项目为表 1 中的全部项目。在正常情况下,每 6 个月至少进行一次型式检验。有下列情况之一时,也应进行型式检验:

a) 更新关键生产工艺;

b) 主要原料有变化;

c) 停产又恢复生产;

d) 出厂检验结果与上次型式检验有较大差异;

e) 合同规定。

7.2 组批

以每一班产品或多班次经混合均匀的产品为一批。

7.3 采样

按 GB/T 6678—2003 和 GB/T 6680—2003 的规定采样。采样量总体积不少于 1 L。如果桶内的冰乙酸凝为固体,则应使之熔化完全后采样。将所采样品混匀后,从中取约 500 mL,分装于 2 个清洁干燥的密封样品瓶中,贴好标签,标签上注明产品名称、批号或生产日期、取样日期及采样者。一瓶供检验,另一瓶保存备查。

7.4 质量证明书

食品添加剂冰乙酸应由生产厂的质量检验部门按本标准检验,生产厂应保证出厂的产品均符合本标准要求,每批出厂的产品都应附有一定格式的质量证明书,其内容包括:生产厂名称、产品名称、产品批号或生产日期、卫生许可证号、本标准的编号和符合本标准的说明等。

7.5 复验

检验结果中如有一项指标不符合要求,应重新自两倍量的包装桶中采样复验,复验结果即使只有一项指标不符合本标准要求，则该批产品为不合格。

分析结果的最终表示应和技术要求中指标的量值相一致。

8 标志、包装、运输和贮存

8.1 标志

食品添加剂冰乙酸包装容器上应有牢固明显的标志，内容包括：生产厂名称、地址、卫生许可证号、生产许可证编号及标志、批号或生产日期、净含量、保质期，产品质量符合本标准的证明和本标准编号并在标志上明确标示“食品添加剂”字样，包装容器上还应有符合 GB 190—1990 规定的“腐蚀品”标志。

8.2 包装

食品添加剂冰乙酸用聚乙烯桶包装。桶应清洁、干燥。每桶冰乙酸净含量为 20 kg。可根据用户的需要包装。

8.3 运输

运输时勿使桶倒置，防止日晒、雨淋、轻放轻卸。

8.4 贮存

产品应贮存于阴凉处，不宜露天堆放，不得与有毒有害物质及碱类混放，以免污染。

8.5 保质期

在符合本标准包装、运输和贮存的条件下，自生产之日起，食品添加剂冰乙酸的保质期为 12 个月。超过保质期可重新检验，检测结果符合本标准要求时产品仍可使用。

ICS 67.220.20
X 42

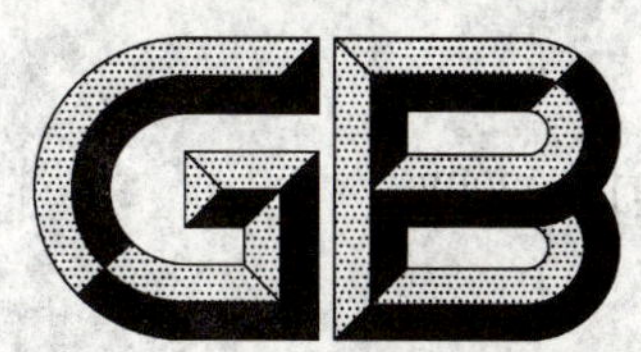

中华人民共和国国家标准

GB 1916—2008
代替 GB 1916—1980

食品添加剂　叔丁基-4-羟基茴香醚

Food additive—Butylated hydroxyanisole

2008-12-03 发布　　　　2009-06-01 实施

中华人民共和国国家质量监督检验检疫总局
中国国家标准化管理委员会　发布

前言

本标准的第4章为强制性的，其余为推荐性的。

本标准修改采用美国《食品用化学品法典》(FOOD CHEMICALS CODEX，第五版)的技术规格。

本标准与美国《食品用化学品法典》(第五版)的技术规格的主要差异为：增加了砷和铅的限量要求。

本标准代替GB 1916—1980《食品添加剂　叔丁基-4-羟基茴香醚》。

本标准与GB 1916—1980的主要技术变化如下：

——理化指标中增加了含量指标；

——理化指标中删除了重金属项目，增加了铅的限量要求。

本标准的附录A为规范性附录。

本标准由全国食品添加剂标准化技术委员会提出并归口。

本标准主要起草单位：丹尼斯克(中国)股份有限公司、中国食品发酵工业研究院。

本标准主要起草人：严苏民、李惠宜、柴秋儿、文焱。

本标准所代替标准的历次版本发布情况为：

——GB 1916—1980。

食品添加剂　叔丁基-4-羟基茴香醚

1　范围

本标准规定了食品添加剂叔丁基-4-羟基茴香醚的技术要求、试验方法、检验规则、标志、包装、运输、贮存及保质期。

本标准适用于对羟基茴香醚或对苯二酚与叔丁醇反应生成的化合物(简称 BHA)。

2　规范性引用文件

下列文件中的条款通过本标准的引用而成为本标准的条款。凡是注日期的引用文件,其随后所有的修改单(不包括勘误的内容)或修订版均不适用于本标准,然而,鼓励根据本标准达成协议的各方研究是否可使用这些文件的最新版本。凡是不注日期的引用文件,其最新版本适用于本标准。

GB/T 601　化学试剂　标准滴定溶液的制备

GB/T 602　化学试剂　杂质测定用标准溶液的制备(GB/T 602—2002,ISO 6353-1:1982,NEQ)

GB/T 603　化学试剂　试验方法中所用制剂及制品的制备(GB/T 603—2002,ISO 6353-1:1982,NEQ)

GB/T 617　化学试剂　熔点范围测定通用方法(GB/T 617—2006,ISO 6353-1:1982,NEQ)

GB/T 5009.75　食品添加剂中铅的测定

GB/T 5009.76　食品添加剂中砷的测定

GB/T 6682　分析实验室用水规格和试验方法(GB/T 6682—2008,ISO 3696:1987,MOD)

3　化学名称、分子式、结构式和相对分子质量

3.1　化学名称

叔丁基-4-羟基茴香醚。

3.2　分子式

$C_{11}H_{16}O_2$。

3.3　结构式

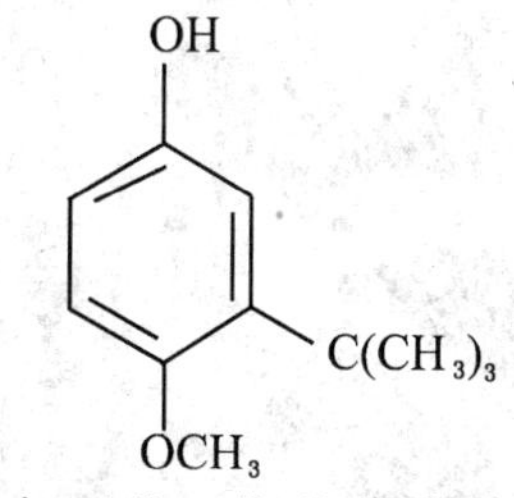

2-叔丁基-4-羟基茴香醚

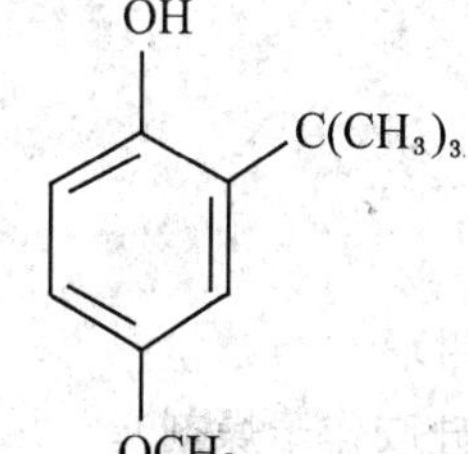

3-叔丁基-4-羟基茴香醚

3.4　相对分子质量

180.25(按 2001 年国际原子质量表)。

4　技术要求

4.1　感官要求

白色或微黄色结晶或蜡状固体,具有轻微特征性气味。

4.2 溶解性

不溶于水，易溶于乙醇和丙二醇。

4.3 理化指标

应符合表1的规定。

表1 理化指标

项　目		指　标
含量($C_{11}H_{16}O_2$)/%	≥	98.5
熔点/℃		48～63
硫酸灰分/%	≤	0.05
砷(As)/(mg/kg)	≤	2
铅(Pb)/(mg/kg)	≤	2

5 试验方法

除非另有说明，在分析中仅使用确认为分析纯的试剂和GB/T 6682中规定的水。分析中所用标准滴定溶液、杂质测定用标准溶液、制剂及制品，在没有注明其他要求时，均按GB/T 601、GB/T 602、GB/T 603的规定制备。本标准所用溶液在未注明用何种溶剂配制时，均指水溶液。

5.1 感官检验

将样品置于清洁、干燥的白瓷盘中，在自然光线下，观察其外观，并嗅其味。

5.2 鉴别试验

5.2.1 试剂与溶液

a) 2,6-二氯醌氯亚胺溶液：称取0.1 g 2,6-二氯醌氯亚胺溶于1 000 mL无水乙醇。

b) 硼酸钠溶液：称取2 g硼酸钠($Na_2B_4O_7 \cdot 10H_2O$)溶于100 mL水中。

5.2.2 分析步骤

称取0.1 g样品，溶于1 000 mL的乙醇溶液(体积分数为72%)，取此溶液5mL，加入2 mL硼酸钠溶液和1 mL 2,6-二氯醌氯亚胺溶液，混合，应呈蓝色。

5.3 叔丁基-4-羟基茴香醚($C_{11}H_{16}O_2$)含量

叔丁基-4-羟基茴香醚($C_{11}H_{16}O_2$)含量的试验方法按附录A规定的方法测定。

5.4 熔点

按GB/T 617规定的方法测定。

5.5 硫酸灰分

5.5.1 试剂与溶液

浓硫酸。

5.5.2 仪器与设备

a) 坩埚：石英或铂坩埚。

b) 干燥器(用变色硅胶作干燥剂)。

c) 高温炉。

5.5.3 分析步骤

称取约5 g试样，精确至0.000 1 g，置于已恒重的坩埚内，缓缓炽灼至完全碳化。放冷，加0.5 mL～1.0 mL浓硫酸使其湿润，于低温下加热至烟雾除尽后，在800 ℃±25 ℃高温炉中灼烧至完全灰化。取出，置于干燥器内冷却，称量。再于800 ℃±25 ℃灼烧至恒重。

5.5.4 结果计算

硫酸灰分的质量分数按式(1)计算：

$$X_1 = \frac{m_1 - m_0}{m - m_0} \times 100 \qquad \cdots\cdots(1)$$

式中：

X_1——硫酸灰分的质量分数，%；

m_1——炽灼后试样和坩埚的质量，单位为克(g)；

m_0——坩埚的质量，单位为克(g)；

m——炽灼前试样和坩埚的质量，单位为克(g)。

5.5.5 允许差

实验结果以两次平行测定结果的算术平均值为准(保留两位小数)。在重复性条件下获得的两次独立测定结果的绝对差值不得超过算术平均值的 10 %。

5.6 砷

按 GB/T 5009.76 规定的方法测定。

5.7 铅

按 GB/T 5009.75 规定的方法测定。

6 检验规则

6.1 批次的确定

由生产单位的质量检验部门按照其相应的规则确定产品的批号，经最后混合且有均一性质量的产品为一批。

6.2 取样方法和取样量

在每批产品中随机抽取样品，每批按包装件数的 3% 抽取小样，每批不得少于三个包装，每个包装抽取样品不得少于 100 g，将抽取试样迅速混合均匀，分装入两个洁净、干燥的容器或袋中，注明生产厂、产品名称、批号、数量及取样日期，一份作检验，一份密封留存备查。

6.3 出厂检验

6.3.1 出厂检验项目包括含量和硫酸灰分。

6.3.2 每批产品须经生产厂检验部门按本标准规定的方法检验，并出具产品合格证后方可出厂。

6.4 型式检验

第 4 章中规定的所有项目均为型式检验项目。型式检验每半年进行一次，或当出现下列情况之一时进行检验：

——原料、工艺发生较大变化时；

——停产后重新恢复生产时；

——出厂检验结果与正常生产时有较大差别时；

——国家质量监督检验机构提出要求时。

6.5 判定规则

对全部技术要求进行检验，检验结果中若有一项指标不符合本标准要求时，应重新双倍取样进行复检。复检结果即使有一项不符合本标准，则整批产品判为不合格。

如供需双方对产品质量发生异议时，可由双方协商选定仲裁机构，按本标准规定的检验方法进行仲裁。

7 标志、包装、运输、贮存及保质期

7.1 标志

食品添加剂必须有包装标志和产品说明书，标志内容可包括：品名、产地、厂名、卫生许可证号、生产许可证号、规格、生产日期、批号或者代号、保质期限等，并在标志上明确标示“食品添加剂”字样。

7.2 包装

产品的包装应采用国家批准的、并符合相应的食品包装用卫生标准的材料。

7.3 运输

产品在运输过程中不得与有毒、有害及污染物质混合载运，避免雨淋日晒等。

7.4 贮存

产品应贮存在通风、清洁、干燥的地方，不得与有毒、有害及有腐蚀性等物质混存。

7.5 保质期

产品自生产之日起，在符合上述贮运条件、包装完好的情况下，保质期应不少于 24 个月。

附　录　A
（规范性附录）
叔丁基-4-羟基茴香醚（$C_{11}H_{16}O_2$）含量的测定（气相色谱法）

A.1　试剂和材料

a）4-叔丁基苯酚。

b）丙酮。

c）3-叔丁基-4-羟基茴香醚（3-BHA）和2-叔丁基-4-羟基茴香醚（2-BHA）标准品。

A.2　仪器和设备

a）气相色谱仪：配有氢火焰电离检测器。

b）色谱柱：1.8 m×2 mm（内径）不锈钢柱或等同功效柱子，填充10% GE XE-60硅树脂或其他等同物。

A.3　参考色谱条件

a）流速：30 mL/min。

b）柱温：175 ℃～185 ℃。

c）载气：氦气。

d）进样量：5 μL。

A.4　分析步骤

A.4.1　内标溶液制备

准确称取约500 mg 4-叔丁基苯酚，用丙酮溶解并定容至100 mL。

A.4.2　标样液制备

准确称3-叔丁基-4-羟基茴香醚（3-BHA）和2-叔丁基-4-羟基茴香醚（2-BHA）标准品（精确至0.000 2 g），用内标溶液溶解并定容至10 mL，使3-BHA和2-BHA的最终浓度分别为9 mg/mL和1 mg/mL。

A.4.3　试样液制备

准确称取约100 mg试样（精确至0.000 2 g），用内标溶液溶解并定容至10 mL。

A.4.4　测定

用标样液和试样液各进样约5 μL，记录色谱图。测定各异构体的峰面积。

A.5　结果计算

试样中各异构体含量 X_2 按式（A.1）计算：

$$X_2 = 10 \times c_S \times \frac{R_U}{R_S} \qquad \text{(A.1)}$$

式中：

X_2——试样中各异构体含量，单位为毫克（mg）；

c_S——标准液中异构体浓度，单位为毫克每毫升（mg/mL）；

R_U——试样液色谱图中异构体峰面积和内标液之比；

R_S——标准液色谱图中异构体峰面积和内标液之比。

最后求得试样中 BHA 含量为两异构体的总量，单位为毫克(mg)。

ICS 47.020.30
U 52

中华人民共和国国家标准

GB/T 1951—2008
代替 GB/T 1951—1984

船用低压外螺纹青铜截止阀

Marine low pressure bronze male threaded stop valves

2008-10-20 发布　　2009-04-01 实施

中华人民共和国国家质量监督检验检疫总局
中国国家标准化管理委员会　发布

前　言

本标准代替 GB/T 1951—1984《船用低压外螺纹青铜截止阀》。

本标准与 GB/T 1951—1984 相比，主要变化如下：

——阀杆材料中取消了 2Cr13 材料；

——增加了“倒密封”结构；

——增加了阀体壁厚尺寸的规定。

本标准由中国船舶重工集团公司提出。

本标准由全国船用机械标准化技术委员会管系附件分技术委员会归口。

本标准起草单位：大连船舶重工集团有限公司、大连金煤阀门有限公司。

本标准主要起草人：薄英、刘小朋、邱金泉、马玉龙、刘军、于德延。

本标准所代替标准的历次版本发布情况为：

——GB 1951—1980、GB/T 1951—1984。

船用低压外螺纹青铜截止阀

1 范围

本标准规定了船用低压外螺纹青铜截止阀(以下简称截止阀)的分类和标记、要求、试验方法、检验规则、包装和贮存。

本标准适用于海水、淡水、燃油、滑油和温度不高于250℃蒸汽的船舶管路用截止阀的设计、制造和验收。

2 规范性引用文件

下列文件中的条款通过本标准的引用而成为本标准的条款。凡是注日期的引用文件,其随后所有的修改单(不包括勘误的内容)或修订版均不适用于本标准,然而,鼓励根据本标准达成协议的各方研究是否可使用这些文件的最新版本。凡是不注日期的引用文件,其最新版本适用于本标准。

GB/T 600 船舶管路阀件通用技术条件

GB/T 1176—1987 铸造铜合金技术条件(neq ISO 1338:1977)

GB/T 1184—1996 形状和位置公差 未注公差值(eqv ISO 2768-2:1989)

GB/T 1348—1988 球墨铸铁件

GB/T 1804—2000 一般公差 未注公差的线性和角度尺寸的公差(eqv ISO 2768-1:1989)

GB/T 1958 产品几何量技术规范(GPS) 形状和位置公差 检测规定

GB/T 3032 船舶管路附件的标志

GB/T 4423—2007 铜及铜合金拉制棒

GB/T 5231—2001 加工铜及铜合金化学成分和产品形状

CB* 821 低压管子螺纹接头

CB/T 3927 船用铸造阀件壁厚

3 分类和标记

3.1 型式

截止阀的型式规定如下:

A型——直通截止阀;

B型——直角截止阀。

3.2 基本参数

截止阀的基本参数见表1。

表1 截止阀的基本参数

型式	公称压力 PN/MPa	公称通径 DN/mm
A	1.6	6~32
B		

3.3 结构和尺寸

截止阀的结构和基本尺寸按图1、图2和表2、表3。

单位为毫米

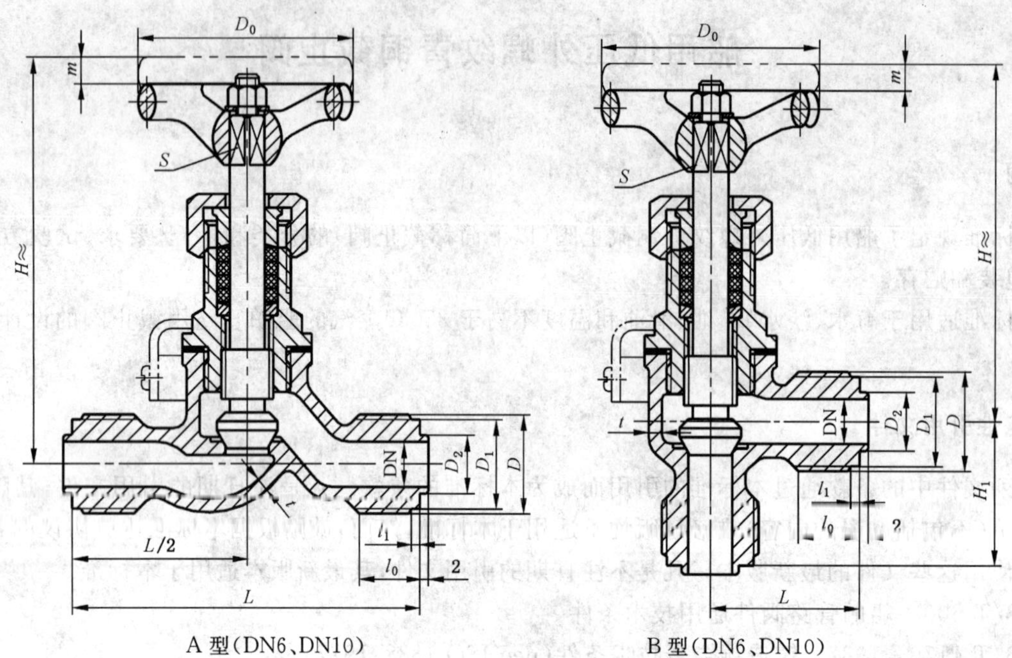

A 型(DN6、DN10)　　B 型(DN6、DN10)

图 1 截止阀

表 2 截止阀的基本尺寸

单位为毫米

<table>
<tr><td rowspan="3">公称
通径
DN</td><td colspan="5">结构尺寸</td><td colspan="5">螺纹接头</td><td colspan="2">手轮</td><td rowspan="3">升程
m
≈</td><td rowspan="3">壁厚
t</td><td colspan="2" rowspan="2">理论重量/kg</td></tr>
<tr><td colspan="2">H≈</td><td>H_1</td><td colspan="2">L</td><td rowspan="2">D</td><td rowspan="2">D_1</td><td rowspan="2">D_2</td><td rowspan="2">l_0</td><td rowspan="2">l_1</td><td rowspan="2">D_0</td><td rowspan="2">S</td></tr>
<tr><td>A 型</td><td>B 型</td><td>B 型</td><td>A 型</td><td>B 型</td><td>A 型</td><td>B 型</td></tr>
<tr><td>6</td><td rowspan="2">90</td><td>77</td><td rowspan="2">32</td><td>78</td><td>34</td><td>M18×1.5</td><td>15.8</td><td>9</td><td>13</td><td rowspan="2">2</td><td rowspan="2">50</td><td rowspan="2">6</td><td rowspan="2">5</td><td>2.5</td><td>0.36</td><td>0.30</td></tr>
<tr><td>10</td><td>78</td><td>80</td><td>46</td><td>M22×1.5</td><td>19.8</td><td>13</td><td>14</td><td>3</td><td>0.40</td><td>0.33</td></tr>
</table>

单位为毫米

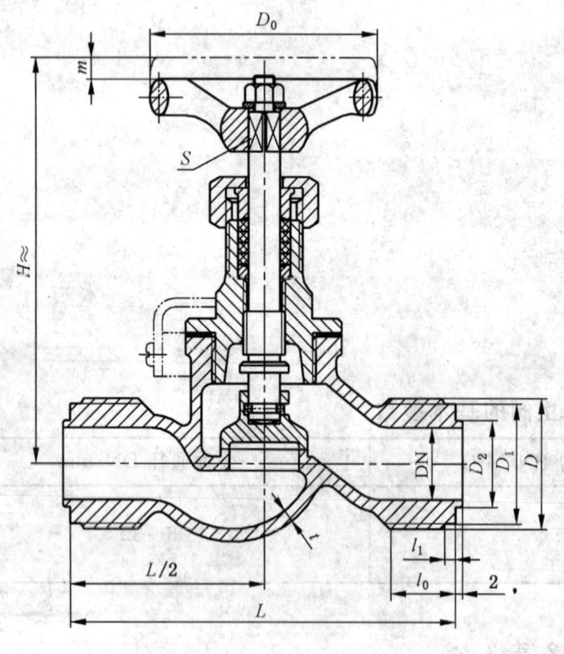

A 型(DN15～DN32)　　B 型(DN15～DN32)

图 2 截止阀

表 3 截止阀的基本尺寸

单位为毫米

公称通径 DN	结构尺寸					螺纹接头					手轮		升程 m ≈	壁厚 t	理论重量/kg	
	H≈		H_1	L		D	D_1	D_2	l_0	l_1	D_0	S			A 型	B 型
	A 型	B 型	B 型	A 型	B 型											
15	100	91	40	95	46	M30×2	27	19	19	8	50	6	5	3	0.60	0.53
20	112	100	44	110	49	M36×2	33	24			65	7	6	3.5	0.98	0.96
25	128	113	48	125	53	M42×2	39	29	20		80	8	8		1.38	1.33
32	136	121	56	145	58	M48×2	45	36					9	4	1.60	1.56

3.4 产品标记

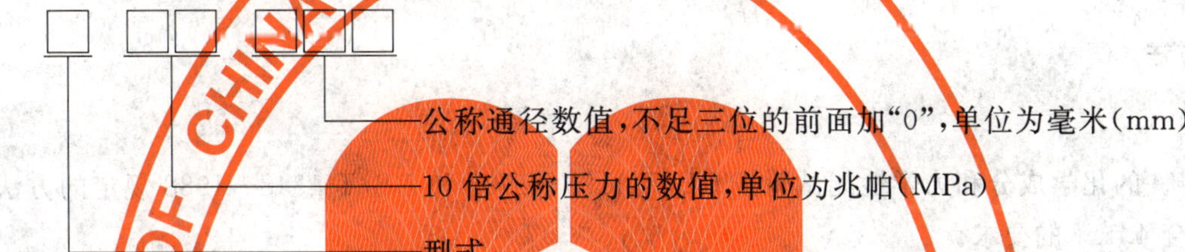

3.5 标记示例

公称压力为 1.6MPa，公称通径 20mm 的直通截止阀标记为：

截止阀 GB/T 1951—2008 A16020

公称压力为 1.6MPa，公称通径 32mm 的直角截止阀标记为：

截止阀 GB/T 1951—2008 B16032

4 要求

4.1 材料

4.1.1 截止阀的主要零件材料见表 4。

表 4 截止阀的主要零件材料

零件名称	材料		
	名 称	牌 号	标 准 号
阀体、阀盘、阀盖	铸锡青铜	ZCuSn10Zn2	GB/T 1176—1987
阀杆	铝青铜	QAl9-2	GB/T 4423—2007
手轮	球墨铸铁	QT400-15	GB/T 1348—1988
压紧螺母	黄铜	H68	GB/T 5231—2001

4.1.2 铸件每炉应至少有三个带炉号的备查试棒，保存期不应少于 3 a。

4.2 强度

阀体在 2.4 MPa 液压下应无渗漏。

4.3 密封性

4.3.1 截止阀的阀盘密封面在 1.76 MPa 的液压下应无渗漏。

4.3.2 截止阀的阀杆和阀盖密封面在 1.76 MPa 液压下允许有(0.01×DN) mm^3/s 的渗漏量。

4.4 尺寸公差

4.4.1 截止阀的壁厚应符合 CB/T 3927 的相关要求；壁厚公差应符合 GB/T 600 的要求。

4.4.2 截止阀的线性尺寸未注公差应符合 GB/T 1804—2000 中 m 级的要求。

4.5 形位公差

截止阀的形位公差应符合 GB/T 1184—1996 中 H 级的要求。

4.6 接口

截止阀的螺纹连接尺寸应符合 CB* 821 的要求。

4.7 外观

截止阀的外观应符合 GB/T 600 的要求。

4.8 重量

截止阀的重量见表 2、表 3,其重量正偏差应不超过理论重量的 4%。

4.9 标志

截止阀的标志应符合 GB/T 3032 的要求。

5 试验方法

5.1 材料

5.1.1 铸件的化学成分和力学性能试验按 GB/T 1176—1987 和 GB/T 1348—1988 规定的方法进行,结果应符合 4.1.1 的要求。

5.1.2 其他材料应检查材质报告单,结果应符合 4.1.1 的要求。

5.2 强度

截止阀的强度试验按 GB/T 600 规定的方法进行,结果应符合 4.2 的要求。

5.3 密封性

5.3.1 截止阀的密封性试验按 GB/T 600 规定的方法进行,结果应符合 4.3.1 的要求。

5.3.2 填料腔倒密封试验应在将阀门完全开启的情况下进行,试验压力 1.76 MPa,试验时间 15 s,结果应符合 4.3.2 的要求。

5.4 尺寸公差

5.4.1 截止阀的壁厚及壁厚公差应用测厚仪、卡钳或钢尺检查,结果应符合 3.3 和 4.4.1 的要求。

5.4.2 截止阀的线性尺寸公差用相应等级的量具检查,结果应符合 3.3 和 4.4.2 的要求。

5.5 形位公差

截止阀的形位公差按 GB/T 1958 规定的方法检查,结果应符合 4.5 的要求。

5.6 接口

截止阀接口尺寸用相应等级的螺纹环规检查,结果应符合 4.6 的要求。

5.7 外观

截止阀的外观用目测方法检查,结果应符合 4.7 的要求。

5.8 重量

将截止阀放在分度值不大于 0.01 kg 衡器上进行称重,结果应符合 4.8 的要求。

5.9 标志

截止阀的标志用目测方法检查,结果应符合 4.9 的要求。

6 检验规则

6.1 检验分类

截止阀的检验分类如下:

a) 型式检验;

b) 出厂检验。

6.2 型式检验

6.2.1 检验时机

有下列情况之一时，截止阀应进行型式检验：

a) 产品试制鉴定；

b) 生产工艺发生重大变化；

c) 上级质量检验部门提出要求。

6.2.2 检验项目

截止阀的型式检验项目按表 5。

表 5 截止阀的型式检验和出厂检验项目

序号	检验项目	要求的章、条号	试验方法的章、条号	型式检验	出厂检验
1	材料	4.1.1、4.1.2	5.1.1、5.1.2	●	●
2	强度	4.2	5.2	●	●
3	密封性	4.3.1	5.3.1	●	●
		4.3.2	5.3.2	●	—
4	尺寸公差	4.4.1	5.4.1	●	—
		4.4.2	5.4.2	●	—
5	形位公差	4.5	5.5	●	—
6	接口	4.6	5.6	●	●
7	外观	4.7	5.7	●	●
8	重量	4.8	5.8	●	—
9	标志	4.9	5.9	●	●
注：●为必检项目；—为不检项目。					

6.2.3 检验样品数量

截止阀型式检验除材料按组批规格（同一炉号为一批）检验外，其余检验样品数量应为三个。

6.2.4 判定规则

截止阀所有样品全部检验项目符合要求，判为型式检验合格；材料若不符合要求，则判该批截止阀型式检验不合格；其他项目若有不符合要求的，应加倍取样复验，若复验合格，仍判为型式检验合格；若仍有不符合要求的项目，则判为型式检验不合格。

6.3 出厂检验

6.3.1 检验项目

截止阀出厂检验项目应符合表 5 的规定。

6.3.2 检验样品数量

除材料检验按组批规格（同一炉号为一批）检验外，其他检验应逐个产品进行。

6.3.3 判定规则

全部检验项目符合要求的截止阀判定出厂检验合格；材料若不符合要求，则判该批截止阀出厂检验不合格；其他项目的检验，若有不符合要求的截止阀，允许返修后复验，若复验合格，则判该截止阀出厂检验合格；若复验仍不符合要求，则判该截止阀不合格。

7 包装和贮存

截止阀的包装和贮存应按 GB/T 600 的规定进行。

ICS 47.020.30
U 52

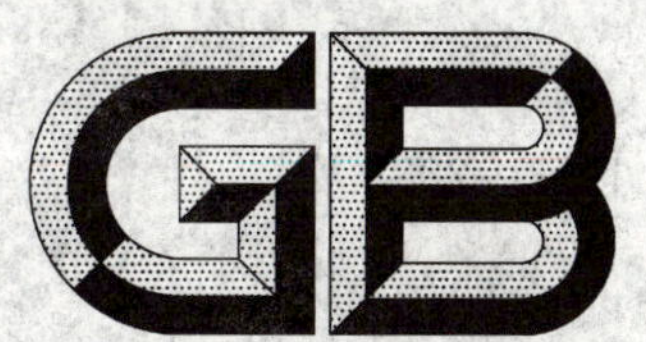

中华人民共和国国家标准

GB/T 1953—2008
代替 GB/T 1953—1984

船用低压外螺纹青铜截止止回阀

Marine low pressure bronze male threaded stop check valves

2008-08-04 发布 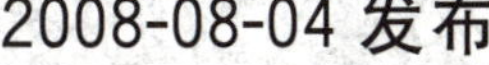

2009-02-01 实施

中华人民共和国国家质量监督检验检疫总局
中国国家标准化管理委员会 发布

前　言

本标准代替 GB/T 1953—1984《船用低压外螺纹青铜截止止回阀》。

本标准与 GB/T 1953—1984 相比，主要变化如下：

——增加了倒密封结构；

——增加了阀体壁厚尺寸。

本标准由中国船舶重工集团公司提出。

本标准由全国船用机械标准化技术委员会管系附件分技术委员会归口。

本标准起草单位：大连船舶重工集团有限公司、大连金煤阀门有限公司。

本标准主要起草人：薄英、刘小朋、邱金泉、马玉龙、刘军、于德延。

本标准所代替标准的历次版本发布情况为：

——GB 1953—1980、GB/T 1953—1984。

船用低压外螺纹青铜截止止回阀

1 范围

本标准规定了船用低压外螺纹青铜截止止回阀(以下简称截止止回阀)的分类和标记、要求、试验方法、检验规则、包装和贮存。

本标准适用于海水、淡水、燃油、滑油和温度不高于250 ℃蒸汽的船舶管路用截止止回阀的设计、制造和验收。

2 规范性引用文件

下列文件中的条款通过本标准的引用而成为本标准的条款。凡是注日期的引用文件,其随后所有的修改单(不包括勘误的内容)或修订版均不适用于本标准,然而,鼓励根据本标准达成协议的各方研究是否可使用这些文件的最新版本。凡是不注日期的引用文件,其最新版本适用于本标准。

GB/T 600 船舶管路阀件通用技术条件(GB/T 600—1991,neq ISO 5208:1982)

GB/T 1176—1987 铸造铜合金技术条件(neq ISO 1338:1977)

GB/T 1184—1996 形状和位置公差 未注公差值(eqv ISO 2768-2:1989)

GB/T 1348—1988 球墨铸铁件

GB/T 1804—2000 一般公差 未注公差的线性和角度尺寸的公差(eqv ISO 2768-1:1989)

GB/T 1958 产品几何量技术规范(GPS) 形状和位置公差 检测规定

GB/T 3032 船舶管路附件的标志

GB/T 4423—2007 铜及铜合金拉制棒

GB/T 5231—2001 加工铜及铜合金化学成分和产品形状

CB* 821 低压管子螺纹接头

CB/T 3927 船用铸造阀件壁厚

3 分类和标记

3.1 型式

截止止回阀的型式规定如下:

A型——直通截止止回阀;

B型——直角截止止回阀。

3.2 基本参数

截止止回阀的基本参数见表1。

表1 截止止回阀的基本参数

型　式	公称压力 PN/MPa	公称通径 DN/mm
A	1.6	15～32
B		

3.3 结构和尺寸

截止止回阀的结构和基本尺寸见图1和表2。

单位为毫米

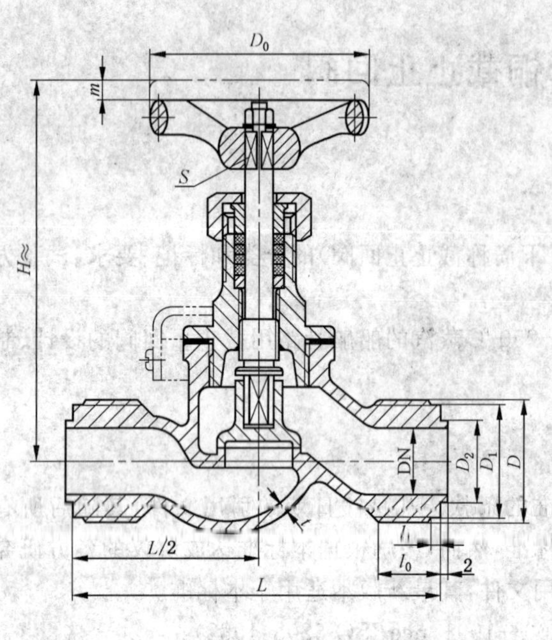

A 型

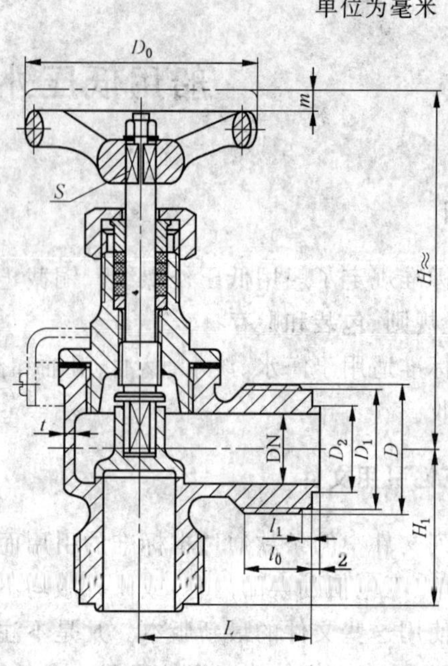

B 型

图 1　截止止回阀

表 2　截止止回阀的基本尺寸

单位为毫米

公称通径 DN	结构尺寸					螺纹接头					手轮		升程 $m\approx$	壁厚 t	理论重量/kg	
	$H\approx$		H_1	L		D	D_1	D_2	l_0	l_1	D_0	S			A 型	B 型
	A 型	B 型	B 型	A 型	B 型											
15	100	91	40	95	46	M30×2	27	19	19	3	50	6	5	3	0.62	0.55
20	112	100	44	110	49	M36×2	33	24			65	7	6	3.5	0.98	0.96
25	128	113	48	125	53	M42×2	39	29	20		80	8	7		1.39	1.33
32	136	121	56	145	58	M48×2	45	36					9	4	1.60	1.55

3.4　产品标记

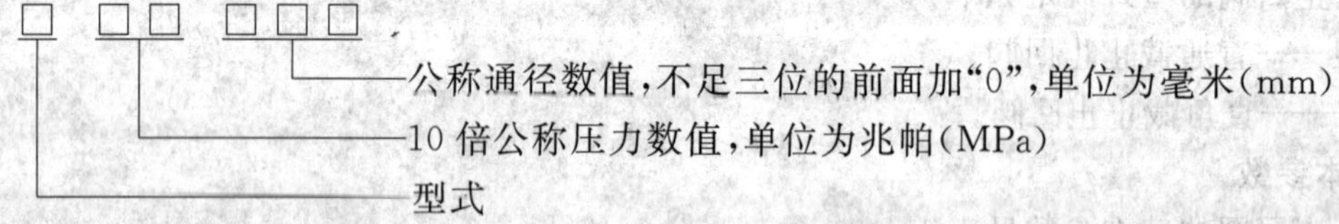

3.5　标记示例

公称压力为 1.6 MPa,公称通径 20 mm 的直通截止止回阀标记为:

截止止回阀　GB/T 1953—2008　A16020

公称压力为 1.6 MPa,公称通径 32 mm 的直角截止止回阀标记为:

截止止回阀　GB/T 1953—2008　B16032

4　要求

4.1　材料

4.1.1　截止止回阀的主要零件材料见表 3。

表 3 截止止回阀的主要零件材料

零件名称	材料		
	名称	牌号	标准号
阀体、阀盘、阀盖	铸锡青铜	ZCuSn10Zn2	GB/T 1176—1987
阀杆	铝青铜	QAl9-2	GB/T 4423—2007
手轮	球墨铸铁	QT400-15	GB/T 1348—1988
压紧螺母	黄铜	H68	GB/T 5231—2001

4.1.2 铸件每炉应至少有三个带炉号的备查试棒，保存期不应少于 3a。

4.2 强度

阀体在 2.4 MPa 液压下应无渗漏。

4.3 密封性

4.3.1 截止止回阀的阀盘密封面在 1.76 MPa 的液压下应无渗漏。

4.3.2 截止止回阀在阀杆提起，阀盘处于关闭状态时，密封面在 0.3 MPa 液压下应无渗漏。

4.3.3 截止止回阀的阀杆和阀盖密封面在 1.76 MPa 液压下填料腔允许有(0.01×DN)mm^3/s 的渗漏量。

4.4 尺寸公差

4.4.1 截止止回阀的壁厚应符合 CB/T 3927 的相关要求；壁厚公差应符合 GB/T 600 的要求。

4.4.2 截止止回阀的线性尺寸未注公差应符合 GB/T 1804—2000 之 m 级的要求。

4.5 形位公差

截止止回阀的形位公差应符合 GB/T 1184—1996 之 H 级的要求。

4.6 接口

截止止回阀的螺纹连接尺寸应符合 CB* 821 的要求。

4.7 外观

截止止回阀的外观要求应符合 GB/T 600 的要求。

4.8 重量

截止止回阀的重量见表 2，其重量正偏差应不超过理论重量的 4%。

4.9 标志

截止止回阀的标志按 GB/T 3032 的要求。

5 试验方法

5.1 铸件

5.1.1 铸件的化学成分和力学性能试验按 GB/T 1176—1987 和 GB/T 1348—1988 规定的方法进行，结果应符合 4.1.1 的要求。

5.1.2 其他材料应检查材质报告单，结果应符合 4.1.1 要求。

5.2 强度

截止止回阀的强度试验按 GB/T 600 规定的方法进行，结果应符合 4.2 的要求。

5.3 密封性

5.3.1 截止止回阀的阀盘密封性试验按 GB/T 600 规定的方法进行，结果应符合 4.3.1、4.3.2 的要求。

5.3.2 截止止回阀填料腔倒密封试验应在阀门完全开启的情况下进行，试验压力 1.76 MPa，试验时间 15 s，结果应符合 4.3.3 的要求。

5.4 尺寸公差

5.4.1 截止止回阀的壁厚及壁厚公差应用测厚仪、卡钳或钢尺检查,结果应符合 3.3 和 4.4.1 的要求。

5.4.2 截止止回阀的线性尺寸公差用相应等级的量具检查,结果应符合 3.3 和 4.4.2 的要求。

5.5 形位公差

截止止回阀的形位公差按 GB/T 1958 规定的方法检查,结果应符合 4.5 的要求。

5.6 接口

截止止回阀接口尺寸用相应等级的螺纹环规检查,其结果应符合 4.6 的要求。

5.7 外观

截止止回阀的外观用目测方法检查,结果应符合 4.7 的要求。

5.8 重量

将截止止回阀放在分度值不大于 0.01 kg 衡器上进行称重,其结果应符合 4.8 的要求。

5.9 标志

截止止回阀的标志用目测方法检查,结果应符合 4.9 的要求。

6 检验规则

6.1 检验分类

截止止回阀的检验分类如下:

a) 型式检验;

b) 出厂检验。

6.2 型式检验

6.2.1 检验时机

有下列情况之一时,截止止回阀应进行型式检验:

a) 产品试制鉴定时;

b) 生产工艺发生重大变化时;

c) 上级质量检验部门提出要求时。

6.2.2 检验项目

型式检验项目按表 4。

表 4 截止止回阀的型式检验和出厂检验项目

序号	检验项目	要求的章条号	试验方法的章条号	型式检验	出厂检验
1	铸件化学成分和力学性能	4.1.1、4.1.2	5.1.1、5.1.2	●	●
2	强度	4.2	5.2	●	●
3	密封性	4.3.1	5.3.1	●	●
		4.3.2		●	●
		4.3.3	5.3.2	●	—
4	尺寸公差	4.4.1	5.4.1	●	—
		4.4.2	5.4.2	●	—
5	形位公差	4.5	5.5	●	—
6	接口	4.6	5.6	●	●
7	外观	4.7	5.7	●	●
8	重量	4.8	5.8	●	—
9	标志	4.9	5.9	●	●
注:●为必检项目;—为不检项目。					

6.2.3 检验样品数量

截止止回阀的型式检验除材料按组批规格(同一炉号为一批)检验外,其余检验样品数量应为三个。

6.2.4 判定规则

截止止回阀所有样品全部检验项目符合要求,判为型式检验合格;材料若不符合要求,则判该批截止止回阀型式检验不合格;其他项目若有不符合要求的,应加倍取样复验,若复验合格,仍判为型式检验合格;若仍有不符合要求的项目,则判为型式检验不合格。

6.3 出厂检验

6.3.1 检验项目

截止止回阀出厂检验项目应符合表5的规定。

6.3.2 检验样品数量

除材料检验按组批规格(同一炉号为一批)检验外,其他检验应逐个产品进行。

6.3.3 判定规则

全部检验项目符合要求的截止止回阀判定出厂检验合格;材料若不符合要求,则判该批截止止回阀出厂检验不合格;其他项目的检验,若有不符合要求的截止止回阀,允许返修后复验,若复验合格,则判该截止止回阀出厂检验合格;若复验仍不符合要求,则判该截止止回阀不合格。

7 包装和贮存

截止止回阀的包装和贮存应按GB/T 600的规定进行。

ICS 25.160.20
J 33

中华人民共和国国家标准

GB/T 1954—2008
代替 GB/T 1954—1980

铬镍奥氏体不锈钢焊缝铁素体含量测量方法

Methods of measurement for ferrite content in austenitic Cr-Ni stainless steel weld metals

(ISO 8249:2000,Welding—Determination of Ferrite Number(FN)in austenitic and duplex ferrite-austenitic Cr-Ni stainless steel weld metals,MOD)

2008-06-26 发布　　　　2009-01-01 实施

中华人民共和国国家质量监督检验检疫总局
中国国家标准化管理委员会　发布

前　言

本标准修改采用国际标准 ISO 8249:2000《奥氏体及铁素体-奥氏体 Cr-Ni 不锈钢焊缝金属铁素体数 FN 的测定》(英文版)。

为了保证标准的适用性，采用 ISO 8249:2000 时做了如下技术内容修改：

——未引用国际标准中标准磁铁、标准磁性仪器、校准曲线等内容，直接使用了相关定义和规定；

——增加了对产品测量的相关规定；

——保留了 GB/T 1954—1980 中金相法测量方法。

本标准是对 GB/T 1954—1980《铬镍奥氏体不锈钢缝铁素体含量测量方法》的修订。与 GB/T 1954—1980 相比主要技术内容变化如下：

——增加了磁性法部分试样的制备、产品测量的规定；

——修改了对仪器校准的规定；

——增加了奥氏体-铁素体不锈钢的内容；

——增加了测试报告的规定，取消了仲裁试验章节；

——附录 A 提供测试数据参考格式。

本标准自实施之日起，代替 GB/T 1954—1980。

本标准的附录 A 为资料性附录。

本标准由全国焊接标准化技术委员会提出并归口。

本标准起草单位：哈尔滨焊接研究所、天津大桥焊材集团有限公司、天津市金桥焊材集团有限公司、安泰科技股份有限公司。

本标准主要起草人：孙少凡、宋毓瑛、侯来昌、李箕福。

本标准所代替标准的历次版本发布情况为：

——GB/T 1954—1980。

铬镍奥氏体不锈钢焊缝铁素体含量测量方法

1 范围

本标准规定了铁素体含量的测量方法。

本标准适用于奥氏体型、奥氏体-铁素体型铬镍不锈钢焊缝金属。

本标准规定的磁性法不适用于奥氏体不锈钢铸件和锻件。

2 规范性引用文件

下列文件中的条款通过本标准的引用而成为本标准的条款。凡是注日期的引用文件，其随后所有的修改单(不包括勘误的内容)或修订版均不适用于本标准，然而，鼓励根据本标准达成协议的各方研究是否可使用这些文件的最新版本。凡是不注日期的引用文件，其最新版本适用于本标准。

GB/T 20878 不锈钢和耐热钢 牌号及化学成分。

3 术语

下列术语和定义适用于本标准。

3.1

铁素体 ferrite

直接由液态金属凝固结晶而形成的高温铁素体，并被保留到室温。

3.2

铁素体数 Ferrite Number(FN)

人为选定用来表示奥氏体不锈钢、铁素体-奥氏体不锈钢焊缝金属铁素体含量的标准化数值。

3.3

一级标样 primary standard

在含碳量低于0.18%碳钢基体上制作一层精确的非磁性涂层标样，非磁性涂层材料是铜制作，并镀硬铬、抛光。每个标样上标识出国际通用的某一当量磁性焊缝金属的FN值。适用于马格尼仪(Mange-Gage)等标准磁吸引力原理测量仪器的校准。

3.4

二级标样 secondary standard

按标准规程制成的焊接熔敷金属或类似熔敷金属组织的试样。用一级标样校准的马格尼仪确定每个试样的FN值，用于磁性法铁素体测量仪器周期性校准。

4 磁性法

4.1 一般原则

应采用以磁吸引力或导磁率原理的铁素体测量仪器进行测量。以测量的铁素体数FN表示奥氏体不锈钢、奥氏体-铁素体不锈钢焊缝金属中的铁素体含量。

4.2 焊条电弧焊熔敷金属的测量

4.2.1 试样制备

a) 按图1所示的形状和尺寸在基板上用被测焊条堆焊试样。堆焊时可在基板上平行摆放两条铜板。

b) 堆焊层最小高度 H 为 13 mm(见图 1 注 b)。焊条直径≥4.0 mm 时,每一堆焊层应由单焊道组成。焊条直径<4.0 mm 时,焊道宽度应不大于 3 倍焊芯直径。每一堆焊层应由两道或更多焊道组成。焊接时不允许电弧接触铜板。

c) 焊接电流按表 1 的规定,应在焊层的首端和尾端起弧、灭弧。每焊完一焊道后改变焊接方向。

d) 焊完每一焊道 20 s 后用水冷,道间温度应不大于 100 ℃。最上面一层焊道在水冷之前应先空冷到 425 ℃以下。

e) 每一焊道应清理干净之后才能堆焊下一焊道。

f) 最上面一层由单焊道组成,宽度不大于 3 倍焊芯直径。

g) 奥氏体不锈钢(FN<30)堆焊层用粗牙板锉把堆焊表面锉平,不应采用机械冷加工[1)],锉刀轴线应与焊道长度方向垂直,锉刀施加压力时平稳向前推进,使锉磨的表面沿焊道长度方向延伸,不应交叉锉磨焊道。

单位为毫米

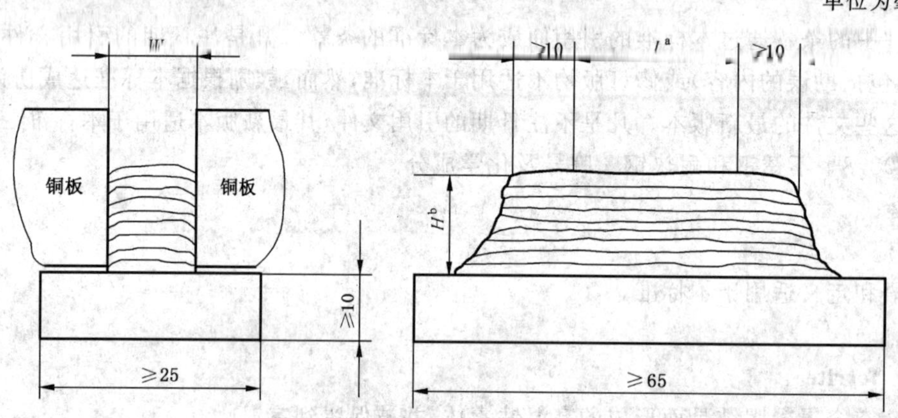

铜板尺寸:70 mm×25 mm×25 mm

[a] 在此范围内测量铁素体含量。

[b] 基板是 Cr-Ni 奥氏体不锈钢时,钢号 06Cr19Ni10a 或 02Cr19Ni10a(见 GB/T 20878),堆焊层最小高度 H 为 13 mm;基板也可采用低碳钢(C-Mn 钢),此时堆焊层最小高度 H 为 18 mm。

图 1 用于测量铁素体的焊接试样

表 1 焊接规范和堆焊尺寸

焊条直径/mm	焊接电流[a]/A	堆焊尺寸/mm	
		宽度 W	长度 L
1.6	35～45	12.5	30
2.0	45～55	12.5	30
2.5	65～75	12.5	40
3.2	90～100	12.5	40
4.0	120～140	12.5	40
5.0	165～180	15	40
6.3	240～260	18	40

[a] 也可采用焊条制造厂推荐的最大电流值的 90%。

双相不锈钢(FN>30)的堆焊表面允许先用砂轮打磨,最后直到用 600 目或更细的磨料磨光,打磨时要小心避免过力产生过热现象。

1) 机械冷加工会产生马氏体;马氏体的导磁性会对铁素体测量带来影响。

锉磨后的表面应平整光滑，无焊接波纹，该表面沿焊道长度方向应是连续的，宽度不小于5 mm。

4.2.2 **测量**

在锉磨后的表面沿焊道长度方向不同的位置至少测取6个读数。在测量过程中注意不应有振动，测头应接触测试面并保持垂直。FN≤20的堆焊层，每个测量位置取5个读数的平均值作为测试结果；FN>20时，每个测量位置测取5次读数中最大的值作为测试结果。至少6个测量位置的平均值作为该试样的测量结果。

4.3 **其他熔敷金属试样的制备与测量**

其他熔敷金属试样的制备与测量，可参照上述焊条电弧焊的有关规定进行。埋弧焊、药芯焊丝堆焊等，在制备这样的试样时，试样的长度，宽度都应增加。两侧的铜板可视工艺特点放置。任何其他焊接工艺方法，试样至少应焊6层，最上面一层为单焊道。测量应沿焊道的中心线进行。一般情况下，焊接试样的制备和测量应尽可能符合4.2规定。

4.4 **产品焊缝的测量**

4.4.1 测量产品焊缝和堆焊金属可从产品提供检验用的焊接试件上取样或直接测量，也可以直接在产品的焊缝或堆焊层上测量。测量仪器应符合4.5的规定，测量程序应符合4.2的规定。

4.4.2 测量产品焊缝和堆焊金属时，其测量部位应按产品技术条件规定或由协议双方商定。通常被测表面应磨平。若焊缝表面加工能引起抗腐蚀或其他特定性能变化而影响产品质量时，则这类产品的焊缝(包括堆焊金属)在测量时表面是否磨平由协议双方商定。在选定的测量部位每隔5 mm～10 mm取一个测量点，测量按4.2.2规定进行。

4.4.3 对于长焊缝和大面积堆焊，应按一定比例抽测。抽测的比例和部位由协议双方商定。抽测的部位应具有代表性。测量点应均匀地分布在所选定的测量部位范围内。当更换焊接操作人员、改变焊接参数、改变板厚或改变冷却条件时，均应及时地重新测量。

4.4.4 根据技术条件要求测量过渡层时，则应以其最外层两焊道搭接区作为测量部位。

4.4.5 测量过程中如发现铁素体分布很不均匀，应在测量结果中分别给出平均值、最高值和最低值及其部位。

4.4.6 测量时应保证排除仪器附近的强磁性物质对测量结果的影响，如低碳钢和铸铁等。对标准磁铁仪器而言，测量时周围的铁磁性物质距离测头应在18 mm之外，其他类型的探头式仪器应根据仪器要求的距铁磁性物质的最小距离操作。

测量复合板的不锈层焊缝和较薄的不锈钢堆焊层时(层厚<5 mm)要谨慎，要了解仪器测头的敏感深度，避免对正确测量结果带来的影响。

4.5 **测量仪器的校准**

铁素体测量仪器及仪器上自带的校准块应定期(通常不超过一年)用马格尼仪或二级标样校准。使用的仪器每一测量范围(见表2)中应有一个校准点。测量仪器对每一范围的标样上同一测量点的5次测量平均值应符合表2规定。

仪器在使用之前，应由使用者先用仪器上附带的校准块校准。

表2 校准的最大允差

范 围	与指定标样的最大允差
0<FN≤ 4	±0.5
4<FN≤10	±0.5
10<FN≤16	±0.6
16<FN≤25	±0.8
25<FN≤50	标样值FN的±5%
50<FN≤110	标样值FN的±8%

5 金相法

5.1 试样制备

5.1.1 焊缝金属是从产品上所带的供检验用的试板上至少取6个金相试样。

5.1.2 堆焊金属是在厚度12 mm～16 mm的钢板上如图2所示进行平焊位置堆焊至少5层，每道焊缝宽度不大于焊芯直径4倍。堆焊金属顶面尺寸应不小于20 mm×100 mm，道间温度冷至100 ℃左右方可开始下道焊接。最后焊道应在焊缝中央。不允许在堆焊金属有效长度之内起弧和灭弧。

单位为毫米

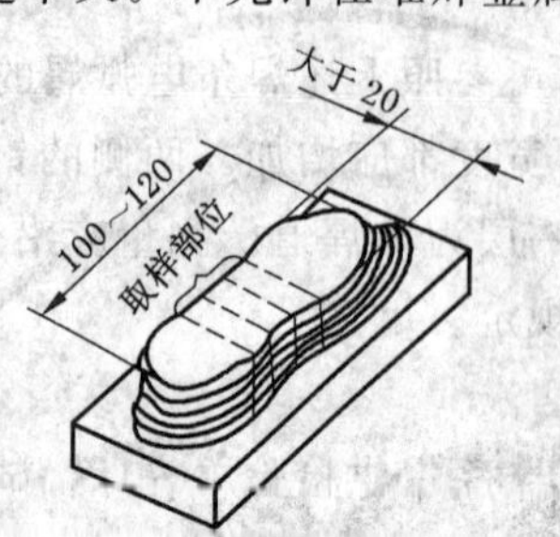

图2 堆焊供测量用试板及取样部位示意图

5.1.3 从焊缝金属或堆焊金属长度方向中段切取金相试样尺寸10 mm～20 mm，垂直于焊接方向的横断面是金相观测面，不应在起弧和灭弧处取样。

5.1.4 金相试样的观测面按常规金相操作进行研磨和抛光。机械抛光应以能得到基本上不存在金属表面紊乱层的光洁镜面为原则。电解抛光则以得到无任何磨痕和不损害铁素体的完整性为准。推荐的电解液成分、规范和操作要点见表3。

5.1.5 抛光后的试样磨面，可用化学方法或电解浸蚀方法显示铁素体。推荐的试剂种类、成分、规范见表4和表5。不论采用何种方法显示铁素体，均应以能完整、真实、清晰地显现出铁素体的轮廓为准，不应有浸蚀不足或浸蚀过度现象。

表3 电解抛光液

编号	成　　分	电流密度/(A/cm^2)	电压/V	温度/℃	时间/min	备　　注
1	磷酸 48 甘油 50 水 2 (重量百分比)	1～8		70～80	1～3	铅做阴极。阴-阳极面积之比不小于5。 溶液用久发黑后，温度应提高到100 ℃～120 ℃
2	磷酸 57 甘油 43 (体积百分比)	5～6		70～80	0.3～2.0	铅做阴极。阴-阳极面积之比不小于5。 溶液用久发黑后，温度应提高到100 ℃～120 ℃
3	过氯酸 20 乙　醇 70 甘　油 10 (体积百分比)		40～60	室温	10～26 s	铅做阴极。使用时注意乙醇挥发，引起氯酸浓缩爆炸。反应强烈，要求操作迅速准确
4	硫酸 30 磷酸 45 铬酐(10%)25 (体积百分比)	4～6		60～70	0.5～5.0	铅做阴极。操作得当，可同时完成抛光与浸蚀过程，铁素体清晰地显示出来

表 4 化学浸蚀剂

编号	成分	备注
1	氯化高铁 5 g 盐酸 50 mL 水 100 mL	擦拭方法，1～3 s 即可
2	硫酸铜 4 g 盐酸 20 mL 水(或乙醇) 100 mL	用棉花擦拭。 对于铁素体含量较高的试样磨面，建议用乙醇，以防止试样表面氧化
3	氯化铜 1 g 盐酸 100 mL 乙醇(或水) 100 mL	该试剂对碳化物作用缓慢铁素体优先显现出来。适用于有一定量碳化物析出情况

表 5 电解浸蚀剂

编号	成分	电流密度/(A/cm²)	时间/s	备注
1	铬酐 10 g 水 100 mL	0.03～0.1	10～20	不锈钢做阴极，试件为阳极。最好使用新配制的试剂
2	草酸 10 g 水 100 mL	0.05～0.1	20～60	不锈钢做阴极，试件做阳极。最好使用新配制的试剂
3	盐酸 10 mL 乙醇 100 mL	0.05～0.1	10～20	不锈钢做阴极，试件为阳极。最好使用新配制的试剂

5.2 测量

5.2.1 用金相割线法测量铁素体体积百分比。

在显微镜放大倍数不小于 500 倍的情况下，用带有 100 个刻度(格)的测微目镜或有 100 个分度的目镜片上的分度直尺(线)切割到的相对量(占 100 个格中的多少格)，所得数值即为该视场内铁素体的相对含量，如图 3 所示。移动载物台，变更视场位置，可以选测任意的视场数目，一般只须选择不少于 10 个有代表性视场[2)]，取其平均值作为该试样中铁素体的平均含量，按式(1)计算：

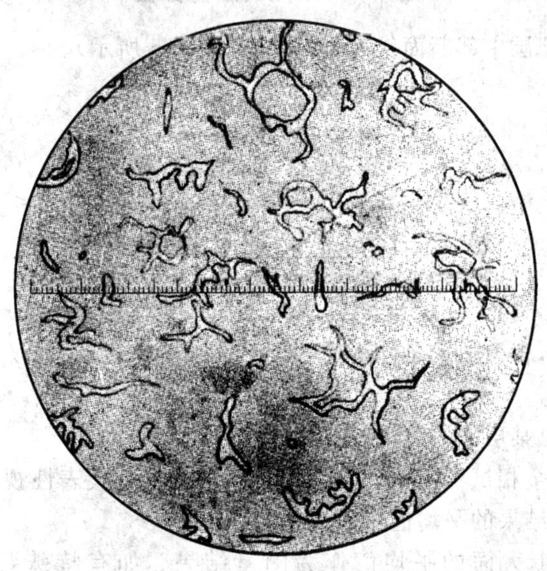

图 3 割线法测量示意图，测得数值为 14 格(14%)

2) 代表性视场系指均匀分布在测量部位的区域内，铁素体分布较均匀的视场(零除外)。

$$\phi = \frac{\sum_{1}^{d} P_i}{d} \times 100\% \quad \cdots\cdots (1)$$

式中：

ϕ——铁素体含量平均值；

d——选测的视场数目；

P_i——第 i 个视场内切割到的铁素体占据直尺格数。

示例：

场　次	1	2	3	4	5	6	7	8	9	10
每个视场内切割到铁素体占有的格数	24.5	31.0	27.5	40.0	17.3	18.0	37.7	41.0	23.0	20.0

则：
$$\phi = \frac{24.5+31.0+27.5+40.0+17.3+18.0+37.7+41.0+23.0+20.0}{10} \times 100\% = 28\%$$

在一个视场内，铁素体分布不均匀时，须将测微目镜的直尺沿水平和垂直方向各测量一次，取平均值作为该视场内平均格数。当铁素体在视场内呈明显的方向性分布时，则将直尺与此方向成45°角测量一次即可。

5.2.2　对单面焊缝，一般以其大面最外层焊道中部横断面作为测量部位，双面焊缝则以两个大面最外层焊道中部横断面作为测量部位如图4所示。

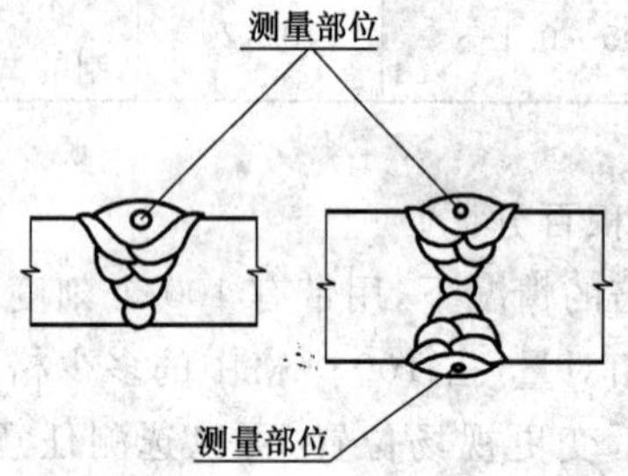

图4　焊接接头测量部位

5.2.3　堆焊金属应以其最外层中部断面作为测量部位（如图5所示）。

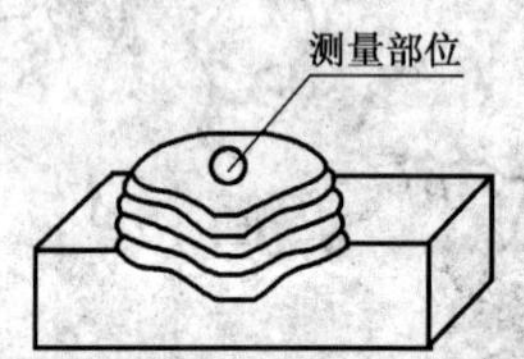

图5　堆焊金属测量部位

大面积堆焊有过渡层时，根据技术条件测量过渡层的铁素体含量，则以其最外层两焊道搭接处作为测量部位。

如需要，经双方协商可对某层、某部位或逐层进行测量。

5.2.4　一般情况下，取三个金相试样，每个试样都测10个以上有代表性视场，取平均值作为该试样测量结果。再以三个试样测量结果的平均值作为最后结果。

5.2.5　对双面焊缝，以两个大面的平均值作为测量结果。如有特殊要求，可列出每一大面平均含量。

5.2.6　经双方协议决定对某层、某部位或逐层进行测量时，均以10个以上有代表性视场平均值作为测量结果。

5.2.7　如果在测量过程中发现铁素体分布特别不均匀，则在测量结果中应给出平均含量、最高含量和最低含量,并加以说明。

5.3 金相标样图谱

5.3.1 金相标样图谱属于近似的或半定量的金相方法,只能给出铁素体含量的大致含量范围。本标准附有两组金相标样图谱(焊条电弧焊焊缝 500 倍和 1 000 倍各一组)供比较筛选试验、中间近似测量及其他半定量试验时用(见图 6 和图 7)。

5.3.2 用金相标样图谱测量铁素体含量时,其试样数量、试样制备、测量部位和测量结果评定等均与前述割线法的有关规定相同。

6 测试报告

测试报告应包括如下内容,格式参照附录 A:

a) 测量方法;

b) 焊接材料型号;

c) 焊接材料规格;

d) 数量[FN 或铁素体百分比(%)];

e) 测量值。

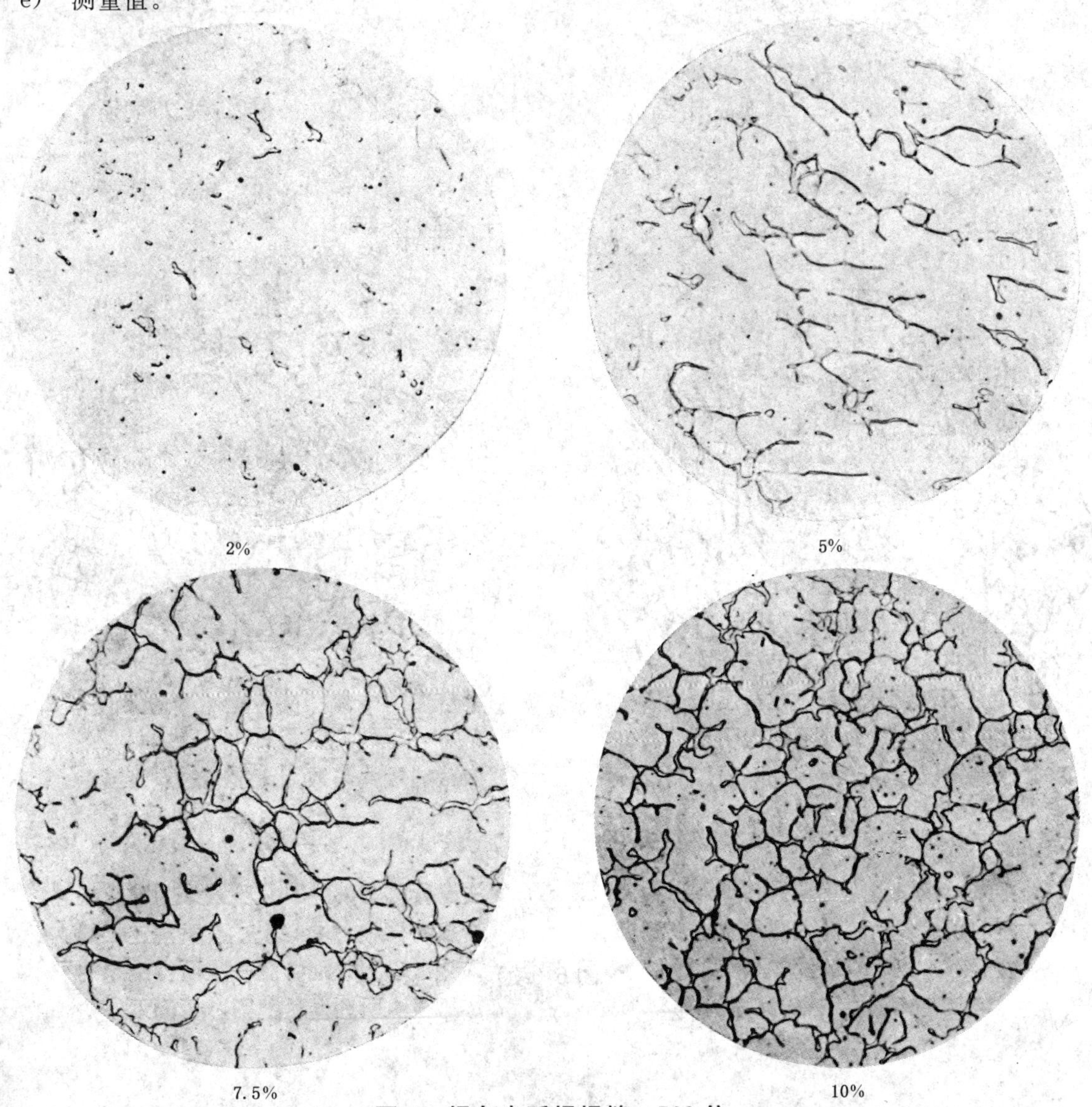

图 6 焊条电弧焊焊缝×500 倍

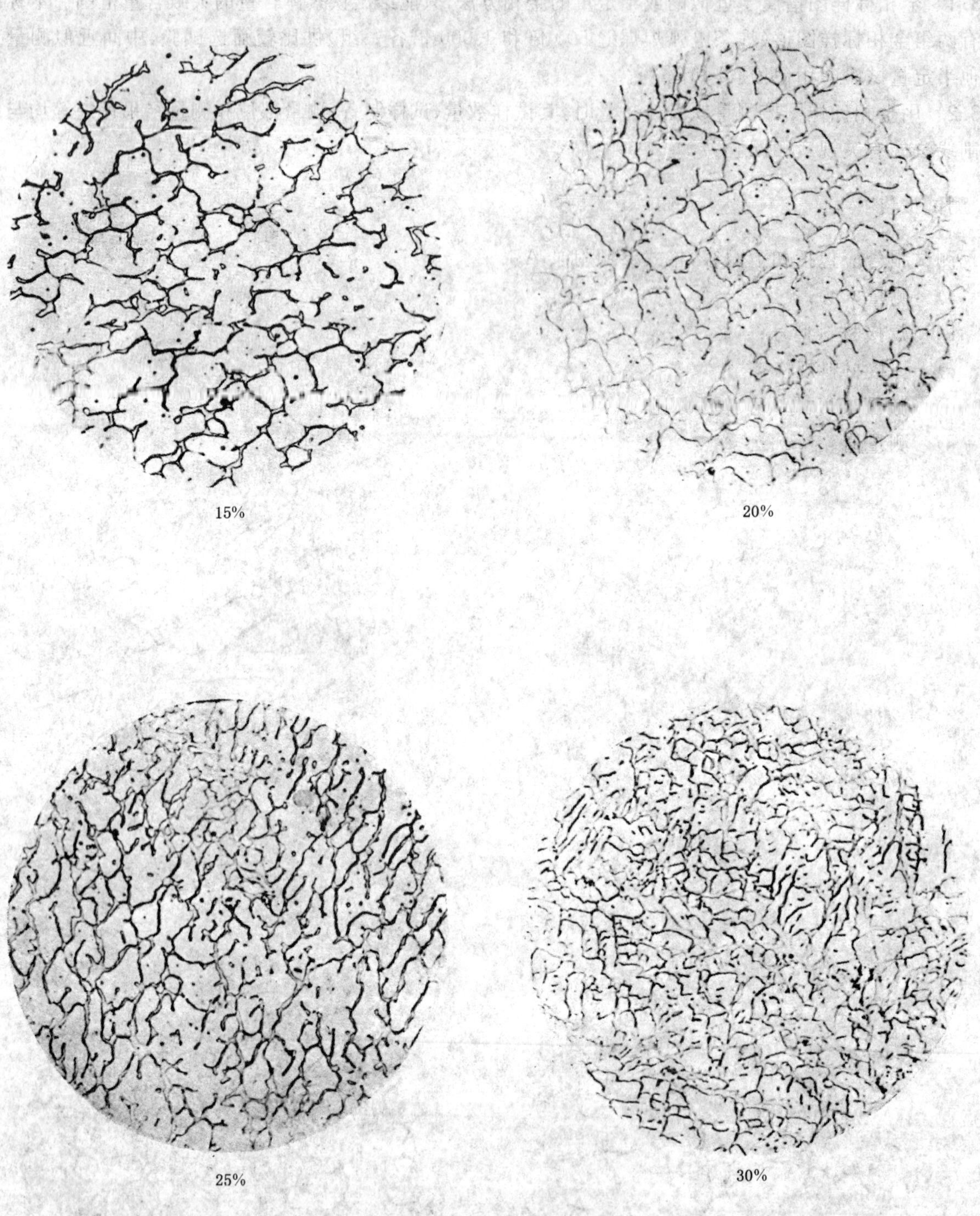

图 6（续）

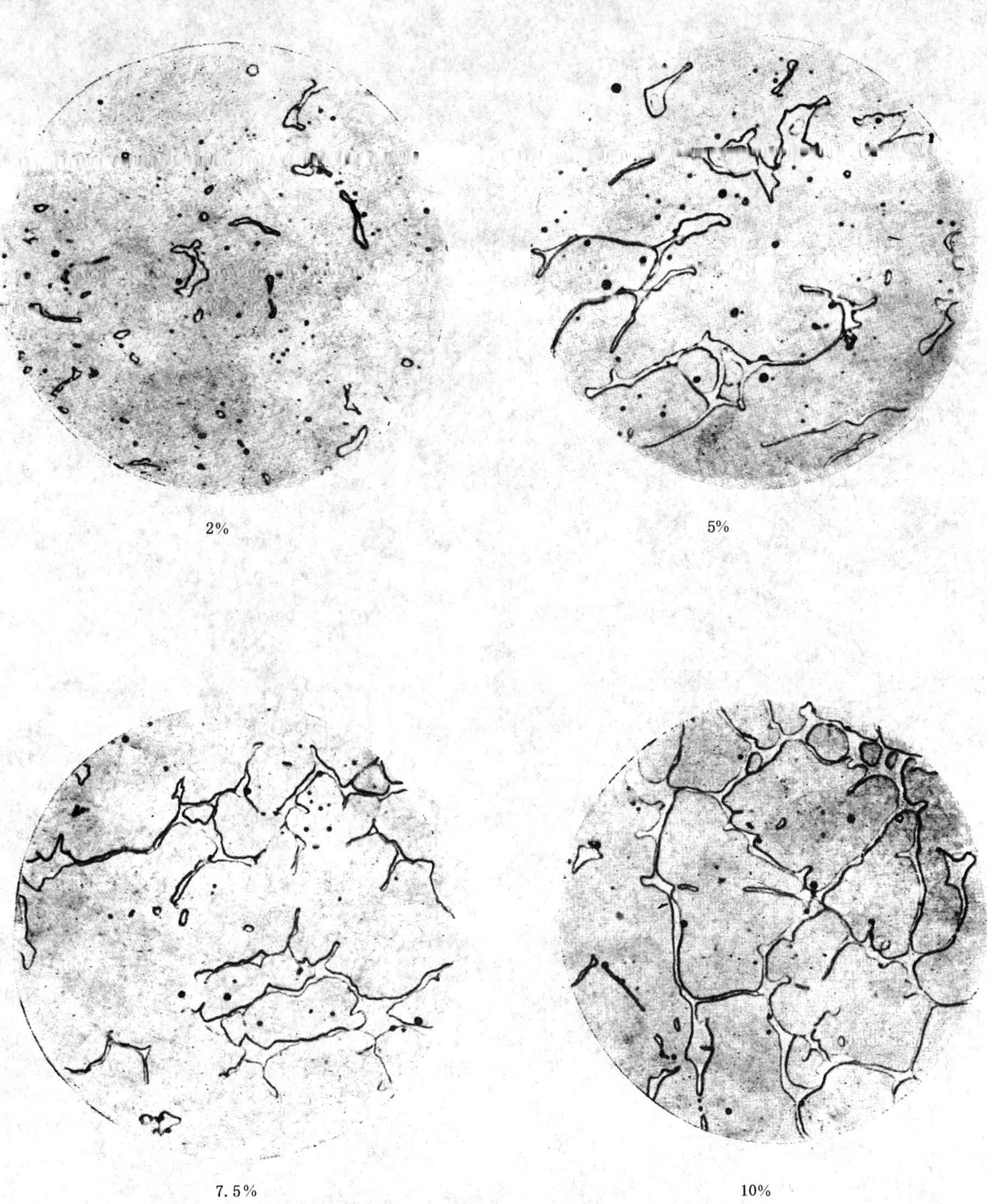

图7 焊条电弧焊焊缝×1 000倍

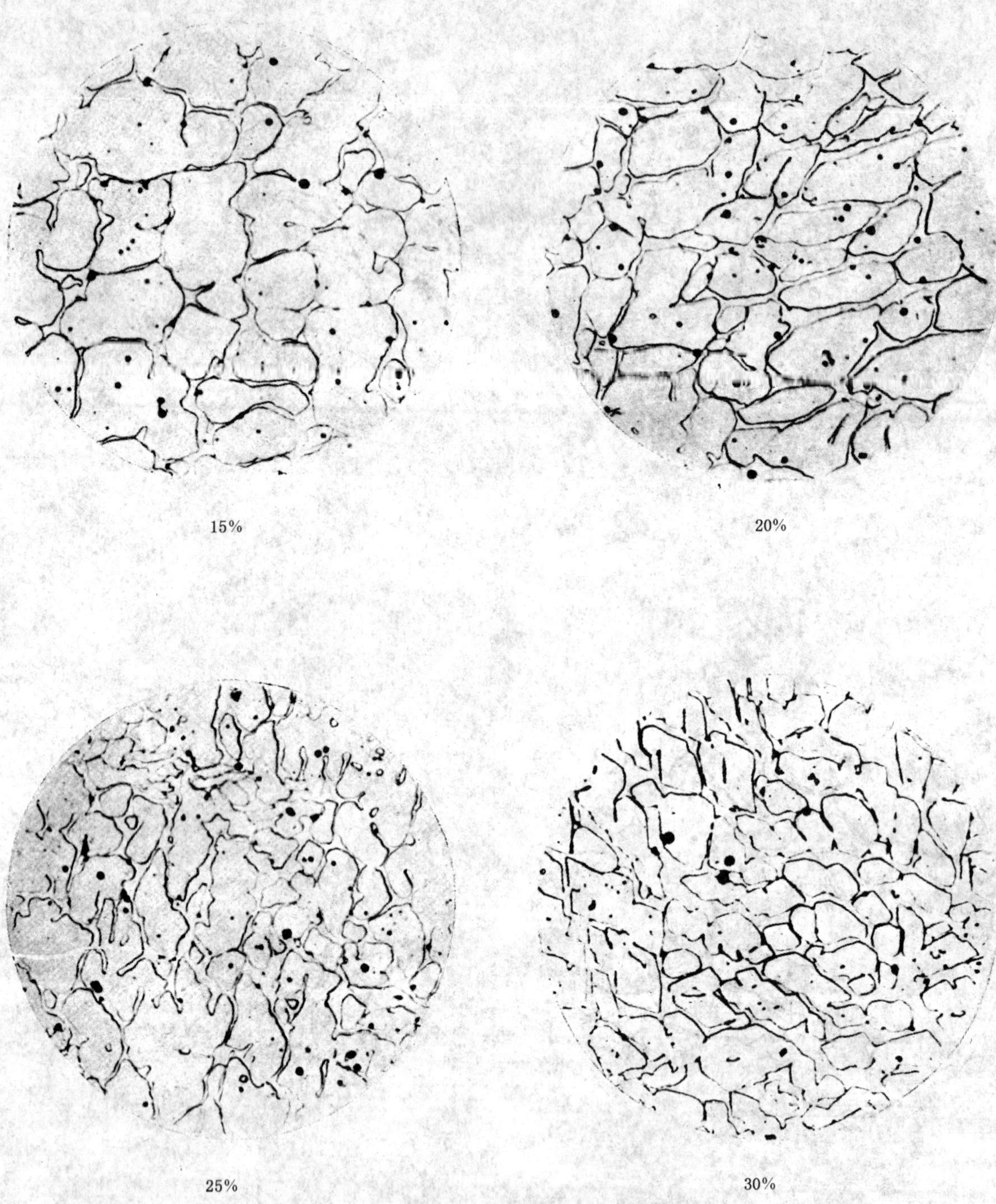

图7(续)

附 录 A
(资料性附录)
测试数据参考格式

下面给出的是测试报告数据页格式,供参考。

焊缝铁素体测试数据

No　　　　　　　　　　　　　　　　　　　　　　　　　　　共　页第　页

产品名称		型号		规格	
测量方法		测试结果			
测试位置	□FN		□%		
试件1:	测试数据(10点):				
	1	2	3	4	5
	6	7	8	9	10
	测试平均值:				
试件2:	测试数据(10点):				
	1	2	3	4	5
	6	7	8	9	10
	测试平均值:				
试件3:	测试数据(10点):				
	1	2	3	4	5
	6	7	8	9	10
	测试平均值:				
检测仪器	名称	型号	生产单位	编号	
备注					

检验人:　　　　　　　　　　　　审核:　　　　　　　　　　　　年　月　日

ICS 91.220
P 97

中华人民共和国国家标准

GB/T 1955—2008
代替 GB/T 1955—2002,GB/T 7920.2—2004

建筑卷扬机

Construction winch

2008-07-27 发布　　2009-02-01 实施

中华人民共和国国家质量监督检验检疫总局
中国国家标准化管理委员会　发布

前　言

本标准代替GB/T 1955—2002《建筑卷扬机》和GB/T 7920.2—2004《建筑卷扬机术语》。

本标准与上述标准相比，主要有以下变化：

——取消了型号代号、容绳量、自重系数、齿轮精度、蜗轮蜗杆精度等要求和一些常规的设计计算方法；

——增加了工作级别、钢丝绳最小直径、电气装置对地绝缘和使用说明书等要求，同时强化了使用维护要求；

——取消了125%额定载荷的静载试验和110%额定载荷的动载试验，代之以125%额定载荷的超载试验，该超载试验为动载试验；

——本标准纳入了JG/T 5031—1993《建筑卷扬机设计规范》的部分内容，并对从地面提升载荷时的动载系数和焊接卷筒的强度计算方法进行了改写，增加了空中悬吊载荷上升起动或下降制动时的最大工作载荷。

本标准的附录A、附录B、附录C和附录G为规范性附录，附录D、附录E和附录F为资料性附录。

本标准由中国机械工业联合会提出。

本标准由全国建筑施工机械与设备标准化技术委员会(SAC/TC 328)归口。

本标准起草单位：北京建筑机械化研究院、北京建研机械科技有限公司。

本标准主要起草人：田广范、张海云。

本标准所代替标准的历次版本发布情况为：

——GB 1955—1998、GB/T 1955—2002；

——GB 6947—1986；

——GB 7920.2—1987、GB/T 7920.2—2004；

——GB 13329—1991。

建 筑 卷 扬 机

1 范围

本标准规定了建筑卷扬机(以下简称卷扬机)的术语和定义、分类、技术要求、试验方法、检验规则以及标志和贮存等。

本标准适用于在建筑和安装工程中使用的由电动机驱动的卷扬机。

本标准不适用于作为起重机、施工升降机和基础施工设备等机种的一个机构来使用的卷扬机。

2 规范性引用文件

下列文件中的条款通过本标准的引用而成为本标准的条款。凡是注日期的引用文件,其随后所有的修改单(不包括勘误的内容)或修订版均不适用于本标准,然而,鼓励根据本标准达成协议的各方研究是否可使用这些文件的最新版本。凡是不注日期的引用文件,其最新版本适用于本标准。

GB 755 旋转电机 定额和性能(GB 755—2008,IEC 60034-1:2004,IDT)

GB/T 3811 起重机设计规范

GB/T 4942.1 旋转电机整体结构的防护等级(IP代码) 分级(GB/T 4942.1—2006,IEC 60034-5:2000,Rotating electrical machines—Part 5:Degrees of protection provided by the integral design of rotating electrical machines (IP code)—Classification,IDT)

GB/T 5972 起重机用钢丝绳检验和报废实用规范(GB/T 5972—2006,ISO 4309:1990, IDT)

GB/T 13306 标牌

GB 14048.1 低压开关设备和控制设备 第1部分:总则 (GB 14048.1—2006,IEC 60947-1:2001,MOD)

GB/T 20118 一般用途钢丝绳(GB/T 20118—2006,ISO/DIS 2408:2002,Steel wire ropes for general purposes—Minimum requirements,MOD)

JG/T 5035 建筑机械与设备用油液固体污染清洁度分级

JG/T 5066 油液中固体颗粒污染物的重量分析法

3 术语和定义

下列术语和定义适用于本标准。

3.1

建筑卷扬机 construction winches

在建筑和安装工程中使用的由电动机通过传动装置驱动带有钢丝绳的卷筒来实现载荷移动的机械设备。

3.2

溜放卷扬机 load free fall winches

可断开电动机与卷筒之间的动力,利用载荷自身的重力来实现载荷下降的卷扬机。

3.3

高速卷扬机 high-speed winches

额定速度大于50 m/min的卷扬机。

3.4

快速卷扬机 fast winches

额定速度在20 m/min~50 m/min之间的卷扬机。

3.5

慢速卷扬机 low-speed winches

额定速度小于 20 m/min 的卷扬机。

3.6

调速卷扬机 variable-speed winches

具有调速或变速功能，基准层钢丝绳有二个或二个以上稳定运行速度的卷扬机。

3.7

单卷筒卷扬机 single drum winches；mono-drum winches

只有一个卷筒的卷扬机。

3.8

双卷筒卷扬机 double-drum winches；twin-drum winches

具有两个卷筒的卷扬机。

3.9

排绳器 rope guiding device

引导钢丝绳有顺序地在卷筒上卷绕的装置。

3.10

停止器 stop；stopper

防止卷筒自行逆转的装置。

3.11

基准层 datum layer

钢丝绳顺序紧密地卷绕在卷筒上时，距卷筒直径与卷筒侧板外径之和二分之一处最近的卷绕层。

3.12

额定载荷 rated load

允许基准层钢丝绳承受的最大载荷。

双卷筒卷扬机的额定载荷是指作为单卷筒使用时所能承受的最大载荷。如两个卷筒同时工作，则两个卷筒所承受的载荷总和不得超过额定载荷。

注：基准层及基准层以内各层钢丝绳允许承受的最大载荷为额定载荷；基准层以外各层允许承受的最大载荷小于额定载荷，且随着层数的增加而减少。

3.13

额定速度 rated speed

基准层钢丝绳在提升额定载荷时稳定运行的线速度。

3.14

容绳量 rope capacity

卷筒允许容纳的钢丝绳工作长度最大值。

3.15

卷筒节径 pitch diameter of drum

卷筒上最内层钢丝绳绳心圆直径。

3.16

滑轮节径 pitch diameter of block

按钢丝绳中心计算的滑轮卷绕直径。

3.17

制动距离 catching distance

从制动器开始动作到载荷完全被制动停止时，载荷所移动的距离。

3.18

钢丝绳出绳偏角　deflection angle of rope

钢丝绳在载荷的作用下卷入或卷出卷筒时，钢丝绳出绳方向与绳槽侧边的最大夹角或与垂直于卷筒轴的平面的最大夹角（见图1、图2）。

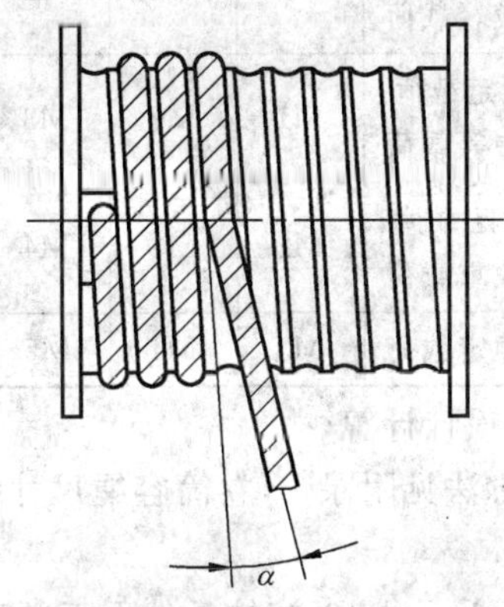

图1　槽面卷筒的钢丝绳出绳偏角 α

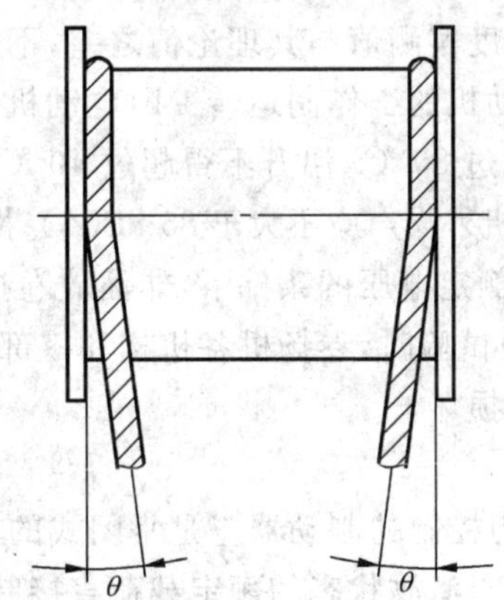

图2　光面卷筒和多层卷绕时的钢丝绳出绳偏角 θ

4　分类

4.1　型式

卷扬机按速度和是否有溜放功能分为高速、快速、快速溜放、慢速、慢速溜放和调速六类。

4.2　主参数

卷扬机主参数为额定载荷。主参数系列见表1。

表1　卷扬机主参数系列

单位为千牛

主参数名称	数　值
额定载荷	5,7.5,10,12.5,16,20,25,32,40,50,63,80,100,125,160,200,250,320,400,500
注：高速和快速卷扬机的额定载荷应不大于200 kN，溜放卷扬机的额定载荷应不大于100 kN。	

5　技术要求

5.1　工作级别

工作级别可作为设计计算的依据，也可作为用户选择和使用卷扬机的参考。卷扬机的工作级别按其总工作时间和载荷状态分为M1～M8共8个级别，见表2。卷扬机工作级别的确定方法见附录A。

表 2 工作级别

载荷状态	名义载荷谱系数 K_m	载荷状态说明	总工作时间/h							
			400	800	1 600	3 200	6 300	12 500	25 000	50 000
轻	0.125	很少承受额定载荷，通常承受较轻载荷		M1	M2	M3	M4	M5	M6	M7
中	0.250	较少承受额定载荷，通常承受中等载荷	M1	M2	M3	M4	M5	M6	M7	M8
重	0.500	经常承受额定载荷，通常承受较重载荷	M2	M3	M4	M5	M6	M7	M8	
特重	1.000	通常承受额定载荷	M3	M4	M5	M6	M7	M8		

5.2 通用机械零件和卷筒容绳尺寸的设计计算

卷扬机通用机械零件的设计计算方法见附录 B，卷筒容绳尺寸参数的计算方法见附录 C。

5.3 基本性能

5.3.1 卷扬机应能在环境温度为－20 ℃～＋40 ℃的条件下正常工作。

5.3.2 卷扬机各机构的动作应准确，运转应平稳，不得有异常振动和声响。

5.3.3 在额定载荷下，卷扬机额定速度实测值与其理论值之差，不得超过理论值的±5%。

5.3.4 卷扬机在额定载荷下按其电动机的工作制运转 1 h，电动机的温度不得超过 110 ℃，温升不得超过 80 ℃；减速机润滑油的温度不得超过 80 ℃，温升不得超过 40 ℃。

5.3.5 卷扬机在额定载荷下工作时，机外噪声应不大于 85 dB(A)；操作者耳边噪声应不大于 88 dB(A)。

5.3.6 在电动机输入端电压为 90%额定电压的条件下，非溜放卷扬机应能正常起升额定载荷。

5.3.7 在进行 125%额定载荷的超载试验时，卷扬机各机构和零部件不得出现裂纹、永久性变形、连接件松动及其他对性能和安全有影响的损坏。

5.4 制动器

5.4.1 卷扬机应设置制动器。由动力控制的制动器应是常闭式的。溜放卷扬机应设置常开式制动器，该制动器应兼有控制溜放速度和将处于溜放状态的额定载荷直接制停的功能。

5.4.2 非溜放卷扬机制动器的制动力矩应大于按额定载荷计算的静力矩的 1.5 倍；溜放卷扬机制动器的制动力矩应大于按额定载荷计算的静力矩的 1.75 倍。

5.4.3 按 6.5.4 进行试验时，卷扬机制动器的制动距离不得大于卷扬机以额定速度运转 1 min 所卷入钢丝绳长度的 1.5%。

5.5 操作机构

各操作件的位置应正确，操作应方便、灵活、可靠。采用手动或脚踏来操作的，操作力和行程应符合表 3 的规定。

表 3 操作力和行程

操作方式	操作力/N	行程/mm
手动	≤200	≤600
脚踏	≤300	≤300

5.6 传动系统

5.6.1 减速机不得有漏油现象。按 6.5.8 进行试验时，渗油面积不得大于 15 cm^2。

5.6.2 按 6.5.8 进行试验时，减速机润滑油的固体颗粒污染清洁度等级应不低于 JG/T 5035 规定的 108/C 的要求。

5.6.3 开式齿轮、皮带轮、皮带等外露的传动件，应设防护罩。

5.7 **钢丝绳**

5.7.1 卷扬机用钢丝绳应符合 GB/T 20118 的规定，并应优先选用线接触型钢丝绳。

5.7.2 钢丝绳安全系数(钢丝绳最小破断拉力与卷扬机额定载荷的比值)不得小于表 4 规定的 K_n 值。

表 4 钢丝绳安全系数 K_n

工作级别	M1	M2	M3	M4	M5	M6	M7	M8
安全系数 K_n	3.15	3.35	3.55	4.0	4.5	5.6	7.1	9.0

5.7.3 钢丝绳直径应满足公式(1)：

$$d \geqslant C\sqrt{F_e} \qquad \cdots\cdots(1)$$

式中：

d——钢丝绳直径，单位为毫米(mm)；

F_e——卷扬机额定载荷，单位为牛(N)；

C——钢丝绳选择系数，单位为毫米每二分之一次方牛(mm/$\sqrt{N}$)，按公式(2)计算：

$$C = \sqrt{\frac{K_n}{K'R_0}} \qquad \cdots\cdots(2)$$

式中：

K_n——钢丝绳最小安全系数，按表 4 选取；

K'——钢丝绳最小破断拉力系数，符合 GB/T 20118 规定的钢丝绳见表 5；

R_0——钢丝绳公称抗拉强度，单位为兆帕(MPa)。

表 5 钢丝绳最小破断拉力系数 K'

钢丝绳		钢丝绳最小破断拉力系数 K'	
组别	类别	纤维芯钢丝绳	钢芯钢丝绳
1	1×7	—	0.540
	1×19	—	0.530
	1×37	—	0.490
2	6×7	0.332	0.359
3	6×19(a)	0.330	0.356
	6×19(b)	0.307	0.332
4	6×37(a)	0.330	0.356
	6×37(b)	0.295	0.319
5	6×61	0.283	0.306
6	8×19	0.293	0.346
7	8×37		
8	18×7	0.310	0.328
9	18×19		
10	34×7	0.308	0.318
11	35W×7	—	0.360
12	6×12	0.209	—
13	6×24	0.280	—
14	6×15	0.180	—
15	4×19	0.360	—
16	4×37		

注：在 13 组中，股为等捻距结构钢丝绳的最小破断拉力系数，应比表中所列数值大 4%。

5.8 卷筒和卷筒轴

5.8.1 卷筒筒体应能承受钢丝绳的缠紧力,卷筒侧板应能承受钢丝绳产生的侧向力。卷筒强度计算方法参见附录D。

5.8.2 卷筒节径与钢丝绳直径的比值,不得小于表6规定的 h_1 值。

表6 卷筒节径与钢丝绳直径的比值 h_1

工作级别	M1	M2	M3	M4	M5	M6	M7	M8
h_1	11.2	12.5	14.0	16.0	18.0	20.0	22.4	25

5.8.3 卷筒侧板外缘到最外层钢丝绳的距离,不得小于钢丝绳的直径。

5.8.4 钢丝绳在卷筒上的固定应可靠,在保留二圈钢丝绳的条件下,应能承受125%的额定载荷。

5.8.5 铸造卷筒应进行时效处理。直径大于150 mm的卷筒轴,应进行探伤检查。

5.9 停止器、离合器、排绳器

5.9.1 使用常开式制动器制停载荷的卷扬机,必须设置停止器或者能使制动器保持制动状态的装置。在停止器或能使制动器保持制动状态的装置工作后,卸去手动制动力,额定载荷在空中停止的位置应无任何变化。

5.9.2 离合器应当分离彻底,结合牢靠。

5.9.3 额定载荷大于125 kN的卷扬机应设置排绳器。

5.10 电动机和电气系统

5.10.1 电动机的工作制与定额应符合GB 755的规定,但不宜选用S1工作制的电动机。

5.10.2 电气装置的防护等级,电动机应不低于GB/T 4942.1规定的IP44,控制盒、开关、控制器和电气元件应不低于GB 14048.1规定的IP54,便携式控制装置应不低于GB 14048.1规定的IP65。

5.10.3 电动机、电气元件(不含电子元器件)和电气线路的对地绝缘电阻应不小于1 MΩ。

5.10.4 电气控制设备和元件应安装在电控箱内。电控箱应能防范雨水、尘土对电气控制设备和元件造成危害,电控箱门应有锁闭装置。电气设备安装应牢固,电气联接应接触良好,不易松脱。

5.10.5 主电路应采用铜芯多股导线,并采用橡胶绝缘。电缆、导线截面积应按载流量计算选定,但不得小于1.5 mm^2。

5.10.6 应设置短路、过流、零位、失压和缺、错、断相保护以及限位开关接口。

5.10.7 进线处应设有带熔断器的主隔离开关。交流或直流电动机的主接触器,其使用类别应不低于AC-3或DC-3。用作主接触器的继电器,对于控制交流电磁铁的,其使用类别应不低于AC-15;对于控制直流电磁铁的,其使用类别应不低于DC-13。

5.10.8 卷扬机应设有接地联接螺栓。接地电阻不得大于4 Ω。

5.10.9 应在方便操作的位置设置能迅速切断总控制电源的紧急断电开关。

5.10.10 应有防止正反转同时工作的联锁功能。

5.10.11 遥控操作的卷扬机,必须具备在控制信号失效时确保卷扬机停止运转的功能或设施。

5.10.12 遥控操作系统起作用时,其他操作系统不得起作用;其他操作系统起作用时,遥控操作系统不得起作用。

5.11 外观

5.11.1 卷扬机外观不得有变形、裂纹、锈蚀等影响使用的缺陷。

5.11.2 漆层应不粘手、附着力强、有弹性,不应有皱皮、脱皮、漏漆等缺陷。

5.11.3 焊缝应饱满、平整,不应有漏焊、裂纹、夹渣等缺陷;焊渣、灰渣应清理干净。

5.12 使用说明书

5.12.1 使用说明书是卷扬机产品的组成部分,每台卷扬机均应配备使用说明书。

5.12.2 使用说明书至少应有以下内容:

a) 卷扬机所执行的标准名称和代号、生产许可证号。

b) 卷扬机主要用途、适用范围、适用的工作环境和条件，必要时还可规定不适用范围和不适用的工作环境与条件。

c) 卷扬机规格型号、工作级别及与使用、安装有关的技术参数，包括：型号代号的含义，与工作级别相对应的预期总工作时间和载荷状态，额定载荷、额定速度、容绳量，钢丝绳的型号、直径，规定容绳长度的钢丝绳质量、钢丝绳出绳方向和位置、卷筒各层钢丝绳绳心圆直径及各层钢丝绳允许承受的最大载荷，整机外形尺寸，整机质量(不包括钢丝绳质量)，噪声值等。

d) 总体结构或其主要部件的结构、性能，并配备电气原理图和其他必要的图样

e) 吊装、吊卸、运输的方法和注意事项，注明重心或起吊点位置，必要时附吊运图。

f) 安装与调试的方法、程序和注意事项，包括：安装的地基基础要求、安装方法、程序与注意事项，安装后调试的程序、方法与注意事项以及试运行的项目和要求等。

g) 使用与操作方法，包括：使用前的准备和检查的内容，使用前、使用中和使用后的安全要求及安全防护措施，操作程序、方法、注意事项及容易出现的误操作、可能出现的危险和防范措施，运行中的监测与记录内容，紧急停机、终止工作停机的操作程序、方法和注意事项等。

h) 使用中出现事故或紧急情况时的处理程序、方法和安全注意事项等。

i) 维护与保养周期、项目、方法、要求和安全注意事项，包括：日常和定期维护保养的周期、项目和要求，钢丝绳、制动器、离合器等报废或更换的条件和要求，易损件及其更换周期，检修、保养时的安全注意事项等。

j) 常见故障及其排除方法、要求和排除故障时的安全注意事项。

k) 贮存的条件、保养和检查要求等。

l) 随机备件、易损件明细表及其安装位置等信息，必要时可提供配件目录，并配备必要的图样。

m) 售后服务事项，包括售后服务的承诺、联系地址、邮政编码和联系电话等。

n) 5.14 的相关规定。

o) 使用说明书的编制日期。

5.12.3 使用说明书中有关人身安全的注意事项和要求，应当显著、醒目，并明显区别于其他内容。

5.13 可靠性

5.13.1 可靠性试验时，卷扬机的最小工作循环次数 N 见表 7。

表 7 卷扬机可靠性试验的最小工作循环次数 N

工作级别		M1	M2	M3	M4	M5	M6	M7	M8
最小工作循环次数 N	高速、快速、快速溜放卷扬机	6×10^3		8×10^3		10^4		1.2×10^5	
	慢速、慢速溜放卷扬机	3×10^3		4.5×10^3		6×10^3		8×10^3	
	调速卷扬机	按其最高速度比照高速、快速和慢速卷扬机选定 N 值，对有 i 个速度挡位的，各挡分别进行 N/i 次循环；对无级调速的，至少取高速和中速进行试验							
注：可靠性试验的一个工作循环，是指从开始起升载荷算起，到上升到预定高度、再下降到原起升位置的全过程。									

5.13.2 可靠性指标应符合表 8 的规定。

表 8 卷扬机可靠性指标

卷扬机类型	可靠度/%	平均无故障工作时间/h	首次故障前工作时间/h
高速、快速、快速溜放卷扬机	≥88	$\geqslant 0.6t_0$	$\geqslant 0.5t_0$
慢速、慢速溜放卷扬机	≥90		
调速卷扬机	≥86		
注：t_0——卷扬机可靠性试验的累计时间，按公式(6)计算。			

5.14 使用与维护

5.14.1 在卷扬机使用前，应注意和确认下列事项：

a) 认真阅读使用说明书。

b) 确认卷扬机的类型、适用范围、工作级别、额定载荷、额定速度、容绳量等是否符合使用条件。

c) 基准层及基准层以内各层钢丝绳所能承受的最大载荷为额定载荷；基准层以外各层钢丝绳所能承受的最大载荷小于额定载荷，且随着卷绕层数的增加而减少，因此在使用基准层以外的钢丝绳时，必须遵守使用说明书规定的载荷。

d) 卷扬机的安装应由专业人员来进行。

e) 安装卷扬机的地基基础应平整、坚实，卷扬机与基础的连接应牢靠。

f) 确认钢丝绳、吊具等符合使用说明书和有关标准的规定；连接吊具、载荷等的钢丝绳绳端，应采用与钢丝绳直径相适应的绳卡、压制接头等装置固定，绳端固接的强度，应不低于钢丝绳破断拉力的80%。

g) 所用滑轮的节径与钢丝绳直径的比值，不得小于表 9 规定的 h_0 值。

表 9 滑轮节径与钢丝绳直径的比值 h_2

工作级别		M1	M2	M3	M4	M5	M6	M7	M8
h_2	滑轮	12.5	14.0	16.0	18.0	20.0	22.4	25.0	28.0
	平衡滑轮	11.2	12.5		14.0		16.0		18.0

h) 钢丝绳出绳偏角应符合表10 的规定。当出绳偏角超出规定值时，应安装排绳器或增大卷筒与第一个导绳定滑轮之间的距离，使出绳偏角符合规定。

表 10 钢丝绳出绳偏角 α 和 θ 限值

排绳方式	槽面卷筒	光面卷筒	
		自然排绳	排绳器排绳
出绳偏角	$\alpha \leqslant 4°$	$\theta \leqslant 2°$	$\theta \leqslant 4°$

i) 在石化工厂、矿井内等特殊地点和环境使用的卷扬机，还应符合有关标准、法令和制造者的规定。

j) 卷扬机应可靠接地。

k) 使用卷扬机起吊重物时，应安装上升行程限位开关。

5.14.2 操作和使用卷扬机时应注意和确认下列事项：

a) 操作人员应身体健康，且受过相关的安全教育，取得了相应的上岗操作资格。

b) 操作人员或操作指挥人员应能在自己的工作岗位上清晰地观察到运送载荷的情况、相关工作人员位置和工作情况。

c) 每天使用前必须进行检查，此外还应进行定期检查，见 5.14.3 的规定。

d) 钢丝绳必须按 GB/T 5972 的规定进行检验和报废。

e) 卷扬机不得超载使用，不得用于运送人员，人也不得乘坐在被吊运的物品上。

f) 人不能进入到被吊运物品的下方。

g) 不得反接制动，不得用人力打开动力控制的制动器来实现溜放。

h) 卷扬机处于工作状态时，操作人员不得离开操作位置。

i) 卷筒上的钢丝绳不能全部出尽，在最大出绳状态时，卷筒上也必须至少保留 3 圈钢丝绳。

j) 不能超过电动机的接电持续率和最大起动次数使用。

k) 不得擅自对卷扬机进行改造。

l) 每天均应将卷扬机的运行情况记录在运行情况表中，记录的内容包括：每天的工作时间、载荷情况以及检查、修理、调整等情况。

5.14.3 检查与维护应符合下列规定：

a) 卷扬机应进行日常检查和定期检查。检查的周期、项目、方法和检查标准按附录 E 的规定；对于使用频繁或在特殊地点、环境下使用的卷扬机，还应增加检查项目。

b) 卷扬机的检查、维修和保养应由专业人员进行。

c) 在检查和维修时，应确保人员的安全。除了必须开机才能检查或维修的项目之外，其他的检查或维修，必须在卸去载荷，切断电源，并锁闭电源开关后才能进行，对于必须开机才能检查或维修的项目，至少应由两人进行，其中一人负责监视其他人员的安全，并且在任何情况下均能立即使卷扬机停止运转。

d) 卷扬机维修后，应按附录 E 规定的检查项目进行检查。

e) 卷扬机达到了按其使用条件而确定的总工作时间后，不应再使用。

f) 卷扬机长期不用时，应切断电源，存放在干燥、通风、防雨和无腐蚀性气体的地方，并进行适当的防锈处理。

6 试验方法

6.1 试验条件

6.1.1 试验样机应装上设计规定的全部零部件。

6.1.2 试验时的环境温度应在－10 ℃～＋35 ℃之间，风速不超过 8.0 m/s。

6.1.3 载荷试验用塔架、吊具等应满足试验要求，塔架的高度应至少使试验载荷具有 6 m 的有效行程。

6.1.4 电源电压的波动值为额定电压的±5%，试验载荷应准确，误差应不超过理论值的±1%。

6.1.5 试验用仪器和量具应经过检定并在检定周期内，性能和精度应满足测量要求。

6.2 整机质量、外形尺寸测量和外观质量检查

6.2.1 用称量装置称量整机质量(不含钢丝绳)，用量具测量外形尺寸，计算并测量卷筒、钢丝绳的相关尺寸。

6.2.2 目测检查卷扬机的变形、裂纹和锈蚀情况，目测检查涂漆和焊接质量。

6.3 防护和电气装置检查和测量

6.3.1 检查开式齿轮、皮带轮、皮带等外露传动件的防护罩是否齐全、可靠。

6.3.2 检查紧急断电开关的动作是否可靠。

6.3.3 检查接地连接螺栓是否齐全、可靠，用相应的仪器检查、测量电气装置的对地绝缘电阻、接地电阻值和短路、过流、零位、失压以及缺、错、断相保护是否齐全、可靠或符合规定。

6.4 操作力和行程测量

用测力计等测量手动和脚踏操作装置的操作力和行程，每个装置均测量三次，取其平均值。测量结果记入表 F.2。

6.5 载荷试验

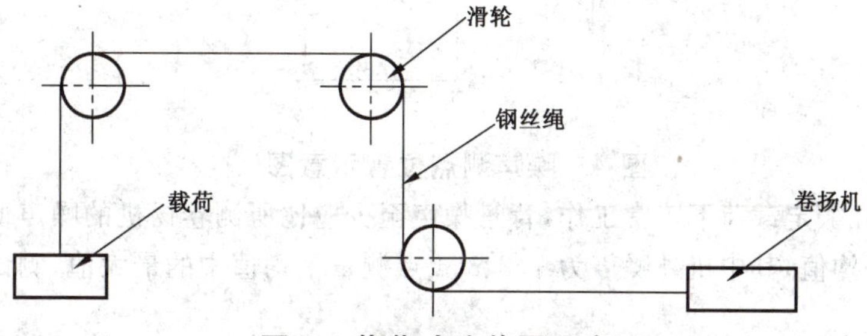

图 3 载荷试验装置示意图

6.5.1 试验要求

试验装置见图 3。载荷试验前,应先进行空载运转,确认各机构运转正常、无异常声响,操作系统、制动器、离合器、停止器等可靠,各紧固件、联接件联接牢靠,润滑和密封情况良好。

载荷试验在基准层上以额定载荷进行。如在非基准层上进行试验,则试验载荷按公式(3)计算,所测试的钢丝绳速度按公式(4)换算为基准层的数值。

$$F_f = \frac{D_j}{D_f} F_e \qquad \cdots\cdots(3)$$

式中:

F_f——在非基准层上进行试验时应加的试验载荷,单位为牛(N);

F_e——额定载荷,单位为牛(N);

D_j——基准层钢丝绳绳心圆直径,单位为毫米(mm);

D_f——试验所在的非基准层钢丝绳绳心圆直径,单位为毫米(mm)。

$$v_j = \frac{D_j}{D_f} v_f \qquad \cdots\cdots(4)$$

式中:

v_j——基准层钢丝绳速度,单位为米每分(m/min);

v_f——试验所在的非基准层钢丝绳实测速度,单位为米每分(m/min)。

6.5.2 额定速度测量

在额定载荷下,测量钢丝绳的位移及所需时间,测三次取其平均值。钢丝绳速度按公式(5)计算:

$$v_s = 60S/t_s \qquad \cdots\cdots(5)$$

式中:

v_s——钢丝绳实测速度,单位为米每分(m/min);

S——实测钢丝绳位移的平均值,单位为米(m);

t_s——与钢丝绳位移相对应的实测时间平均值,单位为秒(s)。

6.5.3 噪声测量

噪声测点的位置见图 4。其中机外噪声为图中的 1、2、3、4 点,四个测点分别在卷扬机四个侧面水平向外 7 m、卷扬机底架底面向上高 1.5 m 处;操作者耳边的噪声测点为图中的 A 点,在卷扬机侧面水平向外 1 m、卷扬机底架底面向上高 1.5 m 处。

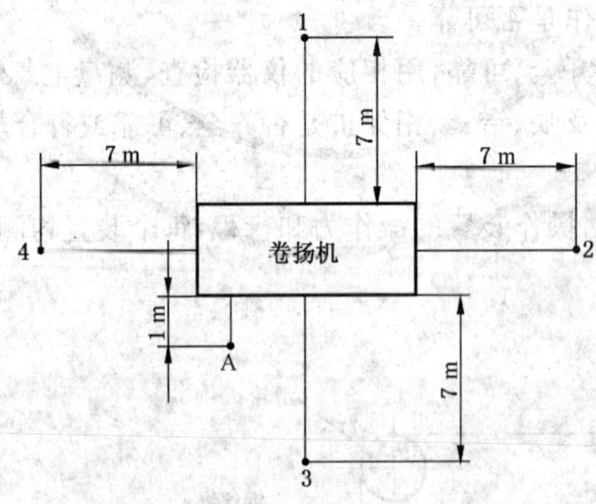

图 4 噪声测点位置示意图

测试时卷扬机应在额定载荷下正常工作,背景噪声至少应比所测卷扬机的噪声低 10 dB(A)。测量时每点均测三次,取平均值,其中机外噪声为 1、2、3、4 点测量平均值中的最大值,测试结果记入表 F.3。

6.5.4 制动距离测量

非溜放卷扬机：在试验塔架的适当位置安装一个与制动器联动且能被下降的载荷触发的行程开关，使额定载荷以额定速度下降并触发行程开关，制动器同时动作。测量从制动器开始动作到载荷完全静止时，载荷所移动的距离。

溜放卷扬机：使载荷自由下落，在距地面 2 m 左右开始制动，测量从制动器开始动作到载荷完全静止时，载荷所移动的距离。制动器开始动作时载荷所处的位置，可以目测确定。

6.5.5 降电压起动试验

在电动机输入端电压为 90% 额定电压的条件下，将停在空中的额定载荷再次向上提升。试验三次，每次都能起升的为合格。溜放卷扬机不作此项试验。

6.5.6 超载试验

试验载荷为 125% 额定载荷，试验时载荷上升和下降的行程均不小于 2 m，反复三次。试验时，不必在空中起动载荷上升，也不必进行不需要的制动。试验后检查卷扬机各机构和零部件是否出现裂纹、永久性变形、连接件松动及其他对性能和安全有影响的损坏。

6.5.7 停止器试验

将额定载荷起吊在空中(距地面高 200 mm～300 mm 处)，使停止器或能使制动器保持制动状态的装置起作用，同时卸去手动制动力，测量此时载荷离地的高度和 10 min 后载荷离地的高度。

6.5.8 温升试验和减速机润滑油的清洁度及其渗漏测试

按电动机的工作制，在额定载荷下以额定速度运转 1 h，然后测量电动机温度和减速机润滑油的温度，并计算其温升，同时检查减速机润滑油渗漏情况。温升试验后，按 JG/T 5066 的规定，测量减速机润滑油的固体颗粒污染清洁度等级。

6.6 可靠性试验

6.6.1 可靠性试验应符合下列要求：

a) 试验样机应为出厂检验合格的产品；

b) 试验装置见图 3。在基准层上进行试验时，试验载荷为额定载荷；在非基准层上进行试验时，试验载荷按公式(3)确定。试验每次提升载荷的高度均应不小于 5 m，试验的最小工作循环次数应符合 5.13.1 的规定，并安装计数器记录。可靠性试验情况记入表 F.4；

c) 试验的故障分类及其危害度系数按附录 G 的规定。

6.6.2 可靠性试验的累计工作时间 t_0 按公式(6)计算：

$$t_0 = \sum \frac{HN_i}{30v_i} \quad \cdots\cdots(6)$$

式中：

t_0——可靠性试验的累计工作时间，单位为小时(h)；

H——试验时载荷的提升高度，单位为米(m)；

N_i——试验时的工作循环次数，对调速卷扬机为各挡位下的工作循环次数；

v_i——试验时的钢丝绳提升速度，对调速卷扬机为各挡位下的钢丝绳提升速度，单位为米每分(m/min)。

6.6.3 可靠度 R 按公式(7)计算：

$$R = \frac{t_0}{t_0 + t_1} \times 100\% \quad \cdots\cdots(7)$$

式中：

R——可靠度；

t_1——试验中排除故障工作时间的总和，单位为小时(h)。

6.6.4 平均无故障工作时间 MTBF 按公式(8)计算：

$$\mathrm{MTBF} = \frac{t_0}{r_b} \tag{8}$$

式中：

r_b——当量故障次数，按公式(9)计算，当 $r_b<1$ 时，取 $r_b=1$。

$$r_b = \sum_{i=1}^{4} n_i \varepsilon_i \tag{9}$$

式中：

n_i——第 i 类故障的次数；

ε_i——第 i 类故障的危害度系数，按表 G.1 选取。

6.6.5 首次故障前工作时间 MTTFF 按公式(10)计算：

$$\mathrm{MTTFF} = t \tag{10}$$

式中：

t——当量故障次数达到 1 时的工作时间，单位为小时(h)。

6.7 试验结果

试验汇总结果记入表 F.1。

7 检验规则

7.1 检验分类

卷扬机的检验分为出厂检验和型式检验。

7.2 出厂检验

卷扬机出厂前，应由制造厂的质量检验部门逐台进行检验，检验项目全部合格并签发产品合格证后方可出厂。出厂检验项目见表 11。

7.3 型式检验

7.3.1 凡属下列情况之一者，应进行型式检验：

a) 研制的新产品或转厂生产的产品定型鉴定时；

b) 结构、工艺或材料有较大改变，可能影响产品性能时；

c) 停止生产二年以上，恢复生产时；

d) 国家质量监督机构提出进行型式检验要求时。

7.3.2 型式检验项目为表 11 列出的所有检验项目。

7.3.3 型式检验样机为 1 台，抽样基数不少于 3 台。

7.3.4 有下列情况之一时，判定型式检验不合格：

a) 表 11 中的 A 类项目有一项不合格；

b) 表 11 中的 B 类项目有二项不合格；

c) 表 11 中的 B 类项目有一项不合格，C 类项目有二项不合格；

d) 表 11 中的 C 类项目有四项不合格。

8 标志和贮存

8.1 产品标牌应符合 GB/T 13306 的规定，并应可靠地固定在卷扬机的显著位置。标牌的内容应包括：

a) 制造厂名称；

b) 产品名称和型号、产品许可证号；

c) 主要技术性能参数(额定载荷、额定速度、钢丝绳直径及容绳量等)；

d) 外形尺寸、整机质量(不包括钢丝绳质量)；

e) 产品编号；

f) 出厂日期。

8.2 必须有严禁载人的明显标志。

8.3 随机至少应提供装箱单、使用说明书、产品合格证等技术文件。

8.4 卷扬机应贮存在干燥、通风、防雨和无腐蚀性气体的场所。

表 11 检验项目及其分类

序号	检验项目		检验项目分类	检验方法	判定依据	出厂检验项目
1	整机质量和外形尺寸		C	6.2.1	设计图纸及使用说明书	
2	卷筒节径与钢丝绳直径的比值		A	6.2.1	5.8.2	
3	钢丝绳安全系数		A	计算	5.7.2	√
4	钢丝绳直径		C	6.2.1	5.7.3	√
5	卷筒侧板外缘到最外层钢丝绳的距离		C	6.2.1	5.8.3	
6	外观质量	变形、裂纹和锈蚀	B	6.2.2	5.11.1	√
7		涂漆质量	C	6.2.2	5.11.2	√
8		焊接质量	C	6.2.2	5.11.3	√
9	外露传动件的防护罩		A	6.3.1	5.6.3	√
10	操作力和行程		B	6.4	5.5	√
11	额定速度		C	6.5.2	5.3.3	√
12	噪声		B	6.5.3	5.3.5	√
13	制动距离		B	6.5.4	5.4.3	√
14	降电压起动		B	6.5.5	5.3.6	
15	超载试验		A	6.5.6	5.3.7	√
16	停止器试验		A	6.5.7	5.9.1	√
17	温升试验		C	6.5.8	5.3.4	
18	减速机润滑油渗漏情况		C	6.5.8	5.6.1	
19	减速机润滑油清洁度等级		C	6.5.8	5.6.2	
20	电气	接地螺栓和接地电阻	B	6.3.3	5.10.8	
21		对地绝缘电阻	B	6.3.3	5.10.3	
22		紧急断电开关	B	6.3.2	5.10.9	
23		短路、过流、零位、失压保护	B	6.3.3	5.10.6	
24		缺、错和断相保护	B	6.3.3	5.10.6	
25	离合器分离和接合		B	目测检查	5.9.2	
26	使用说明书		B	审看	5.12	
27	可靠性	首次故障前工作时间	A	6.6	5.13.2	
28		平均无故障工作时间	A	6.6	5.13.2	
29		可靠度	A	6.6	5.13.2	

附　录　A
（规范性附录）
卷扬机工作级别的确定方法

A.1　总工作时间

卷扬机的总工作时间为在其设计寿命期内处于运转状态的总小时数。总工作时间只能作为零部件的设计基础来使用，任何情况下均不能视作保用期。卷扬机的总工作时间可用下列方法来确定：

a)　由预定的日平均使用时间、年工作日数和预期的工作年限来推算；

b)　由预期的总工作循环次数、运送载荷的速度和行程，按公式(6)估算；

c)　按表 2 或表 A.2 选定。

A.2　载荷状态

A.2.1　载荷谱系数 K_m

卷扬机的载荷状态表示其承受载荷的程度，并用载荷谱系数 K_m 来表征，载荷谱系数 K_m 按公式(A.1)计算：

$$K_m = \sum \left[\frac{t_i}{t_t} \left(\frac{F_i}{F_e} \right)^m \right] \quad \cdots\cdots(A.1)$$

式中：

K_m——载荷谱系数；

F_i——卷扬机工作时所承受的各个不同的载荷，$F_i = F_1, F_2, F_3, \cdots\cdots, F_n$；

F_e——卷扬机额定载荷；

t_i——承受各个不同载荷的持续时间，$t_i = t_1, t_2, t_3, \cdots\cdots, t_n$；

t_t——所有不同载荷持续时间的总和，$t_t = \sum t_i = t_1 + t_2 + t_3 + \cdots\cdots + t_n$；

m——材料疲劳试验曲线的指数，取 $m = 3$。

表 2 中给出的名义载荷谱系数 K_m，是按图 A.1 所示的典型载荷谱图计算得出的。

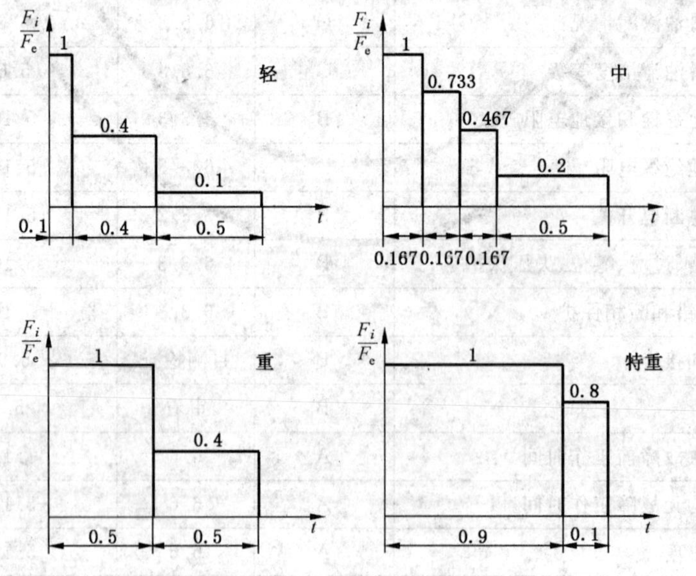

图 A.1　典型载荷谱图

A.2.2　等效载荷与等效载荷系数 K_d

对机械寿命影响最大的是载荷的大小。卷扬机每次起升的载荷不都是额定载荷，而是有变化的。因此，为方便寿命或疲劳强度计算，需要确定一个在寿命或疲劳方面与变化的载荷有相同影响效果的等效载荷。卷扬机的等效载荷按公式(A.2)或公式(A.3)计算：

$$F_d = \sqrt[3]{\frac{\sum F_i^3 t_i}{\sum t_i}} \quad \cdots\cdots(A.2)$$

$$F_d = K_d F_e \quad \cdots\cdots(A.3)$$

式中：

F_d——等效载荷，单位为牛顿(N)；

K_d——等效载荷系数，按公式(A.4)或公式(A.5)确定：

$$K_d = \sqrt[3]{\frac{\sum \left(\frac{F_i}{F_e}\right)^3 t_i}{\sum t_i}} \quad \cdots\cdots(A.4)$$

$$K_d = \sqrt[3]{K_m} \quad \cdots\cdots(A.5)$$

等效载荷系数 K_d 与载荷状态的对应关系及其取值范围见表 A.1。

表 A.1　等效载荷系数 K_d 与载荷状态的对应关系及取值范围

载荷状态	名义载荷谱系数 K_m	等效载荷系数 K_d	载荷状态说明
轻	0.125	$K_d \leqslant 0.50$	很少承受额定载荷，通常承受较轻载荷
中	0.250	$0.50 < K_d \leqslant 0.63$	较少承受额定载荷，通常承受中等载荷
重	0.500	$0.63 < K_d \leqslant 0.80$	经常承受额定载荷，通常承受较重载荷
特重	1.000	$0.80 < K_d \leqslant 1.00$	通常承受额定载荷

A.2.3　载荷状态的确定

当卷扬机的实际载荷变化情况已预知时，可先按公式(A.1)计算出实际的载荷谱系数，然后按表 2 选择一个不少于实际载荷谱系数的名义载荷谱系数，并以此来确定卷扬机的载荷状态级别；当卷扬机的实际载荷变化情况未知时，可按表 2 的载荷状态说明，选择一个合适的载荷状态级别；当测定或预定了卷扬机的等效载荷系数时，可按表 A.1 选定载荷状态级别。

A.3　工作级别

A.3.1　工作级别与每日平均工作时间、总工作时间和载荷状态的关系

如将卷扬机的日平均工作时间划分成 0.25 h、0.50 h、1.00 h、2.00 h……这样以 2 为公比的等比数列，同时按每年 250 工作日来考虑其与表 2 的总工作时间的对应关系，则工作级别与日平均工作时间、总工作时间和载荷状态的关系如表 A.2 所示。

表 A.2　工作级别与日平均工作时间、总工作时间和载荷状态的关系表

日平均工作时间/h		≤0.25	>0.25 ≤0.50	>0.50 ≤1.00	>1.00 ≤2.00	>2.00 ≤4.00	>4.00 ≤8.00	>8.00 ≤16.00	>16.00
总工作时间/h		≤400	>400 ≤800	>800 ≤1 600	>1 600 ≤3 200	>3 200 ≤6 300	>6 300 ≤12 500	>12 500 ≤25 000	>25 000
载荷状态	轻		M1	M2	M3	M4	M5	M6	M7
	中	M1	M2	M3	M4	M5	M6	M7	M8
	重	M2	M3	M4	M5	M6	M7	M8	
	特重	M3	M4	M5	M6	M7	M8		

A.3.2 工作级别的确定

如确定了载荷状态、总工作时间或日平均工作时间，按表2或表A.2即可选定卷扬机的工作级别。

各种用途的卷扬机通常情况下的工作级别和起升等级见表A.3。

表 A.3 各种用途的卷扬机通常情况下的工作级别和起升等级

用途说明	总工作时间	载荷状态	工作级别	起升等级
不经常使用的慢速或快速卷扬机	≤1 600 h	轻或中	M1～M3	HC_1
拖运、牵引，一般的垂直吊运	＞800 h	轻或中	M3～M5	HC_1、HC_2
设备吊运、安装，在建筑施工中垂直吊运用	＞1 600 h	中	M4～M6	HC_2
重要设备吊运、安装，在矿井、石化工厂等特殊地点和特殊环境使用	＞1 600 h	重或特重	M6～M8	HC_3

附 录 B
（规范性附录）
卷扬机通用机械零件的设计计算方法

B.1 设计计算的内容和原则

卷扬机机械零件的设计计算包括静强度计算、轴的临界转速验算、耐磨与发热验算和疲劳强度验算。

静强度计算包括验算零件的脆性断裂和塑性变形。卷扬机零件一般均需进行静强度计算。

对转速超过 400 r/min 的长传动轴，必须验算其临界转速。

耐磨与发热验算包括对受力较大的摩擦磨损件进行耐磨损计算和对可能出现较高发热的零部件进行发热计算。

寿命计算包括承受循环应力零件的疲劳强度计算和滑动摩擦件覆盖面的耐磨损计算。

对承受应力循环次数较多的零件，应进行疲劳强度验算。

B.2 计算载荷

B.2.1 基本力矩载荷

作用于卷筒的基本力矩载荷 T_j 按公式(B.1)计算：

$$T_j = \frac{1}{2} D_j F_e \times 10^{-3} \qquad \text{(B.1)}$$

式中：

T_j——作用于卷筒的基本力矩载荷，单位为牛顿米(N·m)。

B.2.2 疲劳强度计算等效载荷

零件疲劳强度计算等效载荷 F_d 按公式(A.2)确定。

B.2.3 工作最大载荷

工作最大载荷 F_{max} 用于零件的静强度计算，按下列方法确定：

a) 从地面起升额定载荷时所产生的最大载荷 F_{max} 按公式(B.2)计算：

$$F_{max} = \varphi_1 F_e \qquad \text{(B.2)}$$

式中：

F_{max}——工作最大载荷，单位为牛顿(N)；

φ_1——起升动载系数，按表 B.1 选取和计算。

表 B.1 起升动载系数 φ_1

起升等级	起升动载系数 φ_1		φ_{1max}
	$v_h \leqslant 0.20$ m/s	$v_h > 0.20$ m/s	—
HC_1	1.00	$1.00+0.2(v_h-0.2)$	1.3
HC_2	1.05	$1.05+0.4(v_h-0.2)$	1.6
HC_3	1.10	$1.10+0.6(v_h-0.2)$	1.9

注 1：HC_1～HC_3 的划分见表 A.3。当控制系统能自动保证平稳起动、制动时，HC_2 可降为 HC_1，HC_3 可降为 HC_2。

注 2：v_h 是用电动机未受载时的稳定转速来计算的钢丝绳稳定起升速度。

注 3：无级调速卷扬机按表中 $v_h \leqslant 0.20$ m/s 的情况确定 φ_1。

注 4：当 $\varphi_1 > \varphi_{1max}$ 时，取 $\varphi_1 = \varphi_{1max}$。

b) 空中悬吊额定载荷上升起动或下降制动时所产生的最大载荷 F_{max} 按公式(B.3)计算：

$$F_{max} = \left(1+\varphi_2 \frac{a}{g}\right)F_e \quad \cdots\cdots (B.3)$$

式中：

φ_2——考虑弹性振动影响的动载系数。对鼠笼形电动机直接起动、绕线转子电动机串电阻起动或采用涡流制动器起动的卷扬机，φ_2 在 1.5～2.0 之间取值；对采用液力耦合器、电磁联轴器或其他无级调速方案的卷扬机，φ_2 在 1.1～1.5 之间取值。

a——空中悬吊额定载荷上升起动或下降制动时的加速度或减速度，单位为米每二次方秒（m/s^2）。

g——重力加速度，单位为米每二次方秒（m/s^2），取 $g=9.8\ m/s^2$。

B.2.4 超载试验最大载荷

超载试验产生的最大载荷 F_{cmax} 按公式(B.4)计算：

$$F_{cmax} = 1.25\varphi_1 F_e \quad \cdots\cdots (B.4)$$

式中：

F_{cmax}——超载试验最大载荷，单位为牛顿(N)。

B.3 静强度计算

B.3.1 许用应力

零件的许用应力[σ]根据其材料屈服极限 σ_s 与抗拉强度 σ_b 的比值，按下列方法确定：

a) 对于 $\sigma_s/\sigma_b<0.7$ 的材料，许用应力[σ]按公式(B.5)计算；

b) 对于 $\sigma_s/\sigma_b\geqslant0.7$ 的材料，许用应力[σ]按公式(B.6)计算。

$$[\sigma]=\sigma_s/K_s \quad \cdots\cdots (B.5)$$

$$[\sigma]=\sigma_b/K_b \quad \cdots\cdots (B.6)$$

式中：

[σ]——零件的许用应力，单位为兆帕(MPa)；

σ_s——材料的屈服极限，单位为兆帕(MPa)；

σ_b——材料的抗拉强度，单位为兆帕(MPa)；

K_s、K_b——安全系数，见表 B.2。

表 B.2 静强度计算安全系数

计算载荷	静强度验算安全系数 K_s、K_b		
	K_s	K_b	
		灰铸铁	其他材料
计算载荷为工作最大载荷 F_{max} 时	1.48	2.75	2.20
计算载荷为超载试验最大载荷 F_{cmax} 时	1.16	2.25	1.80

B.3.2 计算应力与许用应力的关系

零件危险点的计算应力，应根据 B.2 规定的计算载荷，用材料力学的通常方法计算；复合应力应按强度理论予以合成。当计算应力与许用应力满足以下关系时，即认为该零件满足了静强度条件：

a) 纯拉伸：$1.25\sigma_t\leqslant[\sigma]$，$\sigma_t$ 为计算拉伸应力；

b) 纯压缩：$\sigma_c\leqslant[\sigma]$，$\sigma_c$ 为计算压缩应力；

c) 纯弯曲：$\sigma_f\leqslant[\sigma]$，$\sigma_f$ 为计算弯曲应力；

d) 拉伸和弯曲复合：$1.25\sigma_t+\sigma_f\leqslant[\sigma]$；

e) 压缩和弯曲复合：$\sigma_c+\sigma_f\leqslant[\sigma]$；

f) 纯剪切：$\sqrt{3}\tau\leqslant[\sigma]$，$\tau$ 为计算剪切应力；

g) 拉伸、弯曲和剪切复合：$\sqrt{(1.25\sigma_t+\sigma_f)^2+3\tau^2}\leqslant[\sigma]$；

h) 压缩、弯曲和剪切复合：$\sqrt{(\sigma_c+\sigma_f)^2+3\tau^2}\leqslant[\sigma]$。

B.4 轴的临界转速

对转速超过 400 r/min 的长传动轴，必须验算其临界转速。轴的实际最大转速与其临界转速应满足公式(B.7)：

$$n_{max}\leqslant n_{cr}/1.2 \qquad \cdots\cdots(B.7)$$

式中：

n_{max}——轴的实际最大转速，单位为转每分(r/min)；

n_{cr}——轴的临界转速，单位为转每分(r/min)，按公式(B.8)计算：

$$n_{cr}=1\ 210\times10^5\frac{\sqrt{d_1^2+d_2^2}}{l^2} \qquad \cdots\cdots(B.8)$$

式中：

d_1——轴的内径，单位为毫米(mm)，对实心轴，$d_1=0$；

d_2——轴的外径，单位为毫米(mm)；

l——轴的支点间距，单位为毫米(mm)。

B.5 耐磨与发热验算

对于受磨损的零件，应对一些影响磨损的特定物理量进行验算。如对制动器、离合器和滑动支承等，应计算其摩擦表面的单位面积压力强度 p 及特性系数 pv(p 与摩擦面相对运动速度 v 的乘积)，要求其不超过允许值。

盘式制动器、液压推杆制动器和控制下降速度的常开式制动器，其摩擦面应选用耐磨损耐高温的材料，制动轮(盘)应有良好的散热条件，对频繁动作的还应进行散热计算。

B.6 疲劳强度验算

按 GB/T 3811 的规定。

附 录 C
（规范性附录）
卷筒容绳尺寸参数的计算方法

卷筒容绳尺寸参数如图 C.1 所示。计算时按钢丝绳顺序紧密地卷绕排列在卷筒上。

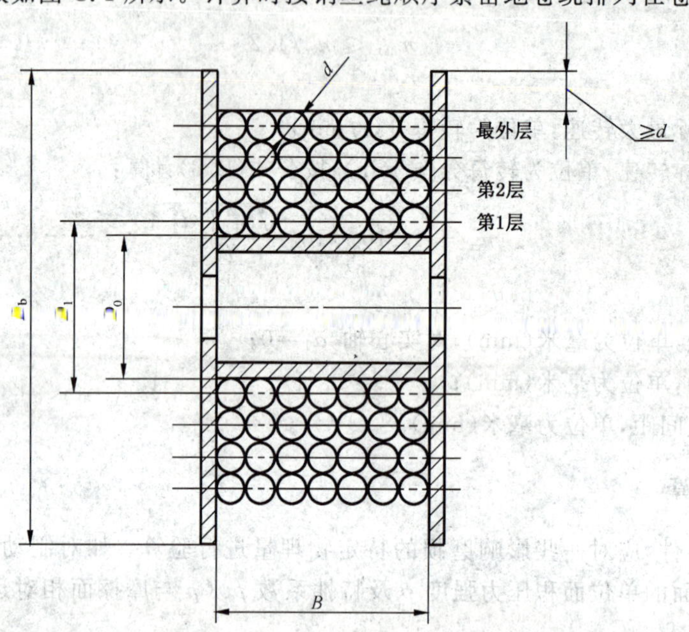

图 C.1 卷筒容绳尺寸参数图

C.1 卷绕在卷筒上的钢丝绳绳心圆直径

C.1.1 第 1 层钢丝绳绳心圆直径 D_1 即为卷筒节径，按公式(C.1)计算：

$$D_1 = D_0 + d \qquad \cdots\cdots(C.1)$$

式中：

D_1——卷筒节径，即第 1 层钢丝绳绳心圆直径，单位为毫米(mm)，见图 C.1；

D_0——卷筒直径，单位为毫米(mm)，见图 C.1。

C.1.2 第 i 层钢丝绳绳心圆直径 D_i，按公式(C.2)计算：

$$D_i = D_0 + (2i-1)d \qquad \cdots\cdots(C.2)$$

式中：

D_i——第 i 层钢丝绳绳心圆直径，单位为毫米(mm)；

i——钢丝绳在卷筒上卷绕的第 i 层，$i=1,2,3,\cdots\cdots,n$。

C.1.3 基准层钢丝绳绳心圆直径 D_j，为与 $\frac{D_b+D_0}{2}$ 最接近的 D_i，其中 D_b 为卷筒侧板外径，见图 C.1。

C.2 卷筒容绳量 *L*

C.2.1 第 i 层卷绕的钢丝绳长度 L_i，按公式(C.3)计算：

$$L_i = \pi\left(\frac{B}{d}-1\right)[D_0 + (2i-1)d] \times 10^{-3} \qquad \cdots\cdots(C.3)$$

式中：

L_i——第 i 层卷绕的钢丝绳长度，单位为米(m)；

B——卷筒容绳宽度，单位为毫米(mm)，见图 C.1。

C.2.2 卷筒容绳量 L 按公式(C.4)计算：

$$
\begin{aligned}
L &= L_1 + L_2 + \cdots\cdots + L_n \\
&= \sum_{i=1}^{n} \pi\left(\frac{B}{d} - 1\right)[D_0 + (2i-1)d] \times 10^{-3}
\end{aligned}
\quad \cdots\cdots\cdots\cdots (\text{C.4})
$$

式中：

L——卷筒容绳量，单位为米(m)；

n——钢丝绳在卷筒上的卷绕层数；

L_1、L_2、L_n——分别为第 1 层、第 2 层和第 n 层卷绕的钢丝绳长度，单位为米(m)。

C.3 卷筒侧板外径 D_b 和卷绕层数 n

卷筒侧板外径 D_b 和卷绕层数 n 应满足公式(C.5)：

$$
D_b \geqslant D_0 + 2(n+1)d \quad \cdots\cdots\cdots\cdots (\text{C.5})
$$

式中：

D_b——卷筒侧板外径，单位为毫米(mm)，见图 C.1。

附 录 D
（资料性附录）
卷筒的强度计算方法

本计算方法适用于卷筒容绳宽度 B 不大于三倍卷筒直径 D_0 的卷筒。但对于 $D_0 \geqslant 1\ 200$ mm、$B > 2D_0$ 的卷筒，还应进行卷筒壁的稳定性验算；

对于卷筒容绳宽度 B 大于三倍卷筒直径 D_0 的卷筒，还应考虑弯曲和扭转的影响。

D.1 焊接卷筒

本计算方法适用于单层和多层卷绕的钢板焊接卷筒的计算。

D.1.1 卷筒筒体壁厚计算

D.1.1.1 钢丝绳绕出处卷筒壁压应力 σ_c 按公式（D.1）计算：

$$\sigma_c = 0.5\frac{F_e}{p\delta} \quad \cdots\cdots（D.1）$$

式中：

σ_c——钢丝绳绕出处卷筒壁压应力，单位为兆帕（MPa）；

δ——卷筒筒体壁厚，单位为毫米（mm）；

p——钢丝绳轴向卷绕节距，单位为毫米（mm）。对于槽面卷筒，p 即为卷筒绳槽节距；对于光面卷筒，$p=1.01d$。

D.1.1.2 钢丝绳绕出处卷筒壁局部弯曲应力 σ_{be} 按公式（D.2）计算：

$$\sigma_{be} = 0.96\frac{F_e}{\sqrt{D_0\delta^3}} \quad \cdots\cdots（D.2）$$

式中：

σ_{be}——钢丝绳绕出处卷筒壁压应力，单位为兆帕（MPa）。

D.1.1.3 卷筒筒壁的强度应满足经验公式（D.3）：

$$\sigma_c + \sigma_{be} \leqslant [\sigma] \quad \cdots\cdots（D.3）$$

式中：

$[\sigma]$——材料的许用应力，单位为兆帕（MPa），按公式（D.4）计算：

$$[\sigma] = \frac{\sigma_S}{K_c K_n} \quad \cdots\cdots（D.4）$$

式中：

σ_s——材料的屈服极限，单位为兆帕（MPa）；

K_c——根据工作级别选定的系数，按表 D.1 选取；

K_n——安全系数，取 $K_n=2.5$。

表 D.1 系数 K_c

工作级别	M1～M4	M5	M6	M7、M8
系数 K_c	1	1.12	1.25	1.40

D.1.2 卷筒侧板板厚计算

侧板板厚按公式（D.5）验算：

$$\sigma'_{be} = 1.44\left(1-\frac{2D_m}{3D_0}\right)\frac{F_z}{\delta_1^2} \leqslant [\sigma] \quad \cdots\cdots（D.5）$$

式中：

σ'_{be}——卷筒侧板弯曲应力，单位为兆帕（MPa）；

D_m——套筒直径,单位为为毫米(mm),见图 D.1;

δ_1——卷筒侧板板厚,单位为毫米(mm),见图 D.1;

F_z——计算轴向力,单位为牛顿(N),一般取 $F_z=0.1F_e$。

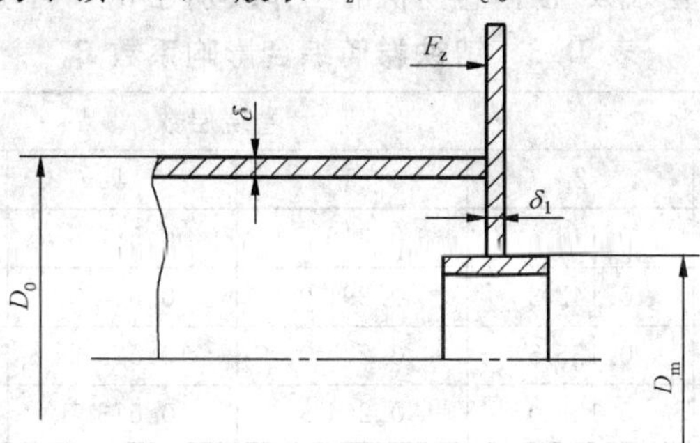

图 D.1 卷筒尺寸图

D.2 铸造卷筒

D.2.1 卷筒筒体壁厚计算

卷筒筒体壁厚按公式(D.6)或公式(D.7)验算:

$$\sigma_c=\frac{A_nF_e}{p\delta}\leqslant[\sigma_c] \qquad \cdots\cdots(D.6)$$

$$\delta\geqslant\frac{A_nF_e}{p[\sigma_c]} \qquad \cdots\cdots(D.7)$$

式中:

A_n——多层卷绕系数,按表 D.2 选取;

$[\sigma_c]$——材料许用压应力,单位为兆帕(MPa)。对铸铁材料 HT 200,取$[\sigma_c]=150$ MPa;对铸钢材料按公式(D.8)计算:

$$[\sigma_c]=\frac{\sigma_b}{K_cK_{n1}} \qquad \cdots\cdots(D.8)$$

式中:

K_{n1}——安全系数,取 $K_{n1}=2.8$。

表 D.2 多层卷绕系数 A_n

卷绕层数	1	2	3	4	≥5
多层卷绕系数 A_n	0.65	1.15	1.45	1.55	1.60

D.2.2 卷筒侧板板厚计算

卷筒侧板板厚按公式(D.9)或公式(D.10)验算:

$$\sigma_e=\frac{B_nF_e}{\delta_2^2}\leqslant[\sigma_e] \qquad \cdots\cdots(D.9)$$

$$\delta_2\geqslant\sqrt{\frac{B_nF_e}{[\sigma_e]}} \qquad \cdots\cdots(D.10)$$

式中:

σ_e——侧板根部应力,单位为兆帕(MPa);

δ_2——侧板根部板厚(不计圆角部分),单位为毫米(mm);

B_n——综合影响系数,铸铁卷筒按表 D.3 选取,铸钢卷筒按表 D.4 选取;

$[\sigma_e]$——铸造材料许用应力,单位为兆帕(MPa)。对铸钢材料,取$[\sigma_e]=[\sigma_c]$;对铸铁材料按公式(D.11)计算:

$$[\sigma_e]=\frac{\sigma_b}{K_{zt}} \qquad \cdots\cdots(D.11)$$

式中：

σ_b——材料的抗拉强度，单位为兆帕(MPa)；

K_{zt}——铸铁卷筒侧板的安全系数，根据卷扬机的工作级别在3～5中选取。

表 D.3 铸铁卷筒综合影响系数 B_n

D_1/d	卷绕层数					
	1	2	3	4	5	6
13	0.051 0	0.148 4	0.306 5	0.587 5	0.899 1	1.289 6
14	0.047 2	0.142 3	0.291 9	0.554 3	0.856 3	1.228 2
15	0.043 7	0.135 5	0.278 0	0.523 8	0.815 5	1.158 7
16	0.040 8	0.129 0	0.264 8	0.513 7	0.776 7	1.093 1
17	0.038 5	0.122 9	0.252 3	0.484 7	0.739 7	1.041 1
18	0.036 7	0.117 0	0.240 2	0.461 5	0.704 5	0.991 5
19	0.034 8	0.111 2	0.228 7	0.440 1	0.672 7	0.947 7
20	0.033 7	0.106 0	0.218 3	0.420 5	0.645 6	0.907 0
21	0.031 6	0.101 2	0.208 8	0.402 7	0.618 9	0.870 7
22	0.030 1	0.096 8	0.200 0	0.386 2	0.592 3	0.836 6
23	0.028 9	0.092 8	0.192 0	0.372 2	0.569 5	0.805 0
24	0.027 7	0.089 1	0.184 5	0.357 0	0.548 4	0.775 7
25	0.026 6	0.085 7	0.177 7	0.344 0	0.528 8	0.748 5
26	0.025 6	0.082 6	0.171 3	0.331 9	0.510 5	0.723 0
27	0.024 6	0.079 6	0.165 3	0.320 6	0.493 4	0.699 2
注：表中未列出的 D_1/d 值和卷绕层数，其所对应的综合影响系数 B_n，可用插入法求得。						

表 D.4 铸钢卷筒综合影响系数 B_n

D_1/d	卷绕层数					
	1	2	3	4	5	6
13	0.079 4	0.284 6	0.454 5	0.852 3	1.253 2	1.699 8
14	0.075 6	0.271 1	0.432 9	0.812 8	1.193 5	1.634 4
15	0.072 0	0.258 2	0.412 3	0.775 1	1.136 7	1.571 5
16	0.068 6	0.245 9	0.401 6	0.738 2	1.082 6	1.511 1
17	0.065 3	0.234 2	0.382 5	0.704 0	1.033 7	1.442 4
18	0.062 2	0.223 0	0.364 3	0.670 5	0.987 0	1.378 1
19	0.059 0	0.211 9	0.346 9	0.639 4	0.942 4	1.317 2
20	0.056 1	0.201 9	0.331 0	0.611 1	0.901 6	1.261 5
21	0.053 5	0.192 8	0.316 6	0.585 1	0.864 1	1.210 2
22	0.051 1	0.184 5	0.303 3	0.561 2	0.829 7	1.162 8
23	0.048 9	0.176 9	0.291 1	0.540 8	0.797 7	1.118 9
24	0.046 9	0.169 8	0.279 8	0.518 8	0.768 2	1.078 2
25	0.045 1	0.163 3	0.269 4	0.482 2	0.715 1	1.004 9
26	0.043 4	0.157 3	0.259 7	0.474 0	0.703 2	0.988 3
27	0.041 8	0.151 7	0.250 7	0.465 8	0.691 2	0.971 8
注：表中未列出的 D_1/d 值和卷绕层数，其所对应的综合影响系数 B_n，可用插入法求得。						

附　录　E
（资料性附录）
检查的周期、项目、方法和检查标准

表 E.1　检查的周期、项目、方法和检查标准表

检查周期				检查项目		检查方法	检查标准
每天	1个月	3个月	1年				
			√	标牌		目视	确认标牌固定牢靠
		√		钢丝绳出绳偏角		目视、测量	确认符合本标准规定
		√		底架和各部件的紧固		检查安装螺栓	确认不松动
√				电气系统	操作开关	检查开关的动作	确认动作正常
	√				配线连接固定	检查接线固定点	确认连接固定正确、牢固
		√			接触点的磨损	拆检	确认能正常工作
		√			电缆外部损伤	目视	确认线芯不外露
√	√				接地线	目视、测量	确认正常，电阻值≤4 Ω
		√			绝缘电阻	测量	确认符合本标准规定
			√	电动机	绝缘电阻	测量	确认符合本标准规定
			√		损伤和尘污	打开检查	确认无异常
	√			手动脚踏操作装置	安装紧固	检查安装螺栓	确认不松动
		√			操作力和行程	测量	确认符合本标准
	√			制动器	安装紧固	检查安装螺栓	确认不松动
		√			制动带内衬磨损	拆检、测量	按使用说明书规定
√		√			制动性能	日常目视，定期试验	确认符合本标准
	√			离合器	安装紧固	检查安装螺栓	确认不松动
		√			内衬磨损	拆检、测量	按使用说明书规定
√					性能	目视	确认接合牢靠、分离彻底
	√			停止器等	安装紧固	检查安装螺栓	确认不松动
√					性能	目视	确认可靠
			√	减速装置	齿轮的磨损	拆检	确认能正常工作
	√				润滑情况	目视	确认油量，及时更换
√				钢丝绳	丝线的破断	目视	不超过10%
√	√				直径的减少	目视、测量	不超过标称直径的7%
√					扭结、缠绕	目视	确认无扭结缠绕
√					变形或腐蚀	目视	确认能正常工作
√					末端的固定	目视、检查固定螺栓	确认能可靠地工作
√					润滑情况	目视	确认润滑充足
√					卷绕状态	目视	确认未乱绳
√					保留圈数	目视	确认至少保留三圈
√	√			底架		目视	确认无裂纹和过大的变形
√	√			卷筒	侧板的破损	目视	确认无裂纹、大的变形和磨损
		√			筒体的磨损	目视	确认无过大的变形和磨损
√				运动件的防护装置		目视、检查固定螺栓	确认完好
√				回转的方向和声音		目视、听	确认出绳方向正确，声音正常

附 录 F
（资料性附录）
试 验 用 表

表 F.1 试验结果汇总表

卷扬机型号：　　　　　　　　　　产品编号：　　　　　　　　工作级别：

额定载荷：　　　　　　　　　　　制造单位：

试验单位：　　　　　　　　　　　　　　　　　　　　　　　试验负责人：

检验项目		合格值或表示值	试验值	结论	备注
整机质量和外形尺寸				使用说明书	
卷筒节径与钢丝绳直径的比值					
钢丝绳安全系数					
钢丝绳直径					
卷筒侧板外缘到最外层钢丝绳的距离					
外观质量	变形、裂纹和锈蚀				
	涂漆质量				
	焊接质量				
外露传动件的防护罩					
操作力和行程	手动				
	脚踏				
额定速度					
噪声	机外				
	司机耳边				
制动距离					
降电压起动					
超载试验					
停止器试验					
温升试验					
减速机润滑油渗漏情况					
减速机润滑油清洁度等级					
电气	接地螺栓和接地电阻				
	对地绝缘电阻				
	紧急断电开关				
	短路、过流、零位、失压保护				
	缺、错和断相保护				
离合器分离和接合					
使用说明书					
可靠性	可靠度				
	平均无故障工作时间				
	首次故障前工作时间				

填表人员（签名）：　　　　　　　　　　　　　　　审核人员（签名）：

表 F.2 操作力和行程测量记录表

操作方式	测试记录			测试结果		标准规定		结论
	次数	操作力/N	行程/mm	操作力/N	行程/mm	操作力/N	行程/mm	
手动	1							
	2							
	3							
脚踏	1							
	2							
	3							

测试人员(签名)：　　　　　　　　　　　　　　审核人员(签名)：

表 F.3 噪声测量记录表

单位为分贝

项目与测点		测试次数及记录				测试结果	标准规定	结论
		1	2	3	平均			
机外噪声	1							
	2							
	3							
	4							
操作者耳边噪声								
背景噪声								

测试人员(签名)：　　　　　　　　　　　　　　审核人员(签名)：

表 F.4 可靠性试验记录表

卷扬机型号：　　　　　　　　　　产品编号：

天气：　　　　　　　　　　　　　温度：　　　　　　　　风速：

试验日期：　　　　　　　　　　　试验地点：

开机、停机时间			减速机温度/℃	
工作时间/h			电压/V	
日工作循环次数			电流/A	
故障情况	故障修理情况	故障修理时间/h	维护保养情况	维护保养时间/h
注1：每日记录一页。 注2：日工作循环次数按计数器表示值。				

附 录 G
（规范性附录）
可靠性试验中的故障分类及其危害度系数

可靠性试验中的故障，按其对人身安全的影响程度、零部件损坏程度、性能指标降低程度及修复的难易程度等因素分为轻度故障、一般故障、严重故障和致命故障。故障分类及其危害度系数见表G.1。

表G.1 故障分类及其危害度系数

故障类别		故障特征	故障举例	危害度系数
1	致命故障	严重危及人身安全或导致人身伤亡，重要零部件严重损坏	卷筒、卷筒轴、制动轴断裂，制动器开裂等	∞
2	严重故障	严重影响产品的主要性能，必须停机修理，并需更换重要零部件，修理时间超过4 h	减速机渗漏严重，齿轮、齿轮轴损坏，底架开焊或严重变形等	1.5
3	一般故障	明显影响产品的主要性能，必须停机修理，但一般只需更换或修理外部零部件，修理时间在1.5 h左右	减速机渗油，重要紧固件松动等	0.5
4	轻度故障	轻度影响产品性能，不需停机更换或修理零件，用随机工具即可排除故障，修理时间在20 min左右	一般紧固件松动、更换指示灯泡等	0.1

ICS 67.220.20
B 41

中华人民共和国国家标准

GB 1976—2008
代替 GB 1976—1980

食品添加剂 褐藻酸钠

Food additive—Sodium alginate

2008-12-03 发布　　　　2009-06-01 实施

中华人民共和国国家质量监督检验检疫总局
中国国家标准化管理委员会　发布

前　言

本标准的第3章为强制性的，其余为推荐性的。

本标准代替GB 1976—1980《食品添加剂　海藻酸钠》。

本标准与GB 1976—1980相比，主要修改如下：

——将原标准名称“海藻酸钠”改为“褐藻酸钠”，与现有产品名称相统一；

——将“粘度”调整为产品规格；

——将原标准中的“透明度”改为“透光率”；

——“水不溶物”指标从原来的3.0%修改为0.6%；

——将“硫酸灰分”指标改为“灰分”，指标改为18%～27%；

——去除重金属指标；

——将相关的检验方法列入附录A中。

本标准的附录A、附录B、附录C、附录D、附录E、附录F为规范性附录。

本标准由中华人民共和国农业部提出。

本标准由全国食品添加剂标准化技术委员会归口。

本标准起草单位：中国水产科学研究院黄海水产研究所。

本标准主要起草人：王联珠、李晓川、翟毓秀、冷凯良、陈远惠、路世勇、刘天红。

本标准所代替标准的历次版本发布情况为：

——GB 1976—1980。

食品添加剂 褐藻酸钠

1 范围

本标准规定了食品添加剂褐藻酸钠(海藻酸钠)的要求、试验方法、检验规则、标志、包装、运输和贮存。

本标准适用于从海带(*Laminaria*)、马尾藻(*Natans*)、巨藻(*Macrocystis*)、泡叶藻(*Ascophyllum*)等褐藻类植物中,经提取加工制成的、用作食品添加剂的褐藻酸钠(海藻酸钠)。

2 规范性引用文件

下列文件中的条款通过本标准的引用而成为本标准的条款。凡是注日期的引用文件,其随后所有的修改单(不包括勘误的内容)或修订版均不适用于本标准,然而,鼓励根据本标准达成协议的各方研究是否可使用这些文件的最新版本。凡是不注日期的引用文件,其最新版本适用于本标准。

GB/T 5009.75 食品添加剂中铅的测定

GB/T 5009.76 食品添加剂中砷的测定

GB/T 6682 分析实验室用水规格和试验方法(GB/T 6682—2008,ISO 3696:1987,MOD)

3 要求

3.1 产品规格

产品规格见表1。

表1 产品规格

规格	低粘度	中粘度	高粘度
粘度/(mPa·s)	<150	150~400	>400

3.2 理化指标

理化指标的规定见表2。

表2 理化指标

项目	指标
色泽及性状	乳白色至浅黄色或浅黄褐色粉状或粒状
pH 值	6.0~8.0
水分/%	≤15.0
灰分(以干基计)/%	18~27
水不溶物/%	≤0.6
透光率/%	符合规定
铅(Pb)/(mg/kg)	≤4
砷(As)/(mg/kg)	≤2

4 试验方法

4.1 色泽

将样品平摊于白瓷盘内,于光线充足、无异味的环境中用目视测定。

4.2 粘度

按附录 A 的规定执行。

4.3 pH 值

按附录 B 的规定执行。

4.4 水分

按附录 C 的规定执行。

4.5 灰分

按附录 D 的规定执行。

4.6 水不溶物

按附录 E 的规定执行。

4.7 透光率

按附录 F 的规定执行。

4.8 铅

按 GB/T 5009.75 中的规定执行，样品采用湿法消解。

4.9 砷

按 GB/T 5009.76 中的规定执行，样品采用湿法消解。

5 检验规则

5.1 抽样

5.1.1 批的组成

以混合罐的一次混合量为一批。

5.1.2 抽样方法

a) 每批按垛的上、中、下三层不同位置抽取，批量不超过 1 t 时，至少抽取 6 件；批量超过 1 t 时，至少抽取 10 件。

b) 取样时每袋抽取的量不少于 200 g，沿堆积立面以 X 形或 W 型对各袋抽取；产品未堆垛时应在各部位随机抽取。

c) 由各袋取出的样品应充分混均后，按四分法将样品缩分至样品量至少 500 g。

d) 将样品封存于磨口瓶或塑料袋中，封好，贴好标签，并应填写取样单。

e) 取样单内容包括：样品名称、抽样时间、地点、产品批号、抽样数量、抽样基数（或批量）、抽样人签字等，必要时应注明抽样地点的环境条件及仓储情况等内容。

5.2 检验分类

产品检验分为出厂检验与型式检验。

5.2.1 出厂检验

每批产品必须进行出厂检验。出厂检验由生产单位质量检验部门执行，检验项目应包括粘度、色泽、pH 值、水不溶物、透光率等；检验合格签发检验合格证，产品凭检验合格证入库或出厂。

5.2.2 型式检验

型式检验的项目为本标准中规定的全部项目。有下列情况之一时，应进行型式检验：

a) 新产品投产时；

b) 长期停产，恢复生产时；

c) 原料变化或改变主要生产工艺，可能影响产品质量时；

d) 国家质量监督机构提出进行型式检验要求时；

e) 出厂检验与上次型式检验有大差异时；

f) 正常生产时，每 6 个月至少进行一次周期性检验。

5.3 判定规则

5.3.1 所检项目的检验结果均应符合本标准要求。

5.3.2 检验结果中的安全性指标有一项及一项以上指标不符合本标准规定时，则判本批产品不合格。

5.3.3 检验结果中的其他指标若有一项指标不符合本标准规定时，允许加倍抽样将此项目复验一次，按复验结果判定本批产品是否合格。

6 标志、包装、运输和贮存

6.1 标志

包装上应有牢固、清晰的标志，内容包括："食品添加剂"字样、产品名称、商标、生产厂名和地址、生产日期和批号、净重、产品标准号、保质期等。

6.2 包装

产品内衬包装材料应符合我国食品卫生标准规定，外包装应完整、清洁、密封、牢固，适合长途运输。

6.3 运输

运输工具应清洁、卫生、防雨，运输中应防止日晒、雨淋及受热、受潮，不得与有毒有害物质混放。

6.4 贮存

应存放干净、干燥、防晒的库房中，要避免雨淋及日晒，防止受热、受潮，不得与有毒有害物质混放。

附 录 A
（规范性附录）
褐藻酸钠粘度的测定

A.1 原理

粘度计的转子在褐藻酸钠溶液中转动时，受到粘滞阻力，使与指针连接的游丝产生扭矩，与粘滞阻力抗衡，最后达到了平衡时，通过刻度圆盘指示读数，该读数再乘上特定系数即得其粘度。

A.2 仪器

旋转粘度计。

A.3 测定步骤

A.3.1 配制1%褐藻酸钠水溶液500 mL～600 mL：称取5.0 g～6.0 g样品，加入预先量好的蒸馏水中，需先按样品量计算出所需蒸馏水的量，溶解试样时，应先打开电动搅拌机，在搅拌状态下慢慢加入试样，搅拌，直至呈均匀的溶液，放置至气泡脱尽备用。
A.3.2 先调整溶液温度为20 ℃±0.5 ℃，再按粘度计操作规程进行测定，启动粘度计开关以后，旋转约0.5 min，待转盘上指针稳定后读数。

A.4 结果计算

数字式粘度计可直接读数，指针式粘度计按式(A.1)计算粘度：

$$A = S \cdot k \quad \cdots\cdots(A.1)$$

式中：
A——粘度，单位为毫帕秒(mPa·s)；
S——旋转粘度计指针指示读数；
k——测定时选用的相应的转子与转速的系数。

A.5 重复性

取两个平行样的算术平均值为结果，允许相对偏差为3%。

附 录 B
（规范性附录）
褐藻酸钠 pH 值的测定

B.1 原理

不同酸度的褐藻酸钠水溶液对酸度计的玻璃电极和甘汞电极产生不同的直流电动势，通过放大器指示其 pH 值。

B.2 仪器

酸度计：精度为 0.01pH 单位。

B.3 试剂

实验用水应符合 GB/T 6682 中三级水的要求。

B.4 测定步骤

配制 1%的褐藻酸钠水溶液：称取试样 1 g（称准至 0.01 g），加蒸馏水 99 mL，搅拌溶解成均匀溶液，此溶液浓度为 1%。

B.5 pH 值的测定

按酸度计使用规定，先将酸度计校正，再用容量 100 mL 的烧杯盛取 1%褐藻酸钠溶液 50 mL，将电极浸入溶液中，然后启动酸度计，测定试液 pH 值。测时注意晃动溶液，待指针或显示值稳定后读数。

B.6 结果计算

每个试样取两个平行样进行测定，取其算术平均值为结果。

B.7 重复性

两个平行样结果绝对偏差不得超过 0.10，否则重新配制溶液、测定。

附 录 C
（规范性附录）
褐藻酸钠中水分的测定

C.1 原理

试样在105 ℃±2 ℃，常压条件下干燥，直至恒重，逸失的质量为水分。

C.2 仪器

C.2.1 扁形铝制或玻璃制衡量瓶：内径60 mm～70 mm，高35 mm以下。
C.2.2 电热恒温干燥箱。

C.3 测定步骤

C.3.1 恒重法

C.3.1.1 称量瓶的恒重

用洁净的玻璃或铝制扁型称量瓶，置于105 ℃±2 ℃烘箱中，瓶盖斜支在瓶边，烘1 h～1.5 h，盖好瓶盖，取出，置于干燥器内冷却30 min后称重（准至0.000 1 g）。再烘30 min，同样冷却称重，直至前后两次质量之差不大于0.000 5 g为恒重。

C.3.1.2 测定

用已恒重的称量瓶称取试样2 g～3 g（称准至0.000 1 g）。将瓶盖斜支于瓶边，在105 ℃±2 ℃烘箱中烘4 h，盖好瓶盖取出，在干燥器中冷却30 min，称重。再同样烘1 h，冷却称重，直至前后两次质量之差不大于0.002 g为恒重。

C.3.2 快速法

C.3.2.1 称量瓶的恒重

恒重方法同C.3.1.1。

C.3.2.2 测定

用已恒重的称量瓶称取试样2 g～3 g（称准至0.000 5 g），将盖斜支于瓶边，在105 ℃±2 ℃烘箱中烘5 h，盖好盖取出，在干燥器中冷却30 min，称重。

C.3.3 结果计算

水分按式（C.1）计算：

$$X_1 = \frac{m_1 - m_2}{m_1 - m_0} \times 100 \qquad \text{(C.1)}$$

式中：

X_1——试样中水分含量，%；

m_1——在105 ℃±2 ℃烘干前试样及称量瓶质量，单位为克（g）；

m_2——在105 ℃±2 ℃烘干后试样及称量瓶质量，单位为克（g）；

m_0——恒重的称量瓶质量，单位为克（g）。

C.3.4 重复性

每个试样，应取两个平行样进行测定，以其算术平均值为结果。两个平行样结果相对偏差不得超过0.4%，否则重新测定。

如对结果有争议时，以C.3.1为基准方法。

附　录　D
（规范性附录）
褐藻酸钠中灰分的测定

D.1　原理

褐藻酸钠在 600 ℃±25 ℃灼烧完全后残留的无机物质为灰分。

D.2　测定步骤

D.2.1　坩埚的恒重

取洁净的瓷坩埚放入高温炉，在 600 ℃±25 ℃温度下灼烧 30 min，取出，在空气中冷却 1 min，再放入干燥器中冷却 30 min 后，称重；重复灼烧 30 min，以相关的方式冷却称重，直至前后两次质量之差不大于 0.000 5 g。

D.2.2　测定

a)　在已恒重的坩埚中称取约 2 g 试样（称准 0.000 2 g），在电炉上小心碳化，碳化时应逐渐加热，以防试样溅出或溢出。待样品不冒烟时，将其移入高温炉，于 600 ℃±25 ℃的温度下灼烧 4 h，取出，在空气中冷却 1 min 后，放入干燥器冷却 30 min，称重；再重复灼烧 1 h，同样冷却，称重，直至前后两次质量之差不大于 0.002 g 为恒重。

b)　若灼烧 4 h 后仍为黑色颗粒或黑灰色，则将坩埚取出冷却后滴入几滴 30%双氧水（H_2O_2）溶液（以刚润湿为好，不宜多加），放入 100 ℃以下烘箱中烘干，再将坩埚移入上述高温炉中灼烧。按上述同样方法恒重，冷却，称重。

D.3　结果计算

D.3.1　灰分按式（D.1）计算：

$$X_2 = \frac{m_5 - m_3}{m_4 - m_3} \times 100 \qquad \text{(D.1)}$$

式中：

X_2——试样中灰分含量，%；

m_5——灰化后坩埚与试样的质量，单位为克（g）；

m_3——空坩埚的质量，单位为克（g）；

m_4——灰化前坩埚与试样的质量，单位为克（g）。

D.3.2　以干基计的灰分按式（D.1）计算：

$$X_2' = X_2 \times (1 - X_1) \qquad \text{(D.2)}$$

式中：

X_2'——试样干基中灰分含量，%；

X_2——试样中灰分含量，%；

X_1——试样中水分含量，%。

D.4　重复性

每个试样应取两个平行样进行测定，以其算术平均值为结果。

两平行样允许相对偏差为 2%，否则重新测定。

附 录 E
（规范性附录）
褐藻酸钠中水不溶物的测定

E.1 原理

褐藻酸钠水溶液通过砂芯坩埚减压抽滤，将残留物洗净后干燥至恒重，以质量分数表示。

E.2 仪器设备

E.2.1 真空泵。

E.2.2 砂芯坩埚：型号 P40 或 G3，滤板孔径 30 μm～50 μm。

E.3 测定步骤

称取试样约 0.5 g（称准至 0.000 2 g）于 500 mL 烧杯中，加蒸馏水至 200 mL，盖上表面皿，加热煮沸，保持微沸 1 h（加热时注意搅动）。趁热用已干燥恒重（前后两次质量之差不大于 0.000 2 g 为恒重，冷却操作时需严格保持冷却时间的统一）的砂芯坩埚减压过滤，并用热蒸馏水充分洗涤烧杯和砂芯坩埚，然后将砂芯坩埚于 105 ℃±2 ℃烘箱内烘至恒重（前后两次质量之差不大于 0.000 3 g 为恒重）。

E.4 结果计算

水不溶物按式（E.1）计算：

$$X_3 = \frac{m_7 - m_8}{m_6} \times 100 \qquad \text{(E.1)}$$

式中：

X_3——试样中水不溶物含量，%；

m_7——砂芯坩埚与水不溶物的质量，单位为克（g）；

m_8——砂芯坩埚的质量，单位为克（g）；

m_6——试样的质量，单位为克（g）。

E.5 重复性

每个试样应取两个平行样进行测定，以其算术平均值为结果。

两个平行样结果绝对偏差不得超过 0.10，否则重新测定。

附 录 F
（规范性附录）
褐藻酸钠中透光率的测定

F.1 原理

光源的光束通过褐藻酸钠溶液所产生的透射光，通过光电转换，透光率以数字形式显示。

F.2 仪器

数字式褐藻酸钠透明度仪。

F.3 操作步骤

取1%褐藻酸钠水溶液（以湿基计），按仪器操作规定，先调零点，并以蒸馏水调满度为10.0后，再进行试液测定。

F.4 结果计算

透光率按式（F.1）计算：

$$X_4 = \frac{T}{10} \times 100 \qquad \cdots\cdots(F.1)$$

式中：

X_4——试样的透光率，%；

T——表盘读数；

10——蒸馏水的透光率。

F.5 重复性

每个试样应取两个平行样进行测定，以其算术平均值为结果。

两个平行样结果相对偏差不得超过2%，否则重新配制溶液，重新测定。

ICS 75.160.10
H 32

中华人民共和国国家标准

GB/T 1997—2008
代替 GB/T 1997—1989

焦炭试样的采取和制备

Coke—Sampling and preparation of samples

2008-12-06 发布　　2009-10-01 实施

中华人民共和国国家质量监督检验检疫总局
中国国家标准化管理委员会　发布

前言

本标准代替 GB/T 1997—1989《焦炭试样的采取和制备》。

本标准与 GB/T 1997—1989 相比，主要变化如下：

——标准格式进行了修改；

——标准的术语和定义适当修改，并增加了英文名称；

——试样的保留样的保管和保留时间作了适当修改。

本标准由中国钢铁工业协会提出。

本标准由全国钢标准化技术委员会归口。

本标准起草单位：冶金工业信息标准研究院、首都钢铁公司、鞍山热能研究院。

本标准主要起草人：孙伟、西万泽、朱明二、张进营。

本标准所代替标准的历次版本发布情况为：

——GB 1997—1980、GB/T 1997—1989。

焦炭试样的采取和制备

1 范围

本标准规定了焦炭取样和制备的相关术语和定义、取样地点、房屋与设备工具、工业分析试样和物理性能检验试样的采取制备方法。

本标准适用于焦炭的工业分析和物理性能检验试样的采取和制备。

2 规范性引用文件

下列文件中的条款通过本标准的引用而成为本标准的条款。凡是注日期的引用文件，其随后所有的修改单(不包括勘误的内容)或修订版均不适用于本标准，然而，鼓励根据本标准达成协议的各方研究是否可使用这些文件的最新版本。凡是不注日期的引用文件，其最新版本适用于本标准。

GB/T 2007.5 散装矿产品取样、制样通则 取样系统误差校核试验方法

GB/T 9977 焦化产品术语

3 术语和定义

GB/T 9977 所确立的以及下列术语和定义适用于本标准。

3.1

批和批量 lot and batch

以一次交货的同一规格的焦炭为一批，构成一批焦炭的质量称为批量。

3.2

基本批量 basic lot

规定的最小批量。

3.3

份样 share sample

由一批焦炭中的一个部位，取样工具动作一次(当人工采样时可连续数次)所取得的焦炭试样。

3.4

副样 vice sample

由一批焦炭中采取的部分份样组成的试样。

3.5

大样 great sample

由一批焦炭的全部份样或全部副样组成的试样。

3.6

试样重用 sample again use

将全部试样用于测定某一项目，然后把该试样的一部分或全部经制备后，用于测定其他项目。例如，将试样进行筛分分析以后，再用其中部分筛级试样测定转鼓强度。

3.7

备用试样 spare sample

已经制备或未经制备留作用于测定某个检验项目的试样。

3.8

最大粒度 maximum size

95%以上焦炭能通过的最小筛孔尺寸。

4 一般规定

4.1 水分试样

4.1.1 水分试样采出后，应立即放入有密封盖耐腐蚀的储样桶或不渗水的其他密封容器内。当每个份样放入后应立即将盖盖严。

4.1.2 装有水分试样的储样桶应远离热源和避免阳光直射。试样采取后应及时制样，如果焦炭批量过大或两次运送焦炭间隔时间较长而影响测定结果时，应按运送焦炭时间将份样分别制成副样，测定副样水分，以副样水分加权平均结果作为该批焦炭水分测定结果。也可将副样按份样比例混匀后缩分测定水分。

4.1.3 为减少制样操作过程中焦炭试样水分的损失，破碎应采用机械设备，破碎和缩分总操作时间不得超过 15 min。批量大的焦炭水分试样，操作时间超过 15 min 时，可划分成若干个副样制样。港口焦炭制样经过精密度校核试验后，可适当延长制样操作时间。

4.1.4 明显潮湿的试样，经制样影响测定结果时，应将试样连同容器全部称量，然后在温暖而通风良好的房间中，将试样放在钢板上铺成薄层进行空气干燥，或在容积较大的烘箱中进行不完全干燥，自然冷却。称量容器和干燥后的试样。记录各次称量质量并计算质量损失百分比(于制样记录中)，同时将损失百分比注在检验委托单或试样标签上送化验室，以便校正全水分测定结果。

4.1.5 选择衡器精密度应适当，衡器最大称量不应大于试样质量的 5 倍，最小分度值应小于最大称量的 1/1 000。

4.1.6 本标准采样、制样和测定的总精密度在置信度为 95%的情况下为±1.0%(绝对值)，水分大于10%的焦炭总精密度为±10.0%(相对值)。

4.2 份样数量和质量

本标准所列的份样数量和质量是达到规定的取样精密度应采取的最少份样数量和最少份样质量。实际批量少于基本批量时，份样数量与份样质量不得按基本批量与实际批量的质量比例递减。对于大批量的焦炭取样份样数，应在基本采样份样数(表 2)的基础上，乘以式(1)试验因数，份样质量保持不变。亦可将大批量的焦炭划分成若干个部分，从中按规定采出份样数。

大批量采取份样数需乘的试验因数按式(1)计算：

$$\sqrt{\frac{\text{实际交货批量(t)}}{\text{基本批量(t)}}} \qquad \cdots\cdots(1)$$

5 采样

5.1 采样工具

5.1.1 长柄采样铲

采样铲的规格见图 1 和表 1。

表 1 采样铲的规格

采样铲号	容量	a	b	c	d
	kg	mm	mm	mm	mm
1	1	230	300	130	75
2	2	250	330	230	75
3	5	300	380	300	85
4	10	300	400	300	200

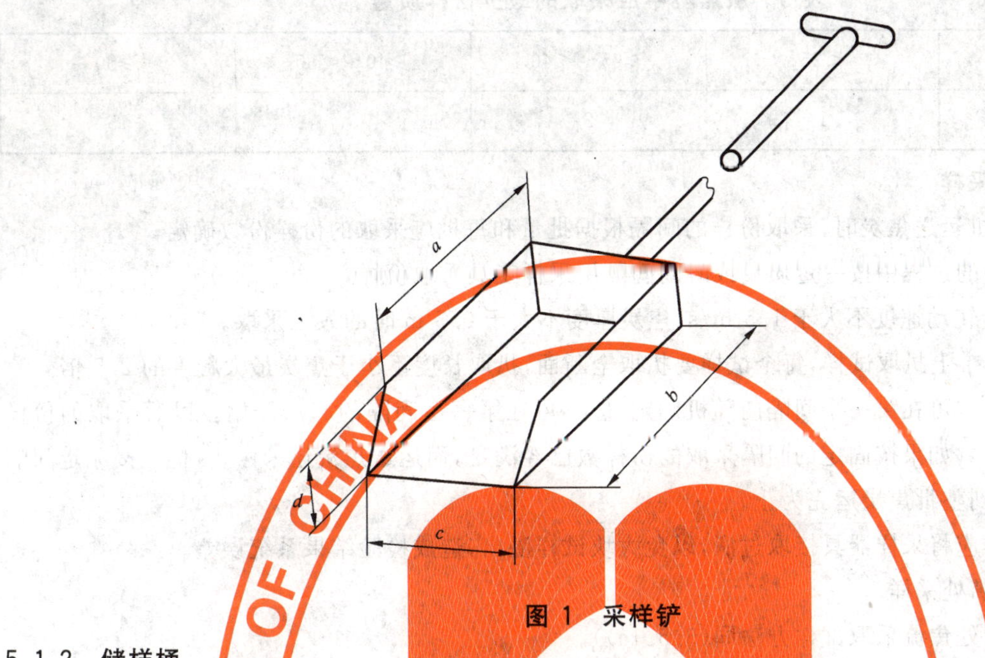

图 1 采样铲

5.1.2 储样桶

桶口与桶盖咬合应严密。由不吸水耐腐蚀的材料制成。

5.1.3 采样斗

采样斗是一个上部开口的方形金属箱。斗的开口尺寸和容积不仅要考虑份样的质量，而且应考虑到能接取到焦炭流的全宽和全厚，接完一个份样后能将其自由倒出或安装活底将其漏出。如果焦流太宽，而且焦炭粒度分布均匀，取样斗开口宽度尺寸也可缩小至焦炭流宽度的二分之一或三分之一。采样斗可采用电动机械拖动。

5.2 采样地点

5.2.1 焦化厂运输皮带转到炼铁厂的运输皮带的转运地点；

5.2.2 焦仓或漏嘴直接放焦的落下地点；

5.2.3 装卸车、船或倒堆运输皮带的转运地点；

5.2.4 装卸车、船的过程中，在车厢、船仓内或焦炭堆的不同层布点；

5.2.5 运送焦炭的运输皮带上。

5.3 批量

5.3.1 基本批量为 500 t。日常生产允许以每班发运的焦炭为一个批量；当每班发运的焦炭不足 200 t 时，也允许以每日发运的焦炭为一个批量。

5.3.2 港口外运焦炭，以每船发运的焦炭为一批量。

5.4 份样份数和质量的确定

5.4.1 一批焦炭的最少份样份数按表 2 确定，批量大于 500 t 的份样份数按 4.2 方法增加。船舶和大堆采样需再增加到 1.3 倍。

表 2 焦炭基本批量应采取的最少份样数

样 别	工业分析	转 鼓	筛 分	落 下
份样份数/个	12	15	15	10
注：筛分分析试样可作为测定机械强度的重用试样。				

5.4.2 份样质量按表 3 确定。当焦炭粒度较小，试样量不足 2 个转鼓试样量和 3 个落下试验时，应相应增加采样份样份数或份样质量。

表 3　从焦炭中应采取的最少份样质量

粒度范围/mm	＜25	≥25～＜40	≥40～＜80	≥80
最少份样质量/kg	1	2	5	15

5.5　从焦炭流中采样

5.5.1　皮带运输机运送焦炭时，采取份样的间隔根据批量和每批应采取的份样份数确定；

a)　焦炭移动的过程中按一定质量或时间间隔用采样工具采取份样。

b)　运输皮带转动速度不大于 1.5 m/s、焦炭厚度不大于 0.3 m 时的人工采取。

c)　停止的皮带上扒取试样，每个试样要扒取全断面，扒取长度不小于焦炭最大粒度的 2.5 倍。

采取第一个份样可在第一个间隔内随机确定，但不可在第一个间隔的起点开始。以后采取的份样按计算的间隔采取。如果按固定的间隔采取的份样数已经满足，而运送焦炭还未停止，仍应按原定间隔继续采取份样，直到整批焦炭运完为止。

接取试样时不应将采样器具接取过满，以免大块试样溢出，造成检验结果系统误差。

5.5.2　焦仓或漏嘴处采样

从焦仓或漏嘴处焦流采取试样方法同(5.5.1a))。

5.5.3　装卸车、船或倒堆采用皮带运输机的采样一般方法同 5.5.1。但无条件安装机械采样斗时，可按 5.5.4 方法进行。

5.5.4　装卸车、船或倒堆过程中的其他采样方法。

5.5.4.1　大堆采样：在装卸焦炭的过程中，从焦炭堆上分层采样。将全批焦炭需采取的份样数按装卸或倒运焦炭质量比例在大堆若干层分布，份样在各层的新料面上均匀分布采取。采样分层的厚度一般不得超过 3 m。

采取每个份样时应注意它能近似地代表该部位焦炭，特别在采取份样时，大颗粒焦炭不允许任意采入或从取样铲掉出。

料面倾斜时，先用取样铲把采样部位上方边部的焦炭挖走，使采样部位侧壁斜角大于焦炭静止角，以免使侧壁焦炭颗粒顺边掉下。

每层焦炭采取的份样份数按式(2)确定：

$$每层份样份数 = 总份样份数 \times \frac{每层质量}{总质量} \qquad \cdots\cdots(2)$$

5.5.4.2　车厢中采样

车厢采取焦炭试样，应在装卸车过程的新料面上进行。将新料面划分成大致相等的 12 份，根据焦炭批量大小和应采取的份样数，在每个车厢随机地选取若干个部分，在选定的每个部分分别采取有代表性的份样一个。

5.5.4.3　货船上采样

货船上采取焦炭试样，也需在装卸过程中采取。将货仓应装卸的焦炭分成若干个采样层区。上层区距顶部 0.1 m～0.2 m，下层区需距底部 0.1 m～0.2 m。层区与层区之间不得大于 4 m。如果装卸焦炭深度小于 4 m，允许只在一个层区采样。各仓采取的份样数，按各仓焦炭质量比例分配。各仓应采取的份样均匀分布在各层区，铲取的份样粒度比例应有代表性。每层区采取的份样份数按式(2)确定。

5.5.4.4　袋装采样

份样份数按 4.2 确定。份样质量按表 3 确定。份样份数均匀分布在垛位中。当份样份数少于相应垛位数时，每垛至少采取一个份样。

6 焦炭工业分析试样的制备

6.1 房屋、设备和工具

6.1.1 制样室

制样室应包括制样(破碎、混匀、缩分、筛分等)贮样、干燥等。房间应宽大敞亮,不受风雨侵袭及外来灰尘的影响。要有防尘设备。所有房间都需用光滑的水泥地面。试样混匀、缩分、筛分应在水泥地面上铺以厚度大于 6 mm 的钢板上进行。

6.1.2 破碎机

适用于制样的破碎机有颚式破碎机、对辊式破碎机和其他密封式研磨机等。只要破碎机的材质和破碎比符合要求,没有污染,易清扫,即可使用。

6.1.2.1 颚式破碎机

颚式破碎机通常需三种规格:

a) 开口尺寸约 200 mm×150 mm,用于将大、中块焦炭破碎到 60 mm 以下;

b) 开口尺寸约 150 mm×125 mm,用于将 60 mm 的焦炭试样破碎到 13 mm 以下;

c) 开口尺寸约 100 mm× 60 mm,用于将 13 mm 的焦炭试样破碎到 6 mm 以下。

6.1.2.2 对辊式破碎机

对辊式破碎机的辊经一般应大于或等于 250 mm,辊宽一般应为 75 mm~200 mm。通常需 2 个。

a) 用于将 6 mm 的试样粉碎到 3 mm 以下;

b) 用于将 3 mm 的试样粉碎到 1 mm 以下。

6.1.2.3 振动破碎研磨机

研磨机研磨部件的材质应为高锰钢或高铬钢等耐磨合金钢。

6.1.3 缩分器

缩分器内表面应光滑。为防止水分和粉末试样损失,需采用密封式。具体可采用锥体式、旋转式、二分式等。缩分器使用前应按 GB/T 2007.5 进行校验。精密度校核试验结果应符合要求。

6.1.4 筛子

6.1.4.1 冲孔筛筛孔尺寸:60 mm×60 mm。

6.1.4.2 编织筛筛孔尺寸:13 mm×13 mm;6 mm×6 mm;3 mm×3 mm;1 mm×1 mm。

6.1.4.3 分样筛筛孔尺寸:0.2 mm×0.2 mm。

6.1.5 分样铲、试样盘、毛刷、衡器和恒温干燥箱等。

6.2 试样的制备

6.2.1 全水分试样的制备

将全部焦炭试样破碎到 60 mm 以下,充分混匀缩分出不少于 40 kg,再破碎到 13 mm 以下,缩分成两等份。其中一份用以继续缩分出测定水分的专门试样,另一份用以继续缩制出其他分析用试样。混匀方法见 6.3.1,缩分方法见 6.3.2。

将水分用的试样缩分出 1 kg,再缩分成两等份,分别置于两个有严密的磨口瓶中。在瓶上贴标签,注明:试样编号、日期、班别、品名、分析项目、质量、采样地点和操作员姓名。一份作为测定水分用,另一份作保留样。

6.2.2 分析试样的制备

将破碎到小于 13 mm 的另一份试样,混匀后缩分出不少于 4 kg,再破碎到 6 mm 以下,混匀缩分出不少于 2 kg,再破碎到 3 mm 以下,混匀缩分出 1 kg。将 1 kg 试样全部破碎到 1 mm。如果试样潮湿,影响加工,可将 1 kg 试样置于 150 ℃±10 ℃的干燥箱内干燥 20 min 后再加工破碎。将破碎到 1 mm 的试样混匀缩分出 40 g,破碎到 0.2 mm 以下,装入磨口瓶中贴附标签,送分析室分析。其余小于 1 mm 的试样缩分出约 200 g,装于磨口瓶中,贴上标签,由技术监督部门保管,作为保留样,发货后保留期限一般为1个月或由双方协商确定保留时间。试样缩分基准见表4,缩分流程见图2。

6.2.3 因在制样过程中带入铁屑,明显影响试验结果可用磁铁吸出。出口商品焦炭不允许用磁铁吸出。

表4 试样缩分基准

试样全通过的筛级/mm	60	13	6	3	1
缩分质量不少于/kg	40	4	2	1	0.04

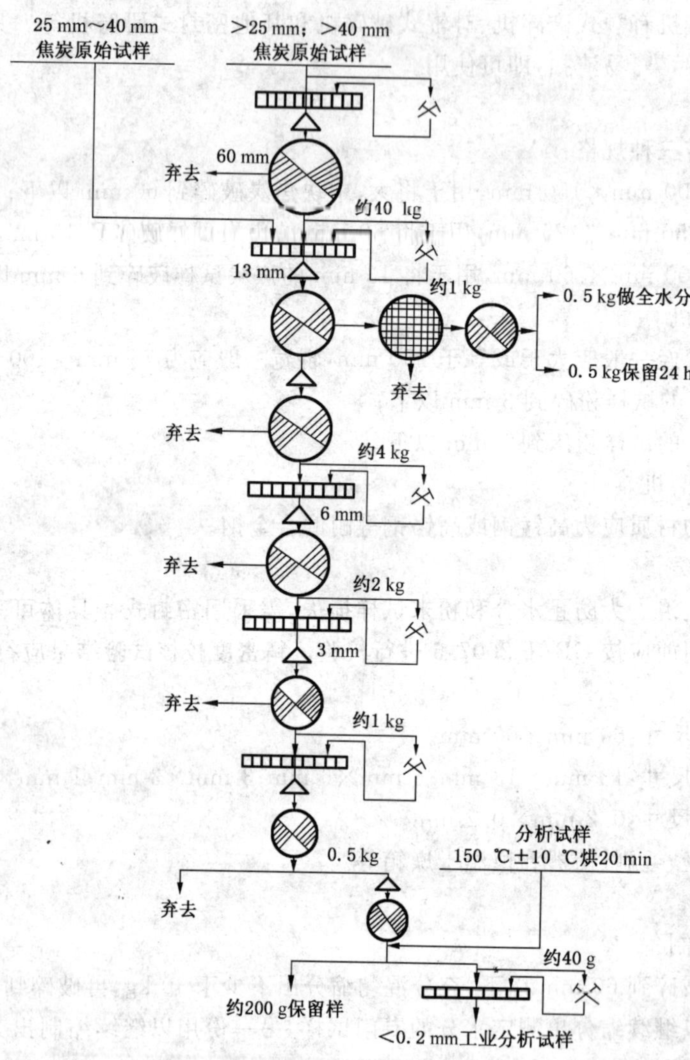

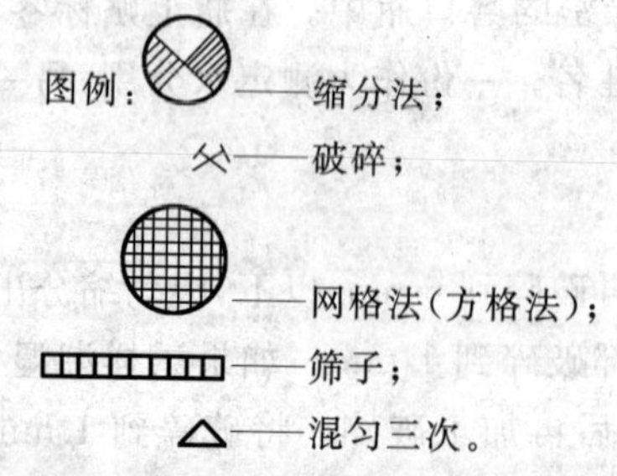

图2 焦炭试样缩分流程图

6.3 混匀和缩分方法

6.3.1 混匀方法

混匀是为了最大限度地减少缩分误差。混匀可采用下列方法之一，也可几种方法并用。混匀过程中需避免试样损失和粉尘飞散。

6.3.1.1 堆锥混匀法

把已破碎到规定粒度(必要时进行过筛检查)的试样，用铲铲起堆成圆锥体。再交互地从试样堆两边对角贴底逐渐铲起堆成另一个圆锥体，每次铲起的试样不应过多，并应分2~3次撒落在新堆顶端，使其均匀地落在堆的四周。堆成锥体的过程中，堆顶中心位置不得移动。如此反复三次，使试样粒度分布均匀。

6.3.1.2 平铺混匀法

把已破碎至规定粒度的试样，用铲铲起铺成扁平的方形堆。铺堆时应两人对面操作，并分层铺撒。一人操作时，可铺撒一层交换一次位置。每铲铲起的试样不应过多，并应分2~3次依次铺撒。全部试样铺成扁平堆至少要3层，每铺成一个完整的扁平方堆叫混匀一次。第二次混匀时应从第一个堆侧面贴底依次逐铲铲起试样，用同样方法再铺成一个新的扁平方堆。如此反复3次，使试样粒度分布均匀。扁平堆各部厚度应大致一致，其厚度约为试样最大粒度的3.5倍或不大于50 mm。

6.3.1.3 二分器法

将试样连续地通过二分器2~3次，每次通过后再把两份试样重新混合在一起。入料时簸箕需向一侧倾斜，并使试样均匀散落在每个沟槽中。二分器的沟槽宽度应为试样最大粒度的2~3倍。二分器规格尺寸见图3、表5。

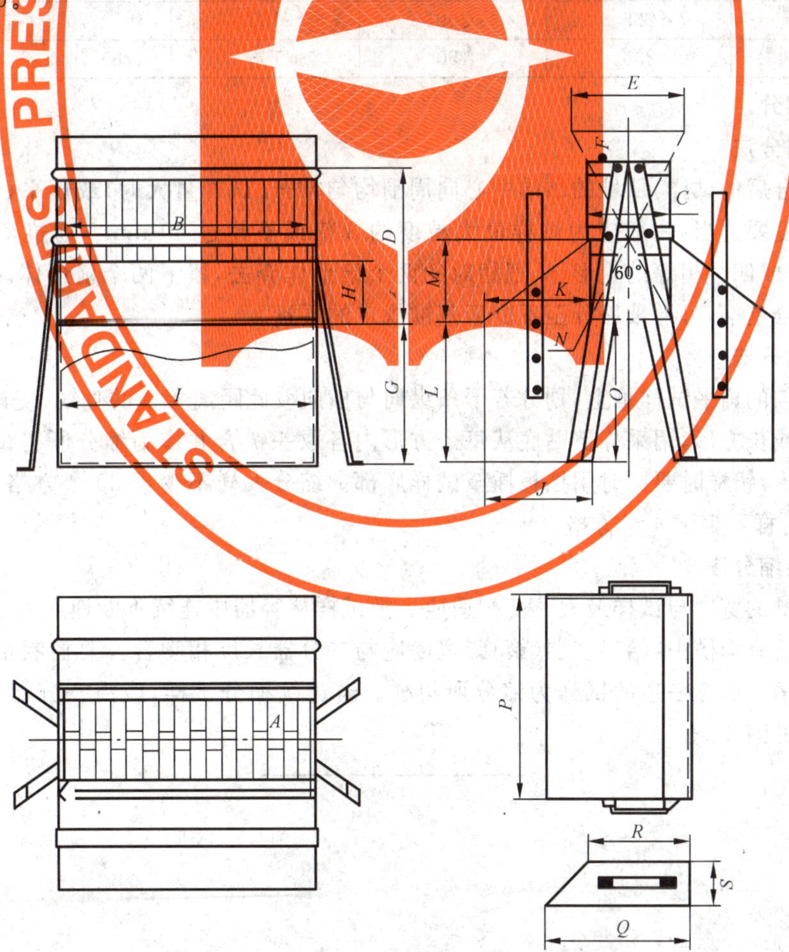

图3 二分器

表 5　二分器规格尺寸

单位为毫米

种类		50	30	20	10	6
沟数		12	12	16	16	16
记号	A	50±1	30±1	20±1	10±0.5	6±0.5
	B	630	380	346	171	112
	C	250	170	105	55	40
	D	500	340	210	110	80
	E	300	200	135	75	60
	F	50	30	30	20	20
	G	340	340	210	110	80
	H	200	140	85	45	30
	I	640	390	360	184	120
	J	220	220	140	65	55
	K	220	220	140	65	55
	L	310	300	210	110	80
	M	250	170	105	55	40
	N	75	55	35	20	15
	O	340	300	210	110	80
	P	630	380	346	171	112
	Q	400	300	200	120	80
	R	265	200	135	70	45
	S	200	150	105	50	35

6.3.2　试样的缩分

6.3.2.1　堆锥四分法

将用堆锥混合后的试样，从堆的顶端中心向周围均匀摊开(试样量大时)或压平(试样量小时)成扁平体。扁平体厚度要适当，一般应为试样最大粒度的 3 倍或不超过 50 mm。通过扁平体中心划一个“十”字，将试样分成四个相等的扇形体，把相对的两个扇形体弃去，留下两个扇形体。若留下的两个扇形体质量大于缩分基准，可继续缩分至不少于基准规定的质量。

6.3.2.2　网格缩分法

在用平铺混匀的扁平试样堆上，划分若干条纵向与横向彼此距离相等的直线，使试样形成若干个大小相等的正方形或长方形，用采样铲贴底从每个方形内各取一铲合并作为缩分所得试样。为防止取出的试样大颗粒滑落，铲样时要同时用挡板插至试样底部。缩分大样不少于 20 个方格；缩分副样不少于 12 个方格；缩分份样不少于 4 个方格。

6.3.2.3　二分器缩分法

选用二分器槽的宽度与试样最大粒度相适应。把试样从容器中连续不断地送入二分器。为确保试样均匀地分布在所有沟槽中，给料容器(簸箕)宽度应与二分器长度相吻合。要控制给料速度使试样自由落下不堵塞沟槽。取任一边的试样为缩分所得样。若连续缩分试样，应由二分器两边交互地取出。二分器规格尺寸见图 3、表 5。

ICS 71.080
G 18

中华人民共和国国家标准

GB/T 1999—2008
代替 GB/T 1999—1980,GB/T 2289—1994

焦化油类产品取样方法

Sampling of coking oil products

2008-12-06 发布 2009-10-01 实施

中华人民共和国国家质量监督检验检疫总局
中国国家标准化管理委员会 发布

前 言

本标准代替GB/T 1999—1980《焦化产品轻油类取样方法》、GB/T 2289—1994《焦化粘油类产品取样方法》。

本标准与GB/T 1999—1980相比，主要差异如下：

——标准名称改为“焦化油类产品取样方法”；

——将两个标准的取样器具统一在第4章；

——轻油类产品取样中增加“在保证取样有代表性的情况下，也可采用本标准列出的其他取样器”；

——试样的处理和保管统一放在第8章；

——增加了“焦化油类产品属易燃、易爆物质取样时要防止取样工具和容器产生静电和火花”。

本标准由中国钢铁工业协会提出。

本标准由全国钢标准化技术委员会归口。

本标准主要起草单位：冶金工业信息标准研究院、本溪钢铁公司、鞍钢集团公司、辽宁进出口商品检验局。

本标准主要起草人：孙伟、侯振庭、王成华。

本标准所代替标准的历次版本发布情况为：

——GB/T 1999—1980；

——GB/T 2289—1980、GB/T 2289—1994。

焦化油类产品取样方法

1 范围

本标准规定了焦化油类产品取样的使用工具、试样的采取、检验试样的处理和保管、槽车和铁桶水层高度的测定。

本标准第5章适用于高温炼焦回收所得到的粗苯及经过洗涤、分馏所制得的苯类产品；回收所得到的稀氨水及经加工制得的浓氨水；回收所得到的轻粗吡啶及经分馏制得的吡啶类产品；高温煤焦油加工所得到的粗酚及经分馏所制得的酚类产品等焦化轻油类产品的试样采取。

本标准第7章适用于高温炼焦时从煤气中冷凝所得的煤焦油和分馏煤焦油所得的木材防腐油、炭黑用原料油、洗油、蒽油、燃料油等焦化粘油类产品的试样采取。

2 规范性引用文件

下列文件中的条款通过本标准的引用而成为本标准的条款。凡是注日期的引用文件，其随后所有的修改单(不包括勘误的内容)或修订版均不适用于本标准，然而，鼓励根据本标准达成协议的各方研究是否可使用这些文件的最新版本。凡是不注日期的引用文件，其最新版本适用于本标准。

GB/T 9977 焦化产品术语

3 术语和定义

GB/T 9977 所确立的以及下列术语和定义适用于本标准。

3.1

全层样 all layer sample

在容器内从上至下采取液体整个深度获得的试样。

3.2

间隔样 interval sample

在容器内的液体中按一定高度间隔采取的试样。

3.3

时间比例样 times proportion sample

在整批液体输送期间，按规定的时间间隔，从输送管线中取出的相等数量组成的试样。

4 取样工具

4.1 小容器取样管

由玻璃管或内壁光滑的金属管制成，如图1。

单位为毫米

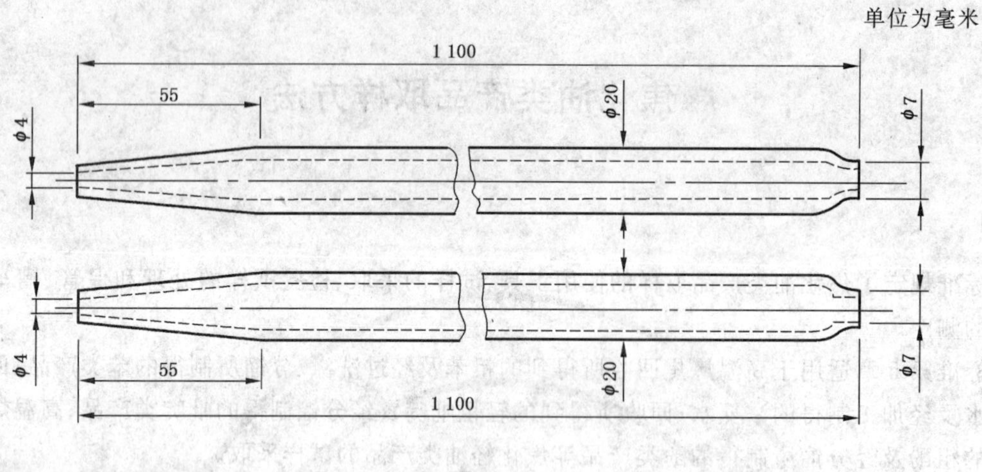

图 1

4.2 带重砣采样管

薄壁采样管，如图 2，长约 3 200 mm，直径 25 mm～30 mm，内壁光滑，底部重砣可用绳引至管的上口。其材质应不与所取产品起化学反应。

单位为毫米

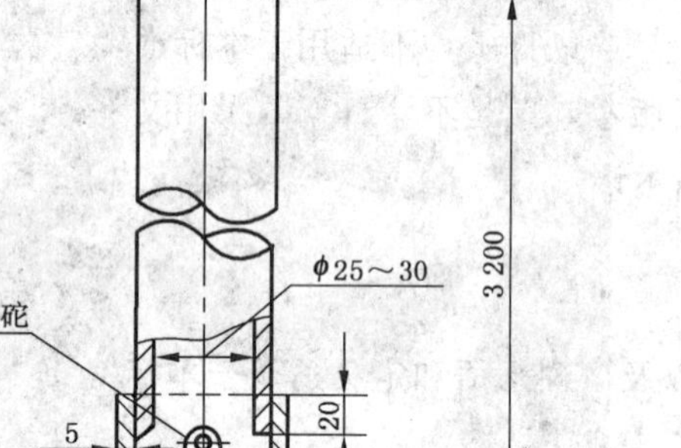

图 2

4.3 采样瓶(见图 3)

500 mL 洁净、干燥的细口瓶，瓶底附有铅块，如图 3。

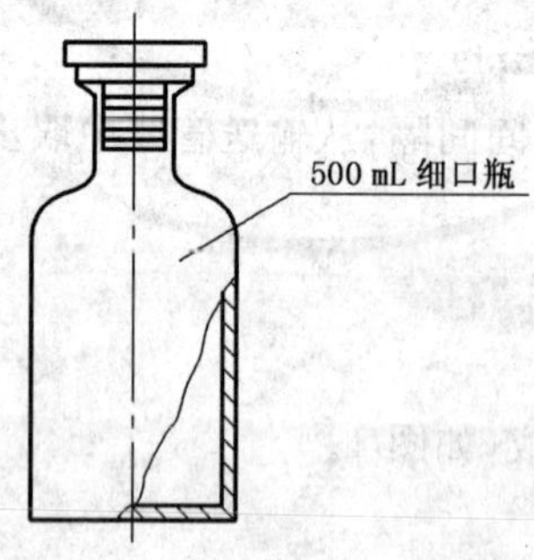

图 3

4.4 全层取样器

容积 1 200 mL，质量约 2 000 g。取样器上盖、筒体和下体材质为黄铜或不锈钢；进油管为 ϕ16 mm，壁厚为 1 mm 铜管或铝合金管；磨口塞为 F4 或 UHMW-PE(塑料王或超高分子量聚乙烯)。压缩弹簧的弹力应略小于取样器自重，如图 4a)、b)、c)。

单位为毫米

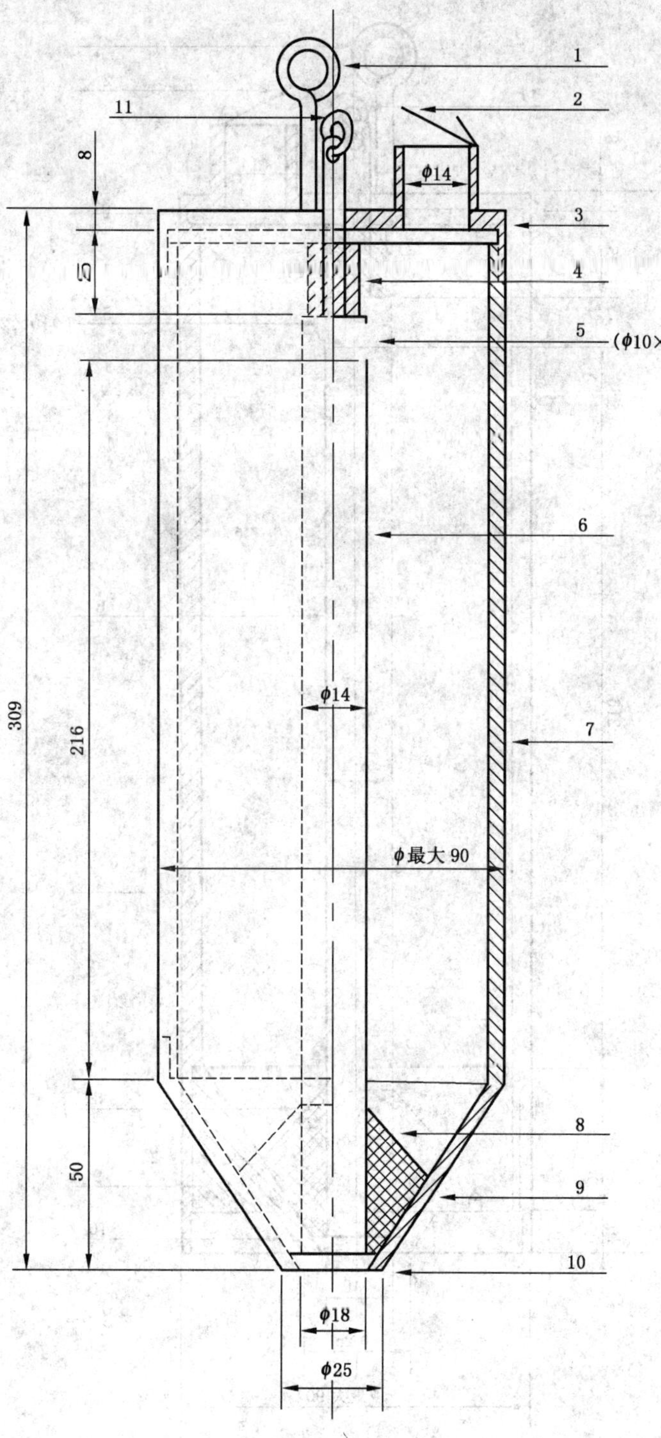

1——挂钩；
2——排气口活动盖；
3——上盖；
4——压缩弹簧；
5——油品进口；
6——进油管；
7——筒体；
8——磨口塞；
9——底部阀口；
10——油品进出口；
11——放空用拉手。

a)

图 4

单位为毫米

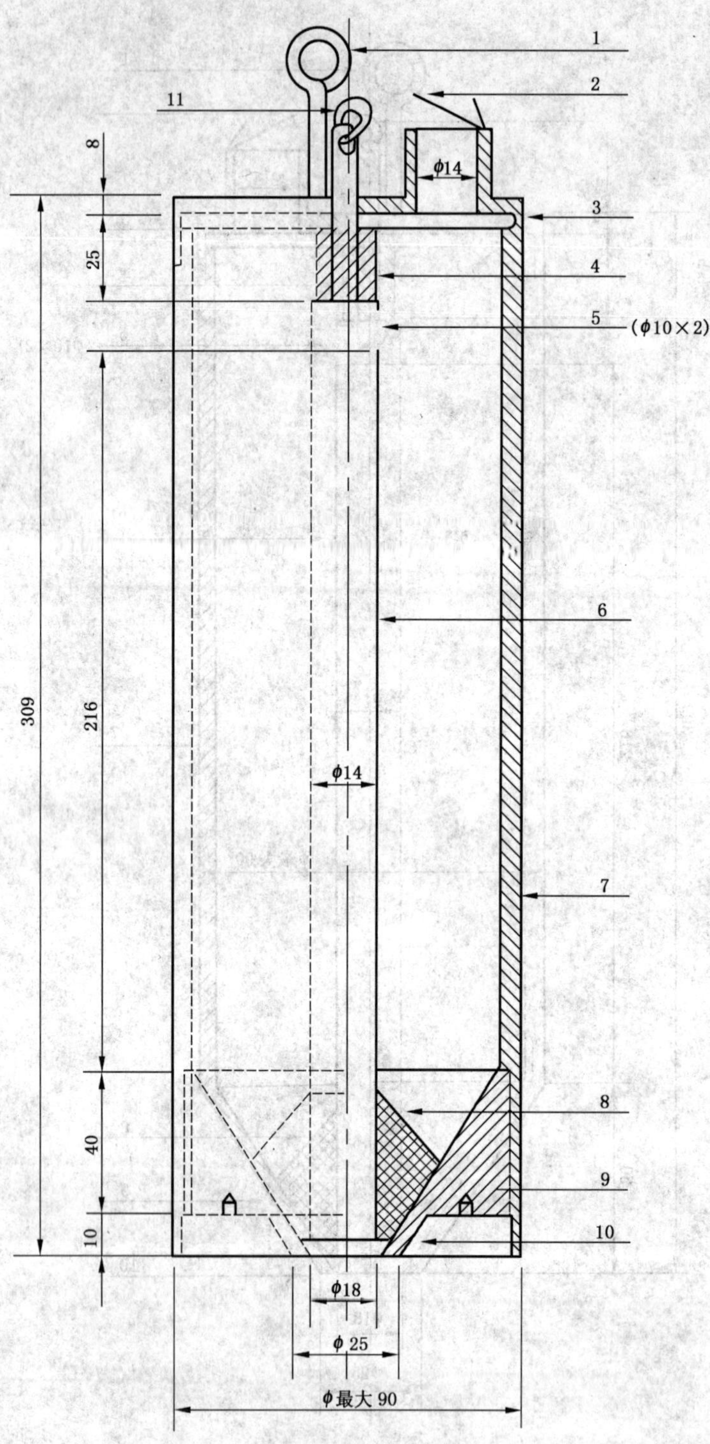

1——挂钩；
2——排气口活动盖；
3——上盖；
4——压缩弹簧；
5——油品进口；
6——进油管；
7——筒体；
8——磨口塞；
9——底部阀口；
10——油品进出口；
11——放空用拉手。

b)

图 4(续)

单位为毫米

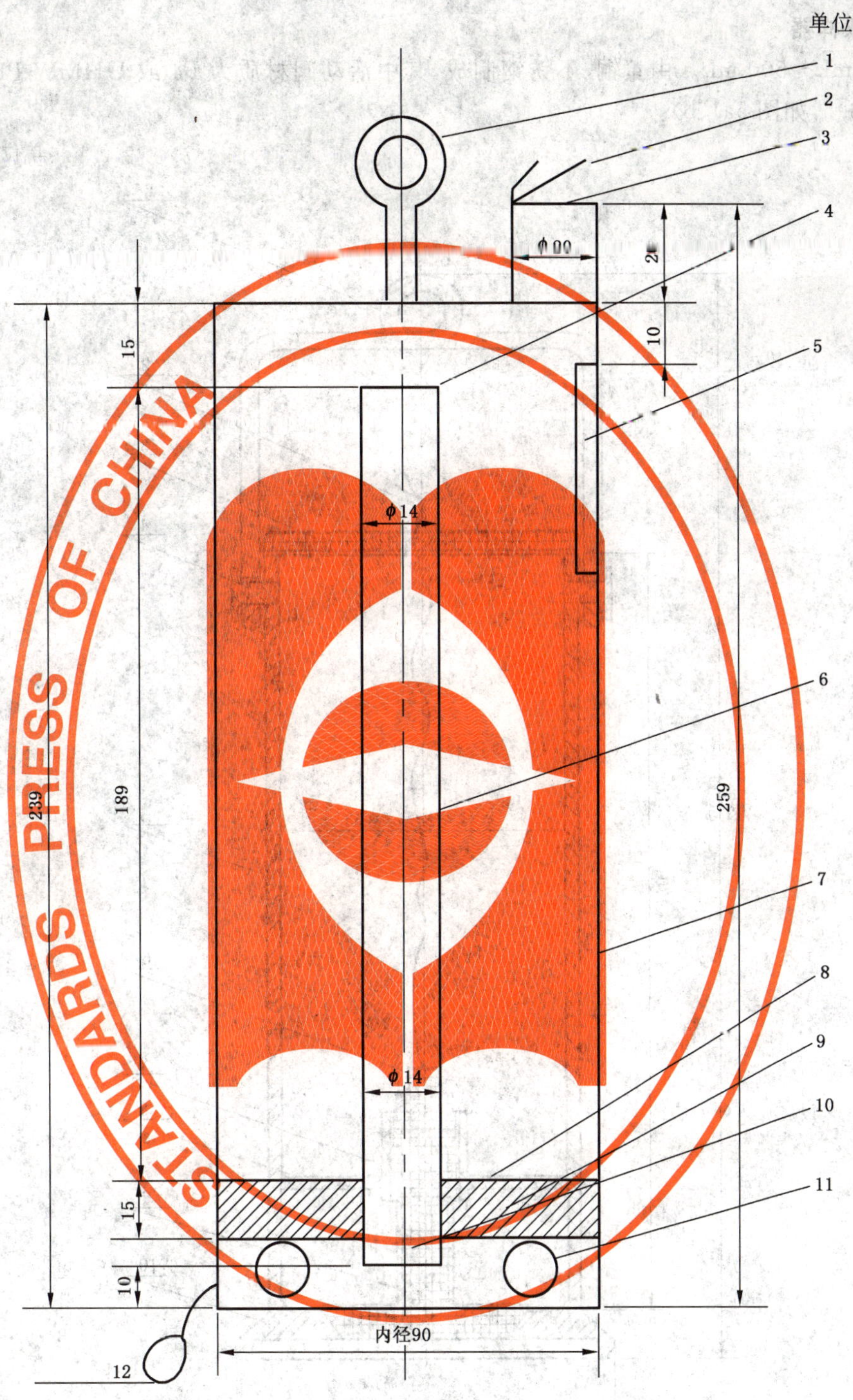

1——提耳；
2——上盖；
3——排气口(排样口)；
4——油品进口；
5——液面观察窗口[透明膜(60×60)]；
6——进油管(φ16×1)；
7——筒体(1 mm 厚黄铜板)；
8——底板；
9——调重铅铊(φ90×13)；
10——油品进出口；
11——溢流孔；
12——倒油用拉环。

c)

图 4（续）

4.5 定点取样器

4.5.1 筒状取样器

容积 250 mL～500 mL。由黄铜、不锈钢制成，其中活动阀材质为 F4 或 UHMW-PE，质量与体积之比为 2.5～3.5，如图 5a)、b)。

单位为毫米

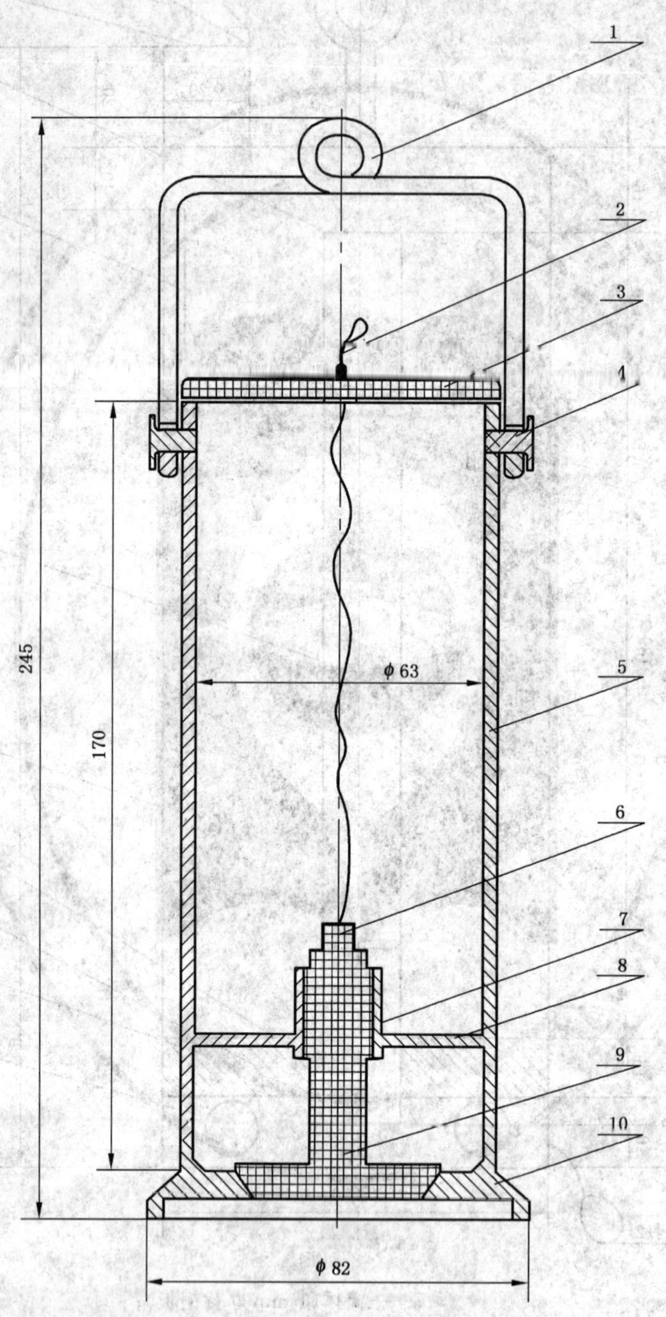

1——提耳；
2——拉环(倒样用)；
3——上盖；
4——铆轴；
5——筒体；
6——栓连接孔；
7——导向板；
8——定向板；
9——锥体阀；
10——底部阀口。

a)

图 5

单位为毫米

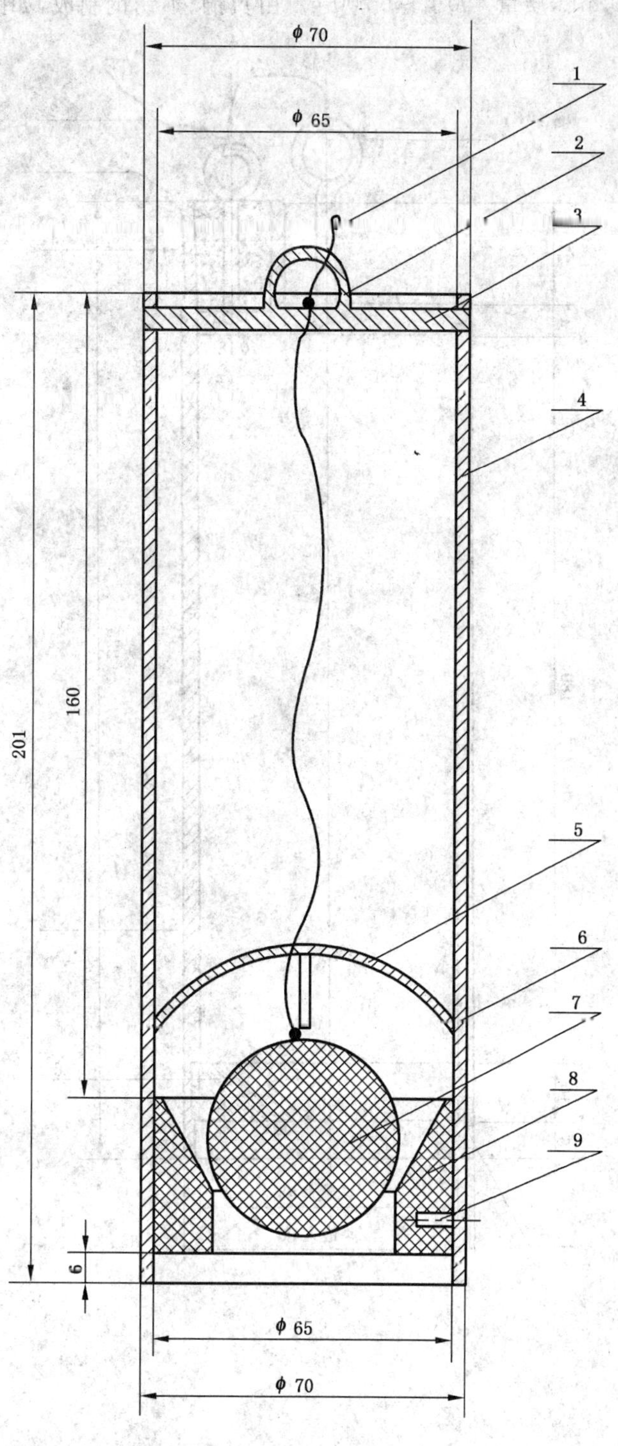

1——拉环(倒样用)；
2——提耳；
3——铆轴；
4——筒体；
5——十字罩；
6——焊接点；
7——球体阀；
8——底部阀口；
9——固定螺丝。

b)

图 5（续）

4.5.2 带软木塞的取样器

容积 250 mL～1 000 mL，质量 450 g～1 700 g。由黄铜、不锈钢制成，如图 6。

单位为毫米

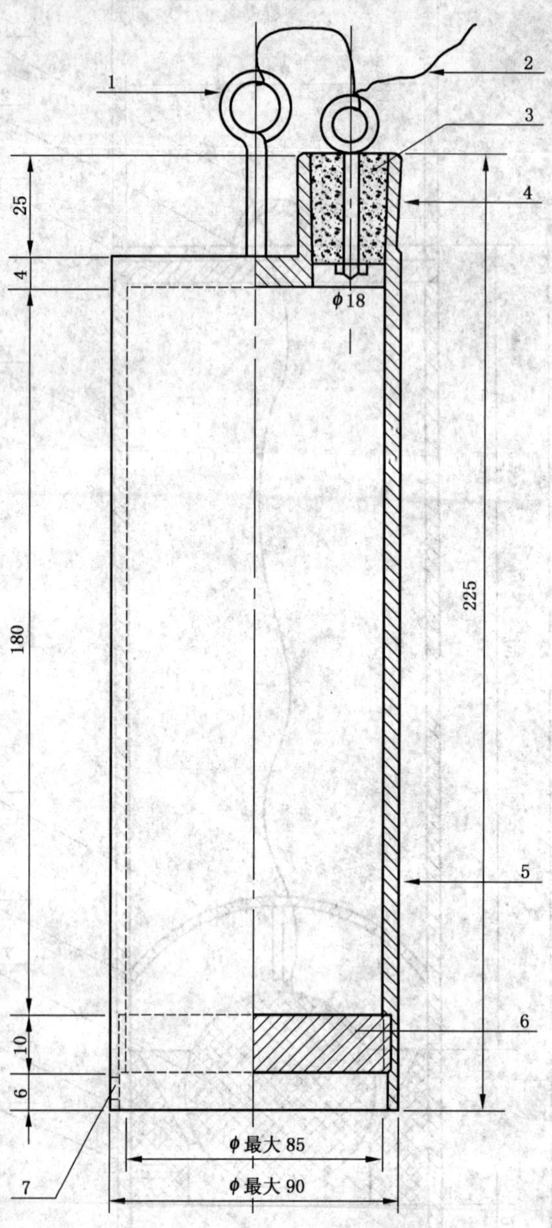

1——提耳；

2——取样绳或金属线链；

3——软木塞、塑料塞；

4——油品进出口；

5——筒体；

6——调重底板；

7——提拉孔。

图 6

4.6 手摇取样机

由导电塑料（电阻率$<10^6\ \Omega \cdot m$）、铝合金和铜制成，取样尺带采用防静电取样绳或量油钢卷尺，变速比 1∶3，如图 7a)、b)。

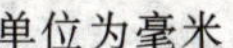

单位为毫米

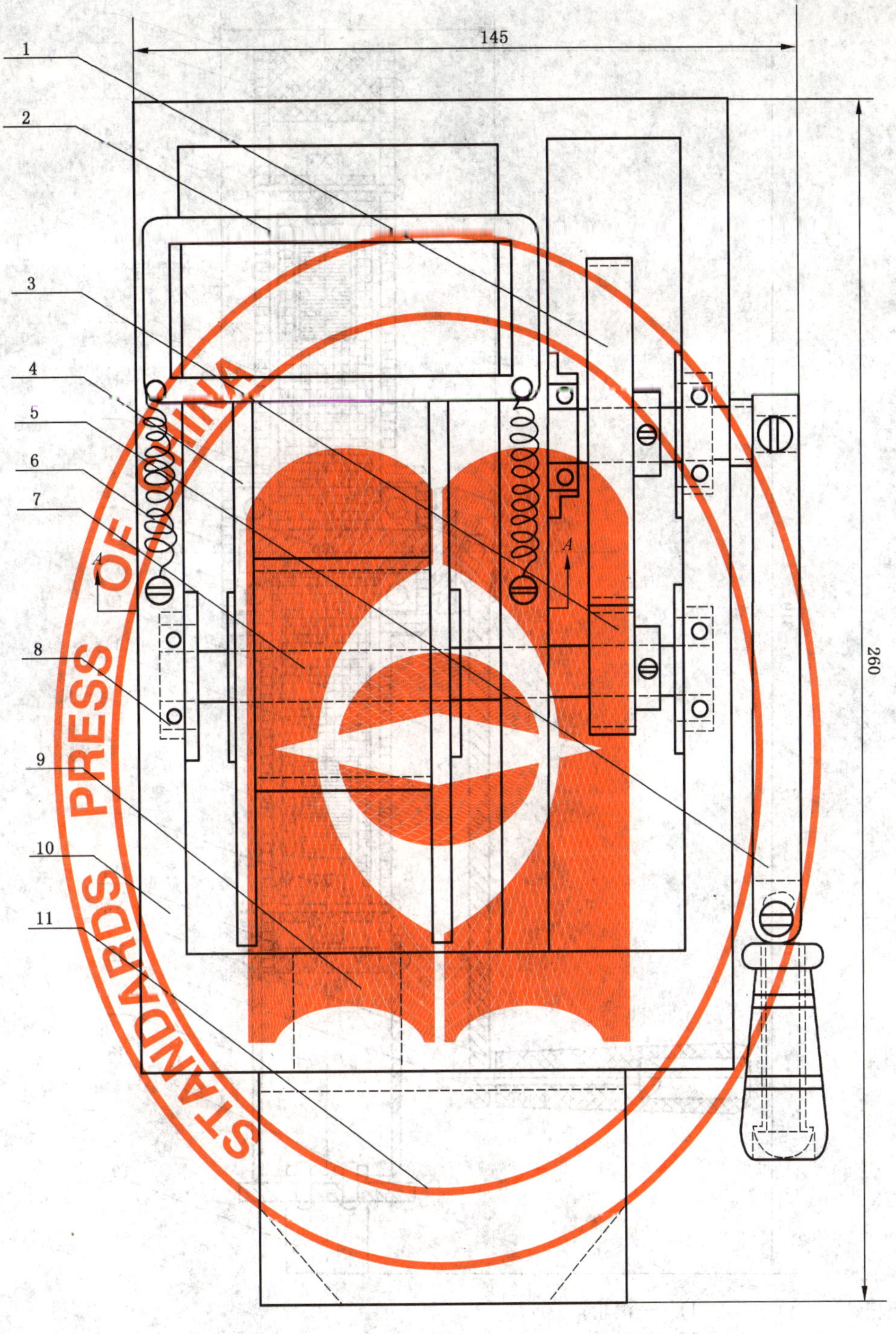

1——大齿轮；

2——刹闸；

3——小齿轮；

4——线包；

5——摇把；

6——拉簧；

7——传动轴；

8——轴承；

9——去油器；

10——支架；

11——固定夹。

a）

图 7

单位为毫米

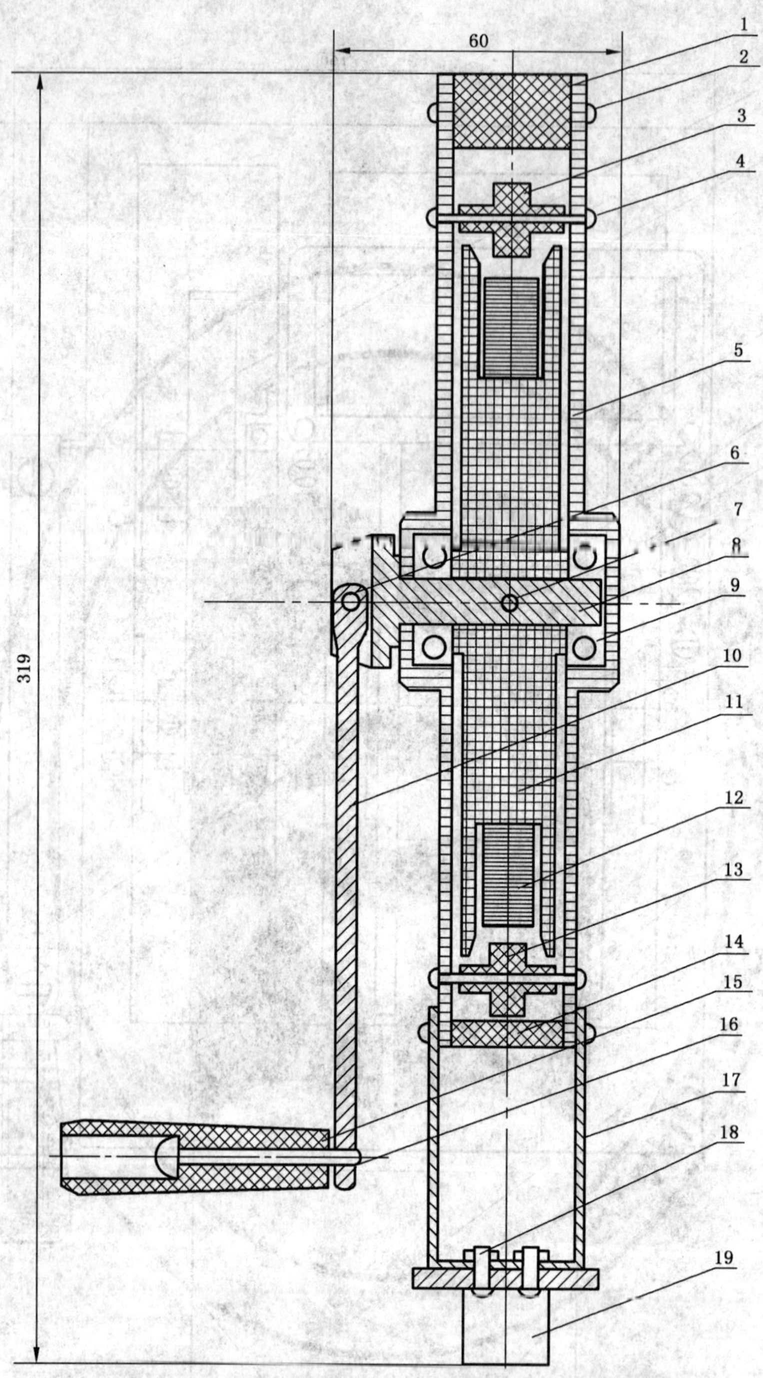

1——提把；
2——铆钉；
3——托轮；
4——铆轴；
5——外罩；
6——铆轴；
7——销子；
8——主轴；
9——微型轴承；
10——摇把；
11——滚轮；
12——尺带；
13——托轮；
14——固定件；
15——转动把手；
16——固定轴；
17——支架擦净器；
18——铆钉；
19——固定夹。

b)

图 7（续）

4.7 管线取样装置:如图 8a)、b)。

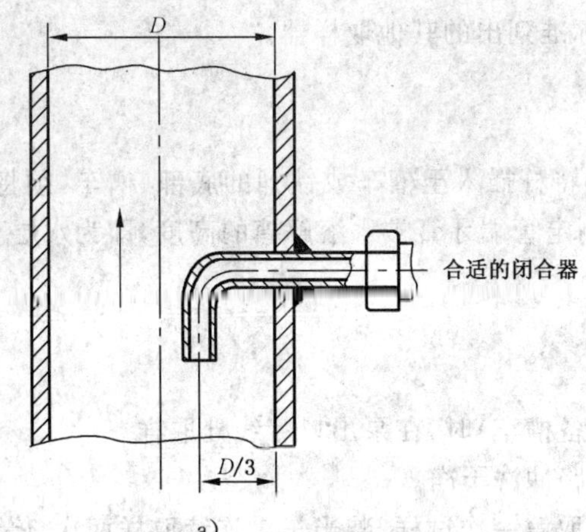

a)

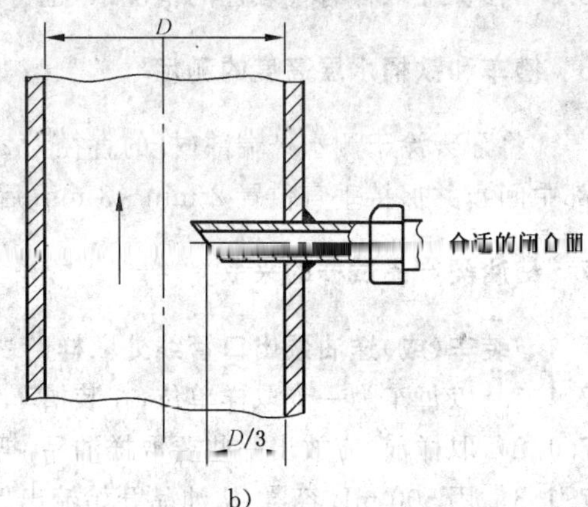

b)

图 8

4.8 盛样容器:容积大于 2 000 mL,应有合适的塞子或盖。

5 轻油类产品试样的采取

5.1 槽车中采样方法,以每个槽车为一批进行采样。

5.1.1 采样管采取试样:

5.1.1.1 于槽车中采取试样时,用铜或铝制的薄壁采样管(4.2)采样。

5.1.1.2 采样时应注意产品的均匀性,当产品装满槽车后,应迅速在每个槽车中用采样管从产品的整个深度采样。

5.1.1.3 采样时先将重砣提起,使采样管垂直液面,缓缓地将采样管浸至槽车底部,关闭重砣,然后将采样管提起,待管壁外附着液体流下后,再将所采取的试样倒入洁净、干燥、可密闭的容器内,其总量不少于 2 000 mL。

5.1.2 采样瓶采取试样:

用采样瓶(4.3)采样,先用绳子系好瓶和瓶盖,在槽车中按上、中、下三点分别采样,上层在整个液体深度 1/4 处取一次,中层在 1/2 处连续取二次,下层在 3/4 处取一次。采取时将预先盖好盖的采样瓶放入槽车内到达规定位置时,启盖,待油装满瓶(液面不冒气泡时),把瓶提出倒入另一洁净、干燥的瓶中,每次约 500 mL,四次共约 2 000 mL。

5.1.3 在泵出口管处采取试样:

需方自备槽车时,在泵出口管处附设的采样口采样;开泵,从油开始流出后 2 min 采第一次试样,装半车时连续采样两次,停泵前 2 min 采第四次样,每次采相等试样,其总量不少于 2 000 mL。试样倒入洁净、干燥、可密闭的容器内。

5.2 小型容器中采样方法,同一贮罐产品以每次装运量为一批。

5.2.1 用小容器采样管(4.1)采取试样:

5.2.1.1 当用铁桶装运每批产品时,采样工具可用玻璃管。

5.2.1.2 采取试样的数量不低于每批产品装桶数的 10%,但不得少于 3 桶。每桶按等量采取,其总量不少于 2 000 mL。

5.2.1.3 采样时,先打开桶盖,将采样管垂直于液面,缓缓地浸至桶底,待采样管内液面和桶内液面一致时,用拇指按紧管的顶部,将采样管取出,待管外壁附着液体流下后,将试样倒入洁净,干燥、可密闭的容器内。

5.2.2 需方自备铁桶,允许在流油管口采样。从油开始流出 2 min 时采第一次样,装桶达到 1/2 时连续采两次,装完时再采一次样。每次采相等试样,将各次试样倒入洁净、干燥、可密闭的瓶内,其总量不少于 2 000 mL。

5.3 在保证取样有代表性的情况下，也可采用本标准列出的其他取样器。

6 槽车和铁桶水层高度的测定

将牙膏涂于测水杆端部(杆的直径为 25 mm)；将杆插入至槽车或铁桶的底部(槽车，须将杆插在底部中间)，并保持垂直位置 2 min～3 min 后取出，测定管端牙膏被水溶解掉的高度，即为水层高度。

7 粘油类产品试样的采取

7.1 装车(或)送油泵出口管线处取样

7.1.1 以每车为一个取样单位，在装槽车(需方自备槽车)时，在泵出口管线处取样。

7.1.2 取样前，应放出一些要取样油品，把取样管路冲洗干净。

7.1.3 用 500 mL 容器，从油品开始流出后 2 min 取第一次试样，装半车时连续取样两次，停泵前2 min 取第 4 次样。

7.1.4 将每次取的等量试样，倒入洁净、干燥的盛样容器内，总量不少于 2 000 mL。

7.2 小容器中取样

7.2.1 当用铁桶装运产品时，取样工具用取样管(4.1)。

7.2.2 从每批产品中随机采取试样，采取试样的桶数不少于每批产品装桶数的 10%，但不得少于 3 桶。

7.2.3 取样时，先打开桶盖，将清洁、干燥的取样管垂直插入油品中，缓缓地浸至桶底(插入的速度应使管的内、外液面大致相同)。而后，用拇指按住管的上口迅速将取样管提出，用棉纱擦去表面油品，将管内油品移入洁净、干燥的盛样容器内，其总量不得少于 2 000 mL。

7.2.4 需方自备容器装产品时，应按本标准 7.1 执行。

7.3 槽车中取样

7.3.1 在槽车中用全层取样器(4.4)或带重砣取样管(4.2)取样

在取样时应注意产品的均匀性。

7.3.2 用全层取样器(4.4)取样

取样时，先将取样器与手摇取样机(4.6)或防静电取样绳联接好，使取样器垂直油品液面，缓慢匀速地将取样器浸至槽车底部(浸入速度应保证所取全层样量约为取样器容积的 85%)，迅速将取样器提起，用棉纱擦去表面油品，将采取的试样移入洁净、干燥的盛样容器内，其总量不少于 2 000 mL。

7.3.3 用带重砣取样管(4.2)取样

取样时，先将重砣提起，使取样管垂直液面，缓缓地将取样管浸至槽车底部，关闭重砣，然后将取样管提起，用棉纱擦去表面油品，再将采取的试样倒入洁净、干燥的盛样容器内，其总量不少于 2 000 mL。

7.3.4 需方验收

需方验收槽车中油品产生质量异议时，由供需双方协商解决或将车内油品加热并搅拌均匀后进行取样。

7.4 立式贮罐取样

7.4.1 采取间隔样

当油品存放时间较长有不均匀现象时，可用筒状取样器(4.5.1)或带软木塞的取样器(4.5.2)采取间隔样。取样前，首先计算出罐内贮油(或输出油品)的高度，在确定的高度内采取间隔样，所取试样应包括确定高度的顶层样和底层样，并等量混合成代表性试样，其总量不少于 2 000 mL。

7.4.1.1 用筒状取样器(4.5.1)取样

先将取样器与手摇取样机或防静电取样绳联接好，放入罐内，当取样器接触液面时，从手摇取样机尺带上读记空距，并由贮罐的总高度计算出需要取样油层的高度。当取样器降至所需油层时，在 10 cm～

15 cm 范围内，上下提拉 5 次，收回取样器，用棉纱擦去表面油品，将采取试样移入洁净、干燥的盛样容器内。

7.4.1.2 用带软木塞(4.5.2)的取样器取样

先将取样器与防静电取样绳联接好，再将取样器放至取样油层，急速提拉取样绳，拔出软木塞、待试样装满后，收回取样器，用棉纱擦去表面油品，将采取试样移入洁净、干燥的盛样容器内。

7.4.2 当罐内油品均匀时，也可采取上、中、下样或全层样。

从罐内液体的表面开始 1/6、1/2 和 5/6 处取样，并将所取油品等量混合成代表性试样。

7.4.2.1 用筒状取样器(4.5.1)取样，按本标准 7.4.1.2 进行。

7.4.2.2 用带软木塞(4.5.2)的取样器取样，按本标准 7.4.1.3 进行。

7.4.2.3 从贮罐内取全层样，按本标准 7.3.2 进行。

7.5 油船取样

7.5.1 当油品装船结束后，应迅速取样。

7.5.2 船舱内采取上、中、下样，按本标准 7.4.2.1 进行。

7.5.3 船舱内采取全层样，按本标准 7.3.2 进行。

7.5.4 按各舱所载油品质量比(或体积比)混合成全船油品的代表性试样。

7.6 按时间比例取样

当油品批量较大时，由供需双方协商，也可在泵口管线处采取时间比例样，并等量混合成代表性试样，总量不少于 2 000 mL。

8 轻油和粘油检验试样的处理和保管

8.1 试样处理

将采取的代表性试样混匀，分别倒入两个洁净、干燥、可密封的容器内，每个容器试样不得少于 1 000 mL。一个交化验室检验，一个由技术监督部门保管，作为保留样，发货后保存期为 30 d。

8.2 在每个装有试样的瓶上贴标签，并注明：

a) 产品名称；

b) 生产厂名；

c) 试样编号；

d) 取样地点(车号)；

e) 取样方法；

f) 产品批号、批量；

g) 取样日期；

h) 取样人姓名。

9 取样注意事项

9.1 焦化油类产品属易燃、易爆物质取样时要防止取样工具和容器产生静电和火花。

9.2 取样操作人员取样时应站于上风处。并穿戴好劳保防护用具。

9.3 泵出口管线取样装置的设置应合理，保证所取试样具有代表性。

9.4 贮罐和船舱取样时，其罐内或船舱内的压力应为常压或接近常压。

9.5 罐内油品取样时应具有足够的流动性。

9.6 取样结束后应将取样器具清洗干净。

ICS 75.160
H 32

中华人民共和国国家标准

GB/T 2006—2008
代替 GB/T 2006—1994、部分代替 GB/T 1996—2003

焦炭机械强度的测定方法

Coke for metallurgy—Determination of mechanical strength

2008-08-19 发布

2009-04-01 实施

中华人民共和国国家质量监督检验检疫总局
中国国家标准化管理委员会 发布

前 言

本标准方法一与 ISO 556：1980《粒度大于 20 mm 焦炭——机械强度的测定》的一致性程度为非等效，方法二等同采用 ISO R 556：1967《测定焦炭的转鼓指数》。

本标准是在 GB/T 2006—1994《冶金焦炭机械强度的测定方法》和 GB/T 1996—2003《冶金焦炭》中附录 A《冶金焦炭机械强度 M40 和 M10 测定方法》的基础上进行整合。

本标准代替 GB/T 2006—1994《冶金焦炭机械强度的测定方法》和 GB/T 1996—2003《冶金焦炭》中附录 A。

本标准与 GB/T 2006—1994 相比主要变化如下：

——增加了机械强度 M40 和 M10 测定方法。

本标准由中国钢铁工业协会提出。

本标准由全国钢标准化技术委员会归口。

本标准起草单位：中钢集团鞍山热能研究院、冶金工业信息标准研究院。

本标准主要起草人：王伟、徐忠厚、于银萍、杨金霞、王雄、郭法清、孙伟。

本标准 1980 年首次发布，1994 年第一次修订。

焦炭机械强度的测定方法

1 范围

本标准规定了测定粒度大于 60 mm、25 mm 焦炭的机械强度的方法原理、仪器和设备、试样的采取和制备、试验步骤、结果的计算及精密度等。

本标准适用于粒度不小于 25 mm 焦炭的机械强度的测定。小于 25 mm 的焦炭也可参照使用。

2 规范性引用文件

下列文件中的条款，通过本标准的引用而成为本标准的条款。凡是注日期的引用文件，其随后所有的修改单(不包括勘误的内容)或修订版本均不适用于本标准，然而，鼓励根据本标准达成协议的各方研究是否可使用这些文件的最新版本。凡是不注日期的引用文件，其最新版本适用于本标准。

GB/T 1997 焦炭试样的采取和制备

GB/T 2005 冶金焦炭的焦末含量及筛分组成的测定方法

3 原理

焦炭在转动的鼓中，不断地被提料板提起，跌落在钢板上。在此过程中，焦炭由于受机械力的作用，产生撞击、摩擦，使焦块沿裂纹裂开来以及表面被磨损，用以测定焦炭的抗碎强度和耐磨强度。

4 仪器和设备

4.1 转鼓(见图 1)

单位为毫米

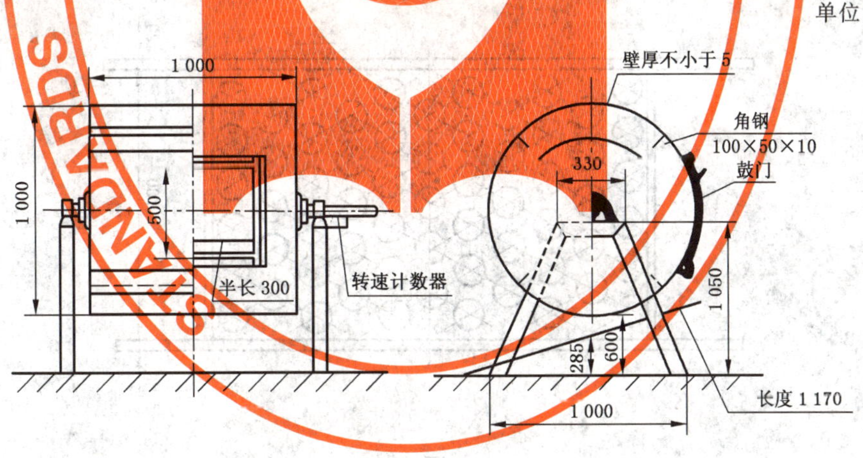

图 1

4.1.1 如图 1 所示，鼓体是钢板制成的密闭圆筒，无穿心轴。鼓内直径 1 000 mm±5 mm，鼓内长 1 000 mm±5 mm，鼓壁厚度不小于 5 mm(制作时为 8 mm)，在转鼓内壁沿转轴的方向焊接 4 根 100 mm×50 mm×10 mm(高×宽×厚)的角钢作为提料板，把鼓壁分成 4 个相等面积。角钢的长度等于转鼓的内壁长度(为清扫方便，每根角钢两端可留 10 mm 间隙)，角钢 100 mm 的一边对着转鼓的轴线，50 mm 的一边和转鼓曲面接触，并朝着转鼓旋转的反方向。

4.1.2 转鼓圆柱面上有一个开口，开口的长度为 600 mm，宽为 500 mm，由此将焦炭装入、卸出和清扫。开口应安装一个盖，盖内壁的大小与鼓体上的开口相同，且曲率及材质与转鼓鼓壁一致，这样，当盖关紧时，其内表面与转鼓内表面应在同一曲面上，为了减少试样的损失，在盖的四周应镶嵌橡胶垫或羊毛毡。

4.1.3 转鼓由电动机(1.5 kW～2.2 kW)带动,经减速机以每分钟25转的恒定转速运转100转。并采用计数器控制规定转数。转鼓应安装手动装置可以向正反两个方向旋转,便于卸空。

4.1.4 转鼓每季度标定一次转数。如100转超过4 min±10 s,应及时调整。

4.1.5 每半年检查一次转鼓磨损情况,用测厚仪测量转鼓的厚度,鼓壁任一点厚度小于5 mm时,转鼓应更换。鼓内任一根角钢,其磨损深度达到5 mm部分的总和超过500 mm,即需修补或更换。

4.2 圆孔筛的技术要求

4.2.1 筛片的有效尺寸1 000 mm×700 mm,孔径分别为10 mm、25 mm、40 mm、60 mm(见图2),尺寸见表1。

表1 筛片的有效尺寸

单位为毫米

公称尺寸	允许偏差	孔心间距 t	钢板厚度 δ
10	±0.4	15	1.5
25	±0.5	35	1.5
40	±0.5	60	1.5
60	±1.0	80	2.0

单位为毫米

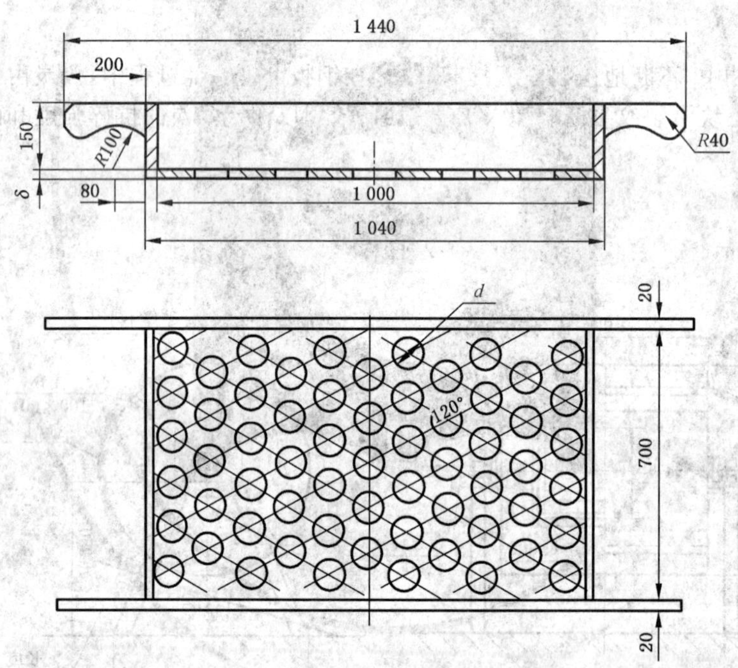

图2

4.2.2 筛片用冲床冲孔,冲孔后不允许用锤子打平其边缘,可用砂轮将毛刺打平。

4.2.3 筛框一律用木板制作。

4.2.4 筛孔每季检查一次,任何一个孔的直径超过允许偏差时,即为废孔,当筛片废孔率超过10%时,需及时更换。

4.3 计量秤:感量0.1 kg。每次试验前要校正零点。

4.4 其他:容器、铁锹、扫帚和小铲等。

5 试样的采取和制备

5.1 试样的采取和制备按GB/T 1997的规定进行。

5.2 当发现试样水分过大，对试验结果有影响时，需作适当处理，方可进行试验。

6 试验步骤

6.1 方法一(≥25 mm 按比例入鼓)

6.1.1 按 GB/T 2005 进行筛分并称量各粒级焦炭质量(不包括小于 25 mm 部分)，按各粒级筛分比例称取转鼓试样，每份试样为 50 kg(称准至 0.1 kg)。每次试验最少应取两份试样。

6.1.2 将其中一份试样，小心放入已清扫干净的鼓内，关紧鼓盖，取下转鼓摇把，开动转鼓，100 转后停鼓，静置 1 min～2 min，使粉尘降落后，打开鼓盖，把鼓内焦炭倒出，并仔细清扫，收集鼓内鼓盖上的焦粉。

6.1.3 将出鼓的焦炭依次用直径 25 mm 和 10 mm 的圆孔筛进行筛分，大于 25 mm 部分必须进行手穿孔。

6.1.4 筛分时，每次入筛量不超过 15 kg，既要力求筛净，又要防止用力过猛使焦炭受撞而破碎。

6.1.5 允许采用机械筛，但须与手筛进行对比试验，无显著性差异，方可使用。当有争议时，以手筛为准。

6.1.6 分别称量大于 25 mm、25 mm～10 mm 及小于 10 mm 各粒级焦炭的质量(称准至 0.1 kg)，其总和与入鼓焦炭质量之差为损失量，当损失量不小于 0.3 kg 时，该试验无效，小于 0.3 kg 时，则计入小于 10 mm 一级中。

6.2 方法二(＞60 mm 入鼓)

6.2.1 将试样用直径 60 mm 的圆孔筛进行人工筛分，并进行手穿孔(即筛上物用手试穿过筛孔，只要在一个方向可穿过筛孔者，均做筛下物计)。筛分时，每次入筛量不超过 15 kg，力求筛净，又要防止用力过猛使焦炭受撞而破碎。称取 50 kg(称准至 0.1 kg)筛上物(大于 60 mm 的焦炭)，置于待入鼓的容器内，余下部分为备用样。

6.2.2 将其中一份试样，小心放入已清扫干净的鼓内，关紧鼓盖，取下转鼓摇把，开动转鼓，100 转后停鼓，静置 1 min～2 min，使粉尘降落后，打开鼓盖，把鼓内焦炭倒出，并仔细清扫，收集鼓内鼓盖上的焦粉。

6.2.3 将出鼓的焦炭依次用直径 40 mm 和 10 mm 的圆孔筛进行筛分，大于 40 mm 部分必须进行手穿孔。

6.2.4 筛分时，每次入筛量不超过 15 kg，既要力求筛净，又要防止用力过猛使焦炭受撞而破碎。

6.2.5 允许采用机械筛，但须与手筛进行对比试验，无显著性差异，方可使用。当有争议时，以手筛为准。

6.2.6 分别称量大于 40 mm、40 mm～10 mm 与小于 10 mm 各粒级焦炭的质量(称准至 0.1 kg)，其总和与入鼓焦炭质量之差为损失量，当损失量不小于 0.3 kg 时，该试验无效，小于 0.3 kg 时，则计入小于 10 mm 一级中。

7 结果的计算

抗碎强度 M_{25} 或 M_{40}(%)按式(1)计算：

$$M_{25} \text{ 或} (M_{40}) = \frac{m_1}{m} \times 100 \qquad \cdots\cdots(1)$$

耐磨强度 M_{10}(%)按式(2)计算：

$$M_{10} = \frac{m_2}{m} \times 100 \qquad \cdots\cdots(2)$$

式中：

m——入鼓焦炭的质量，单位为千克(kg)；

m_1——出鼓后大于 25 mm 或 40 mm 焦炭的质量，单位为千克(kg)；

m_2——出鼓后小于 10 mm 焦炭的质量，单位为千克(kg)。

试验结果保留一位小数。

8 精密度

重复性 r 见表 2。

表 2 重复性 r

指标	M_{25}	M_{40}	M_{10}
重复性 r/% ≤	2.5	3.0	1.0

ICS 73.020
D 01

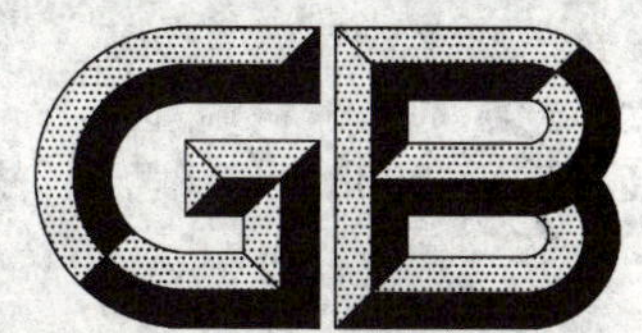

中华人民共和国国家标准

GB/T 2007.4—2008
代替 GB/T 2007.4—1987,GB/T 2007.5—1987

散装矿产品取样、制样通则 偏差、精密度校核试验方法

General rules for the sampling and sample preparation of minerals in bulk—Experimental methods for checking the precision and bias

2008-08-02 发布　　2009-04-01 实施

中华人民共和国国家质量监督检验检疫总局
中国国家标准化管理委员会　发布

前言

GB/T 2007《散装矿产品取样、制样通则》分为六个部分：

——手工取样方法；

——手工制样方法；

——评定品质波动试验方法；

——偏差、精密度校核试验方法；

——水分测定方法　热干燥法；

——粒度测定方法　手工筛分法。

本部分为 GB/T 2007 的第 4 部分。

本部分将 GB/T 2007.4—1987《散装矿产品取样、制样通则　精密度校核试验方法》和 GB/T 2007.5—1987《散装矿产品取样、制样通则　取样系统误差校核试验方法》合并，并做编辑性修改，代替 GB/T 2007.4—1987 和 GB/T 2007.5—1987。

本部分的附录 A、附录 B、附录 C、附录 D 为资料性附录。

本部分由国家认证认可监督管理委员会提出并归口。

本部分起草单位：防城港出入境检验检疫局、秦皇岛出入境检验检疫局。

本部分主要起草人：罗明贵、李仕平、吕泽娥、陈永欣、温智、马丽方、吴建忠、宋伟。

本部分所代替标准的历次版本发布情况为：

——GB/T 2007—1980、GB/T 2007.4—1987；

——GB/T 2007—1980、GB/T 2007.5—1987。

散装矿产品取样、制样通则
偏差、精密度校核试验方法

1 范围

本部分规定了偏差、精密度校核的术语和试验方法。

本部分适用于按 GB/T 2007.1 和 GB/T 2007.2 所列取样、制样方法精密度的校核，以及对需校核的取样方法、取样装置进行偏差校核试验，也可用于制样方法、缩分设备偏差的校核。

2 规范性引用文件

下列文件中的条款通过本部分的引用而成为本部分的条款。凡是注日期的引用文件，其随后所有的修改单(不包括勘误的内容)或修订版均不适用于本部分，然而，鼓励根据本部分达成协议的各方研究是否可使用这些文件的最新版本。凡是不注日期的引用文件，其最新版本适用于本部分。

GB/T 2007.1 散装矿产品取样、制样通则 手工取样方法

GB/T 2007.2 散装矿产品取样、制样通则 手工制样方法

GB/T 2007.3 散装矿产品取样、制样通则 评定品质波动试验方法

GB/T 2007.6 散装矿产品取样、制样通则 水分测定方法 热干燥法

GB/T 2007.7 散装矿产品取样、制样通则 粒度测定方法 手工筛分法

GB/T 2009 散装矾土取样、制样方法

3 术语和定义

GB/T 2007.1～2007.3 确立的以及下列术语和定义适用于本部分。

3.1

精密度 precision

在规定条件下，独立测试结果间的一致程度。

3.2

偏差 bias

测试结果的期望与接受参照值之差。

3.3

粒度-成分指数 SEI

用数值 0 至 100 指示矿石粒度及成分的变异程度。

4 偏差校核试验方法

4.1 一般规定

4.1.1 本试验方法系从同一交货批中采取一系列成对样品，以被校核方法(B 法)所得结果与参比方法(A 法)结果进行比较，校核 B 法与 A 法的差值是否有显著性差异，以确定 B 法能否适用于日常工作。参比方法是从技术和经验角度考虑不会产生偏差的方法。

4.1.2 如果 A 法和 B 法所得结果无显著差异，则 B 法可适用于日常工作。

4.1.3 本部分采用 t 检验(双侧)5% 显著性水平评定偏差。

4.2 试验方法

4.2.1 选择参比方法

4.2.1.1 公认的参比取样方法为停带取样法，即停止负荷输送带，按规定的部位，从停止的输送带上的矿石流中，全断面截取每个份样，沿输送带方向上截取的长度要大于公称最大粒度的3倍或至少30 mm，选其中较大的一个，将截取区域内的全部矿石取出为一个参比份样。

注：根据现场条件和4.1.1规定，也可由有关方协商指定适合的方法为参比方法。

4.2.1.2 校核制样方法时，以GB/T 2007.2中第一法（二分器法）为参比方法。校核缩分器时，以全部舍弃样品为参比样品。

4.2.2 选择试验用矿石

为证明被校核的方法适用于各种类型矿石。应选择品质波动大的矿石进行试验。如矿石的品质波动类型不明确时，可按GB/T 2007.3进行评定，也可按附录A简易试验方法测定粒度-成分指数(SEI)。

4.2.3 确定试验的品质特性

一般选择矿石的主成分为试验的品质特性。也可选择粒度或其他化学、物理检测项目为品质特性。

4.2.4 选择对比试验样品的方法

两个方法的对比试验可以采用单独份样对比，也可采用副样或大样对比。

若两个方法的取样点在时间或空间上彼此接近，方可采用份样对比。否则应采用副样或大样对比法。为节省人力、物力和时间，推荐采用副样对比法。每个副样由5个以下的份样组成。

4.2.5 确定所需试验组数

预先测试的组数K不得少于20组。所需的试验组数根据K组试验样值的标准偏差和最大允许偏差δ值计算确定。

注：最大允许偏差值由有关方在试验前协商确定，可从技术和经济观点考虑，并考虑所采用试验方法的取样、制样和测定精密度。除另有协议外，一般可用总精密度(β_{SDM})的1/2作为最大允许偏差值。

4.3 试验步骤

4.3.1 取样

从一交货批中，按方法A和方法B取出的份样各自组合，组成一对大样A和B，一对副样A和B或一对份样A和B。

4.3.2 制样、测定

按有关标准规定的相同制样方法制备成一对样品A和B，并按规定的相同方法测定，得到一对测定值X_{Ai}、X_{Bi}。

按以上步骤获得K组测定值。

4.4 统计分析

4.4.1 以X_{Ai}代表方法A得到的单个测定值。X_{Bi}代表方法B得到的单个测定值。

4.4.2 用式(1)算出X_{Ai}和X_{Bi}的差值d_i：

$$d_i = X_{Ai} - X_{Bi} \qquad \cdots\cdots(1)$$

式中：

i——1,2,…,K。

4.4.3 按式(2)计算平均差值$\overline{d}$（即估计的偏差）：

$$\overline{d} = \frac{1}{K}\sum d_i \qquad \cdots\cdots(2)$$

式中：

K——成对测定值的组数。

4.4.4 按式(3)计算差值的标准偏差：

$$S_d = \sqrt{\frac{1}{K-1}\left[\sum d_i^2 - \frac{1}{K}\left(\sum d_i\right)^2\right]} \qquad \cdots\cdots(3)$$

式中：

S_d——差值的标准偏差；

K——成对测定值的组数。

4.4.5 确定所需的成对组数

所需成对的份样数，副样数或大样数根据取样方法的精密度、矿石的均匀程度以及最大允许偏差值确定。

4.4.5.1 将 K 对数据列表，按式(1)、式(2)和式(3)计算差值、平均差值、差值标准偏差。

4.4.5.2 按式(4)计算系数 D：

$$D = \delta / S_d \qquad \cdots\cdots(4)$$

式中：

δ——最大允许偏差。

4.4.5.3 由表1查出所需(对应于 D 值)成对测定值的组数 n_t。

当 $n_t \leqslant 20$ 时，按4.4.6计算 t_0 值，当 $n_t > 20$ 时进行追加试验。

4.4.6 按式(5)计算 t_0 值，计算至第三位小数：

$$t_0 = \frac{\overline{d}}{S_d / \sqrt{K}} \qquad \cdots\cdots(5)$$

4.4.7 以表2(双侧 t 分布表)查出 t 值，其概率为95%。

以 t_0 绝对值与 t 值比较，如 $t_0 < t$，则认为B法与A法无显著性差异，方法B可采纳为常规方法。

4.4.8 如 $t_0 > t$，则认为B法与A法有显著性差异，方法B不能采用，应采取措施消除该偏差。

表1 由系数 D 确定的所需的成对数据组数 n_t

系数 D 的范围	所需的成对数据组数 n_t	系数 D 的范围	所需的成对数据组数 n_t
$0.30 \leqslant D < 0.35$	122	$0.95 \leqslant D < 1.00$	14
$0.35 \leqslant D < 0.40$	90	$1.00 \leqslant D < 1.05$	13
$0.40 \leqslant D < 0.45$	70	$1.1 \leqslant D < 1.2$	11
$0.45 \leqslant D < 0.50$	55	$1.2 \leqslant D < 1.3$	10
$0.50 \leqslant D < 0.55$	45	$1.3 \leqslant D < 1.4$	8
$0.55 \leqslant D < 0.60$	38	$1.4 \leqslant D < 1.5$	8
$0.60 \leqslant D < 0.65$	32	$1.5 \leqslant D < 1.6$	7
$0.65 \leqslant D < 0.70$	28	$1.6 \leqslant D < 1.7$	6
$0.70 \leqslant D < 0.75$	24	$1.7 \leqslant D < 1.8$	6
$0.75 \leqslant D < 0.80$	21	$1.8 \leqslant D < 1.9$	6
$0.80 \leqslant D < 0.85$	19	$1.9 \leqslant D < 2.0$	5
$0.85 \leqslant D < 0.90$	17	$2.0 \leqslant D$	5
$0.90 \leqslant D < 0.95$	15		

表2 5%显著性水平的 t 值(双侧)

成对组数	t	成对组数	t	成对组数	t
2	6.314	21	1.725	40	1.685
3	2.920	22	1.721	41	1.684
4	2.353	23	1.717	42	1.683

表 2（续）

成对组数	t	成对组数	t	成对组数	t
5	2.132	24	1.714	43	1.682
6	2.015	25	1.711	44	1.681
7	1.943	26	1.708	45	1.680
8	1.895	27	1.706	46	1.679
9	1.860	28	1.703	47	1.679
10	1.833	29	1.701	48	1.678
11	1.812	30	1.699	49	1.677
12	1.796	31	1.697	50	1.677
13	1.782	32	1.696	51	1.676
14	1.771	33	1.694	61	1.671
15	1.761	34	1.692	81	1.664
16	1.753	35	1.691	121	1.658
17	1.746	36	1.690	240	1.651
18	1.740	37	1.688	∞	1.645
19	1.734	38	1.687		
20	1.792	39	1.686		

5 精密度校核试验方法

5.1 一般规定

5.1.1 试验批数

为了获得可靠的结论，推荐用 20 批以上同一类型不同规格的矿石进行试验，但不得少于 10 批。若供试验的交货批不足，可将较大的交货批分成若干个小批，逐个小批进行试验，以达到足够的试验批数。

5.1.2 份样数和大样

试验所需的份样数为 GB/T 2007.1 规定份样数的两倍。如果试验结合日常工作进行，常规取样份样数为 n，则试验时增加为 $2n$。将全部奇数份样集合为一个大样 A，全部偶数份样集合为另一个大样 B。

如果进行精密度试验时，取 $2n$ 个份样有困难，也可按常规的 n 个份样取，交错的放入 A、B 两个容器，组成 A、B 两个大样，每个大样包含有 $n/2$ 个份样。

5.1.3 份样量

根据矿石的最大粒度，按 GB/T 2007.1 规定进行。

5.1.4 取样间隔

由批量除以 $2n$ 即为取样间隔(若取 n 个份样，批量除以 n)，小数舍弃。

5.1.5 试样的制备和测定

试样的制备按 GB/T 2007.2 规定进行，测定按照相关的标准进行。

5.1.6 试验可结合日常工作进行，即使对于已验证过的方法，仍应根据需要进行校核。

5.2 试验方法

5.2.1 取样

根据校核需要，对待校核的取样方法(系统取样法、分层取样法和二级取样法)按有关标准规定进行取样,获取大样 A 和 B。

5.2.2 **制样和测定**

根据校核试验目的,选取下述方法 1、方法 2 或方法 3 进行制样和测定。

5.2.2.1 **方法 1**

缩分 A 和 B 大样,获得 A_1、A_2、B_1 和 B_2 四个试样,每个试样进行双样测定。方法 1 可分别获得取样、制样和测定的精密度(见图 1)。

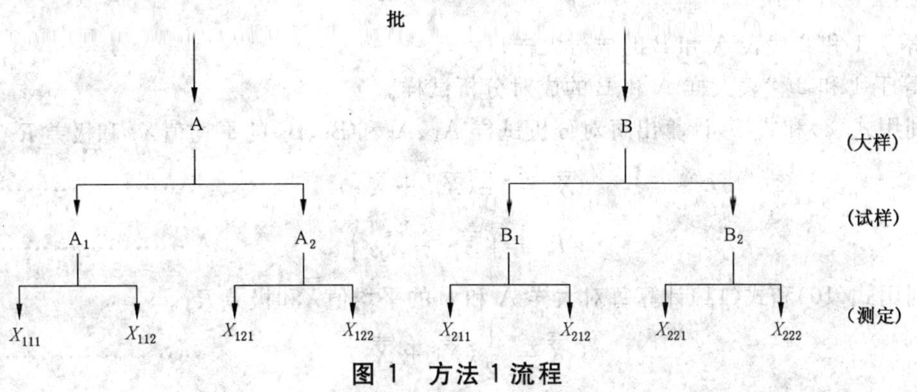

图 1 方法 1 流程

5.2.2.2 **方法 2**

将大样 A 制备成 2 个试样 A_1 和 A_2,大样 B 制备成 1 个试样。

A_1 试样应做双样测定,试样 A_2 和 B 做单样测定。方法 2 也可分别获得取样、制样和测定精密度,但制样和测定的估计精密度要比方法 1 得到的低(见图 2)。

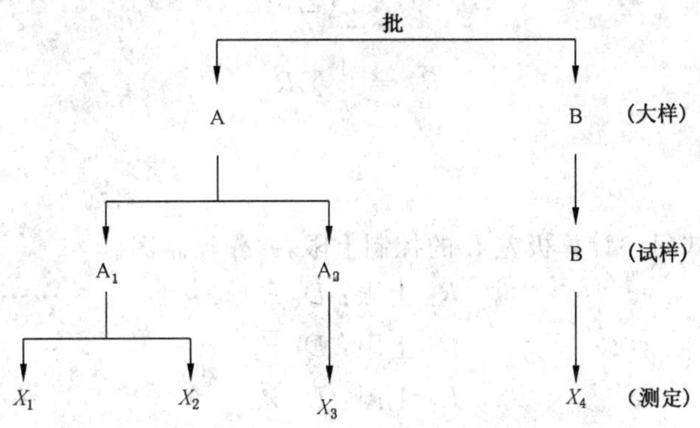

图 2 方法 2 流程

5.2.2.3 **方法 3**

将 2 个大样 A 和 B 各制备 1 个试样,每个试样做单样测定。方法 3 仅能得到取样、制样和测定的总精密度估计值(见图 3)。

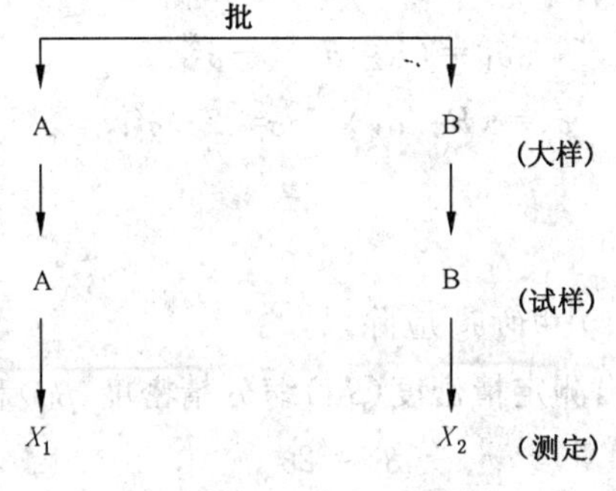

图 3 方法 3 流程

5.3 试验数据的分析

5.3.1 方法1

5.3.1.1 利用式(6)和式(7)计算每对分析试样测定值的平均值$\overline{X}_{ij}$和极差R_1。

$$\overline{X}_{ij}=\frac{1}{2}(X_{ij1}+X_{ij2}) \quad\cdots\cdots(6)$$

$$R_1=|X_{ij1}-X_{ij2}| \quad\cdots\cdots(7)$$

式中：

i分别等于1和2代表A和B的成对大样；

j分别等于1和2代表大样A和B的成对分析试样。

5.3.1.2 利用式(8)和式(9)计算出每对分析试样A_1、A_2和B_1、B_2的平均值$\overline{\overline{X}}_i$和极差$R_2$。

$$\overline{\overline{X}}_i=\frac{1}{2}(\overline{X}_{i1}+\overline{X}_{i2}) \quad\cdots\cdots(8)$$

$$R_2=|\overline{X}_{i1}-\overline{X}_{i2}| \quad\cdots\cdots(9)$$

5.3.1.3 利用式(10)和式(11)计算每对大样A和B的平均值$\overline{\overline{\overline{X}}}$和极差$R_3$。

$$\overline{\overline{\overline{X}}}=\frac{1}{2}(\overline{\overline{X}}_1+\overline{\overline{X}}_2) \quad\cdots\cdots(10)$$

$$R_3=|\overline{\overline{X}}_1-\overline{\overline{X}}_2| \quad\cdots\cdots(11)$$

5.3.1.4 利用式(12)、式(13)和式(14)计算出极差R_1、R_2、R_3的平均值$\overline{R}_1$、$\overline{R}_2$、$\overline{R}_3$。

$$\overline{R}_1=\frac{1}{4n}\sum R_1 \quad\cdots\cdots(12)$$

$$\overline{R}_2=\frac{1}{2n}\sum R_2 \quad\cdots\cdots(13)$$

$$\overline{R}_3=\frac{1}{n}\sum R_3 \quad\cdots\cdots(14)$$

式中：

n——试验批数。

5.3.1.5 利用式(15)～式(17)计算极差R的控制上限，并作控制图。

$$R_1\text{ 上限：}D_4\,\overline{R}_1 \quad\cdots\cdots(15)$$

$$R_2\text{ 上限：}D_4\,\overline{R}_2 \quad\cdots\cdots(16)$$

$$R_3\text{ 上限：}D_4\,\overline{R}_3 \quad\cdots\cdots(17)$$

式中：

$D_4=3.267$(针对于成对测定)。

5.3.1.6 当采取$2n_1$个份样时，可分别采用式(18)～式(20)计算测定标准偏差$\hat{\sigma}_M$、制样标准偏差$\hat{\sigma}_P$和取样标准偏差$\hat{\sigma}_S$的估计值：

$$\hat{\sigma}_M^2=(\overline{R}_1/d_2)^2 \quad\cdots\cdots(18)$$

$$\hat{\sigma}_P^2=(\overline{R}_2/d_2)^2-\hat{\sigma}_M^2/2 \quad\cdots\cdots(19)$$

$$\hat{\sigma}_S^2=(\overline{R}_3/d_2)^2-\hat{\sigma}_P^2/2-\hat{\sigma}_M^2/4 \quad\cdots\cdots(20)$$

式中：

$1/d_2=0.886\,5$(针对成对测定)。

注：如大样由$n_1/2$个份样组成，式(20)中的$\hat{\sigma}_S$应除以$\sqrt{2}$。

5.3.1.7 利用式(21)～式(23)算出测定精密度(β_M)缩分精密度(β_P)和取样精密度(β_S)：

$$\beta_M=2\hat{\sigma}_M \quad\cdots\cdots(21)$$

$$\beta_P=2\hat{\sigma}_P \quad\cdots\cdots(22)$$

$$\beta_S = 2\hat{\sigma}_S \qquad \cdots\cdots (23)$$

5.3.1.8 利用式(24)和式(25)算出取样、缩分和测定总标准偏差估计值($\hat{\sigma}_{SPM}$)和总精密度(β_{SPM})：

$$\hat{\sigma}_{SPM}^2 = \hat{\sigma}_M^2 + \hat{\sigma}_P^2 + \hat{\sigma}_S^2 \qquad \cdots\cdots (24)$$

$$\beta_{SPM} = 2\hat{\sigma}_{SPM} \qquad \cdots\cdots (25)$$

将求得的 β 值与有关标准规定的精密度值进行比较。

5.3.2 **方法 2**

5.3.2.1 利用式(26)和式(27)分析试样 A_1 双试验测定结果的平均值 $\overline{X}$ 和极差 R_1

$$\overline{X} = \frac{1}{2}(X_1 + X_2) \qquad \cdots\cdots (26)$$

$$R_1 = |X_1 - X_2| \qquad \cdots\cdots (27)$$

5.3.2.2 利用式(28)和式(29)计算成对分析试样 A_1、A_2 的平均值 $\overline{\overline{X}}_i$ 和极差 R_2。

$$\overline{\overline{X}} = \frac{1}{2}(\overline{X} + X_3) \qquad \cdots\cdots (28)$$

$$R_2 = |\overline{X} - X_3| \qquad \cdots\cdots (29)$$

5.3.2.3 利用式(30)和式(31)计算出每对大样 A 和 B 的平均值 $\overline{\overline{\overline{X}}}$ 和 R_3。

$$\overline{\overline{\overline{X}}} = \frac{1}{2}(\overline{\overline{X}} + X_4) \qquad \cdots\cdots (30)$$

$$R_3 = |\overline{\overline{X}} - X_4| \qquad \cdots\cdots (31)$$

5.3.2.4 利用式(32)～式(34)计算极差平均值 $\overline{R}_1$、$\overline{R}_2$、$\overline{R}_3$。

$$\overline{R}_1 = \frac{1}{n}\sum R_1 \qquad \cdots\cdots (32)$$

$$\overline{R}_2 = \frac{1}{n}\sum R_2 \qquad \cdots\cdots (33)$$

$$\overline{R}_3 = \frac{1}{n}\sum R_3 \qquad \cdots\cdots (34)$$

式中：

n——试验批数。

5.3.2.5 计算极差 R 的控制上限并制作控制图，计算式同式(15)～式(17)。

5.3.2.6 当采取 $2n_1$ 个份样时，可分别采用公式(35)～式(37)计算测定标准偏差 σ_M、制样标准偏差 σ_P 和取样标准偏差 σ_S 的估计值：

$$\hat{\sigma}_M^2 = (\overline{R}_1/d_2)^2 \qquad \cdots\cdots (35)$$

$$\hat{\sigma}_P^2 = (\overline{R}_2/d_2)^2 - \frac{3}{4}\hat{\sigma}_M^2 \qquad \cdots\cdots (36)$$

$$\hat{\sigma}_S^2 = (\overline{R}_3/d_2)^2 - \frac{3}{4}\hat{\sigma}_P^2 - \frac{11}{16}\hat{\sigma}_M^2 \qquad \cdots\cdots (37)$$

式中：

$1/d_2 = 0.886\,5$(针对成对测定)。

注：如大样由 $n_1/2$ 个份样组成，式(37)中的 $\hat{\sigma}_S$ 应除以 $\sqrt{2}$。

5.3.2.7 算出测定、制样、取样精密度(β_M、β_P、β_S)，计算方法同方法 1。

5.3.2.8 算出取样、制样、测定总标准偏差估计值($\hat{\sigma}_{SPM}$)和总精密度(β_{SPM})，计算方法同方法 1。将求得的 β 值与有关标准规定的精密度值进行比较。

5.3.3 **方法 3**

在这种情况下，本方法只能获得取样、制样和测定的总精密度。

5.3.3.1 算出每对试验的级差 R：

$$R = | X_1 - X_2 | \quad \cdots\cdots (38)$$

5.3.3.2 算出级差平均值$\overline{R}$：

$$\overline{R} = \frac{1}{n} \sum R \quad \cdots\cdots (39)$$

5.3.3.3 算出级差 R 的控制上限并作控制图：

$$R \text{ 上限}: D_4 \overline{R} \quad \cdots\cdots (40)$$

式中：

$D_4 = 3.267$(针对成对测定)。

5.3.3.4 算出总标准差估计值($\hat{\sigma}_{SPM}$)：

$$\hat{\sigma}_{SPM} = \overline{R} / d_2 \quad \cdots\cdots (41)$$

5.3.3.5 算出总精密度(β_{SPM})：

$$\beta_{SPM} = 2\hat{\sigma}_{SPM} \quad \cdots\cdots (42)$$

5.4 结果说明

5.4.1 通过本试验，当所有的 R_1、R_2、R_3 处于按 5.3.1.5、5.3.2.5 做的 R 图上限之内，表明日常取样、制样及测定精密度均处于受控状态。当 R 值处于按 5.3.3.3 作的 R 图上限 R_3 之内，表明取样、制样及测定总精密度均处于受控状态。当 R_1、R_2、R_3 和 R 值有某些值处于控制图上限之外，表明所试验的过程不是处于受控状态。应该寻找产生这种状态的原因，如能发现其原因，删除这些值并重新计算极差的平均值。

5.4.2 当求得的精密度值未能达到有关标准规定的精密度值时，取样程序应做如下调整。

5.4.2.1 按照 GB/T 2007.3 的方法重新评定划分该类矿石品质波动类型。也可根据测得的总精密度按式(43)推算该类矿石的品质波动标准差：

$$S_W = \sqrt{\frac{Kn\beta_{SPM}^2}{4} - nS_{PM}^2} \quad \cdots\cdots (43)$$

式中：

K——副样数；

n——组成副样的份样数；

S_{PM}——标准中规定或实测缩分和测定标准偏差。

如果查明该类矿石品质波动较大，可按实际品质波动类型增加份样个数或增加份样质量。

5.4.2.2 增加份样个数

按式(44)计算增加份样数，以改进取样精密度：

$$\beta_S / \beta_{S1} = \sqrt{\frac{n_1}{n}} \quad \cdots\cdots (44)$$

式中：

β_{S1}——试验所的取样精密度；

β_S——期望达到的取样精密度；

n_1——试验所取份样数；

n——达到 β_S 时应取份样数。

5.4.2.3 增加份样质量

增大份样量可提高取样精密度，但份样量增大到一定程度后，再继续增加份样量，对精密度的提高效果不显著。

5.4.2.4 若缩分精密度达不到规定要求，应改进制样过程。

附 录 A
（资料性附录）
取样偏差校核实例

计算示例见表 A.1。

表 A.1 取样偏差试验结果

组号	CaF_2 %		$d_i = X_{Ai} - X_{Bi}$	d_i^2
	被校核的取样法	停留取样法		
1	83.12	83.45	−0.33	0.109
2	83.38	83.26	0.12	0.014
3	82.90	83.19	−0.29	0.084
4	86.21	86.34	−0.13	0.017
5	86.14	86.78	−0.64	0.410
6	85.31	85.70	−0.39	0.152
7	83.94	84.43	−0.49	0.240
8	83.24	83.83	−0.59	0.348
9	82.60	82.50	0.10	0.010
10	77.69	77.14	0.55	0.302
11	67.92	67.85	0.07	0.005
12	79.42	78.62	0.80	0.640
13	86.03	85.38	0.65	0.423
14	87.32	87.20	0.12	0.014
15	70.54	70.39	0.15	0.023
16	71.11	70.12	0.99	0.980
17	80.32	79.46	0.86	0.740
18	85.30	85.33	−0.03	0.001
19	84.09	84.23	−0.14	0.020
20	86.68	86.92	−0.24	0.058
21	77.70	77.21	0.49	0.240
22	80.27	79.85	0.42	0.176
Σ			2.05	5.006

a. $\overline{d} = \frac{1}{K}\sum d_i = \frac{1}{22} \times 2.05 = 0.093$

b. $S_d = \sqrt{\frac{1}{K-1}\left[\sum d_i^2 - \frac{1}{K}(\sum d_i)^2\right]}$

$$= \sqrt{\frac{1}{22-1}\left[5.006 - \frac{1}{22}(2.05)^2\right]} = \pm 0.479$$

c. 确定所需成对组数 n_t：

假设最大允许误差 δ 为 0.4% CaF_2

$$D=\frac{\delta}{S_d}=\frac{0.4}{0.479}=0.84$$

由表 A.1 查得 $n_t=19$，因此，所收集的数据 22 组充足。

d. 计算 t_0 值：

$$t_0=\frac{\overline{d}}{S_\sigma/\sqrt{K}}=\frac{0.093}{0.479/\sqrt{22}}=0.911$$

e. 从表 2 查得成对组数为 22 的 t 值为 1.721。

f. 结论：由于 $t_0<t$ 故 B 法与 A 法无显著性差异，B 法可作常规法使用。

附 录 B
（资料性附录）
粒度-成分指数试验方法

首先将样品筛分，分别制样和测定各粒度级的主成分。按式(B.1)和式(B.2)计算粒度-成分指数(SEI)：

$$SEI=\frac{\sum R_i}{\overline{X}} \qquad \cdots\cdots(B.1)$$

$$R_i=|\overline{X}-X_i|\times m_i \qquad \cdots\cdots(B.2)$$

式中：

R_i——第 i 粒度级的加权成分；

m_i——第 i 粒度级的质量百分率；

$\overline{X}$——样品成分百分率的平均值；

X_i——第 i 粒度级的成分百分率。

选择粒度-成分指数比较高的矿石进行试验(如 SEI 大于 15)。

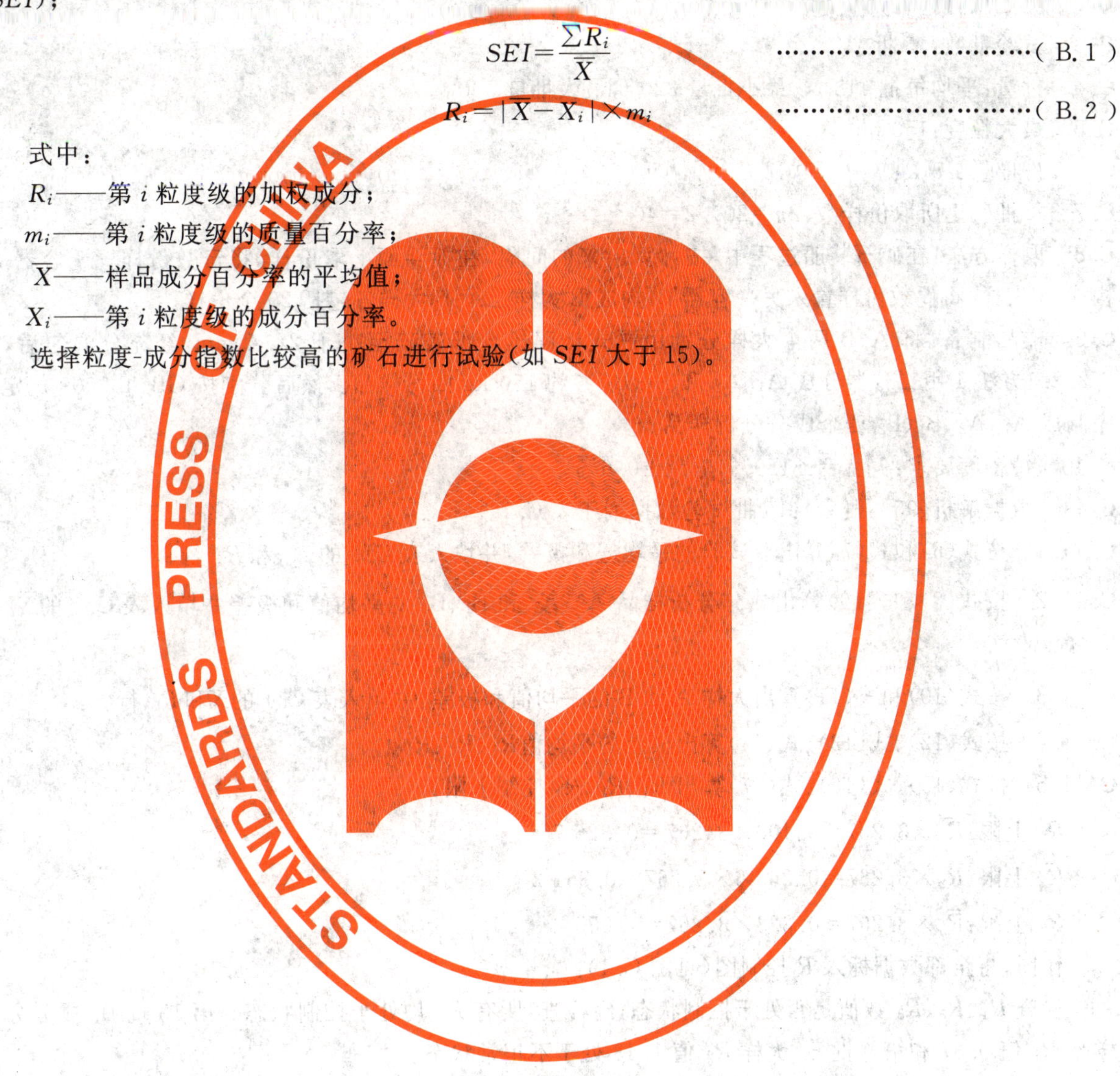

附　录　C
（资料性附录）
精密度校核试验实例

C.1　品名：矾土。

C.2　测定项目：Al_2O_3。

C.3　试验批数：15 批。

C.4　批量：平均每批 418 t。最小批量 320 t，最大批量 500 t。

C.5　最大粒度：150 mm。

C.6　份样量：15 kg。

C.7　每批矾土所取份样数：$2n=20\times2=40$。

C.8　取样方法：在矿石装船过程中，按计算出来的间隔，在抓斗面上取份样，将奇数份样置于容器 A，构成 A 大样，将偶数份样置入另一容器 B，构成 B 大样。A、B 大样各包括 20 个份样。

C.9　样品制备：将 A、B 两个大样分别用颚式破碎机全部破碎至小于 22.4 mm，经充分混匀后，按 5.2.2.1方法 1 用二分器分成 A_1、A_2 和 B_1、B_2 各约 150 kg 四份样品。然后分别按 GB/T 2009 规定程序制成 A_1、A_2、B_1、B_2 四个成分分析样品。

C.10　精密度要求：$\beta_{SPM}=\pm1.0\%$，$\beta_S=\pm0.6\%$。

C.11　数据解析(95%概率)：15 批试验数据列于表 C.1。

C.11.1　按式(6)和式(7)算出双试验的平均值和极差，并填入表 C.1 的 X_{ij} 和 R_1 行。

C.11.2　按式(8)和式(9)算出成分分析样品 A_1、A_2 和 B_1、B_2 的平均值和极差并填入表 C.1 的$\overline{\overline{X}}_i$ 和 R_2 行。

C.11.3　按式(10)和式(11)算出大样 A 和 B 的平均值和极差，并填入表 C.1 的$\overline{\overline{\overline{X}}}$和 R_3 行。

C.11.4　按式(12)、式(13)、式(14)算出极差的平均值$\overline{R}_1$、$\overline{R}_2$、$\overline{R}_3$。

C.11.5　按式(15)、式(16)、式(17)算出 R_1、R_2、R_3 控制上限：

R_1 上限：$\overline{R}_1\times3.267=0.100\times3.267=0.3267$

R_2 上限：$\overline{R}_2\times3.267=0.2636\times3.267=0.8612$

R_3 上限：$\overline{R}_3\times3.267=0.323\times3.267=1.055$

作图，将全部数据标入 R 控制图(见图 C.1)。

检查 R_1、R_2、R_3 数值是否处于控制状态，经检查，所有 R_3 均处于控制状态。第 15 批 B_1 成分分析样品 R_1 值 0.37 和第 9 批 B_2 大样 R_2 值 1.43 处于不正常状态。

经检查，第 15 批 B 成分分析样品在测定过程中一个试验在滴定前煮沸时溅失，第 9 批 B_2 大样制样前破碎机未清扫干净产生污染，故上述两数据可予舍弃，舍弃后，

$\overline{R}_1$ 为 0.096，控制上限为：

$$0.096\times3.267=0.314$$

$\overline{R}_2$ 为 0.223，控制上限为：

$$0.223\times3.267=0.7285$$

舍弃后，其余 R_1 值均小于 0.314，R_2 值均小于 0.728 5，按照式(18)、(19)、(20)算出测定、缩分和取样标准偏差的估计值：

$$\hat{\sigma}_M=0.096\times0.8865=0.085$$

$$\hat{\sigma}_P=\sqrt{(\overline{R}_2/d_2)^2-\frac{1}{2}\hat{\sigma}_M^2}$$

$$=\sqrt{(0.223\times0.8865)^2-\frac{1}{2}(0.085)^2}$$

$$=\pm0.188$$

$$\hat{\sigma}_S=\sqrt{(\overline{R}_3/d_2)^2-\frac{1}{2}\hat{\sigma}_P^2-\frac{1}{4}\hat{\sigma}_M^2}$$

$$=\sqrt{(0.323\times0.8865)^2-\frac{1}{2}\times0.188^2-\frac{1}{4}\times0.085^2}$$

$$=\pm0.250$$

C.11.6 根据式(21)、式(22)、式(23)算出测定、缩分和取样精密度值：

$$\beta_M=2\hat{\sigma}_M=2\times(\pm0.085)=\pm0.17$$

$$\beta_P=2\hat{\sigma}_P=2\times(\pm0.188)=\pm0.38$$

$$\beta_S=2\hat{\sigma}_S=2\times(\pm0.250)=\pm0.50$$

上述各项均符合规定的精密度要求。

C.11.7 根据式(24)、式(25)算出总精密度：

$$\beta_{SPM}=2\hat{\sigma}_{SPM}$$

$$=2\sqrt{\hat{\sigma}_M^2+\hat{\sigma}_P^2+\hat{\sigma}_S^2}$$

$$=2\sqrt{(0.085)^2+(0.188)^2+(0.25)^2}$$

$$=\pm0.65$$

控制上限UCL
(0.326 7)
$\overline{R}_1$(0.100)
R_1控制图
控制上限UCL
(0.861 2)
$\overline{R}_2$(0.263 6)
R_2控制图
控制上限UCL
(1.055)
$\overline{R}_3$(0.323)
R_3控制图

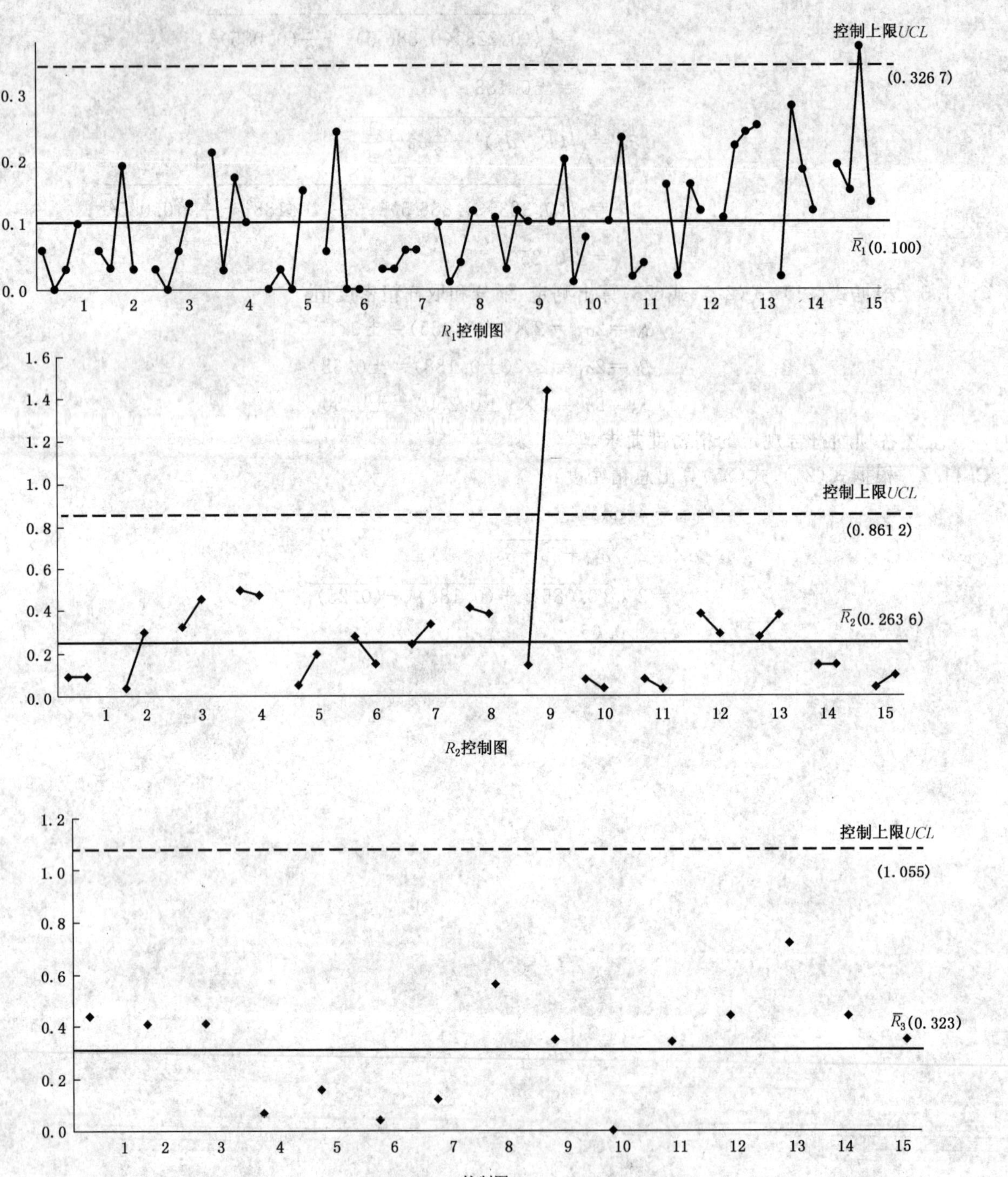

图 C.1 **R** 控制图

表 C.1 试验数据

批号	批量	份样数		A₁				A₂				A		B₁				B₂				B		$\overline{\overline{X}}$	R_3
		A	B	X_{111}	X_{112}	$\overline{X}_{11}$	R_1	X_{121}	X_{122}	$\overline{X}_{12}$	R_1	$\overline{\overline{X}}_1$	R_2	X_{211}	X_{212}	$\overline{X}_{21}$	R_1	X_{221}	X_{222}	$\overline{X}_{22}$	R_1	$\overline{\overline{X}}_2$	R_2		
1	480	20	20	76.89	76.83	76.86	0.06	76.95	76.95	76.95	0.00	76.90	0.09	76.40	76.43	76.42	0.03	76.56	76.46	76.51	0.10	76.46	0.09	76.68	0.44
2	460	20	20	65.33	65.39	65.36	0.06	65.33	65.30	65.32	0.03	65.34	0.04	65.17	64.98	65.08	0.19	64.77	64.80	64.78	0.03	64.93	0.30	65.14	0.41
3	350	20	20	64.96	64.93	64.94	0.03	64.62	64.62	64.62	0.00	64.78	0.32	65.45	65.39	65.42	0.06	65.02	64.39	64.96	0.13	65.19	0.46	64.98	0.41
4	380	20	20	77.69	77.90	77.80	0.21	78.29	78.32	78.30	0.03	78.05	0.50	77.80	77.97	77.88	0.17	78.31	78.41	78.36	0.10	78.12	0.48	78.08	0.07
5	480	20	20	77.87	77.87	77.87	0.00	77.80	77.83	77.82	0.03	77.84	0.05	78.10	78.10	78.10	0.00	77.83	77.98	77.90	0.15	78.00	0.20	77.92	0.16
6	370	20	20	67.35	67.41	67.38	0.06	67.22	66.98	67.10	0.24	67.24	0.28	67.35	67.35	67.35	0.00	67.20	67.20	67.20	0.00	67.28	0.15	67.26	0.04
7	450	20	20	66.25	66.28	66.26	0.03	66.03	66.00	66.02	0.03	66.14	0.24	66.46	66.40	66.43	0.06	66.12	66.06	66.09	0.06	66.26	0.34	66.20	0.12
8	500	20	20	73.58	73.48	73.53	0.10	73.12	73.13	73.12	0.01	73.32	0.41	74.10	74.06	74.08	0.04	73.63	73.75	73.69	0.12	73.88	0.39	73.60	0.56
9	490	20	20	68.42	68.53	68.48	0.11	68.35	68.32	68.34	0.03	68.41	0.14	67.98	68.10	68.04	0.12	69.42	69.52	69.47	0.10	68.76	1.43	68.58	0.35
10	320	20	20	81.23	81.33	81.28	0.10	81.10	81.30	81.20	0.20	81.24	0.08	81.22	81.23	81.22	0.01	81.30	81.22	81.26	0.08	81.24	0.04	81.24	0.00
11	390	20	20	68.77	68.67	68.72	0.10	68.53	68.76	68.64	0.23	68.68	0.08	68.32	68.34	68.33	0.02	68.38	68.34	68.36	0.04	68.34	0.03	68.51	0.34
12	380	20	20	75.42	75.58	75.50	0.16	75.10	75.12	75.11	0.02	75.30	0.39	75.68	75.52	75.60	0.16	75.83	75.95	75.89	0.12	75.74	0.29	75.52	0.44
13	420	20	20	80.12	80.23	80.18	0.11	80.35	80.57	80.46	0.22	80.32	0.28	80.97	80.73	80.85	0.24	81.11	81.36	81.24	0.25	81.04	0.39	80.68	0.72
14	410	20	20	73.22	73.24	73.23	0.02	73.23	73.51	73.37	0.28	73.30	0.14	73.73	73.91	73.82	0.18	73.73	73.61	73.67	0.12	73.74	0.15	73.52	0.44
15	400	20	20	66.02	66.21	66.12	0.19	66.00	66.15	66.08	0.15	66.10	0.04	66.68	66.31	66.50	0.37	66.34	66.47	66.40	0.13	66.45	0.09	66.28	0.35
Σ		300	300	1 083.12	1 083.88	1 083.51	1.34	1 082.02	1 082.86	1 082.45	1.50	1 082.96	3.08	1 085.41	1 084.82	1 085.12	1.65	1 085.55	1 086.[illegible]2	1 085.78	1.53	1 085.43	4.33	1 084.19	4.85
平均数		20	20	72.21	72.26	72.23	0.089	72.13	72.19	72.16	0.10	72.20	0.205	72.36	72.32	72.34	0.11	72.37	72.40	72.39	0.102	72.36	0.322	72.28	0.323

$\overline{R}_1$：0.100　　$\overline{R}_2$：0.263 6　　$\overline{R}_3$：0.32

附 录 D
（资料性附录）
精密度校核单批试验方法

将一较大交货批按规定份样数 n 取份样，予以编号，顺序依次轮流放入 A，B，C，…，K 个容器。合成 A，B，C，…K 个大样（一般不小于 10），按有关标准规定制样并测定，得到 X_A，X_B，X_C，…X_K 个测定结果。

按照式（D.1）计算取样、缩分和测定总标准偏差：

$$S_{SPM}=\sqrt{\frac{\sum X_i^2-(\sum X_i)^2/n}{n-1}} \quad \cdots\cdots\cdots\cdots\cdots\cdots\cdots\cdots\cdots\cdots\text{(D.1)}$$

式中：

X_i——第 i 个份样的结果；

n——份样个数。

再根据式（D.2）算出精密度 β_{SPM} 值：

$$\beta_{SPM}=t\cdot S_{SPM}/\sqrt{n} \quad \cdots\cdots\cdots\cdots\cdots\cdots\cdots\cdots\cdots\cdots\text{(D.2)}$$

式中：

t——由表 D.1 根据 $f=n-1$ 查出的数值。

表 D.1 t 分布表

f	5	6	7	8	9	10	11	12
t	2.57	2.447	2.365	2.306	2.262	2.228	2.201	2.179
f	13	14	15	16	17	18	19	20
t	2.160	2.145	2.131	2.120	2.110	2.101	2.093	2.086
f	25	30	40	45	50	60	70	80
t	2.060	2.042	2.030	2.021	2.009	2.000	1.994	1.990
f	90	100	∞					
t	1.987	1.984	1.96					

示例：11 个副样测定结果列于表 D.2。

表 D.2 副样测定结果

样品号	测定结果 X/%	X^2
1	45.3	2 052.09
2	47.1	2 218.41
3	46.5	2 162.25
4	47.2	2 227.84
5	45.8	2 097.61
6	46.4	2 152.96
7	45.7	2 088.49

表 D.2（续）

样品号	测定结果 X/%	X^2
8	46.3	2 143.69
9	48.0	2 304.00
10	46.7	2 180.89
11	46.8	2 190.24
Σ	511.8	23 818.52

平均值为：$\overline{X}=511.8/11=46.53$

$$\sigma_{SPM}=\sqrt{\frac{23\ 818.5-511.8^2/11}{11-1}}$$

查 t 值为 2.228；$\beta_{SPM}=2.228\times0.764/\sqrt{11}=\pm0.513\%$

参 考 文 献

[1] GB/T 1.1—2000 标准化工作导则 第1部分:标准的结构和编写规则
[2] GB/T 3361—1982 数据的统计处理和解释 在成对观测值情形下两个均值的比较
[3] GB/T 10322.4—2000 铁矿石—校核取样偏差的实验方法(idt ISO 3086:1998)
[4] GB/T 10322.3—2000 铁矿石—校核取样精密度的实验方法(idt ISO 3085:1998)
[5] ISO 11648-1:2003 Statistical aspects of sampling from bulk materials—Part 1:General Principles

ICS 47.020.30
U 52

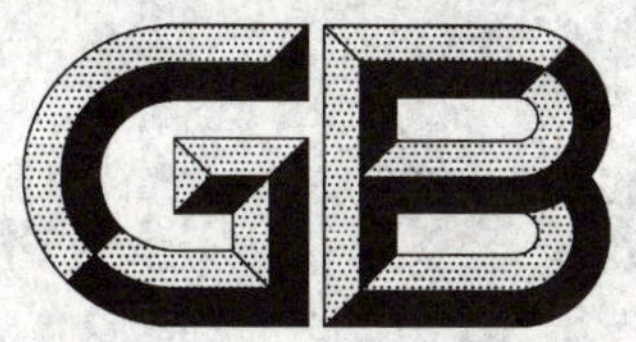

中华人民共和国国家标准

GB/T 2029—2008
代替 GB/T 2029—1980,GB/T 11691—1989

铸钢吸入通海阀

Cast steel suction valve for seaward sluice

2008-08-04 发布 2009-02-01 实施

中华人民共和国国家质量监督检验检疫总局
中国国家标准化管理委员会 发布

前　言

本标准代替 GB/T 2029—1980《铸钢吸入通海阀》和 GB/T 11691—1989《铸钢吸入通海阀(四进位)》。

本标准与 GB/T 2029—1980、GB/T 11691—1989 相比主要变化如下：

——本标准将 GB/T 2029—1980 和 GB/T 11691—1989 整合为一个标准。其中原 GB/T 2029—1980 规定的型式为本标准的 B 型；原 GB/T 11691—1989 规定的型式为本标准的 BS 型。

——阀盘的导向筋改在阀座上，便于加工。

——B 型通海阀公称通径由 DN80～DN500 改为 DN50～DN400。

——阀体、阀盖和手轮的材料修改为 WCA。

——增加"倒密封"结构。

本标准由中国船舶重工集团公司提出。

本标准由全国船用机械标准化技术委员会管系附件分技术委员会归口。

本标准起草单位：大连船舶重工集团有限公司、大连金煤阀门有限公司。

本标准主要起草人：刘小朋、邱金泉、薄英、马玉龙、刘军、于德延。

本标准所代替的标准的历次版本发布情况为：

——GB/T 2029—1980；

——GB/T 11691—1989。

铸钢吸入通海阀

1 范围

本标准规定了法兰连接尺寸和密封面按 GB/T 569 和 GB/T 2501 的铸钢吸入通海阀(以下简称通海阀)的分类和标记、要求、试验方法、检验规则、包装和贮存。

本标准适用于淡、海水管路系统中通海阀的设计、制造和验收。

2 规范性引用文件

下列文件中的条款通过本标准的引用而成为本标准的条款。凡是注日期的引用文件,其随后所有的修改单(不包括勘误的内容)或修订版均不适用于本标准,然而,鼓励根据本标准达成协议的各方研究是否可使用这些文件的最新版本。凡是不注日期的引用文件,其最新版本适用于本标准。

GB/T 41—2000 六角螺母 C级(eqv ISO 4034:1999)

GB/T 569 船用法兰 连接尺寸和密封面

GB/T 600 船舶管路阀件通用技术条件(GB/T 600—1991,neq ISO 5208:1982)

GB/T 897—1988 双头螺柱 $b_m = 1d$

GB/T 1176—1987 铸造铜合金技术条件(neq ISO 1338:1977)

GB/T 1184—1996 形状和位置公差 未注公差值(eqv ISO 2768-2:1989)

GB/T 1804—2000 一般公差 未注公差的线性和角度尺寸的公差(eqv ISO 2768-1:1989)

GB/T 1958 产品几何量技术规范(GPS) 形状和位置公差 检测规定

GB/T 2501 船用法兰连接尺寸和密封面(四进位)(GB/T 2501—1989,neq ISO 2084:1974)

GB/T 3032 船舶管路附件的标志

GB/T 4423—2007 铜及铜合金拉制棒

GB/T 11698 船用法兰连接金属阀门的结构长度(GB/T 11698—1989,neq ISO 5752:1982)

GB/T 12229—2005 通用阀门 碳素钢铸件技术条件

CB/T 3927 船用铸造阀件壁厚

3 分类和标记

3.1 型式

通海阀型式规定如下:

B 型——法兰连接尺寸和密封面按 GB/T 569 的通海阀。

BS 型——法兰连接尺寸和密封面按 GB/T 2501 的通海阀。

3.2 基本参数

通海阀基本参数见表 1。

表 1 通海阀基本参数

型 式	公称压力 PN/MPa	公称通径 DN/mm
B	0.4	50~400
BS		50~500

3.3 结构和基本尺寸

通海阀的结构和基本尺寸见图 1 和表 2、表 3。

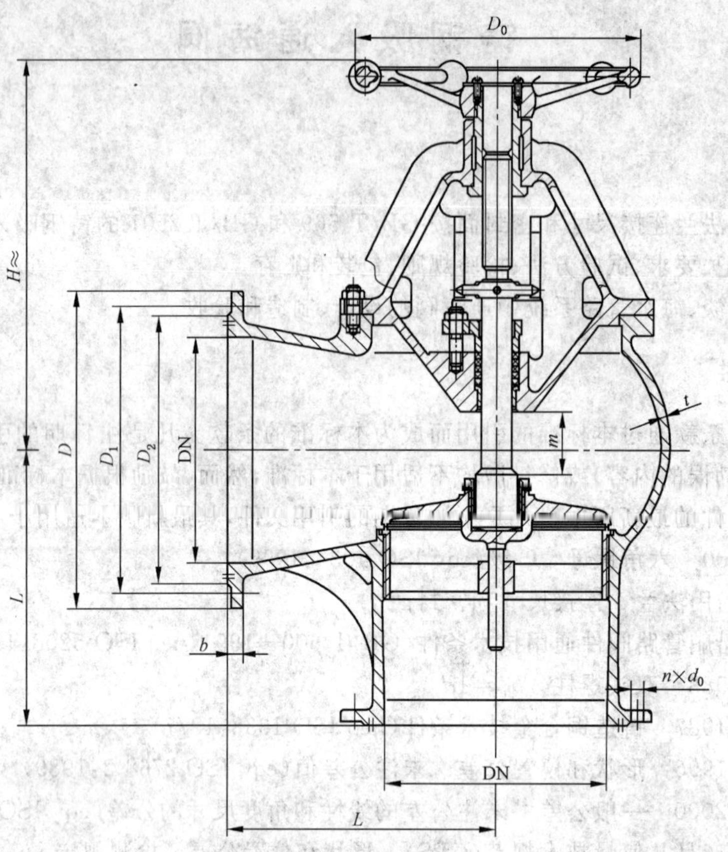

图 1 B 型、BS 型通海阀

表 2 B 型通海阀基本尺寸

单位为毫米

<table>
<tr><th rowspan="2">公称通径
DN</th><th colspan="2">结构尺寸</th><th colspan="5">法兰</th><th colspan="3">螺栓</th><th>手轮</th><th>行程</th><th>壁厚</th><th>理论重量/</th></tr>
<tr><th>$H\approx$</th><th>L</th><th>D</th><th>D_1</th><th>D_2</th><th>b</th><th>d_0</th><th>n/个</th><th>Th.</th><th>D_0</th><th>m</th><th>t</th><th>kg</th></tr>
<tr><td>50</td><td>230</td><td>95</td><td>135</td><td>103</td><td>84</td><td>13</td><td rowspan="7">15</td><td rowspan="2">6</td><td rowspan="7">M14</td><td rowspan="2">140</td><td>16</td><td rowspan="3">7</td><td>14.4</td></tr>
<tr><td>65</td><td>240</td><td>115</td><td>155</td><td>123</td><td>104</td><td rowspan="5">14</td><td>20</td><td>17.6</td></tr>
<tr><td>80</td><td>260</td><td>125</td><td>170</td><td>138</td><td>118</td><td rowspan="2">8</td><td>160</td><td>24</td><td>18.7</td></tr>
<tr><td>100</td><td>280</td><td>135</td><td>190</td><td>158</td><td>138</td><td>180</td><td>30</td><td rowspan="2">8</td><td>21.8</td></tr>
<tr><td>125</td><td>310</td><td>160</td><td>215</td><td>183</td><td>164</td><td>10</td><td>200</td><td>40</td><td>30.8</td></tr>
<tr><td>150</td><td>340</td><td>175</td><td>240</td><td>208</td><td>190</td><td rowspan="2">12</td><td>225</td><td>48</td><td rowspan="2">9</td><td>48.2</td></tr>
<tr><td>200</td><td>375</td><td>220</td><td>295</td><td>264</td><td>247</td><td>15</td><td>280</td><td>60</td><td>68.4</td></tr>
<tr><td>250</td><td>425</td><td>260</td><td>365</td><td>327</td><td>306</td><td>16</td><td>17</td><td rowspan="2">14</td><td>M16</td><td>360</td><td>70</td><td>10</td><td>107.0</td></tr>
<tr><td>300</td><td>480</td><td>300</td><td>430</td><td>386</td><td>360</td><td>19</td><td rowspan="3">21</td><td rowspan="3">M20</td><td>400</td><td>78</td><td rowspan="2">11</td><td>167.0</td></tr>
<tr><td>350</td><td>560</td><td>320</td><td>480</td><td>436</td><td>410</td><td>20</td><td rowspan="2">16</td><td>450</td><td>100</td><td>215.0</td></tr>
<tr><td>400</td><td>640</td><td>380</td><td>530</td><td>486</td><td>460</td><td>21</td><td>500</td><td>110</td><td>12</td><td>305.0</td></tr>
</table>

表 3　BS 型通海阀基本尺寸

单位为毫米

公称通径 DN	结构尺寸		法兰					螺栓		手轮 D_0	行程 m	壁厚 t	理论重量/kg
	$H\approx$	L	D	D_1	D_2	b	d_0	n/个	Th.				
50	230	125	140	110	90	16	14	4	M12	140	16	7	15.1
65	240	145	160	130	110						20		18.2
80	260	155	190	150	128	18			M16	160	24		21.0
100	280	175	210	170	148					180	30	8	25.7
125	310	200	240	200	178	20	18	8		200	40		36.5
150	340	225	265	225	202					225	48	9	59.8
200	375	275	320	280	258	22				280	60		80.7
250	425	325	375	335	312	24	22	12	M20	360	70	10	121.0
300	480	375	440	395	365					400	78	11	184.0
350	560	425	490	445	415					450	100		247.0
400	640	475	540	495	465			16		500	110	12	324.0
450	720	500	595	550	520					550	150		467.2
500	800	525	645	600	570	26	20	20		600	155	13	550.9

3.4　产品标记

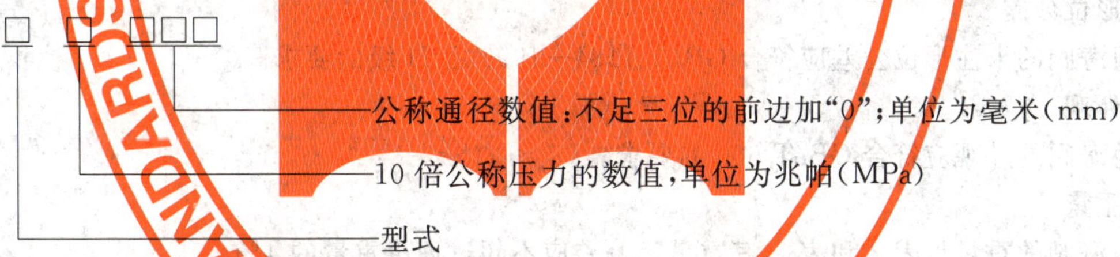

3.5　标记示例

公称压力为 0.4 MPa，公称通径为 80 mm，法兰连接尺寸和密封面按 GB/T 569 规定的铸钢吸入通海阀标记为：

通海阀　GB/T 2029—2008　B4080

公称压力为 0.4 MPa，公称通径为 100 mm，法兰连接尺寸和密封面按 GB/T 2501 规定的铸钢吸入通海阀标记为：

通海阀　GB/T 2029—2008　BS4100

4　要求

4.1　材料

4.1.1　通海阀的主要零件材料按表 4 的规定。

表 4 通海阀的主要零件材料

零件名称	材料		
	名称	牌号	标准编号
阀体、阀盖	铸钢	WCA	GB/T 12229—2005
阀盘、阀座	铸锡青铜	ZCuSn10Zn2	GB/T 1176—1987
阀杆	铝青铜	QAl9-2	GB/T 4423—2007
手轮	铸钢	WCA	GB/T 12229—2005
填料	油浸麻	—	—
螺柱	碳钢	4.8	GB/T 897—1988
螺母	碳钢	5	GB/T 41—2000

4.1.2 铸件每炉应至少有三个备查试棒，保存期不应少于 3a。

4.2 强度

阀体在 0.6 MPa 液压下应无渗漏。

4.3 密封性

4.3.1 通海阀阀盘密封面在 0.44 MPa 液压下应无渗漏。

4.3.2 通海阀阀杆与阀盖密封面在 0.44 MPa 液压下允许有(0.01×DN) mm^3/s 的渗漏量。

4.4 尺寸公差

4.4.1 通海阀的壁厚应符合 CB/T 3927 的要求；壁厚公差应符合 GB/T 600 的要求。

4.4.2 通海阀的线性尺寸未注公差应符合 GB/T 1804—2000 之 m 级的要求。

4.4.3 B 型通海阀的结构长度及公差应符合本标准的要求；BS 型通海阀的结构长度及公差应符合 GB/T 11698 的要求。

4.5 形位公差

通海阀的未注形位公差应符合 GB/T 1184—1996 之 H 级的要求。

4.6 外观

通海阀的外观应符合 GB/T 600 的要求。

4.7 重量

通海阀的重量见表 2 和表 3，其重量正偏差应不超过理论重量的 4%。

4.8 标志

通海阀的标志应符合 GB/T 3032 的要求。

5 试验方法

5.1 材料

5.1.1 铸件的化学成分和力学性能试验按 GB/T 1176—1987 和 GB/T 12229—2005 规定的方法进行，结果应符合 4.1.1 的要求。

5.1.2 其他材料应检查材质报告单，结果应符合 4.1.1 的要求。

5.2 强度

通海阀的强度试验按 GB/T 600 规定的方法进行，结果应符合 4.2 的要求。

5.3 密封性

通海阀的密封性试验按 GB/T 600 规定的方法进行，结果应符合 4.3.1 和 4.3.2 的要求。

5.4 尺寸公差

5.4.1 通海阀的壁厚及公差应用测厚仪、卡钳或钢尺检查，结果应符合 3.3 和 4.4.1 的要求。

5.4.2 通海阀的线性尺寸公差用相应等级的量具检查,结果应符合 3.3 和 4.4.2 的要求。

5.4.3 通海阀的结构长度及公差应用钢尺或游标卡尺检查,结果应符合 3.3 和 4.4.3 的要求。

5.5 形位公差

通海阀的形位公差按 GB/T 1958 规定的方法检查,结果应符合 4.5 的要求。

5.6 外观

通海阀的外观用目测方法检查,结果应符合 4.6 的要求。

5.7 重量

将通海阀放在分度值不大于 0.1 kg 的衡器上进行称重,结果应符合 4.7 的要求。

5.8 标志

通海阀的标志用目测的方法检查,结果应符合 4.8 的要求。

6 检验规则

6.1 检验分类

通海阀的检验分类如下:

a) 型式检验;

b) 出厂检验。

6.2 型式检验

6.2.1 检验时机

有下列情况之一时,截止阀应进行型式检验:

a) 产品试制鉴定;

b) 生产工艺发生重大变化;

c) 上级质量检验部门提出要求。

6.2.2 检验项目

型式检验项目按表 5 的规定。

表 5 通海阀型式检验和出厂检验的项目

序号	检验项目	要求的章条号	试验方法的章条号	型式检验	出厂检验
1	材料	4.1.1、4.1.2	5.1.1、5.1.2	●	●
2	强度	4.2	5.2	●	●
3	密封性	4.3.1	5.3	●	●
		4.3.2		●	—
4	尺寸公差	4.4.1	5.4.1	●	—
		4.4.2	5.4.2	●	—
		4.4.3	5.4.3	●	—
5	形位公差	4.5	5.5	●	—
6	外观	4.6	5.6	●	●
7	重量	4.7	5.7	●	—
8	标志	4.8	5.8	●	●
注:●为必检项目;—为不检项目。					

6.2.3 检验样品数量

通海阀的型式检验除材料按组批规格(同一炉号为一批)检验外,其余检验样品数量应为 3 个。

6.2.4 判定规则

通海阀所有样品全部检验项目符合要求，判为型式检验合格；材料若不符合要求，则判该批通海阀型式检验不合格；其他项目若有不符合要求的，应加倍取样复验，若复验合格，仍判为型式检验合格；若仍有不符合要求的项目，则判为型式检验不合格。

6.3 出厂检验

6.3.1 检验项目

通海阀出厂检验项目按表5的规定。

6.3.2 检验样品数量

除材料检验按组批规格（同一炉号为一批）检验外，其他检验应逐个产品进行。

6.3.3 判定规则

全部检验项目符合要求的通海阀判定出厂检验合格；材料若不符合要求，则判该批通海阀出厂检验不合格；其他项目的检验，若有不符合要求的通海阀，允许返修后进行复验，若复验合格，则判该通海阀出厂检验合格；若复验仍不符合要求，则判该通海阀不合格。

7 包装和贮存

通海阀的包装和贮存按GB/T 600的规定进行。

ICS 47.020.30
U 52

中华人民共和国国家标准

GB/T 2030—2008
代替 GB/T 2030—1980,GB/T 11692—1989

青铜吸入通海阀

Bronze suction valve for seaward sluice

2008-08-04 发布 2009-02-01 实施

中华人民共和国国家质量监督检验检疫总局
中国国家标准化管理委员会 发布

前　言

本标准代替 GB/T 2030—1980《青铜吸入通海阀》和 GB/T 11692—1989《青铜吸入通海阀(四进位)》。

本标准与 GB/T 2030—1980、GB/T 11692—1989 相比主要变化如下：

——本标准将 GB/T 2030—1980 和 GB/T 11692—1989 整合为一个标准。原 GB/T 2030—1980 规定的型式为本标准的 B 型；原 GB/T 11692—1989 规定的型式为本标准的 BS 型。

——B 型通海阀公称通径由 DN80～DN400 扩展到 DN50～DN400。

——调整 H 尺寸。

——手轮的材料修改为 WCA。

——增加"倒密封"结构。

本标准由中国船舶重工集团公司提出。

本标准由全国船用机械标准化技术委员会管系附件分技术委员会归口。

本标准起草单位：大连船舶重工集团有限公司、大连金煤阀门有限公司。

本标准主要起草人：刘小朋、薄英、邱金泉、马玉龙、刘军、于德延。

本标准所代替标准的历次版本发布情况为：

——GB/T 2030—1980；

——GB/T 11692—1989。

青铜吸入通海阀

1 范围

本标准规定了法兰连接尺寸和密封面按 GB/T 569 和 GB/T 2501 的青铜吸入通海阀(以下简称通海阀)的分类和标记、要求、试验方法、检验规则、包装和贮存。

本标准适用于淡水、海水船舶管路系统用的通海阀的设计、制造和验收。

2 规范性引用文件

下列文件中的条款通过本标准的引用而成为本标准的条款。凡是注日期的引用文件,其随后所有的修改单(不包括勘误的内容)或修订版均不适用于本标准,然而,鼓励根据本标准达成协议的各方研究是否可使用这些文件的最新版本。凡是不注日期的引用文件,其最新版本适用于本标准。

GB/T 41—2000 六角螺母 C 级(eqv ISO 4034:1999)

GB/T 569 船用法兰 连接尺寸和密封面

GB/T 600 船舶管路阀件通用技术条件(GB/T 600—1991,neq ISO 5208:1982)

GB/T 897—1988 双头螺柱 $b_m=1d$

GB/T 1176—1987 铸造铜合金技术条件(neq ISO 1338:1977)

GB/T 1184—1996 形状和位置公差 未注公差值(eqv ISO 2768-2:1989)

GB/T 1804—2000 一般公差 未注公差的线性和角度尺寸的公差(eqv ISO 2768-1:1989)

GB/T 1958 产品几何量技术规范(GPS) 形状和位置公差 检测规定

GB/T 2501 船用法兰连接尺寸和密封面(四进位)(GB/T 2501—1989,neq ISO 2084:1974)

GB/T 3032 船舶管路附件的标志

GB/T 4423—2007 铜及铜合金拉制棒

GB/T 11698 船用法兰连接金属阀门的结构长度(GB/T 11698—1989,neq ISO 5752:1982)

GB/T 12229—2005 通用阀门 碳素钢铸件技术条件

CB/T 3927 船用铸造阀件壁厚

3 分类和标记

3.1 型式

通海阀的型式规定如下:

B 型——法兰连接尺寸和密封面按 GB/T 569 的通海阀;

BS 型——法兰连接尺寸和密封面按 GB/T 2501 的通海阀。

3.2 基本参数

通海阀的基本参数见表 1。

表 1 通海阀的基本参数

型 式	公称压力 PN MPa	公称通径 DN mm
B	0.4	50~400
BS		

3.3 结构和尺寸

通海阀的结构和基本尺寸见图 1 和表 2、表 3。

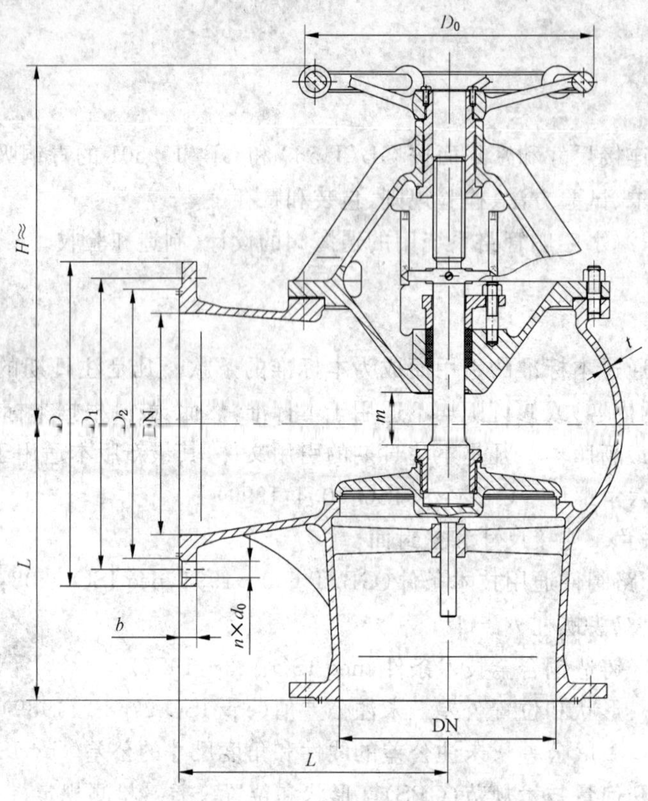

图 1 B 型、BS 型通海阀

表 2 B 型通海阀的基本尺寸

单位为毫米

公称通径 DN	结构尺寸		法兰					螺栓		手轮	升程	壁厚	理论重量 kg
	$H\approx$	L	D	D_1	D_2	b	d_0	n 个	Th.	D_0	m	t	
50	230	95	135	103	84	14	15	6	M14	140	16	5	13.1
65	240	115	155	123	104						20	6	16.1
80	260	125	170	138	118			8		160	24		20.3
100	280	135	190	158	138					180	30	7	25.3
125	310	160	215	183	164			10		200	40	8	33.6
150	340	175	240	208	190			12		225	48		59.9
200	375	220	295	264	247	15				280	60	9	79.0
250	425	260	365	327	306	16	17	14	M16	360	70	10	121.8
300	480	300	430	386	360	19	21		M20	400	78		197.5
350	560	320	480	436	410	20		16		450	100	11	263.7
400	640	380	530	486	460	21				500	110		343.8

表 3 BS 型通海阀的基本尺寸

单位为毫米

公称通径 DN	结构尺寸		法兰					螺栓		手轮 D_0	升程 m	壁厚 t	理论重量 kg
	$H\approx$	L	D	D_1	D_2	b	d_0	n 个	Th.				
50	230	125	140	110	90	17	14	4	M12	140	16	5	13.8
65	240	145	160	130	110						20	6	17.0
80	260	155	190	150	128	19				160	24		23.2
100	280	175	210	170	148					180	30	7	29.1
125	310	200	240	200	178	20	18	8	M16	200	40	8	38.6
150	340	225	265	225	202					225	48		64.9
200	375	275	320	280	258	22				280	60	9	87.1
250	425	325	375	335	312	24				360	70	10	130.4
300	480	375	440	395	365		22	12	M20	400	78		205.5
350	560	425	490	445	415	26				450	100	11	274.1
400	640	475	540	495	465	28		16		500	110		356.5

3.4 产品标记

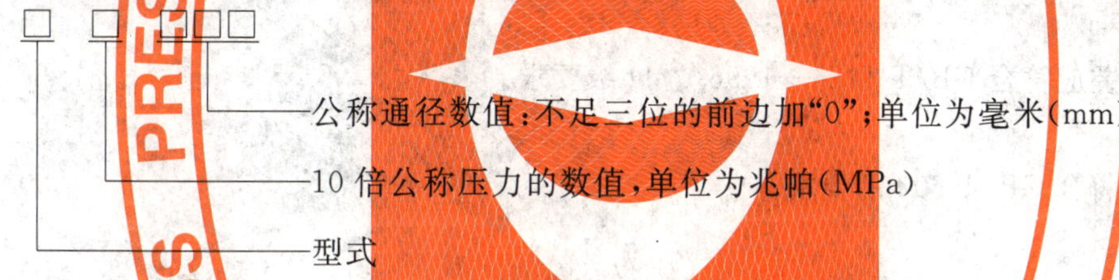

3.5 标记示例

公称压力为 0.4 MPa,公称通径 50 mm,法兰连接尺寸和密封面按 GB/T 569 的青铜吸入通海阀标记为:

通海阀 GB/T 2030—2008 B4050

公称压力为 0.4 MPa,公称通径 200 mm,法兰连接尺寸和密封面按 GB/T 2501 的青铜吸入通海阀标记为:

通海阀 GB/T 2030—2008 BS4200

4 要求

4.1 材料

4.1.1 通海阀的主要零件材料见表 4。

表 4 通海阀的主要零件材料

零件名称	材料		
	名称	牌号	标准号
阀体、阀盖、阀盘	铸锡青铜	ZCuSn10Zn2	GB/T 1176—1987
阀杆	铝青铜	QAl9-2	GB/T 4423—2007
手轮	铸钢	WCA	GB/T 12229—2005
填料压盖	铸铝青铜	ZCuAl9Mn2	GB/T 1176—1987

表 4（续）

零件名称	材料		
	名称	牌号	标准号
填料	油浸麻	—	—
螺柱	碳钢	4.8	GB/T 897—1988
螺母	碳钢	5	GB/T 41—2000

4.1.2 铸件每炉应至少有三个带炉号的备查试棒，保存期不应少于 3a。

4.2 强度

阀体在 0.6 MPa 液压下应无渗漏。

4.3 密封性

4.3.1 通海阀阀盘密封面在 0.44 MPa 的液压下应无渗漏。

4.3.2 通海阀阀杆与阀盖密封面在 0.44 MPa 液压下允许有(0.01×DN)mm^3/s 的渗漏量。

4.4 尺寸公差

4.4.1 通海阀的壁厚应符合 CB/T 3927 的要求；壁厚公差应符合 GB/T 600 的要求。

4.4.2 通海阀的线性尺寸未注公差应符合 GB/T 1804—2000 之 m 级的要求。

4.4.3 B 型通海阀的结构长度及公差应符合本标准的要求；BS 型通海阀的结构长度及公差应符合 GB/T 11698 的要求。

4.5 形位公差

通海阀的形位公差应符合 GB/T 1184—1996 之 H 级要求。

4.6 外观

通海阀的外观应符合 GB/T 600 的要求。

4.7 重量

通海阀的重量见表 2 和表 3，其重量正偏差应不超过理论重量的 4%。

4.8 标志

通海阀的标志应符合 GB/T 3032 的要求。

5 试验方法

5.1 材料

5.1.1 铸件的化学成分和力学性能试验按 GB/T 1176—1987 和 GB/T 12229—2005 规定的方法进行，结果应符合 4.1.1 的要求。

5.1.2 其他材料应检查材质报告单，结果应符合 4.1.1 要求。

5.2 强度

通海阀的强度试验按 GB/T 600 规定的方法进行，结果应符合 4.2 的要求。

5.3 密封性

通海阀的密封性试验按 GB/T 600 规定的方法进行，结果应符合 4.3.1 和 4.3.2 的要求。

5.4 尺寸公差

5.4.1 通海阀的壁厚及公差应用测厚仪、卡钳或钢尺检查，结果应符合 3.3 和 4.4.1 的要求。

5.4.2 通海阀的线性尺寸公差用相应等级的量具检查，结果应符合 3.3 和 4.4.2 的要求。

5.4.3 通海阀的结构长度及公差应用钢尺或游标卡尺检查，结果应符合 3.3 和 4.4.3 的要求。

5.5 形位公差

通海阀的形位公差按 GB/T 1958 规定的方法检查，结果应符合 4.5 的要求。

5.6 外观

通海阀的外观用目测方法检查，结果应符合 4.6 的要求。

5.7 重量

将通海阀放在分度值不大于 0.1 kg 的衡器上进行称重，结果应符合 4.7 的要求。

5.8 标志

通海阀的标志用目测的方法检查，结果应符合 4.8 的要求。

6 检验规则

6.1 检验分类

通海阀的检验分类如下：

a) 型式检验；

b) 出厂检验。

6.2 型式检验

6.2.1 检验时机

有下列情况之一时，通海阀应进行型式检验：

a) 产品试制鉴定时；

b) 生产工艺发生重大变化时；

c) 上级质量检验部门提出要求时。

6.2.2 检验项目

通海阀的型式检验项目按表 5 的规定。

表 5 通海阀的型式检验和出厂检验项目

<table>
<tr><th>序号</th><th>检验项目</th><th>要求的章条号</th><th>试验方法的章条号</th><th>型式检验</th><th>出厂检验</th></tr>
<tr><td>1</td><td>材料</td><td>4.1.1、4.1.2</td><td>5.1.1、5.1.2</td><td>●</td><td>●</td></tr>
<tr><td>2</td><td>强度</td><td>4.2</td><td>5.2</td><td>●</td><td>●</td></tr>
<tr><td rowspan="2">3</td><td rowspan="2">密封性</td><td>4.3.1</td><td rowspan="2">5.3</td><td>●</td><td>●</td></tr>
<tr><td>4.3.2</td><td>●</td><td>—</td></tr>
<tr><td rowspan="3">4</td><td rowspan="3">尺寸公差</td><td>4.4.1</td><td>5.4.1</td><td>●</td><td>—</td></tr>
<tr><td>4.4.2</td><td>5.4.2</td><td>●</td><td>—</td></tr>
<tr><td>4.4.3</td><td>5.4.3</td><td>●</td><td>—</td></tr>
<tr><td>5</td><td>形位公差</td><td>4.5</td><td>5.5</td><td>●</td><td>—</td></tr>
<tr><td>6</td><td>外观</td><td>4.6</td><td>5.6</td><td>●</td><td>●</td></tr>
<tr><td>7</td><td>重量</td><td>4.7</td><td>5.7</td><td>●</td><td>—</td></tr>
<tr><td>8</td><td>标志</td><td>4.8</td><td>5.8</td><td>●</td><td>●</td></tr>
<tr><td colspan="6">注：●为必检项目；—为不检项目。</td></tr>
</table>

6.2.3 检验样品数量

通海阀的型式检验除材料按组批规格（同一炉号为一批）检验外，其余检验样品数量应为 3 个。

6.2.4 判定规则

通海阀所有样品全部检验项目符合要求，判为型式检验合格；材料若不符合要求，则判该批通海阀型式检验不合格；其他项目若有不符合要求的，应加倍取样复验，若复验合格，仍判为型式检验合格；若仍有不符合要求的项目，则判为型式检验不合格。

6.3 出厂检验

6.3.1 检验项目

通海阀出厂检验项目按表5的规定。

6.3.2 检验样品数量

除材料检验按组批规格(同一炉号为一批)检验外,其他检验应逐个产品进行。

6.3.3 判定规则

全部检验项目符合要求的通海阀判定出厂检验合格;材料若不符合要求,则判该批通海阀出厂检验不合格;其他项目的检验,若有不符合要求的通海阀,允许返修后进行复验,若复验合格,则判该通海阀出厂检验合格;若复验仍不符合要求,则判该通海阀不合格。

7 包装和贮存

通海阀的包装和贮存按GB/T 600的规定进行。

ICS 65.020.30
B 43

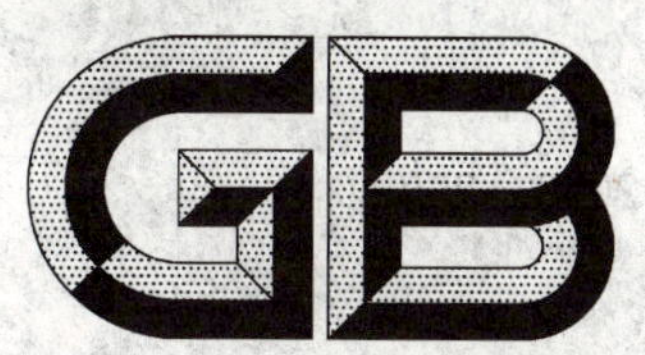

中华人民共和国国家标准

GB/T 2033—2008
代替 GB/T 2033—1980

滩羊

Tan sheep

2008-04-09 发布　　　　2008-06-01 实施

中华人民共和国国家质量监督检验检疫总局
中国国家标准化管理委员会　发布

前　言

本标准代替 GB/T 2033—1980《滩羊》。

本标准同 GB/T 2033—1980 相比主要变化如下：

——增加了前言；

——增加了滩羊乳羔的概念、乳羔羊肉的指标；

——完善了滩羊体尺、产毛、产肉及繁殖性能的指标。

本标准的附录 A 为资料性附录。

本标准由中华人民共和国农业部提出。

本标准由全国畜牧业标准化技术委员会归口。

本标准主要起草单位：宁夏回族自治区畜牧工作站、宁夏农林科学院畜牧兽医研究所、中国农科院兰州畜牧与兽医研究所、宁夏盐池滩羊选育厂、宁夏回族自治区同心县畜牧局、宁夏回族自治区盐池县畜牧局、宁夏回族自治区灵武市畜牧局、宁夏回族自治区中卫县畜牧局。

本标准主要起草人：龚卫红、陈亮、龚玉琴、张东弧、黄红卫、许斌、扬冲、杨风宝、杨正义、谢永宁。

本标准所代替标准的历次版本发布情况为：

——GB/T 2033—1980。

滩　羊

1　范围

本标准规定了滩羊的品种特性和等级评定方法。

本标准适用于滩羊的品种鉴定和等级评定。

2　术语和定义

下列术语和定义适用于本标准。

2.1

滩羊乳羔　sucking lamb of Tan sheep

生后 60 日龄内的滩羊羔羊。

2.2

二毛羔羊　lamb of Tan sheep

又叫够毛羔羊，毛长达到 7 cm～8 cm，生后 35 日龄左右的羔羊。

2.3

滩羔皮　lambskin of Tan sheep

毛股长不足 7 cm 且出生 30 日龄内的滩羊羔羊所宰剥的羊皮。

2.4

滩裘皮　lamb fur of Tan sheep

具有毛股紧实，弯曲明显，呈波浪状毛股，30 日龄以上的羔羊所宰剥的毛皮。

2.5

滩乳羔肉　sucking lamb

宰杀滩羊乳羔羊而获得的羔羊肉。

2.6

滩羔羊肉　lamb of Tan sheep

宰杀 60 日龄以上、12 月龄以下或尚没有恒齿的母羊或羯羊所获得的羔羊肉。

2.7

毛股　strand

由若干弯曲形状相同、弯曲数一致的毛纤维排列结合在一起的毛束。

2.8

花穗　crimp ear

毛股上具有一定数量的弯曲，状似麦穗。

2.9

毛股弯曲数　strand crimpness

毛股弯曲的个数。由花穗一侧计算，一个弧为一个弯曲。

2.10

花案　pattern

花穗在被毛上所构成的图案。

2.11

串字花　chuan zi form

毛股直径为 0.4 cm～0.6 cm(在毛股有弯曲部分的中部测量),毛股上具有半圆形、弧度均匀的平波状弯曲的花穗。

2.12

软大花　soft large ear

毛股直径为 0.7cm 以上,根部粗大,无髓毛较多,具有弧度较大或中等弯曲的花穗。

3　品种特性

3.1　原产地

滩羊是我国独特的裘皮用绵羊品种,主产于宁夏的盐池、同心、灵武及贺兰山东麓地区,并包括甘肃、陕西、内蒙古与宁夏相毗邻的地区。

3.2　外貌特征

3.2.1　二毛羔羊

全身被覆有波浪形弯曲的毛股,毛股紧实,花案清晰,毛色洁白,光泽悦目,毛稍有半圆形弯曲或稍有弯曲,体躯主要部位表现一致,弯曲数在 3 个～7 个,弯曲部分占毛股全长的二分之一至四分之三,弯曲弧度均匀排列在同一水平面上,少数有扭转现象。腹下、颈、尾及四肢毛股短,弯曲数少。被毛由两型毛和无髓毛组成,两型毛约占 46%,无髓毛约占 54%。羊毛细度:两型毛平均为 26.6 μm,无髓毛平均为 17.4 μm。

3.2.2　成年羊

滩羊成年羊体格中等,体质结实,全身各部位结合良好,鼻梁稍隆起,耳有大、中、小三种。公羊有螺旋形角向外伸展,母羊一般无角或有小角。背腰平直,胸较深,四肢端正,蹄质坚实。尾根部宽大,尾尖细圆,呈长三角形,下垂过飞节。体躯毛色纯白,光泽悦目,多数头部有褐、黑、黄色斑块。被毛中有髓毛细长柔软,无髓毛含量适中,无干死毛。毛股呈毛辫状,前后躯表现一致。毛纤维中有髓毛约占 7%,两型毛约占 15%,无髓毛约占 77%;纤维细度有髓毛平均 44.9 μm,两型毛平均 34.1 μm,无髓毛平均 19.1 μm。毛股自然长度在 8 cm 以上。

3.3　生产性能

3.3.1　体重体尺

滩羊春季剪毛后,1 级成年羊的体重体尺下限见表 1。

表 1　滩羊体重体尺下限表

性别	体重/kg	体高/cm	体斜长/cm	胸围/cm
公羊	43	69	76	87
母羊	32	63	67	72

3.3.2　皮板

3.3.2.1　滩裘皮

皮板薄而致密,皮板厚约 0.7 mm～0.8 mm,鲜皮重约 0.66 kg～1.16 kg,半干皮面积在 1 600 cm^2～2 900 cm^2,具有毛股弯曲明显、花案清晰,毛股根部柔软可以纵横倒置、轻暖美观的特点,是制作轻裘的上等原料。

3.3.2.2　滩羔皮

具有弯曲明显,花案清晰,皮板质地轻软等特点。

3.3.3 羊毛

公羊产毛量 1.60 kg～2.00 kg;净毛率 61%。

3.3.4 产肉性能

滩羊产肉性能见表 2。

表 2 滩羊产肉性能

类型	胴体重/kg	屠宰率/%
滩乳羔肉	3～10	48～50
滩羔羊肉	8～15	43～48
成年羯羊肉	15～25	45～47
成年母羊肉	13～20	40～41

3.3.5 繁殖性能

公羊 6 月龄～7 月龄,母羊 7 月龄～8 月龄性成熟。适配年龄:公羊 2.5 岁,母羊 1.5 岁。季节性发情,母羊发情周期为 17 d～18 d,发情持续期 26 h～32 h,妊娠期 149 d～156 d,其中以 153 d 为最多;公母羊可利用到 6 岁～7 岁;产羔率为 101%～103%。

4 等级评定

4.1 评定时间和次数

滩羊一生分三次鉴定,以初生鉴定为基础,二毛鉴定为重点,育成羊鉴定为补充。初生鉴定时间为羔羊生后 3 h 内且未食到母乳,二毛鉴定时间为群体日龄 35 d 左右,育成羊鉴定时间为春季 5 月份。

4.2 评定内容

初生羔羊包括毛色特征、初生体重、毛长、毛股弯曲和等级;二毛鉴定包括毛色特征、鉴定日期、够毛日龄、花穗类型、弯曲数、优良花穗分布面积和体重及等级;育成羊鉴定包括毛色特征、体格、体质、体重、被毛等。

4.3 评定方法和等级

4.3.1 初生羔羊

表 3 滩羊初生羔羊等级

等级	毛长/cm	毛弯数	花案	发育	公羔重/kg	母羔重/kg
1 级	>5.0	>6.0	清晰	良好	≥3.8	≥3.5
2 级	>4.5	>5.0	一般	正常	≥3.8	≥3.5
3 级	<4.5	<5.0	欠清晰	稍差	3.5～3.8	3.4～3.5

4.3.2 二毛羔羊

表 4 滩羊二毛羔羊等级

等级		毛弯数	花案	发育	公羔重/kg	母羔重/kg	弯曲/毛股	弯曲弧度	光泽	毛股紧实度	毡毛	色斑
串字花	特级	>7	清晰	良好	>8	>8	2/3～3/4	均匀	好	紧	无	无
	1 级	>6	清晰	正常	6.5～8	6.5～8	2/3～3/4	均匀	好	紧	无	无
	2 级	>5	一般	一般	5～6.5	5～6.5	1/2～2/3	一般	一般	紧	—	—
	3 级	<5	欠清晰	稍差	<5	<5	1/2～2/3	欠均匀	差	松	有	有

表 4(续)

等级		毛弯数	花案	发育	公羔重/kg	母羔重/kg	弯曲/毛股	弯曲弧度	光泽	毛股紧实度	毡毛	色斑
软大花	特级	>6	清晰	良好	>8	>8	2/3	均匀	好	紧	无	无
	1 级	>5	清晰	正常	7～8	7～8	2/3	均匀	好	紧	无	无
	2 级	>4	一般	一般	6～7	6～7	1/2～2/3	一般	一般	紧	—	—
	3 级	>3	欠清晰	稍差	<6	>6	1/2～2/3	欠均匀	差	松	有	有

4.3.3 育成羊(1.5 岁)

表 5 育成羊等级评定指标下限

等级	外貌特征	体格	体质	发育	羊毛					体重/kg		够毛等级
					形状	长度/cm	分布	密度	色斑	公羊	母羊	
特级	明显	大	结实	好	股状	15	一致	适中	无	47～50	36～40	特级
1 级	明显	较大	结实	良好	辫状	15	一致	适中	无	43～46	30～35	1 级
2 级	一般	中	细致	一般	绺状	12	一般	一般	无	40～42	27～30	2 级
3 级	缺陷	小	粗糙	差	散状	10	差	密或稀	蹄冠上部有	—	—	3 级

公羊在 1 级以上、母羊在 2 级以上者方可种用。

附 录 A
（资料性附录）
滩羊种羊和羔羊的等级鉴定表及图片

A.1 滩羊初生羔羊、二毛羔羊、育成羊等级鉴定登记表见表 A.1、表 A.2、表 A.3。

表 A.1 初生羔羊鉴定登记表

序号	羔羊号	性别	毛色特征	出生年月	单双羔	初生重/kg	肩部毛长/cm		弯曲数		花案	等级	公羊号	母羊号	母羊年龄	备注
							自然长	伸直长	肩	股						
鉴定人：																

表 A.2 二毛羔羊鉴定登记表

序号	羔羊号	性别	毛色特征	初生等级	鉴定日期	花穗类型	优良花穗分布面积/cm^2	弯曲数（肩部）	花案	体重/kg	等级	备注
鉴定人：												

表 A.3 育成羊补充鉴定登记表

序号	耳号	性别	毛色特征	年龄	二毛穗型	二毛等级	体格	体质	有髓毛长/cm	无髓毛厚/cm	有髓毛细度	羊毛匀度	密度	死毛	腹毛	尾长短	等级	备注
鉴定人：																		

A.2 滩羊种公羊、种母羊、二毛羔羊图片分别见图 A.1、图 A.2、图 A.3。

图 A.1 滩羊种公羊

图 A.2 滩羊种母羊

图 A.3 滩羊二毛羔羊

ICS 83.080.01
G 31

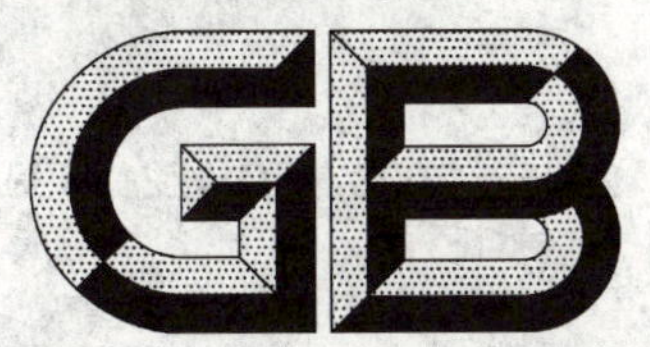

中华人民共和国国家标准

GB/T 2035—2008/ISO 472:1999
代替 GB/T 2035—1996

塑料术语及其定义

Terms and definitions for plastics

(ISO 472:1999,IDT)

2008-08-04 发布　　　　2009-04-01 实施

中华人民共和国国家质量监督检验检疫总局
中国国家标准化管理委员会　发布

前　言

本标准等同采用ISO 472:1999《塑料术语及其定义》(英文版)。

为便于使用,作了部分编辑性修改:

——删除了ISO 472:1999的前言;

——删除了塑料术语的英法文对照索引和英俄文对照索引;

——增加了塑料术语的中英文对照索引;

——增加了汉语拼音索引;

——将一些适用于国际标准的表述改为适用于我国标准的表述;

——删除了推荐术语英文同义字列表。

本标准代替GB/T 2035—1996《塑料术语及其定义》,与GB/T 2035—1996相比主要差异如下:

a) 修改了绝对模量、丙酮树脂等术语和定义;

b) 增加了碳纤维、碳化处理等术语和定义。

本标准由中国石油和化学工业协会提出。

本标准由全国塑料标准化技术委员会(SAC/TC 15)归口。

本标准负责起草单位:国家合成树脂质量监督检验中心。

本标准参加起草单位:中石化燕山分公司树脂所、国家塑料制品质量监督检验中心(北京)、中石化北化院建筑材料测试中心(材料测试部)、金发科技股份有限公司。

本标准主要起草人:赵平、王建东、陈宏愿、刘山生、者东梅、李建军。

本标准所代替标准的历次版本发布情况为:

——GB/T 2035—1996。

塑料术语及其定义

1 范围

本标准定义了用于塑料工业中的术语。

当术语有一个或多个同义词时，同义术语跟随在优选的术语之后。进而以正确的字母排序详细地列出同义词。不赞成的术语用“不赞成”指明。可能找不出定义或没有指明定义时，在其术语后面利用一个符号→。

缩略符号“cf.”(参见)指明使用者可以参见其他术语(不是同义词)、定义或以下述的符号对该术语所含信息进行注解。

注1：涉及烯烃的术语，IUPAC赞同的(科学)名称，塑料工业中通常在所用名后面的方括号中给出。例如：聚乙烯[多(聚)烯](Polyethylene[olyethene])。

注2：对于聚合物原来的基本名称，IUPAC的原则规定，当“聚”(Poly)后面跟随一个以上的字母时，后面的字要用括号括住。实际上IUPAC是跟随本国际标准的，通常是省略了括号。

注3：本标准中的某些术语，括号中有附加信息，以指明该术语规定所用的具体场所。

注4：英文文本中，术语是指的“名词”、“动词”或“形容词”。

注5：符号→意思是：看作定义。

2 术语和定义

2.1

绝对模量 absolute modulus

$|\boldsymbol{M}|$(**Pa**)

绝对柔量 absolute compliance

$|C|(\mathrm{Pa}^{-1})$

$$|M| = \sqrt{M'^2 + M''^2} = \frac{\sigma_0}{\varepsilon_0}$$

$$|C| = \sqrt{C'^2 + C''^2} = \frac{\varepsilon_0}{\sigma_0}$$

式中：

σ_0——最大应力；

ε_0——最大应变。

注：可以以拉伸、剪切、体积压缩或纵向压缩进行测量。

例如复合剪切模量的绝对值：

$$|G^*| = G^* = \sqrt{G'^2 + G''^2}\,(\mathrm{Pa})$$

参见：模量、复合柔量、复合模量和柔量。

2.2

促进剂 accelerator；promoter

能增加化学体系(反应物与其他添加剂)反应速率的一种使用量较少的物质。

参见：活性剂和催化剂。

2.3

均值准确度 accuracy of the mean

多次试验操作获得的平均结果与真值之间接近一致的程度。

注：在影响结果的试验误差中系统误差越小，测定方法越准确。

2.4

丙酮树脂　acetone resin

由丙酮与其他化合物,如甲醛或苯酚缩聚反应制得的树脂。

参见:缩聚。

2.5

丙烯酸(酯)塑料　acrylic plastic

以丙烯酸或丙烯酸衍生物所制成的聚合物为基础的塑料,或以丙烯酸单体与其他单体构成的共聚物为基料的塑料,其中丙烯酸单体占最大质量分数。

2.6

丙烯腈/丁二烯/苯乙烯塑料　acrylonitrile/butadiene/styrene plastic

ABS 塑料　ABS plastic

由丙烯腈、丁二烯和苯乙烯制得的三元共聚物和(或)其聚合物与共聚物的共混物而制得的塑料。

2.7

丙烯腈/甲基丙烯酸甲酯塑料　acrylonitrile/metyl methacrylate plastic

A/MMA 塑料　A/MMA plastic

由丙烯腈和甲基丙烯酸甲酯的共聚物制得的塑料。

2.8

活性剂　activator

能增强促进剂效果的用量较少的物质。

2.9

加成聚合物　addition polymer

由加(成)聚(合)反应制得的聚合物。

2.10

加(成)聚(合)反应　addition polymerization

按重复加成过程进行的聚合反应。

注:重复加成过程无水或其他小分子放出。

参见:加聚(作用)。

2.11

添加剂　additive

加入聚合物中改进或改变一种或多种性能的物质。

注:术语“添加剂”仅指少量添加的组分,相对用量较大时使用术语“改性剂”。

2.12

附着(不及物动词)　adhere (intransitive verb)

是处于粘着状态。

参见:粘接(动词)。

2.13

粘着　adherence

两表面依靠界面力结合在一起的状态。

注:粘着可用或不使用粘合剂而粘合。

参见:粘合和内聚。

2.14

被粘物　adherend

用粘合剂粘到或准备粘到另一个物体的物体。

2.15

粘合 adhesion

两表面借助粘合剂，通过化学作用、物理力或两者共同作用粘连在一起的状态。

参见：粘着和内聚。

2.16

粘合破坏 adhesion failure；adhesive failure

在粘合与被粘合界面显示明显地分离的粘合接头破坏。

参见：内聚破坏。

2.17

粘合剂 adhesive

胶接剂(不赞成) glue(deprecated)

能通过粘合把材料粘合在一起的物质。

注：术语“胶接剂”原来用在由硬质凝胶制备粘合剂。通过使用，该术语变成术语“粘合剂”的同义语，术语“粘合剂”是根据由合成树脂制备粘合剂而出现的，现在术语“粘合剂”是一般优先选用的术语。

2.18

胶粘层 adhesive line

胶层(不赞成) glue line(deprecated)

在被粘结的两部件之间或在粘接的产品中，以粘合剂填充的空间。

参见：粘结线和接头(粘接)。

2.19

余焰 afterflame

在规定的试验条件下，移去火源后材料的持续火焰。

2.20

余焰时间 afterflame time

在规定的试验条件下，移去火源后材料火焰持续的时间。

2.21

余辉 afterglow

燃烧停止或移开火源后，材料的持续辉光。

2.22

老化 ageing

随时间推移，材料中发生的各种不可逆的化学和物理过程的总称。

参见：劣化。

2.23

气助真空热成型 air-assist vacuum thermoforming

在真空吸下之前，借助空气压力使加热片材完成部分预热成型的真空热成型方法。

2.24

气胀包膜真空热成型 air-slip vacuum thermoforming

真空热成型过程中，将阳模封入型箱内，使阳模和片材之间形成一个空气气垫以保证上升的阳模在行至终点之前不接触受热片材，行至终点时抽真空破坏气垫并将片材吸附在阳模上而成型。

2.25

合金 alloy

通常借助另一组分使两种或两种以上不相容的聚合物结合形成具有增强特征性能的聚合物组成。

2.26

烯丙基聚合物　allyl polymer

由含有烯丙基团的化学组分聚合制得的聚合物或树脂。

2.27

α-损耗峰　alpha loss peak

在固定频率下按照温度下降或在恒定温度下，按照频率增加的顺序，在阻尼曲线中位于熔融范围以下的第一个峰。

2.28

交替共聚物　alternating copolymer

分子中两种单体单元按交替顺序分布的共聚物。

2.29

交替共聚反应　alternating copolymerization

形成交替共聚物的聚合反应。

2.30

交替应力　alternating stress

量值相等但符号相反的振动应力。

参见：振动应力。

2.31

氨基树脂　amino resin

含有氨基的化合物如尿或三聚氰胺，与醛类如甲醛或可生成醛的物质缩聚反应制得的树脂。

参见：缩聚。

2.32

氨基塑料　aminoplastic

由氨基树脂制成的塑料。

2.33

无定形的(形容词)　amorphous(adjective)

非结晶的或无结晶结构的。

2.34

无定形区　amorphous regions

根据X射线或其他测试技术检测，聚合物材料内部不显示任何结晶结构的区域。

2.35

厌氧粘合剂　anaerobic adhesive

在无氧状态下能自行固化的粘合剂，氧的存在会抑制固化而金属离子能催化其固化。

2.36

斜角机头　angle-head

与挤出机机筒中心线成一定角度的挤出机机头。

参见：直角机头。

2.37

角速度　angular velocity

$\omega(\mathrm{rad \cdot s^{-1}})$

$\omega = 2\pi f$

式中：

f——频率。

2.38

苯胺-甲醛树脂　aniline-formaldehyde resin

由苯胺和甲醛经缩聚制得的氨基树脂。

参见:缩聚。

2.39

抗粘连剂(用于薄膜)　antiblocking agent(for films)

加入塑料薄膜中或涂于塑料薄膜上,防止薄膜在制造、储存或使用时粘连在一起的物质。

2.40

抗氧剂　antioxidant

用于延缓因氧化而引起变质的物质。

2.41

抗静电剂　antistatic agent

少量加入材料中或其表面上,防止材料电荷积聚的物质。

2.42

表观密度　apparent density

材料样品的质量与其体积之比,该体积通常包括存在于材料中的可渗透与不可渗透的孔隙。

2.43

表观摩尔质量　apparent molar mass

表观相对分子质量　apparent relative molecular mass

M_{app}

由未做相应修正(如:一定的聚合物浓度、缔合、有选择的溶剂化、组分杂质或结构的不均匀性等)的试验数据计算出的摩尔质量。

参见:摩尔质量。

2.44

面积燃烧速率　area burning rate

燃烧速率(不赞成)　rate of burning(deprecated)

在规定的试验条件下,单位时间内材料燃烧的表面积。

参见:线燃烧速率、质量燃烧速率和火焰传播速率。

2.45

芳香族聚酯　aromatic polyester

聚芳酯　polyarylate

由全部羟基和羧基直接连在芳核上的单体生成的聚酯。

2.46

人工气候老化　artificial weathering

材料暴露在包括温度、相对湿度和辐射能,用或不用水直接喷淋等循环变化的实验室条件下,使其产生类似于长期连续在室外暴露所产生的各种变化。

注:为了达到加速老化效果,实验室暴露条件比实际室外条件要苛刻得多。该术语不包括暴露于诸如臭氧、盐喷淋、工业气体等特殊条件。

2.47

装配　assembling

用机械配件、粘合剂、热封合、焊接或其他方法使各部件固定在一起的二次加工操作。

参见:二次加工和机械加工。

2.48

装配件(粘合)　assembly(for adhesives)

粘接时放在一起的或已经粘接在一起的包括粘结剂在内的一组材料或部件。

2.49

装配时间　assembly time

被粘物涂完粘合剂到开始固化之间的时间。

注：装配时间包括晾胶时间和叠装时间。

2.50

甲阶段　A-stage

某些热固树脂反应的初级阶段,在此阶段中物料仍可溶于某些溶剂且可熔。

参见:乙阶段、丙阶段和甲阶酚醛树脂。

2.51

无规立构嵌段　atactic block

具有相等数量构型的基本单元按无序分布的规整嵌段。

2.52

无规立构聚合物　atactic polymer

具有相等数目可能构型的基本单元,按无序分布的分子所构成的规整聚合物。

2.53

衰减常数　attenuation constant

$\alpha(\mathrm{m}^{-1})$

$$\alpha = \frac{1}{n} \times \frac{\pi d}{\lambda}$$

式中:

λ——波长;

d——损耗因数;

$n=1$(对于纵向波或扭转波);

$n=2$(对于弯曲波)。

注:衰减常数确定阻尼振动的空间衰减:

$$A = A_0 \exp(-\alpha x)$$

式中:

A——振幅;

A_0——初始振幅;

x——空间坐标。

2.54

自热挤出　autothermal extrusion

绝热挤出　adiabatic extrusion

仅通过挤塑机中塑料熔体的粘滞阻力将驱动能量转换成热能的挤出方法。

2.55

平均聚合度　average degree of polymerization

$\bar{X}_k$

聚合物聚合度的某一种平均值。

参见:聚合度。

2.56

反(脱模)斜度　back draft

反斜度　counterdraft

倒锥度　back taper;reverse taper

为阻止模塑件移动,模具壁上的轻微斜度。

参见:(脱模)斜度。

2.57

垫模板　backing plate

托板　support plate

模具中用来支撑阴模、导销等的板。

2.58

导流塞　baffle

安装在模具气道或水道中,用于改变流向并导至所需路径的塞或其他器件。

2.59

袋压成型　bag moulding

增强塑料的一种成型方法。通过柔韧膜袋(例如,橡胶袋)均匀施压,使置于刚性模具上或模具内的材料压实成型。

注:根据袋对材料施力的不同方法,也称作热压罐成型、软袋施压成型、真空袋压成型。

2.60

镶条式模具　bar mould

是一种多模腔模具,其阴模按分开的镶条排列成行,这些镶条可单独移出。

2.61

机筒　barrel

料筒　cylinder

套在挤出机螺杆、注射机的螺杆或活塞外的钢筒。

2.62

珠状聚合反应　bead polymerization

成珠聚合反应　pearl polymerization

单体以较大液滴分散在水或其他合适的惰性稀释剂中,形成珠状产物的聚合反应。

参见:悬浮聚合反应。

2.63

经轴纱　beamed yarn

平行绕在大圆柱形线轴上的量大且限定了数量的纺织玻璃纤维纱。

2.64

苄基纤维素　benzylcellulose

纤维素苄基醚。

2.65

β-损耗峰　beta loss peak

按照温度降低或频率增加的顺序,阻尼曲线中位于熔融温度范围以下出现的第二个峰。

2.66

粘料(粘合剂配混料)　binder(in adhesive compounds)

粘合剂复合料中主要起粘合作用的组分。

2.67

粘结剂(玻璃纤维)　binder(glass)

粘结剂(纺织玻璃纤维)　binding agent(texitile glass)

用于定长短纤维和丝束，使之按要求的排列固定(如:短切原丝毡片、连续原丝毡片和表面毡片)的物质。

2.68

生物降解塑料　biodegradable plastic

由自然界存在的微生物，如细菌、霉菌和藻类等作用引起降解的塑料。

参见:降解性塑料。

2.69

二元共聚物　bipolymer

由两种单体生成的聚合物。

2.70

冲击除边　blast finishing

用钢球、核桃壳或塑料粒作冲击介质，以足够的力除去制品飞边和(或)消光其表面的方法。

2.71

气泡　blister

形状和尺寸各异的表面突起，其下有一空穴。

参见:疙瘩。

2.72

嵌段　block

由许多结构单元组成的聚合物分子的一部分，至少有一种结构或构型特性不在相邻区段出现。

注:与聚合物有关的定义也可用于嵌段。

参见:嵌段聚合物。

2.73

嵌段共聚物　block copolymer

由一种以上的单体生成的嵌段聚合物。

参见:嵌段聚合物。

2.74

嵌段共聚反应　block copolymerization

形成嵌段共聚物的聚合反应。

2.75

嵌段聚合物　block polymer

分子由线性连接的嵌段所组成的聚合物。

注:各嵌段可直接连接或由不是嵌段部分的结构单元连接。在聚合物分子 $A_k—B_l—A_m—B_n$ 中 A_k、B_l、A_m 和 B_n 都是嵌段，同时各嵌段都是规整的。在这种嵌段聚合物分子中，例如 A 和 B 可以是:

```
—CHCH₂—  和  —CHCH₂—
  |              |
 CO₂CH₃         OCOCH₃
  (A)             (B)
```

因为 A 和 B 是由不同单体生成，所以含有这些嵌段分子所组成的嵌段聚合物是嵌段共聚物。此外 A 和 B 也可是:

```
   CH₃              CO₂CH₃  CH₃
   |                |       |
—C—CH₂—   和   —C—CH₂—C—CH₂
   |                |       |
   CO₂CH₃           CH₃     CO₂CH₃
   (A)               (B)
```

这些嵌段是立体规整嵌段，因为 A 和 B 是由同种单体生成，故含有这些嵌段分子构成的嵌段聚合物不是嵌段共聚物。

参见:嵌段共聚物。

2.76

嵌段聚合反应　block polymerization

生成嵌段聚合物的聚合反应。

2.77

压片机　block press

由多层薄片制成较厚片材的压机。

2.78

封闭型固化剂　blocked curing agent

暂时不显活性而需要时使用物理或化学的方法活化的固化剂或硬化剂。

2.79

粘连　blocking

材料间非有意的粘着现象。

2.80

渗霜　bloom

塑料制品表面可见的渗出物或粉化物。

注：渗霜可能由润滑剂，增塑剂等引起。

2.81

吹塑　blow moulding

用压缩空气使进入模具型腔的型坯膨胀形成中空制品的方法。

2.82

发泡剂　blowing agent

在制备中空制品或泡沫制品中用作引起发泡的物质。

注：发泡剂可以是压缩气体、挥发性液体或经分解或反应能形成气体的化学物质。

2.83

吹胀比　blow-up ratio

a）吹塑中，型坯直径与吹塑型腔最大直径之比；

b）在管状吹塑薄膜中，挤出口模直径对吹塑管直径之比。

2.84

压延辊（压延机）　bole(of a calender)

构成压延机主要部件的一组辊筒中的任一个辊筒。

2.85

粘接缝料（粘合）（名词）　bond(in adhesion)(noun)

在粘合剂和被粘物间界面处的附着物。

2.86

粘接（粘合）（动词）　bond(in adhesion)(verb)

用粘合剂粘合材料表面。

注：粘接操作包括涂胶、晾胶时间、叠装时间和固化时间几个阶段。

参见：附着。

2.87

粘接线　bond line

粘合剂和被粘物之间的边界。

2.88

粘接强度(粘合)　bond strength(in adhesion)

使粘接件在粘合剂与被粘物界面或界面附近产生破坏所需的力。

2.89

凸面　boss

模塑制品表面的功能突出面。

2.90

编织物　braid

由若干纺织纱或玻璃纱全部按0°或90°以外的角度,与织物长度方向相互倾斜交织而成的平面或管状织物。

2.91

分支　branch

高分子链侧的低聚或聚合分枝。

2.92

支化聚合物　branched polymer

由具有分支结构、分支接点之间或链端与分支接点之间呈链状的分子所构成的聚合物。

注:分支有一个以上链节组成。

2.93

开启扭矩　breakaway torque

T_{BA}

当退扣一个未密封的组件时,螺母和螺栓之间第一次移动时所测量的破坏结合所需的初始扭矩。

2.94

多孔板(挤出机)　breaker plate(in an extruder)

在挤出机中支撑叠层滤网的孔板。

2.95

断裂应力　breaking stress

试样破坏瞬间的应力。

2.96

松扣扭矩　breakloose torque

T_{BL}

在一个预加负荷的组件中,减小或消除轴向负荷所需的起始扭矩。

2.97

放气　breathing

在固化过程的早期阶段,瞬间启闭模具或压机的操作。

注:放气是让气体或水蒸气从模塑材料中逸出,以避免较厚模塑制品产生气泡。

2.98

鬃丝　bristle

由较粗单丝切成的较短纤维。

2.99

脆化温度　brittleness temperature

按照ISO 974标准方法试验时,试样中有50%脆化破坏时的温度。

2.100

乙阶段　B-stage

某些热固性树脂反应的中间阶段,在此阶段中物料与某些液体接触时能溶胀,加热时能软化,但不完全溶解或熔融。

参见:甲阶段、丙阶段和乙阶酚醛树脂。

2.101

体积压缩　bulk compression;volume compression

各向同性压缩　isotropic compression

X(无量纲)

静液压引起的体积相对减少:$X=\frac{\Delta V}{V}$

2.102

体积密度　bulk density

粉料、粒料和颗粒料的表观密度。

2.103

体积系数　bulk factor

一定质量的模塑料体积与其模塑制品体积之比。

注:体积系数也可等于模塑制品的密度与未模塑制品的表观密度之比。

2.104

体积模量　bulk modulus

K(Pa)

静压力(p)与相应体积压缩(X)之比:$K=\frac{p}{X}$。

2.105

本体聚合　bulk polymerization

单体(气体、液体或固体)不加溶剂或无分散介质的匀相聚合反应。

2.106

烧痕(名词)　burn(noun)

材料因局部热分解产生的颜色变化,乃至变黑的痕迹。

注:该缺陷能引起制品的表面变形或破坏。

2.107

燃烧(不及物动词)　burn(intransitive verb)

进行燃烧。

2.108

烧毁面积　burned area

在规定的试验条件下,材料因燃烧或热解而破坏的面积,不包括因收缩而损伤的面积。

2.109

燃烧性能　burning behaviour

着火性能　fire behaviour

当材料、产品和(或)构件燃烧和(或)遇火焰时,所发生的一切物理和(或)化学变化。

2.110

对接接头　butt joint

垂直于被粘物两主表面的两个端面所形成的接头。

参见:搭接接头和斜接接头。

2.111

丁烯塑料　butylene[butene] plastic

由丁烯聚合而构成的聚合物制得的塑料,或由带有其他单体而丁烯单元在共聚物中质量分数最大所构成的共聚物制得的塑料。

2.112

缆线(纺织玻璃纤维) cabled yarn(textile glass)

经一次或多次合股操作,捻合在一起制成的两股或多股线(或合股线与单股线交替)。

2.113

压延机 calender

具有一组辊筒(压延辊),每对相邻辊筒按相反方向旋转的机器。

注:利用这种机器制造薄膜、片材、涂布基材或层压材料,材料厚度由调整最后一对加热辊筒之间的间隙控制。

参见:压延辊(压延机)。

2.114

压延 calendering

通过压延机将热塑性塑料压制成薄膜、片材、涂布基材或层压板的过程。

2.115

电容器电容 capacitance of a capacitor

当其他任何影响可忽略时,电容器一个极板上的电荷量与两极板间电位差之比。

IUPAP 符号:C。

2.116

碳纤维 carbon fibre

有机纤维前驱体经过热解获得的所含碳的质量分数至少90%的纤维。

注:碳纤维习惯上是按它们的力学性能分类,特别是它们的拉伸强度和模量,分类如下:

——通用纤维:用作塑料增强的纤维,以改善电气、静电、电磁、热或摩擦性能,该类有较低的拉伸性能。

——高韧性(TH)纤维:其拉伸强度超过2 500 MPa而拉伸模量在200 GPa和280 GPa之间的纤维。这种类型也称作"高强度(HR)"、"高密度(HS)"或"标准级纤维"。

——中模量(IM)纤维:模量在280 GPa和350 GPa之间的纤维,该类型也是有非常高的韧性的纤维,其断裂强度等于或大于5 000 MPa。

——高模量(HM)纤维:拉伸模量处在350 GPa和600 GPa之间的纤维。

——超高模量(UHM)纤维:拉伸模量超过600 GPa的纤维。

2.117

碳纤维前驱体 carbon fibre precursor

通过热裂解转变成碳纤维的有机纤维。

注:前驱体通常是连续长纱的状态,但能够织造或针织成织物、编织物、毡片或毡。

参见:聚丙烯腈基碳纤维、沥青基碳纤维及粘胶基碳纤维。

2.118

碳化处理 carbonization

在惰性环境下进行热处理,以使碳纤维前驱体转变成碳纤维。

2.119

羧甲基纤维素 carboxymethyl cellulose;CMC

纤维素的乙醇酸醚。

2.120

酪素 casein;CS

由脱脂奶经粗制凝乳酶或稀释酸作用沉淀出的蛋白质。

2.121

流延薄膜 cast film

在基材表面积附一层塑料熔体、塑料溶液或塑料分散液,硬化后从该表面分离而制得的薄膜。

参见:薄膜的流延。

2.122

铸塑　casting

在无外部压力下，将液体或黏稠材料注入模腔中或用其他方法引入模腔中或倒在准备好的基材表面上使之凝固的方法。

2.123

铸塑树脂　casting resin

可以注入模塑或用其他方法引入模腔中，不加压力而形成固体制品的液态树脂

2.124

催化剂　catalyst

能加快化学反应速率、而反应结束后理论上保持无化学变化的用量较少的物质。

参见：促进剂、活性剂、阻聚剂、引发剂、调节剂和缓聚剂。

2.125

型腔（模具）　cavity（of a mould）

模具中用来装填物料以形成模塑产品的空间。

参见：阴模。

2.126

泡孔　cell

部分或全部被壁包围的单个小孔穴。

2.127

微孔粘合剂　cellular adhesive

泡沫粘合剂　foamed adhesive

整体内因存在大量充气泡孔而降低了表观密度的粘合剂。

参见：发泡粘合剂。

2.128

泡沫塑料　cellular plastic

发泡塑料　expanded plastic

泡沫塑料　foamed plastic

整体内因存在大量相互连通或不连通的小孔穴而降低了密度的塑料。

注：泡沫塑料（泡沫塑料）通常简称为泡沫。

2.129

泡孔条纹　cellular striation

在泡沫塑料内部不同于特征泡孔结构的薄层。

2.130

乙酸纤维素　cellulose acetate；CA

纤维素的乙酸酯。

2.131

乙酸丁酸纤维素　cellulose acetate butyrate；CAB

纤维素的乙酸和丁酸混合酯。

2.132

乙酸丙酸纤维素　cellulose acetate propionate；CAP

纤维素的乙酸和丙酸混合酯。

2.133

硝酸纤维素　cellulose nitrate;CN

纤维素的硝酸酯。

2.134

丙酸纤维素　cellulose propionate;CP

纤维素的丙酸酯。

2.135

纤维素塑料　cellulosic plastic

由纤维素衍生物制得的塑料。

2.136

离心铸塑　centrifugal casting

使装有液体单体、预聚物或聚合物分散液的模具绕轴高速旋转,并用适当方式(如:加热)使聚合物凝固,形成空心筒状制品的方法。

参见:离心模塑、旋转铸塑和旋转模塑。

2.137

离心模塑　centrifugal moulding

使装有干燥可熔模塑粉的模具绕轴高速旋转,同时加热熔化聚合物,形成空心管状的方法。

参见:离心铸塑、旋转铸塑和旋转模塑。

2.138

链长　chain length

沿分子链测量的从原子到原子的链状分子总长。

注:本术语不适用于分子两端之间的直线距离。

2.139

链转移　chain transfer

链式聚合反应中通常发生的一种化学反应。反应中,活化大分子的活性官能种转移到另一个分子上而自身失去活性。

2.140

链转移聚合反应　chain transfer polymerization

通过链转移过程,频繁进行链增长反应的链式聚合反应。

2.141

起垩　chalking

塑料制品表面出现粉状物外观的劣化现象。

2.142

模箍　chase;bolster

模框　frame

固定阴模或阳模的模具结构部件。

注:模箍可设计成各种阴模和阳模的标准模箍。

2.143

化学发泡塑料　chemically-foamed plastic

由组分的热分解或化学反应产生的气体形成泡孔的泡沫塑料。

参见:机械和热发泡塑料。

2.144

冷辊式挤出　chill roll extrusion

将熔融挤出物流延在冷辊上挤出薄膜和片材的方法。

2.145

手性　chirality

分子与其镜像不完全相同的特性。

注：给定构形或构象的分子当它与其镜像不完全相同时称为手性分子。所有不对称分子是手性分子，但并非所有手性分子都是不对称的，因为有些带有旋转轴的分子是手性分子。手性和准手性原子分别具有立体异构位置或潜在立体异构位置。

2.146

氯化聚氯乙烯　chlorinated poly(vinyl chloride)；PVC-C

经氯化改性的聚氯乙烯。

2.147

氯化聚乙烯　chlorinated polyethylene；PE-C

经氯化改性的聚乙烯。

2.148

短切纤维　chopped fibre

由原纱切成的未经任何方式使其连在一起的短纤维。

注：短切纤维可以加入注塑模塑粉中。

2.149

短切原丝毡片(纺织玻璃纤维)　chopped strand mat(textile glass)

未取向的无规分布的短切原丝用粘结剂粘合而成的毡片。

2.150

短切原丝(纺织玻璃纤维)　chopped strands(textile glass)

由连续纤维原丝切成的未经任何方式固定的短原丝段。

2.151

叠装时间(粘接中)　closed assembly time(in adhesive bonding)

从涂胶表面叠装到加热和(或)加压使粘合剂固化之间的时间。

注：叠装期间为确保涂胶表面紧密接触，可对装配件施加较低压力，同时为获得装配件有便于处理的力学性能，粘合剂可经部分固化。

参见：晾胶时间、固化时间。

2.152

闭孔　closed cell

被孔壁完全围住而与其他泡孔互不连通的孔。

2.153

闭孔泡沫塑料　closed-cell cellular plastic

几乎所有泡孔均互不连通的泡沫塑料。

2.154

涂布织物　coated fabric

一面或两面有聚合物料粘附层的织物，涂布制品保持柔性。

2.155

涂层(产品)　coating(product)

用涂布方法涂施的物料薄层。

2.156

涂布(方法)　coating(process)

在基材上涂施薄层液态或粉状物料的方法。

注：层压不是涂布。

2.157

摩擦系数　coefficient of friction

摩擦力与垂直于两接触面的作用力之比。

2.158

线性热膨胀系数　coefficient of linear thermal expansion

温度每变化一度，每单位长度材料的长度可逆变化。

IUPAC 符号：α

注：其值可随不同温度而改变。

2.159

加捻收缩系数(用于纺织玻璃纤维)　coefficient of twist contraction(as applied to glass fibre)

纱因加捻而发生的长度变化，用未加捻纱长度变化百分率表示。

2.160

内聚　cohesion

同一物质的各粒子靠分子间的作用力结合在一起的状态。

2.161

内聚破坏　cohesion failure；cohesive failure

在粘合剂或被粘物内部，出现目视可见分离的粘接件的破坏。

参见：粘合破坏。

2.162

冷龟裂温度　cold-crack temperature

当用 ISO 8570 规定的方法试验时，试样断裂或明显破坏为 50%时的温度。

2.163

冷拉伸　cold drawing

不加热拉伸热塑性塑料的方法。

参见：拉伸。

2.164

冷压模塑　cold moulding

模塑件在室温成型后于高温下进行烘烤的特殊压塑方法。

2.165

冷压(粘合)　cold pressing(in adhesion)

对装配件只加压而不加热的粘接操作。

2.166

冷固化　cold setting

热固性材料在室温下进行的固化。

2.167

冷固化粘合剂　cold-setting adhesive

不用加热而固化的粘合剂。

参见：热固化粘合剂。

2.168

冷料阱　cold-slug well

料阱　slug well

注射模具中,正对主流道口用来捕集低于有效模塑温度而冷却的初始注射料(冷料)的空间。

2.169

瘪泡(泡沫塑料)　collapse(of cellular plastics)

泡沫塑料制造过程中,因泡孔结构破坏而造成的非有意压实。

2.170

洇色　colour bleeding

着色剂或着色组分由于渗霜、渗出或迁移而迁移到制品表面的现象。

参见:渗霜、渗出和迁移。

2.171

褪色　colour fading

包括颜色变浅或变弱的变化。

参见:暴光色牢度和变色。

2.172

暴光色牢度　colour-fastness on exposure to light

耐光牢度(颜色)　light fastness(of colour)

材料暴露于非大气直接影响的光照作用下,其抵抗颜色变化的能力(非"耐候性")。

注:色牢度通常由标准参比色标目测或用仪器评定。

参见:褪色和变色。

2.173

颜色不均匀性　colour heterogeneity

同一制件上非人为的颜色变化。

2.174

梳形链　comb chain

由主链等距的间隔处发出若干长度相近的线型链所构成的高分子。

2.175

梳形聚合物　comb polymer

分子是梳形链的聚合物。

2.176

组合增强材料　combination reinforcement

一种增强材料的几种形状经机械或化学结合而成的组合体。

注:这种增强材料通常包括以短切丝束或非短切丝束增强。

2.177

可燃的　combustible

能够燃烧的。

2.178

燃烧　combustion

物质与氧化剂作用发生的放热反应,通常拌有火焰和(或)发光和(或)发烟的现象。

2.179

相容性　compatibility

塑料掺混物中物质不会渗出、渗霜或产生类似分离的状态。

2.180

复数柔量　complex compliance

C^* (Pa^{-1})

复数模量的倒数:$C^* = C' - iC''$。

式中：

$i=\sqrt{-1}$。

注：可由：

拉伸柔量：$D^*=\frac{1}{E^*}$；

剪切柔量：$J^*=\frac{1}{G^*}$；

体积压缩柔量：$B^*=\frac{1}{K^*}$；

纵向压缩柔量：$O^*=\frac{1}{L^*}$测量。

由于材料的滞后平衡行为，经受非周期性应变的线性粘弹材料的柔量 D、J、B 和 O 与时间有关。

2.181

复数模量　complex modulus

动态模量（不赞成）　dynamic modulus(deprecated)

M^* (Pa)

黏弹材料经受正弦负荷的应力-应变比：$M^*=M'+iM''$。

式中：

$i=\sqrt{-1}$。

注1：M^* 定义考虑了应力与应变之间的相位移。

注2：复数模量可由拉伸模量（E^*）、剪切模量（G^*）、体积压缩模量（K^*）和纵向压缩模量（L^*）测量：

$E^*=E'+iE''$；

$G^*=G'+iG''$；

$K^*=K'+iK''$；

$L^*=L'+iL''$；

复数模量中的储存模量（E' 或 G' 或 K' 或 L'）是和应变同相的稳态应力与应变值之比；复数模量中的损耗模量（E'' 或 G'' 或 K'' 或 L''）是和应变相位相差 90°的稳态应力与应变值之比。储存模量是测量在加荷期间的储备能量和再生能量，而损耗能量与该期间的能量损耗（消耗）成正比。由于材料的滞后平衡行为，经受非周期应力的线性粘弹材料的模量 E、G、K 和 L 与时间有关。

参见：损耗模量和储存模量。

2.182

复数黏度　complex viscosity

η_c (Pa·s)

材料强迫振动时，复数应力（σ^*）与复数应变速率（$\dot{\varepsilon}^*$）的比值：

$$\eta_c=\frac{\sigma^*}{\dot{\varepsilon}^*}。$$

注1：强迫振动的应变（ε）和应力（σ）由下式给出：

$\varepsilon=\varepsilon_0\sin\omega t$

及 $\sigma=\sigma_0\cos(\omega t+\delta)$

而应变速率 $\dot{\varepsilon}=\omega\varepsilon_0\cos\omega t$。

注2：复数应变速率 $\dot{\varepsilon}^*$ 由下式给出：

$\dot{\varepsilon}^*=i\omega\varepsilon_0 e^{i\omega t}=i\omega\varepsilon_0(\cos\omega t+i\sin\omega t)$

式中：

$i=\sqrt{-1}$。

注3：复数应力 σ^* 由下式给出：

$\sigma^*=\sigma_0 e^{i(\omega t+\delta)}=\sigma_0[\cos(\omega t+\delta)+i\sin(\omega t+\delta)]$。

注 4：相关动力复数黏度和相差复数黏度由下式给出：

$$\eta_c = \frac{\sigma^*}{\varepsilon^*}$$

$$= \frac{\sigma_0(\cos\delta + i\sin\delta)}{i\omega\,\varepsilon_0}$$

$$= \eta^* - i\eta''。$$

注 5：动力复数黏度和相差复数黏度与储存模量(M')和损耗模量(M'')的关系，由下式给出：

$$\eta_c = \eta^* - i\eta''$$

$$= \frac{M^*}{i\omega}$$

$$= \frac{(M' + iM'')}{i\omega}$$

因此 $\eta^* = \frac{M''}{\omega}$

及 $\eta'' = \frac{M'}{\omega}$。

注 6：复数黏度也可表示为：

$$\eta_c = \frac{\sigma^*}{\varepsilon^*}$$

$$= \frac{(\sigma_0 e^{i\delta})}{i\omega\,\varepsilon_0}$$

$$= \frac{M^*}{i\omega}$$

式中：

M^*——复数模量。

2.183

柔量　compliance

$C(\mathrm{Pa}^{-1})$

材料应变与应力之比：$C = \frac{\varepsilon}{\sigma} = \frac{1}{M}$。

D——拉伸柔量；

J——剪切柔量；

B——体积柔量；

O——纵向压缩柔量。

2.184

复合材料　composite

a)　有两个或两个以上不同相，包括粘结料(基料)和粒料或纤维材料组成的固体产物。

注：例如含有增强纤维、粒状填料或空心球的模塑料。

b)　由两层或两层以上(通常对称组合)的塑料薄膜或片材、普通的或复合的泡沫塑料、金属、木材及定义 a)所述的复合材料等，层间用或不用粘合剂组成的固体产物。

注：例如包装用复合膜；结构材料用夹芯微孔复合材料；纸或织物制成的层压材料等。

2.185

什锦模具　composite mould

共用模箍带有不同阴模的多腔模具。

2.186

配混料　compound

一种或几种聚合物与其他组分如填料、增塑剂、催化剂和着色剂等的均匀掺混料。

2.187

压塑　compression moulding

模塑料在一定型腔中，通过加压且通常需要加热的成型方法。

2.188

压塑压力　compression-moulding pressure

压塑中，计算的加在模具中物料上的流体压力。

参见：模塑压力。

2.189

压缩应变　compressive strain

在压缩应力下，试样减少的厚度与其初始厚度之比。

2.190

压缩强度　compressive strength

压缩试验中，试样能承受的最大压缩应力。

2.191

泡沫塑料的压缩强度　compressive strength of cellular plastics

按照GB/T 8813规定，当相对变形小于10%时，达到的最大压缩负荷与试样原始横截表面积之比。

注：如果最大应力值对应的相对变形低于10%，则记作"压缩强度"。计算相对变形为10%的压缩应力，其值记作"相对变形为10%的压缩应力"。

2.192

压缩应力　compressive stress

由垂直于作用平面施加的压缩力所产生的法向应力。

参见：法向应力。

2.193

压缩黏度　compressive viscosity

体积黏度　bulk viscosity

η_k

压缩应力与连续的静压力下压缩应变速率之比，或是与以恒定速率减压时的压缩应变速率之比。

2.194

缩聚物　condensation polymer；polycondensate

由缩聚反应制得的聚合物。

2.195

缩聚反应　condensation polymerization；polycondensation

按重复缩合过程(即失去小分子的过程)进行的聚合反应。

2.196

状态调节　conditioning

使样品或试样达到标准状态的温度和湿度所规定的全套操作。

2.197

状态调节环境　conditioning atmosphere

进行试验前，保存样品或试样的环境。

参见：基准环境和标准环境。

2.198

构型基本单元　configurational base unit

聚合物分子主链上，有一个或几个立体异构位置确定了构型的重复结构单元。

注：在规整聚合物中，构型基本单元与重复结构单元相对应。在规整聚合物分子—[$CH(CH_3)CH_2$]$_n$—(聚丙烯)中，重复结构单元是—$CH(CH_3)CH_2$—，而构型基本单元是：

$$
\begin{array}{c} H \\ | \\ -C-CH_2- \\ | \\ CH_3 \end{array} \quad 和 \quad \begin{array}{c} CH_3 \\ | \\ -C-CH_2 \\ | \\ H \end{array}
$$

这两个构型基本单元互为对映体。

2.199

构型重复单元　configurational repeating unit

由一个、两个或两个以上连续的构型基本单元构成的最小单元，确定聚合物分子主链上一个或一个以上立体异构位置的构型重复情况。

参见：全同立构聚合物和间同立构聚合物注。

2.200

构型序列　configurational sequence

结构单元中，立体异构位置上具有一种或几种相对或绝对构型的结构单元所组成的高分子的规定部分。

2.201

构型单元　configurational unit

具有一个或一个以上规定立体异构位置的结构单元。

2.202

重复结构单元　constitutional repeating unit

经重复即能表述规整聚合物的最小结构单元。

注：聚合物分子链：$-\underset{\displaystyle R}{\underset{|}{C}}HCH_2-\left[\underset{\displaystyle R}{\underset{|}{C}}HCH_2\right]_n-\underset{\displaystyle R}{\underset{|}{C}}HCH_2-$

能分解出如下结构单元：$-\underset{\displaystyle R}{\underset{|}{C}}HCH_2-$，$CH_2\underset{\displaystyle R}{\underset{|}{C}}H$，$-CH_2-$，$-\underset{\displaystyle R}{\underset{|}{C}}H-$，$-\underset{\displaystyle R}{\underset{|}{C}}HCH_2\underset{\displaystyle R}{\underset{|}{C}}H-$ 等。

只有前两个结构单元是能完整表述该聚合物分子链的最小结构单元。两者中的任一个都是重复结构单元，且由上述聚合物分子链表述的聚合物是规整聚合物。

2.203

结构序列　constitutional sequence

由一种或几种结构单元构成的高分子的规定部分。

2.204

结构单元　constitutional unit

聚合物或低聚物分子链上存在的一种原子或原子团。

参见：重复结构单元注。

2.205

接触型粘合剂　contact adhesive

涂于两个被粘物表面晾干后叠在一起，无需保持压力即可形成粘接的粘合剂。

参见：压敏粘合剂和干粘性。

2.206

接触成型　contact moulding

触压成型　contact pressure moulding

在成型和固化过程中，施加最小压力制备增强塑料模制品的方法。

2.207

连续长丝/定长纤维织物　continuous-filament/staple-fibre woven fabric

一个方向(通常为经向)用长丝纱，另一个方向用定长纤维纱织造而成的纺织玻璃纤维织物。

2.208

连续长丝织物　continuous-filament woven fabric

经向和纬向均采用纺织玻璃纤维长丝纱织造而成的织物。

2.209

连续原丝毡片(纺织玻璃纤维) continuous strand mat(textile glass)

未切原丝不经取向而用粘结剂粘合成的毡片。

2.210

共低聚物 co-oligomer

由一种以上单体生成的低聚物。

2.211

共低聚反应 co-oligomerization

形成共低聚物的低聚反应。

2.212

冷却定型模 cooling jig

冷却胎模 cooling fixture

防缩架 shrinkage block

防缩定型模 shrinkage jig

为控制特殊制件的尺寸而使模制品在其中冷却的模腔。

2.213

共缩聚反应 copolycondensation

含有一种以上单体的缩聚反应。

注:各含有两个相同活性基团的两组分(或两种单体)经缩聚反应制得的聚合物,可想象为在1:1基础上反应生成一种“隐含单体”,这种单体均聚反应便产生聚合物。该聚合物可用单一的重复结构单元表示,故可称为均聚物。应注意这一规律只适用于起始组分比例1:1的情况。聚对苯二甲酸乙二酯和聚酰胺66是这类聚合物的实例。

2.214

共聚物 copolymer

由一种以上单体生成的聚合物。

参见:共缩聚反应。

2.215

共聚反应 copolymerization

形成共聚物的聚合反应。

参见:共缩聚反应。

2.216

绳 cord

由长丝纱或定长纤维纱经加捻、合股、并捻或编制成的强度较高的纺织玻璃纤维结构物。

2.217

钻孔模具 cored mould

带有加热或冷却介质循环用通道的模具。

参见:热流道模具。

2.218

空心螺杆 cored screw

带有加热或冷却介质循环用的纵向通道的挤出机螺杆。

2.219

共溶解性 co-solvency

聚合物在多组分溶剂中的溶解性能,其中任一组分都是聚合物的非溶剂。

2.220

香豆酮树脂　coumarone resin

苯并呋喃树脂

由苯并呋喃和茚及其同系物或衍生物为典型代表的一种或几种化合物聚合反应制得的树脂。

2.221

偶联剂　coupling agent

在树脂基体与增强材料界面能促进或产生较强粘接的物质。

注：偶联剂可以加入增强材料中或加入树脂中，或加入两者中。

2.222

偶联打底剂　coupling size

塑料打底剂（纺织玻璃纤维）　plastic size(textile glass)

在玻璃纤维表面与树脂之间或泛指其他材料之间能获得良好粘接的材料命名为打底剂，通常含有便于其后再制或应用工序（缠绕、切割等）的成分。

2.223

开裂　crack

裂纹

贯穿或未贯穿材料外表面或其整个厚度的裂缝，处于裂纹两侧壁之间的聚合材料是完全分离的。

参见：银纹。

2.224

陷坑　crater

麻点　pit

小而浅的表面孔穴。

注：该孔穴一般较针眼大且形状更不规则。

参见：针孔。

2.225

银纹　craze

塑料制品表面或潜表层的一种缺陷，是由于聚合物材料的表观密度降低所造成桥搭的表观裂纹。

参见：开裂。

2.226

乳浊化（分散体）　creaming(of dispersions)

由于部分和可逆分离，在分散体系的上部至少有一个分散相浓度增加的现象。

2.227

乳白化（聚氨酯泡沫塑料）　creaming(of PUR cellular plastics)

多元醇与异氰酸酯混合物反应的初期阶段。

注：此阶段以反应混合物外观由清晰变浑浊（乳白色）为标志。

2.228

折皱　crease

皱折（增强塑料）　wrinkle(in reinforced plastics)

增强塑料中增强材料形成的折痕。

2.229

蠕变　creep

冷流（不赞成）　cold flow(deprecated)

因应力引起的随时间而变化的应变。

注：不包括瞬间应变。

2.230

蠕变恢复　creep recovery

消除应力后，应变随时间而减小的现象。

注：不包括瞬间恢复。

2.231

甲酚树脂　cresol resin

由甲酚与醛类或酮类缩聚反应制得的酚醛类树脂。

2.232

甲酚-甲醛树脂　cresol-formaldehyde resin

CF 树脂　CF resin

由甲酚与甲醛缩聚反应制得的酚醛类树脂。

2.233

直角机头　crosshead

与挤出机筒轴线成直角的挤出机机头。

参见：斜角机头。

2.234

交联(动词)　crosslink(verb)

在高分子链之间形成多分子间的共价键或离子键。

2.235

交联链节(名词)　crosslink(noun)

连接高分子(原来是独立分子)两部分的结构单元。

2.236

交联　crosslinking

在高分子链间形成多分子间的共价键或离子键的过程。

2.237

交联剂　crosslinking agent

促进或调节高分子链间形成分子间共价键或离子键的物质。

注：也可由辐射产生交联。

2.238

横向　crosswise

与纵向成 90°的方向。

参见：纵向。

2.239

交向层压制品　crosswise laminate

各向异性层相互垂直排列的层压制品。

2.240

中高度(压延辊筒)　crown(of a calender roll)

为补偿辊筒在压力下的变形，在压延辊筒中部增加的直径。

2.241

结晶聚合物　crystalline polymer

显示结晶性的聚合物。

2.242

结晶性　crystallinity

在分子范围存在的三维有序性。

2.243

微晶(聚合物)　crystallite(polymer)

小的结晶区域。

注1:(聚合物)结晶通常指有清晰边界限制的结晶区域。

注2:该定义与经典结晶学中使用的不同。

2.244

丙阶段　C-stage

某些热固性树脂反应的最终阶段,在此阶段物料基本不溶不熔。

注:充分固化的热固性模塑料中的树脂处于此阶段。

参见:甲阶段、乙阶段和丙阶酚醛树脂。

2.245

固化(聚合物和粘合剂)(名词)　cure(of a polymer and adhesive)(noun)

通过聚合和(或)交联,将预聚物或聚合组分转变成较稳定、更适用的状态过程,对于粘合剂表示使其强度提高的过程。

注:例如,双官能氨基甲酸酯体系的固化,因聚合加成反应而发生固化、橡胶体系因交联而固化以及苯酚-甲醛体系因缩聚和交联而固化。

2.246

固化(聚合物和粘合剂)(动词)　cure(a polymer,an adhesive)(verb)

通过聚合和(或)交联,将预聚物或聚合组分转变成较稳定、更适用的状态,对于粘合剂表示使其强度提高。

2.247

固化温度　cure temperature;curing temperature

粘合剂、组合件或聚合物组成的粘合剂其固化时的温度。

参见:固化、干燥温度和固化温度(setting temperature)。

2.248

固化时间　cure time;curing time

在规定的温度和压力下,或两者兼有的情况下,装配件中粘合剂或聚合物组成固化所需的时间。

参见:固化。

2.249

固化剂　curing agent

促进或调节固化反应的物质。

参见:固化和硬化剂。

2.250

露层　cut layers

层压塑料用语。经机加工或磨削的棒材、管材和砂磨的片材表面露出表层或下层切边的状态。

2.251

周期比　cycle ratio

n/N

使用的周期数(n)与使用的寿命(N)之比值。

注:该比值用于测试承载力及其 SN 曲线[沃勒(Woehler)疲劳曲线]。

2.252

阻尼(机械)　damping(mechanical)

材料或材料体系经受振荡负荷时,以热量形式耗散能量的量度。

注:自由振荡中,阻尼是体系的振幅随时间而减小。

2.253

阻尼系数　damping coefficient

c(N·s·m^{-1})

同变形相位相差90°的作用分力与变形速度之比。

2.254

阻尼比　damping ratio

μ(无量纲)

实际阻尼与临界阻尼之比。临界阻尼是在振荡与非振荡行为之间的边界条件下所需的阻尼。

注:阻尼比是对数衰减率 Λ 的函数:

$$\mu = \frac{\Lambda/2\pi}{\sqrt{1+(\Lambda/2\pi)^2}} = \sin \arctan \frac{\Lambda}{2\pi}$$

Λ 很小时,$\mu = \frac{\Lambda}{2\pi}$。

参见:对数衰减率。

2.255

压板开距　daylight

压机开启时,活动压板与固定压板之间的距离。

注:对于多层压机,压板开距为相邻两压板间的距离。

2.256

衰变常数　decay constant

β(s^{-1})

测定自由振动阻尼随时间衰变的系数 $A(t)$:

$$A(t) = A_0 e^{-\beta t} \sin(\omega_d t - \phi)$$

式中:

A_0——初始振幅;

ω_d——阻尼振动的角速度;

ϕ——相角。

注:β 与损耗因数 d 的关系为:$\beta = \frac{d\omega_d}{2}$。

2.257

装饰层压板　decorative laminate

由几层片状材料(例如,纸、薄膜、金属箔或织物)粘接制得的层压板。其一面或两面的一层或几层具有单一或多种装饰性颜色或图案。

2.258

深拉成型　deep drawing

在具有高拉伸比的模具中,成型热塑性片材的方法。

2.259

除边　deflashing

用机械加工或手工方法,除去模塑制品飞边、锐边及棱角的过程。

参见:冲击除边。

2.260

负荷变形温度　deflection temperature under load

在规定的试验条件下，试样经受规定的弯曲负荷时其弯曲变形达到规定距离时的温度。

注：该性能以前叫“热变形温度”，现不推荐使用。

2.261

反絮凝剂　deflocculation agent

能使凝聚物破碎成原颗粒，或防止原颗粒结合成凝聚物的物质。

2.262

浇口料切除　degate

注塑和压铸中，从模塑件上分离注道残料（以及多模腔中的流道冷料）。

2.263

降解性塑料　degradable plastic

在规定环境条件下，因化学结构发生重要变化而损失某些性能的塑料，应使用能反映性能变化的标准试验方法进行测试，并按使用周期确定其类别。

参见：生物降解性塑料、水解降解性塑料、氧化降解性塑料和光降解性塑料。

2.264

降解　degradation

包括有性能变坏的塑料化学结构的变化。

参见：劣化。

2.265

聚合度　degree of polymerization

a）　如分子由规整的重复单元组成，则聚合度是每个分子的（平均）基本单元数。

b）　如分子是（或假定是）由相同单体聚合而成，则聚合度是每个分子的（平均）链节（实际的或假设的）数。

注：两种定义不一定等同，例如聚乙烯，其基本单元是 CH_2，而链节是 C_2H_4。

2.266

聚合物分子的聚合度　degree of polymerization of a molecule of a polymer

聚合物分子中单体单元数。

2.267

聚合物的聚合度　degree of polymerization of a polymer

聚合物分子聚合度的平均值。

注：必须说明平均的方法，例如数均聚合度或重均聚合度。

2.268

脱层　delamination

分层

层压制品中因粘结部或邻近处破坏而引起的层间分离现象。

2.269

树枝（状）晶体　dendrite

由骨架生长产生的外观呈“树枝状”的结晶形态。

2.270

解聚　depolymerization

聚合物转变成单体或相对分子量较低的聚合物的过程。

2.271

深度 depth

厚度

在条状试样的弯曲试验情况下,指与加荷方向平行的尺寸。

参见:宽度。

2.272

退浆纤维 desized fibre

用适宜溶剂萃取或用热解的方法移去浆料的纤维。

2.273

劣化 deterioration

变质

塑料因某些性能受损所表现出的物理性能的永久变化。

2.274

口模(挤出) die(in extrusion)

使模塑料通过一定形状孔眼而成型的金属部件。

2.275

冲模(冲切) die(in punching)

冲切片材或薄膜材料的工具。

参见:冲头。

2.276

模切 die cutting

使模切刀口冲过一层或几层塑料薄膜或片材而切割成形的方法。

2.277

载模板 die plate

阳模或阴模的支撑板。

2.278

介质损耗因数 dielectric dissipation factor

损耗因数 dissipation factor

损耗角正切 loss tanget;tanget of loss angle

损耗角 δ 的正切($\tan\delta$)。

2.279

介质损耗角 dielectric loss angle

当电容器的电介质仅由介电材料组成时,所施电压与所产生的电流之间的相位角与 $\pi/2$ 之差,单位为弧度。

2.280

差示扫描量热计法 differential scanning calorimetry;DSC

当物质与参比物质经受同一程序温度控制时,测量输入到物质与参比物质的能量差与温度关系的一种技术。

注:根据所使用的方法,可分为功率补偿型差示扫描量热法(功率补偿 DSC)和热流型差示扫描量热法(热流型 DSC)两种方法。

2.281

差热分析 differential thermal analysis;DTA

当物质与参比物质经受同一程序温度控制时,测量物质与参比物质之间的温差与温度的关系的一种技术。

注1:记录的是差热曲线或DTA曲线。温差(ΔT)标在向下表示吸热反应的纵坐标上,温度或时间标在从左到右表示增加的横坐标上。

注2:术语“定量差热分析(定量DTA)”适用于所用仪器能使能量和(或)其他物理参数产生定量结果的差热分析。

2.282

光漫射 diffusion of light

光散射(不赞成) light scattering(deprecated)

当射线束通过一表面或一介质在许多方向发生偏离而单色组分频率无变化时,射线束空间分布变化的过程。

注:只有物质运动反射的射线束不产生多普勒效应,频率才无变化。

2.283

稀释剂 diluent

稀释剂(不赞成) thinner(deprecated)

唯一作用是降低固体物质浓度和降低复合物(如粘合剂、涂料、清漆)黏度的液体添加物。

参见:增量剂和反应性稀释剂。

2.284

尺寸稳定性 dimensional stability

因次稳定性

塑料制品或试样在各种环境条件下尺寸的不变性。

注:塑料的尺寸稳定性受蠕变、后固化、后收缩、添加剂的挥发或迁移以及吸水等因素影响。

2.285

二聚体 dimer

有两个相同单体单元组成的低聚物。

注:二聚体可以是低聚反应产物或高分子的裂解产物。

2.286

蘸涂 dip coating

一种涂布方法,将基材浸入液态聚合物、聚合物溶液或分散液中,然后取出经加热和干燥,凝固集附成薄膜。

2.287

直接无捻粗纱(纺织玻璃纤维) direct roving(textile glass)

直接从大量且预先规定了单丝数的纱管上卷绕得到的无捻粗纱。

参见:无捻粗纱。

2.288

变色 discoloration

包括颜色变浅或变暗,和(或)色调改变等变化。

参见:褪色和色牢度。

2.289

凹陷 dished

塑料制品平面或曲面部分显示的一种对称性畸变缺陷,通常看来呈凹陷状。

参见:拱凸和翘曲。

2.290

分散体 dispersion

细碎物分布在另一物质中的非均相体系。

2.291

击穿电压 disruptive voltage;breakdown voltage

介电击穿电压 dielectric breakdown voltage

两个导体之间产生击穿放电所需的电压。

2.292

分布函数 distribution function

以一个或几个随机变量的规定值或范围值,给出部分聚合物相对量的规范化函数。

2.293

刮胶板 doctor blade

刮胶刀 doctor knife

刮胶棒 doctor bar

在涂布设备上,能使涂料均匀涂布在辊上或待涂表面上,并能调节其厚度的器械(棒或板)。

2.294

涂布辊 doctor roll

有与涂胶辊不同的表面速度和(或)相反的旋转方向所产生的揩抹作用调节涂胶辊胶量的辊筒。

2.295

拱凸 domed

塑料制件平面或曲面部分显示的一种对称性畸变,通常看来呈凸面或较高凸面状。

参见:凹陷和翘曲。

2.296

双层板 double-skin sheet;DSS

有两平行的外层的板,用不同形状的肋筋将他们隔开并连接。

2.297

双股链 double-strand chain

通过两个原子构成不间断的环状链区所连接的结构单元组成的高分子。

2.298

双股共聚物 double-strand copolymer

分子是双股链的共聚物。

2.299

双股聚合物 double-strand polymer

梯形聚合物 ladder polymer

分子是双股链的聚合物。

2.300

合模销套 dowel bush;dowel bushing

模具中容纳合模销的硬质钢嵌件。

2.301

下压式压机 downstroke press

加压装置位于动压板之上,由向下移动装置施加压力的一种压机。

2.302

(脱模)斜度 draft

使模塑件顺利脱模而允许的斜度量。

2.303

包模真空热成型 drape vacuum thermoforming

一种真空热成型方法,将片材夹持在活动模框内加热,使之下降到与阳模接触并罩在阳模底部,然后抽真空使片材吸附在模具上而成型。

2.304

拉伸比 draw ratio

拉伸操作中拉伸程度的量度，以未拉伸与拉伸塑料的截面积之比表示。

2.305

牵引比 draw-down ratio

挤出中，模口厚度与制品最终厚度之比。

2.306

拉伸 drawing

为减小材料截面积和(或)通过取向改进其物理性能而拉伸热塑性片材、棒材或长丝的方法。

2.307

干混料 dry blend

共混粉料 powder blend

不经熔融或不加溶剂制得的松散混合物。

2.308

干斑点 dry patch

干斑 dry spot

增强材料未被树脂充分润湿的区域。

参见：纤维条纹和可见纤维。

2.309

干强度 dry strength

在规定条件下干燥后测得的粘接接头的强度。

参见：湿强度。

2.310

干粘性 dry tack

某些粘合剂特别是非硫化弹性粘合剂的一种性能。指挥发性组分挥发至某阶段，触摸时似乎干燥，但自身接触时能粘着。

参见：接触型粘合剂。

2.311

干燥温度 drying temperature

干燥粘合剂时，使粘合剂或装配件经受的温度。

参见：固化温度。

2.312

干燥时间 drying time

在加热或不加热、加压或不加压、或同时加热和加压下，干燥粘合剂或装配件所需的时间。

参见：固化时间。

2.313

停压 dwell；dwelling

暂停对模具施压以便让气体逸出。

2.314

动摩擦系数 dynamic coefficient of friction

μ_D

$$\mu_D = \frac{F_D}{F_P}$$

式中：

F_D——动摩擦力，单位为牛顿；

F_P——垂直作用于接触表面的法向力，单位为牛顿。

注1：薄膜的摩擦系数通常在0.2到1的范围内。

注2：理想状态下，摩擦系数是一个与试验条件和仪器无关的特性。通常由于薄膜并非是理想的，所以所有的试验参数在相应的标准中(例如，薄膜和片材见GB/T 10006)予以规定。

参见：摩擦力。

2.315

动摩擦　dynamic friction

开始滑动时克服“起动值”的摩擦。

2.316

动态力学分析　dynamic mechanical analysis；DMA

当负荷或位移随时间而改变时，测量物质的模量或阻尼，或模量和阻尼与温度、频率和(或)时间关系的一种技术。

2.317

抗动力劈裂　dynamic resistance to cleavage

用一个劈放入粘结头两物质之间，依靠施加应力使劈移动，以便将粘接件用剥离的模式使之分开，分开时所需的单位宽度力。其单位以千牛顿每米表示。

2.318

动态应力　dynamic stress

作用力大小和(或)方向随时间变化所产生的应力。

2.319

动态热机械测量　dynamic thermomechanical measurement

当物质经受程序温度控制时，测量物质在振动负荷下的动态模量和(或)阻尼与温度关系的一种技术。

注：扭辫测量是材料支撑在扭辫上进行的一种特殊的动态热机械测量。

2.320

动态黏度　dynamic viscosity

η^* (Pa·s)

处于强迫振动的材料，其应变速率相对应的应力($\sigma_0 \sin\delta$)与应变速率的振幅($\omega\varepsilon_0$)的比值：

$$\eta^* = \frac{(\sigma_0 \sin\delta)}{\omega\varepsilon_0}。$$

注：强迫振动的应变(ε)和应力(σ)由下式给出：

$\varepsilon = \varepsilon_0 \sin\omega t$

$\sigma = \sigma_0 \sin(\omega t + \delta)$

因此 $\dot{\varepsilon} = \omega\varepsilon_0 \cos\omega t$

及 $\sigma = \sigma_0 \sin\delta \cdot \cos\omega t + \sigma_0 \cos\delta \cdot \sin\omega t$。

2.321

易点燃性　ease of ignition

在规定的试验条件下，材料容易引起着火的性质。

参见：最短点燃时间。

2.322

边缘浇口 edge gate

位于模具啮合面内,长度与模制品宽度相等其截面为矩形的极薄浇口。

参见:柄形浇口。

2.323

沿层方向(层压制品) edgewise(of a laminate)

平行于层压制品层面,测试时可施加负荷或电应力的方向。

2.324

顶出 ejection

从模腔中取出模制品的过程。

2.325

顶出器 ejector

能使模塑制品从模具中取出的机械或气动装置。

2.326

弹性变形 elastic deformation

受力塑料总应变随应力解除而消失的那部分应变。

参见:蠕变恢复、弹性和塑性变形。

2.327

弹性极限 elastic limit

材料在完全解除应力且不遗留任何永久变形的条件下所能承受的最大应力。

注:实际上,测量变形通常使用小负荷而不用零负荷作为起始和最终参考负荷。

2.328

弹性 elasticity

解除弹性力时材料能恢复原尺寸和形状的性能。

注 1:如果应变与施加应力成正比,则材料显示虎克弹性或理想弹性。

注 2:其机理可能似橡胶弹性(熵弹性)或似钢弹性(能量弹性)。

2.329

弹性体 elastomer

能因轻微应力产生明显变形,而在应力解除后能迅速恢复到接近原来尺寸和形状的高分子材料。

注:该定义适用于室温试验条件。

2.330

电气强度 electric strength

介电强度 dielectric strength

抵抗击穿放电的介电性能。

注:通过击穿介质的电场强度测量。

2.331

伸长率 elongation

拉伸时试样长度的增加,通常以试样原始长度的增长百分率表示。

2.332

发射热分析 emanation thermal analysis

物质经受程序温度控制时,测定物质释放的放射性排出物与温度关系的一种技术。

2.333

嵌铸 embedding

制件完全嵌入聚合物中的方法,将单体、预聚物或聚合物分散液,注入放有制件的模具中使聚合物固化或凝固,然后从模具中取出包封的制件。

注:对于电气部件,导线或接线柱可以伸出嵌铸件。

参见:包封和灌封。

2.334

压花片材　embossed sheet

在一面或两面带有压制花纹的片材。

2.335

压花　embossing

使表面产生异性花纹的方法。

2.336

乳化剂　emulsifying agent;emulsifier

能通过降低两相间的界面张力,促进和保证两种不完全混溶的液体或固体与液体分散的表面活性物质。

2.337

乳液　emulsion

一种液体以细滴状分散在另一种液体中的非均相体系。

注:工业上有些为乳液的体系实际是悬浮液,例如聚乙酸乙烯酯(PVAC)乳液。

参见:分散液和悬浮液。

2.338

乳液聚合反应　emulsion polymerization

使用乳化剂使单体分散并形成稳定的极小液滴,生成乳胶产品的悬浮聚合反应。

2.339

对映异构体的构型单元　enantiomeric configurational unit

在含有主链键的平面上,两个构型单元中的任一个呈镜像。

2.340

胶囊型粘合剂　encapsulated adhesive

一种粘合剂,系将反应性组分之一的颗粒或液滴包封在保护膜(微胶囊)中,使之在用适当方法破坏保护膜之前不固化。

2.341

包封　encapsulation

采用适当的方法,如涂刷、浸渍、喷涂、热成型或模塑等,涂施热塑性或热固性保护涂料或绝缘涂料封闭制件的方法。

参见:嵌铸、微型胶囊包封和灌封。

2.342

端基　end group

只有一个连接点同聚合物分子链端部相连的结构单元。

2.343

能量损耗　energy loss

单位阻尼能　unit damping energy

$W(\mathrm{J \cdot m^{-3}})$

变形周期中损失的能量与材料体积之比。

注:能量损耗是以坐标标度为基准计算的滞后回线面积:

$W = \pi\varepsilon_0^2 M'' = \pi\sigma_0^2 C''$

式中：

ε_0——最大应变；

σ_0——最大应力。

在正弦拉伸负荷下：$W = \pi\varepsilon_0^2 E'' = \pi\sigma_0^2 D''$。

参见：滞后回线。

2.344

环氧塑料　epoxy plastic

以环氧树脂为基础的塑料。

2.345

环氧树脂　epoxy resin

含有能交联的环氧基团的树脂。

2.346

酯类塑料　ester plastic

以链的重复单元是酯类的聚合物制得的塑料，或以链的重复单元上存在酯类和其他类单体的共聚物制得的塑料，共聚物中酯类组分的质量占绝大多数。

2.347

乙基纤维素　ethylcellulose

纤维素的乙基醚。

2.348

乙烯类塑料　ethylene [ethene] plastic

以乙烯聚合物或乙烯与其他单体的共聚物制得的塑料，共聚物中乙烯的质量占绝大多数。

2.349

逸出气体分析　evolved gas analysis；EGA

物质经受程序温度控制时，测定其释放出的挥发性产物的性质和(或)数量与温度关系的一种技术。

注：应明确规定气体分析方法。

2.350

逸出气体检测　evolved gas detection；EGD

当物质经受程序温度控制时，检测其逸出气体与温度关系的一种技术。

2.351

可发性塑料　expandable plastic

按一定方式配制的塑料，通过加热、化学方法或机械方法使之转变成泡沫塑料。

2.352

伸直链晶体　extended-chain crystal

分子链基本上是完全伸直构象的聚合物晶体。

2.353

增量剂　extender

主要为降低成本而加到树脂、塑料或粘合剂中的惰性液体或固体物质。

2.354

增量度　extendibility

可以加入塑料配混料中而对给定的最后性能无损害的填料或增量剂的限度。

参见：延展度。

2.355

延展度　extensibility

在规定的拉伸负荷条件下，材料可延长的程度。

参见：增量度。

2.356

拉伸黏度　extensional viscosity;elongational viscosity

η_E(Pa·s)

稳态单轴流动中,纵向应力(σ_{ll})和横向应力(σ_{ll})之差与拉伸应变速率(ε_E)的比值。

2.357

外增塑剂　external plasticizer

作为添加剂加进塑料配混料中的增塑剂。

参见:内增塑剂。

2.358

挤出机机头　extruder head

安装在机筒与口模之间的挤出机部件。

2.359

挤出机螺杆　extruder screw

具有一条以上螺纹带,一般按不同螺槽深度有时按不同螺距分为不同区段,通常一端为圆柱形,另一端为曲面或尖面,能驱动塑性物质沿机筒推进的传动轴。

参见:空心螺杆。

2.360

挤出　extrusion

使加热或未经加热的塑料,通过成型孔变成连续成型制品的方法。

2.361

挤出涂布　extrusion coating

将熔融塑料连续挤在移动基材上的涂布方法。

2.362

渗出　exudation;bleed out(deprecated)

冒汗(不赞成)　sweat out(deprecated)

液体组分迁移到制品表面的现象。

参见:渗霜。

2.363

二次加工　fabricating;fabrication

由模塑制件、棒材、管材、片材、挤出型材或其他形状材料,通过适当操作如机加工和装配制成制品。

参见:装配和机械加工。

2.364

花式纱(纺织玻璃纤维)　fancy yarn;novelty yarn(textile glass)

为获得装饰效果经特殊加工使外观与普通纱有明显区别的纱。

2.365

疲劳　fatigue

材料承受交变应力或应变时,局部产生永久性结构变化的发展过程,最终可能出现开裂或完全破坏。

2.366

疲劳寿命　fatigue life

疲劳强度　fatigue strength

给定试样在规定性能损坏之前，能承受某规定特性的应力或应变的周期数。

2.367

疲劳极限　fatigue limit

τ_D

对给定的平均应力 τ_m 或应力比 R_τ，当周期数变的非常大时，应力大小 τ_a 接近的极限值。

注：对某些材料，应力大小对周期数的关系不能达到一个极限值，但随周期数的增加而持续不断地降低。在这种情况下，有可测定一个耐久的范围。

2.368

加料(挤出或注塑)　feed(in extrusion or injection moulding)

将物料放在料斗中。

2.369

注料系统　feed system

注料道模塑料

a)　加热料筒或压铸料腔与浇口之间的通道；

b)　在上述通道中的模塑料。

2.370

供(给)料(塑料)　feeding(of plastics)

指供给加工机械的塑料原料(例如粉料、颗粒料或粒料)。

参见：定容供料、计重供料和加料。

2.371

毡　felt

全部由纤维(或纤维的含量很高)编织缠结形成的密实结构。

2.372

纤维　fibre

长厚比或长径比很大而长度较短的物质单元。

2.373

纤维条纹　fibre streak

纤维发白　fibre whitening

半透明增强塑料材料中，未被树脂充分浸润的内部纤维聚集物，呈现出微白色缺陷。

参见：干斑点和可见纤维。

2.374

长丝　filament

直径很小而长度极长，可看作连续的单一纺织单元。

2.375

长丝缠绕　filament winding

在控制张力下，按预定模式将涂有树脂的增强材料连续原丝，缠绕在芯轴或模具上形成增强塑料制品的方法。

2.376

填料　filler

加入塑料中改善其强度、耐久性、工作性能或其他性能，或降低塑料成本的相对惰性的固体材料。

参见：增强塑料。

2.377

焊条　filler rod

当需要填充焊接时，在热气焊接中提供软化材料源所使用的热塑性塑料棒。

2.378

垫片 filler sheet

当放于粘接的装配件与加压器之间或分布于许多装配件之间时,有助于粘接面均匀受压、可变形或富有弹性的材料薄片。

2.379

胶瘤 fillet

在两个被粘物连接处填充拐角或夹角所形成的部分粘合剂。

2.380

薄膜 film

同长度与宽度相比厚度极小,可随意限定最大厚度的薄而平的制品,通常按卷状提供。

注:随意限定的厚度随不同国家和不同材料而异,但某些情况下为 0.25 mm。

参见:片材。

2.381

膜状粘合剂 film adhesive

通常经加热和加压固化的带载体或不带载体的膜状粘合剂。

2.382

薄膜吹塑 film blowing

牵伸或冷却期间,借助内气压使挤出的热塑性塑料管保持连续吹胀而制备薄膜的方法。

2.383

薄膜流延 film casting

将液态聚合物或聚合物分散体或溶液,分布在运行的基材上,再用适当方法凝固聚合物料而制备薄膜的方法。

参见:流延薄膜。

2.384

薄膜挤出 film extrusion

将加热的热塑性塑料挤过口模制备薄膜的方法。

参见:薄膜吹塑和缝口模头挤出。

2.385

修饰 finishing

采用适当操作,如滚光、磨光、砂磨、抛光、涂布和电镀,使塑料制品获得需要的表面特征的方法。

参见:冲击除边。

2.386

整理(纺织品) finishing(in textiles)

为改进玻璃纤维表面与基料之间的粘接,而在织物产品上施涂偶联剂的过程。

参见:浸润剂。

2.387

耐火性 fire resistance

建筑构件、配件或结构,在一定时间内满足标准耐火试验中规定所需稳定性、完整性、隔热性和(或)其他预期功能的能力。

2.388

一级转变 first order transition

与聚合物结晶或熔融有关的状态变化。

2.389

鱼眼　fish-eye

没有完全掺混到周围物料中的球状小粒。

注：在透明和半透明材料中此缺陷尤为明显。

2.390

定压板　fixed plate；fixed platen

定压台　fixed table

安装在压机框架上用来固定模具部件或多层压机部件的板。

参见：浮动压板和动压板。

2.391

剥落　flaking

表层的局部破裂或分离。

参见：脱层。

2.392

火焰（名词）　flame（noun）

发光的气相燃烧区域。

2.393

发火焰（动词）　flame（verb）

进行发光的气相燃烧。

2.394

阻燃性　flame retardance

物质具有的或材料经处理而具有的明显推迟火焰蔓延的性质。

2.395

阻燃剂（产品）　flame retardant（product）

能明显推迟火焰蔓延的物质。

注：阻燃剂可作为添加剂加进塑料中（外阻燃剂），或在聚合过程中使用反应性中间物，使基础聚合物带有阻燃的化学基团（内阻燃剂）。

2.396

火焰喷涂　flame spray coating

使粉状聚合物在位于喷枪口与基材之间的火焰锥中加热至熔化温度的涂布方法。

2.397

火焰蔓延　flame spread

焰烽的传播。

2.398

火焰蔓延速率　flame spread rate

在规定试验条件下，火焰蔓延期间单位时间内焰烽移动距离。

2.399

火焰蔓延时间　flame spread time

在规定的试验条件下，火焰在燃烧材料上移动规定距离或规定表面积所需要的时间。

2.400

可燃性　flammability

在规定的试验条件下，材料或制品能进行有焰燃烧的能力。

注：广义而言，可燃性包括与相对易点燃性与持续燃烧能力等有关特性。

2.401

易燃的　flammable

在规定的试验条件下容易发生有焰燃烧的。

2.402

飞边　flash

溢料

a)　模塑期间，从料腔逸出的部分加料；

b)　在模具合模面之间形成的过量塑料。

2.403

溢料槽　flash groove(of a mould);spew groove

为溢出模塑操作中的余料而在模具中设计的沟槽。

2.404

合模线　flash line

溢料线　spew line

在模具部件接合处形成的出现在模制品表面的凸线。

2.405

溢料式模具　flash mould

允许过量的加料以飞边的形式溢出的模具。

注：该飞边承受部分压力。

2.406

溢料脊　flash ridge;spew ridge

溢料面　flash area;spew area

溢料式模具中在合模面之间供过剩物料溢出以便于闭模的间隙部分。

2.407

平板状聚甲基丙烯酸甲酯片材　flate PMMA sheet

两表面基本上平行的聚甲基丙烯酸甲酯片材。

2.408

贯层方向(层压制品)　flatwise(of a laminate)

垂直于层压制品层，测试时可以施加负荷或电应力的方向。

参见:层向和横向。

2.409

柔韧性　flexibility

材料可反复挠曲或弯曲而不破裂或不产生可见缺陷的性能。

参见:半硬质塑料和非硬质塑料。

2.410

柔韧的　flexible

容易手折、扭曲或弯曲的。

参见：非硬质塑料和刚性。

2.411

柔性粘附体　flexible adherends

具有允许弯曲成任何角度直至90°而不破坏或开裂的物理性能和尺寸的粘附体。

2.412

弯曲强度　flexural strength

弯曲试验中试样产生破坏的最大弯曲应力。

参见：弯曲应力。

2.413

弯曲应力(弯曲试验)　flexural stress(in flexural testing)

试验中,在任何规定的时间内,于跨距中部测量的试样外表面的最大公称应力。

参见:弯曲强度。

2.414

常规挠度时弯曲应力　flexural stress at conventional deflection

挠度等于试样厚度1.5倍时的弯曲应力。

2.415

浮动压板　floating platen

位于多层压机顶板与压台之间并能独立移动的压板。

2.416

弗洛里-哈金斯理论　Flory-Huggins theory

聚合物溶液的热力学理论,首先由弗洛里和哈金斯分别提出,其中溶液的热力学量由混合熵组合的简易概念和简化的吉布斯(Gibbs)能量参数,"α 参数(副参数)"导出。

2.417

合流纹　flow line

接缝线

模制品中沿物料流动方向应流动引起的可见条纹。

2.418

流(态)化涂布　fluidized bed coating

下列任一涂布方法:

a)　待涂部件预热后,浸入因向上的气流而保持浮动状态的粉状塑料床中,随后加热使附着的塑料粒熔化;或

b)　将待涂部件(至少有微导电性并接地)冷浸入带静电荷的能附着于制件的粉状塑料硫化床中,随后加热使附着的塑料粒熔化。

2.419

氟塑料　fluoroplastic

以含有一个或多个氟原子单体制成的聚合物或以这样的单体与其他单体构成的共聚物制得的塑料,在共聚物中氟单体质量占绝大多数。

2.420

就地发泡　foam in situ

现场发泡　foam-in-place

将泡沫塑料混合物在使用现场进行配制、浇注和固化。

2.421

发泡粘合剂　foaming adhesive

为填充大间隙缝,施胶后在现场发泡的粘合剂。

参见:微孔粘合剂。

2.422

折叠链晶体　folded-chain crystal

按其外表显露,分子链主要由反复折叠的片晶组成的聚合物晶体。

2.423

合股纱　folded yarn;plied yarn(textile glass)

指由一次合股工序加捻两股或多股单纱形成的纱的通用术语。

2.424

二次成型 forming

将塑料制品如片材、棒材或管材制成所需外形的方法。

参见:热成型。

2.425

分级 fractionation

根据高分子类别的某些特性(化学组成、相对分子量、支化、规整度等)的不同,将它们彼此分离的过程。

2.426

自由振动测量 free vibration measurement

试样在体系的自然共振频率下变形,解除应力后使之自由振荡进行动态力学测量的一种技术。

注:由自然共振频率计算储存能量,由振幅衰减速率计算损耗模量。

2.427

频率分布图 frequency profile

在恒定温度下材料的动态性能与试验频率关系的曲线。

2.428

摩擦 friction

两表面彼此接触对滑动的阻力;静摩擦和动摩擦之间是有区别的。

2.429

摩擦焊接 friction welding

旋转焊接 spin welding

由摩擦产生的热量软化接合表面的加压焊接方法。

2.430

摩擦力 frictional force

克服摩擦所需要的力;静摩擦力(F_S)和动摩擦力(F_D)之间是有区别的。

2.431

缨状微束模型 fringed-micelle model

高分子的结晶链段主要含有各种晶体的一种结晶模型。

2.432

起霜 frosting

指一种类似于微晶体光散射表面的缺陷。

参见:起垩,雾度和渗霜。

2.433

呋喃塑料 furan plastic

以呋喃树脂为基料的塑料。

2.434

呋喃树脂 furan resin

以呋喃单体为主制得的聚合物,分子链中主要含呋喃环的树脂。

2.435

糠醛树脂 furfural resin

用糠醛或糠醛与其他化合物聚合或缩聚制得的树脂,其中糠醛质量占绝大多数。

2.436

γ-损耗峰 gamma loss peak

在熔融范围以下,在降低温度或增加频率的情况下,阻尼曲线上按顺序出现的第三个峰。

2.437

辊隙　gap

压延机或类似的机器两相邻压辊间的距离。

2.438

透气速率　gas transmission rate

在单位压差和恒定温度下，单位时间内稳定透过试样单位面积的气体体积。

注：透气速率与试样厚度有关。

2.439

浇口（注塑和压铸中）　gate（in injection and transfer moulding）

物料从主流道（或多模腔模具的分流道）进入模腔所经过的槽或孔。

2.440

标距　gauge length

用来测定试样应变或长度变化的试样部分的原始长度。

2.441

标记　gauge marks

基准标记　bench marks

参照标记　reference marks

标在试样上（例如测量应变的试样）指示已知间距的记号。

2.442

凝胶（名词）　gel（noun）

树脂形成过程中出现的初始胶状固体相。

2.443

光亮涂层　gel coat

胶衣

改进增强塑料件表面性质的外层树脂，有时含有着色剂。

2.444

凝胶点　gel point

液体开始呈现假弹性的阶段。

注：此阶段容易从黏度-时间曲线上的拐点观察到。

2.445

凝胶强度　gel strength

在标准条件下，制备并固化的凝胶刚性模量的度量。

2.446

凝胶时间　gel time

在规定的温度条件下液态物料形成凝胶所需的时间。

2.447

凝胶（作用）　gelation；gelling

物质向凝胶转变的过程。

参见：凝胶。

2.448

玻璃化转变　glass transition

无定形聚合物或部分结晶聚合物的无定形区，从粘性态或橡胶态转向硬而脆的状态，或从硬而较脆状态转向粘性态或橡胶态的可逆变化。

2.449

玻璃化转变温度　glass transition temperature

产生玻璃化转变的温度范围的近似中值。

注：玻璃化转变温度随材料的某些性能、试验方法及条件而明显变化。

参见：玻璃化转变。

2.450

玻璃覆面毡料　glass veil

由玻璃纤维长丝(连续的或短切的)用粘结剂粘合而成的薄层。

注：该覆面毡料一般比表面毡片更坚韧而且单位面积的质量更大。

参见：表面毡片。

2.451

光泽　gloss

表面反光能力接近理想光学平滑性的程度。

2.452

灼热燃烧　glowing combustion

材料固相无火焰但燃烧区发光的燃烧。

参见：炽热。

2.453

接枝共聚物　graft copolymer

由一种以上单体生成的接枝聚合物。

参见：接枝聚合物注。

2.454

接枝共聚反应　graft copolymerization

形成接枝共聚物的聚合反应。

2.455

接枝聚合物　graft polymer

分子主链连接有一种或几种嵌段侧链的聚合物，除连接点外，这些侧链的结构或构型特征不同于主链的结构单元。

注：接枝聚合物分子 AAAAAAAAAAAA（第 5 个和第 9 个 A 上分别连有 B_m 和 B_n）中，A-链、B_m 和 B_n 为规整嵌段 —A— 链是主链，B_m 和 B_n 是接枝侧链；—A—（带有支链）是连接点。当 A 和 B 由相同单体产生时。如：$—CH=CHCH_2CH_2—$ (A) 和 $—CH_2CH—$（侧基 $CH=CH_2$）(B)

该聚合物是接枝聚合物。如果接枝聚合物分子由下列链段组成：

$—CHCH_2—$（侧基 CO_2CH_3）(A) 和 $CHCH_2—$（侧基 $OCOCH_3$）(B)

则是接枝共聚物。

参见：接枝共聚物。

2.456

接枝聚合反应　graft polymerization

形成接枝聚合物的聚合反应。

2.457

碎粒机　granulator

将大块材料或不合格模制品粉碎成颗粒状的机器。

参见:颗粒料和切粒机。

2.458

颗粒料　granule

采用切割、研磨、粉碎、沉淀和聚合等操作制得的尺寸和形状各异的较小的粒状物。

注:这些操作中,还会得到粉末状物质;在某些沉淀和聚合过程中,可产生珠状物质。

参见:粒料。

2.459

石墨化(作用)　graphitization

碳化后并在高于碳化温度下,在惰性气氛中进行的热处理。

注:尽管难以观察到石墨结构,工业上称为"石墨化"的方法,实际上能有效地改善碳化纤维的物理和化学性能。

2.460

共振曲线的半宽度　half-width of the resonance curve

Δf(Hz)

在共振曲线的振幅 A_R 和 $A[A=\frac{1}{\sqrt{2}}A_R=0.707A_R]$条件下测得的频率差,其中 A_R 是共振振幅。

注:如果阻尼较小,Δf 与损耗因数 D 的关系为 $D=\frac{\Delta f}{f_R}$。

参见:共振曲线。

2.461

硬化剂　hardening agent;hardner

通过参加反应,能促进或调节树脂或粘合剂固化反应的试剂。

参见:固化剂。

2.462

硬度　hardness

材料抗压痕或抗划痕的能力。

注:由于测量的材料质量和特征多少有变化,用不同方法评定硬度得到的级别不同。每种试验方法有各自随意规定的硬度标准来定量表示硬度,例如莫氏(Moh's)硬度标度是由对矿物的耐划痕(云母=1～金刚石=10)评定硬度,球压痕法参见 GB/T 3398。

2.463

雾度　haze

塑料制品内部或表面的混浊程度。

2.464

热活化粘合剂　heat-activated adhesive

经加热即具有粘性的干性粘合剂。

2.465

燃烧热(质量)　heat of combustion(mass)

潜在热能　calorific potential

单位质量材料完全燃烧释放出的潜在热能。

2.466

热斑　heat mark

塑料制品表面极浅的凹陷或细槽,实际不深(相对面积而言),因其轮廓清晰或表面粗糙而明显可见。

参见:凹痕。

2.467

热封合 heat sealing

粘接两层或多层薄形材料(其中至少有一层热塑性塑料薄膜)的方法。将相互接触的面加热到热塑性薄膜熔融温度,通常借助加压完成粘接。

2.468

电热圈 heater band

电热板 heater blanket

电热带 heater strip

机筒、口模和模具的电热装置。

注:圈和带具有柔性,板具有刚性。

2.469

升温曲线测定 heating-curve determination

当物质以加热方式经受程序温度控制时,测量物质温度与程序温度关系的一种技术。

注1:样品温度标在向上表示增加的纵坐标上;程序控制温度或时间标在从左向右表示增加的横坐标上。

注2:当程序温度控制为降温方式时,即变为降温曲线测定。

注3:可以得到两条派生曲线:升温速率曲线(dT/dt 对 T 或 t)和升温速率倒数曲线(dt/dT 对 T 或 t)。

2.470

高频焊接 high-frequency welding

由高频电场产生的热量软化接合表面的加压焊接方法。

2.471

高聚物 high polymer

由相对分子量高的聚合物组成的物质。

注:通常,某种给定的线性聚合物,如果其物理性质(尤其是粘弹性)不随分子量明显变化,则认为是高聚物,习称"聚合物"。

2.472

高压层压装饰板 high-pressure decorative laminate(s);HPDL or HPL

高压层压板 high-pressure laminate;HPL

浸有热固性树脂的数层纤维片材,借助加热及至少5 MPa的压力而构成的板,其外层或一侧或两侧带有装饰色彩或设计。

参见:层压片材。

2.473

高压成型 high-pressure moulding

使用压力大于5 MPa的模塑或层压成型方法。

参见:低压成型。

2.474

均聚物 homopolymer

由一种单体生成的聚合物。

2.475

甲基丙烯酸甲酯均聚物和共聚物 homopolymers and copolymers of methyl methacrylate(MMA)

聚甲基丙烯酸甲酯(PMMA)中至少含有80%质量分数的甲基丙烯酸甲酯(MMA),而丙烯酸酯或其他单体的质量分数不多于20%。

注:他们包括改性和未改性的材料,不包括用弹性体改性的PMMA。

2.476

均聚合反应　homopolymerization

形成均聚物的聚合反应。

2.477

料斗　hopper

放在模塑机,如挤出机进料口上的漏斗状容器。

参见:供(给)料(塑料)。

2.478

热气焊接　hot-gas welding

由喷射热空气或热的惰性气体软化接合表面的加压焊接方法。

2.479

热熔粘合剂　hot-melt adhesive

在熔融状态下使用,冷却到固态即完成粘结的热塑性粘合剂。

2.480

热流道模具　hot-runner mould

注塑中,流道温度保持高于物料凝固温度的模具。

2.481

热固化粘合剂　hot-setting adhesive

只需加热便能固化的粘合剂。

参见:冷固化粘合剂。

2.482

烫印　hot stamping

装饰和标记塑料制品的方法,用热印模将涂有颜料或上金的箔紧贴住塑料制品,使颜料或金属箔转移并牢固粘接于塑料上。

2.483

混杂料　hybrid

由两种或两种以上的纤维材料(如玻璃纤维或碳纤维)制成的混合料。

2.484

水解降解性塑料　hydrolytically-degradable plastic

由水解引起降解的塑料。

参见:降解性塑料。

2.485

滞后回线(动态力学测量)　hysteresis loop(in dynamic mechanical measurement)

材料周期变形期间,产生的应力对应变(或它们的函数)的闭合曲线图。

注:每一回线面积与各周期的能量损耗成正比。

2.486

着火　ignite

a) (及物动词):使材料开始燃烧;

b) (不及物动词):材料在有或无外部热源下起火。

2.487

点燃　ignition

燃烧开始。

2.488

着火温度　ignition temperature

在规定的试验条件下，能引起材料持续燃烧的最低温度。

参见：自燃温度。

2.489

冲击强度　impact strength

简支梁和悬臂梁冲击试验中，在冲击负荷下试样破坏时吸收的能量与其截面积之比。

注：试样可以有缺口或无缺口；对有缺口试样，截面积是缺口底部的截面积。

参见：相对冲击强度。

2.490

冲击值　impact value

标准试样被试验机摆锤单次冲击冲断时所吸收的能量；冲击值单位以焦耳每平方米表示。

2.491

浸渍　impregnation

使液状、熔融状、分散状或溶液状的聚合物或单体，通过微孔或孔隙进入基材的方法。

2.492

阴模　impression

模具的凹形部分。

参见：型腔。

2.493

脉冲封合　impulse sealing

热脉冲封合　thermal impulse sealing

在加压条件下，接合表面经受间断的快速加热而粘接的方法。

2.494

炽热　incandescence

无燃烧或其他化学反应产生的灼热，例如由电热钨丝产生的灼热。

参见：灼热燃烧。

2.495

降速闭模　inching

在合模面相互接触之前，降低闭模速度的操作。

2.496

压痕硬度　indentation hardness

材料抗压陷的能力。

注：除按特殊试验规定了压杆尺寸和形状、压入负荷及其他试验条件外，"压痕硬度"无定量意义。

2.497

对数比浓黏度　inherent viscosity

η_{inh}

对数黏数　logarithmic viscosity number

η_{ln}

聚合物溶液相对黏度的自然对数与其质量浓度之比：

$$\eta_{inh}=\eta_{ln}=\frac{\ln\eta_r}{C}$$

注：见比浓黏度注。

参见：相对黏度。

2.498

阻聚剂　inhibitor

能抑制化学反应的用量较少的物质。

参见:催化剂和推迟剂。

2.499

应力松弛的初始应力　initial stress in stress relaxation

松弛试验中,试样应变时立即出现的应力。

注:因为几乎不可能在应变瞬间获得应力读数,记录的应力值是在应变后规定的时间内的值。

2.500

引发剂　initiator

能引起化学反应(例如,通过提供游离基)的用量较少的物质。

参见:催化剂。

2.501

注坯吹塑　injection blow moulding

在芯模上注塑型坯,再于第二个模具内将型坯吹成最终形状和尺寸的吹塑方法。

2.502

注塑　injection moulding

注射成型

在加压下,将物料由加热料筒经过主流道、分流道、浇口,注入闭合模具型腔的模塑方法。

2.503

注塑压力　injection-moulding pressure

注塑中加在料筒内腔横截面上的压力。

2.504

无机聚合物　inorganic polymer

分子主链上无碳原子的聚合物。

注:例如聚二氯磷腈,聚二甲基硅氧烷。无机聚合物中,可含有机基团侧链,该聚合物有时称为“半有机聚合物”。

2.505

输入扭矩　input torque

T_{IN}

在组合件中为引入或增加轴向负荷而施加的扭矩。

注:用于克服螺纹中及螺栓头下部的摩擦。

2.506

嵌件　insert

可以模塑到位的或在完整模塑操作后可以压入模制品的金属件或其他材料件。

2.507

嵌件销　insert pin

模塑中用于固定和保持嵌件位置的销。

2.508

蠕变瞬间应变　instantaneous strain in creep

蠕变试验中,加负荷时试样发生任何蠕变之前一瞬间所产生的应变。

注:因不可能得到加负荷瞬间的应变读数,记录的应变值是在加负荷后的规定时间内的值。

2.509

绝缘电阻　insulation resistance

与试样接触的或嵌入试样的两电极之间的绝缘电阻是在施加电压后的给定时间内,作用于两电极的直流电压与电极间的总电流之比。

注：绝缘电阻依赖于试样的体积电阻和表面电阻。

2.510

内摩擦　internal friction

W/U(无量纲)

能量损耗 W 与单位储能 U 之比。

注：如果内摩擦小，可视为等于两倍对数衰减率 Λ：$\frac{W}{U}=2\Lambda$

参见：能量损耗、对数衰减率和单位储能。

2.511

内增塑剂　internal plasticizer

通过化学反应引进到聚合物中并使之增塑的化学物质。

参见：外增塑剂。

2.512

国际橡胶硬度等级　international rubber hardness degree；IRHD

硬度的一种度量，其量值由在规定条件下以规定压痕器压入试样的深度获得。

注：国际橡胶硬度等级是：以 0 度表示材料不呈现可测量的抗压痕性，100 度表示材料不呈现可测量的压痕。标度在有关标准中详细叙述。

2.513

特性黏度　intrinsic viscosity

极限黏数　limiting viscosity number

无限稀释的聚合物溶液的比浓黏度或对数比浓黏度的极限值。

$$[\eta]=\lim_{c\to 0}\frac{\eta_{i}}{C}=\lim_{c\to 0}\eta_{\text{inh}}$$

注 1：见比浓黏度的注。

注 2：该术语也是聚合物文献中的斯陶丁格(Staudinger)指数。

参见：对数比浓黏度。

2.514

离子(型)聚合反应　ionic polymerization

活性官能种是离子的链式聚合反应。

2.515

离子交联聚合物　ionomer

有极少离子基团的聚电解质。

2.516

非规整嵌段　irregular block

不能只用一种重复结构单元，按单一顺序排列的嵌段。

2.517

非规整聚合物　irregular polymer

分子不能只用一种重复结构单元，按单一顺序排列表述的聚合物。

注：分子由结构单元：$-CH_2CH(R)-$ 和 $-CH(R)CH_2-$

无规排列组成的聚合物，如同：$-CH_2CH(R)CH_2CH(R)CH(R)CH_2CH(R)CH_2CH(R)CH_2-$ 链段，即为非规整聚合物。

参见：规整聚合物。

2.518

等压质量变化测量　isobaric mass-change determination

当物质经受程序温度控制时，测量其在挥发产物分压恒定时的平衡质量与温度关系的一种技术。

注：记录得到的是等压质量变化曲线，质量标在向下表示减少的纵坐标上；温度标在从左向右表示增加的横坐标上。

2.519

异氰酸酯聚合物　isocyanate polymer

a)　异氰酸酯树脂，用于生产（大多数是热固性）聚氨基甲酸酯聚合物的分子量较低的异氰酸酯的预聚物，例如泡沫塑料和铸塑树脂制品。

b)　在某些国家，异氰酸酯塑料是指由多官能异氰酸酯与其他化合物反应制得的聚合物。

注1：在某些国家，这些产品称作聚氨酯和聚脲。

注2：异氰酸酯与含羟基的化合物反应生成的聚氨酯，具有氨酯基基团—NH-CO-O—，异氰酸酯与含氨基的化合物反应生成的聚脲具有脲基基团—NH-CO-NH—。

2.520

全同立构聚合物　isotactic polymer

等规聚合物

只由一种构型基本单元（在主链上具有手性或准手性的原子），按单一顺序排列的分子所构成的规整聚合物。

注：在全同立构聚合物分子中，构型重复单元与构型基本单元是相同的。在聚合物—$[CH(CO_2R)CH(CH_3)]_n$—中，如果每种重复结构单元只规定一个主链立构位置，如：—C(H)(CO₂R)—CH(CH₃)— 它是构型重复单元，且对应的聚合物

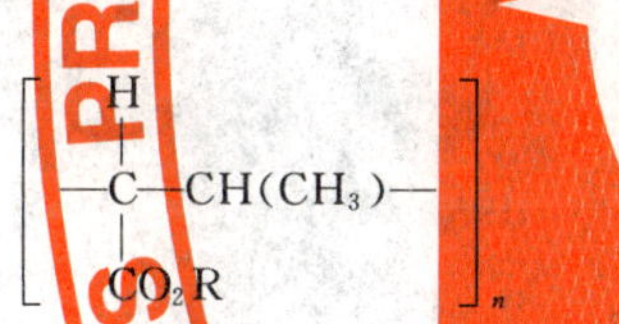

是全同立构聚合物。但由于立构中心—CH(CH₃)—的构型未规定，故不是立构规整聚合物。下列两个双全同立构聚合物是立构规整聚合物：

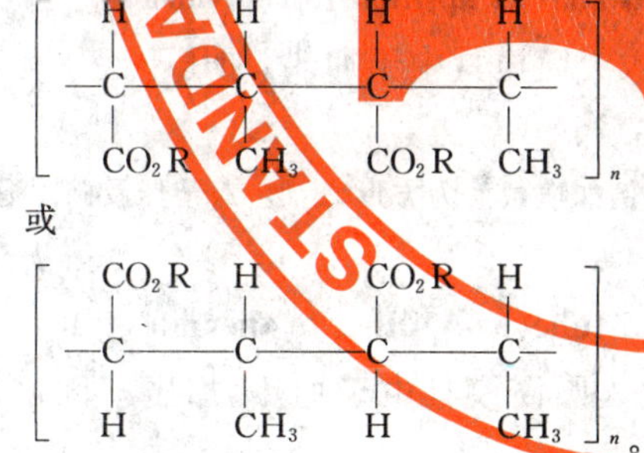

或

$$\left[-\underset{H}{\overset{CO_2R}{C}}-\underset{CH_3}{\overset{H}{C}}-\underset{H}{\overset{CO_2R}{C}}-\underset{CH_3}{\overset{H}{C}}- \right]_n$$。

参见：立构重复单元注。

参见：手性和顺序排列。

2.521

等温质量变化测定　isothermal mass-change determination

恒温下记录物质质量与时间(t)关系的一种技术。

注：记录的是等温质量变化曲线；通常是质量标在向下表示减少的纵坐标上；时间表在从左向右表示增加的横坐标上。

2.522

接头（粘接）　joint(in adhesive bonding)

用粘合剂将两个相邻被粘物结合在一起的连接处。

2.523

舐辊(涂布)　kiss roll(in coating)

涂布机的一个辊筒,用于使浸入涂覆液的另一辊筒涂料转移到该辊筒表面,而后将涂料沉积于被涂基材上。

参见:逆辊。

2.524

捏合机　kneader

借助强烈的剪切作用充分混合物料的机器。

2.525

针织物(纺织玻璃纤维)　knitted fabric(textile glass)

由纺织纤维纱的环圈相互串套制成的平面或管状织物。

2.526

梯形聚合物　ladder polymer

双股聚合物　double-strand polymer

具有双股主链的聚合物。

2.527

片晶　lamellar crystal

二维空间有很大扩展且厚度均匀的一类结晶。

2.528

层压(动词)　laminate(verb)

粘接多层材料。

2.529

层压制品(名词)　laminate(noun)

将两层或多层材料,或多种材料粘接在一起制得的产品。

2.530

层压模制棒(适用于热固性塑料)　laminated moulded rod(as applied to thermosets)

将树脂浸渍的料层卷绕在芯棒上,取出芯棒,棒坯放入圆筒模具中于加热、加压下经固化,然后磨削到一定尺寸而制得的棒。

注:除英语体系外,棒也用于除了横截面是圆形而外的产品。例如横截面为方形、矩形、六角形及椭圆形的棒。

2.531

层压模塑管(适用于热固性塑料)　laminated moulded tube(as applied to thermosets)

将树脂浸渍的料层卷绕在芯棒上,将物料连同芯模放入圆筒模具中于加热、加压下固化装配件,然后取出芯棒而制得的管。

注:除英语体系外,管也用于除了横截面是圆形而外的产品。例如横截面为方形、矩形、六角形及椭圆形的管。

2.532

卷绕层压管(适用于热固性塑料)　laminated rolled tube(as applied to thermosets)

将树脂浸渍的料层卷绕在两个热压辊之间的芯棒上,于炉中固化管坯,然后取出芯棒而制得的管。

2.533

层压片材(适用于热固性塑料)　laminated sheet(as applied to thermosets)

将经热固性树脂或可固化树脂充分浸渍的纸、织物、板坯或毡料叠层,在加压、加热(或不加热)条件下粘接在一起制得的单件产品。

注:可以加入其他成分,如着色剂。

2.534

层压(方法)　laminating;lamination(process)

粘接两层或两层以上材料的方法。

2.535

薄层(层压制品)　lamination(of a laminate)

层压制品的一层。

2.536

合模面(压缩模或注射模)　land(of a compression or injection mould);land area;mating surface

模具座面的垂直于加压方向的接触表面,即闭模时相互接触的面。

2.537

成型段(挤出机口模)　land(of an extruder die)

口模中平行于物料流动方向的表面。

2.538

搭接接头　lap joint

两个被粘物部分叠合并粘接在一起形成的接头。

参见:对接接头和斜接接头。

2.539

乳胶　latex

聚合物分散于水中形成的胶状分散液。

2.540

叠铺坯料(名词)(用于增强塑料)　lay-up(noun)(as applied to reinforced plastics)

准备加工用的树脂浸渍的材料叠装层。

2.541

叠铺(动词)(用于增强塑料)　lay up(verb)(as applied to reinforced plastics)

叠装加工用的树脂浸渍材料层。

2.542

纵向　lengthwise

随意规定或选择的方向,例如:

a)　试样的较长方向;

b)　机加工方向,即在制造过程中材料在机器内(或其上)成型和移动的方向;

c)　已知某一指定性能较强的试样方向;

d)　任意选定的方向,特别当期望在测量平面内所测性能均匀时任意选定的方向。

2.543

脱胶　let-go

层压安全玻璃的一种缺陷,指夹层和玻璃之间失掉初始粘接的区域。

2.544

放卷装置　let-off(a device);pay-off(a device)

用于悬挂线圈或卷轴的一种装置,被加工物料在控制张力下由线圈或卷轴喂入机器,如压延或挤出进行涂布操作。

2.545

周期产额(模塑)　lift(in moulding)

一次模塑周期中生产的整套模制品。

2.546

木质素塑料　lignin plastic

由木质素树脂制得的塑料。

2.547

木质素树脂　lignin resin

有加热木质素或以木质素为主与其他化合物或树脂反应制得的树脂。

2.548

耐久极限　limit of endurance

$\tau_D(N_F)$

在规定的缺陷试验周期数 N_F 时，所测定的剪切应力；其单位以兆帕表示。

注：试验在恒定平均应力 τ_m 或在恒定应力比 R_τ 下进行，结果表示如下：

$\tau_D(N_F, \tau_m)$，MPa

或

$\tau_D(N_F, R_\tau)$，MPa

参见：疲劳极限。

2.549

极限氧指数　limiting oxygen index

在规定的试验条件下，能刚好维持材料进行有焰燃烧的氧、氮混合气中氧的最低浓度。

2.550

线性燃烧速率　linear burning rate

在规定的试验条件下，单位时间内材料燃烧的线性距离。

2.551

线性链　linear chain

不含长、短支链的聚合物分子链。

2.552

线性共聚物　linear copolymer

分子是线性链的共聚物。

2.553

线密度(用于纺织玻璃纤维)　linear density(as applied to textile glass)

单位长度的退浆烘干玻璃纤维纱或无捻粗纱的质量。

2.554

线膨胀　linear expansion

在规定的试验条件下、试样某一尺寸的变化。

参见：体积膨胀、溶胀和线性热膨胀系数。

2.555

线性聚合物　linear polymer

链节互相联连接成分子链无分支的聚合物。

2.556

活性聚合反应　living polymerization

在适当的合成条件下，活性官能种足够稳定的链式聚合反应，含有活性官能种的典型大分子在超过合成周期若干倍的时间内具有活性。

2.557

负荷-变形曲线　load-deflection curve

弯曲试验中用负荷与变形的对应值绘制的图。

2.558

装料腔　loading chamber

模具中，模腔外用以容纳过剩的不受压的模塑料的空间，使模塑料保持一定时间而达到熔融流动温度。

参见：压铸料腔。

2.559

加料盘　loading tray

加料用的装置，抽出盘的滑动底，能使模塑料同时加进群腔模的各型腔中。

2.560

对数衰减率　logarithmic decrement

Λ(无量纲)

在单一振荡频率衰减中，任意两个(或两个以上)连续的符号相同的振幅之比的自然对数：

$$\Lambda = \frac{1}{K}\ln\frac{A_n}{A_{n+k}}$$

式中：

A_n 和 A_{n+k}——两次振荡的振幅(转动角)；

k——两次独立测量间的振幅振荡数。

注：若阻尼不很大，Λ 与损耗因子 d 的关系为 $\Lambda=\pi d$。

2.561

长链　long chain

指线性高分子或高分子中链长足以被看作聚合物的线性部分。

2.562

长支链　long-chain branch

高分子链侧的聚合分枝。

2.563

纵向剪切强度　longitudinal sheer strength

搭接接头强度　lap joint strength

平行于粘接面施加应力，使粘合接头破坏所需的力。

2.564

纵波模量　longitudinal wave modulus

L(Pa)

纵波通过横向延伸面传播的模量：

$$L = \frac{\sigma}{\varepsilon}$$

注：纵波通常为压缩波，对于横向延伸或扩散：$\varepsilon_x=\varepsilon_y=0$

2.565

损耗角(阻尼)　loss angle(in damping)

δ(rad)

应力与应变之间的相位差角 ϕ，其正切是损耗因数 d。

2.566

损耗因数(阻尼)　loss factor(in damping)

d

损耗正切　loss tangent

损耗角正切(无量纲)　tanδ(dimensionless)

a)　应力与应变之间损耗角 δ 的正切；

b)　在拉伸、剪切、压缩或纵向压缩中测量的损耗模量(损耗柔量)与储能模量(储能柔量)之比：

$$\tan\delta_E = \frac{E''}{E'}$$

$$\tan\delta_G = \frac{G''}{G'}$$

$$\tan\delta_K = \frac{K''}{K'}$$

$$\tan\delta_L = \frac{L''}{L'}$$

注 1：损耗因数 d，由 $\tan\delta = \frac{M''}{M'} = \frac{C''}{C'}$ 比值获得。

注 2：通常 $d=\tan\delta$ 作为受强迫振动体系阻尼的量度。

2.567

损耗指数　loss index

ε″

介电材料的损耗指数(ε″)等于介电材料的介质损耗因数(tanδ)与相对电容率(ε_r)的乘积。

2.568

损耗模量(阻尼)　loss modulus(in damping)

M''(Pa)

复数模量(柔量)的虚数部分。

注：在加荷期间能量损失(损耗)的量度。

参见：复数模量和复数柔量。

2.569

批　lot

在假定一致条件下，制造或生产的某商品确定的量。

2.570

低压成型　low-pressure moulding

使用压力等于或低于 5 MPa 的模塑或层压成型方法。

参见：高压成型。

2.571

润滑剂　lubricant

塑料配方中有利于加工或防止粘连的用量较少的物质。

2.572

润滑剂渗霜　lubricant bloom

塑料制品表面出现的润滑剂的混浊脂状渗出物。

2.573

机械加工　machining

诸如，钻、磨、铣、冲切、刻纹、砂磨、锯、攻丝和车螺纹之类的二次加工操作。

参见：二次加工和装配。

2.574

大环　macrocycle

环状高分子或相对分子量较高的高分子的环状部分。

2.575

大单体 macromer;macromonomer

本身被看作是聚合物或至少看作是低聚物的单体。

2.576

高分子 macromolecule

分子量很高的有机或无机分子。

参见:聚合物和高聚物。

2.577

主链 main chain;backbone

即高分子的线形部分,相应的其他所有链(长链和/或短链)是附属链;当有两个或两个以上的链均可看作主链时,则选择其中使分子几何模型最简单的一个为主链。

2.578

芯模 mandrel(in extrusion)

模芯(挤出)

确定中空产品内部形状和尺寸的挤出口模的中心部件。

2.579

马克-豪温克方程 Mark-Houwink equation

马克-豪温克-樱田方程 Mark-Houwink-Sakurada equation;M-H-S equation

表述聚合物特性黏度与相对分子量关系的方程式,为:

$$[\eta] = K \cdot (\overline{M_r})^{\alpha}$$

式中:

K 和 α——常数,其值与聚合物性质和溶剂以及温度有关;

$\overline{M_r}$——通常为重均分子量。

2.580

质量分布函数 mass-distribution function

重量分布函数 weight-distribution function

用质量分数表示的随机变量的规定值或范围值,给出部分物质相对量的分布函数。

2.581

质量燃烧速率 mass burning rate

在规定的试验条件下,单位时间内材料燃烧的质量损失。

2.582

每单位面积质量(用于纺织玻璃纤维) mass per unit area(as applied to textilc glass)

规定尺寸的毡片或织物试样的质量与其表面积之比。

2.583

母料 masterbatch

聚合物与高百分比的一种或几种组分(着色剂、其他添加物),按已知配比制得的分散良好的混合物。使用时,以适量与基础聚合物共混制备配混料。

2.584

毡片 mat

由切短或未切的长丝、定长纤维或原丝,定向或不定向地粘合在一起而制成的片状制品。

2.585

暗斑 matt spot

制品光泽局部减弱。

2.586

最大应力　maximum stress

τ_{max}

在所测定的应力范围内应力达到的最大代数值;单位以兆帕(MPa)表示。

2.587

平均应力　mean stress

τ_m

最大应力和最小应力的算数平均:

$\tau_m = \frac{\tau_{max} + \tau_{min}}{2}$

单位以兆帕(MPa)表示。

2.588

机械发泡塑料　mechanically-foamed plastic

采用物理方法引进气体形成泡孔的泡沫塑料。

参见:化学发泡塑料。

2.589

三聚氰胺-甲醛树脂　melamine-formaldehyde resin;MF resin

由三聚氰胺与甲醛或与能提供亚甲基桥的化合物缩聚反应制得的一种氨基树脂。

2.590

三聚氰胺塑料　melamine plastic

由三聚氰胺制成的氨基树脂塑料,在聚合时三聚氰胺中存在的胺基占胺基或酰胺基总量的最大质量分数。

参见:氨基塑料和三聚氰胺-甲醛树脂。

2.591

熔体流动速率　melt flow rate

在规定的试验条件下,一定时间内挤出的热塑性物料的量。

2.592

熔融行为　melting behaviour

物料在加热作用下伴随的软化现象(包括收缩、滴落和熔融物的燃烧等)。

2.593

熔融温度　melting temperature

在规定的试验条件下,半结晶聚合物加热时其结晶消失的温度。

参见:软化温度。

2.594

上金塑料　metallized plastic

一般采用真空蒸发,也可经化学反应使金属沉积在塑料制件或塑料薄膜上。

注:采用真空蒸发和化学反应上金,一般获得的沉积厚度约 0.1 μm;采用电镀沉积的金属普遍较厚。

2.595

计量装置　metering device

使物料或组分按预定计量的机械装置。

2.596

计量段　metering zone

挤出机螺杆的末端,熔体在其中匀速前进至多孔板或口模。

2.597

微型胶囊包封　microencapsulation

涂布单个微粒物质作为其分离或储存的方法，必要时在控制条件下取出。

参见：包封。

2.598

微凝胶　microgel

微型范围的体型结构物。

2.599

迁移　migration

塑料的某些组分转移（通常是不希望的）到与其相接触的其他材料上的现象。

参见：渗出。

2.600

磨碎纤维　milled fibres

经粉碎研磨加工制成的长度极短的碎纤维。

2.601

最低成膜温度（分散体）　minimum film-forming temprature(of dispersions)

形成无破损的连续均质薄膜的下限温度。

2.602

最短点燃时间　minimum ignition time

在规定的试验条件下，材料为获得持续燃烧需要暴露于火源的最短时间。

参见：易点燃性。

2.603

最小应力　minimum stress

τ_{min}

在所测定的应力范围内应力的最小代数值；该应力总是正值，其单位以兆帕(MPa)表示。

2.604

模量　modulus

M(Pa)

应力与应变之比：

$$M = \frac{\sigma}{\varepsilon}$$

E 是拉伸模量；

G 是剪切模量；

K 是体积模量；

L 是纵向压缩模量。

2.605

弹性模量　modulus of elasticity;elastic modulus

在比例极限内，应力与材料相应应变之比。

参见：比例极限。

2.606

摩尔质量　molar mass

M

质量除以物质的量。

2.607

摩尔质量平均　molar-mass average

相对分子量平均　relative molecular-mass average

分子量平均　molecular-weight average

多分散聚合物的摩尔质量或相对分子量(分子量)的任一平均。

注1：物质的摩尔质量和相对摩尔质量在数值上是相等的，聚合物科学中摩尔质量 M 的单位推荐用克每摩尔(g/mol)。

注2：通常使用数均、重均和粘均三种平均。

参见：分子量分布和相对分子量。

2.608

分子量分布　molecular-mass distribution

聚合物中存在的各种分子量分子的相对量。

注：商品聚合物分子并非只有一种分子量，其分子量分布遵循统计原理。所测量的分子量分布与分析方法有关，必须说明所用方法。通常用重均分子量与数均分子量之比来表征分子量分布。分子量分布明显影响加工性能。

2.609

单丝　monofilament

强度足以在工业纺织操作中用作纱或其他应用中作为实体的单根长丝。

2.610

单体　monomer

能提供一个或一个以上结构单元的分子所组成的化合物。

2.611

链节　monomeric unit; mer

聚合过程中，由一个单体分子构成的最大结构单元。

2.612

模具　mould

塑模　die

构成模制品成型空间(型腔)所有部件的组合体。

参见：阳模。

2.613

合模力　mould clamping force

锁模力　locking force

闭模压力　locking pressure

模塑过程中为保持模具闭合而加在模具上的力。

2.614

模具痕　mould mark

模制品表面由模具引起的缺陷。

2.615

合模脊缝　mould seam

模塑或层压制件上，由模具分模线产生的颜色和外观不同于普通表面的线条。

2.616

模塑　moulding(process)

成型(方法)

利用模塑或模具通过加压并通常需加热使塑料成型的方法。

2.617

模制品(产品)　moulding (product)

在闭合模具中(例如经压缩、压铸、注塑)制得的制品。

2.618

模塑料　moulding compound

采用模塑方法能成型的配混料。

2.619

模塑周期　moulding cycle

a) 模塑加工中,生产一个模制品需要的全部操作工序;

b) 完成全部操作工序所需要的时间。

2.620

模塑压力　moulding pressure

模塑过程中,作用于模塑料上的压力。

参见:合模力。

2.621

模塑收缩　moulding shrinkage

模制品与模具型腔之间的尺寸差,模具与模制品均在标准室温下进行测量。

参见:后收缩。

2.622

动压板　moving plate

动压台　moving table

能固定模具的一部分且闭模时能移动到定压板的板。

参见:定压板和浮动压板。

2.623

多(型)腔模(具)　multicavity mould

群腔模　multi-impresion mould;gang mould

在一次模塑周期中能够生产几个制品的模具。

2.624

复丝　multifilament

连续长丝

由多根单丝组合而成的一类纺织材料。

2.625

复式浇口　multigated

由一个以上浇口供给模腔物料的入口。

2.626

多层压机　multiplaten press

多开距压机　multidaylight press

在上压板和下压板之间具有浮动压板,能够提供一个以上模具空间或层压装配件空间的压机。

2.627

多股络纱(纺织玻璃纤维)　multiple wound yarn(textile glass)

两根或多根纱络在一起但不加捻所形成的纱。

注:单纱、合股纱和缆线用于制作多股络纱。

2.628

多股链 multi-strand chain

通过两个以上原子，构成不间断的多环结构链区所连接的结构单元的高分子。

2.629

有织边窄幅织物 narrow fabric with selvages

宽度为(100～300)mm有织边的纺织玻璃纤维织物。

参见：有织边带。

2.630

无织边窄幅织物 narrow fabric without selvages

宽度为(100～300)mm无织边的纺织玻璃纤维织物。

参见：无织边带。

2.631

颈缩 necking；striction

在拉伸应力作用下，材料发生局部截面缩小的现象。

2.632

针刺毡片 needled mat

原丝短切后在针刺机上制成的毡片，可带或不带衬底材料。

2.633

体形结构 network

聚合物分子链交联产生的交织结构。

参见：体形聚合物。

2.634

体形聚合物 network polymer

由分子链间的共价键形成三维结构的聚合物。

2.635

辊隙 nip

两辊筒之间相互接触的切缝，或任一辊筒与经过该两辊筒间的物件表面之间的切缝。

2.636

长丝或定长纤维公称直径 nominal diameter of filaments or staple fibres

用于标识纺织玻璃纤维制品的长丝或定长纤维直径，其值近似等于长丝或定长纤维的实际平均直径，以微米为单位，数字修约到整数。

2.637

未改性的聚甲基丙烯酸甲酯浇铸片材 non-modified cast PMMA sheets

使用适当引发剂进行本体聚合时，由甲基丙烯酸甲酯(MMA)均聚或由MMA与丙烯酸或甲基丙烯酸单体共聚而成的片材。

2.638

无共振强迫振动技术 non-resonant forced vibration technique

试样在固定频率下，作机械振荡时进行动态力学测量的一种技术。

注：由应变、合应力和相角位移计算储能模量和阻尼。

2.639

非硬质塑料 non-rigid plastic

在规定条件下，弯曲弹性模量或(弯曲不适用时)拉伸弹性模量不超过70 MPa的塑料。

注：材料通常在GB/T 2918规定的温度和相对湿度条件下分类。

2.640

非均一聚合物　non-uniform polymer

多分散聚合物　polydisperse polymer

由不同的相对分子量或不同结构的分子，或分子量和结构均不同的分子所组成的聚合物。

2.641

非织造稀松布　non-woven scrim

用化学或机械方法，将两层或多层平行纱相互粘接而成的一种非织造的网状纺织玻璃纤维布，后层纱与前层纱平放成一定角度。

2.642

法向力　normal force

F

垂直作用于接触表面的力。

2.643

法向应力　normal stress

σ_{ii}(Pa)

垂直于试样原始工作面的作用力与该工作面的截面积之比。

IUPAP 符号：σ

注：根据作用力的方向，法向应力可以是拉伸应力，也可是压缩应力。

2.644

无捻粗纱(管端退绕)　no-twist roving(for over-end unwinding)

组装时有意加捻，而从卷装的指定端拉出时又能解捻的粗纱。

2.645

线性酚醛树脂　novolak

甲醛与苯酚摩尔比小于1∶1。通常保持热塑性的酚醛树脂，它同适量能提供桥键的化合物(例如甲醛或六亚甲基四胺)加热时能生成不熔物。

参见：甲阶酚醛树脂。

2.646

注(料)嘴　nozzle

位于注射机或挤出机筒端部的装置，模塑料通过该装置流入模具或口模。

注：注(料)嘴可带有控制模塑料流动的阀。

2.647

成核作用　nucleation

最小结晶实体的形成过程，热力学因素可促进其增长。

2.648

偏置屈服点　offset yield point

在应力-应变曲线上，鉴别偏置屈服应力的点。

2.649

偏置屈服应力　offset yield stress

应力-应变曲线偏离线性达到规定应变百分数(偏置)的应力。

注：报告此性能时，必需给出偏置值。

2.650

低聚物　oligomer

由几个含有一种或几种原子或原子团(结构单元)相互重复连接的分子所组成的物质。

注：低聚物的物理性能能随分子加入或除去一个或几个结构单元而变化。

2.651

低聚物分子　oligomer molecule

其结构能用若干结构单元表述的中等分子量的分子。

2.652

低聚反应　oligomerization

单体或单体混合物转变成低聚物的过程。

2.653

拧紧扭矩　on torque

T_{ON}

把螺帽拧到预涂粘合剂的螺栓上所需的最大扭矩。

2.654

晾胶时间(粘接)　open assembly time(in adhesive bonding)

涂胶表面相互接触之前暴露在空气中的时间。

2.655

开孔　open cell

未完全被泡壁围住而与其他泡孔或外界相通的泡孔。

2.656

开孔泡沫塑料　open-cell cellular plastic

几乎所有泡孔都是相互连通的泡沫塑料。

2.657

光学烟密度　optical density of smoke

混浊程度的量度,即透光率的负通用对数。

2.658

光学畸变　optical distortion

当透过材料或从材料表面的反射光观察时,物体几何形状的任何表观改变。

2.659

桔皮纹　orange peel

外观呈现疙瘩、针孔和陷坑累积状,类似于桔皮面的不规则麻点表面。

2.660

有机溶剂　organosol

稀释增塑糊

细粉聚合物在增塑剂和挥发性有机液体混合物中的悬浮液。

参见:增塑溶胶。

2.661

振荡应力　oscillating stress

数值随时间周期性变化的应力。

参见:振动应力。

2.662

异相黏度　out-of-phase viscosity

η''_n(Pa·s)

材料处于强迫振动时,与应变速率成90°相差的应力($\sigma_0\cos\delta$)与应变速率的振幅($\omega\varepsilon_0$)之比值,即:

$$\eta''_{\mathrm{n}} = \frac{(\sigma_0 \cos\delta)}{\omega\, \varepsilon_0}$$

注：强迫振动时的应变(ε)和应力(σ)之间的关系由下式给出：

$\varepsilon = \varepsilon_0 \sin(\omega t)$

及 $\sigma = \sigma_0 \cos(\omega t + \delta)$

所以 $\varepsilon = \omega\varepsilon_0 \cos(\omega t)$

及 $\sigma = \sigma_0 \sin\delta\cos\omega t + \sigma_0 \cos\delta\sin\omega t$ 。

2.663

过固化　overcure

聚合体系的固化条件(时间、温度、辐射、固化剂用量等)超过正常固化时的固化状态。

参见:欠固化。

2.664

氧化作用　oxidation

使聚丙烯腈(PAN)、沥青或粘胶碳纤维先驱体在空气中进行热处理,以使纤维氧化,以便于其适宜于随后的碳化及石墨化。

2.665

氧化降解塑料　oxidatively-degradable plastic

由氧化引起降解的塑料。

参见:降解性塑料。

2.666

卷装　package

能够退绕并适合于装卸、储运、运输和使用的纱线、无捻粗纱等的单元形式。

注：卷装可以是无支撑的绞纱或丝饼,或在筒管、纬管、锥形管、纡管、线轴、纱管或卷轴上以各种卷绕方式制成的卷装。

2.667

聚丙烯腈基碳纤维　PAN-based carbon fibre

由聚丙烯腈(PAN)先驱体制成的碳纤维。

注:拉伸强度及弹性模量的范围可用调整碳化的条件而获得。

参见:碳纤维先驱体。

2.668

顺纹层压的　parallel laminated

同向层压的

层压制品固有的,其所有材料层均与纹理或最大拉伸强度方向大致平行取向。

2.669

型坯　parison

吹塑中使用的有一定形状的塑料坯,一般为管状。

2.670

剥离强度　peel strength

以剥离方式施加应力,使粘接面达到破坏点和(或)保持规定的破坏速率时每单位宽度所需要的力。

2.671

粒料　pellet

在规定批内具有较均匀尺寸作模塑或挤出操作用原料的预制模塑料小粒。

参见:颗粒料。

2.672

切粒机 pelletizer

一种机器。能将挤出条或其他形状的物料切成供模塑和挤出操作用的原料,尺寸较均匀的颗粒。

参见:粒料。

2.673

全氟(乙烯/丙烯)塑料 perfluoro(ethylene/propylene) plastic;FEP plastic

四氟乙烯和六氟丙烯共聚物制成的塑料。

2.674

周期共聚物 periodic copolymer

由两种以上的单体单元按有序分布的高分子所组成的共聚物。

2.675

周期共聚反应 periodic copolymerization

生成周期共聚物的聚合反应。

2.676

永久性 permanence

材料抵抗性能随时间和环境明显变化的能力。

2.677

渗透性 permeability

材料通过扩散和吸收过程,使气体或液体透过一个表面传递到另一表面渗出的性能。

注:不能与多孔性混淆。

参见:透气速率和多孔性。

2.678

相反转(聚合反应) phase inversion(in polymerization)

某些非均相聚合反应,如制备橡胶改性的高冲击聚苯乙烯中,达到规定的主转变阶段时,连续相和分散相相互替换的现象。

2.679

苯酚-甲醛树脂 phenol-formaldehyde resin;PF resin

由苯酚与甲醛缩聚反应制得的树脂。

2.680

苯酚-糠醛树脂 phenol-furfural resin

由苯酚与糠醛缩聚反应制得的树脂。

2.681

酚醛塑料 phenolic plastic

由酚醛树脂制得的塑料。

2.682

酚醛树脂 phenolic resin

通常由苯酚、苯酚的同系物和(或)衍生物,与醛类或酮类缩聚反应制得的一类树脂。

2.683

光解性塑料 photodegradable plastic

由自然日光作用引起降解的塑料。

参见:降解性塑料。

2.684

疙瘩 pimple

制件表面出现的形状各异的小而硬的突出物。

参见:气泡。

2.685

针孔　pinhole

材料表面出现的直径极小的孔。

注:对于薄膜,针孔常贯穿整个厚度。

参见:陷坑。

2.686

点浇口　pin-point gate

模制品上几乎不留流道残料、截面极小的圆形注射通道或孔。

2.687

管材　pipe

硬质或半硬质管。

参见:管、软管和刚性。

2.688

沥青基碳纤维　pitch-based carbon fibre

由各向异性及各向同性沥青先驱体制备的碳纤维。

注:由各向同性沥青先驱体制的碳纤维,其弹性模量低于由各向异性沥青先驱体制的碳纤维,后者能加工成高弹性模量的碳纤维。

参见:碳纤维先驱体。

2.689

塑料(名词)　plastic(noun)

以高聚物为主要成分,并在加工为成品的某阶段可流动成型的材料。

注1:弹性材料也可流动成型,但不认为是塑料;

注2:在某些国家,特别是在英国,术语"plastics"既可作单数也可作复数来用。

2.690

塑性变形　plastic deformation

受力塑料解除施加的应力后所保留的那部分变形。

参见:蠕变、蠕变恢复和弹性变形。

2.691

塑炼　plasticate

使热塑性塑料配混料通过机械作用和(或)加热,而更易加工。

参见:增塑。

2.692

塑化能力(挤出机)　plasticating capacity(of an extruder)

一台挤出机每单位时间能塑炼规定类型物料的最大量。

2.693

塑性　plasticity

变形应力降到等于或低于屈服应力后,材料保持变形的倾向性。

2.694

增塑　plasticize

通过添加增塑剂或聚合物化学改性使聚合材料变软、变柔韧和(或)更易加工。

参见:塑炼。

2.695

增塑剂　plasticizer

为降低塑料的软化温度范围和提高其加工性、柔韧性或延展性,加入的低挥发性或挥发性可忽略的物质。

2.696

增塑剂极限 plasticizer limit

在规定条件下，能与给定物料相容的增塑剂最大用量。

参见：外增塑剂。

2.697

增塑凝胶 plastigel

细粉聚合物在增塑剂中的凝胶状悬浮液。

2.698

增塑溶胶 plastisol

增塑糊

细粉聚合物在增塑剂中的悬浮液。

注：室温下聚合物在增塑剂中几乎不溶解，但在高温下能溶解形成均匀的塑性物(外增塑聚合物)。

参见：有机溶胶。

2.699

增塑溶胶塑化 plastisol fusion

加热期间，增塑溶胶(和有机溶胶)中的聚合物颗粒溶解于增塑剂，冷却时形成均相固体的过程。

注：增塑溶胶凝胶是指在加热或陈化期间，增塑溶胶(或有机溶胶)中的增塑剂被聚合物颗粒吸收而形成弱的凝胶体的状态。

参见：有机溶胶和增塑溶胶。

2.700

板材 plate

厚度和面积有限的均质光滑平面材料。

2.701

压板痕 plate mark

压制塑料片材上由压板表面造成的伤痕缺陷。

2.702

模塞助压真空热成型 plug-assist vacuum thermoforming

成型前用阳模或模塞使加热片材部分预成型，然后抽真空完成成型的真空热成型方法。

2.703

泊松比 Poisson's ratio

在材料比例极限范围内，由均匀分布的轴向应力引起的横向应变与相应的轴向应变之比的绝对值。

注：对于各向异性材料，泊松比随应力的施加方向而改变，超过比例极限，该比值随应力变化且不应认为是泊松比；如果仍报告该比值，应说明测定时的应力值。

2.704

聚缩醛 polyacetal

分子链的重复结构单元是缩醛型的聚合物。

参见：聚甲醛。

2.705

聚缩醛塑料 polyacetal plastic

缩醛塑料 acetal plastic

由分子链的重复结构单元是缩醛型的聚合物，或由分子链的重复结构单元是缩醛和其他类型单体的共聚物制得的塑料，共聚物中缩醛的质量分数最大。

参见：聚甲醛塑料。

2.706

聚丙烯酸酯 polyacrylate

丙烯酸酯或丙烯酸同系物或其衍生物酯类的聚合物。

2.707

聚丙烯酸酯塑料 polyacrylic plastic

由分子链的重复结构单元基本是丙烯酸酯型的聚合物制得的塑料。

2.708

聚丙烯腈 polyacrylonitrile;PAN

由丙烯腈制得的聚合物。

2.709

聚加成反应 polyaddition

广义而言,是加成聚合反应(addition polymerization)的同义词。狭义讲,是指含不饱和碳-碳键以外的单体(例如环氧、异氰酸酯或内酰胺)经加成形成聚合物的化学反应。

2.710

聚烯丙基塑料 polyallyl plastic

烯丙基塑料 allyl plastic

烯丙基树脂 allyl resin

烯丙基聚合物制得的塑料。

2.711

聚酰胺 polyamide;PA

分子链的重复结构单元是酰胺型的聚合物。

2.712

聚酰胺塑料 polyamide plastic;PA plastic

由分子链重复结构单元基本上是酰胺型的聚合物制得的塑料。

2.713

聚芳醚酮 polyaryletherketone;PAEK

芳基由一个或一个以上的醚键和一个或一个以上酮键连接的聚合物。

2.714

聚丁烯 polybutylene [polybutene];PB

由丁烯制得的聚合物。

2.715

聚丁烯塑料 polybutylene [polybutene] plastic;PB plastic

基本上由丁烯为唯一单体的聚合物制得的塑料。

2.716

聚对苯二甲酸丁二酯 poly(butylene terephthalate);PBT

由对苯二甲酸或对苯二甲酸二甲酯与丁二醇缩聚反应制得的聚合物。

2.717

聚碳酸酯 polycarbonate;PC

分子链的重复结构单元是碳酸酯型的聚合物。

2.718

聚碳酸酯塑料 polycarbonate plastic;PC plastic

分子链的重复结构单元是碳酸酯型的聚合物制得的塑料。

2.719

聚氯氟碳塑料　polychlorofluorocarbon plastic

氯氟碳塑料　chlorofluorocarbon plastic

由仅含氯、氟和碳原子的单体聚合制得的塑料。

2.720

聚氯氟烃塑料　polychlorofluorohydrocarbon plastic

氯氟烃塑料　chlorofluorohydrocarbon plastic

由仅含氯、氟、氢和碳原子的单体聚合制得的塑料。

2.721

聚三氟氯乙烯　polychlorotrifluoroethylene;PCTFE

由三氟氯乙烯制得的聚合物。

2.722

聚邻苯二甲酸二烯丙酯　poly(diallyl phthalate);PDAP

由邻苯二甲酸二烯丙酯制得的聚合物。

2.723

聚电解质　polyelectrolyte

带有大量离子基团的高分子。

2.724

聚酯　polyester

分子链的重复结构单元是酯型的聚合物。

2.725

聚酯塑料　polyester plastic

醇酸塑料(不赞成)　alkyd plastic(deprecated)

由分子链重复结构单元是酯型聚合物,或分子链中所存在的重复结构单元是酯型或其他型别构成的共聚物制得的塑料,共聚物中酯的组分占质量的绝大多数。

2.726

聚醚　polyether

分子链的重复结构单元是醚型的聚合物。

2.727

聚醚醚酮　polyetheretherketone;PEEK

分子链的重复结构单元是 $-C_6H_4-C(=O)-C_6H_4-O-C_6H_4-O-$ 的聚合物。

2.728

聚醚砜　polyethersulfone;PES

分子链的重复结构单元是 $-C_6H_4-SO_2-C_6H_4-O-$ 的聚合物。

2.729

聚乙烯　polyethylene [polyethene];PE

由乙烯制得的聚合物。

2.730

聚环氧乙烷　poly(ethylene oxide);PEOX

聚氧化乙烯

由环氧乙烷制得的聚合物。

2.731

聚乙烯塑料　polyethylene [polyethene] plastic;PE plastic

由乙烯聚合或由乙烯与其他单体的共聚物制得的塑料,共聚物中乙烯的质量占最大多数。

2.732

聚对苯二甲酸乙二酯　poly(ethylene terephthalate);PET

由对苯二甲酸或苯二甲酸二甲酯与乙二醇缩聚反应制得的聚合物。

2.733

聚氟碳塑料　polyfluorocarbon plastic

聚氟烃塑料

氟碳塑料　fluorocarbon plastic

氟烃塑料

由仅含氟和碳原子的单体聚合制得的塑料。

2.734

聚氟烃塑料　polyfluorohydrocarbon plastic

氟烃塑料　fluorohydrocarbon plastic

由仅含氟、氢和碳原子的单体聚合制得的塑料。

2.735

聚卤碳塑料　polyhalocarbon plastic

卤碳塑料　halocarbon plastic

由仅含碳和一种卤素或几种卤素的单体聚合制得的塑料。

参见:聚氟碳塑料。

2.736

聚烃塑料　polyhydrocarbon plastic

烃类塑料　hydrocarbon plastic

由仅含氢和碳原子的单体聚合制得的塑料。

2.737

聚异丁烯[聚-2-甲基丙烯]　polyisobutylene [poly-2-methylpropene];PIB

由异丁烯[2-甲基丙烯]制得的聚合物。

2.738

聚异氰脲酸酯塑料　polyisocyanurate plastic

异氰脲酸酯塑料　isocyanurate plastic

由异氰酸酯的三聚反应使分子链引进异氰脲酸酯六元环基团的聚合物制得的塑料。

注:商用聚异氰脲酸酯泡沫塑料,可能有10%到30%的异氰脲酸酯基团与多元醇反应,以便使氨基甲酸酯基团引入链中。

2.739

聚合物　polymer

以相互连接的一种或一种以上的原子或原子团(结构单元)多次重复为特征的分子所组成的物质,其分子量大到足以使整体性能不随加入或除去一个或几个结构单元而明显改变。

2.740

高分子链　polymer chain

各端以端基或分支连接的聚合物分子的一部分。

2.741

聚合物形态学　polymer morphology

a)　通常指与结构有关的形状或形态,其结构尺寸大于单元晶胞,但需要显微镜观察检验;

b)　材料中的相分布;线性、面积或体积的形状和尺寸;表面结构或形貌;或结晶晶型。

2.742

聚合反应　polymerization

单体或单体混合物转变成聚合物的过程。

2.743

贫聚合物相　polymer-poor phase

稀相　dilute phase

在聚合物与低分子量物质组成的两相平衡体系中,聚合物浓度较低的一相。

注:不主张使用“溶胶相”。

2.744

富相聚合物　polymer-rich phase

浓相　concentrated phase

在聚合物与低分子量物质组成的两相平衡体系中,聚合物浓度较高的一相。

注:不主张使用“溶胶相”。

2.745

聚甲基丙烯酸甲酯　poly(methyl methacrylate);PMMA

甲基丙烯酸甲酯的聚合物。

2.746

聚甲基丙烯酸甲酯塑料　poly(methyl methacrylate)plastic;PMMA plastic

基本上由甲基丙烯酸甲酯自身为单体构成的聚合物所得到的丙烯酸酯塑料。

2.747

聚(4-甲基戊烯)　poly(4-methyl pentene);PMP

由 4-甲基-1 戊烯制得的聚合物。

2.748

多元醇　polyol;polyol alcohol;polyhydric alcohol

含有许多羟基的醇。

注:用于泡沫塑料,术语“多元醇”包括含醇羟基的化合物,例如聚醚、乙二醇、聚酯类和聚氨基甲酸酯泡沫中使用的蓖麻油。

2.749

聚烯烃　polyolefin

由烯烃(或两种以上烯烃)的聚合物。

2.750

聚烯烃塑料　polyolefin plastic

由烯烃(或两种以上烯烃)单体的聚合物,或以这类单体与其他单体的共聚物得到的塑料,共聚物中烯烃或两种以上烯烃单体质量占绝大多数。

2.751

聚甲醛　plyoxymethylene;polyformaldehyde;POM

分子链的重复结构单元是氧化亚甲基的聚合物。

注:聚甲醛是缩聚醛类最简单的代表。

2.752

聚甲醛塑料　polyoxymethylene plastic;POM plastic

分子链的重复结构单元是氧化亚甲基的聚合物制得的聚缩醛塑料。

参见:聚缩醛塑料。

2.753

聚苯醚　poly(phenylene oxide)；PPO

分子链的重复结构单元是苯基醚 $-C_6H_4-O-$ 的聚合物。

注1：聚苯醚的商品聚合物有2,6-二甲基-1,4-苯基醚。

注2：在美国未接受符号PPO，因为它是一个注册商标，所以在美国使用由其化学名称聚苯醚得出的符号PPE。

2.754

聚苯硫醚　poly(phenylene sulfide)；PPS

分子链的重复结构单元是苯基硫醚 $-C_6H_4-S-$ 的聚合物。

2.755

聚苯砜　poly(phenylene sulfone)；PPSU

分子链的重复结构单元是苯基砜 $-C_6H_4-SO_2-$ 的聚合物。

2.756

聚邻苯二甲酰胺　polyphthalamide；PPA

一种聚酰胺，其中，对苯二甲酸或间苯二甲酸或共混合物残基构成聚合物分子链的一部分重复结构单元。

2.757

聚丙烯　polypropylene [polypropene]；PP

由丙烯制得的聚合物。

2.758

聚丙烯塑料　polypropylene [polypropene] plastic

丙烯塑料　propylene [propene] plastic

丙烯的聚合物或丙烯与其他单体的共聚物制得的塑料，共聚物中丙烯质量占绝大多数。

2.759

聚环氧丙烷　poly(propylene oxide)；PPOX

聚氧化丙烯

由环氧丙烷制得的聚合物。

2.760

聚苯乙烯　polystyrene；PS

由苯乙烯制得的聚合物。

2.761

聚苯乙烯塑料　polystyrene plastic；PS plastic

由苯乙烯聚合物或苯乙烯与其他单体组成的共聚物制得的塑料，共聚物中苯乙烯质量占绝大多数。

2.762

聚苯乙烯/丙烯腈塑料　polystyrene/acrylonitrile plastic

苯乙烯/丙烯腈塑料　styrene/acrylonitrile plastic

由苯乙烯和丙烯腈组成的共聚物制得的塑料。

2.763

聚苯乙烯/丁二烯塑料　polystyrene/butadiene plastic

苯乙烯/丁二烯塑料　styrene/butadiene plastic

由苯乙烯和丁二烯组成的共聚物制得的塑料。

2.764

聚四氟乙烯　polytetrafluoroethylene;PTFE

由四氟乙烯制得的聚合物。

2.765

聚对苯二甲酸酯　polyterephthalate

聚合物分子链的重复结构单元是对苯二甲酸酯基团的热塑性聚酯。

2.766

聚对苯二甲酸酯塑料　polyterephthalate plastic

由对苯二甲酸酯的聚合物或以对苯二甲酸酯为主与其他二羧酸酯组成的共聚物制得的塑料。

2.767

聚脲　polyureas

由多官能异氰酸酯与伯、仲二元胺反应制得的聚合物。

注：聚脲大多用于制造纤维。

参见:异氰酸酯聚合物。

2.768

聚氨基甲酸酯　polyurethane;PUR

分子链的重复结构单元是氨酯型的聚合物。

参见:异氰酸酯聚合物。

2.769

聚乙烯醇缩醛　poly(vinyl acetal)

a) 从种属上说,指由聚乙烯醇衍生的一类聚合物,其中部分或全部酸根已被羟基取代,且部分或全部羟基已与醛类反应生成缩醛基团;

b) 特殊情况,有由羟基与乙醛反应制得的聚乙烯醇缩醛。

2.770

聚乙酸乙烯酯　poly(vinyl acetate);PVAC

由乙酸乙烯酯制得的聚合物。

2.771

聚乙酸乙烯酯塑料　poly(vinyl acetate)plastic;PVAC plastic

基本上是由乙酸乙烯酯自身为单体的聚合物制成的乙酸乙烯酯塑料。

2.772

聚乙烯醇　poly(vinyl alcohol);PVAL

假想的乙烯醇聚合物,实际是由聚乙烯酯,通常由聚乙酸乙烯酯醇(水)解制得。

2.773

聚乙烯醇缩丁醛　poly(vinyl butyral);PVB

由聚乙烯醇的羟基与丁醛反应制得的聚乙烯醇缩丁醛。

2.774

聚乙烯咔唑　polyvinylcarbazole;PVK

由乙烯咔唑制得的聚合物。

2.775

聚氯乙烯　poly(vinyl chloride);PVC

由氯乙烯制得的聚合物。

2.776

聚氯乙烯塑料 **poly(vinyl chloride)plastic**;PVC plastic

由氯乙烯的聚合物或由氯乙烯与其他单体组成的共聚物制得的塑料,共聚物中氯乙烯的质量占绝大多数。

2.777

聚(氯乙烯-乙烯乙酸酯) **poly(vinyl chloride-vinyl acetate)**;PVC/PVAC

由氯乙烯与乙烯乙酸酯制得的共聚物。

2.778

聚氟乙烯 **poly(vinyl fluoride)**;PVF

由氟乙烯制得的聚合物。

2.779

聚乙烯醇缩甲醛 **poly(vinyl formal)**;PVFM

由聚乙烯醇的羟基与甲醛反应制得的聚乙烯醇缩醛。

2.780

聚偏二氯乙烯 **poly(vinylidene chloride)**;PVDC

由偏二氯乙烯制得的聚合物。

2.781

聚偏二氟乙烯 **poly(vinylidene fluoride)**;PVDF

由偏二氟乙烯制得的聚合物。

2.782

聚乙烯吡咯烷酮 **poly(vinyl pyrrolidone)**;PVP

由 N-乙烯-吡咯-2 烷酮制得的聚合物。

2.783

透湿不透水性(的)(形容词) **poromeric(adjective)**

具有类似于皮革的性能,基本防水但在一定程度上能透过水蒸气(的)。

2.784

多孔性 **porosity**

材料含有极小连通孔的性质,能使气体、液体和固体由一个表面通到另一表面。

注:不能与渗透性混淆。

参见:渗透性。

2.785

全压式模具 **positive mould**

所加压力全部、连续地作用在模塑件上,且无过量模塑料溢出的模具。

2.786

后固化 **postcure**

后熟化 after bake

使热固性材料的模制品完全固化所进行的热处理。

2.787

后成型 **postforming**

固化的或部分固化的热固性塑料的成型。

参见:二次成型。

2.788

后收缩 **post-shrinkage**

模塑后,模制品在后处理、贮存或使用过程中产生的收缩。

参见:模塑收缩。

2.789

适用期　pot life;working life

制备待用的粘合剂或树脂保持可用的时间。

2.790

灌封　potting

模具保持附在树脂包封件上的嵌铸方法。

参见:嵌铸和包封。

2.791

粉料模塑　powder moulding

无压模塑加工的通用术语,将干燥、可熔的粉料贴于模具壁熔化为均匀的料层制品。

参见:旋转模塑。

2.792

功率因数　power factor

有效功率与表观功率之比。

2.793

功率损耗　power loss

ΔP(W·m^{-3})

由于滞后而转变成的热能与材料体积之比。

注:是能量损耗 W 与频率 f 的乘积。

2.794

精密度　precision

在规定条件下,多次实验操作所得结果之间接近一致的程度。

注:在影响结果的实验误差中随机误差越小,测定结果越精密。重复性和再现性是精密度的特殊情况。

2.795

预压(料)锭　perform

粉状、颗粒状或纤维状模塑料的粘附成型块,或含(或不含)树脂的纤维状填料的粘附成型块。

2.796

预混料　premix

树脂、增强材料、填料等非网状或非长纤维状的掺混料。通常在使用前由加工者制备。

2.797

预聚物　prepolymer

聚合度介于单体与最终聚合物之间的聚合物。

2.798

预浸料坯　prepreg

准备模塑的树脂(含或不含填料)、添加剂及织物状或纤维状增强的掺混料。

2.799

压裂　pressure break

层压塑料的一种缺陷,指透过树脂覆盖的表层,可以看见纸基、布基或其他基材的层压塑料片材的外面一层或几层所出现的表观裂纹。

2.800

传压垫　pressure pad

为减少模具闭合时模面上的压力而设计的装置。

注:通常由硬质钢块构成,放在适当位置,以承受压机的部分压力。

2.801

压敏粘合剂　pressure-sensitive adhesive

一种干态(无溶剂)粘合剂。在室温下具有永久粘性,只需接触轻微手压即能牢固附着于各种表面。

注:用这类粘合剂涂布的胶带是众所周知的商业产品。

参见:接触型粘合剂。

2.802

压力热成型　pressure thermoforming

利用空气压力使加热片材贴在模具表面而成型的热成型方法。

参见:真空热成型。

2.803

压焊　pressure welding

主要靠施压同时需加热的焊接方法,例如由热塑性片材生产厚板或块料。

注:这类板材与层压制品不同,只呈现很小的各向异性。

2.804

主扭矩　prevailing torque

T_p

在规定的螺帽转角下,开始破坏粘接时所测出的扭矩。

注1:为进行试验,通常规定的角度是180°。

注2:最近进行的循环试验指出,180°时所测出的经常作用的扭矩与90°、180°、270°及360°所测定读出的四个扭矩的平均值所确定的经常作用的扭矩之间没有明显的差别。

注3:为了进行质量控制,除了试验粘结剂按照规范进行而外,也可根据粘合剂的制造商和采购方之间协商一致的其他角度进行。

2.805

底胶(粘合剂)　primer(for adhesive)

为提高粘接牢度和(或)改善粘接的耐久性,涂胶前涂在被粘物表面的涂料。

参见:表面处理。

2.806

型材　profile

除薄膜、片材、棒材和管材之外,具有恒定轴向截面的挤出塑料制品。

注:型材只包括除直线形或圆形以外的截面,例如U-型材、T-型材、L-型材等。

2.807

比例极限　proportional limit

在完全符合应力-应变比例(虎克定律)条件下,材料能承受的最大应力。

2.808

回程活塞　pull-back ram

使液压机的主活塞返回到开启位置,或使顶杆齿轮回到正常位置的液压操作活塞。

2.809

皱裂面　pulled surface

表面酥脆

指层压制品表面从轻微碎裂或某处翘起,到表面脱离主体而明显分层的缺陷。

2.810

拉挤成型　pultrusion

制备连续长度的增强塑料型材的方法。是将浸有树脂的增强材料的连续原丝拉过加热口模,再拉过加热室,必要时,使树脂后固化而成型。这类型材具有高的单向强度。

2.811

阳模　punch;force(deprecated)

a）模具的凸形部分；

b）冲切时使用的工具。

参见:冲模(冲切时)。

2.812

清机　purging

用下步生产使用的混配料或其他适合的物料,从注射机或挤出机中强制驱除某种颜色,某一品种或某一等级的物料的过程。

2.813

品质因数　quality factor

Q(无量纲)

在拉伸、剪切、体积压缩或纵向压缩中,测量的储能模量与损耗模量之比。

注:品质因数是 $\tan\delta$ 的倒数。

2.814

定量差热分析　quantitative differential thermal analysis

使用的仪器能使能量和(或)其他物理参数产生定量结果的差热分析。

2.815

准单股链　quasi-single-strand chain

仅在单元的一端,通过一个共用原子相互连接的结构单元组成的线形链。

2.816

四元共聚物　quaterpolymer

由四种单体生成的聚合物。

2.817

自由基聚合反应　radical polymerization

活性官能种是自由基的链式聚合反应。

2.818

活塞　ram

柱塞(压机)　piston(of a press)

将液压转变成机械力的装置。

2.819

无规共聚物　random copolymer

分子中两种或两种以上单体链节按无序分布的共聚物。

2.820

无规共聚反应　random copolymerization

形成无规共聚物的聚合反应。

2.821

反应注射成型　reaction injection moulding;RIM

含或不含填料的活性多组分在注入闭合模具之前,于混合室内经高压碰撞立即混合的注射成型方法。

2.822

反应性稀释剂　reactive diluent

加入高黏度无溶剂的热固性粘合剂中,固化时能参加化学反应的低黏度液体物质。

注:降低黏度的优点在于使其他性能损失减到最小。

参见:稀释剂。

2.823

反弹性　rebound resilience

R(无量纲)

连续冲击后,与试样相撞的运动质量的输出能量与输入能量之比。

2.824

再结晶　recrystallization

聚合物试样经历:

a)　无定形区或较少有序区转变为结晶;或

b)　变为更稳定的晶体结构;或

c)　结晶内部缺陷减少;或

d)　上述情况的任何结合的熔融过程。

2.825

回收塑料　recycled plastic

由经清洗和粉碎的废弃制品制得的塑料。

注1:广义而言,回收塑料指边角料或废弃制品的任何再利用,包括热解回收有用的原始化学物质。

注2:回收塑料可以再配或不再配填料、增塑剂、稳定剂和着色剂等。

参见:再加工塑料和再生塑料。

2.826

比浓黏度　reduced viscosity

黏数　viscosity number

聚合物相对黏度增量 η_i 与其质量浓度 C 之比:η_i/C。

注1:必须规定单位,推荐单位使用 cm^3/g(立方厘米每克)。

注2:比浓黏度、比浓对数黏度和特性黏度既不是黏度也不是纯数字。在聚合物文献中,用任何术语取代都会造成不必要的混淆。

参见:相对黏度增量。

2.827

基准环境　reference atmosphere

可以用来校正或比较在其他环境下所测试验结果的约定环境。

参见:标准环境和试验环境。

2.828

再生纤维素　regenerated cellulose

由纤维素溶液或纤维素衍生物再生的纤维素。

2.829

规整嵌段　regular block

分子只用一种重复结构单元,按单一顺序排列的嵌段。

参见:嵌段聚合物注。

2.830

规整聚合物　regular polymer

分子只用一种重复结构单元,按单一顺序排列的聚合物。

参见:结构重复单元的注和非规整聚合物。

2.831

调节剂　regulator

聚合反应中控制相对分子量的用量较少的物质。

2.832

增强塑料　reinforced plastic

组分中含有高强度纤维，使某些力学性能比原来树脂有较大提高的塑料。

2.833

增强反应注射成型　reinforced-reaction-injection moulding；RRIM

在反应注射成型过程中，使用固体增强材料，如玻璃纤维、云母或滑石粉的方法。

2.834

增强填料　reinforcing filler

加入塑料中能改进塑料制品一种或多种力学性能的填料。

注：增强填料可含纤维或不含纤维制得，用增强填料加入聚合物材料中不一定能得到增强塑料。

参见：增强塑料。

2.835

相对冲击强度　relative impact strength

缺口敏感性（不赞成）　notch sensitivity（deprecated）

同一材料的缺口试样与无缺口试样或两种试样的冲击强度之比。

2.836

相对分子量　relative molecular mass

M_r

分子量　molecular weight

M_W

每分子单元物质的平均质量与 1/12 的 C^{12} 原子核质量之比。

注：相对分子量（分子量）是纯数字，与任何单位无关。

2.837

相对电容率　relative permittivity

介电常数（相对）　dielectric constant（relative）

两电极间和其周围空间全部只用受试绝缘材料填充的电容器的电容，与结构相同的电极在真空中的电容之比。

IUPAP 符号：ε_r。

注：在标准大气压下，空气的相对电容率等于 1.000 53，所以实际上在空气中电极结构的电容，通常用来测定相对电容率有足够的准确度。

2.838

相对刚度（无量纲）　relative rigidity（dimentionless）

在任何温度、频率或时间条件下的模量，与基准温度、频率或时间条件下的模量之比。

2.839

相对黏度　relative viscosity

黏度比　viscosity ratio

溶液/溶剂黏度比　solution/solvent viscosity ratio

η_r

聚合物溶液黏度 η 与溶剂黏度 η_s 之比：

$\eta_r = \eta/\eta_s$

2.840

相对黏度增量　relative viscosity increment

黏度比增量　viscosity ratio increment

η_i

聚合物溶液和溶剂的黏度差与溶剂黏度之比：

$$\eta_i = \frac{\eta - \eta_s}{\eta_s}$$

注：对于该值，不推荐使用术语“比黏度”，因为相对黏度增量不具有比值特性。

参见：相对黏度。

2.841

松弛时间　relaxation time

τ_{rel}(s)

松弛过程的衰减时间：$A = A_0 e^{-(t/\tau_{rel})}$。

参见：推迟时间。

2.842

脱模剂(模塑)　release agent(in moulding)

为使模制品容易脱模而涂在模具上或加入模塑料中的物质。

2.843

退切(模具)(动词)　relieve(in moulds)(verb)

减少模具闭合面间的接触面，使气体或过剩模塑料溢出。

2.844

重复性　repeatability

在相同条件下(同一操作者、相同仪器、同一实验室和短的时间间隔内)，对同一受试材料用相同试验方法测得的连续多次试验结果之间接近一致的程度。

2.845

再现性　reproducibility

使用相同方法对同一受试材料但在不同条件[不同操作者、不同仪器、不同实验室和(或)不同时间]下，测得的各试验结果之间接近一致的程度。

2.846

再加工塑料　reprocessed plastic

由非原加工者，用废弃的工业塑料制备的热塑性塑料。

注：再加工塑料可以再配或不再配填料、增塑剂、稳定剂和着色剂等。

参见：回收塑料和再生塑料。

2.847

回弹性　resilience

变形试样迅速(或瞬间)恢复变形时输出能量与输入能量之比。

2.848

树脂　resin

相对分子量不确定但通常较高，呈现固态、半固态、假固态，有时也可以是液态的有机物质。具有软化或熔融范围，在外力作用下有流动倾向，破裂时常呈现贝壳状。

注：在某些国家所用的术语，广义上是指作为塑料基材的任何聚合物。

2.849

树脂淤积　resin pocket

在增强塑料内部，局部的树脂聚集现象。

2.850

树脂流纹　resin streak

在增强塑料表面出现的过量的树脂条纹。

2.851

耐化学药品性　resistance to chemicals;chemical resistance

塑料制品按照GB/T 11547标准方法浸入化学药品后，抵抗质量、尺寸或其他性能变化的能力。

2.852

丙阶酚醛树脂　resite

处于固化过程最后状态的苯酚-甲醛树脂，在此阶段，树脂不溶于乙醇和丙酮，且不熔融。

参见：丙阶段。

2.853

乙阶酚醛树脂　resitol

处于固化过程转变状态的苯酚-甲醛树脂，在加热条件下能软化到橡胶状稠度但不熔融，浸在乙醇或丙酮中能溶胀但不溶解。

参见：乙阶段。

2.854

甲阶酚醛树脂　resol

含有大量活性羟甲基的可溶可熔酚醛树脂，羟甲基可使树脂进一步反应变得不熔。

参见：甲阶段和线型酚醛树脂。

2.855

共振曲线(振幅 A 的大小)　resonance curve(dimension of the amplitude A)

$A(f)$

在近乎共振频率下，经受强制振动的阻尼体系其振幅与频率关系的曲线。

2.856

共振频率　resonance frequency

f_R(Hz)

共振曲线中振幅最大的频率。

注：f_R 与粘弹体系储能模量 M' 的平方根成正比。

参见：共振曲线。

2.857

共振强迫振动技术　resonant forced vibration technique

在体系的自然共振频率下，试样作机械振荡时进行动力学测量的技术。

注：通过外加补充能量使振荡保持稳定。由测量的频率计算储能模量，由保持恒定的振荡振幅所需的外加能量计算阻尼。

2.858

推迟时间　retardation time

τ_{ret}(s)

推迟过程的衰减时间：

$A = A_0[1 - e^{-(t/\tau_{ret})}]$

参见：松弛时间。

2.859

缓聚剂　retarder

降低化学反应体系反应速率的一种用量较少的物质。

参见：催化剂和阻聚剂。

2.860

逆辊(涂布)　reverse roll(in coating)

涂布机的一个辊筒。使预计量的涂料沉积在筒体表面，然后涂于基材上。

注：辊筒按基材的反向运转。

参见:砥辊(涂布)。

2.861

再生塑料　reworked plastic

经工厂模塑、挤塑预先加工后,用边角料或不合格模制品在二次加工厂再加工制备的热塑性塑料。

注:许多规范中再生塑料限于清洁塑料使用,它满足对新料规定的要求,而且其产品质量实际相当于由新料制得的产品。

参见:回收塑料、再加工塑料和新料。

2.862

硬质塑料　rigid plastic

在规定条件下,弯曲弹性模量或(弯曲弹性模量不适用时)拉伸弹性模量大于 700 MPa 的塑料。

注:材料通常按 GB/T 2918 的规定温度和相对湿度条件下分类。

2.863

刚性　rigidity

抗弯曲性。

注:弹性模量是与厚度有关的材料的固有性能,并由其确定材料的刚性。

参见:硬质塑料和半硬质塑料。

2.864

环形浇口　ring gate

沿模制品整个边缘扩展的注射通道。

2.865

开环聚合反应　ring-opening polymerization

将环状单体引进高分子中形成无环链节的聚合反应。

2.866

起发时间　rise time

在控制条件下,自由起发的泡沫塑料达到极限发泡所需的时间。

2.867

辊涂　roll coating

使涂料从涂有物料的辊筒转移到基材上的涂布方法。

2.868

室温　room temperature

指 15 ℃～35 ℃范围内的环境温度。

注:该术语通常用于未规定相对湿度、大气压力和气流的环境。

2.869

均方根应变(无量纲)　root-mean-square strain(dimensionless)

在一个完整的变形周期内,应变平方平均值的方根。

注:对于对称的正弦应力,均方根应变等于极限应变平均差除以$\sqrt{2}$。

2.870

均方根应力　root-mean-square stress

在一个完整的变形周期内,应力平方平均值的方根。单位以帕(Pa)表示。

注:对于对称的正弦应力,均方根应力等于极限应力平均差除以$\sqrt{2}$。

2.871

转盘式模塑　rotary moulding

采用注塑、压铸、压塑或吹塑,使安装在转台上的多个模具自动循环完成模塑操作的成型方法。

2.872

旋转铸塑　rotational casting

用液态物料成型中空制品的方法。将装有物料的旋转模具以较低的速度绕单轴或多轴旋转，至物料借助重力分布于模具内壁，然后用适当方法使之凝固而成型。

参见：离心铸塑、离心模塑和旋转模塑。

2.873

滚塑　rotational moulding

一种类似于旋转铸塑的方法。其中，使用干燥可熔的细粉料分布贴于模具壁并熔融固化而成型。

参见：离心铸塑、离心模塑和旋转铸塑。

2.874

无捻粗纱(纺织玻璃纤维)　roving(textile glass)

平行原丝(多股原丝无捻粗纱)或平行单丝(直接无捻粗纱)不加捻而合并的集束体。

参见：直接无捻粗纱。

2.875

橡胶　rubber

能改性或已改性成基本不溶解(但能溶胀)于沸腾的苯、甲基乙基酮和乙醇-甲苯共沸液等溶剂的弹性体。

注：改性后的橡胶，不易在加热和中等压力下重新模制成形；无稀释剂时，在标准室温(18～29)℃下拉伸到两倍长度保持 1 min 后放松，能在 1 min 内回缩到原长度的 1.5 倍以下。

2.876

分流道　runner

分流道冷料

a)　注射或压铸模具中，从主流道里端到型腔浇口的次级进料通道；

b)　次级进料道中的模塑料。

2.877

样品　sample

从大量物料或汇集的部件中，取出的用来代表整体的一小部分物料或一组部件。

参见：试样。

2.878

斜接接头　scarf joint

在与两个被粘物主轴成小于 45°的方向切割相同角度的断面，使两断面粘接成具有同一平面的接头。

参见：对接接头和搭接接头。

2.879

网叠　screen pack

滤网叠　filter pack

在挤出机机头入口用来过滤熔融物料和(或)产生反压的金属丝网。

2.880

线焊　seam welding

表面的塔接部分经加热或用溶剂软化而结合的加压焊接方法。

参见：热封合和溶剂粘接。

2.881

咬模(模具)　seizing(of a mould)

妨碍模具两部分分离的有害咬合。

注：咬合可能是由于金属部件之间内聚或金属部件同模塑料的粘合所造成。

2.882

选择性溶剂 selective solvent

至少是聚合物混合物中一组分的或至少是嵌段聚合物或接枝聚合物中一种嵌段的溶解，而对其他组分或其他嵌段为非溶解的介质。

2.883

自熄(不赞成) self-extinguishing(deprecated)

不推荐使用该术语，因为容易造成误会。

注：它是在规定试验条件下，当移去外部引燃源，材料停止燃烧的一种表征，在试验条件下(规定的)代替该术语的是余焰时间。

2.884

自热 self-heating

材料因温度升高引起的内部放热反应。

2.885

半结晶聚合物 semi-crystalline polymer

含有结晶相和无定形相的聚合物。

2.886

半溢式模具 semi-positive mould

闭模时允许少量过剩模塑料溢出的模具。

参见：全压式模具。

2.887

半硬质塑料 semi-rigid plastic

在规定条件下，弯曲弹性模量或(弯曲弹性模量不适合时)拉伸弹性模量在(70～700)MPa之间的塑料。

注：材料通常是按照GB/T 2918规定的温度和相对湿度进行分类。

2.888

顺序排列(聚合物分子) sequential arrangement(in polymer molecules)

聚合物分子链中结构单元的排列。

注：在用链段：$-\underset{|\atop R}{CH}CH_2-\left[\underset{|\atop R}{CH}CH_2\right]_n-\underset{|\atop R}{CH}CH_2-$

表示的聚合物分子中，结构单元：$-\underset{|\atop R}{CH}CH_2-$

只有一种顺序排列(头-尾连接)。在用链段：$-CH_2\underset{|\atop R}{CH}CH_2\underset{|\atop R}{CH}\underset{|\atop R}{CH}CH_2\underset{|\atop R}{CH}CH_2\underset{|\atop R}{CH}CH_2-$

表示的聚合物分子中，结构单元有一种以上的顺序排列。

2.889

使用寿命 service life

N

达到所选试验终点加于试样的应力循环次数。

注：此处若未破坏，其使用寿命不确定，但可称为大于试验时间。

2.890

残留形变 set

全部解除变形负荷后试样所保留的应变。

注：由于实际条件，例如试样变形和应变指示系统松弛，通常在小负荷而不是在零负荷下测量应变。如果显示的形变不随时间进一步改变，则称为永久变形。一般应说明解除负荷到最后读取残留形变值之间所经过的时间。

2.891

固化(过程)　setting(process)

固化(粘合剂)　set(of an adhesives)

通过化学或物理作用(例如聚合、氧化、凝胶、水合作用、冷却或挥发组分的蒸发等),提高粘合强度和(或)内聚强度的过程。

参见:固化时间(塑料)。

2.892

固化温度　setting temperature

粘合剂或装配件中的粘合剂进行固化的温度。

参见:固化温度(curing temperature)和固化。

2.893

固化时间(粘合剂)　setting time(of adhesives)

在规定的温度和压力下,或两者兼备的条件下,装配件中粘合剂进行固化需要的时间。

参见:固化。

2.894

固化时间(塑料)　setting time(of plastics)

塑料充分变硬的时间。

2.895

缝纫线(纺织玻璃纤维)　sewing thread(textile glass)

由具有高捻度的单丝制成的高强、光滑的纺织玻璃纤维纱。

2.896

剪切模量　shear modulus

G(Pa)

剪切应力与剪切应变之比:

$G=\sigma_{ij}/\gamma$。

2.897

剪切速率　shear rate

$\dot{\gamma}(s^{-1})$

剪切应变随时间变化的速率:

$$\dot{\gamma}=\frac{d\gamma}{d\tau}$$

注:对于一维的剪切流动,剪切速率是速度梯度。

2.898

剪切应变　shear strain

γ(无量纲)

通过物体内某一点的两条原来相互垂直的直线,因作用力而产生的角度变化的正切。

2.899

剪切强度　shear strength

剪切试验中,试样能承受的最大剪切应力。

参见:剪切应力。

2.900

剪切强度(粘合剂)　shear strength(adhesives)

剪切试验中粘合的接点承受的最大剪切应力。

2.901

剪切应力　shear stress

σ_{ij}(Pa)

平行于试样原始工作面的作用力与其工作截面积之比。

2.902

剪切应力(粘合剂)　shear stress(adhesives)

平行于粘接平面所施加的力除以粘合面积，其单位以兆帕(MPa)表示。

2.903

片材　sheet；sheeting

同长度和宽度相比厚度较小的薄平面制品。

参见：薄膜。

2.904

刨纹　sheeter line；knife line

刨削操作中，可能产生的大面积分布在塑料片材上的平行刮痕或凸脊。

2.905

薄片　sheeting

a)　按连续长度制造且通常以卷状提供的片材；

b)　片材的同义词。

2.906

储存期　shelf life；storage life

在规定的条件下，预计其材料可保持基本性能，例如工作性能和规定强度的存放时间。

2.907

壳模铸造树脂　shell moulding resin

铸造工业中，用以与砂或陶瓷粉掺混，制造金属铸造薄壁模用的树脂。

2.908

邵氏硬度　Shore hardness

一种硬度的量度，即在GB/T 2411规定的条件下，测定规定压头压进材料的锥入度。

参见：压痕硬度。

2.909

缺料(模制品)　short(in a moulding)

模制品不十分饱满的状态。

2.910

短链　short chain

指线性低聚物分子，或高分子链短到可看作是低聚物的线性部分。

2.911

短支链　short-chain branch

高分子链侧的低聚分枝。

2.912

注射量　shot

一模塑周期内供给组装模具的物料量。

2.913

注射能力　shot capacity

一台注射机每周期注入模具的最大物料量。

2.914

收缩包装　shrink packaging

收缩外包装　shrink wrapping

采用热封合将制品包封于保护外套内的方法。制品放在预拉伸薄膜内，然后加热使薄膜收缩紧紧包住制品。

2.915

收缩（泡沫塑料的）　shrinkage(of cellular plastics)

泡沫塑料的尺寸非有意减小而泡孔结构不破坏的现象。

2.916

侧基　side group

高分子链侧非低聚的或聚合的分枝。

2.917

筛分保留物　sieve retention

筛分中，试验后保留在筛上的物料的质量分数。

2.918

有机硅塑料　silicone plastic;Si plastic

由分子主链为硅原子和氧原子交替组成的聚合物制得的塑料。

2.919

单股链　single-strand chain

始终由一个共用原子相互连接的结构单元组成的线形链。

2.920

单股纱　single yarn

由下列之一纺织材料组成的最简单的连续原丝束：

a)　若干不连续纤维捻合而成的纱称为细纱或定长纤维纱；

b)　规定数量的连续纤维原丝（一股或多股）捻合而成的纱称为连续纤维纱或长丝纱。

注：GB/T 8693 中规定的单股纱 1)和 2)可以加捻，也可以不加捻，但纺织玻璃纤维工业中单股纱都是加捻的。

2.921

凹痕　sink mark

缩痕　shrink mark

模制品的表面凹陷。

注：该缺陷发生处物料缩离模具，通常出现在制品厚度有较大变化的区域。

2.922

浸润剂　size

在玻璃纤维制造过程中，加在玻璃纤维或长丝上的物料。

参见：处理剂。

2.923

尺寸排除色谱　size-exclusion chromatography;SEC

凝胶渗透色谱　gel-permeation chromatography;GPC

一种分离技术，主要根据分子或粒子的流体动力体积，在多孔的非吸附物质中以近似相同尺寸的孔作为溶液中被分离分子的有效尺寸而进行分离的技术。

注：当多孔的非吸收物质是凝胶时，使用“凝胶渗透色谱”，一般使用“尺寸排除色谱”。

2.924

皮层（泡沫塑料）　skin(of cellular plastics)

泡沫塑料表面较紧密的层。

2.925

套管　sleeving

由纺织玻璃纤维纱编织成的管，其压扁宽度不超过 100 mm。

参见：软管。

2.926

细长比　slenderness ratio

截面均匀的实体(圆柱)其长度与最小回转半径之比。

注：细长比在测定压缩强度中用来计算试样尺寸。

2.927

滑爽性　slip

表示相互接触的两个表面之间容易滑动的术语。

注：在某种意义上它与摩擦相反，即摩擦系数高意味滑爽性差，摩擦系数低意味滑爽性好。

2.928

滑片热成型　slip thermoforming

将片材夹在装有拉紧传压垫的夹持架上，允许受热片材随制件成型向内滑动的一种热成型方法。

2.929

滑移　slippage

粘接过程中被粘物相互间的移动。

2.930

纵切　slitting

分切

用刀切方法将一定宽度的塑料薄膜或片材，切成几条宽度更小的薄膜或片材。

2.931

纱条　sliver

定长纤维基本平行排列略加粘接而成的连续纤维束。

2.932

缝口模头挤出　slot-die extrusion

缝形口模挤出　slit-die extrusion

加热的热塑性塑料通过水平模孔挤出薄膜或片材的方法。

2.933

搪铸　slush casting

搪塑　slush moulding

用液体物料如聚氯乙烯增塑糊成型制品的方法，物料贴在热模具内表面胶凝到规定厚度，倾出过量物料，必要时补充加热至塑料熔融或固化。

2.934

烟　smoke

在大气中因燃烧或热解产生的可见的固体和(或)液体微粒悬浮物。

2.935

发烟燃烧　smouldering

材料无可见光但一般发烟且温度升高的缓慢燃烧。

2.936

***SN* 曲线　*SN* curve**

指明材料耐久性的曲线，它指出实验观察和使用寿命 N 之间的关系，通常 N 用横坐标(对数刻度)

而应力大小 τ_a 或最大应力 τ_{max} 在线性刻度或对数刻度的纵坐标上标出。

注：该曲线是依据平均应力 τ_m 或应力比 R_c 保持常数而构成的。SN 曲线由应力大小和使用寿命之间的关系确定的。在曲线上我们能分辨出：

——对给定的应力持久区域，用破坏试验周期数 N_F 能鉴别破坏以及未破坏的数目；

——对给定的应力疲劳区域，所有的试样性能在其结束的循环数低于上面所注明的常规破坏试验循环数 N_F 时都降低。

2.937

软化范围　softening range

塑料由坚硬态向软化态转化(玻璃化转变)的或硬度出现迅速而明显变化的温度间隔。

注：可在任意试验条件下，例如，用维卡软化温度试验，扭摆试验或负荷变形温度测量塑料软化范围。

2.938

软化温度　softening temperature

在规定的试验条件下材料达到规定的变形量时所测的温度。

2.939

固体含量　solids content

在规定试验条件下测定的非挥发性物质的质量分数。

2.940

溶解度参数(聚合物)　solubility parameter(of a polymer)

δ

用来预示某聚合物在规定溶剂中的溶解特征。

2.941

溶液聚合反应　solution polymerization

单体溶解在溶剂中反应生成聚合物的聚合反应，聚合物可溶或不溶于该溶剂。

2.942

溶剂活性粘合剂　solvent-activated adhesive

被粘物上的干粘合剂，使用前加入溶剂而赋予粘性。

参见：溶剂粘接。

2.943

溶剂粘接　solvent bonding

溶剂焊接　solvent welding

用溶剂软化结合表面并将软化表面压在一起，经过蒸发、吸收或聚合，除去溶剂而粘接热塑性制品的方法。

2.944

溶剂抛光　solvent polishing

用溶剂浸渍或喷涂热塑性塑料制品，溶解其表面缺陷，然后蒸发溶剂溶液而改进制品光泽的方法。

2.945

试样　specimen；test piece

用于试验的一件或一部分样品。

参见：样品。

2.946

松弛时间谱　spectrum of relaxation times

$H(\tau)$(Pa)

［推迟时间谱］［spectrum of retardation times］

$L(\tau)$(Pa^{-1})

$H(\tau)/\tau$ 是时间间隔介于 τ 和 $\tau+d\tau$ 之间对模拟粘弹材料连续模型的初级模量的影响。

注：$H(\tau)$确定宏观模量的时间与频率关系，$L(\tau)$确定宏观柔量的时间与频率关系。

2.947

球晶　spherulite

同一中心发散出由各种晶体构成的近似于球状形态的多晶体。

2.948

瓣合式模具　split mould

模塑时用一外模箍将两个或两个以上部件(称为模瓣)固定在一起构成型腔，脱模时又能分离的模具。

2.949

自燃　spontaneous combustion

无外部供热而由材料自热引起的燃烧。

2.950

自燃温度　spontaneous ignition temperature

在规定试验条件下，材料能着火的最低温度。

2.951

点焊接　spot welding

按一定空间距离，小面积加热、软化材料结合面的压焊方法。

2.952

连枝毛坯(注塑)　spray(in injection moulding)

由多腔注射模具取出的带有凝固的主流道冷料和分流道冷料的整套模制品。

2.953

喷枪　spray gun

将单组分或多组分液体喷于基材上或封闭空间内所使用的装置。

注：含或不含填料的各组分分别输送到碰撞式混合室，并在扇形或锥形模型中分散，喷涂中可以于外部加入增强纤维。

2.954

喷附成型　spray-up

a) 加工增强塑料时，将预聚物、催化剂和短切纤维同时喷在模具上或芯模上固化成型；

b) 加工泡沫塑料，如环氧和聚氨基甲酸酯类时，将快速反应的树脂催化剂体系喷于表面，并在表面上反应发泡和固化成型。

注：两种加工中，树脂与催化剂通常由两个喷嘴分别喷出，使之在喷附成型过程中混合。

2.955

涂胶量　spread

涂于被粘物每单位面积上的粘合剂量。

2.956

主流道　sprue

主流道冷料

a) 从注射模具或压铸模具外模面流到单腔模具浇口或多腔模具分流道的主进料通道。

b) 主进料通道中的模塑料。

2.957

主流道衬套　sprue bush；sprue bushing

注射模具中的硬质嵌件，具有锥形主流道孔并有与注射料筒注嘴相适应的支座。

2.958

主流道冷料钩　sprue lock

冷料阱中的凹槽,模具开启时能将主流道冷料从衬套中拉出。

2.959

主流道冷料脱模销　sprue-puller

冷料钩　anchor

为了从主流道衬套中完全除去主流道冷料而在模具中设置的凹槽装置。

2.960

定长毛纱　spun roving

玻璃纤维原丝自身反复绞合而成的一种粗纱,有时用一根或多根直的原丝增强。

2.961

稳定剂　stabilizer

加工和使用期间为有助于材料性能保持原始值或接近原始值而在某些塑料配方中使用的物质。

2.962

标准环境　standard atmosphere(s)

按照有关标准规定,试样或样品进行状态调节和(或)试验所采用的温度和湿度环境。

参见:基准环境。

2.963

定长纤维　staple fibre;discontinuous fibre

直径小而长度短的纺织材料。

注:是构成纺织玻璃定长纤维制品的基材。

2.964

定长纤维织物　staple-fibre woven fabric

经纱和纬纱均用纺织玻璃定长纤维纱织成的布。

2.965

短纤维纱　staple yarn

由定长短纤维经加捻连在一起所纺成的纱。

2.966

星形链　star chain

由结构单元发散出若干长度相近的线形链所组成的高分子。

2.967

星形聚合物　star polymer

分子是星形链的聚合物。

2.968

欠胶接头　starved joint

粘合剂用量不足产生满意的粘接的接头。

2.969

静摩擦系数　static coefficient of friction

μ_s

$\mu_s = F_S/F_P$

式中:

F_S——静摩擦力,单位以牛顿表示;

F_P——垂直作用于接触表面的法向力。单位以牛顿表示。

参见:摩擦力。

2.970

静摩擦　static friction

滑动开始时为克服“启动值”所存在的摩擦。

2.971

静态剪切强度　static shear strength

τ_s

按照GB/T 7124测定破坏时的平均静剪切应力,其单位以兆帕(MPa)表示。

2.972

统计共聚物　statistical copolymer

链节分布顺序服从统计规律的高分子所组成的共聚物。

2.973

统计共聚合反应　statistical copolymerization

生成统计共聚物的聚合反应。

2.974

立构嵌段　stereoblock

由一种立构重复单元,按单一顺序排列的规整嵌段。

2.975

立构嵌段聚合物　stereoblock polymer

由线性连接的立构嵌段分子所组成的聚合物。

2.976

立构规整聚合物　stereoregular polymer

只由一种立构重复单元,按单一顺序排列的分子所组成的规整聚合物。

注:立构规整聚合物一定是有规立构聚合物,但有规立构聚合物不一定是立构规整聚合物,因为有规立构聚合物不必规定所有的立体异构位置。

参见:立构重复单元、全同立构聚合物和间同立构聚合物注。

2.977

立构重复单元　stereorepeating unit

聚合物分子主链的所有立构位置上,具有规定构型的构型重复单元。

注:在立构规整聚丙烯中,可能存在三种最简单的立构重复单元是:

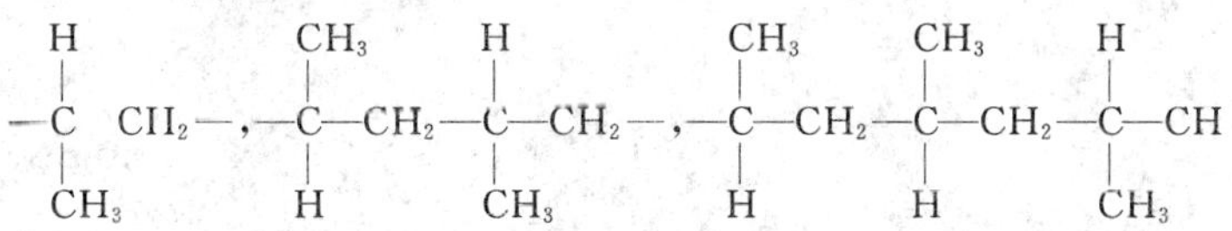

$$\begin{array}{c} \mathrm{H} \\ | \\ -\mathrm{C}\ \ \mathrm{CH_2}- \\ | \\ \mathrm{CH_3} \end{array},\quad \begin{array}{ccccc} \mathrm{CH_3} & & \mathrm{H} & & \\ | & & | & & \\ -\mathrm{C}- & \mathrm{CH_2} & -\mathrm{C}- & \mathrm{CH_2}- & \\ | & & | & & \\ \mathrm{H} & & \mathrm{CH_3} & & \end{array},\quad \begin{array}{ccccc} \mathrm{CH_3} & & \mathrm{CH_3} & & \mathrm{H} \\ | & & | & & | \\ -\mathrm{C}- & \mathrm{CH_2} & -\mathrm{C}- & \mathrm{CH_2} & -\mathrm{C}-\mathrm{CH} \\ | & & | & & | \\ \mathrm{H} & & \mathrm{H} & & \mathrm{CH_3} \end{array}$$

相应的立构规整聚合物是:

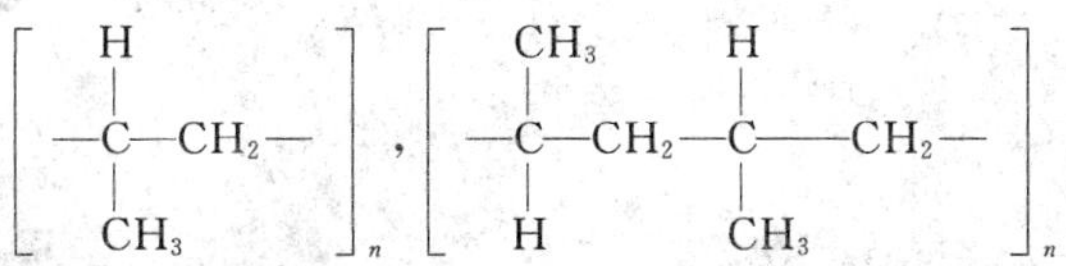

$$\left[\begin{array}{c} \mathrm{H} \\ | \\ -\mathrm{C}-\mathrm{CH_2}- \\ | \\ \mathrm{CH_3} \end{array}\right]_n,\quad \left[\begin{array}{cccc} \mathrm{CH_3} & & \mathrm{H} & \\ | & & | & \\ -\mathrm{C}- & \mathrm{CH_2} & -\mathrm{C}- & \mathrm{CH_2}- \\ | & & | & \\ \mathrm{H} & & \mathrm{CH_3} & \end{array}\right]_n$$

(全同立构聚合物),(间同立构聚合物)

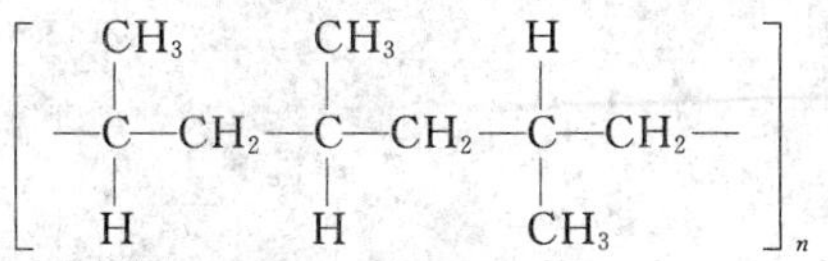

$$\left[\begin{array}{cccccc} \mathrm{CH_3} & & \mathrm{CH_3} & & \mathrm{H} & \\ | & & | & & | & \\ -\mathrm{C}- & \mathrm{CH_2} & -\mathrm{C}- & \mathrm{CH_2} & -\mathrm{C}- & \mathrm{CH_2}- \\ | & & | & & | & \\ \mathrm{H} & & \mathrm{H} & & \mathrm{CH_3} & \end{array}\right]_n$$

(杂同立构聚合物)

2.978

立构有择聚合反应　stereoselective polymerization

立体异构单体分子的混合物，只按一种立构形式结合生成聚合物分子的聚合反应。

2.979

立构有规聚合反应　stereospecific polymerization

生成有规立构聚合物的聚合反应。

2.980

储能模量　storage modulus

M'(Pa)

[储能柔量]　[storage compliance]

$C'(Pa^{-1})$

弹性模量(不赞成)　elastic modulus(deprecated)

复数模量的实数部分。

注：它是加荷期间储存能量和恢复能量的度量。

参见：复数模量和复数柔量。

2.981

应变　strain

ε(无量纲)

因作用力使物体的线性尺寸或形状相对于原来尺寸或形状所产生的变化。

注：一点的应变由六个分应变确定；相对于一组坐标轴的三个法向分力和三个剪切分力。

2.982

应变振幅　strain amplitude

偏离平均变形所测量的最大形变与试样未发生应变时自由长度之比。

注：应变振幅仅由一侧从零到峰值进行测量的。

2.983

应变速率　strain rate

$\dot{\varepsilon}(s^{-1})$

应变随时间变化的速率：

$$\dot{\varepsilon} = \frac{d\varepsilon}{dt}$$

2.984

原丝　strand

股(绳、线)

同时拉制的略加粘接且无捻的平行单丝束。

2.985

流线双折射　streaming birefringence

流动双折射　flow birefringence

液体、溶液或分散体流动时，因光学非均质的、不等轴的或可变形的分子或粒子规则取向而产生的双折射。

2.986

应力　stress

σ(Pa)

通过物体某点，作用于给定平面单位面积上的内力或分力在物体一点上的强度。

注：一点上的应力由六个分应力确定；相对于一组坐标轴的三个法向分力和三个剪切分力。如果用于产品规范中规定的拉伸、压缩或剪切试验，应力根据试样原来的截面积尺寸计算。

2.987

应力振幅　stress amplitude

σ_a

交替应力等于最大和最小应力代数差的1/2，即：

$\sigma_a = \frac{\sigma_{max} - \sigma_{min}}{2}$。

单位以兆帕(MPa)表示。

2.988

应力开裂　stress crack

由低于塑料短时机械强度的各种应力引起的塑料内部或外部开裂。

注：这类开裂常常随塑料所暴露的环境而加速发展。引起开裂的应力可存在于外部或内部，或两种应力的结合。

2.989

应力周期　stress cycle

在规定的时间间隔内并进行正弦剪切振动时，可重复的应力/时间函数的最小区间。

2.990

应力比　stress ratio

R_σ

在一个周期内，最小应力与最大应力的代数比值：

$R_\sigma = \frac{\sigma_{min}}{\sigma_{max}}$。

2.991

应力松弛　stress relaxation

应力随时间而减小的现象。

2.992

应力-应变曲线　stress-strain curve

由应力与应变的对应值绘制的关系图。

注：通常，以应力值作纵坐标(垂直)，应变值作横坐标(水平)。

2.993

牵伸比　stretch ratio

吹塑中，指型坯长度与吹制型腔的最大长度之比；

长丝与薄膜牵伸中，指牵伸与未牵伸长丝或薄膜长度之比。

参见：吹胀比和牵引比。

2.994

绷拉热成型　stretch thermoforming

将加热的片材拉伸覆盖在模具上，随后冷却而成型的方法。

2.995

脱模板　stripper plate

能进行特殊顶出，例如使带内螺纹的瓶盖从模具中取出的模具部件。

2.996

脱模　stripping

从模具中取出制品。

2.997

行程　stroke

压机的活塞冲程。

2.998

结构型粘合剂　structural adhesive

在工程结构应用中被证明是可靠的粘合剂，粘接处长期承受大部分最大破坏负荷而不破坏。

2.999

结构泡沫塑料成型　structural foam moulding

模塑具有微孔芯体和实心(无微孔)表层制品的方法。

2.1000

加捻结构纱(纺织玻璃纤维)　structures with twist(textile glass)

表示经加捻的极长而较细的长丝束(称为连续长丝纱或长丝纱)或定长纤维束(称为定长纤维纱或细纱)的通用术语。

注：其纱可经一次加捻(单股纱)工序或几次连续加捻工序(合股纱、缆纱)制造。单股纱的捻度可经一次解捻工序解除。

2.1001

苯乙烯/α甲基苯乙烯塑料　styrene/α-methylstyrene plastic;S/MS plastic

苯乙烯和α甲基苯乙烯共聚物制成的塑料。

2.1002

苯乙烯橡胶塑料　styrene-rubber plastic

苯乙烯聚合物和橡胶制得的塑料，苯乙烯聚合物质量占绝大多数。

2.1003

沉陷式浇口　submarine gate

隧道式浇口　tunnel gate

位于合模面以下的注射通道，使主流道冷料随顶出操作而拉出。

2.1004

基材　substrate

采用涂布、层压或化学方法，以气相、液相或固相形式，在其上施加一层其他物料的制品或半成品(例如电线、挤出型材、片材、薄膜、纸、纺织产品)。

注1：粘合中，基材通常是被粘物的同义语。

注2：基材或涂布层或两者可以是聚合物材料。

参见：涂布、层压和底胶。

2.1005

表面燃烧　surface burn

局限于材料表面的燃烧。

2.1006

表面电阻　surface resistance

加在与试样表面相接触的两电极之间的直流电压，与流经试样表面薄层(例如水分或其他半导体材料)的电流比。

2.1007

表面电阻率　surface resistivity

直流电场强度与试样表层线性电流密度之比。

注：材料的表面电阻率等于构成正方形对边的两电极之间的表面电阻，与该正方形大小无关。

2.1008

表面发粘性　surface tack

塑料表面的粘着性。

2.1009

表面处理　surface treatment

预粘接处理(不赞成)　prebond treatment(deprecated)

为适应粘接或涂布操作而对表面进行的化学或物理处理。

参见:底胶。

2.1010

表面毡片　surfacing mat

由定长纤维或连续长丝粘接而成的致密薄片,用作复合材料表层。

注:纤维可能是玻璃或有机材料制成。

参见:玻璃覆面毡料。

2.1011

悬浮体　suspension

固体在液体介质中的分散体系。

参见:分散体。

2.1012

悬浮聚合反应　suspension polymerization

单体以小液滴分散在水或其他适合的惰性稀释剂中的聚合反应。

参见:珠状聚合反应。

2.1013

脱水收缩　syneresis

拌有液体分离的胶体收缩。

2.1014

溶胀　swelling

试样浸入液体中或暴露于蒸气中体积增加的现象。

2.1015

间同立构聚合物　syndiotactic polymer

间规聚合物

以互为对映异构体的构型基本单元交替排列的分子所构成的规整聚合物。

注:在间规聚合物中,构型重复单元由两个互为对映异构体的构型基本单元组成。例如,构型重复单元是:

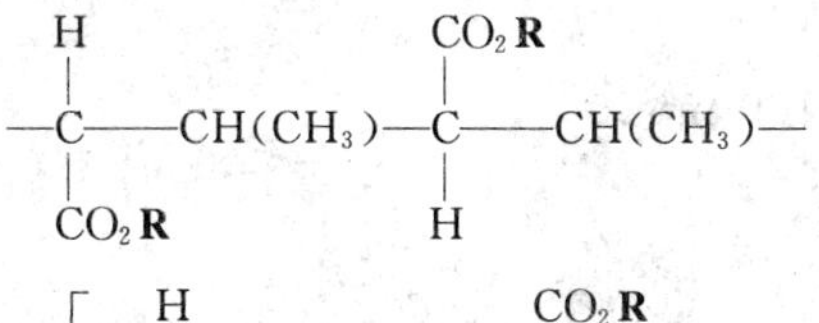

$$\begin{array}{cccc} \mathrm{H} & & \mathrm{CO_2\mathbf{R}} & \\ | & & | & \\ -\mathrm{C}- & \mathrm{CH(CH_3)}- & \mathrm{C}- & \mathrm{CH(CH_3)}- \\ | & & | & \\ \mathrm{CO_2\mathbf{R}} & & \mathrm{H} & \end{array}$$

对应的聚合物为:

$$\left[\begin{array}{cccc} \mathrm{H} & & \mathrm{CO_2\mathbf{R}} & \\ | & & | & \\ -\mathrm{C}- & \mathrm{CH(CH_3)}- & \mathrm{C}- & \mathrm{CH(CH_3)}- \\ | & & | & \\ \mathrm{CO_2\mathbf{R}} & & \mathrm{H} & \end{array}\right]_n$$

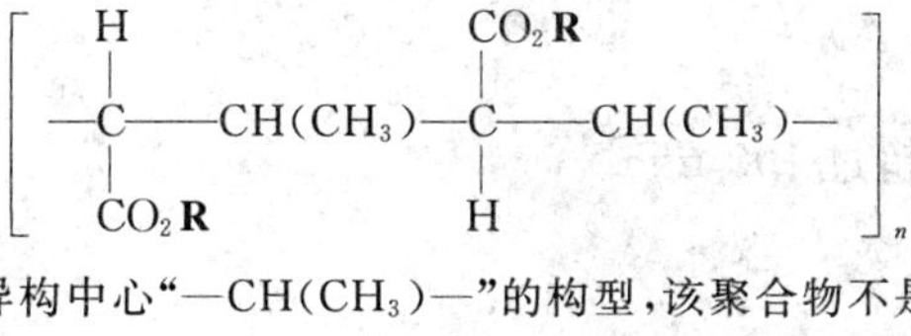

由于未规定立体异构中心“—CH(CH₃)—”的构型,该聚合物不是立构规整聚合物,同样

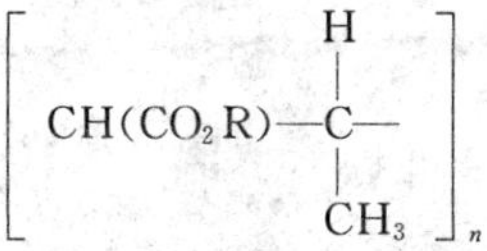

$$\left[\begin{array}{cc} & \mathrm{H} \\ & | \\ \mathrm{CH(CO_2R)}- & \mathrm{C}- \\ & | \\ & \mathrm{CH_3} \end{array}\right]_n \quad 和 \quad \left[\begin{array}{cccc} & \mathrm{H} & & \mathrm{CH_3} \\ & | & & | \\ \mathrm{CH(CO_2R)}- & \mathrm{C}- & \mathrm{CH(CO_2R)}- & \mathrm{C}- \\ & | & & | \\ & \mathrm{CH_3} & & \mathrm{H} \end{array}\right]_n$$

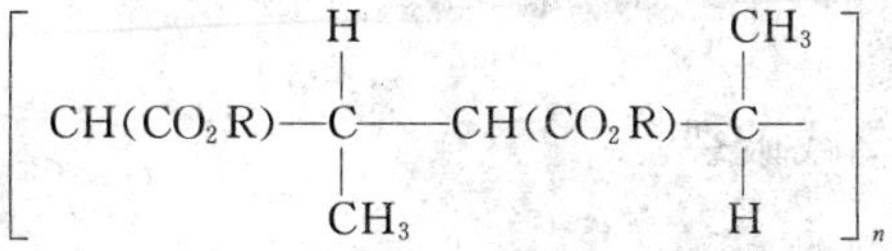

因缺少有关立体异构中心—CH(CO_2R)—构型的资料，该聚合物也不是立构规整聚合物。下列双间同立构聚合物是立构规整聚合物：

$$\left[\begin{array}{cccc} CO_2\mathbf{R} & CH_3 & H & H \\ | & | & | & | \\ —C— & —C— & —C— & —C— \\ | & | & | & | \\ H & H & CO_2\mathbf{R} & CH_3 \end{array}\right]_n$$

参见：立构重复单元的注。

2.1016

组合泡沫塑料　syntactic cellular plastic

用中空微球填料作为低密度成分的泡沫塑料。

2.1017

柄形浇口　tab gate

长度仅为模制品宽度的一部分，其截面为矩形的极薄浇口。

参见：边缘浇口。

2.1018

有规立构嵌段　tactic block

只用一种构型重复单元，按一种顺序排列的规整嵌段。

2.1019

有规立构嵌段聚合物　tactic block polymer

由线形连续的有规立构嵌段分子组成的聚合物。

2.1020

有规立构聚合物　tactic polymer

分子只由一种构型重复单元，按一种顺序排列的分子所组成的规整聚合物。

参见：立构规整聚合物注。

2.1021

立构规整度　tacticity

聚合物分子主链上构型重复单元持续的有序性。

2.1022

牵引装置　take-off

输送离开机器的挤出或压延材料的装置。

2.1023

卷取装置　take-up

卷绕挤出或压延材料的装置。

2.1024

有织边带　tape with selvages

带有织边的纺织玻璃纤维织物，其宽度不超过 100 mm。

参见：无织边窄幅织物。

2.1025

无织边带　tape without selvages

无织边的纺织玻璃纤维织物，其宽度不超过 100 mm。

参见：无织边窄幅织物。

2.1026

撕裂(动词)　tear(verb)

用两个相反的力拉材料，使之分离或破裂。

参见：撕裂强度。

2.1027

撕裂蔓延力　tear propagation force

使塑料薄膜中原有撕裂继续发展所需的力。

2.1028

耐撕裂蔓延性　tear propagation resistance

撕裂蔓延力与试样厚度之比。

2.1029

撕裂强度　tear strength

耐撕裂性　tear resistance

撕裂薄型材料试样所需的力。

2.1030

调聚物　telomer

指一种聚合物，该聚合物分子在合成条件下，其端基不能与另外单体反应形成更大的同一化学类型的聚合物分子。

2.1031

调聚反应　telomerization

生成调聚物的聚合反应。

2.1032

拉伸强度　tensile strength

材料拉伸断裂之前所承受的最大应力。

注：当最大应力发生在屈服点时，称为拉伸屈服强度，最大应力发生在断裂时，称为拉伸断裂强度。

2.1033

三元共聚物　terpolymer

由三种单体生成的聚合物。

2.1034

试验环境　test atmosphere

试验中样品或试样所暴露的环境。

参见：基准环境和标准环境。

2.1035

纺织玻璃纤维　textile glass

指用定长玻璃纤维制品和(或)连续玻璃纤维长丝制成的所有纺织品的通用术语。

2.1036

复丝纺织玻璃纤维制品　textile glass multifilament products

由多根单丝(复丝)制成的一类纺织玻璃纤维制品。

2.1037

定长纺织玻璃纤维制品　textile glass staple fibre products

由定长纤维制成的一类纺织玻璃纤维制品。

参见：定长纤维。

2.1038

纺织型浸润剂(制品)(纺织玻璃纤维)　textile size(product)(textile glass)

为便于下步纺织操作(加捻、并股、织造等)的浸润剂。

2.1039

变形纱　texturized yarn

膨体纱

长丝经仔细和永久性分散处理而增加了体积的纺织玻璃纤维连续长纱(单股纱或合股纱)。

2.1040

热分析 thermal analysis

物质经受程序温度控制时，测量其物理性能与温度关系的一种技术。

注1：相应"热分析(thermal analysis)"的形容词是"热分析的(thermo-analytical)"(例如，热分析的技术)。

注2：当对同一样品同时采用两种或多种技术时，应称为"同时联用多种技术(simultaneous multiple techniques)"，例如，热重法与差热分析同时联用。术语"结合多种技术(combined multiple techniques)"表示对每种技术单独使用样品。

2.1041

阻热料 thermal break

为减少热量流过装配件，在两层高传热组分之间放置的低传热固体或微孔材料组合材料。

2.1042

热导率(不受厚度影响的均质材料) thermal conductivity(of a homogeneous material not affected by thickness)

在稳定条件下，垂直于面积方向的每单位温度梯度通过单位面积上的热流速率。

IUPAP 符号：λ。

2.1043

热降解 thermal degradation

在高温下，塑料产生的一切有害化学变化的总称。

注：必须报告研究时的温度和其他环境条件。

参见：老化、降解和劣化。

2.1044

热扩散系数 thermal diffusivity

物质的热导率与其密度和比热的乘积之比。

IUPAP 符号：α。

注：SI 单位制中以平方米每秒表示(m^2/s)。

2.1045

热膨胀 thermal expansion

试样因温度改变而产生的尺寸或容积的变化。

参见：线膨胀和体膨胀。

2.1046

热稳定性 thermal stability

在热的作用下，材料抵抗降解的性能。

注：热稳定性由根据材料颜色、电性能或力学性能变化或质量损失等任意试验方法测定。

参见：热降解。

2.1047

热发泡塑料 thermally-foamed plastic

由加热使组分产生气态分解物或组分挥发所制得的泡沫塑料。

参见：化学和机械发泡塑料。

2.1048

热传声法 thermoacoustimetry

物质经受程序温度控制时，测量通过物质后的声波特性与温度关系的一种技术。

2.1049

热膨胀法 thermodilatometry

物质经受程序温度控制时，在几乎无负荷条件下测量其尺寸与温度关系的一种技术。

注1：记录的是热膨胀测定曲线：尺寸标在向上表示增加的纵坐标上，温度标在从左至右表示增加的横坐标上。

注2：根据被测量的尺寸，分为线膨胀法和体膨胀法。

2.1050

热弹性　thermoelasticity

因温度升高而产生的类似于橡胶的弹性。

2.1051

热电学法　thermoelectrometry

物质经受程序温度控制时，测量其电学特性与温度关系的一种技术。

注：最常测量的有电阻、电导或电容。

2.1052

热成型　thermoforming

热塑性塑料片材或其他型材通常在模具上加热软化，然后经冷却而定型的方法。

参见：二次成型。

2.1053

热重法　thermogravimetry；TG

物质经受程序温度控制时，测量其质量与温度关系的一种技术。

注：记录的是额外失重曲线或 TG 曲线；质量应标在向下表示减少的纵坐标上，温度(T)或时间(t)标在从左向右表示增加的横坐标上。

2.1054

热磁学法　thermomagnetometry

物质经受程序温度控制时，测量其磁学特性与温度关系的一种技术。

2.1055

热机械测量　thermomechanical measurement

物质经受程序温度控制时，测量物质在非振荡负荷下的变形与温度关系的一种技术。

注：必须按施加应力的方式(压缩、拉伸、弯曲或扭曲)说明测定方法。

2.1056

热粒子分析　thermoparticulate analysis

物质经受程序温度控制时，测量物质释放的颗粒物与温度关系的一种技术。

2.1057

热塑性的(形容词)　thermoplastic(adjective)

在塑料整个特征温度范围内，能反复加热软化和反复冷却硬化，且在软化状态采用模塑、挤塑或二次成型通过流动能反复模塑为制品的。

2.1058

热塑性塑料(名词)　thermoplastic(noun)

具有热塑性的塑料。

参见：热塑性的。

2.1059

热塑弹性体　thermoplastic elastomer

加工和使用中，在材料的特征温度范围内反复加热和冷却时，能保持热塑性的弹性体。

2.1060

热光学法　thermoptometry

物质经受程序温度控制时，测量其光学特性与温度关系的一种技术。

注：测量总光量、光的比波长、折光率和发光，分别有热光度法、热光谱法、热折射法和热发光法，在显微镜下观察为热显微镜技术。

2.1061

热固塑料(名词)　thermoset(noun)

经加热或用其他方法固化时,能变成基本不溶、不熔产物的塑料。

注:该术语包括热固性塑料和热固化塑料。

2.1062

热固化塑料　thermoset plastic

通过加热或其他方法,如辐射、催化等,已固化成基本不溶、不熔状态的塑料。

2.1063

热固性　thermosetting

通过加热或其他方法,如辐射、催化等固化时,能变成基本不溶、不熔产物的性能。

2.1064

热固性塑料　thermosetting plastic

具有热固性的塑料。

参见:热固性。

2.1065

热发声法　thermosonimetry

物质经受程序温度控制时,测量其声发射与温度关系的一种技术。

2.1066

增稠剂　thickener

增加液态聚合物体系黏度的物质。

2.1067

硫脲-甲醛树脂　thiourea-formaldehyde resin

由硫脲(硫代碳酰胺)与甲醛缩聚反应制得的一种氨基树脂。

2.1068

时间分布曲线(动态力学分析)　time profile(in dynamic mechanical analysis)

材料的模量和(或)阻尼与时间的关系图。

参见:动态力学分析。

2.1069

分流梭　torpedo

装在注射成型机加热料筒内的塑性物料流道中或挤出机的挤出口模中,使熔融物料分散成薄层,并使之与加热面接触的流线型金属装置。

2.1070

扭摆　torsion pendulum

使试样扭曲变形和自由振荡或受力振动,进行动态力学分析的装置。

注:由振荡产生的频率测定剪切模量,由振荡振幅减小(如有对数衰减率)测定阻尼。

参见:对数衰减率。

2.1071

扭曲应力　torsional stress

在横截面上由扭转作用产生的剪切应力。

单位以帕(Pa)表示。

2.1072

总体积收缩(树脂铸塑)　total volume shrinkage(in resin casting)

树脂配混料固化时的收缩与固化的铸塑件从固化温度冷却到室温时的收缩之总和。

2.1073

韧性 toughness

材料能吸收能量的性能，通常意味着脆性小和断裂伸长率较高。

注：韧性通常用作评价破坏材料所需的能量，与应力-应变曲线下的面积成正比。

2.1074

丝束 tow

基本上不加捻地把大量的长丝汇集成的松散丝状集合。

2.1075

电痕 tracking

因放电或漏电形成的贯穿绝缘材料表面的导电痕迹。

2.1076

压铸料腔 transfer chamber

压铸料池 transfer pot

压铸中使用的加热腔。

参见：加料腔。

2.1077

压铸 transfer moulding

热固性材料经过加热室进入热模具的闭合模腔而成型的模塑方法。

2.1078

压铸压力 transfer-moulding pressure

压铸中加在料槽或料筒横截面上的压力。

参见：模塑压力。

2.1079

半透明性 translucency

材料的一种性能，这种材料散射大部分透射光，较难或不能看清楚其背面的物体。

参见：光漫射和透明性。

2.1080

透明性 transparency

材料的一种性能，这种材料基本不散射透射光，能清楚看清其背面的物体。

参见：半透明性。

2.1081

三聚体 trimer

由三个相同单体单元组成的低聚物。

注：三聚体可以是低聚物反应产物或高分子的断裂产物。

2.1082

三层板材 triple-skin sheet；TSS

有三层的片材，其中两个皮层在外边而一个在内部；内部一层与外层平行并严格地用筋肋与两外层隔开。

2.1083

真应力 true stress

由测量时的支撑面积而不是由原始面积计算的应力。

2.1084

管 tube

a） 空心圆筒制品；

b） 装奶油或膏状物用的挤压容器。

参见:管材和软管。

2.1085

软管　tubing

柔性管。

注:例如,胶皮管、实验设备中的输水或输气软管、医用软管。

参见:管材和管。

2.1086

管(纺织)　tubing(in textiles)

由纺织玻璃纤维纱编织的管,其压扁宽度超过 100 mm。

参见:套管。

2.1087

滚筒抛光　tumble polishing;barrel polishing

在转动或振动容器中于疏堆积条件下,滚动模制品除去飞边和锐边,并改进光洁度的方法。

2.1088

浊度　turbidity

因入射光线的散射而造成的表观吸收率。

2.1089

超声焊接　ultrasonic welding

在超声频率下由分子间机械振动动能产生的热软化结合表面的压焊方法。

2.1090

欠固化　undercure

聚合体系在低于正常固化条件(时间、温度、辐射、固化剂用量等)下的固化状态。

参见:过固化。

2.1091

(侧)凹槽　undercut

模腔侧壁的凹陷部分,需要模塑件变形或使用特殊的模具结构才能顶出制品。

2.1092

单向织物(例如单向机织织物,单向无捻粗纱织物)　unidirectional fabric(for example unidirectional woven fabric,unidirectional woven roving fabric)

指一个方向(通常是经向)具有大量的纺织玻璃纤维纱或无捻粗纱,而另一方向具有较少且通常为细纱的织物,其强度几乎全部集中在前一方向上。

2.1093

均一聚合物　uniform polymer

单分散聚合物　monodisperse polymer

由相对分子量均匀和结构一致的分子所组成的聚合物。

2.1094

单位储能　unit storage energy

振荡能　oscillation energy

$U(\mathrm{J \cdot m^{-3}})$

负荷周期中的储能与材料体积之比。

注:承受正弦负荷的线性粘弹材料,其单位储能为:

$$U = \frac{M'\varepsilon_0^2}{2} = \frac{C'\sigma_0^2}{2}$$

对于拉伸变形:$U = \frac{D'\sigma_0^2}{2} = \frac{E'\varepsilon_0^2}{2}$

式中：

σ_0——最大应力；

ε_0——最大应变。

2.1095

未增塑的聚氯乙烯　unplasticized poly(vinyl chloride)

不含任何增塑剂的聚氯乙烯。

注：加入聚氯乙烯中的组分，如稳定剂、润滑剂等通常不认为是增塑剂。

2.1096

不饱和聚酯　unsaturated polyester；UP

聚合物分子链含有不饱和碳-碳链，可进一步与不饱和预聚物产生交联的聚酯。

2.1097

未处理的纤维　untreated fibre

未经表面处理的纤维。

2.1098

上压式压机　upstroke press

加压装置位于动压台以下，由该装置向上移动施加压力的压机。

2.1099

脲-甲醛树脂　urea-formaldehyde resin；UF resin

由尿素(碳酰胺)与甲醛缩聚反应制得的一种氨基树脂。

2.1100

脲醛塑料　urea plastic

由氨基树脂制得的塑料，聚合反应中按所含胺或酰胺用量计。脲用量最大。

参见：氨基塑料、脲-甲醛树脂和聚脲。

2.1101

氨基甲酸酯塑料　urethane plastic

分子链重复结构单元是氨基甲酸酯型的聚合物或分子链存在氨基甲酸酯和其他类型的重复结构单元的共聚物制得的塑料。

2.1102

真空袋　vacuum bag

用抽空袋子的方法，可向袋内装配件施加压力的软袋。

参见：袋压成型。

2.1103

快速反吸真空热成型　vacuum snap-back thermoforming

快速反吸热成型　snap-back thermoforming

一种对极度深拉特别有用的真空热成型方法，利用真空使加热的片材拉成凹形，将一阳模塞降入凹形内，通过模塞抽真空使片材迅速向上拉贴在模塞表面而成型。

2.1104

真空热成型　vacuum thermoforming

利用真空，使加热片贴在模具表面而成型的方法。

参见:压力成型。

2.1105

板坯　veneer

制造胶合板或作层压板装饰表层使用的薄木材片。

2.1106

排气口　vent

模塑、挤出或二次成型过程中,为使空气和气体逸出而在模具或机器上设置的孔、缝或槽。

2.1107

振动应力　vibrating stress

数值随时间而改变的应力。

参见:交替应力和振荡应力。

2.1108

乙酸乙烯酯塑料　vinyl acetate plastic

由乙酸乙烯酯聚合物或由乙酸乙烯酯与其他单体的共聚物制得的塑料,在共聚物中乙酸乙烯酯质量占绝大多数。

2.1109

氯乙烯塑料　vinyl chloride plastic

由氯乙烯聚合物或由氯乙烯与其他单体的共聚物制得的塑料,在共聚物中氯乙烯质量占绝大多数。

2.1110

乙烯基树脂　vinyl resin

由含乙烯基的单体聚合制得的树脂。

注:在某些国家乙烯基树脂也用作非树脂的乙烯基聚合物。

2.1111

偏二氯乙烯塑料　vinylidene chloride plastic

由偏二氯乙烯聚合物或由偏二氯乙烯与其他单体的共聚物制得的塑料,在共聚物中偏二氯乙烯质量占绝大多数。

2.1112

新料　virgin plastic

未经使用或除原来生产时必须的处理外,未经加工的粒状、颗粒状、粉状、絮片状等塑料材料。

参见:再生塑料。

2.1113

黏弹性　viscoelasticity

在流动随时间、温度、负荷和负荷速率变化的关系上,作用于材料的应力响应兼有弹性固体和黏性液体的双重特性。

2.1114

粘胶基碳纤维　viscose-based carbon fibre

由粘胶先驱体制作的碳纤维。

注:除了由粘胶纤维制的少量产品,由粘胶先驱体制的碳纤维基本上已停产。

2.1115

黏度　viscosity

黏度系数　coefficient of viscosity

剪切黏度 shear viscosity

η(Pa·s)

在稳态单一剪切流动中,剪切应力(σ_{ij})与剪切速率($\dot{\gamma}$)之比。

注1:对非牛顿流体,σ_{ij}是正比于$\dot{\gamma}$而η是常数。

注2:对非牛顿流体,当σ_{ij}与$\dot{\gamma}$比成正比时,η随$\dot{\gamma}$变化而且称作非牛顿黏度。

注3:某些试验方法,诸如毛细管流动和平行板间流动,剪切速率使用一个范围。在某一标称$\dot{\gamma}$平均值时,η值称为表观黏度,并给出符号为η_{app}。

注4:对非牛顿液体,η或η_{app}外推至零给出剪切黏度,并给出的符号是η^0。

2.1116

黏度系数 viscosity coefficient

流体中产生单位流动速度梯度所需的剪切应力。

单位以帕秒(Pa·s)表示。

注:实际测量中,物质的黏度系数是由剪切应力与剪切速率的比值得到的。假定该比值为常数且与剪切应力无关,这一条件只有牛顿流体才能满足。在所有其他情况下,得到的数值都是表观值且只代表流动曲线上的某一点。

参见:黏度。

2.1117

比密黏度 viscosity/density ratio

$\frac{\eta}{\rho}$

式中:

η——聚合物溶液的黏度;

ρ——聚合物溶液的密度。

2.1118

可见纤维 visible fibre

露丝 fibre show

增强塑料表面上出现的未被树脂完全浸润的纤维。

参见:干斑点和纤维条纹。

2.1119

空洞(非泡沫塑料) void(in noncellular plastics)

含有空气或其他气体、无一定形状的封闭孔穴。

注1:术语"暗泡"系指球形空洞。

注2:在电缆绝缘料中,空洞可能含水。

参见:空洞(泡沫塑料)。

2.1120

空洞(泡沫塑料) void(in cellular plastics)

泡沫塑料中指非有意形成的实际比特征单个泡孔更大的孔穴。

2.1121

体积膨胀 volume expansion

在规定的试验条件下,试样体积的变化。

参见:线膨胀和溶胀。

2.1122

体积电阻 volume resistance

加于与试样相接触或嵌入试样两相对侧的两电极间的电压与通过试样体积的电流之间的比值,要排除沿表面流过的电流。

参见:表面电阻。

2.1123

体积电阻率 volume resistivity

材料的体积电阻率为电位梯度与电流密度之比。

注：公制单位中,体积电阻率以 Ω·cm 表示,等于一立方厘米材料两边之间的体积电阻。

2.1124

定容供料 volumetric feeding

模塑中定容控制装料的供料方法。

2.1125

硬化纸板 vulcanized fibre

由纤维素经浓硫酸处理制成的水化纤维素所组成的接近均质的材料。

2.1126

翘曲 warp;warping

模塑或二次加工后,塑料制品的空间变形。

参见:凹形和拱形。

2.1127

吸水量 water absorption

吸湿性 moisture absorption

在规定的试验条件下,材料单位表面积吸收的水分量。

注：条件是可以是浸在水中或暴露于潮湿环境中,后种情况又称吸水蒸气性。

2.1128

磨耗 wear

使用中遇到的有损于材料可靠性的所有有害机械作用的累积效应。

2.1129

气候老化 weathering

材料暴露于室外条件下产生的各种不可逆变化。

参见:老化和人工气候老化。

2.1130

联片 web

纤维间以粘合剂或其他物理方式粘合的取向或未取向的短纤维束。

2.1131

计重供料 weight feeding

模塑中计重控制装料的供料方法。

2.1132

熔合纹 weld line;knit line

熔接痕 weld mark

模制品上由于两股或多股物料流在一起形成的条痕。

2.1133

焊接 welding

通常指借助加热使材料表面软化而结合的方法。

注：对采用加热和加压使薄膜表面结合的方法,有时使用术语“封合(sealing)”而不用“焊接”,例如介电封合、高频封合、射频封合和超频封合。

2.1134

湿强度 wet strength

在规定的时间、温度和压力条件下，将粘接头从浸泡液中取出后立即测定的强度。

参见：干强度。

2.1135

晶须 whisker

短纤维状的单晶无机增强材料。

2.1136

“白点”温度（分散体） “white point” temperature (of dispersions)

一种极限温度，低于它时形成不透明体，高于它时形成透明膜。

2.1137

宽度 width

在条状（梁式）试样的弯曲试验情况下，指与加荷方向垂直的较短尺寸。

参见：深度。

2.1138

亮点 window

有色的或不透明塑料片材上微小的无色透明区或斑点，对光观察时象孔。

参见：鱼眼。

2.1139

机织织物 woven fabric

在织布机或其他特殊机械上用两组纱线（单股纱、合股纱、缆纱或无捻粗纱）相互垂直，或按某一规定角度交织制成的纺织玻璃纤维织物。

2.1140

无捻粗纱织物（纺织玻璃纤维） woven roving (textile glass)

由无捻粗纱织成的布。

2.1141

稀松织物 woven scrim

经纱和纬纱间隔较宽的带网孔纺织玻璃纤维布。

2.1142

二甲酚树脂 xylenol resin

由二甲酚与醛或酮缩聚反应制得的一种酚醛树脂。

2.1143

纱 yarn

包括由定长纤维或长丝制成的有捻或无捻的各种结构类型的纺织材料的通称。

注：无捻结构包括复丝、原丝、毛条、粗纱（多股原丝的或直接的）、无捻粗纱和定长毛纱。有捻结构包括单股纱、合股纱、缆纱、多股络纱和花式纱。

2.1144

屈服点 yield point

材料出现应变增加而应力不增加时的初始应力，该应力可能低于能达到的最大应力。

2.1145

杨氏模量 Young′s modulus

拉伸弹性模量 modulus of elasticity in tension

E(Pa)

应力与应变之比(正割模量),或应力-应变曲线的正切(正切模量):

$$E = \frac{\sigma}{\varepsilon}$$

或

$$E = \frac{d\sigma}{d\varepsilon}$$

式中:

ε——应变;

σ——应力。

注 1:通常对于粘弹材料,两者都与时间有关。

注 2:$E = \frac{\sigma_z}{\varepsilon_z}$

式中:

$\sigma_x = \sigma_y = 0$

同时 $\varepsilon_x = \varepsilon_y = -\mu\varepsilon_z$

2.1146

段(挤出机螺杆)　zone(of an extruder screw)

螺纹按照完成某一特定功能,如加料、压缩、排气、混合、计量等而设计的挤出机螺杆的一部分。

2.1147

改性塑料　modified plastics 改性塑料是以初级形态树脂为主要成分,以能改善树脂在力学、流变、燃烧性、电、热、光、磁等某一方面或某几个方面性能的添加剂或其他树脂等为辅助成分,通过填充、增韧、增强、共混、合金化等技术手段,得到的具有均一外观的材料。

英文术语与等效中文术语对照索引

英文	中文
A	
absolute compliance;cf. absolute modulus	绝对柔量　参见:绝对模量
absolute modulus	绝对模量
accelerator	促进剂
accuracy of the mean	均值准确度
acetal plastic	缩醛塑料
acetaton resin	丙酮树脂
acrylic plastic	丙烯酸(酯)塑料
acrylonitrile/butadiene/styrene plastic	丙烯腈/丁二烯/苯乙烯塑料
acrylonitrile/metyl methacrylate plastic	丙烯腈/甲基丙烯酸甲酯塑料
activator	活性剂
addition polymer	加成聚合物
addition polymerization	加(成)聚(合)反应
additive	添加剂
adhere(verb)	附着(动词)
adherence	粘着
adherend	被粘物
adhesion	粘合
adhesion failure	粘合破坏
adhesive	粘合剂
adhesive failure;see adhesion failure	粘合破坏
adhesive line	胶粘层
adiabatic extrusion;see autothermal extrusion	绝热挤出
after-back;see postcure	后熟化
afterflame	余焰
afterlame time	余焰时间
afterglow	余辉
ageing	老化
air-assist vacuum thermoforming	气助真空热成型
air-slip vacuum thermoforming	气胀包膜真空热成型
alkyd plastic(deprecated);see polyester plastic	醇酸塑料(不赞成)
alloy	合金
allyl polymer	烯丙基聚合物
allyl resin	烯丙基树脂
alpha loss peak	α-损耗峰
alternating copolymer	交替共聚物

英文	中文
alternating copolymerization	交替共聚反应
alternating stress	交替应力
amino resin	氨基树脂
aminoplastic	氨基塑料
amorphous(adj.)	无定形的(形容词)
amorphous regious	无定形区
anaerobic adhesive	厌氧粘合剂
angle-head	斜角接机头
angular velocity	角速度
aniline-formaldehyde resin	苯胺-甲醛树脂
antiblocking agent	抗粘连剂
antioxidant	抗氧剂
antistatic agent	静电剂
apparent density	表观密度
apparent molar mass	表观摩尔质量
apparent relative molecular mass	表观相对分子质量
apparent viscosity;cf. viscosity	表观相对黏度
area burning rate	面积燃烧速率
aromatic polyester	芳香族聚酯
artificial weathering	人工气候老化
assembling	装配
assembiy(for adhesives)	装配件(粘合)
assembly time	装配时间
A-stage	甲阶段
atactic block	无规立构嵌段
atactic polymer	无规立构聚合物
attenuation constant	衰减常数
autothermal extrusion	自热挤出
average degree of polymerization	平均聚合度

B

back draft	反(脱模)斜度
back taper;see back draft	倒锥度
backing plate	垫模板
baffle	导流塞
bag moulding	袋压成型
bar mould	镶条式模具
barrel	机筒
barrel polishing;see tumble polishing	滚筒抛光
bead polymerization	珠状聚合反应
beamed yarn	经轴纱

英文	中文
bench marks; see gauge marks	标记
benzylcellulose	苄基纤维素
beta loss peak	β-损耗峰
binder(in adhesive compounds)	粘料(粘合剂配混料)
binder(glass)	粘结剂(玻璃纤维)
binding agent see binder(glass)	粘结剂(玻璃纤维)
biodegradablile plastic	生物降解塑料
bipolymer	二元共聚物
blast finishing	冲击除边
bleed out(deprecated); see exudation	渗出(不赞成)
blister	气泡
block	嵌段
block copolymer	嵌段共聚物
block copolymerization	嵌段共聚反应
block polymer	嵌段聚合物
block polymerizetion	嵌段聚合反应
block press	压片机
blocked curing agent	封闭型固化剂
blocking	粘连
bloom	渗霜
blow moulding	吹塑
blowing agent	发泡剂
blow-up ratio	吹胀比
bole(of a calender)	压延辊(压延机)
bolster; see chase	模箍
bond(in adhesion)(noun)	粘接(粘合)(名词)
bond(in adhesion)(verb)	粘接(粘合)(动词)
bond line	粘结线
bond strength(in adhesion)	粘结强度(粘合)
boss	凸面
braid	编织物
branch	分支
branched polymer	支化聚合物
breakdown voltage; see disruptive voltage	击穿电压
breaker plate	多孔板(挤出机)
breaking stress	断裂应力
breakloose torque	松扣扭矩
breakway torque	开启扭矩
breathing	放气
bristle	鬃丝
brittleness temperature	脆化温度

英文	中文
B-stage	乙阶段
bulk compression	体积压缩
bulk density	体积密度
bulk factor	体积系数
bulk modulus	体积模量
bulk polymerization	本体聚合反应
bulk viscosity	体积黏度
burn(noun)	烧痕(名词)
burn(intransitive verb)	燃烧(不及物动词)
burned area	烧毁面积
burning behaviour	燃烧行为
butt joint	对接接头
butylenes[butene] plastic	丁烯塑料

C

英文	中文
cable yarn	缆线
calendar	压延机
calendaring	压延
calorific potential;see heat of combusion (mass)	潜在热能
capacitance of a capacitor	电容器电容
carbon fibre	碳纤维
carbon fibre precursor	碳纤维前驱体
carbonization	碳化处理
carboxymethylcellulose;CMC	羧甲基纤维素
casein;CS	酪素
casting	铸塑
casting resin	铸塑树脂
catalyst	催化剂
cavity(of mould)	型腔(模具)
cell	泡孔
cellular adhesive	微孔粘合剂
cellular plastic	泡沫塑料
cellular striation	泡孔条纹
cellulose acetate;[CA]	乙酸纤维素
cellulose acetate butyrate;[CAB]	乙酸丁酸纤维素
cellulose acetate propionate;[CAP]	乙酸丙酸纤维素
cellulose nitrate;[CN]	硝酸纤维素
cellulose propionate;[CP]	丙酸纤维素
cellulosic plastic	纤维素塑料
centrifugal casting	离心铸塑
centrifugal moulding	离心模塑

英文	中文
chain length	链长
chain transfer	链转移
chail transfer polymerization	链转移聚合反应
chalking	起垩
chase	模箍
chemical resistance; cf. resistance to chemicals	耐化学药品性
chemically-foamed plastic	化学发泡塑料
chill roll extrusion	冷辊式挤出
chirality	手性
chlorinated polyethylene; [PE-C]	氯化聚乙烯
chlorinated polyvinyl chloride; [PVC-C]	氯化聚氯乙烯
chlorofluorocarbon plastic	氯氟碳塑料
chlorofluorohydrocarbon plastic	氯氟烃塑料
chopped fibre	短切纤维
chopped strand mat	短切原丝毡片
chopped strands	短切原丝
closed assebbly time	叠装时间
closed cell	闭孔
closed-cell cellular plastic	闭孔泡沫塑料
coated fabric	涂布织物
coating(process)	涂层(方法)
coating(product)	涂层(产品)
coefficient of friction	摩擦系数
coefficient of linear thermal expansion	线性热膨胀系数
coefficient of twist contraction(as applied to textile glass)	加捻收缩系数(用于纺织玻璃纤维)
cohesion	内聚
cohesion failure	内聚破坏
cohesive failure; see cohesion failure	内聚破坏
cold-crack temperature	冷龟裂温度
cold drawing	冷拉伸
cold moulding	冷压模塑
cold pressing(in adhesion)	冷压(粘合)
cold setting	冷固化
cold-setting adhesive	冷固化粘合剂
cold-slug well	冷料阱
collapse(of cellular plastics)	瘪泡(泡沫塑料)
colour bleeding	洇色
colour fading	褪色
colour-fastness to exposure to light	暴光色牢度
colour heterogeneity	颜色不均匀性

英文	中文
comb chain	梳形链
comb polymer	梳形聚合物
combination reinforcement	组合增强材料
combustible	可燃的
combustion	燃烧
compatibility	相容性
complex compliance	复数柔量
complex modulus	复数模量
complex viscosity	复数黏度
compliance	柔量
composite	复合材料
composite mould	什锦模具
compound	配混料
compression moulding	压塑
compression moulding pressure	压塑压力
compressive strain	压缩应变
compressive strength	压缩强度
compressive strength of cellular plastics	泡沫塑料的压缩强度
compressive stress	压缩应力
compressive viscosity	压缩黏度
condensation polymer	缩聚物
condensation polymerization	缩聚反应
conditioning	状态调节
conditioning atmosphere	状态调节环境
configurational base unit	构型基本单元
configurational repeating unit	构型重复单元
configurational sequence	构型序列
configurational unit	构型单元
constitutional repeating unit	重复结构单元
constitutional sequence	结构序列
constitutional unit	结构单元
contact adhesive	接触型粘合剂
contact moulding	接触成型
contact pressure moulding see contact pressure	触压成型
continuous-filament/staple-fibre woven fabric	连续长丝/定长纤维织物
continuous-filament woven fabric	连续长丝织物
continuous strand mat	连续原丝毡片(纺织玻璃纤维)
co-oligomer	共低聚物
co-olimerization	共低聚反应
cooling fixture	冷却胎模
cooling jig	冷却定型模

英文	中文
copolycondensation	共缩聚反应
copolymer	共聚物
copolymerization	共聚合反应
cord	绳
cored mould	钻孔模具
cored screw	空心螺杆
co-solvency	共溶解性
coumarone resin	香豆酮树脂;苯并呋喃树脂
counterdraft;see back draft	反斜度
coupling agent	偶联剂
coupling size	偶联打底剂
crack	开裂;裂纹
crater	陷坑
craze	银纹
creaming(of dispassion)	乳浊化(分散体)
creaming(of PUR cellular plastic)	乳白化(聚氨酯微孔塑料)
crese	折皱
creep	蠕变
creep recoveey	蠕变恢复
cresol resin	甲酚树脂
cresol-formaldehyde resin	甲酚-甲醛树脂
crosshead	直角机头
crosslink(verb)	交联(动词)
crosslink(noun)	交联链节(名词)
crosslinking	交联
crosslinking agent	交联剂
crosswise	横向
crosswise laminate	交向层压制品
crown(of a calender roll)	中高度(压延辊筒)
crystalline polymer	结晶聚合物
crystallinity	结晶性
crystallite(polymer)	微晶(聚合物)
C-stage	丙阶段
cure,noun(of a polymer and adhesive)	固化(名词)(聚合物和粘合剂)
cure,verb(a polymer,an adhesive)	固化(动词)(聚合物、粘合剂)
cure temperature	固化温度
cure time	固化时间
curing agent	固化剂
curing temperature;see cure temperature	固化温度
curing time;see cure time	固化时间
cut layers	露层

英文	中文
cycle ratio	周期比
cylinder;see barrel	料筒

D

英文	中文
damping(mechanical)	阻尼(机械)
damping coefficient	阻尼系数
damping ratio	阻尼比
daylight	压板开距
decay constant	衰减常数
decorative laminate	装饰层压板
deep drawing	深拉成型
deflashing	除边
deflection temperature under load	负荷变形温度
deflocculation agent	反絮凝剂
degate	交口料切除
degradable plastic	降解塑料
degradationg	降解
degree of polimerization	聚合度
degree of polymerizaztion of a molecule of a polymer	聚合物分子的聚合度
degree of polymerization of a polymer	聚合物的聚合度
delamination	脱层;分层
dendrite	树枝(状)晶体
depolymerization	解聚
depth	深度;厚度
desiged fibre	退浆纤维
deterioration	劣化;变质
diameter of filaments staple fibres,nominal	长丝或定长纤维公称直径
die(in extrusion)	口模(挤出)
die;see mould	塑模
die(in punching)	冲模(冲切)
die cutting	模切
die plate	载模板
dielectric breakdown voltage;see disruptive voltage	介电击穿电压
dielectric constant (relative);see relative permittivity	介电常数(相对)
dielectric dissipation factor(tanδ)	介电损耗因数
dielectric loss angle	介电损耗角
dielectric strength;see electric strength	介电强度
differential scanning calorimetry(DSC)	差示扫描量热计法
differential thermal analysis(DTA)	差热分析
diffusion of light	光漫射
diluent	稀释剂

英文	中文
dimensional stability	尺寸稳定性
dimmer	二聚体
dip coating	蘸涂
direct rovig	直接无捻粗纱
discolouration	变色
discontinuos fibre; see staple fibre	定长纤维
dished	凹陷
dipersion	分散体
disruptive voltage	击穿电压
dissipation factor(tan δ)	损耗因数
dissipation factor (in damping)	损耗因数(阻尼)
distribution fuction	分布函数
doctor bar	刮胶棒
doctor blade	刮胶板
doctor knife see doctor blade	刮胶刀
doctor roll	涂布辊
domed	拱凸
double-skin sheet (DSS)	双层板
double-strand chain	双股链
double-strand copolymer	双股共聚物
double-strand polymer; see ladder polymer	双股聚合物
dowel bush	合模销套
dowel bushing	合模销套
downstroke press	下压式压机
draft	脱模斜度
drape vacuum thermoforming	包膜真空热成型
draw ratio	拉伸比
draw-down ratio	牵伸比
drawing	拉伸
dry blend	干混料
dry patch	干斑点
dry spot	干斑
dry strength	干强度
dry tack	干粘性
drying temperature	干燥温度
drying time	干燥时间
dwell	停压
dwelling; see dwell	停压
dynamic coefficient of friction	动摩擦系数
dynamic friction	动摩擦
dynamic mechanical analysis(DMA)	动态力学分析

英文	中文
dynamic modulus (depracated);see complex modulus	动态模量(不赞成)
dynamic resistance to cleavage	抗动力劈裂
dynamic sress	动态应力
dynamic thermomechanical measurement	动态热机械测量
dynamic viscosity	动态黏度

E

ease of ignition	易点燃性
edge gate	边缘浇口
edgewise(of a laminate)	沿层方向(层压制品)
ejection	顶出
ejcctor	顶出器
elastic deformation	弹性变形
elastic limit	弹性极限
elastic modulus;see modulus of elasticity	弹性模量
elastic modulus(in damping)(deprecated)	弹性模量(阻尼)(不赞成)
elasticity	弹性
elastomer	弹性体
electric strength	电器强度
elongation	伸长率
emanation thermal analysis	发射热分析
embedding	嵌铸
embossed sheet	压花片材
embossing	压花
emulsifier;see emulsifying agent	乳化剂
emulsifying agent	乳化剂
emulsion	乳液
emulsion polymerization	乳液聚合反应
enantiomeric configurational unit	对映异构体的构型单元
encapsulated adhesive	胶囊型粘合剂
encapsulation	包封
end group	端基
energy loss	能量损耗
expoxy plastic	环氧塑料
epoxy resin	环氧树脂
ester plastic	酯类塑料
ethylcellulose	乙基纤维素
ethylene[ethane]plastic	乙烯类塑料
evolved gas analysis(EGA)	逸出气体分析
evolved gas detection(EGD)	逸出气体检测
expandable plastic	可发性塑料

英文	中文
expanded plastic;see cellular plastic	发泡塑料
extended-chain crystal	伸直链晶体
extender	增量剂
extendibility	增量度
extensibility	延展度
extensional viscosity	拉伸黏度
external plasticizer	外增塑剂
extruder head	挤出机机头
extruder screw	挤出机螺杆
extrusion	挤出
extrusion coating	挤出涂布
exudation	渗出

F

fabricating	二次加工
fabrication;see fabricating	二次加工
fancy yarn	花式纱(玻璃纤维)
fatigue	疲劳
fatigue life	疲劳寿命
fatigue limit	疲劳极限
fatigue strength;see fatigue life	疲劳强度
feed(in extrusion or injection moulding)	加料(挤出或注塑)
feed system	注料系统
feeding(of plastics)	供(给)料(塑料)
fibre	纤维
fibre show;see visible fibre	露丝
fibre streak	纤维条纹
fibre whitening;see fibre streak	纤维发白
filament	长丝
filament winding	长丝缠绕
filler	填料
filler rod	焊条
filler sheet	垫片
fillet	胶瘤
film	薄膜
film adhesive	膜状粘合剂
film blowing	薄膜吹塑
film casting	薄膜流延
film extrusion	薄膜挤出
filter pack;see screen pack	滤网叠
finishing(in textiles)	整理(纺织品)

英文	中文
fire behaviour;see burning behaviour	着火性能
fire resistance	耐火性
first-order transition	一级转变
fish-eye	鱼眼
fixed plate	定压板
fixed platen;see fixed plate	定压板
fixed table;see fixed plate	定压台
flaking	剥落
flame(noun)	火焰(名词)
flame(verb)	发火焰(动词)
flame retardance	阻燃性
flame retardant (product)	阻燃剂(产品)
flame spray coating	火焰喷涂
flame spread	火焰蔓延
flame spread rate	火焰蔓延速率
flame spread time	火焰蔓延时间
flammability	可燃性
flammable	易燃的
flash	飞边;溢料
flash area;see flash ridge	溢料面
flash groove	溢料槽
flash line	合模线
flash mould	溢料式模具
flash ridge	溢料脊
flate PMMA sheet	平板状聚甲基丙烯酸甲酯片材
flatwise(of a laminate)	贯层(层压制品)
flexibility	柔韧性
flexible	柔韧的
flexible adherends	柔性粘附体
flexural strength	弯曲强度
flexural stress(in flexural testing)	弯曲应力(弯曲试验)
flexural stress at conventional deflection	常规挠度时弯曲应力
floating platen	浮动压板
Flory-Huggins theory	弗洛里-哈金斯理论
flow line	合流纹;接缝线
fluidized bed coating	流(态)化涂布
fluorocarbon plastic	氟碳塑料
fluorohydrocarbon plastic	氟烃塑料
fluoroplastic	氟塑料
foam-in-place;see foam in situ	现场发泡
foam in situ	就地发泡

英文	中文
foamed adhesive	泡沫粘合剂
foamed plastic	泡沫塑料
foaming adhesive	发泡粘合剂
folded chain crystal	折叠链晶体
folded yarn	合股纱
force(deprecated);see punch(of mould)	阳模(不赞成)
forming	二次成型
fractionation	分级
frame;see chase	模框
free vibration measurement	自由振动测量
frequency profile	频率分布图
frictional force	摩擦力
friction welding	摩擦焊接
fringed-micelle model	缨状微束模型
frosting	起霜
funan plastic	呋喃塑料
furan resin	呋喃树脂
furfural resin	糠醛树脂

G

英文	中文
gamma loss peak	γ-损耗峰
gang mould;see multicavity mould	群腔模
gap	辊隙
gas transmission rate	透气速率
gate(in injection and transfer moulding)	浇口(注塑和压铸)
gauge length	标距
gauge marks	标记
gel(noun)	凝胶(名词)
gel coat	光亮涂层;胶衣
gel point	凝胶点
gel time	凝胶时间
gelation	凝胶(作用)
gelling;see gelation	凝胶(作用)
gel strength	凝胶强度
glass transition	玻璃化转变
glass transition temperature	玻璃化转变温度
glass veil	玻璃覆面毡料
gloss	光泽
glowing combustion	灼热燃烧
glue(deprecated);cf. note to adhesive	胶接剂(不赞成)

英文	中文
glue line(deprecated);see adhesive line	胶层(不赞成)
graft copolymer	接枝共聚物
graft copolymerization	接枝共聚反应
graft polymer	接枝聚合物
graft polymerization	接枝聚合反应
granulator	碎粒机
granule	颗粒料
graphitization	石墨化(作用)

H

英文	中文
half-width of the resonance curve	共振曲线的半宽度
hardener;see hardning agent	硬化剂
hardning agent	硬化剂
hardness	硬度
haze	雾度
heat-activated adhesive	热活化粘合剂
heat of combustion(mass)	燃烧热(质量)
heat mark	热斑
heater band	电热圈
heater blanket;see heater band	电热板
heater strip;see heater band	电热带
heating-curve determination	升温曲线测定
high-frequency welding	高频焊接
high-pressure laminate ;see high-pressure decorative laminate	高压层压板
high-pressure decorative laminate	高压层压装饰板
high-pressure moulding	高压成型
homopolymer	均聚物
homopolymers and copolymers of methyl methacrylat(MMA)	甲基丙烯酸甲酯均聚物和共聚物
homopolymerization	均聚合反应
hopper	料斗
hot-gas welding	热气焊接
hot-melt adhesive	热熔粘合剂
hot-runner mould	热流道模具
hot-setting adhesive	热固化粘合剂
hot stamping	烫印
hybrid	混杂料
hyrolytically degrable plastic	水解降解性塑料
hysteresis loop	滞后回线

英文	中文
I	
ignite(intransitive verb)	着火(不及物动词)
ignite(vt.)	着火(及物动词)
ignition	点燃
ignition temperature	着火温度
impact strength	冲击强度
impact value	冲击值
impregnation	浸渍
impression	阴模
impulse sealing	脉冲封合
incandescence	炽热
inching	降速闭模
indentation hardness	压痕硬度
inherent viscosity	对数比浓黏度
inhibitor	阻聚剂
initial sress in stress relaxation	应力松弛的起始应力
iniator	引发剂
injection blow moulding	注坯吹塑
injection moulding	注塑;注射成型
injection-moulding pressure	注射压力
inorganic polymer	无机聚合物
input torque	输入扭矩
insert	嵌件
insert pin	嵌件销
instantaneous strain in creep	蠕变瞬间应变
insulation resistance	绝缘电阻
internal friction	内摩擦
internal plasticizer	内增塑剂
international rubber hardness degree(IRHD)	国际橡胶硬度等级
intrinsic viscosity	特性黏度
ionic polymerization	离子(型)聚合反应
ionomer	离子交联聚合物
irregular block	非规整嵌段
irregular polymer	非规整聚合物
isobaric mass-change determination	等压质量变化测量
isocyanate plastic	异氰酸酯塑料
isocyanate polymer	异氰酸酯聚合物
isocyanurate plastic	异氰脲酸酯塑料
isotactic polymer	全同立构聚合物;等规聚合物
isothermal mass-change determination	等温质量变化测定

英文	中文
isotropic compression;see bulk compression	各向同性压缩

J

joint(in adhesive bonding)	接头(粘接)

K

kiss roll(in coating)	舐辊(涂布)
kneader	捏合机
knife line ;see sheeter line	刨纹
knit line;see weld line	熔合线
knitted fabric	针织物

L

ladder polymer	梯形聚合物
lamellar crystal	片晶
laminate(verb)	层压(动词)
laminate(noun)	层压制品(名词)
laminated moulded rod(as applied to thermosets)	层压模制棒(适用于热固性塑料)
laminated moulded tube(as applied to thermosets)	层压模塑管(适用于热固性塑料)
laminated rolled tube	卷绕层压管
laminated sheet(as applied to thermosets)	层压片材(适用于热固性塑料)
laminating	层压
lamination(of a laminate)	薄层(层压制品)
lamination(process);see laminating	层压(方法)
land(of an compression or injection mould)	合模面(压缩模或注射模)
land(of an extruder die)	成型段(挤出机口模)
land area(of a compression or injection mould); see land	合模面
lap joint	搭接接头
lap joint strength;see longitudinal shear strength	搭接强度
latex	乳胶
lay-up(noun)(as applied to reinforced plastics)	叠铺坯料(名词)(用于增强塑料)
lay up(verb)(as applied to reinforced plastics)	叠铺(动词)(用于增强塑料)
lengthwise	纵向
let-go	脱胶
let-off(a device)	放卷装置
lift(in moulding)	周期产额(模塑)
light-fastness(of colour);see colourfastness to exposure to light	耐光牢度
light scattering(deprecated);see diffusion of light	光散射(不赞成)
lignin plastic	木质素塑料

英文	中文
lignin resin	木质素树脂
limit of endurance	耐久极限
limiting oxygen index	极限氧指数
limiting viscosity number; see inrinsic viscosity	极限黏数
linear burning rate	线性燃烧速率
linear chain	线性链
linear copolymer	线性共聚物
linear desity(textile glass)	线密度(纺织玻璃纤维)
linear expansion	线膨胀
linear polymer	线性聚合物
living polymerization	活性聚合反应
load-deflection curve	负荷变形曲线
loading chamber	装料腔
loading tray	加料盘
locking force; see mould clamping force	锁模力
locking pressure; see mould clamping force	闭模压力
logarithmic decrement	对数衰减率
logarithmic viscosity number; see inherent viscosity	对数黏数
longitudinal sheer strength	纵向剪切强度
longitudinal wave modulus	纵波模量
loss angle(in damping)	损耗角(阻尼)
loss factor(in damping)	损耗因数(阻尼)
loss index	损耗指数
loss modulus	损耗模量
loss tangent(in damping)	损耗角止切(阻尼)
loss tangent; see dielectric dissipation factor	损耗角正切
lot	批
low-pressure moulding	低压成型
lubricant	润滑剂
lubricant bloom	润滑剂渗霜

M

英文	中文
machining	机械加工
macrocycle	大环
macromer	大单体
macromolecule	高分子
macromonomer; see macromer	大单体
main chain	主链
mandrel(in extrusion)	芯轴;模芯(挤出)
Mark-Houwink equation	马克-豪温克方程

英文	中文
Mark-Houwink-Sakurada equation; see MarkHouwink equation	马克-豪温克-樱田方程
mass burring rate	质量燃烧速率
mass distribution function	质量分布函数
mass per unit area (as applied to textile glass)	每单位面积质量（用于纺织玻璃纤维）
masterbatch	母料
mat	毡片
mating surface; see land(of a compression or injection mould)	合模面
matt spot	暗斑
maximum stress	最大应力
mean stress	平均应力
mechanically-foamed plastic	机械发泡塑料
melamine-formaldehyd plastic	三聚氰胺-甲醛塑料
melamine resin	三聚氰胺树脂
melt flow rate	熔体流动速率
melting behaviour	熔融行为
melting temperature	熔融温度
mer; see monomeric unit	链节
melallized plastic	上金塑料
metering device	计量装置
metering zone	计量段
microencapsulation	微型胶囊包封
microgel	微凝胶
migration	迁移
milled fibre	磨碎纤维
minimum film-forming temperature	最低成膜温度
minimum ignition time	最短点燃时间
minimum stress	最小应力
modified plastics	改性塑料
modulus of elasticity	弹性模量
moisture absorption; see water absorption	吸湿性
molar-mass average	摩尔质量平均
molecular-mass distribution	分子量分布
molecular weight; see relative molecular mass	分子量
molecular-weight average; see molarmass average	分子量平均
monofilament	单丝
monomer	单体
monomeric unit	链节
mould	模具

英文	中文
mould clamping force	合模力
mould mark	模具痕
mould seam	合模脊缝
moulding(process)	模塑;成型(方法)
moulding (product)	模制品(产品)
moulding compound	模塑料
moulding cycle	模塑周期
moulding pressure	模塑压力
moulding shrinkage	模塑收缩
moving plate	动压板
moving table	动压台
multicavity mould	多(型)腔模(具)
multidaylight press	多开距压机
multifilament	复丝;连续长丝
multigated	复式浇口
multi-impresion mould	群腔模
multiplann press	多层压机
multiple wound yarn	多股络纱(纺织玻璃纤维)
multi-strand chain	多股链

N

英文	中文
narrow fabric with selvages	有织边窄幅织物
narrow fabric without selvages	无织边窄幅织物
necking	颈缩
needled mat	针刺毡片
network	体形结构
network polymer	体形聚合物
nip	辊隙
nominal diameter of filaments or staple fibres	长丝或定长纤维公称直径
non-modified cast PMMA sheets	未改性的聚甲基丙烯酸甲酯浇铸片材
non-resonance forced vibration technique	非共振强迫振动技术
non-rigid plastic	非硬质塑料
non-uniform polymer	非均一聚合物
non-woven scrim	非织造稀松布
normal force	法向力
normal stress	法向应力
notch sensitivity (deprecated);see relative impact strength	缺口灵敏度
no-twist roving	无捻粗纱
novelty yarn;see fancy yarn	花式纱
novolak	线性酚醛树脂

英文	中文
nozzle	注(料)嘴
nucleation	成核作用

O

英文	中文
offset yild point	偏置屈服点
offset yield stress	偏置屈服应力
oligomer	低聚物
oligomer molecule	低聚物分子
oligomerization	低聚反应
on torque	拧紧扭矩
open assembly time (in adhesive bonding)	晾胶时间(粘接)
open cell	开孔
open-cell cellular plastic	开孔泡沫塑料
optical density of smoke	光学烟密度
optical distortion	光学畸变
orange peel	桔皮纹
organosol	有机溶剂;稀释增塑糊
oscillating stress	振荡应力
oscillation energy	振荡能量
out-of-phase viscosity	异相黏度
overcure	过固化
oxidation	氧化作用
oxidatively-degra dable plastic	氧化降解塑料

P

英文	中文
package	卷装
PAN-based carbon fibre	聚丙烯腈基碳纤维
parallel laminated	顺纹层压的
parison	型坯
pay-off;see let-off (a device)	放卷装置
pearl polymerization see bead polymerization	成珠聚合反应
peel strength	剥离强度
pellet	粒料
pelletizer	切粒机
perfluoro(ethylene/propylene)plastic	全氟(乙烯/丙烯)塑料
periodic copolymer	周期共聚物
periodic copolymerization	周期共聚反应
permanence	永久性
permeability	渗透性
phase inversion(in polymerization)	相反转(聚合反应)
phenol-formadehyde resin	苯酚-甲醛树脂

英文	中文
phenol-furfural resin	苯酚-糠醛树脂
phenolic plastic	酚醛塑料
phenolic resin	酚醛树脂
photodegradable plastic	光解性塑料
pimple	疙瘩
pinhole	针孔
pin-point gate	点浇口
pipe	管材
piston(of a press);see ram	柱塞(压机)
pit;see crater	麻点
pitch-based carbon fibre	沥青基碳纤维
plastic(noun)	塑料(名词)
plastic deformation	塑性变形
plastic size;see coupling size	塑料打底剂
plasticate	塑炼
plasticating capacity (of an extruder)	塑化能力(挤出机)
plasticity	塑性
plasticize	增塑
plasticizer	增塑剂
plasticizer limit	增塑剂极限
plastigel	增塑凝胶
plastisol	增塑溶胶
plastisol fusion	增塑溶胶;增塑糊
plate	板材
plate mark	压板痕
plied yarn;see folded yarn	合股
plug-assist vacuum thermoforming	模塞助压真空热成型
Poisson's ratio	泊松比
polyacetal	聚缩醛
polyacetal plastic	聚缩醛塑料
polyacrylate	聚丙烯酸酯
polyacrylic plastic	聚丙烯酸酯塑料
polyacrylonitrile [PAN]	聚丙烯腈
polyaddition	聚加成反应
polyallyl plastic	聚烯丙基塑料
polyamide(PA)	聚酰氨
polyamide plastic	聚酰氨塑料
polyaryletherketone (PAEK)	聚芳醚酮
polybutylene [polybutene](PB)	聚丁烯
polybutylene [polybutene] plastic	聚丁烯塑料
poly(butylene	聚对苯二甲酸丁二

英文	中文
terephthalate)[PBT]	酯
polycarbonate[PC]	聚碳酸酯
polycarbonate plastic	聚碳酸酯塑料
polychlorofluorocarbon plastic	聚氟氯碳塑料
polychlorofloruohydrocarbon plastic	聚氟氯烃塑料
polychlorotriluoroethylene[PCTFE]	聚三氟氯乙烯
polycondensate;see condensation polymer	缩聚物
polycondensation;see condensation polymerization	缩聚反应
poly(diallyl phthalate) [PDAP]	聚邻苯二甲酸二烯丙酯
polydisperse polymer	多分散聚合物
polyelectrolyte	聚电解质
polyester	聚酯
polyester plastic	聚酯塑料
polyether	聚醚
polyetheretherketone [PEEK]	聚醚醚酮
polyethersulfone [PES]	聚醚砜
poltethylene[polyethene]	聚乙烯
poly(ethylene oxide)[PEOX]	聚环氧乙烷;聚氧化乙烯
plyethylene[polyethene]plastic	聚乙烯塑料
poly(ethylene terephthalate)[PET]	聚对苯二甲酸乙二酯
polyfluorocarbon plastic	聚氟碳塑料
polyfluorohydrocarbon plastic	聚氟烃塑料
polyformaldehyde;see polyoxymethylene [POM]	聚甲醛
polyhalocarbon plastic	聚卤碳塑料
polyhydric alcohol;see polyol	多元醇
polyhydrocarbon plastic	聚烃塑料
polyisobutylene[poly2-methylpropene][PIB]	聚异丁烯[聚-2-甲基丙烯]
polyisocyanurate plastic	聚异氰脲酸酯塑料
polymer	聚合物
polymer chain	高分子链
polymer morphology	聚合物形态学
polymerization	聚合反应
polymer-poor phase	贫聚合相
polymer-rich phase	富相聚合物
poly(methyl methacrylate) [PMMA]	聚甲基丙烯酸甲酯
poly(methyl methacrylate) plastic	聚甲基丙烯酸甲酯塑料
poly(4-methyl pentene)[PMP]	聚(4-甲基戊烯)
polyol	多元醇
polyol acohol;see polyol	多元醇
polyolefin	聚烯烃
polyolefin plastic	聚烯烃塑料

英文	中文
polyoxymethylene[POM]	聚甲醛
polyoxymethylene plastic	聚甲醛塑料
poly(phenylene oxide)[PPO]	聚苯醚
poly(phenylene sulfide)[PPS]	聚苯硫醚
poly(phenylene sulfone)[PPSU]	聚苯砜
polyphthalamide[PPA]	聚邻苯二甲酰胺
polypropylene [polypropene][PP]	聚丙烯
polypropylene [polypropene] plastic	聚丙烯塑料
poly(propylene oxide)[PPOX]	聚环氧丙烷;聚氧化丙烯
polystyrene	聚苯乙烯
polystyrene plastic	聚苯乙烯塑料
polystyrene/acryloni trile plastic	聚苯乙烯/丙烯腈塑料
polystyrene/butadiene plastic	聚苯乙烯/丁二烯塑料
polytetrafluoroethylene [PTFE]	聚四氟乙烯
polytetrephthalene	聚对苯二甲酸酯
polytetrephthalene plastic	聚对苯二甲酸酯塑料
polyureas[PU]	聚脲
polyurethane[PUR]	聚氨基甲酸酯
poly(vinyl acetal)	聚乙烯醇缩醛
poly(vinyl acetate)	聚乙酸乙烯酯
poly(vinyl acetate)plastic	聚乙酸乙烯酯塑料
poly(vinyl clcohol)[PVAL]	聚乙烯醇
poly(vinyl butyral)[PVB]	聚乙烯醇缩丁醛
polyvintlcarbazole[PVK]	聚乙烯咔唑
poly(vintl chloride)[PVC]	聚氯乙烯
poly(vintl chloride)plastic	聚氯乙烯塑料
poly(vinyl chloridevinyl acetate)	聚(氯乙烯-乙烯乙酸酯)
poly(vinyl fluoride)	聚氟乙烯
poly(vinyl formal)[PVFM]	聚乙烯醇缩甲醛
poly(vinylidene chloride)	聚偏二氯乙烯
poly(vinylidcnefluoride)	聚偏二氟乙烯
poly(vinyl pyrrolidine)	聚乙烯吡咯烷酮
poromeric	透湿不透水(的)
porosity	多孔性
positive mould	全压式模具
postcure	后固化
postforming	后成型
post-shrinkage	后收缩
pot life	适用期
potting	灌封
powder blend	共混料粉

英文	中文
powder moulding	粉料模塑
power factor	功率因数
power loss	功率损耗
prebond treatment (deprecated)	预粘预处理(不赞成)
precision	精密度
perform	预压(料)锭
premix	预混料
prepolymer	预聚物
prepreg	预浸料坯
pressure break	压裂
pressure pad	传压垫
pressure-sensitive adhesive	压敏粘合剂
pressure thermoforming	压力热成型
pressure welding	压焊
prevailing torque	主扭矩
primer(for adhesive)	底胶(粘合剂)
profile	型材
promoter;see accelerator	促进剂
proportional limit	比例极限
propylene(propene) plastic	丙烯塑料
pull-back ram	回程活塞
pulled surface	皱裂面;表面酥脆
pultrusion	拉挤成型
punch(of a mould)	阳模
punch(in punching)	冲切
purging	清机

Q

英文	中文
quality factor	品质因数
quantitative differential thermal analysis	定量热分析
quasi-single-strand chain	准单股链
quaterpolymer	四元共聚物

R

英文	中文
radical polymerization	自由基聚合反应
ram	活塞
radom copolymer	无规共聚物
radom copoltmerization	无规共聚反应
rate of burning (deprecated)	燃烧速率(不赞成)
reaction injection moulding(RIM)	反应注射成型
reactive diluent	反应性稀释剂

英文	中文
rebound resilience	反弹性
recryatallization	再结晶
recycled plastic	回收塑料
reduced viscosity	比浓黏度
reference atmosphere	基准环境
reference marks; see gauge marks	参考标记
regenerated cellulose	再生纤维素
regular block	规整嵌段
regular polymer	规整聚合物
regulator	调节剂
reinforced plastic	增强塑料
reinforced-reactioninjection moulding (RRIM)	增强反应注射成型
reinforcing filler	增强填料
relative impact strength	相对冲击强度
relative molecular mass	相对分子量
relative molecularmass average; see molar-mass average	相对分子量平均
relative permittivity	相对电容率
relative rigidity	相对刚度
relative viscosity	相对黏度
relative viscosity increment	相对黏度增量
relaxation time	松弛时间
release agent(in moulding)	脱模剂
relieve(in moulds)(verb)	退切(模具)(动词)
repeatability	重复性
reproducibility	再现性
repaocessed plastic	再加工塑料
resilience	回弹性
resin	树脂
resin pocket	树脂淤积
resin streak	树脂流纹
resistance to chemicals	耐化学药品性
resite	丙阶酚醛树脂
resitol	乙阶酚醛树脂
resol	甲阶酚醛树脂
resonance frequency	共振频率
resonant curve	共振曲线
resonant forced vibration technique	共振强迫振动技术
retardation time	推迟时间
retarder	缓聚剂
reverse taper; see back draft	倒锥度
reworked plastic	再生塑料

英文	中文
rigid plastic	硬质塑料
rigidity	刚性
ring gate	环形浇口
ring-opening polymerization	开环聚合反应
rise time	起发时间
roll coating	辊涂
room temperature	室温
root-mean-square strain	均方根应变
root-mean-square stress	均方根应力
rotary moulding	转盘式模塑
rotational casting	旋转铸塑
roving	无捻粗纱
rubber	橡胶
runner	分流道;分流道冷料

S

英文	中文
sample	样品
scarf joint	斜接接头
screen pack	网叠
seam welding	线焊
seizing(of a mould)	咬模(模具)
selective solvent	选择性试剂
self-extinguishing(deprecated)	自熄(不赞成)
self-heating	自热
spontaneous ignition temperature	自点燃温度
semi-crystalline polymer	半结晶聚合物
semi-positive mould	半溢式模具
semi-rigid plastic	半硬质塑料
sequential arrangement	顺序排列
service life	使用寿命
set	固化
set(of adhesives);see setting(process)	固化(粘合剂)
setting(process)	固化(过程)
setting tempreture	固化温度
setting time(of adhesives)	固化时间(粘合剂)
setting time(of plastics)	固化时间(塑料)
sewing thread	缝纫线
shear modulus(in damping)	剪切模量(阻尼)
shear rate	剪切速率
shear strain	剪切应变
shear strength	剪切强度

英文	中文
shear strength (adhesive)	剪切强度(粘合剂)
shear sress	剪切应力
sheet	片材
sheeter line	刨纹
sheeting;see sheet	片材
sheeting	薄片
shelf life	储存期
sell moulding resin	壳模铸造树脂
Shore hardness	邵氏硬度
short(in a moulding)	缺料(模制品)
short chain	短链
short-chain branch	短支链
shot	注射量
shot capacity	注射能力
shrink mark;see sink mark	缩痕
shrink packaging	收缩包装
shrink wrapping;see shrink packaging	收缩外包装
shrinkage(of cellular plastic)	收缩(泡沫塑料)
shrinkage block;see cooling jig	收缩架
side group	侧基
sieve retention	筛分保留物
silcone plastic	有机硅塑料
single-strand chain	单股链
single yarn	单股纱
sink mark	凹痕
size	浸润剂
size-exclusion chromatography(SEC)	尺寸排除色谱
skin(of cellular plastics)	皮层(泡沫塑料)
sleeving	套管
slenderness ratio	细长比
slip	滑爽性
slip thermoforming	滑片热成型
slippage	滑移
slit-die extrusion;see slot-die extrusion	缝形口模挤出
slitting	纵切;分切
sliver	纱条
slot-die extrusion	缝口模头挤出
slug well;see cold-slug well	料阱
slush casting	搪铸
slush moulding;see slush casting	搪塑
smoke	烟

英文	中文
smouldering	发烟燃烧
snap-back thermoforming; see vaccum snap-back thermo forming	快速反吸热成型
SN curve	*SN* 曲线
softening range	软化范围
softening temperature	软化温度
solids content	固体含量
solubility parameter (of a polymer)	溶解度参数(聚合物)
solution polymerization	溶液聚合反应
solution/solveet viscosity ratio; see relative viscosity	溶液溶剂黏度比
solvent-activated adhesive	溶剂活性粘合剂
solvent bonding	溶剂粘接
solvent polishing	溶剂抛光
solvent welding; see solvent bonding	溶剂焊接
specimen	试样
spectrum of relaxation times	松弛时间谱
spectrum of retardation times; see spectrum of relaxation times	推迟时间谱
spew area; see flash ridge	溢流面
spew groove(of a mould); see flash grove	溢流槽
spew line; see flash line	溢流线
spew ridge; see flash ridge	溢流脊
spherulite	球晶
spin welding; see friction welding	旋转焊接
split mould	瓣合式模具
spontaneous combustion	自燃
spontaneous ignition temperature	自燃温度
spot welding	点焊接
spray(in injection moulding)	连枝毛坯(注塑)
spray gun	喷枪
spread	涂胶量
sprue	注流道;注流道冷料
sprue bush	注流道衬套
sprue bushing; see sprue bush	注流道衬套
sprue lock	注流道冷料钩
sprue-puller	注流道冷料脱模销
spun roving	定长毛纱
stabilizer	稳定剂
standard atmosphere(s)	标准环境
staple fibre	定长纤维
staple-fibre woven fabric	定长纤维织物

英文	中文
staple yarn	短纤维纱
star chain	星形链
star polymer	星形聚合物
starver joint	欠胶接头
static coefficient of friction	静摩擦系数
static friction	静摩擦
static shear strength	静态剪切强度
statiatical copolymer	统计共聚物
statistical copolymerization	统计共聚合反应
sterconlock	立构嵌段
stereoregular polymer	立构规整聚合物
stereorepeating unit	立构重复单元
stereoselective polymerization	立构有择聚合反应
stereospecific polymerization	立构有规聚合反应
storage compliance; see storage modulus	储能柔量
storage life; see shelf life	储存期
storage modulus	储能模量
strain	应变
strain amplitude	应变振幅
strain rate	应变速率
strand	原丝;股(绳、线)
streaming birefringence	流线双折射
stress	应力
stress amplitude	应力振幅
stress crack	应力开裂
stress cycle	应力周期
stress ratio	应力比
stress relaxation	应力松弛
stress-strain curve	应力-应变曲线
stretch ratio	牵伸比
sretch thermoforming	绷拉热成型
stripper plate	脱模板
stripping	脱模
stroke	行程
structural adhesive	结构型粘合剂
structural foam moulding	结构泡沫塑料成型
structures with twist (texitile glass)	加捻结构纱(纺织玻璃纤维)
styrene plastic	苯乙烯塑料
styrene/acrylonitrile plastic	苯乙烯/丙烯腈塑料
styrene/butadiene plastic	苯乙烯/丁二烯塑料
styrene/α-methylstyrene plastic	苯乙烯/α-甲基苯乙烯塑料

英文	中文
styrene-rubber plastic	苯乙烯橡胶塑料
submarine gate	沉陷式浇口
substrate	基材
support plate;see backing plate	托板
surface burn	表面燃烧
surface resistance	表面电阻
surface resistivity	表面电阻率
surface tack	表面发粘性
surface treatment	表面处理
surfacing mat	表面毡片
suspension	悬浮体
suspension polymerization	悬浮聚合反应
sweat out(deprecated);see exudation	冒汗(不赞成)
swelling	溶胀
syneresis	脱水收缩
syndiotactic polymer	间同立构聚合物;间规聚合物
syntactic cellular plastic	组合泡沫塑料

T

英文	中文
tab gate	柄形浇口
tactic block	有规立构嵌段
tactic block polymer	有规立构嵌段聚合物
tactic polymer	有规立构聚合物
tacticity	立构规整度
take-off	牵引装置
take-up	卷取装置
tan deita(in damping);see loss factor	tanδ(阻尼)
tape with selvages	有织边带
tape without selvages	无织边带
tear(verb)	撕裂(动词)
tear propagation force	撕裂蔓延力
tear propagation resistance	耐撕裂蔓延性
tear resistance;see tear strength	耐撕裂性
tear strength	撕裂强度
telomer	调聚物
telomerization	调聚反应
tensile strength	拉伸强度
terpolymer	三元共聚物
test atmosphere	试验环境
test piece;see specimen	试样
textile glass	纺织玻璃纤维

英文	中文
textile glass multifilament products	复丝纺织玻璃纤维制品
textile glass staple fibre products	定长纺织玻璃纤维制品
textile size(product)(textile glass)	纺织型浸润剂(制品)(纺织玻璃纤维)
texturized yarn	变形纱;膨体纱
thermal analysis	热分析
thermal break	阻热料
thermal conductivity	热导率
thermal degradation	热降解
thermal diffusivity	热扩散系数
thermal expansion	热膨胀
thermal impuls sealing;see impulse sealing	热脉冲封合
thermal stability	热稳定性
thermall foamed plastic	热发泡塑料
thermoacoustimetry	热传声法
thermodilatometry	热膨胀法
thermoelasticity	热弹性
thermoelectrometry	热电学法
thermoforming	热成型
thermogravimetry	热重法
thermomagnetometry	热磁学法
thermomechanical measurement	热机械测量
thermoparticulate analysis	热粒子分析
thermoplastic(adjective)	热塑性(形容词)
thermoplastic(noun)	热塑性塑料(名词)
thermoplastic elastomer	热塑弹性体
thermoptometry	热光学法
thermoset(noun)	热固塑料(名词)
thermoset plastic	热固化塑料
thermosetting	热固性
thermosetting plastic	热固性塑料
thermosonimetry	热发声法
thickner	增稠剂
thinner(deprecated);see diluent	稀释剂(不赞成)
thiourea-formaldehyde resin	硫脲-甲醛树脂
time profile(in dynamic mechanical measurement)	时间分布曲线(动态力学分析)
torpedo	分流梭
torsion pendulum	扭摆
torsion stress	扭曲应力
total volume shrinkage(in resin castung)	总体积收缩率(树脂铸塑)
toughness	韧性
tow	丝束

英文	中文
tracking	电痕
transfer chamber	压铸料腔
transfer moulding	压铸
transfer moulding pressure	压铸压力
transfer pot;see transfer chamber	压铸料池
translucency	半透明性
transparency	透明性
trimer	三聚体
triple-skin sheet (TSS)	三层板材
true stress	真应力
tube	管
tubing	软管
tubing(in textile)	管(纺织)
tumble polishing	滚筒抛光
tunnel gate;see submarine gate	隧道式浇口
turbidity	浊度

U

英文	中文
ultrasonic welding	超声焊接
undercure	欠固化
undercut	(侧)凹槽
unidirectional fabric	单向织物
uniform polymer	均一聚合物
unit damping energy;see energy loss	单位阻尼能
unit storage energy	单位储能
unplasticized poly(vinyl chloride)	未增塑聚氯乙烯
unsaturated polyester	不饱和聚酯
untreated fibre	未处理纤维
upstroke press	上压式压机
urca-formaldehyde resin	脲-甲醛树脂
urea plastic	脲醛塑料
urethane plastic	氨基甲酸酯塑料

V

英文	中文
vacuum bag	真空袋
vacuum snap-back thermoforming	快速反吸真空热成型
vacuum thermoforming	真空热成型
veneer	板坯
vent	排气口
vibrating stress	振动应力
vinyl acetate plastic	乙酸乙烯酯塑料

英文	中文
vinyl chloride plastic	氯乙烯塑料
vinyl resin	乙烯基树脂
vinylidene chloride plastic	偏二氯乙烯塑料
virgin plastic	新料
viscoelasticity	粘弹性
viscose based carbon fibre	粘胶基碳纤维
viscosity	黏度
viscosity coefficient	黏度系数
voscisity/density ratio	比密黏度
viscosity number;see reduced viscosity	黏数
viscosity ratio;see relative viscosity	黏度比
viscosity ratio increment;see relative viscosity increment	黏度比增量
visible fibre	可见纤维
void(in noncellular plastics)	空洞(非泡沫塑料)
void(in cellular plastics)	空洞(泡沫塑料)
volume compression;see bulk comprerssion	体积压缩
volume expansion	体积膨胀
volume resistance	体积电阻
volume resistivity	体积电阻率
volumetric feeding	定容供料
vulcanized fibre	硬化纸板

W

英文	中文
warp	翘曲
warping;see warp	翘曲
water absorption	吸水量
wear	磨耗
weathering	气候老化
web	联片
weight distribution function	重量分布函数
weight feeding	计重供料
weld line	熔合纹
weld mark;see weld line	熔接痕
welding	焊接
wet strength	湿强度
whisker	晶须
"white point"temperature(of dispersions)	"白点"温度(分散体)
width(of a specimen)	宽度(试样)
window(a defect)	亮点(缺陷)
working life;see pot life	适用期

英文	中文
woven fabric	机织织物
woven roving	无捻粗纱织物
woven scrim	稀松织物
wrinkle;see crease(in reinforced plastics)	皱折

X

xylenol resin	二甲酚树脂

Y

yarn	纱
yield point	屈服点
Youg's modulus	杨氏模量

Z

zone(of an extruder screw)	段(挤出机螺杆)

汉语拼音索引

C

D

E

F

H

J

K

L

M

N

O

P

Q

R

S

T

W

X

Y

Z